DAMPF

Die große Enzyklopädie der schönsten Dampfeisenbahnen der Welt

NR

DAMPF

Die große Enzyklopädie der schönsten Dampfeisenbahnen der Welt

COLIN GARRATT UND MAX WADE-MATTHEWS

ISBN 3-89815-076-3

Publisher Joanna Lorenz
Redaktionsleiterin Helen Sudell
Redaktionsassistentin Emma Gray
Designer Michael Morey
Cover: Mathias Becker
Art Direction Eurobooks: M. Becker

Autoren und Fotodokumentation:
Milepost Publishing Production Team.

Lifestyle 2000

INHALT

● OBEN
Eine frühe Fotografie einer Dampfmaschine aus den 1830ern.

DT 595

Lokomotiven aus aller Welt

COLIN GARRATT

Die Anfänge der Eisenbahn

Die folgenden Kapitel beschreiben die Entwicklung der Eisenbahn von ihrem Anfang bis zum Jahre 1900. Es werden sowohl die technischen Veränderungen als auch die Rolle, die die Eisenbahn in den Gesellschaften und den Industrien weltweit spielte, dargestellt. Texte und Fotos legen Zeugnis ab, über die Pionierzeit und Lokomotiven. Tabellen mit technischen Details vermitteln eine Übersicht der wichtigsten und schönsten Lokomotiven.

● GEGENÜBER

Die Lokomotive Nr.1 – hier im Nachbau von 1975. Es war die erste Lokomotive, die in den Stephenson Forth Street Werken in Newcastle upon Tyne 1825 gebaut wurde. Das ursprüngliche Modell ist in Durham im Darlington Railway Museum, im Nordosten Englands, erhalten geblieben.

● OBEN

Eine „Puffing Bil",„von William Hedley in der Giesserei Wylam Colliery 1813 in Northhumberland gebaut. Die Szene stammt von einem Gemälde von David Weston, der 1936 geboren wurde.

Von der Strassenbahn zum Dampf

● UNTEN
Vor der Eisenbahn-Ära wurden vor allem die Kanäle für den Transport schwerer Güter, wie beispielsweise Kohle, benutzt. Heute dienen sie meist Freizeitaktivitäten.

Bereits 1630 entstand in England für die Gruben bei Newcastle eine der ersten Straßenbahnen. 1725 wurde in der Grafschaft Durham mit dem Bau der Tanfield-Bahnstrecke begonnen, zu der auch der 1727 von Ralph Wood erbaute Causey-Viadukt gehörte, der erste Bahn-Viadukt überhaupt. Die zunächst aus Holz gefertigten Schienen verschlissen jedoch schnell, so dass ab 1767 zusätzlich Eisenprofile eingebaut wurden, um sie zu verstärken. Die ersten Profile komplett aus Gusseisen wurden von der Coalbrookdale-Schmiede in Shrophire geliefert. Mit Eisenflanschen verstärkte Schienen kamen 1787 zunächst unterirdisch in der Grube Sheffield Park zum Einsatz.

● POSTKUTSCHE VERBESSERT DIE STRASSEN

Der Verkehr im 17. und 18. Jahrhundert war zunächst nur auf Wasserwege und die Postkutsche beschränkt. 1658 waren die Straßen so schlecht, dass die Postkutsche für die Strecke London - Edinburgh ganze zwei Wochen benötigte. Selbst gegen Ende des 18. Jahrhunderts, als Straßenbaugesellschaften die Instandhaltung von den Gemeinden übernahmen, verbesserte sich die Lage kaum: Im Winter waren viele Straßen durch Schnee oder Überflutung blockiert, im Sommer machten die harten Spurrillen das Reisen nicht gerade zum Vergnügen. Mit der Zunahme von Kutschen im öffentlichen Verkehr verbesserte sich der Zustand der Straßen jedoch enorm.

● DIE EISENBAHN ERSETZT WASSERWEGE

Die zunehmende Industrialisierung sorgte für eine verstärkte Nachfrage für den Transport von schweren Gütern. Mitte des 18. Jahrhunderts waren die Kanäle die Schlagadern für Gütertransporte, die dann über Flüsse und schließlich die Seehäfen alle Teile des Empires erreichten. Mit dem Siegeszug der Eisenbahnen endete für die Wasserwege ein halbes Jahrhundert mit großer Bedeutung für die Öffentlichkeit. Auch gebührenpflichtige Straßen verloren als Transportweg an Bedeutung. Die Poststationen wichen den Hotels, die überall an Bahnhöfen gebaut wurden – das Zeitalter der Eisenbahn verdrängte die Post- und Personenkutschen. Wenn allerdings besonders konservative Reisende wie der Duke of Ellington eine Fahrt mit der Bahn antraten, saßen sie nach wie vor in ihren Kutschen, die dann jedoch auf flache Güterwagen verladen wurden!

● DIE ERSTEN EISENBAHNEN

Die Surrey Iron Railway Company nahm als erste öffentliche Gesellschaft der Welt 1804 eine mit Pferdekraft betriebende Strecke von Wandsworth Wharf im Süden Londons nach Croydon

● **RECHTS**
Funktionstüchtige Nachbildung der „Rocket“ von 1980. So sah auch die Lokomotive im Wettbewerb von Rainhill aus.

● **RECHTS AUSSEN**
Richard Trevithick (1771-1833): Der große Pionier, Erfinder und Ingenieur baute von 1803-1804 zunächst Bergwerks-Pumpen, bis er die erste Lok, die Fracht auf Eisenschienen transportierte, konstruierte.

● **GEGENÜBER UNTEN**
Sogenannte Packpferdbrücken waren eine weitverbreitete Art der Flussquerung. Ausschnitte gaben den Tieren und Menschen den nötigen Raum auch bei Gegenverkehr.

in Surrey in Betrieb. Später wurde noch Merstham, angeschlossen, die geplante Anbindung an Portsmouth/Hampshire wurde allerdings nie fertiggestellt.

● RICHARD TREVITHICK

Ein weiterer Meilenstein der Geschichte der Bahn waren Tests der Dampflok durch den britischen Ingenieur Richard Trevithick (1771-1833) im Jahr 1804. Zwischen dem Pen-y-Darren-Stahlwerk und dem Kanal von Glamorganshire zog diese auf 16 km Schienenweg fünf Güterwagen und einen Waggon für 70 Personen - zum ersten Mal fuhren zahlende Fahrgäste hinter einer Dampflok auf Schienen. Trevithick setzte seine Versuche fort und baute 1808 am Euston Square in London einen Schienenring für ein neues Modell, die „Catch Me Who Can“. Er lud die Bürger ein, dieses neue Transportmittel für einen Schilling, damals ein knapper Tageslohn, auszuprobieren. Finanziell war das Projekt jedoch ein Misserfolg.

● GEORGE STEPHENSON

Der in Wylam bei Newcastle geborene Ingenieur aus Northumbria, George Stephenson (1782-1848), baute von 1814 bis 1821 17 Loks. Obwohl er nicht die erste Dampflok baute, beeinflusste er deren Verbreitung trotzdem stark. 1821 wurde er zum Leitenden Ingenieur der im Jahr 1825 eröffneten 42 km langen Stockton & Darlington Railway-Linie ernannt – ein Wendepunkt in seiner Karriere. Diese Linie verband den Seehafen Stockton on Tees mit Darlington, einem Industriezentrum. Stephensons „Locomotion No. 1“zog den ersten Zug: Es war die erste öffentliche Bahn in der Welt, die regelmäßig Dampfloks vor Güter- (hauptsächlich für Kohle) und Personenwaggons spannte. Bis 1833 wurden Fahrgäste außerdem in Pferdewagen transportiert.

1829 setzte die Gesellschaft Liverpool & Manchester Railway aus Lancashire einen Preis von 500 Pfund für den besten Entwurf einer Dampflok aus, die auf dieser Strecke fahren sollte. Die Testfahrten fanden in Rainhill bei Liverpool statt: Von den drei teilnehmenden Lokomotiven gewann die in buntem Gelb, Schwarz und Weiß lackierte „Rocket“von George Stephenson mit einer Geschwindigkeit von 42 Kilometern in der Stunde.

ROCKET

Baujahr	1829
Konstrukteur	George Stephenson
Auftraggeber	Liverpool & Manchester Railway (L&MR)
Spurweite	Standard
Typ	0-2-2
Antrieb	2 Außenzylinder 20 x 43 cm, geneigt
Druck	3,45 bar
Gewicht	4,31 Tonnen

BRITSICHE LOKOMOTIVEN UM 1830

Bis 1830 waren rund 100 Lokomotiven in England gebaut worden. Vor allem waren es zwei Typen dieser oft eher experimentellen Loks, die sich durchsetzten: Sie verfügten entweder über geneigte oder über Vertikalzylinder. 1830 stellte George Stephenson den Typ 2-2-0 „Planet"vor. Verglichen mit der „Rocket"und ihren Varianten, sah dieser Typ bereits wie die zukünftigen Lokomotiven aus und stellte einen gewaltigen Fortschritt dar. Die „Planet" kombinierte den Mehrröhrenkessel mit einer von Wasser umgebenen Feuerkammer und einer separaten Rauchkammer. Die Zylinder waren innen horizontal montiert, Kessel und Antrieb der Lok ruhten auf einem stabilen Rahmen aus Eichenbalken und Eisenplatten. Die erste „Planet" war als Passagierlok mit 152 cm großen Treib- und 91 cm großen Laufrädern konstruiert. Stephenson stellte bald fest, dass die Rahmenkonstruktion auch für eine schwere Güterzuglok – mit zwei Achsen und jeweils 140 cm großen Rädern – geeignet sein würde. Das Ergebnis waren „Samson"und „Goliath", zwei Lokomotiven, die bei der Liverpool & Manchester Railway (L&MR) 1831 ihren Dienst antraten.

● OBEN
Robert Stephenson (1803-1859): Mit 20 Jahren leitete er die Fabrik seines Vaters in Newcastle. Zu seiner Zeit galt er als führender Ingenieur im Lokomotivbau. Er baute zudem Brücken und Viadukte, so auch die Röhrenbrücke über die Straße von Menai von England nach Wales.

● UNTEN
Die „Lion", zeitgleich mit der „Samson" gebaut, zeigt den Fortschritt bei Güterloks. Diese erste Lok von Todd, Kitson & Laird, eine 0-4-2 mit 152 cm großen Treibrädern, fährt heute noch.

PATENTEE

Baujahr	1833
Konstrukteur	Robert Stephenson
Auftraggeber	Liverpool & Manchester Railway (L&MR)
Spurweite	Standard
Typ	2-2-2
Treibräder	152 cm
Antrieb	2 Zylinder 30 x 45 cm
Druck	3,45 bar

Der Konstruktuer Timothy Hackworth dagegen bevorzugte weiter vertikale Zylinder. 1831 baute er sechs Loks der „Majestic"-Klasse für den Kohlentransport der Stockton & Darlington Railway (S&DR). Die Zylinder waren auf der Plattform an der Rückseite des Kessels angebracht und mit einer darunter liegenden Welle verbunden. Diese trieb das erste der drei gekuppelten Radpaare an, so konnten alle Achsen gefedert werden. Den Kessel kombinierte Hackworth mit einem längslaufenden Rauchabzug und einer Umkehrkonstruktion aus mehreren Röhren.

Der Kohleverbrauch war sehr hoch und die äussere Erscheinung mit je einem Tender vor und hinter der Lok wirkte nicht sonderlich attraktiv. Die Leistung reichte jedoch für das strenge Tempolimit auf dem Gleis von 9,7 Kilometern in der Stunde aus.

Die „Liverpool"von Edward Bury sollte eigentlich ebenfalls am Wettbewerb von Rainhill teilnehmen, war jedoch nicht rechtzeitig fertig geworden. Unter

● LINKS AUSSEN
George Stephenson (1781-1848): Der bekannteste Konstrukteur von Lokomotiven. Er arbeitete für zahlreiche Gesellschaften und baute 1825 die erste Passagierlinie.

● LINKS OBEN
Die „Comet" war die erste Lok der Linie Leicester & Swannington (L&SR). Während der Jungfernfahrt im Mai 1832 wurde im Glenfield-Tunnel bei Leicester der Schornstein abgeknickt und bedeckte die mitfahrenden Würdenträger mit Ruß.

● LINKS UNTEN
Die „Atlas" war die erste 0-6-0 Lok für den Güterverkehr von Robert Stephenson, sie wurde 1834 an die L&SR ausgeliefert. Zu ihrer Zeit war sie die größte, schwerste und stärkste Lokomotive.

der Berücksichtigung der hervorragenden Eigenschaften der „Rocket"konnte Bury seine Konstruktion stark verbessern und lieferte die Lok 1830 an L&MR aus. In der neuen Form war sie mit Innovationen gespickt und wurde ein internationaler Prototyp. Besonders die gekuppelten Achsen mit den 182 cm großen Rädern fielen ebenso auf wie der Mehrröhrenkessel, der profilierte Innenrahmen und das Gehäuse der Feuerkammer mit Kuppel. Die Zylinder lagen innen und waren leicht aufwärts geneigt, damit die Pleuelstangen der Kolben hinter der Führungsachse arbeiten konnten. Die „Liverpool"war kräftig genug, um 18 Waggons mit 19 Stundenkilometern zu ziehen – eine erstaunliche kleine Schöpfung, die von einem zierlichen Schornstein mit einem Ring ausgestanzter Messingvögel gekrönt war. Dargestellt wurden die „Liver Birds", Phantasievögel aus dem Wappen von Liverpool.

Der Fortschritt verlangte jedoch nach stärkeren Loks. Die „Planets"liefen bei allen Geschwindigkeiten sehr unruhig, außerdem war die Kapazität der Feuerkammer zu gering. Robert Stephenson erweiterte daher den Rahmen nach hinten und brachte eine nachlaufende Achse hinter der erheblich vergrößerten Feuerkammer an: So entstand die „Patentee"2-2-2, die in den nächsten 40 Jahren zum Standard bei Expressloks in England und Europa werden sollte. Die „Patentee"wies auch beim Kessel und Ventiltrieb viele Verbesserungen auf. Und: Die Konstruktion ließ gekoppelte Treibräder zu, wie andere Hersteller schnell herausfanden. Die wohl bekannteste frontgekoppelte „Patentee"war die 0-4-2 „Lion", die 1838 von Todd, Kitson & Laird in Leeds, Yorkshire, für die L&MR gebaut wurde.

● UNTEN
Die von Timothy Hackey 1838 für den Schwergutbetrieb der Gesellschaft Stockton & Darlington Railway (S&DR) gebaute „Samson" galt bereits zu ihrer Zeit als veraltet. Man beachte nur den Heizer, der den Kessel von der Vorderseite aus befeuert!

Krieg der Spurweiten

● LINKS
Eine klassische GWR-Breitspurlok zieht einen Express westlich der Sonning Cutting nahe Reading. Die dritte Schiene auf dem Gleisbett für die Normalspur zeigt, dass es sich um die Spätphase der Breitspur-Ära handelt.

Isambad Kingdom Brunel (1806-1859) stellte sich Eisenbahnen im großen Maßstab vor: Die herkömmliche Standardspurweite reichte für die Great Western Railway (GWR) nicht aus, um Brunels Pläne für schnellere und sichere Reisen auf der Strecke London - Bristol zu unterstützen. Daher legte er die Spurweite auf großzügige 213 cm fest. Der Nachteil war, dass alle Güter und Passagiere auf andere Züge umsteigen mussten, sobald sie das Gebiet der GWR verließen oder erreichten, da die Züge nicht kompatibel waren.

Gezogen von Stephensons 2-2-2 „North Star", verließ am 4. Juni 1838 der erste GWR-Zug Paddington in London. Die große „Patentee", zunächst für die 170 cm-Spurweite der New Orleans Railway (USA) ausgelegt, wurde auf 213 cm umgebaut und an die GWR ausgeliefert. Die „Morning Star"ging zeitgleich in Dienst. Die „North Star"verfügte über 213 cm große Treibräder und 40 x 40 cm messende innenliegende Zylinder.

In jenen Tagen alterte das Gerät

schnell, die „North Star"wurde jedoch 1854 mit größerem Kessel und neuen Zylindern bei ihrer Überholung ausgestattet. Sie war 33 Jahre im Dienst. Nach dieser Zeit wurde sie zunächst in Swindon eingemottet, 1906 jedoch – in einem „Akt von öffentlichem Vandalismus", wie es hieß – verschrottet. Als Wiedergutmachung baute die GWR 1925 eine Nachbildung in voller Größe mit Originalteilen. Diese Lok steht heute im Eisenbahnmuseum Swindon.

Zumeist waren die Breitspurloks der GWR mechanische Fehlgeburten. Von ihnen waren die besseren sechs von der Taylor Vulcan Foundry gebaute Loks des Typs 2-2-2 mit 244 cm großen Treibrädern, Kopien der „Patentee"mit

IRON DUKE

Baujahr	1847
Konstrukteur	Daniel Gooch, Swindon, England
Auftraggeber	Great Western Railway
Spurweite	213 cm
Typ	4-2-2
Treibräder	244 cm
Antrieb	2 Zylinder 45 x 61 cm
Druck	6,9 bar, später 8,3 bar
Gewicht	35 Tonnen

● OBEN LINKS
Die Bedeutung der Breitspur und die bis dahin unvorstellbaren Geschwindigkeiten zogen die Öffentlichkeit in ihren Bann. Die Menschen standen Schlange, um diese neue Art der Reise mit Geschwindigkeiten von bis zu 145 km/h selbst zu erleben.

● OBEN RECHTS
„Tiny": Diese von Sara & Co in Plymouth, Devon, 1868 gebaute Breitspurlok trat ihren Dienst bei der South Devon Railway (SDR) in England an.

● GEGENÜBER MITTE
Isambard Kingdom Brunel (1806-1859) war im 19. Jahrhundert der Pionier der Breitspurbahn der Great Western Railways zwischen London und Exeter in Devon. Sein Vater war der in England lebende französische Ingenieur Marc Isambard Brunel (1769-1849).

● GEGENÜBER UNTEN
„Iron Duke"(Replik): Die 4-2-2 von Gooch war nach Arthur Wellesley (1769-1849), dem ersten Duke von Wellington, benannt. Sie fuhr zum ersten Mal an dessen Geburtstag, dem 1. Mai.

kleinen Niederdruckkesseln. Von Manchester nach London über See verschifft, wurden sie dann weiter auf dem Kanal nach West Drayton transportiert. Unter ihnen waren ausgefallenere Modelle wie beispielsweise zwei Typen 2-2-2 von Mather & Dixon mit 305 cm großen Treibrädern aus vernieteten Eisenplatten.

Der Widerstand gegen die Breitspur war groß: 1845 tagte die Spurkommission, um endlich eines der rivalisierenden Systeme zu etablieren. Bei Hochgeschwindigkeits-Testfahrten führte die „Ixion", eine GWR-213 cm-Lok von Daniel Gooch klar, als sie einen 80 Tonnen schweren Zug auf 96,6 Stundenkilometer brachte. Die beste Leistung für die Standardspur erzielte mit 85,1 km/h eine 4-2-0 von Stephenson mit 201 cm großen Treibrädern. Obwohl die Kommission die Breitspur als überlegen einstufte, fiel die Entscheidung aufgrund der starken Verbreitung für die Standardspur aus: 1848 beschloss das Parlament, dass es nur noch eine Spurweite, eben die Standardspur, geben sollte. Die GWR legte nun eine dritte Schiene auf das Gleisbett, um die Standardspur durchgehend einrichten zu können. Im Mai 1892 wurde die Breitspur abgeschafft.

● RECHTS
Rain, Steam and Speed **(National Gallery, London): Der englische Künstler Turner (1775-1851) war von der industriellen Revolution sehr angetan und schuf dieses Gemälde einer Lok von Gooch, die gerade im Sturm den Maidenhead-Viadukt in Berkshire im Themsetal überquert.**

Britische Lokomotiven 1840–60

● UNTEN
„Derwent": Von W.A. Kitching 1845 gebaut, fuhr diese 0-6-0 bei der Stockton & Darlington Railway (S&DR) zwischen dem Hafen von Stockton-on-Tees und Darlington im ersten Passagierdienst der Welt (1825). Dies hatte großen Einfluss auf die Entwicklung der Stadt.

1841 stellte Stephenson die erste seiner sogenannten „Langkesselloks"vor. Seine Konstruktion ordnete zur Steigerung der Leistung des Kesseldrucks alle Achsen vor der Feuerkammer an, was einen sehr langen Kessel ermöglichte. Der notwendige kurze Radstand wurde durch die Größe der Drehgestelle diktiert. Weitere Details des „Langkessels"waren ein Innenrahmen aus Eisenplatten und der gemeinsame Schieberkasten zwischen den Zylindern. Die Konstruktion war universell einsetzbar: Die 2-2-2 oder 2-4-0 für den Personenverkehr oder als 0-6-0 im Güterbetrieb war sehr häufig anzutreffen. Bei höherem Tempo stellte sich jedoch heraus, dass die Loks im Personenverkehr wegen des Radstandes gefährliche Schwingungen entwickelten, was ihrer Beliebtheit ein rasches Ende bereitete. Für den Güterverkehr jedoch war die Lok ein voller Erfolg. Die North Eastern Railway (NER), Nachfolgerin der Stockton & Darlington Railway (S&DR), ließ von 1852 bis 1875 nicht weniger als 125 0-6-0 der Klasse 1001 mit Langkessel bauen. Die Lok mit der Seriennummer 1275 steht heute im National Railway Museum in York.

Thomas Russell Crampton (1816-1888) war ein junger Ingenieur, der in Swindon für Daniel Gooch arbeitete.

Er hatte eigene Vorstellungen von einer Lokomotive mit Langkessel und großen Treibrädern entwickelt. Der Schwerpunkt lag tiefer, er erhielt 1842 darauf sein erstes Patent. Die Treibachse seiner Konstruktion war an der Basis des Rahmens hinter dem Feuerraum angebracht. Um die Treibstangen kurz zu halten, saßen die Zylinder hinten und außen, wo sie über markante Leitungen mit Dampf von der Rauchkammer gespeist wurden. Alle Vorrichtungen für Antrieb und Ventile lagen ebenfalls außen, so konnte der Kessel im Rahmen

LARGE BLOOMER

Baujahr	1852
Konstrukteur	W. Fairbairn/ E.B. Wilson
Auftraggeber	London & North Western Railway (LNWR)
Spurweite	Standard
Typ	2-2-2
Treibräder	232 cm
Antrieb	2 Zylinder 46 x 62 cm
Druck	10,34 bar
Gewicht	31,9 Tonnen

● UNTEN MITTE
Robert Stephenson baute 1851 diese 2-2-2 Single für LNWR.

● UNTEN
Gemälde von E. W. Twining, Architekt und Aussteller der Royal Academy, zeigt die klassische „Jenny Lind"von Wilson.

versenkt werden, was die Lok allerdings sehr breit machte. Crampton überließ es der GWR, die Konstruktion zu vermarkten. Seine beiden ersten Loks gingen 1846 von Tulk & Ley an die Linie Liege & Namar Railway in Belgien. Die Grand Junction Railway (GJR) testete eine dieser Loks, worauf die London and North Western Railway (LNWR) 1847 ein Modell in Crewe für sich bauen ließ. Diese 4-2-0 „Courier" hatte 213 cm große Treibräder, Innenrahmen und einen ovalen Kessel. Gleichzeitig erprobte die LNWR größere Versionen mit 244 cm großen Treibrädern, die 4-2-0 „London"von Tulk & Ley und die 6-2-0 „Liverpool"von Bury, Curtis & Kennedy – letztere beschädigte jedoch die Gleise schwer.

Die Crampton-Loks erreichten ein Tempo von bis zu 145 Stundenkilometern. Da sie aber aufgrund der Anordnung der Treibachse ein eher ruppiges Fahrverhalten aufwiesen, war ihre Beliebtheit in Großbritannien begrenzt. Auf dem Kontinent war das anders, speziell die French Northern Railway verdiente sich in Frankreich Anerkennung für schnelle und leichte Expresszüge, die mit Crampton-Loks fuhren. „Prendre le Crampton"ist sogar in die französische

Alltagssprache als „schnelle Flucht"eingegangen. Diese Cramptons hatten kräftige Außenrahmen, da das Lademaß eine enorme Breite über die Kurbeltriebe erlaubte. In England hatte eine ähnliche Lok den Spitznamen „Mac's Mangle" bekommen, eine Anspielung auf die Spur der Verwüstung von Bahnsteigen und anderen Bauten entlang der Strecke. 1847 wurde von der E. B. Wilson Railway Foundry, Leeds, die erste Lok der Klasse „Jenny Lind" fertiggestellt. Diese 2-2-2 für Personenzüge war der Entwurf eines jungen Chefzeichners, David Joy. Das Grundmodell war bei einem Baupreis von 2.500 Pfund mit 183 cm messenden Treibrädern ausgestattet, der Antrieb erfolgte über innenliegende 38 x 51 cm große Zylinder. Im Alltag ergab das eine Leistung von einer Meile pro Minute. Nun konnten Bahngesellschaften eine Expresslok bester Qualität „von der Stange"kaufen. Elegant mit der Kesselverkleidung aus poliertem Mahagoni, der klassisch gerillten Kuppel aus Bronze und den gekapselten Ventilen wurde die Lok zum Zugpferd vieler britischer Linien. Die größte „Jenny Lind"war die im Juni 1849 gebaute „Salopian"der Shrewsbury & Birmingham Railway (S&BR). Der Kessel mit mehr als 111 Quadratmetern Aufheizfläche produzierte einen Druck von 8,27 bar, der über die 39 x 56 cm großen Zylinder die 200 cm großen Räder antrieb.

● GEGENÜBER
Die „Large Bloomer", von W. Fairbairn und E. B. Wilson für die LNWR gebaut, ist hier 1992 in Milton Keynes am Bahnhof zu sehen. Die Stadt wurde 1967 neu gegründet.

● RECHTS
Eine 1848 von Tulk & Ley für die schottische Dundee & Perth Railway gebaute Crampton Kinnaird mit Innenrahmen.

Britische Lokomotiven 1860-75

Patrick Stirlings frühe Loks hatten keinen Aufbau, der Kessel verfügte über Kuppeln. 1857 baute er seine erste 2-2-2 für die Scotland's Glasgow & South Western Railway (G&SWR). Sie trug bereits viele Konstruktionsmerkmale, die 1870 in der Great Northern 4-2-2 No. 1 Eingang finden sollten. Seine größte Leistung waren die 244 cm messenden 4-2-2 Singles, die ab 1870 in Doncaster gebaut und oft als die schönsten Loks aller Zeiten bezeichnet wurden. Sie sollten, mit Verbesserungen, für die nächsten 25 Jahre auf allen Haupteisenbahnlinien zum Einsatz kommen. 1895 nahmen sie am Rennen „Races to the North"teil und erreichten zwischen der King's Cross Station in London und York ein Tempo von über 129 km/h.

Als William Stroudley 1870 zum Beauftragten bei der London, Brighton & South Coast Railway (LB&SCR) wurde, fand er ein bizarres Sortiment von Lokomotiven vor, die ungeeignet für die zugedachten Aufgaben waren. Im Laufe von 20 Jahren ersetzte er sie durch solide gebaute universelle Loks, für Einsätze als Passagier-Express bis hin zum Güterverkehr auf Nebenstrecken. Die „Terrier"0-6-0 war die kleinste und auch bewährteste Klasse im Einsatz. Für die Londoner Vororte gedacht, wurden die 50 gebauten Loks später weit

● OBEN
William Stroudley's wunderbares Werk ist in der Terrier 0-6-0T No. 55 „Stepney"perfekt verewigt. 1875 gebaut, wird die Lok heute fahrtüchtig bei der England's Bluebell Railway in Sussex gehalten.

● LINKS
Die Doppelrahmenkonstruktion 2-4-0 No. 158A von Kirtley steht ganz im Geiste der Midland Railway des 19. Jh. im Midland Railway Centre in Butterley, Derbyshire. Butterley war ein Zentrum von Stahlhütten und Kohlegruben.

● UNTEN
4-2-2 „Massey Bromley", 1879. Die Great Eastern Railway bekam zehn vom Hersteller Dübs & Co., von 1881 bis 1882 weitere zehn von Kitsons

● UNTEN
2-4-0 der Scotland's Highland Railway von ca. 1877. Bemerkenswert: Der geschlitzte Schornstein, der den Rauch durch einen Luftstrom über den Führerstand-Aufbau hinwegleitete.

verstreut auch in eher ländlichen Gebieten eingesetzt. Sie besaßen 122 cm große Treibräder, 10,34 bar Kesseldruck und 30 x 61 cm große Zylinder. Viele verfügten auch über geringfügig größere Kessel. Obwohl ständig im Einsatz, wurden sie oft älter als 90 Jahre, selbst heute gibt es noch fast ein Dutzend verbliebener Exemplare. Joseph Beattie, ein raffinierter Ire bei der London & South Western Railway (L&SWR), versuchte, den Dampfdruck des Kessels durch eine veränderte Konstruktion der Feuerkammer zu erhöhen. Ein Beispiel dafür war die Trennung durch eine mit Wasser gefüllte Wand. Im hinteren Teil loderte ein Feuer, während in der vorderen Hälfte, so weit möglich, nur Glut gehalten wurde. Wie auch Kirtley verwendete er häufig den Typ 2-4-0, sowohl als Tenderlok für den Expresseinsatz wie auch als Lok im Vorortverkehr. Er wollte so viel Dampf wie nur möglich aus jeder Unze Kohle gewinnen, seine Express 2-4-0 verfügte über eine spezielle Brennkammer, thermische Siphons und einen Hilfsschornstein. Die 2-4-0 ohne Tender hatten ihren Wasservorrat in einem Wannentank zwischen den Rahmen. 1874 waren 88 Loks im Dienst.

● OBEN
JL&SWR-Express von Beattie, die 2-4-0 „Medusa" mit doppelter Feuerkammer und Hilfsschornstein, ein Bild des 1909 geborenen Künstlers Cuthbert H. Ellis.

STIRLING SINGLE

Baujahr	1870
Konstrukteur	Doncaster, Yorkshire, England
Auftraggeber	Great Northern Railway (GNR)
Spurweite	Standard
Typ	2-4-0
Treibräder	247 cm
Antrieb	2 Zylinder, 46 x 71 cm, außenliegend
Druck	9,65 bar
Gewicht	39,52 Tonnen

Britische Lokomotiven 1875–1900

1882 baute F. W. Webb die 2-2-2-0, eine Compound-Expresslok mit drei Zylindern und ungekoppelten Treibrädern. Diese Lok, die LNWR No. 66 „Experiment", verfügte über zwei äußere Hochdruckzylinder, mit denen die hintere Achse angetrieben wurde. Der große Niederdruckzylinder zwischen den Rahmen versorgte die Laufachse. Das fehlende Gestänge ließ es zu, dass sich die Radpaare unabhängig voneinander drehen konnten. Die beste Konstruktion dieses Typ war die 1889 vorgestellte „Teutonic"mit größerem Kessel und 216 cm-Rädern.

Die erste 0-8-0 Lok mit Tender kam 1889 auf der neuen Barry Railway zum Einsatz. Die bei Sharp, Stewart of Glasgow gebaute Lok hatte sich hervorragend bewährt, um die schweren Kohlenzüge aus Süd-Wales zu ziehen. Sie war mit 46 x 66 cm großen Zylindern und 131 cm großen Treibrädern ausgestattet.

● OBEN
1894: die Jones-Goods-Loks waren die ersten vom Typ 4-6-0 in Großbritannien. Hier No. 103 mit geschlitztem Schornstein in den Farben der Highland Railway

● OBEN
Die LNWR „Precedent" (2-4-0) wurde von F. W.Webb 1874 eingeführt. Bis 1882 hatte das Crewe-Werk 90 Exemplare gebaut. Sie vollbrachten wahre Meisterleistungen im Transport, die ihren Höhepunkt 1895 im Race to the North durch die No. 790 „Hardwicke"fanden. Trotz Webbs Bemühungen, die kleinen 2-4-0 durch seine Compounds zu ersetzen, waren sie die verlässlichsten Loks der LNWR im 19. Jahrhundert.

● LINKS
Neilson & Co. 4-2-2 mit 213 cm großen Treibrädern. Die 1886 gebaute Lok ist hier 1963 zu sehen, bevor sie den „Blue Belle"-Korso anführte.

● GEGENÜBER
Früher bei der Midland Railway, gehört diese Lok zur Klasse der „Spinners", von vielen Experten für die schönste Lokomotive aller Zeiten gehalten. Insgesamt waren im Jahre 1900 – mit leichten Abwandlungen – 95 Exemplare der Lok im Einsatz.

● OBEN LINKS
Die Great Northern No. 990 von Ivatt war die erste britische Atlantic 4-4-2 und wurde 1898 von Doncaster Works gebaut. Bis 1900 folgten zehn weitere. 1902 erschien die No. 251 mit einem größeren Kessel: Sie war das erste Modell der erfolgreichsten Reihe von Passagier-Express-Loks in England. Die Originale sind bis heute erhalten und hier gemeinsam in Aktion zu sehen.

● OBEN RECHTS
Aufgrund des Wappens der LNWR mit dem Spitznamen „Cauliflower" (Blumenkohl) versehen, war dies die Expresslok für den Güterverkehr von F. W. Webbs. 310 Exemplare wurden von 1880 bis zum Ende des Jahrhunderts gebaut.

Ein Problem vieler Eisenbahnen war der Rauch, der der Besatzung bei Gefällen ins Gesicht wehte. Abhilfe schuf 1877 David Jones von der Highland Railway, als er Loks mit Schlitzen im Schornstein versah. Dadurch entstand ein Luftstrom, der den Rauch über den Führerstand leitete. Er führte auch eine Bremse, die mit dem Gegendruckprinzip arbeitete, ein, um die Züge auf den starken Hochlandgefällen besser abfangen zu können. Seine bekannteste Lok war die 4-6-0 von 1894 - der erste Typ mit dieser Radfolge auf den Britischen Inseln. Sharp, Stewart bauten 15 der damals stärksten Loks auf englischen Linien.

Nur wenige Innenzylinder 4-4-0 galten als leistungsfähiger als Drummonds berühmte T9 der London & South Western (L&SWR) von 1899. Durch Erweitern des Radstands auf 300 cm entstand Platz für eine große Feuerkammer. Die neuen Loks waren ein Erfolg: Mit den 204 cm hohen Treibrädern waren sie schnell und zogen schwere Expresszüge über die schwierige Hauptstrecke der South Western westlich von Salisbury.

CAULIFLOWER

Baujahr	1880
Konstrukteur	F.W. Webb, Crewe Works, Cheshire, England
Auftraggeber	London & North Western Railway (LNWR)
Spurweite	Standard
Typ	0-6-0
Treibräder	158 cm
Antrieb	Zylinder, 46 x 61cm
Druck	10,34 bar
Gewicht	36,58 Tonnen

Britsiche Lokomotivbauer im 19. Jahrhundert

Großbritanniens Bahnen wurden Schritt für Schritt von privaten Linien unter Verwendung von Loks außenstehender Hersteller entwickelt. Als sich die Gesellschaften in größeren Organisationen zusammenschlossen, errichteten sie ihre eigenen Werke für Bau und Wartung der Loks. Sie machten Crewe (LNWR), Doncaster (GNR), Derby (MR) und Swindon (GWR) als Bahnstädte bekannt. Tausende von Loks entstanden hier und in anderen Städten – über 7.000 allein in Crewe. Nur die wenigsten gingen in den Export.

Das erste Zentrum des Lokomotivbaus in Großbritannien entstand 1821 in Newcastle, als George Stephenson und sein Sohn Robert die weltweit erste allein auf den Lokomotivbau ausgerichtete Fertigungsstätte bauten. 1855 hatte die Firma bereits mehr als 1000 Loks für Großbritannien und den Rest der Welt ausgeliefert. 1899 wurde die bis dahin private Gesellschaft in eine Gesellschaft mit beschränkter Haftung umgewandelt.

Zu den ersten Lokomotivbauern in Leeds gehörten Fenton, Murray & Holz. 1795 gegründet, war ihre erste Lok die „Prince Regent", gebaut 1812 für die Kohlengrube Middleton. Obwohl die Firma nur fünf weitere Loks konstruier-

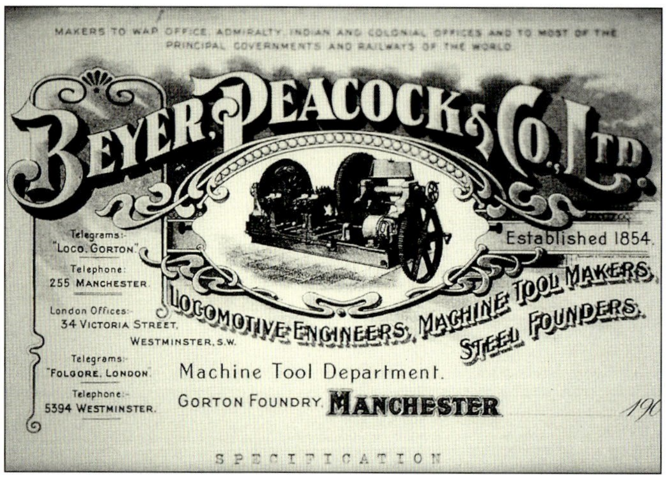

● OBEN LINKS
Charles Beyer (1813-1876) von Beyer Peacock.

● OBEN RECHTS
Richard Peacock, der zweite Partner von Beyer Peacock.

● LINKS
Briefkopf mit dem Logo von Beyer Peacock.

● OBEN
Typschild von Kitson & Co., Leeds, eine der Firmen, die den Standort Leeds weltberühmt gemacht haben.

● OBEN
Sharp, Stewart, eines der weiteren großen Werke in Glasgow, kam von der Great Bridgewater Street, Manchester, nach Springburn.

● OBEN
Typschild der Firma Falcon Engine and Car Works Company in Loughborough – Vorgänger der berühmten Brush Works, eine Firma, die heute noch High-Tech-Loks für Eisenbahnen baut.

● RECHTS
Eine 4-6-0 von Robert Stephenson aus Newcastle.

● UNTEN LINKS
Der griechische Gott des Feuers war das Logo für Charles Tayleur & Co. Aus der Firma entstand später die berühmte Vulcan Foundry.

● UNTEN RECHTS
James Naysmyth, viktorianischer Ingenieur und Gründer der Naysmyth Wilson Patricroft Locomotive Works.

te, gründete einer der Lehrlinge, Charles Todd, 1825 mit James Kitson seine eigene Firma. Zunächst bauten sie lediglich Teile, 1838 aber bereits die erste komplette Lok. Sie wurde so groß, dass eine Wand der Halle eingerissen werden musste, bevor die Lok ausgeliefert werden konnte!

Einer der ersten Hersteller von Loks in Manchester war William Fairbairn. Er hatte 1816 eine Eisengießerei gegründet, die von 1839 an auch Lokomotiven baute. 1863, nach dem Bau von etwa 400 Exemplaren, wurde das Unternehmen von Sharp, Stewart & Co. übernommen. Diese Firma wiederum wurde 1828 von Thomas Sharp und Richard Roberts gegründet.

Um 1880 waren Sharp, Stewart so groß geworden, dass sie Manchester verließen und nach Glasgow gingen. 1903 schloss sich das Unternehmen mit Neilson Reid und Henry Dübs zur North British Locomotive Company Ltd. zusammen.

Auch Beyer, Peacock & Co. gehörten zu den großen Namen in Manchester, allerdings wurde diese Firma 1854 - im Gegensatz zu den anderen Unternehmen – ausschließlich zum Bau von Lokomotiven gegründet.

Eine der ersten in Glasgow gegründeten Bahnunternehmen war das von Walter Neilson und James Mitchell. Obwohl sie schon 1830 mit dem Bau von ortsfesten Maschinen begannen, konstruierten die beiden ihre erste Lok erst 1843. Schon 1860 konnte das kleine Werk die Zahl der Bestellungen nicht mehr erfüllen, eine neue Gießerei entstand in Finniston. Auch dieses Werk wurde bald zu klein und 1861 begann der Bau des Werkes in Springburn. Die Loks der Firma wurden in viele Länder exportiert: So beispielsweise nach Indien, Südafrika oder Argentinien.

1864 verließ Henry Dübs die Firma, um in Polmadie sein eigenes Werk zu gründen. In nur drei Jahren erlangte er hier einen so guten Ruf, dass die Exporte bis nach Indien, Kuba, Spanien, Finnland und Rußland gingen.

Dieser Exporthandel entwickelte sich auch deshalb so erfolgreich, weil Großbritannien Eisenbahnlinien in aller Welt baute.

● OBEN
Typschild von Dübs an einer frühen spanischen Lokomotive.

● RECHTS
Henry Dübs, einer der großen Konstrukteure von Glasgow mit Werk in Polmadie.

Frühe nordamerikanische Lokomotiven

Pferdebetriebene Eisenbahnen für den Kohlentransport gab es in den Vereinigten Staaten erstmalig ab 1826. Als sie von den Fortschritten in England hörten, bildeten drei amerikanische Ingenieure 1828 eine Kommission und besichtigten die Werke von Robert Stephenson in Newcastle/Tyne, einem großen Zentrum der Technik, und die von Foster, Rastrick & Co. in Stourbridge, einer Marktstadt in Worcestershire. Nach dieser Reise wurden vier Lokomotiven bestellt, eine von Stephenson, drei von Foster, Rastrick. Die Lok von Stephenson wurde im Januar 1829 zuerst geliefert, jedoch nie in Dienst gestellt. Die „Stourbridge Lion"von Foster, Rastrick war die erste dampfgetriebene Lok in den USA.

● LINKS
Die „York"war Phineas Davis Beitrag zum Baltimore & Ohio Wettbewerb von 1831. Wie viele frühe amerikanische Modelle hatte sie einen senkrechten Kessel, „Käse" genannt.

● MATTHIAS BALDWIN

Die zweite Lok von Stephenson, die nach 1829 nach Amerika geliefert wurde, war mit sechs Rädern bestückt und verfügte über einen Balkenrahmen. Diese Bauart sollte in England bald verschwinden, in Amerika war sie jedoch noch für viele Jahre Standard. Die nächste Stephenson, eine „Planet"2-2-0, ging 1832 an die Mohawk & Hudson Railway (M&HR). Matthias Baldwin inspizierte sie und baute daraufhin die „Old Ironside": Auf der ersten Fahrt erreichte sie bereits 48,28 km/h.

● OBEN
Ross Winans baute Loks mit senkrechtem Kessel und Vertikalzylinder. Die sogenannten „Heuschrecken"waren für die Baltimore & Ohio Line in Mount Claire, Baltimore, Maryland, bestimmt. Auf einer Ausstellung präsentierte die B&O 1927 die „Andrew Jackson"von 1835 als die „Thomas Jefferson".

Zu etwa dieser Zeit wurde eine weitere Stephenson an die Camden & Amboy Railroad & Transportation Co. (C&AR&TC) verschifft. Camden, ein Seehafen in New Jersey, wurde 1834 Endstation, Amboy liegt im Bundesstaat Illinois. Die Lokomotive verfügte über einen runden Kessel und einen Schicht-Feuerraum mit einer Kuppel.

Ein Jahr später wurden die vorderen Räder durch ein Drehgestell mit Schienenräumer ersetzt, um den Streckenanforderungen gerecht zu werden. Im November 1831 trat sie ihren Dienst in Bordentown, New Jersey, an. Diese älteste, komplett erhaltene Lokomotive in den USA wurde 1893 aus dem Ruhestand geholt, um zwei Passagierwaggons von C&A im Stil von 1836 von New York nach Chicago zu ziehen. Für die 1.481 Kilometer benötigte sie fünf Tage.

● LINKS
Die „De Witt Clinton"wurde 1831 für Gesellschaft „Mohawk & Hudson von der West Point Foundry, New York, gebaut.

● OBEN
Camden & Amboys erste Lokomotive, „John Bulle"wurde von Stephenson in England gebaut und in den USA von Isaac Dripps zusammengesetzt. Es war die erste Lok mit einem Bediener für den Schienenräumer.

● PETER COOPER

1830 fuhr bei der Baltimore & Ohio (B&O) auf der 21 km langen Strecke zwischen Baltimore und Ellicotts Mill die „Tom Thumb"von Konstrukteur Peter Cooper. Sie war zwar mehr ein Forschungsobjekt als eine richtige Lokomotive, aber die amerikanische Geschäftswelt war bereits vom praktischen Nutzen des Dampfantriebs überzeugt. In diesem Jahr baute die West Point Foundry die erste in den USA entwickelte Lok, die „The Best Friend of Charleston" für die South Carolina Railroad (SCR). 1832 konstruierte diese Firma die „Experiment", später „Brother Jonathan"getauft. Sie war nicht nur die erste Lok in den USA mit einem vorlaufenden Drehgestell, sondern auch die erste, die nach Fahrplan fuhr. Bei einer Explosion des aufrecht stehenden, flaschenähnlichen Kessels fand sie ihr vorzeitiges Ende. 1831 machte die „De Witt Clinton"aus der West Point Foundry ihre erste Fahrt für die M&HR. Die Lok, mit seitlichen Zylindern am Führerstand, erreichte auf der Strecke Albany-Schenectady 24,1 km/h. Sie konnte keine sehr erfolgreiche Lok gewesen sein, da sie schon 1835 verschrottet wurde.

TOM THUMB

Baujahr	1830
Konstrukteur	Peter Cooper, New York, USA
Auftraggeber	Baltimore & Ohio (B&O)
Spurweite	Standard
Radanordnung	2-2-0
Antrieb	2 Zylinder 8 x 36 cm

● RECHTS
1830 stellte Peter Cooper die erste in Amerika gebaute Lokomotive auf der Baltimore & Ohio-Eisenbahnlinie vor. Später bekam sie den Namen „Tom Thumb". Hier ist eine Nachbildung von 1926 zu sehen.

Die frühen Baldwin-Lokomotiven

1834 baute Baldwin nach der „Old Ironside“die zweite Lok, die „E. L. Miller“für die Charleston & Hamburg Railroad (C&HR). Da die Räder aus Holz und Eisen zu zerbrechlich waren, baute Baldwin nun sechs massive Metallräder von 140 cm Durchmesser ein. Die baugleiche „Lancaster“ errang im Juni 1834 einen Rekord: Sie zog 19 beladene Waggons von Philadelphia nach Columbia über die größten Steigungen Pennsylvanias. Das überzeugte die Direktoren der Eisenbahn von den Vorteilen der Dampfleistung im Vergleich zum Pferd. Sie bestellten fünf weitere Loks von Baldwin. Die erste Lok mit Außenzylindern, die „Black Hawk“, wurde 1835 an die Philadelphia & Trenton Railroad (P&TR) geliefert.

● LINKS
Diese 2-6-0 der Klasse 152 ist die typisch für die ersten „Moguls“von Baldwin. Das übliche Aufgebot von Details (wie z.B. gerillte und gebördelte Kuppeln, Pumpen und Schornstein) wird durch eine verzierte Stirnleuchte komplettiert.

● LEISTUNG WAR GEFRAGT

Die Eisenbahngesellschaften forderten jetzt stärkere Lokomotiven. Baldwin sah keinen Vorteil in der Verwendung von acht Rädern, er argumentierte, dass die Lok in Kurven dann bei mindestens einem Radpaar Schlupf hätte. Dennoch baute er im Mai 1837 seinen ersten Eight-Wheeler. Die „Ironton“von 1846, eine 0-8-0 mit Außenzylindern, hatte die zwei Achsen des Vorlaufs auf einem flexiblen Wagen, der seitliche Bewegungen zuließ. Der lange Radstand erleichterte die Kurvenanpassung.

● HAFTUNGSPROBLEME

Mit der Verbreitung der Eisenbahn kamen die Erbauer bald an Steigungen mit einem Verhältnis von 1:50 oder noch mehr: Jetzt mussten die Konstrukteure verstärkt über die Haftung nachdenken. Baldwins erste Lösung war ein zusätzliches Paar von kleineren Rädern auf einer eigenen Achse. Sie wurden über ein Gestänge von den Treibrädern mitbewegt. Die erste Lok dieser Art wurde im August 1841 an die Sugarloaf . Coal Co. verkauft. Auf einer Testfahrt zog sie 590 Tonnen von Reading nach Philadelphia – ein neuer Rekord: Sie legte die 87 Kilometer in 5 Stunden und 22 Minuten zurück.

Baldwins klassisches Modell für den Schwerguttransport war die 2-6-0 „Mogul“. Mit einem zusätzlichen Paar von Koppelrädern und der Einzelachse für das führende Drehgestell von der klassischen Passagierlok 4-4-0 entstand eine Lok, die auch in hügeliger Landschaft für den Passagierverkehr genutzt werden konnte.

Die ersten Loks wurden in einer kleinen Halle in Lodge Alley gebaut und er wurde zum weltgrößten Lokomotivhersteller. In den 117 Jahren der Firma Baldwin Locomotives wurden mehr als 7000 Loks gebaut.

OLD IRONSIDES

Baujahr	1832
Konstrukteur	Baldwin, Philadelphia, Pennsylvania, USA
Auftraggeber	Camden & Amboy Railroad (C&AR)
Spurweite	Standard
Treibräder	146 cm
Antrieb	2 Zylinder 24 x 46 cm

● SCHILD GEGENÜBER OBEN
Typschild der von Baldwin gebauten 2-6-0 „Mogul“No. 20, „Tahoe“.

● GEGENÜBER OBEN
Matty Baldwin erste Montagehalle in Lodge Alley, Philadelphia.

● GEGENÜBER UNTEN
Die „Tahoe“, eine 2-6-0 „Mogul“von Baldwin, früher bei der Virginia & Truckee (V&I) in Nevada im Einsatz, hier im Eisenbahn-Museum von Pennsylvania in Stroudsburg.

● RECHTS
Von Anbeginn an baute Baldwin viele charakteristische Satteltankloks. Dieser Veteran einer kubanischen Zuckermühle ist ein typisches Beispiel.

Amerikanische Lokomotiven – 1840-75

Zwischen 1840 und dem Bürgerkrieg (1861-65) vervielfachte sich die Produktion von Lokomotiven. Ende der 50er Jahre gab es nicht nur elf wichtige Hersteller, sie waren auch alle über das Experimentierstadium hinaus und konnten bewährte Standardtypen in Serie produzieren.

Mit dem Bau der Eisenbahn über die Appalachen verbesserten Richard Norris & Sohn den Klassiker 4-4-0, indem sie noch eine gekoppelte Achse am Heck vorsahen, um so die 4-6-0 („Ten-Wheeler“) zu bauen. Diese Konstruktion erlaubte einen viel größeren Kessel und das zusätzliche Paar Treibräder erhöhte die Haftung um 50 Prozent – ausreichend für alle Steigungen. Die Verwendung von Balkenrahmen vereinfachte die Abänderung von vorhandenen Plänen, ohne dass größere Werkhallenkapazitäten oder Werkzeugmaschinen nötig wurden.

● RECHTS
Die „Pionier“, eine 2-2-2 Single von Seth Wilmarth, 1851 für die Cumberland Valley Railroad gebaut. Dies war die erste Lokomotive, die in Chicago fuhr.

● LINKS
Das Bahndepot in Nashville, Tennessee, während des amerikanischen Bürgerkriegs.

● UNTEN
Diese Nachbildungen der 4-4-0 „Jupiter“ der Central Pacific, und der No. 119 der Union Pacific stehen am Golden Spike National Monument, Promontery/Utah.

● RECHTS
Ein typischer amerikanischer Expresszug aus den 60er Jahren mit einer 4-4-0. Sie war die wichtigste amerikanische Lok, trotz der oft schlecht verlegten und holperigen Schienen konnte sie ausreichend schnell fahren.

● „MOGUL" UND „CONSOLIDATION"

Viele amerikanische Ingenieure machten sich Sorgen, dass die zunehmende Kessellänge die Sicht der Lokführer beeinträchtigen könnte. 1853 baute Samuel J. Hayes von der Baltimore & Ohio (B&OR) eine 4-6-0 mit dem Führerstand auf dem Kessel um die Dampfkuppel herum. Der Anblick war ungewohnt, aber die Konstruktion solide. Das Design wurde bald von anderen Konstrukteuren kopiert.

Um 1860 war die New Jersey Railroad Co. (NJRC) ein früher Kunde der schon beschriebenen Baldwin 2-6-0 „Mogul"- Güterlokomotiven. Da das Tempo auf den Strecken weiter zunahm und die Züge immer schwerer wurden, war eine noch größere Güterlok erforderlich: 1866 baute die Lehigh & Mahoning Railroad (L&MR) eine 0-8-0 mit zusätzlichem Drehgestell im Vorlauf, die „Consolidation".

● OBEN
Die „General", 1855 von Brooks für die Western & Atlantic Railroad (W&NR) gebaut, ist durch ihre Rolle im Bürgerkrieg berühmt geworden. Von der Konföderation gestohlen, entbrannte eine wilde Jagd nach ihr. Ein typisches Modell der damaligen Zeit.

ATLAS

Baujahr	1846
Konstrukteur	Baldwin Philadelphia, PA, USA
Auftraggeber	Philadelphia & Reading
Radfolge	0-8-0
Antrieb	2 Zylinder 42 x 47 cm
Gewicht	23,7 Tonnen

Transkontinentale Verbindungen waren 1862 Teil von Präsident Lincolns Plan, den Norden zu vereinigen und die Union zu erhalten. Ende der 60er Jahre wurden die letzten Schienen der Union Pacific Railroad (UPR) und der Central Pacific Railway (CPR) in Promontory, bei Ogden/Utah, verlegt. Leland Stanford, Präsident der CPR, war vor Ort, um die Gleise beim Zusammentreffen zu befestigen: Am 10. Mai 1869 war die erste amerikanische transkontinentale Eisenbahn, ein durch das Golden Spike Monument verewigtes Ereignis, vollendet. Vom Atlantik zum Pazifik gab es nun ein durchgehendes Gleis für die Loks der Zukunft, um bei der Erschließung des Westens zu helfen.

Amerikanische Lokomotiven – 1875-1900

Industrialisierung und Modernisierung brachten Freizeit und mehr Geld für die Arbeiter Amerikas: Sie konnten Tagesausflüge und Urlaub machen. Ende der 70er kam dadurch starker Verkehr auf, besonders bei Wochenendfahrten zwischen Philadelphia und New Jersey. Längere Personenzüge und kürzere Fahrzeiten waren gefragt.

● LUFTDRUCKBREMSEN UND ANTHRAZIT

Bis Ende der 70er Jahre erwies sich die 4-4-0 als ideal für Amerikas Eisenbahnen. Doch der zunehmende Verkehr forderte mehr: Größere Loks brachten schwerere Züge, stärkere Brücken, bessere Waggons, längere Ausweichgleise und vor allem die Luftdruck-

● OBEN
Die 4-4-0 „American"war die universelle Lokomotive von 1850 bis 1895. Es wurden über 24.000 Exemplare gebaut. Bei diesem Modell 4-4-0 der Philadelphia & Reading steht der Lokführer über dem Kessel, der Heizer dahinter.

● LINKS
Die 2-8-0 war bei Schmalspurlinien beliebt, da sie eine gute Traktion auch auf Bergstrecken besaß. Diese „Baldwin"der D&RG von 1881 steht im Colorado Railroad Museum in Golden/Colorado.

CHICAGO BURLINGTON & QUINCY 2-4-2

Baujahr	1895
Konstrukteur	Baldwin, Philadelphia, PA, USA
Auftraggeber	Chicago Burlington & Quincy (CB&Q)
Spurweite	Standard
Treibräder	221 cm
Antrieb	Zylinder 48 x 66 cm

● LINKS
Diese 2-8-0 Baldwin-Consolidation von 1895 für die 91 cm-Spur ist typisch für Loks in Colorado vor der Jahrhundertwende. Zuerst bei der Florence & Cripple Creek Railroad (F&CCR) im Einsatz, kam sie später zur Denver & Rio Grande (D&RG). Sie ist heute in Durango, Colorado, ausgestellt.

● LINKS
Die Baldwin 2-10-0 „Decapod"galt in ihrem Baujahr 1886 als die größte Lok der Welt. Die No. 500 und ihre Schwesterlokomotive, No. 501, fuhren auf einer Behelfsstrecke über die Berge, bis ein Tunnel gebaut wurde.

● OBEN
Eine 4-4-0 der Pennsylvania Railroad.

● UNTEN
Eine 4-4-0, 1881 von Sharp, Stewart in Schottland für die St. John & Maine Railroad (SJ&MR) gebaut.

bremsen mit sich. Die Luftdruckbremse von George Westinghouse löste nach 1868 die Handbremsen ab und erlaubte modernen Zügen ein höheres Tempo. Baldwins Lok No. 5000 war die 2-4-2 „Lovett Eames". Die 1880 gebaute Lokomotive war mit einer Wootten-Feuerkammer ausgestattet, um Anthrazit verbrennen zu können – ein Treibstoff, der Koks und Holz schnell ersetzte. Die 201 cm großen Treibräder erlaubten den Einsatz der Lok für den schnellen Personenverkehr: Baldwin garantierte, dass sie mit vier Waggons eine Durchschnittsgeschwindigkeit von über 96 Stundenkilometern halten könne. Sie sollte die No. 507 der Philadelphia & Reading Railroad (P&RR) werden, doch die Linie ging pleite.

● „DECAPOD" – GRÖSSTE LOKOMOTIVE DER WELT

Sechs Jahre danach baute Baldwin die bis dahin größte Lokomotive der Welt – eine 2-10-0, die „Decapod". Die zehn 119 cm messenden Treibräder dienten sowohl der Gewichtsverteilung auf möglichst viele Achsen als auch der maximalen Traktion auf einem Streckenabschnitt, der bis zur Vollendung eines Tunnels genutzt werden musste. Um auch enge Kurven nehmen zu können, waren das zweite und dritte Radpaar ungebördelt. Die 4-8-0 „Mastodon", eine schwere Güterlok, erhob zu dieser Zeit ebenfalls Anspruch auf den Titel der weltgrößten Lokomotive. Die 4-4-0 „American"verschwand gegen Ende des Jahrhunderts von allen Hauptlinien, nachdem sie noch 1893 als L-Klasse der New York Central Railroad (NYCR) ihre letzte Blütezeit erlebte. In diesem Jahr fuhr die No. 999 über 160 Stundenkilometer und setzte sich damit an die Spitze der Empire State Limited.

Amerikanische Lokomotiv-Bauer

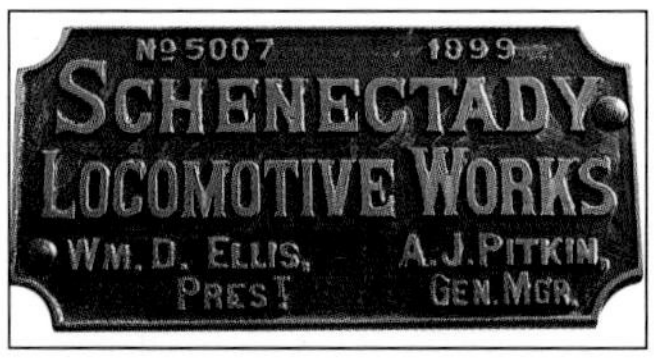

● LINKS
Typschild der No. 20 der Florence & Cripple Creek Railroad, eine 4-6-0 von Schenectady. Dieser Hersteller ging 1901 mit vielen anderen Unternehmen in der American Locomotive Company (Alco) auf.

Die erste britische Lokomotive wurde 1829 in die USA importiert. Nur ein Jahr später war die erste in Amerika gebaute Lok, die „The Best Friend Of Charleston" der West Point Foundry, New York, fertig. Bis Ende der 30er Jahre hatte sich bereits gut ein Dutzend Firmen im Lokomotivbau versucht. 1840, als überall in den USA Strecken gebaut oder geplant wurden, hatten die drei großen Hersteller – Baldwin, Norris und Rogers – insgesamt 246 Lokomotiven fertiggestellt, die ersten beiden in Philadelphia, Rogers in New Jersey.

● Standardisierte Bauteile

In den USA gab es wie in Großbritannien Produktionsstätten sowohl der Gesellschaften als auch Hersteller. Erstere befassten sich hauptsächlich mit Wartung und Reparatur und überließen den Privaten den Bau der Lokomotiven. Die Altoona-Werke der Pennsylvania Railroad waren eine Ausnahme: Man begann 1866 mit der Lokomotivproduktion und standardisierte bald die Bauteile der einzelnen Klassen. Das war ein großer Fortschritt, da zu dieser Zeit die Lokomotiven meist per Hand hergestellt wurden, was den Austausch von Teilen unmöglich machte, selbst bei Modellen gleichen Typs und Herstellers.

● OBEN
Baldwins Montagehalle (The American Railway, 1892).

● UNTEN
Die „William Crooks"war die erste Lok in Minnesota. Sie wurde 1861 von New Jersey Machine Works in Paterson, New Jersey, für die St. Paul & Pacific Railroad (SP&PR) gebaut. Diese war eine Vorgängerin der Great Northern Railway (GNR) von James J. Hill, dem Eisenbahnpionier. Hill wurde daher der Spitzname „The Empire Builder" verpasst.

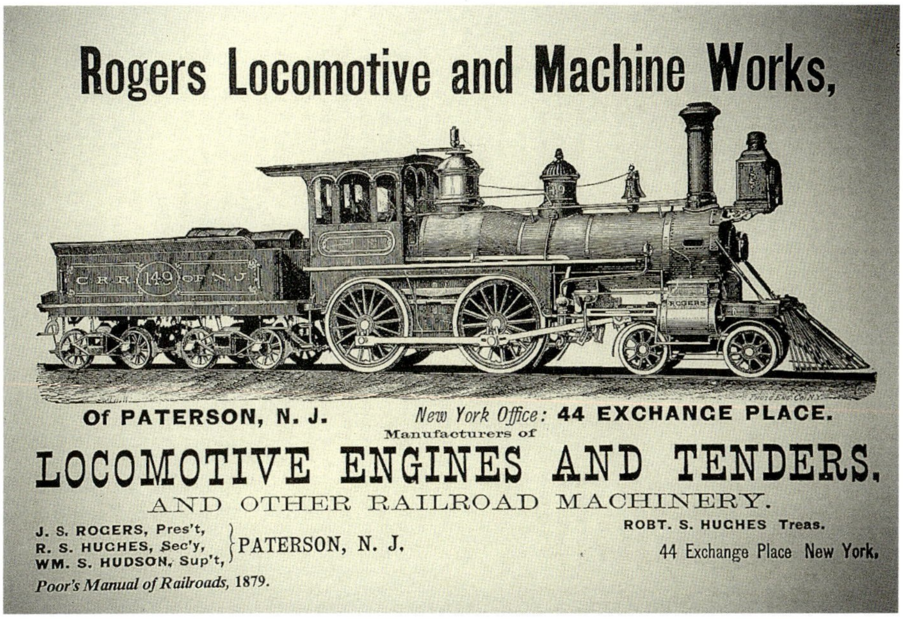

● LINKS
Rogers Locomotive and Machine Works, New Jersey, eine der wichtigsten Schmieden der USA. In 76 Jahren produzierte das Werk von 1837-1913 6200 Lokomotiven.

● OBEN RECHTS
Baldwin-Typschild von 1878. Es wurde an einer Lok gefunden, die nach Kuba exportiert wurde.

● UNTEN LINKS
Manchester Locomotives Works, aus Manchester, New Hampshire, baute diese 4-4-0 „American"für die Boston & Maine Railroad (B&MR).

● UNTEN
Florence & Cripple Creek Railroad's No. 20, eine 4-6-0 / 91 cm-Spur-Lok von Schenectady, später bei der Rio Grande Southern Railroad im Einsatz.

● GANZ UNTEN
Serienschild der Duluth & Northern Minnesota's No. 14, einer Baldwin 2-8-2 „Mikado"- aus dem Jahr 1912.

● SONDERANFERTIGUNGEN FÜR DIE INDUSTRIE

Neben den Haupteisenbahnlinien wuchs die Bedeutung des Bahntransportes auch in der Industrie: Hersteller für Sondermodelle fertigten Loks, maßgeschneidert für die Industrie. Der Vorsprecher unter ihnen war Ephraim Shay, Eigner eines Sägewerks in Haring, Michigan. Auf provisorischen Gleisen brachte er Holz aus den Wäldern. Da normale Loks zu schwer waren, entwickelte er eine eigene: 1880 montierte er einen Kessel seitlich so versetzt auf einem flachen Drehgestellwaggon, dass zwei vertikale Zylinder eine Treibstange auf Höhe der Achse an der rechten Seite der Lok bewegen konnten. Das Gerät hatte nichts mit einer normalen Lok gemein, aber es war für diesen Zweck perfekt.

● MASSENFERTIGUNG IN FABRIKEN

Vor 1880 waren die meisten Loks amerikanischer Fertigung eher klein und wogen selten mehr als 30 Tonnen. Daher konnten sie in kleinen Hallen ohne große Kräne montiert werden. Die Rahmen ließen sich per Hand mit handwerklicher Schmiedekunst herstellen.

Um 1890 jedoch waren die Lokomotiven so groß geworden, dass die alten Manufakturen unbrauchbar geworden waren. Die großen Werke wie z.B. Baldwin and Cook bauten mehrgeschossige Fabriken mit Schwerlastkränen, um Lokomotiven in großer Stückzahl herstellen zu können. Kleine Firmen konnten nicht mehr mithalten und gingen in den Ruin.

Kanadische Lokomotiven

Kanadas erster Zug war eine Strassenbahn auf der 27 km langen Verbindung Laprairie-St Johns in Quebec. Die Linie wurde 1832 eröffnet und verband den Hudson River und den Richelieu. Im ersten Winter wurden die hölzernen Schienen durch schlechtes Wetter beschädigt. Im Frühling wurden sie durch Schienen aus Metall ersetzt.

• Amerikanische Lokomotiven

Im Juli 1836 wurde die Champlain & St. Lawrence Railroad (C&SLR) eröffnet. Der erste Zug wurde von Pferden gezogen, weil der kanadische Ingenieur die in England gebaute 0-4-0 „Dorchester" von Stephenson, mit dem Spitznamen „Kitten", nicht in Gang bekam. Ein Ingenieur aus den USA fand heraus, das sie „viel Holz und Wasser"brauchte und so erzeugte sie schliesslich Dampf und erreichte „aussergewöhnliche"32 km/h.

Kanadische Dampflokomotiven hatten amerikanische und britische Merkmale, besonders die klassische amerikanische 4-4-0 war beliebt. Die kanadischen Winter trieben ihr Schindluder mit den Schienen. Die amerikanischen Loks waren besser als die britischen 2-4-0 mit den unbeweglichen Achsgestellen. Amerikanische 4-4-0 wurden in grossen Mengen nach Kanada geschickt, denn in den 1870ern waren sie Universalloks.

• OBEN
Die „Samson" wurde 1832 von Hacksworth in Wylam, Northumberland in England für den kanadischen Markt gebaut. Es war die erste Lokomotive in Nova Scotia, eine der ersten in Kanada überhaupt.

• UNTEN
Die „Countess of Dufferin", eine typisch kanadische 4-4-0, war die erste in den Dienst gestellte Lok der Canadian Pacific Railway (CPR).

● LINKS
Eine 4-4-0, die von Dübs in Glasgow, Schottland, 1870 für die Canadian ICR gebaut wurde. Beachtenswert sind die verzierte Stirnlampe und die Radnaben.

● RECHTS
Diese 4-4-0 wurde 1868 von Neilson aus Glasgow, Schottland, für die 166 cm breite Canadian Grand Trunk Railway (CGTR) gebaut. Der massive Funkenschutz am Kopf des Schornsteins war 180 cm groß.

● COUNTESS OF DUFFERIN

Die „Countess of Dufferin"wurde 1872 von Baldwin gebaut und auf Regierungsstrecken in Kanadas östlichster Prärieprovinz Manitoba eingesetzt, bevor sie 1885 an die Canadian Pacific Railway (CPR) ging. Im selben Jahr baute CPR auch seine erste Lokomotive: Eine typisch amerikanische 4-4-0, als Zweiachser konzipiert. Die „Duchess"war mit einem Röhrenkessel nach britischem Muster ausgestattet, nicht mit einem kegelförmigen Langkessel. Die Form des Funkenschutzes entsprach eher dem kanadischen als dem amerikanischen Design. Dennoch war der Langkessel in den frühen kanadischen 4-6-0- und den 2-8-0-Modellen vorhanden. Die Vorrichtung für einen zusätzlichen Rauchabzug über der Krone der Feuerbüchse, der heißesten Stelle des Kessels, half, eine Überhitzung zu verhindern. Dies galt für die Lokomotiven, die eine Steigung von 1:25 auf der CPR-Strecke in den Rocky Mountains überwanden. Auf der Strecke wurden Passagiere und Fracht mit einer kleinrädrigen 2-8-0 transportiert. Ladungen wurden oft auf zwei Drehgestelle pro Lok beschränkt. Wenn ein Zug über die Berge gezogen werden sollte, mussten die Loks in Intervallen von zwei Waggons dazwischengesetzt werden. Zum Ende des 19. Jahrhunderts ersetzte Kohle Holz als Treibstoff und Schlote mit Funkenschutz waren nicht mehr nötig.

TYP 4-4-0

Baujahr	1868
Konstrukteur	Neilson, Glasgow, Scotland
Auftraggeber	Canadian Grand Trunk Railway (CGTR)
Spurweite	166 cm
Achsfolge	4-4-0
Antrieb	Zylinder

● LINKS
Die „Albion", die sehr oft als die dritte in Kanada eingesetzte Lokomotive galt, wurde von Rayne & Burn aus Newcastle upon Tyne in England hergestellt. Diese Lokomotive wird meistens fälschlicherweise als ein „Hackworth"-Typ bezeichnet.

Frühe europäische Lokomotiven

Die ersten Lokomotiven, die auf dem europäischen Festland gebaut wurden, waren die uneffektiven Berliner Dampfwagen 1. Es handelte sich um die 0-4-0, die in Deutschland 1816 konstruiert wurde. Die ersten Versuche mit Dampf fanden 1828 auf der Strecke der Saint-Etienne & Lyon Eisenbahngesellschaft mit einem frühen Stephensonschen Maschinengespann statt. Im November 1829 führte der französische Ingenieur Marc Séguin seine eigene Lok auf dieser Strecke ein. Sie hatte einen Kessel mit verschiedenen Rohren und großen Rotorblättern.

AJAX

Baujahr	1841
Auftraggeber	Austrian North Railway
Spurweite	Standard
Achsfolge	0-6-0

● UNTEN
Der „Adler", die erste Dampflokomotive auf der Strecke Nürnberg-Fürth in Bayern am 7. Dezember 1835.

● „ALTERNIERENDE SÄGEN"
Séguin erfand noch zwei andere Loks. Sie wurden zwar eingesetzt, hatten aber Probleme mit den riemengetriebenen Gebläsen, die auf dem Tender saßen. Sie versagten ständig, weil nicht ausreichend Dampf vorhanden war. Deshalb begleitete die Lok ständig ein Wagen mit vier Pferden, um gegebenenfalls Zughilfe zu geben. Diese Fehler wurden jedoch ausgemerzt und 1835 hatte Séguin mehr als zwölf Lokomotiven einer Klasse fertig gestellt. Diese wurden wegen der Bewegung der Treibstangen scieurs de long oder „alternierende Sägen"genannt.

● **DIE ERSTEN LOKS IN DEUTSCHLAND UND IN DEN NIEDERLANDEN**

Die bahnbrechende Lokomotive, die 1835 auf Deutschlands erster Dampfeisenbahnstrecke zwischen Nürnberg und Fürth eingesetzt wurde, war „Der Adler". Diese 2-2-2 von Stephenson gebaute patentierte Type hatte Außenrahmen und einen unglaublich langen Schornstein mit kleinem Durchmesser. Sie wurde in Europa populär und war die erste Lokomotive, die in verschiedenen Ländern vorgestellt wurde. Dieses galt auch für die Niederlande im Jahre 1839, als die erste Strecke in Holland zwischen Amsterdam und Haarlem eröffnet wurde.

● **DIE ERSTE LOK IM ÖSTERREICHISCHEN RAUM**

Die erste Dampfeisenbahn im österreichischen Kaiserreich war die Kaiser-Ferdinand-Nordbahn, die 1837 mit zwei Stephensonschen Planet-Lokomotiven, der „Austria"und der „Moravia", eröffnet wurde. Robert Stephensons Assistent begleitete die Maschinen nach Wien und blieb dort, um die Eisenbahnwerkstätten zu leiten. Er war für die rasche Entwicklung der österreichischen Eisenbahnen verantwortlich.

● **BRITISCHER EINFLUSS IN RUSSLAND**

Russlands erste Eisenbahn wurde 1837 zwischen der Hauptstadt St. Petersburg (1712-1914) und Zarskoye Silo, dem „Dorf des Zaren"eingesetzt. Die ersten drei Lokomotiven waren alles 2-2-2er, jeweils eine von Hackworth, Stephenson & Co. und Tayleur & Co. Die erste in Russland gebaute Lokomotive war auf einer firmeneigenen Linie im Ural in Betrieb.

● OBEN
Eine „Buddicom"-2-2-2 Lokomotive, die für die Paris-Rouen-Linie 1843 gebaut wurde. Sie schaffte durchschnittlich 60 Stundenkilometer; hier auf dem „Festival of Britain"1951 in London vorgeführt.

● UNTEN
„Ajax", die 1841 von Isambard Kingdom Brunel für die Österreichische Eisenbahngesellschaft gebaut wurde, fuhr auf der Florisdorf-Stockerau-Strecke in Wien.

EUROPA – MITTE 19. JAHRHUNDERT

Die Alpen sind die natürliche Berggrenze im südlichen Zentraleuropa, die sich über 1000 Kilometer von der Mittelmeerküste Frankreichs und Nordwestitaliens durch die Schweiz, Norditalien und Österreich nach Slowenien ausdehnen. Der höchste Gipfel mit 4807 Metern ist der Mont Blanc.

Ab 1844 baute die österreichische Regierung die Haupttrasse südwärts von Wien über die Alpen durch den Semmering-Pass in einer Höhe von 980 m über dem Meeresspiegel. Der Ingenieur Karl Ghega machte sich das starke Gefälle und die extremen Biegungen zu Nutze, um dieses Hindernis zu überwinden. Die 29 Kilometer lange Strecke von Gloggitz bis zum Gipfel hat eine kontinuierliche Steigung von 1:40. Keine bislang gebaute Lokomotive war in der Lage, die Züge über den Pass zu bringen. Und zuerst waren Experten der Meinung, dass eine Kabelbahn notwendig sei. Schließlich schlug ein deutsches Fachmagazin ein Lokomotiv-Wettrennen wie auf der Rainhill-Strecke vor, um die beste Bauart für die Maschine der Bergbahn herauszufinden. Der Regierungsoberinspektor für die Eisenbahnen, Baron Engerth, willigte ein: Der Semmering-Wettbewerb wurde im Juli 1851 abgehalten.

● OBEN
Die „Wesel“, die von Borsig aus Berlin 1851 gebaut wurde, lief auf der Köln-Minden-Trasse im heutigen Bundesland Nordrhein-Westfalen.

● UNTEN LINKS
Die RENFE-Lokomotive Nr. 030-2016 von Kitson, Thomson & Hewitson aus Leeds 1857 gebaut, ist hier 1962 als Güterzuglok im östlichen Spanien in Valencia zu sehen.

● UNTEN RECHTS
Die „Gmünden“wurde 1854 von Günther aus der niederösterreichischen Wiener Neustadt für die Schmalspurstrecke (110 cm) zwischen Linz und Gmünden gebaut, die Oberösterreich durchquerte.

● SEMMERING-WETTKAMPF

Von den vier Teilnehmern galten drei als bahnbrechend in der Lokomotiventwicklung. Die Teilnehmer erfüllten die Testbedingungen bestens und bewältigten den Pass mit der Testlast schneller als mit der geforderten Geschwindigkeit.

● UNTEN
Die „Pfalz"war eine „Crampton"-Lok und wurde 1853 von Maffei aus München für die Bayerisch-Pfälzische Eisenbahn gebaut. Diese Nachbildung wurde vor einem Lokschuppen in Nürnberg, Bayern, aufgenommen.

LIMMAT

Baujahr	1846
Konstrukteur	Emil Kessler, Karlsruhe, Baden, Deutschland
Auftraggeber	Nord-Schweizerische Eisenbahn
Spurweite	1,435 mm
Radanordnung	4-2-0
Antrieb	Zylinder 14,25 x 22 mm

Der Gewinner des ersten Preises von 20.000 Gulden war die in Deutschland von Maffei in München gebaute „Bavaria", eine 0-4-4-4-Tenderlokomotive mit Antriebsrädern, die durch Ketten und Kuppelstangen verbunden waren. Die anderen Teilnehmer waren die „Vindobona", eine 0-8-0 von John Haswell aus Wien mit Rechteckrahmen, die „Seraing", eine Doppellokomotive von John Cockerill aus Belgien und die „Wiener Neustadt"mit Dampfdrehgestellen und Langkessel, von Wilhelm Günther. Die Eisenbahngesellschaft kaufte sämtliche Maschinen und die „Bavaria"wurde 1852 von Engerth als eine 0-6-0 mit vorgezogenem Tenderrahmen nachgebaut, um so das Gewicht der Feuerbüchse abzustützen. Schließlich wurde die Eilzuglokomotive nach dem Engerth-Prinzip gebaut. Sie wurde sehr beliebt in Österreich, Frankreich, der Schweiz und Spanien.

● ANATOLE MALLET

Die erste Verbundlokomotive wurde 1876 von dem schweizer Ingenieur Anatole Mallet (1837-1919) für die Bayonne- und Biaritz-Eisenbahn im Südwesten Frankreichs gebaut. Dampf wurde einem Hochdruckzylinder zugeführt. Von dort wurde er in einen Niederdruckzylinder von größerem Durchmesser mit doppelter Intensität weitergeleitet. Bis zum Ende der dampfbetriebenen Eisenbahnen waren die französischen Bahnen auf Verbundlokomotiven fixiert. Die zweizylindrige Verbundlok wurde in Deutschland von Borries entwickelt: Er stellte 1880 seine 2-4-0-Verbundloks für den Expressdienst vor.

● RECHTS
„Limmat"ist eine Langkessellok, die von Emil Kessler aus Karlsruhe in Baden-Württemberg gebaut wurde. Sie war die erste Lokomotive, die am 19. August 1847 von Zürich in der Schweiz nach Baden ins südwestliche Deutschland fuhr. Die Bahnlinie wurde nach einer beliebten Praline als „Spanische Brötli-Bahn"benannt.

Europa bis 1900

● UNTEN

Diese De-Glehn-Verbundlok der französischen Nordeisenbahn ist typisch für das 19. Jahrhundert. Ähnliche Loks spielten eine entscheidende Bedeutung im Expressverkehr durch Frankreich und wurden in viele Länder von französischen und europäischen Konstrukteuren exportiert.

Bis 1879 betrug die gesamte Schienenlänge der russischen Eisenbahn 20125 Kilometer. Zwischen 1860 und 1890 konnte die Nachfrage nach Lokomotiven nicht von russischen Konstrukteuren allein erfüllt werden und viele Loks wurden aus England, Frankreich, Deutschland und Österreich importiert. Die beiden Typen russischer Lokomotiven verfügten über vollkommen geschlossene Führerstände, die vor dem harten Winter schützen sollten. Sie hatten den „Promenadendeck-Look"mit Laufstegen. Im Jahre 1895 wurden die ersten von 29 0-6-6-0- „Mallet"-Verbundtenderloks auf der 105 cm-Spur für die Vologda-Archangelsk-Eisenbahn in Nordrussland in Dienst gestellt.

● ALFRED DE GLEHN

Alfred de Glehn (1848-1936), ein begnadeter britischer Ingenieur, der in Frankreich als technischer Leiter der Société Alsacienne tätig war, entwickelte ein Verbundsystem von zwei Hoch- und zwei Niederdruckzylindern. Seine erste Lokomotive war eine beachtenswerte 4-2-2-0, bei der die Außenseite der Hochdruckzylinder nach Crampton-Manier leicht zurückgesetzt war. Die Niederdruckzylinder, die durch den Rahmen nach vorn ausgerichtet waren, setzten die Antriebsachse in Gang. In Zusammenarbeit mit Gaston du Bousquet (1839-1910), dem leitenden Entwicklungsingenieur der Nordfranzösischen Eisenbahn, wurden in den 90er Jahren größere, bessere und schnellere Modelle mit doppelten Treibachsen eingeführt. Mit ihren Hochgeschwindigkeitszügen setzte sich die Eisenbahngesellschaft an die Spitze der Entwicklung.

● KARL GÖLSDORF

Verbundlokomotiven wurden ebenfalls in Österreich von Karl Gölsdorf (1861-1916) entwickelt. Er war Ingenieur bei den Österreichischen Bundesbahnen (ÖBB). Seine ersten Zweizylinder-Modelle waren Güterzugloks und wurden

● LINKS

Eine der ersten europäischen schwergängigen 0-8-0-Tenderloks des deutschen Konstrukteurs Hartmann, die 1879 nach Spanien exportiert wurde.

● OBEN

Diese tschechische 0-8-0 wurde 1893 für die Österreichischen Bundesbahnen als Lokomotive Nr. 73175 von STEG in Wien gebaut.

EMMETT 2-6-0T

Baujahr	1886
Konstrukteur	Emil Kessler, Karlsruhe, Baden, Deutschland
Auftraggeber	Portuguese CN Railway
Spurweite	Meter
Treibräder	99 cm
Antrieb	Zylinder 33 x 48 cm 13 x 19 mm

● LINKS
1886 wurden diese leichten „Emmett"2-6-0T-Exemplare vom Konstrukteur Emil Kessler aus Karlsruhe für Portugals Strecken mit Meterspur eingeführt.

● UNTEN LINKS
Eine der ersten portugiesischen Eisenbahnen mit einer Breitspur und Satteltank von Beyer Peacock wurde in Manchester, England, gebaut.

● UNTEN RECHTS
Die 0-8-0-Type der Wolga-Bahn wurde 1871 von Sharp, Stewart aus Großbritannien importiert.

1893 eingeführt. Gölsdorfs Anliegen war es, Personen- und Güterloks herzustellen, die die Züge über die Alpenpässe brachten. Seine 2-8-0-Loks, die für den Arlberg-Tunnel konzipiert waren und von denen mehr als 900 gefertigt wurden, waren so erfolgreich, dass sie bis in die Fünfzigerjahre im Einsatz waren.

● CAESAR FRESCOT

Der Maschinenbaumeister der Oberitalienischen Eisenbahn, Caesar Frescot, baute 1884 Europas erste Tenderlokomotive „Vittorio Emanuele II", eine 4-6-0 mit Standardspurweite. Diese Lokomotive, die in den Turiner Werken gebaut wurde, war für schweren Personen- und Güterverkehr vorgesehen. Sie verband die Berglandschaft von Mittelitalien mit Genua, Turin und Mailand in Norditalien durch den acht Kilometer langen Eisenbahntunnel am Giovi-Pass auf einer Höhe von 329 Metern. Sie hatte Außenzylinder und war mit schmiedeeisernen Ornamenten versehen, doch ihr Erscheinungsbild wurde durch das Drehgestell mit kurzem Achsstand beeinträchtigt.

Europäische Konstrukteure des 19. Jahrhunderts

Matthias von Schönner, einer der ersten Lokomotivkonstrukteure, war Architekt der pferdebetriebenen Budweis & Linz Eisenbahn, die die ehemals deutsche Braueristadt Ceske Budejovice im südlichen Böhmen (heute Tschechien) und die oberösterreichische Handelsstadt Linz verband. Von Schönner besuchte in den Dreißigerjahren des 19. Jahrhunderts Amerika und war sehr beeindruckt vom Konstrukteur William Norris aus Philadelphia. Er kehrte zurück nach Europa, um die Wiener & Raub-Strecke zu bauen, die 1842 eröffnet wurde. Die Wiener & Gloggitz-Eisenbahn errichtete

● OBEN
Die europäischen Konstrukteure Kuntze & Jürgens aus Deutschland exportierten ihre Loks bis nach Kuba.

● OBEN
Eine der produktivsten Eisenbahnkonstrukteure waren Henschel & Sohn in Kassel. Die Firma baute ihre erste Lokomotive 1848. Henschel produzierte für den weltweiten Export und den nationalen Markt.

● OBEN
Ein weiterer erfolgreicher Konstrukteur für den Weltmarkt war Richard Hartmann aus der Stadt Chemnitz, die als das „sächsische Manchester" bekannt war. Sie liegt am Fuße des Erzgebirges.

● OBEN
Der ehemalige deutsche Konstrukteur BMAG aus Berlin trat ursprünglich als Schwartzkopf auf, was durch dieses ornamentierte Typenschild dokumentiert ist.

● OBEN
Weniger bekannte Konstrukteure waren die Rheinische Metallfabrik aus Düsseldorf, der Hauptstadt von Nordrhein-Westfalen und Wirtschaftsstandort des Rhein-Ruhr-Gebietes. Der Name ist hier auf einer 2-6-0 der Klasse 20 von 1922 der jugoslawischen Eisenbahn, Jugoslovenske Zeleznice (JZ), abgebildet.

● OBEN
Borsig aus Berlin war ein produktiver Konstrukteur für den Binnen- und Weltmarkt.

● OBEN VON LINKS NACH RECHTS
Orenstein & Koppels Typenschilder.

● LINKS
Eine Verbund-Mallet 0-4-4-0T mit vier Zylindern und 70 cm Spurweite, die von Ducroo & Brauns aus Weesp in Holland gebaut wurde, auf einer Zuckerplantage in Java.

● UNTEN
Borsig aus Berlin war der produktivste Lieferant des Binnen- und Weltmarkts. Dies ist die weltweit letzte dampfgetriebene Straßenbahn.

● UNTEN
Arthur Koppel baute 1885 seine Gießerei auf, um vielseitiges Eisenbahnzubehör zu fertigen. Das führte zur Gründung von Orenstein & Koppel, Deutschlands ersten Konstrukteuren einer Schmalspur-Güterlok. Die Abb. zeigt eine echte Arthur-Koppel-Lok von 1898. Es ist eine 0-4-0"„Laurita"mit Wassertaschen und Metalltafel, auf der „Primera Locomatora Chacao Paraguayo"steht, also „erste Lokomotive auf dem paraguyaischen Chaco". Der Gran Chaco ist die Ebene inmitten des Südens Lateinamerikas mit großen Sümpfen und dichten Wäldern.

sofort nach der Eröffnung 1841 eigene Werke, um die vorhandenen Loks zu warten und neue zu bauen. Der schottische Ingenieur John Haswell hatte die Leitung und baute seine erste Lokomotive namens „Wien"im selben Jahr. Wenzel Günter, der für Haswell arbeitete, übernahm die Leitung der Wiener-Neustadt-Lokomotivwerke. Haswell produzierte 1844 seine ersten 4-4-0 für Wien & Gloggnitz. Es folgten die zwei berühmten Lokomotiven „Große Gloggnitzer"und „Kleine Gloggnitzer". Deren Kraft war so groß, dass sie die 163 Tonnen schweren Personenzüge und die 386 Tonnen schweren Frachtzüge zwischen Mürzzuschlag, südwestlich der Wiener Neustadt, und Leibach ziehen konnten.

● AUGUST BORSIG

Die erste Lokomotive von August Borsig entstand in Berlin-Moabit. Sie wurde im Juli 1841 für die Strecke der Berlin & Anhalter-Eisenbahn fertig gestellt und verband Sachsen mit Berlin. Bei diesem Typ versuchte er das amerikanische Norris-4-2-0-Design zu verbessern, indem er ein Paar Antriebsachsen hinter die Feuerbüchse legte. Das war gut für die Gewichtsverteilung, aber es nahm der Lok leider auch die nötige Adhäsionskraft. In seiner 2-2-2-Lok „Beuth", 1843 ebenfalls für die Berlin & Anhalter gebaut, integrierte Borsig die besten Elemente der britischen Lokomotivkonstrukteure ihrer Zeit, jedoch mit den von Stephenson übernommen Aussenzylindern versehen. Die Borsigwerke wurden zunehmend Deutschlands produktivster Lokomotivenhersteller und belieferten einen weltweiten Markt. Die Firma Henschel & Sohn wurde 1817 gegründet und befand sich in Kassel. Sie baute 1848 die erste Lokomotive namens „Drache". Es war ein 4-4-0-Hybridfabrikat, das den Langkessel von Stephenson mit der heuschoberartigen Feuerbüchse und dem kleinachsigen Norris-Drehgestell kombinierte. Henschels Produktivität war eher bescheiden, denn bis 1860, als die fünfzigste Lok fertig war, verließen nicht mehr als acht Loks pro Jahr die Werkstatt.

Indische Lokomotiven

Indiens erste Bahnstrecken mit 34 Kilometern Länge gehörten zu der Great Indian Peninsular Railway (GIPR) zwischen Bombay und Thana/ Maharashtra. Sie wurde im April 1853 eröffnet. Für die Eröffnung lieferten Tayleurs Vulkan- Fabriken in Newton-le-Willows acht 2-4-0 mit Innenzylinder und Kesseln ohne Dom, heuschoberartigen Feuerbüchsen und 150 cm großen Laufrädern. So wie die Geschichte der GIPR in Bombay anfing, begann die der East Indian Railway (EIR) in Kalkutta. Zehn 2-2-2 Express-Lokomotiven mit Außenzylindern wurden für die EIR-Schnellzugverbindung hergestellt. Die Radgröße von 200 cm rüstete sie für die Hochgeschwindigkeit. Dafür hatte sie überraschend voluminöse Tender. Die Feuerbüchse war für jene Zeit erstaunlich groß und umfasste eine Fläche von 5,5 Quadratmetern.

● LINKS
Die indische Einmeter-Spurweite der E- Klasse war eine 0-4-2-Vielzweck-Version der D-Klasse. Zwischen 1874 und 1891 wurden 147 Exemplare herkömmlicher Bauart in Dienst gestellt.

● HINDERNIS WEST-GHATS

Von Beginn an hatte die GIPR Probleme bei ihren Züge mit der 900-1.500 Meter hohen westlichen Ghatregion. Das Schlingern auf den Serpentinenstrecken mit den schweren Tankloks war gängige Praxis. Sharp Stewart & Co. aus Glasgow, Schottland, baute auf Wunsch des GIPR-Ingenieurs J. Kershaw eine robuste 4-6-0-Satteltanklok. Als erste Maschine mit dieser Achsenlage, die jemals in einem britischen Werk gebaut wurde, hatte sie Schlagbremsen. Diese wurden auf den westlich gelegenen Berghängen mit einem Gefälle von 1:37 angezogen. Sie wurde überflügelt durch einen massiven 60- Tonner 0-8-0ST von Vulcan Foundry and Neilson aus Glasgow. Webbs Drei-Zylinder-Verbundloks wurden vielerorts sehr bewundert, trotz ihres ungewöhnlichen Verhaltens bei der britischen LNWR. Es mag sein, dass es die Distanz aus Indien war, die ihren technischen Unzulänglichkeiten eine gewisse Anmut verlieh. Die Oudh & Rohilkhand Eisenbahn

● LINKS
Die Einmeter-Spurweite der F-Klasse 0-6-0 dominierte bei den indischen Eisenbahnen und ist eine der am meisten geschätzten Lokomotiven der Welt. Die Loks fuhren auf vielen Eisenbahnstrecken. Mehr als 1.000 Fabrikate wurden zwischen 1884-1922 von zwölf unterschiedlichen Konstrukteuren mit mehr oder weniger kleinen Abweichungen konstruiert.

● RECHTS
Die indische 0-4-0 der D-Klasse mit Einmeterspurweite hatten ein Standarddesign mit zehn Loks, die 1873 von Sharp, Stewart's Great Bridgewater Street Foundry in Manchester, England, gebaut wurden.

(ORR) brachte die Breitspur-Version von Dübs aus Glasgow 1883 in das heute als Uttar Pradesh bekannte Gebiet. Trotz der unterschiedlichen Anordnung des Führerhauses und der Ventilsteuerung sah es der Original-"Crewe"bis hin zu den einfachen Treibrädern ähnlich.

● BENGAL-NAGPUR AN DER SPITZE

Im ausgehenden 19. Jahrhundert wurde die große Spurweite der indischen Lokomotiven an die der britischen Hauptstrecken mit 4-4-0-Loks für Reisezüge und die 0-6-0-Loks für Güterzüge angepasst. Das zunehmende Eigengewicht machte die Entwicklung von kleinrädrigen sechsachsigen Loks in eine größere, den indischen Verhältnissen angepasste, Lok nötig. Und so gab die Bengal-Napur-Eisenbahngesellschaft, die Kalkutta und die Hauptstadt der zentralen Provinzen (Madhya Pradesh) verband und technisch immer führend war, eine Klasse von 4-6-0-Universalloks in Auftrag, die zwischen 1888-1891 ausgeliefert wurden.

F KLASSE 0-6-0

Baujahr	1874
Konstrukteur	diverse aus England, Deutschland, Indien
Auftraggeber	diverse, Indian State Railways
Spurweite	Meter
Treibräder	105 cm
Antrieb	Zylinder 32 x 50 cm
Gesamtgewicht	20 Tonnen

● LINKS
Das Hoheitszeichen der indischen Bengal-Nagpur Eisenbahn (BNR).

● LINKS
Die beliebteste Bahn ist die 0-4-0-Satteltanklok mit der 60 cm-Spurweite, die 1889 für die Darjeeling Railway gebaut wurde. Die Bahn brachte die bengalesischen Regierungsbeamten in ihren subtropischen Arbeitsort.

● UNTEN
Die meterspurige 4-4-0 der O-Klasse war eine Variante der M-Klasse mit Außenzylindern. Sie war die auf den meisten Strecken eingesetzte Personenzuglok. Einige hatten Extrabefeuerung. Die Klasse bestand aus zusammen 297 Fabrikaten.

Chinesische Lokomotiven

Chinas erste Eisenbahn wurde 1876 in der östlichen Provinz von Kiangzu eröffnet. Es war eine 8 Kilometer lange Strecke mit 75 cm-Spurbreite zwischen Shanghai und Wuzung, Shanghais Handelshafen, ein zusätzlicher Hafen mit größerer Wasserstiefe als der ursprüngliche. Die erste Lokomotive auf dieser Strecke war die „Pioneer", die von Ransomes & Rapier aus Ipswich, Suffolk, in England stammte. Dieser 1,5-Tonner mit 45 cm-Rädern hatte einen Servicewagen angehängt, auf dem der Lokomotivführer saß. Die Strecke existierte nur kurz. Nachdem sie für etwa einen Monat in Betrieb genommen worden war, wurde ein Einheimischer bei einem Unfall tödlich verletzt. Es kam zu Aufständen und die Strecke wurde geschlossen. Einige Monate später wurde sie mit zwei 0-4-2ST á 9 Tonnen wieder eröffnet, der „Celestial Empire"und der „Flowery Land", die beide Außenzylinder und einer Radgröße von 68 cm hatten. Auf diesen Lokomotiven waren die Wasserkästen seitlich angebracht und umgaben den Kessel komplett, jedoch blieb die Rauchkammer frei.

● LINKS
Die 0-4-0 „Speady Peace" Satteltanklok Nr. 2254, von Dübs aus Glasgow in Schottland 1886 gebaut, wurde verschrottet als mehr als 20 gefesselte Chinesen vor den Zug aus Opposition gegen die Eisenbahn geworfen wurden. Bemerkenswert sind die ornamenierten Typschilder von Dübs.

ROCKET OF CHINA

Baujahr	1881
Konstrukteur	C.W. Kinder
Auftraggeber	Kaiping Eisenbahn
Spurweite	Schmalspur
Treibräder	0-6-0
Antrieb	Zylinder 14.25 x 22 mm

● DIE KAIPINGSTRECKE

Der nächste Versuch, eine Eisenbahn in China zu bauen, gelang 1881 in der Provinz Hopeh. Eine Bergbaugesellschaft baute die schmalspurige Kaiping-Tramway auf einer acht Kilometer Strecke zwischen dem Kohlebergwerg von Kaiping nahe Tangshan und dem Kanal, der die Verbindung mit dem Pehtangfluss herstellte. Zunächst wurden, wegen der chinesischen Vorbehalte gegen Dampfloks, Maultiere für den Antrieb benutzt. C.W. Kinder, der Ingenieur vor Ort, entschied dennoch, dass eine Dampflok gebaut werden sollte. Er baute heimlich eine kleine 2-4-0 Lok, deren Teile er aus verschiedenen Restbeständen bezogen hatte, und nannte sie die „Rocket of China".

● OBEN
Die Kaiping Tramway in Hopeh wurde Chinas erste Eisenbahnlinie. Die 2-4-0 „Rocket of China" im Bild wurde in China von dem britischen Ingenieur C.W. Kinder gebaut und war die erste Lokomotive der Linie.

● DIE CHINESE IMPERIAL RAILWAY

1886 baute Dübs & Co. aus Glasgow, Schottland, zwei 0-4-0ST für die 60 cm-Spur der Imperial Chinese Railway (ICR). Sie wurden „Speedy Peace"und „Flying Victory"genannt und sofort von den Chinesen beargwöhnt, sie waren

● RECHTS
Die Sun-Wu-Lok 2-4-2T Nr. 2 wurde von Brooks Locomotive Works, Dunkirk, New York, USA gebaut. Dieser hoch angesehene amerikanische Hersteller produzierte mehr als 4000 Lokomotiven, bevor er mit sieben anderen fusionierte, um 1901 die American Locomotive Company (ALCO) zu gründen.

● RECHTS
Eine 2-6-2-Satteltank-Lok, 1887 von Dübs gebaut, nahm ihren Dienst auf der Tientsin Railway in der Hopeh-Provinz auf.

überzeugt, dass „die Höllenmaschinen" die Ahnengräber entweihen würden. Um dies zu verhindern, warfen sich viele Chinesen vor die Lokomotiven und brachten die Züge zum Stehen. Mehrere Menschen wurden überfahren und getötet.

● UNTEN
Diese Lok ist ein Beispiel dafür, wie sich die American-Locomotives-Exporte nach China auf die dortige Entwicklung auswirkten. Sie wurde von Baldwin 1899 gebaut und war Nr. 230 bei der Chinese Eastern Railway (CER). Obwohl die CER von den Russen betrieben wurde, waren die „Antriebsquellen"meistens aus Amerika. Die Nummer 230 war eine von 121Vauclain-Verbundloks 2-8-0 und für die Strecke 1899 von Baldwin gebaut worden. Samuel Vauclain (1856-1940) arbeitete für Baldwin über 51 Jahre und wurde 1929 in den Vorstand gewählt.

Fernöstliche Eisenbahnen

In Malaysia wurden die ersten Züge 1885 in der Provinz Perak zwischen Paiping und Port Weld eingesetzt. Danach wurde der erste Teil der elf Kilometer langen Strecke zwischen Kuala Lumpur, Peraks Hauptstadt, und Kelung mit Meterspurweite von der Perak Government Railway (PGR) eröffnet. Die erste Eisenbahn war eine kleine 0-6-0-Kessellok von Ransomes & Rapier aus Ipswich, Suffolk, in England. Sie war der „Pioneer"sehr ähnlich und eine der wenigen, die von dieser Firma gebaut wurden. Kleine Kesselloks, hauptsächlich die 4-4-0T, waren am besten für das in den Kinderschuhen steckende Eisenbahnnetz geeignet. Die größeren Loks der B Klasse wurden später zu Tenderloks konvertiert. Malayische Lokomotiven fielen durch ihre große Stirnlampe auf. Dennoch stieß eine der Lokomotiven mit einem Arbeitselefanten zusammen, der die Lok und den Tenderwagen aus dem Gleisbett warf.

• Von Singapur nach Penang

Die Reisenden konnten 1909 mit dem Zug von Singapur nach Penang fahren.

• RECHTS
Die Lok der Indonesian State Railways (ISR) der C12-Klasse 2-6-0 mit der Nr. C1206 war eine zweizylindrige Verbundlok, die für Staats Spoorwegen von Hartmann aus Chemnitz, Deutschland, 1895 hergestellt wurde.

Die Vollendung der Johore-Trasse brachte 1923 Verbindung bis nach Singapur. Singapur besaß 1903 eine Eisenbahn von Tank Road bis nach Bukit Timah.

• Der britische Einfluss in Japan

Japans erste Eisenbahn wurde 1872 von britischen Ingenieuren gebaut. Die erste Lokomotive, ein 14,5-Tonner, 2-4-0T mit 128 cm großen Rädern, um auf der Meterspur zu fahren, wurde von der Vulcan Foundry aus Newton-le-Willows 1871 in England gebaut. Die erste Ausrüstung der japanischen Eisenbahnen stammte nahezu völlig aus England und beinhaltete etwa die 4-4-0 mit Außenzylindern, die von Dübs & Co. aus

• LINKS
Eine der Loks von Javas Staats Spoorwegen der B50 Klasse 2-4-0, der Nr. B5012, die von Sharp, Stewart aus Great Bridgewater Street, Manchester, in England aus dem Jahre 1884 stammten. Als sie gebaut wurde, hatten die Hauptstrecken in Java die Meterspurweite.

● RECHTS
Eine Meterspur-4-4-0-Lok mit Innenzylindern, die 1899 für die Kaiserlich-Staatlichen Eisenbahnen Japans von Neilson aus Glasgow in Schottland gebaut wurden.

● GEGENÜBER MITTE
Eine B5014 der Indonesian State Railway von Sharp, Stewart 1884 gebaut, rauscht an der Madian Slahung Strecke entlang. Die Lok ließ sich mit Holz und Kohle befeuern.

Glasgow geliefert wurden. Andere britische Lokomotiven, die in Japan eingesetzt wurden, waren von Sharp, Stewart aus Manchester und von Kitson aus Leeds. Eine der Erfindungen Kitsons war eine 0-6-0-Güterlok, die 1873 gebaut wurde und drei Jahre später von den Werken in Kobe als 4-4-0 nachgebaut wurden. Diese Type wurde die gängige japanische Passagierlok. Kitson baute 1876 eine andere 4-4-0 von typisch britischer Machart. Das einzige orientalische Merkmal war das Dachfenster im Führerhaus. Diese Loks wurden mit den feinen kupferummantelten Schloten samt Typenschild ausgestattet.

● DER AMERIKANISCHE EINFLUSS IN JAPAN

Baldwin exportierte 1897 die „Mikado"-Bauart nach Japan. Diese war die erste Lokomotive, die eine 2-8-2-Achsfolge mit Tender hatte. Sie verfeuerte Kohle von minderer Qualität, wofür sie einen großen Aschenrost und eine breite und lange Feuerbüchse benötigten. Eine der steilsten Eisenbahnstrecken mit bis zu 40 Grad Steigung war die Hakone Eisenbahn im Gebiet des Fujiberges, der der Region auf Honju ihren Namen gab. Dafür wurden „Moguls"von Rogers 1897 nach Japan gebracht. Die japanischen Eisenbahnen waren stark amerikanisch geprägt, dieser Trend verstärkte sich um 1900, als die in Schenectady gebaute 4-4-0 nach Japan kam.

● JAVA

Vielleicht sind die bemerkenswertesten Eisenbahnstrecken in Fernost auf dem Netz zu finden, das die Inseln verband. Es wurde in der holländischen Kolonialzeit entwickelt. Die Hauptstrecken waren in den letzten zwanzig Jahren des 19. Jahrhunderts entstanden. Zubringerlinien, die als Dampfeisenbahnen bekannt waren, kamen hinzu. Einen Kampf um die Spurweite gab es zwischen dem Metermaß und der Standardspurweite. Für eine Weile wurde eine dritte Schiene über die Standardspur gelegt. Staatliche und private Unternehmen brachten eine Vielzahl von Antriebsfahrzeugen, die hauptsächlich aus Holland, Deutschland und England kamen.

● LINKS
Ein seltenes Fabrikat der Standardspur auf dem Netz der NISM (Nederlandse Indische Spoorwegen Maatschappij) auf Java. Diese 0-6-0-Güterloks von Beyer Peacock aus England ähneln der Ilfracombe-Güterlok-Klasse der gleichen Konstruktionsfirma. Dieser seltene Veteran wurde in der südlichsten indonesischen Stadt Yogyakarta auf Java fotografiert.

● UNTEN
Die herkömmliche 4-4-0 der O-Klasse mit Außenzylindern und Meterspurweite des subkontinentalen Indiens. Sie zog den königlichen Zug der Burma State Railway.

INDONESIAN STATE RAILWAYS (ISR) B 50 KLASSE 2-4-0

Baujahr	1880
Konstrukteur	Sharp, Stewart, Manchester, England
Auftraggeber	Staats Spoorwegen
Spurweite	Meter
Treibräder	141 cm
Antrieb	Zylinder 38 x 45 cm

AUSTRALISCHE EISENBAHNEN

Im 19. Jahrhundert bestand Australien aus einer Reihe von eigenen Kolonien, deren Verwaltungen unabhängig voneinander arbeiteten. Diese Tatsache und die schlechte Informationspolitik der Verantwortlichen führten zu einer Verkomplizierung der Probleme mit der Spurweite, die dem Land bis heute anzumerken ist. Die erste Dampflok, die in Australien eingesetzt wurde, war vor Ort von Robertson, Martin Smith & Co. konstruiert worden. Sie nahm den Dienst für die Colony of Victoria's Melbourne and Hobsons Bay Railway am 12. September 1854 auf. New South Wales (NSW) folgte am 26. September 1855 mit der Eröffnung einer 21 Kilometer langen Strecke von Sydney bis nach Parramatta.

● SCHWIERIGES TERRAIN

Die australischen Lokomotivmodelle waren gut auf die schwierigen Gegebenheiten des Landes abgestellt, das an der Küste von Gebirgen gesäumt war. Die Strecke in NSW hatte Steigungen im Verhältnis von bis zu 1:30 und Kurven, die im Radius acht Mal so eng waren wie die auf den Hauptstrecken. Neben- und Schmalspurstrecken der staatlichen Linien waren noch anspruchsvoller.

● UNTEN
Baldwin lieferte 1885 zehn Güterloks der K(294)-Klasse. Sie waren für einfache Aufgaben vorgesehen, z.B. dem Schleppen von Zügen mit Wassertanks zwischen Lake Menindee und Broken Hill, der Stadt im trockenen Westen von NSW. Der Waggon hinter der Lokomotive ist eine 32000 Liter fassende „Wasserbüchse", die den Nachschub liefern soll.

● OBEN
Eine der South-Australia-Y-Klasse („Colonial Moguls") wurde 1886 eingeführt. Diese Klasse umfasste insgesamt 134 Modelle, 58 wurden zur YX-Klasse mit Hochdruckkesseln umgebaut (1907).

K-TANKWAGEN-KLASSE

Baujahr	1892
Konstrukteur	Neilson Reid
Auftraggeber	Western Australian Government Railways (WAGR)
Spurweite	Meter
Achsfolge	2-8-4
Antrieb	Zylinder 48 x 61 cm

● LINKS
Eine der sechs 4-4-0 der D-55-Klasse mit 181 cm Radgröße, die an NSW Railways 1882 von Beyer, Peacock geliefert wurde. Sie konnte über 110 Stundenkilometer erreichen. Man nannte sie „Peacock Highfliers".

● GEGENÜBER OBEN
„Nummer 10" war die erste Lokomotive, die in NSW gebaut wurde. Es war eine 2-4-0 nach dem Stephenson-Langkesselprinzip. Im Jahre 1870 fertig gestellt, wurde sie als Expresslokomotive im Personenverkehr eingesetzt. Sie ist hier kurz nach der Inbetriebnahme südwestlich von Sydney am Bahnhof Picton Station abgebildet.

Die ersten Standardlokomotiven waren die 4-4-0- oder die 0-6-0-Achser. Die wichtigste Entwicklung Australiens war, vermutlich die 4-6-0- Type. Die Klasse 30 R wurde 1886 aus Südaustralien eingeführt. Die P6-Klasse, 1892 nach NSW gekommen, kam schließlich auf 191 Modelle. Von den Schmalspurbahnen hatte Beyer, Peacocks Entwicklung der „Colonial Mogul" den stärksten Einfluss mit der 134-Y-Klasse in Südaustralien, der 47-G-Klasse in Westaustralien und der 28-C-Klasse in Tasmanien.

● NEUSEELANDS SPURWEITEN

Neuseeland hatte ebenfalls Probleme mit den Spurweiten. Der südliche Landesteil besaß 1852 eine pferdebetriebene 90 cm-Bahn von Nelson, eine 158 cm-spurige Dampfeisenbahn seit 1863 in Christchurch, eine Strecke mit Holzschienen in Invercargill, die 1864 mehr schlecht als recht nach dem Davies-Prosser-Prinzip lief und 1866 eine 142 cm-Dampfbahn aus Invercargill. Man entschied sich dafür, die Meterspur zum Standard zu erheben und stellte die Doppel-Fairlielok im September 1872 in Dunedin vor. Neuseeland hatte nicht nur einheitliche Modelle: Lokomotiven mit vertikalem Kessel, Einzel- und Doppel-Fairlies, Prosser-Typen ohne Radkranz, Fell-Loks und lokale „Kuriositäten" Die kurzen Strecken in den Hafenstädten begannen an der Küste, so dass die 88 starken 0-6-0T Satteltankloks der F Klasse das wohl meistverbreitete Modell gewesen sein dürften.

● OBEN
Eine 0-4-0-Tankzuglok der New Zealand Government Railways (NZGR) der A-Klasse von Dübs. Die kleinen Loks wurden „Dodos" genannt und funktionierten gut - bis weit in die 20er Jahre hinein.

● RECHTS
Eine der 77 Loks vom Typ 0-6-0 der A(93)-Klasse der New South Wales (NSW) bei der Einfahrt in Sidneys Darling Harbour Güterbahnhof.

SÜD-AFRIKANISCHE EISENBAHNEN

Die erste staatliche Eisenbahn Südafrikas wurde im Juni 1860 auf einer drei Kilometer langen Strecke zwischen Durban und The Point in Natal eröffnet. Sie kam von Carret Marshall & Co. aus Leeds in England, wurde wieder auseinandergebaut, verpackt und nach Durban gesandt. Dort wurde sie von Henry Jacobs montiert. Die Lok hatte einen Dampfdom, ihr Schlot nach typisch amerikanischem Muster einen eingebauten Feuerschirm aus Drahtgeflecht. Diese Lokomotive war nicht die erste, die in Südafrika fuhr, denn im September 1859 hatte E. & J. Pickering eine 0-4-2 von Hawthorn & Co., Leith, aus Schottland importiert.

● LINKS
Südafrikas erste Dampflokomotive, die eingesetzt wurde, war eine Baulok, die für das Legen der Strecke der Cape Town-Wellington Railway 1859 eingesetzt wurde. Sie war von Hawthorn & Co. in Leith, Schottland, als 0-4-2 mit einer Spur von 140 cm gebaut worden. Abgebildet ist hier eine Lok, die 1936 zum Nationaldenkmal erklärt wurde.

● LINKS
Die erste Lok der Ugandan Railways war diese 2-4-0T von Dübs, eine von zwei Lokomotiven, die gebraucht von der Indian State Railway (ISR) gekauft wurden. Dübs baute zwischen 1871 und 1872 25 dieser Loks.

KLASSE 6

Baujahr	1893
Konstrukteur	Dübs, Glasgow, Schottland
Auftraggeber	Cape Government Railway (CGR)
Spurweite	Meter
Treibräder	135 cm
Antrieb	Zylinder 43 x 66 cm
Gesamtgewicht	80 Tonnen

● KITSON GEGEN FAIRLIE

Die Cape Government Railway (CGR) stellte 1875 ein „Back-to-back"-Modell von Kitson & Co aus Leeds, Yorkshire, und eine 0-6-0+0-6-0 „Fairlie"-Type der Avonside Engine Co. aus Bristol vor. Robert Fairlie brachte 1864 seine Gelenklokomotive heraus. Diese konnte in beide Richtungen bewegt werden und wurde bevorzugt in gebirgigen Gegenden eingesetzt, wo die her-

● RECHTS
Die Klasse 6 war eine der maßgeblichen Typen in der südafrikanischen Eisenbahngeschichte. Zwischen 1893 und 1904 kamen fast alle der 268 Loks, die nach diesem Muster gebaut worden waren, aus Glasgow. Sie zogen Expresszüge mit Ausnahme der Provinz Natal durch die gesamte Republik.

kömmlichen Lokomotiven angesichts der Kurven und Steigungen schlecht abschnitten. Als die beiden Loks sich im Testlauf befanden, schaffte die Fairlie ohne Mühe alle Kurven und die Steigungen, während die „Kitson" am Abhang stark ächzte und wesentlich mehr Brennstoff verbrauchte.

Black Hawthorn aus Gateshead, County Durham in England, baute 1887 eine Meterspur-60-4-2ST, die mit Holz befeuert wurde, für die Cape of Good Hope & Port Elizabeth Gesellschaft. Sie hatte Funkenschutzleisten über dem Behälter für die Holzvorräte, einzelne Schieberkästen und Ramsbottom-Sicherheitsventile.

● OSTAFRIKANISCHE STRECKEN

Die staatlichen Pionierlinien in Ostafrika waren Kenias Mombasa & Nairobi-Bahn, die 1896 gebaut worden war, und die Usambara Railway, die durch das Hochland Tanga, Provinz Deutsch-Südostafrika (später Tanganyika), führte. Der Bau der Strecke wurde 1893 begonnen, aber erst 1911 beendet. Eine private Eisenbahn wurde von Tanga nach Sigi gebaut und von der deutschen Holzgesellschaft in Ostafrika genutzt. Die erste dort eingesetzte Lok, war eine 0-4-2, die 1893 von Vulkan bei Stettin, damals Hauptstadt in Pommern, gebaut wurde. Im Mai 1896 wurden Lokomotiven an die Ugandan Railway geliefert.

● OBEN

Die Klasse 7 der Cape Government Railway (CGR) war ein kleinrädriges Güterlokmodell, eine Variante der Personenloks der Klasse 6. Sie wurde 1892 eingeführt. Insgesamt wurden mehr als 100 von den aus Glasgow stammenden Konstrukteuren Dübs, Neilson und Sharp, Stewart gebaut.

● UNTEN

Diese Lokomotiven wurden zuerst auf der Hauptstrecke der Natal Government Railway (NGR) als 4-10-2T eingesetzt. Sie gehörten zu den mehr als 100 Loks, die von Dübs in Polemadie, Glasgow, gebaut wurden. Als sie schließlich durch Tenderloks ersetzt wurden, hat man sie zu 4-8-2T-Typen umgebaut und als Rangier- und Kurzstreckenloks verwendet.

Nordafrikanische Eisenbahnen

Obwohl die ersten Dampftrams in Nordafrika in Ägyptens El Dikheila bei Alexandria schon 1838 gebaut worden waren, wurde die erste öffentliche Eisenbahn in der Region, die von den Briten gebaute Linie zwischen Kairo und Alexandria, erst 1854 eröffnet. Bis 1870 übernahm die Egyptian State Railway (ESR) ein Sammelsurium aus 241 Lokomotiven von über 50 Klassen, die von 16 Konstrukteuren aus fünf Ländern stammten. Trotz der üblichen Typen gab es darunter einige exotische 2-2-4T-Luxuszüge, die für die königliche Familie vorgesehen waren.

MOGUL	2-6-0
Baujahr	1891
Konstrukteur	Baldwin, Philadelphia, Pennsylvania, USA
Auftraggeber	Bône-Guelma Railway, Algerien
Spurweite	Meter
Treibräder	120 cm
Antrieb	Zylinder 46 x 56 cm

• F. H. Trevithicks Exemplare im Niltal

Durch die britische Besetzung des Niltals kamen die Eisenbahnen 1882 unter die Leitung von F. H.Trevithick, dem Enkel eines Pioniers aus Cornwall. Die erste neue Lokomotive, die er einführte, war nach der Machart der „Great Western" mit Innenzylindern und starken Doppelrahmen gebaut. Diese Rahmen waren erforderlich, um auf Ägyptens schlechten Schienen fahren zu können. Für die leichteren und schnelleren Strecken bestellte er 25 2-2-2 von Kitson und der

● OBEN
Eine 0-6-0-Tenderlok von North British in Glasgow, Schottland, für ESR gebaut. Die Laufräder haben 150 cm Durchmesser und die Zylindermaße betragen 46 x 61 cm.

● UNTEN
Von Neilson aus Glasgow, Schottland gebaut wurde sie auf der Weltausstellung von 1862 gezeigt. Hier sah sie Said Pasha, Vizekönig von Ägypten, der sie später für Egyptian State Railways (ESR) bestellte.

franko-belgischen Firma La Coyère. Diese starken Lokomotiven waren die letzten ihrer Art, die in Afrika eingesetzt wurden. Einige waren noch im zweiten Weltkrieg in Betrieb.

● FRANZÖSISCHE MODELLE FÜR ALGERIEN

Algeriens Eisenbahngeschichte wurde 1863 in die Hände der French Paris, Lyons & Mediterranean Company gelegt. Gebrauchte PLM-0-6-0-Loks mit typisch französischem Aussehen wurden für den Einsatz in Algerien verschifft. Einige Loks dieser umstrittenen 0-6-0-Bauart, wie die Klassen 3B, 3E und 3F der SNCFA, waren so langlebig, dass sie fast bis zum Ende der dampfbetriebenen Strecken in Algerien durchhielten. Die Hauptverbindung Algier-Oran wurde 1871 eröffnet, als einige der 0-6-0 ausgeliefert worden waren. Man hatte die ersten der erfolgreichen 0-8-0-Klassen 4A und 4C für die 1:80-Steigungen von Philippeville vorgesehen. Auf den Strecken zwischen Algerien und Tunesien fuhren die 0-6-0-Loks von Batignolles. 1883 waren 39 dieser Modelle sowie 18 weitere 0-6-0, die von der selben Firma als Rangierloks gebaut worden waren, im Einsatz. Die 300 Kilometer lange Strecke der Algerian Western wurde von 26 Loks der Reihe 0-6-0, die von Fives Lille und SCAM gebaut worden waren, befahren. Diese wurden zu den SNCFA-Klassen 3L und 3M. Die Bône-Guelma Railway in Ostalgerien wandte sich 1899 mit der Bitte an Baldwin, zehn seiner kompletten „Moguls“ im amerikanischen Stil zu erhalten. Sie bewährten sich und wurden im frühen 20. Jahrhundert als Tankloks nachgebaut.

● BRITISCHE INTERESSEN IN TUNESIEN

Tunesiens erste Eisenbahn wurde mit englischem Kapital und Gerät gebaut. Dieses war Teil des Plans, den britischen Einfluss in der Region zu stärken. Die Standardstrecke wurde 1874 von Tunis nach La Marsa mit vier kleinen Sharp-Stewart-2-4-0 Loks eröffnet. Die Italiener übernahmen die Bahn 1876 und betrieben sie, bis sie von Algeriens Bône-Guelma Co. 1898 erworben wurde. Unter ihrer Verantwortung wurde 1895 ein weit reichendes Meterstreckennetz entlang der Küstenregion südlich von Tunis eingeführt. Als Zugflotte entstanden 135 „Mallet“-Gelenklokomotiven, die größte Anzahl dieser Typen überhaupt in Afrika. Die erste Reihe von acht 0-4-4-0, die den Dienst aufnahmen, kam von Batignolles.

SÜD-AMERIKANISCHE EISENBAHNEN

1836 wurden drei Baldwin-Lokomotiven in das damals spanische Kuba exportiert. Sie waren für die Strecke zwischen der Hauptstadt Havanna und der Kleinstadt Bejueal in der La-Havanna-Provinz vorgesehen, die 1837 eröffnet wurde.

● LINKS
Die 4-4-0 war die klassische Lokomotive des ersten Jahrzehnts des Eisenbahnverkehrs in Amerika, denn sie bot Schnelligkeit und Laufruhe auf den unweigerlich schlecht verlegten Schienen. Diese Modelle aus den Jahren 1840-1850 wurden nach Chile exportiert und in Santiago eingesetzt.

● ARGENTINISCHE UMSICHT

Die Eisenbahn kam 1857 nach Argentinien, als eine kleine Strecke zwischen den Städten Parque und Floresta eröffnet wurde. Der Bahnchef traute seinem Projekt so wenig, dass er lieber auf dem Pferd zur Eröffnung kam! Die vierrädrige Lok, die zu diesem Zweck eingesetzt wurde, hieß „La Portena". Sie war bereits auf der Krim in der Ukraine verwendet worden

● AMERIKANISCHER EINFLUSS IN BRASILIEN

Die erste Bahn in Brasilien, eine kurze 158 cm-Bahn, wurde 1854 in der Nähe der damaligen Hauptstadt Rio de Janeiro eröffnet. Den ersten Zug zog eine 2-2-2-„Baroneza". Das Gros der brasilianischen Schienen war nach dem Meterstandard verlegt worden, doch die Huain-Eisenbahn war auf 95 cm bemessen worden. Viele der holzbefeuerten brasilianischen Lokomotiven des 19. Jahrhunderts lieferten amerikanische

B CLASS

Baujahr	1906
Konstrukteur	Beyer, Peacock, Manchester, England
Auftraggeber	Buenos Aires and Great Southern (BAGS)
Spurweite	165 cm
Treibräder	180 cm
Antrieb	Zylinder 48 x 66 cm (Hochdruck) 70 x 66 cm (Niederdruck)
Gesamtgewicht	115 Tonnen

● UNTEN
Diese klassische 4-6-0-Zweizylinder-Verbundlok wurde von Beyer, Peacock für die in britischem Besitz befindliche 165 cm-Strecke der Buenos Aires and Great Southern Railway (BAGS) gefertigt. Diese Lokomotiven galten viele Jahre als typisch im Expressverkehr.

● LINKS
Hier abgebildet ist eine der ersten 4-4-0, wahrscheinlich aus Europa, mit Schornsteinkappe. Sie zieht einen Ausflugszug durch die Wüstenregion, einem bis 1930 umkämpftem Gebiet um Tacna in Peru und Arica in Chile.

● LINKS
Dem Aussehen nach eher amerikanisch, hat diese britische Lok keine Ablenkbleche, sondern Blechrahmen und Schutzbleche sowie einen Messingdom. Gebaut wurde sie 1892 von Sharp, Stewart in den Springsburn-Werken in Glasgow, Schottland, für die brasilianische Meterspur der Morgiana Railway. Sie zog Schlafwagen aus lackiertem Teakholz durch die üppige, tropische Küstenlandschaft am Atlantik.

Konstrukteure. Typisch dafür war eine Reihe von sehr kleinen 2-8-0-Baldwins mit Antriebsrädern, die nur einen Durchmesser von 93 cm hatten.

● MEXICAN CHOICES

In Mexiko wurde 1873 eine 424 Kilometer lange Strecke zwischen Mexico City und Veracruz eröffnet. Die Bahngesellschaft setzte sehr früh die 0-6-6-0-Tankloks Marke „Fairlie" mit dem Doppelkessel ein, die sehr erfolgreich waren. Dies galt nicht für die in Amerika gebauten unpraktischen Verbundloks von 1888: Sie waren nämlich so lang, dass sie zerlegt werden mussten, damit sie durch den in 2608 Meter Höhe gelegenen Ratontunnel in Colorado passten. Mexiko kaufte 1890 zwei 2-6-6 Baldwin-Mason-Fairlie-Verbundtankloks.

● OBEN
Schild mit Verkehrsnummer der Leopoldina Railway.

● RECHTS
Diese Meterspur war eine 2-6-0 von insgesamt 15 Loks, die von Beyer, Peacock aus Manchester, England, am Ende des 19. Jahrhunderts für Brasiliens Leopoldina Railway gebaut worden waren. Das Leopoldina Netz, nur meterspurig, hat eine Streckenlänge von rund 3.200 Kilometern und stand unter britischer Kontrolle.

Das Goldene Zeitalter 1900-50

Die erste Hälfte des 20. Jahrhunderts kann wirklich als das Goldene Zeitalter der Eisenbahnen bezeichnet werden. Die Eisenbahn war für Menschen und Fracht das Haupttransportmittel schlechthin, der „Herzschlag der Gesellschaft". Weiterhin wurde der Großteil der Eisenbahnen dieser Zeit in der ganzen Welt mit Dampf betrieben. Der Zeitabschnitt begann mit dem Erbe der eher bescheidenen Lokomotiven des 19. Jahrhunderts, die jedoch bald durch Entwicklungen des 20. Jahrhunderts ersetzt wurden. Größere, schwerere und leistungsstärkere Lokomotiven waren bis zum Beginn des Zweiten Weltkrieges nahezu bis zu ihrem vollen Potenzial entwickelt worden, Einschränkungen gab es nur durch das Lademaß. Einer der vielen Auslöser, der die weltweite Umstellung von Dampf- auf modernere Züge beschleunigte, war die nötige Leistungsstärke für die Geschwindigkeiten, die von den Eisenbahnverwaltungen verlangt wurden. Diese Forderung überstieg aufgrund der physikalischen Einschränkungen die Leistungsfähigkeit der Dampflok.

● OBEN

Im späten 19. Jahrhundert wurde das Prinzip der Verbundlok von vielen Eisenbahnen auf der ganzen Welt übernommen. Kurz nach dem Jahrhundertwechsel produzierte Großbritanniens Midland Railway einige 4-4-0, die aus zwei Hochdruckzylindern einen größeren Niederdruckzylinder speisten. Die London, Midland & Scottish (LMS) Railway und die Midland schlossen sich zusammen und setzten den Bau fort. In der Geschichte der Eisenbahnen wurden Verbundloks als eine der erfolgreichsten Typen angesehen und verschwanden erst in den 50er Jahren aus Großbritannien.

● GEGENÜBER

Eine von Deutschlands ausgezeichneten, einmaligen Reichsbahn-"Pacifics" der Standard 01-Klasse, hier nördlich von Dresden mit einem Expresszug aus Berlin. Die „Pacific" zieht einen 450 Tonnen-Zug. Mit Kohle befeuert, fuhren diese Züge schneller als 1,6 Kilometer pro Minute und waren Europas letzte Dampfhochgeschwindigkeitsexpresse.

Britische Passagierlokomotiven für Hauptstrecken

• UNTEN
Die 4-6-0 gab es sowohl mit innen- als auch außenliegenden Zylindern. Hier ein früher Typ, eine der Holdens Great Eastern Loks, die es ab 1911 gab. Die 201 cm messenden Räder ermöglichten in der flachen Landschaft Ostenglands ein hohes Tempo.

Die Jahrhundertwende brachte die Eleganz der „Atlantic" auf die Gleise Großbritanniens. Aus ihr leitete sich bald die „Pacific" ab, eine „Atlantic" mit einem weiteren Radpaar. Als Gresley 1922 die A1 „Pacific" bei der Great Northern (GNR) vorstellte, war dies in Bezug auf Größe und Leistung ein ebenso großer Sprung wie bei Einführung der „Atlantic" 1898, verglichen mit den damaligen 4-4-2 Singles. Mit der „Pacific" war das Ende dieser Evolution erreicht. Abgesehen von Gresleys Ausreißern zu den riesigen 2-8-2 Mikados und des Einzelstücks 4-6-4 gab es nie größere Loks in Großbritannien.

Die „Pacific" beflügelte die öffentliche Phantasie, besonders während des Wettbewerbs um den Verkehr aus Schottland über Britische Ost- und Westküstenrouten in den frühen 30ern. Weltweit erlangten die optimierten „Pacifics" dieses Jahrzehnts großes Ansehen. Gresleys A4 war die „Concorde" jener Tage und der populärste Lokomotivtyp Großbritanniens. 1938 stellte die Nr. 4468 „Mallard" mit 202,76 km/h den Weltrekord für Dampfloks auf. Die „Pacific" wurde als Zugpferd für Passagier-Expresszüge durch die 4-6-0 ergänzt, die nach 1900 an Bedeutung gewann. 1923 war die 4-6-0 als Zwei- und auch Vierzylindermodell weit verbreitet und löste häufig die „Atlantic"

● RECHTS
Um 1920 wurde eine besondere Passagierlok für die Southern Railway benötigt. Sie sollte einen 500 Tonnen-Zug mit einem Durchschnittstempo von 1,6 Kilometern pro Minute ziehen können. So wurde die vierzylindrige „Lord Nelson“ entwickelt. Die insgesamt 16 Lokomotiven dieses Typs hatten alle Namen von berühmten Britischen Seelords. Sie zogen den Continental Express zwischen der Victoria Station und dem Kanalhafen Dover, außerdem befuhren sie im Südwesten das Schienennetz der Southern Railway.

ab. Erst 1933 konnte die erste Stanier-"Pacific" der 4-6-0 den Titel der stärksten Express-Passagierlokomotive streitig machen. 1930 kam die 4-4-0 ein letztes Mal zu Ehren mit der „Schools“, einer Dreizylinder-Lok der Southern Railway: Sie war die stärkste Lok mit dieser Radanordnung, die jemals im Lande fuhr.

Um 1935 nutzte man die 4-6-0 für den Mischverkehr.

Beim Transport von Personen auf der Schiene spielte sie weiterhin eine wichtige Rolle. Die 4-6-0 war trotz der kleinen Feuerkammer für den britischen Verkehr geeignet, der vor allem auf stetige und leichte Züge setzte. Die Güte der Kohle reichte zum Aufbau der Leistung und Traktion für alle Expressaufgaben bis zum Ende der Ära. Der nächste Schritt, die 4-8-0, war zwar angedacht, aber niemals realisiert worden.

● UNTEN
Die Great Western Railway experimentierte gerade mit der Verbundtechnik, als Churchward 1903 Lokomotiven nach dem De-Glehn-System vorstellte. Die erste Lok, die „Le France“, wurde in Belfort, Frankreich, gebaut. Die Great Western war von dieser „Atlantic“ mit Verbundsystem allerdings nicht überzeugt, um das Prinzip zu übernehmen. Stattdessen hatte sie mit den konventionellen zwei- und vierzylindrigen 4-6-0 große Erfolge.

„PRINCESS CORONATION“-KLASSE

Baujahr	1937
Konstrukteur	Crewe Works, Cheshire, England
Auftraggeber	London, Midland & Scottish Railway
Spurweite	Standard
Treibräder	210 cm
Antrieb	4 Zylinder 41 x 71 cm
Betriebsgewicht	165 Tonnen

● GEGENÜBER
Nach der „Princess Royal“ baute William Stanier 1937 die „Princess Coronation“. Beide Loks zogen viele der schwersten Züge entlang der Westküste, bis die Dampfära zu ihrem Ende kam.

● OBEN
Eine „Atlantic“ von W. P. Read. Sie waren die größten Lokomotiven der North British Railway. Im Jahr 1906 eingeführt, trugen sie alle schottische Namen, wie z.B. „Aberdonian“, „Waverly“ und „Highland Chief“. Ihre Arbeit verrichteten sie auf den Hauptstrecken der North British, besonders auf der Waverly Route zwischen Edinburg und Carlisle in Cumbria.

Britische Frachtlokomotiven für Hauptstrecken

● UNTEN
Die robusten Lokomotiven der Klasse 8F 2-8-0 von Stanier fuhren bei der LMS für Schwerlastverkehre. Verglichen mit den 0-6-0 und 0-8-0 Typen stellten sie einen großen Fortschritt dar.

Die Evolution der Frachtlokomotive war nicht so dramatisch wie die der Expresszüge für Passagiere. Die im 19. Jahrhundert so erfolgreichen 0-6-0 und 0-8-0 mit Innenzylinder wurden auch im 20. Jahrhundert gebaut, wenngleich durch Churchwards Einführung der 2800-Klasse 2-8-0 ein weiterer großer Fortschritt erzielt werden konnte. Die 2-8-0 bewährten sich bis zum Ende der Dampfloks hervorragend. Die Loks der Great Central Railway von Churchward wurden 1911 von Robinsons Baureihe 04 abgelöst. Zwei Jahre später brachte Gresley die 2-8-0 zur Great Northern Railway. Die London, Midland and Scottish (LMS) hatte die meisten 2-8-0: Insgesamt 772 F8-Lokomotiven von Stanier fuhren für die LMS.

Bis 1927 waren britische Frachtloks eher klein, dies änderte sich durch die 2-6-6-2T „Garratt" der LMS. Sie wurden von Beyer Peacock of Manchester gebaut, um die überlasteten 0-6-0 der Midland abzulösen. 33 dieser vierzylindrigen Giganten wurden in den Verkehr gebracht und demonstrierten eine bisher unbekannte Leistung auf den Schienen Großbritanniens. Gresley wandte sich mit der P1 von 1925 dem Typ 2-8-2 zu. Zwei dieser Giganten wurden gebaut und zogen Kohlezüge über 2000 Tonnen.

Die 2-8-2 stellte den nächsten logischen Entwicklungsschritt dar: Wie die 2-10-1 hatte sie eine große Feuerkammer und einen entsprechenden Aschkasten. Leider wurden keine weiteren 2-8-2 für den Schwerlastverkehr der heimischen Eisenbahnen gebaut, die 2-10-0 galt als das Nonplusultra der britischen Frachtloks. Sie sollte sich aber erst in den

● UNTEN LINKS
Großbritanniens erste 2-10-0 wurde im 2. Weltkrieg für das Beschaffungsamt von der North British in Glasgow gebaut. Zusammen mit ihrem bekannten Gegenstück, der 2-8-0, fuhr sie während des Krieges in vielen Ländern. Das hier gezeigte Modell wurde von der staatlichen Eisenbahn in Griechenland übernommen.

● UNTEN RECHTS
Die V2 2-6-2 „Green Arrow" von Gresley war eine der erfolgreichsten Klassen Großbritanniens. Ideal für den Mischverkehr geeignet, verfügten sie über enorme Transportfähigkeiten. Während des 2. Weltkrieges leisteten sie Großes und wurden allgemein bekannt als „die Lokomotiven, die den Krieg gewannen". Die Abbildung zeigt ein Modell auf dem Prüfstand des Lokomotivwerks in Swindon, Wiltshire.

50er Jahren im Rahmen des Programms der British Railway (BR) für Standardlokomotiven etablieren. Zunächst entstand die 2-10-0 als abgewandelte Version aus der 2-8-0 des 2. Weltkrieges, wo sie für militärische Einsätze genutzt wurde. Sie war eher für leichte Achslasten als für den Schwerlastverkehr geeignet. Die BR 9F konnte ideal im Erztransport eingesetzt werden und wurde bis 1960 gebaut. Von diesem Typ für die Hauptstrecken Englands erhielt die letzte Lok den Namen „Evening Star". Da Dampfloks in England 1968 abgeschafft wurden, hatten die 9F nur eine sehr kurze Dienstzeit. Zusammen mit allen anderen Frachtloks der Typen 0-6-0, 0-8-0 und den Haupttypen der 2-8-0 landete sie schließlich auf dem Schrottplatz.

LMS „GARRATT"

Baujahr	1927
Konstrukteur	Beyer Peacock, Manchester, England
Auftraggeber	London, Midland & Scottish Railway
Spurweite	Standard
Treibräder	162 cm
Antrieb	4 Zylinder 46 x 66 cm
Druck	13,10 bar
Betriebsgewicht	156 Tonnen
Zugkraft	20,69 Tonnen

● OBEN LINKS
1902 fuhr bei der Scotland Caledonia Railway die 4-6-0 mit Innenzylinder. In den nächsten zwölf Jahren konstruierte der Mechanik-Chef-ingenieur (CME), J. F. McIntosh, insgesamt 42 Lokomotiven in sechs verschiedenen Ausführungen.

● OBEN RECHTS
Eine 2-8-0 der Klasse 2800, 1903 gebaut von Churchward. Der Entwurf wurde von seinem Nachfolger, Collett, von 1938 bis 1942 mit geringen Änderungen weiterverfolgt. Nur wenige Lok-Klassen wurden länger als 40 Jahre gebaut.

● UNTEN
Die Garratt stellte eine aufregende Entwicklung der Frachtloks dar. Beyer Peacock baute die Loks für die LMS, insgesamt 33 Stück. Zwischen Toton und Crickelwood zogen sie Kohlezüge, nachdem sie zuvor zwei 0-6-0 abgelöst hatten.

Britische Rangier- und Industrielokomotiven

Traditionell wurden die Typen 0-4-0, bzw. 0-6-0 als Rangierloks eingesetzt. Es gab viele Varianten wie z.B. die 0-6-0 „Jinty“ der LMS, von der es über 500 Exemplare gab, oder die 0-6-0 Korbtenderlok der Klasse 5700, von denen die Great Western insgesamt 863 Stück baute. Es wären noch viel mehr 0-6-0 und 0-8-0 Tenderloks als Rangierloks gebaut worden, wenn nicht die zweitrangigen 0-6-0 und 0-8-0 mit Innenzylinder diese Arbeit übernommen hätten. Diese Loks, wichtige Zugpferde für Fracht in den letzten Jahren des 19. Jahrhunderts, dienten später als ideale Rangier- und Verschiebelokomotiven.

Trotz größerer Waggons und schwererer Ladungen führte die Zahl der abgewerteten Frachtloks dazu, dass die traditionelle 0-6-0 Dampflok für nahezu zehn Jahre praktisch unverändert blieb.

Größere Rangierbahnhöfe brauchten stärkere Loks. So wurden Spezialmodelle entworfen, um diesen Bedarf abzudecken. Erstmals trat so ein Gigant 1907 in Gestalt der 0-8-4T auf dem Great-Central-Railway-Rangierbahnhof in North Ridings von Yorkshire auf. Es handelte sich um eine Dreizylinderlok von John George Robinson.

Zwei Jahre später brachte Willson Worsdell, Chefingenieur der North Eastern Railway, noch andere Dreizylindermodelle des Typs 4-8-0 in den Verkehr. 1911 führte die LNWR die ersten 30 0-8-2T, wenig später 30 Modelle 0-8-4T ein. Diese waren eine schwerere Version der 0-8-0 Standard-Güterzuglok.

Die typische Industrielokomotive hatte entweder einen Seiten- oder Satteltank und war vier- oder sechsfach gekuppelt. Die größeren Industrieloks waren fast immer ehemalige Loks der Hauptverkehrsstrecken, die dort außer Dienst gestellt wurden. So tauchten auch auf Industriegleisen Tenderloks auf. Hier erhielten Loks, die ihre normale Dienstzeit auf den Strecken bereits überschrit-

GWR 5700 Klasse

Baujahr	1929
Konstrukteur	Swindon Works, Wiltshire, England
Auftraggeber	Great Western Railway
Spurweite	Standard
Treibräder	143 cm
Antrieb	2 Zylinder 43 x 61 cm
Druck	13,78 bar
Betriebsgewicht	51 Tonnen
Zugkraft	1,02 Tonnen

● LINKS
Die Great Western Railway übernahm die Korbtenderlok für Rangierarbeiten. Die letzte Entwicklungsstufe war Colletts Baureihe 5700 mit 143 cm großen Rädern. Zwischen 1929 und 1949 wurden 863 Loks gebaut, zahlenmäßig bildeten sie damit die größte Klasse.

● LINKS
Weltweit gab es überall Dampfbahnen. Sie waren der treibende Faktor für alle Bereiche der Industrie. Hier wird angesichts des Schienennetzes der englischen Cadbury-Schokoladenfabrik deutlich, wie vielschichtig die Einsatzgebiete von Werksloks waren.

● UNTEN LINKS
Andrew Barclay & Son bauten Loks in Kilmarnock, im Südwesten von Schottland. Sie wurden durch eine ganze Familie von 0-4-0 und 0-6-0 mit Satteltanks berühmt, die sich über die 70 Jahre Bauzeit kaum veränderten. Hier ist eine 0-4-0 auf dem Storefield-Ironstone-Gelände in den Midlands mit dem Transport von Eisenerz zum Anschlusspunkt der British Railways beschäftigt.

ten hatten, noch ein letztes Gnadenbrot. Die eigentliche Industrielok veränderte sich in diesem Jahrzehnt vor ihrer eigentlichen Blütezeit nur wenig. Eine Ausnahme war die Entwicklung der „Fireless"-Modelle, von denen es 200 in Großbritannien gab: Für Industriebetriebe mit bereits vorhandenem Dampfdruck stellten diese Loks eine günstige Rangieralternative dar. Sie verwendeten den Dampf aus den Werkskesseln.

Bis zum 2. Weltkrieg verrichteten Tausende Industrieloks ihre Arbeit in ganz England. Viele von ihnen überlebten 1968 in ihren Betrieben das Ende der Dampfära. Historisch gesehen eine folgerichtige Entwicklung: Die erste Dampflok der Welt, die 1804 in einem Eisenwerk in Süd-Wales hergestellt wurde, war auch eine Industrielok.

● UNTEN LINKS
Die LMS „Jinty" 0-6-0 war das typische Modell einer langen Reihe von 0-6-0 Rangierloks der Midland Railway. Bevor der Großteil des Frachtverkehrs auf die Straße verlegt wurde, war sie im englischen LMS allgegenwärtig.

● UNTEN RECHTS
Andrew Barclay war der Pionier der „Fireless" in Großbritannien und baute viele Modelle als 0-4-0 und 0-6-0 für Industriebetriebe. Sie galt als die effektivste und sparsamste vorhandene Rangiereinheit.

Tenderloks der Britischen Hauptstrecken

Die Vorortzüge der britischen Städte und Ballungsgebiete wurden fast immer von Tenderloks gezogen. Das Fehlen eines Schlepptenders erleichterte die Bewegung in beide Richtungen und vermied die hinderlichen und zeitaufwendigen Umsetzmanöver. Weiterhin verbesserte das Gewicht des Wassers über den gekoppelten Rädern die Traktion, was beim Anfahren aus den Bahnhöfen hilfreich war. Aus ähnlichen Gründen wurden Tenderloks auch auf den Nebenstrecken in Großbritannien bevorzugt.

Im 19. Jahrhundert trat die Tenderlok auf Vorort- und Nebenstrecken in diversen Formen auf: 2-4-0, 4-4-0, 4-4-2, 0-4-2, 0-4-4 und 0-6-0.

Die 0-4-4 war besonders beliebt, da sie sich richtungsunabhängig betreiben ließ. Kessel- und Zylinderblock konnten oft durch Teile anderer 0-6-0 und 4-4-0 Expressloks ersetzt werden, solange diese mit Innenzylindern ausgerüstet waren.

● LINKS
Die London and North Western Railway hatte viele Tenderloks auf Vorort- und Nebenstrecken im Einsatz, besonders 0-6-2 und 2-4-2. Bowen Cooke entwickelte diese 4-6-2 Heißdampflok für den schnellen Pendelverkehr.

Mit zunehmender Bevölkerung in den Großstädten wuchsen auch die Loks der Vorortstrecken.

Nach der 4-4-2 wurde um die Jahrhundertwende mit der 4-4-4 aus ästhetischer Sicht ein Höhepunkt der ausgeglichenen Proportionen erreicht.

Die „Decapod" 0-10-0T von Holden für die Great Eastern Railway (GER) war die wohl bemerkenswerteste Vorortlok: Verfechter der Elektrifizierung gaben an, dass ein Zug von 315 Tonnen in 30 Sekunden auf 48,28 km/h beschleunigen könnte. Holden bewies mit der „Decapod", dass dieser Wert mit Dampf übertroffen werden konnte. Folglich wurde die geplante Elektrifizierung des GER-Vorortver-

● UNTEN
Von dieser 0-6-0 Tenderlok der North Eastern Railway wurden zwischen 1886 und 1895 120 Exemplare gebaut. Die Qualitäten dieses Typs lassen sich an dem Bau einer zweiten, sehr ähnlichen Variante im Jahr 1898 ablesen, von der bis 1925 85 Stück gebaut wurden. 1949 bis 1951 wurden für die British Railways 28 weitere Lokomotiven gebaut. Dass ein Entwurf über 54 Jahre gebaut wurde, ist vermutlich einzigartig in der Geschichte.

● LINKS
Diese 0-4-4 ist ein gutes Beispiel für flexible Loks: Vom Modell „M" der North Staffordshire Railway wurden von 1907-1908 fünf Exemplare gebaut.

● UNTEN
Die Great Western Railway erreichte eine sehr gute Standardisierung in allen Einsatzgebieten. Für den Betrieb in Vororten und auf Nebenstrecken verwendete Churchward eine Reihe von 2-6-2.

kehrs in London ab der Station Liverpool Street zurückgestellt .

Leider war die „Decapod" zu schwer für die Schienen und kam nie zum Einsatz.

Ab 1930 wurden Loks mit sechs gekoppelten Treibrädern bevorzugt, so beispielsweise die 2-6-2 und 2-6-4, die aus den 0-6-2 und 0-6-4 entwickelt wurden. Viele Modelle waren für den Mischverkehr vorgesehen und sowohl für Überland- als auch Nebenstreckenverkehre geeignet.

Vor allem bei der Southern Railway schwand mit der Elektrifizierung der Bedarf an Tenderloks – speziell für den Stadt- und Vorortverkehr. Auch auf Nebenstrecken brach die Nachfrage ein, da hier oft ausgemusterte Loks aus dem Passagier-Expressverkehr fuhren, häufig 2-4-0 und 4-4-0.

Allgemein galt die Tenderlok als schwerfällig – tatsächlich waren viele aber sehr schnell: Geschwindigkeiten von 112 km/h waren nicht ungewöhnlich, gerade beim Vorort- und Umlandverkehr, der oft unter Zeitdruck zwischen den wichtigeren Langstreckenzügen erledigt werden musste.

● UNTEN
Diese Lok gehörte zur Klasse „Ivatt" 0-6-2T mit 177 cm großen Rädern, 1906-1912 für die Great Northern Railway (GNR) gebaut. Es gab insgesamt 56 Loks dieser Klasse. Sie erwiesen sich für den Vorortverkehr von Londons Kings Cross Station als sehr geeignet. Viele waren mit Verdichtern ausgestattet, um auch in den Tunneln der Großstadt eingesetzt werden zu können. Später fuhren viele im Vorortverkehr von Leeds und Bradford.

LNER CLASS J72
0-6-0T

Baujahr	1898
Konstrukteur	Darlington Locomotive Works, Co. Durham, England
Auftraggeber	North Eastern Railway; London & North Eastern Railway; British Railways
Spurweite	146 cm
Treibräder	125 cm
Antrieb	2 Zylinder 43 x 61 cm
Druck	9,65 bar
Gewicht	43 Tonnen
Zugkraft	8,38 Tonnen

Britische Exporte

Die Dampflokomotive war Englands größte technische Leistung und ein Segen für die ganze Menschheit. Die Briten wurden die Eisenbahnkonstrukteure schlechthin. Es entwickelte sich eine umfassende Eisenbahnindustrie. Die legendäre Gießereien in Glasgow, Schottland und der englischen Provinz in Leeds, Yorkshire, Newcastle upon Tyne in Northumberland (heute Tyne und Wear), Darlington in Durham, Manchester und anderen Teilen Lancashires, aber nicht zuletzt auch Stafford in Westengland exportierten ihre Lokomotiven in die ganze Welt – und die industrielle Revolution gleich mit. Die exportierten Lokomotiven spiegelten die Loktypen des Mutterlandes wider. Die Modelle, die sonst durch das grüne England rollten, sah man nun karges, zerklüftetes und urwaldbewachsenes Land in Afrika, Australien, Südostasien und Südamerika durchfahren. Englands Vormachtstellung im Lokomotivenbau blieb im 19. Jahrhundert weitestgehend unangefochten.

● LINKS
Manning Wardle aus Leeds baute diese Krantanklokomotive 1903. Sie hebt Baumstämme an einer indischen Sägemühle und kann so mit ihrer Arbeit Elefanten ersetzen.

Doch im 20. Jahrhundert kam es zu einem größeren Wettbewerb, vornehmlich durch Amerika und die Konstrukteure aus dem übrigen Europa. Amerikas Loks waren eine wirtschaftliche Alternative und stellten zugleich die konventionelle britische Bauart in Frage. Trotzdem hatten sie Unzulänglichkeiten, obwohl sie von hervorragenden Fachleuten gebaut wurden. Und dies warf – beim Auf und Ab der weltweiten Eisenbahnentwicklung – Probleme auf, die man so in England nicht kannte.

Fast alle englischen Lokomotiven hatten kleine Feuerbüchsen, die sich zwischen den Rahmen befanden. Das war eine Einschränkung, die zu Schwierigkeiten mit dem Rauch führte, wenn

● LINKS
Dieser in England gebaute „Pacific"-Zug 16 CR ist hier in voller Länge abgebildet. Er fährt auf einer Strecke der South African Railways mit 165 cm Spurweite entlang der Flut des Tideflusses Swartkops River in Port Elizabeth, Kap-Provinz, in Südafrika.

● RECHTS
Die „Mogul", die 1899 von Beyer Peacock aus Manchester, Lancashire, für Brasiliens Leopoldina Railway gebaut wurde. Hier abgebildet: Eine „Mogul" als Exportmodell, die zunächst ins Ausland ging und dann wieder ins Ursprungsland zurückkehrte.

● RECHTS
In den 20er Jahren hallte über die Savanne Tansanias der Klang der britischen Lokomotiven wider, nachdem das frühere Tanganyika England zum Ende des ersten Weltkrieges als Mandatsgebiet zugeschlagen worden war.

BAGNALL 2-8-2

Baujahr	1947
Konstrukteur	Bagnall's of Stafford, Staffordshire, England
Auftraggeber	Tanganyika Railway, East Africa
Spurweite	Meter
Treibräder	108 cm
Antrieb	Zylinder 43 cm x 58 cm
Druck	180 lb sqcm
Gesamtgewicht	100 Tonnen
Zugkraft	11,6 Tonnen

minderwertige Kohle verwendet wurde. Die traditionellen britischen Metallrahmen machten Probleme, wenn die Loks auf den schlechten, noch nicht entwickelten Strecken außerhalb Englands fuhren. Die amerikanischen Loks hatten große Feuerbüchsen, die für schlechteren Brennstoff geeignet waren. Ihre Gitterrahmen besaßen eine größere Belastbarkeit auch bei ungünstigen Bedingungen. Der begrentzte Querschnitt der britischen Lokomotiven führte ebenfalls zu Komplikationen.

Die amerikanischen Modelle waren insgesamt wesentlich großzügiger. Die aggressiven Exportaktivitäten der Amerikaner zu Beginn des 20. Jahrhunderts führten 1903 zur Fusion der drei großen Werkstätten in Glasgow: Sharp Stewart, Neilson und Dübs: Sie gründeten die North British Locomotive Company. Obwohl der Trend zu einer internationaleren Bauweise der Lokomotiven ging, hielten die englischen Konstrukteure bis zum Ende des Dampfzeitalters ihre führende Rolle.

● RECHTS
Englands private Lokomotivkonstrukteure bauten oft für Unternehmen in England, deren Werke nicht in der Lage waren, genügend Loks zu liefern. In den North British Works in Glasgow, Schottland, ist diese B1 4-6-0 der LNER-Klasse im Hintergrund zu sehen. Vorne eine leichtachsige 2-8-2, die für die East African Railways verladen wird.

Britische Rekordbrecher und die „Streamliners“

Die weit verbreitete Ansicht, dass die Dampflokomotiven überflüssig wurden, weil sie zu langsam waren, ist falsch. Der magische Geschwindigkeitsrekord wurde 1903 durch die „City of Truro“, eine 4-4-0 der Great Western Railways, aufgestellt: Sie kam mit einem Ocean- Mills-Zug Richtung Wellington Bank in Somerset, Südwestengland, auf eine Geschwindigkeit von 164 km/h. GWR nahm in einem Wettbewerb mit einer Churchward-Saint-Klasse 4-6-0, die vermutlich leicht über 190 km/h machte, auf einer Teststrecke nach einem Werkstattaufenthalt bei Swinden in Wiltshire teil. Dieser angenommene Versuch ist zwar nicht belegt, aber im Laufe der Jahre haben ihn die Behörden anerkannt. Die 30er Jahre waren eine Zeit von gewaltigen Rekordwettbewerben in der ganzen Welt. Aerodynamik war groß in Mode. Sie inspirierte und faszinierte die Öffentlichkeit, doch wurden die hohen Geschwindigkeiten bald in Frage gestellt. Der wohl legendärste Geschwindigkeitsrekord der 30er Jahre war wiederum das Ergebnis des Wettbewerbes zwischen den Strecken an der

LNER A4 PACIFIC

Baujahr	1935
Konstrukteur	Doncaster Works, south Yorkshire
Auftraggeber	London & North Eastern Railway
Spurweite	Standard
Treibräder	200 cm
Antrieb	3 Zylinder 46 x 66 cm
Betriebsgewicht	167 Tonnen
Druck	89 kg/cm²
Zugkraft	15,1 Tonnen

● UNTEN
Die Great-Western-Railways-“Castles“ stachen unter den britischen Expresszügen für den Personenverkehr hervor. Die Resultate des „Cheltenham Flyers“ waren sensationell und für ein paar Jahre galt er als der schnellste Zug der Welt. Die hier gezeigte „Penendennis Castle Nr. 4079“ erreichte mit einem 530-Tonnen-Zug von Paddington in London nach Plymyth in Devon durchschnittlich 96 km/h zwischen Paddington und Westbury in Wiltshire.

● LINKS
Das LNER-Typschild am Kessel der „Mallard“ zur Erinnerung an den Weltrekordlauf 1938.

● UNTEN
Eine LNER der „Mallard“-A4-Klasse Nr. 4468 war die weltweit schnellste Dampflokomotive. Mallards Rekord blieb ungebrochen.

● OBEN
Staniers Rekordbrecher, die „Princess Elizabeth", die 1936 die 645 Kilometer zwischen Glasgow und London-Euston in 5 Std. 44 Min. schaffte, bei einer Durchschnittsgeschwindigkeit von 112 km/h. Fast 60 Jahre später berichtete der Daily Telegraf, dass viele der E-Loks auf der Route an der Westküste langsamer waren als „Princess Elizabeth" bei ihrer bahnbrechenden Fahrt.

● UNTEN
Der „Princess Royal" folgte die „Princess Coronation". Eine der aerodynamischen Loks hielt für kurze Zeit den Weltrekord für Dampfzüge mit über 180 km/h. Nach dem Zweiten Weltkrieg verloren die aerodynamischen Modelle ihre Verkleidung.

Ost- und Westküste Englands, die London und Schottland verbanden. Die LMS und die LNER hatten brandneue Modelle der „Pacific"-Lokomotiven im Dienst – die ersteren hatten aerodynamische „Coronations", die letzteren hatten A4-"Gresley"-Loks.

Die LMS hatte das Anrecht auf den weltweiten Geschwindigkeitsrekord am 29. Juni 1937 erhoben, als ein Sonderlauf der „Coronation Scot" für die Presse sechs Tage vor dem offiziellen Start der Linie veranstaltet wurde. Die 6220 „Coronation" erreichte über 192 km/h in Richtung Madley Bank auf dem Weg nach Crewe, Cheshire, in Nordengland. Leider war die Strecke nicht lang genug, denn der Zug fuhr immer noch mit über 110 km/h, als das Bahnhofssignal in Sicht kam und eine Vollbremsung in Crewe Station sämtliches Geschirr im Speisewagen zerstörte. Die LNER konnte es verkraften, dass die LMS diesmal den Rekord gewann. Ein Jahr später, am 3. Juli 1938, erreichte die „Pacific Mallard" der A4-Klasse vor einem Bremstest 200 km/h beim Einlauf in den Bahnhof von Stoke Bank auf der Strecke zwischen Grantham in Lincolnshire und Peterborough in Cambridgeshire/Ostengland. Damit war die LMS geschlagen und ein niemals überbotener Weltrekord für die Geschwindigkeit einer Dampflokomotive aufgestellt. Die Ereignisse bei den nicht aerodynamisch verkleideten Zügen war ebenfalls beeindruckend: Das galt auch für den „Cheltenham-Flyer"-Express, der dafür bekannt war, dass er die 120 Kilometer von Paddington in London nach Swindon in Wiltshire in 65 Minuten schaffte. Einmal absolvierte er die Strecke sogar in 53 Minuten. Das bedeutete eine Durchschnittsgeschwindigkeit von über 130 km/h. Der Zweite Weltkrieg beendete die Geschwindigkeitsläufe. Erst in den 50er Jahren wurde die 100-Meilen-Grenze wieder mit

AMERIKANISCHE „MIKADOS“

● LINKS
Denver & Rio Grande Western hatte mehrere Klassen der 90 cm-Schmalspur-“Mikados“ in Colorado im Einsatz. Eine K36 und die größere K37 stehen hier in Chama, New Mexico. Die K37 wurden aus Standardspurloks umgebaut.

Das 2-8-2-“Mikado“-Lokmodell wurde 1897 für die japanischen Eisenbahnen von Baldwin Locomotive Works, dem größten und produktivsten Lokomotivkonstrukteur in den USA, gebaut.

● EINE AMERIKANISCHE LOK FÜR JAPAN

Die „Mikado“ zu ihrem Namen kam durch ihren ersten Besitzer. Doch während des zweiten Weltkrieges, als Amerika gegen Japan kämpfte, wollten amerikanische Nationalisten den Namen in „MacArtuhr-Typ“ ändern. Viele Amerikaner nennen diese Lokomotiven „Mike“. Die Northern Pacific Railway war die erste Linie, die mehrere „Mikados“ auf ihren Strecken laufen hatte. Sie bewährte sich und bis 1930 wurden viele weitere für diverse Strecken gefertigt. Ungefähr 10000 Exemplare wurden für den heimischen Markt und über 4000 für den Export gebaut.

● EIN ÜBERZEUGENDES MODELL

Die 2-8-2-Achsfolge war eine logische Entwicklung der populären 2-8-0-„Consolidation“-Type und der 2-6-2-“Prärie“-Type. Die Bauart der „Mikado“ war gut durchdacht. Der Auflieger hatte Platz für eine größere Feuerbüchse, so dass stärkere Dampfentwicklung und größere Zylinder der Lok mehr Zugkraft verliehen als frühere Modelle. Auch technische Weiterentwicklungen wie die Überhitzung setzte man bei der „Mikado“ ein. Das Haupteinsatzgebiet war der Schwerguttransport, obwohl viele Eisenbahnen die „Mikado“ auch für leichtere Nebenstrecken verwendeten.

● SCHMALSPURBAHNEN

Wegen ihrer ausgewogenen Bauart und der vier Antriebsräder war die „Mikado“ sehr populär auf den Schmalspurstrecken der Frachtzüge. Diese erzeugte bei geringem Verschleiß der Gleisanlagen den Antrieb, der nötig war, um auch starke Bergsteigungen zu überwinden. Im Westen betrieb die Denver & Rio Grande Western (D&RGW) vier Klassen der „Mikado“ auf ihren zerklüfteten Bergstrecken. Die Strecke über den

● LINKS
„Saginaw Timber Nr. 2“ ist eine leichte „Mikado“, die typischerweise auf den kurzen Strecken für den Güter- und Personenverkehr zum Einsatz kam.

● LINKS
Die Pennsylvania Railroad (PRR) Nr. 1596, eine L1-Klasse des „Mikado"-Typs, mit einer großen Belpaire-Feuerbüchse, war ein Standardmodell der späten PRR-Dampflokomotiven. Sie ist hier am Ende ihrer Dienstzeit in Enola, Pennsylvania, abgebildet.

3.048 Meter hohen Cumbres-Pass in den San Juan Mountains im südlichen Colorado mit Steigungen von 4 Prozent war für die 90 cm-Schmalspur-"Mikados" eine echte Herausforderung.

Im Osten bevorzugten die Schmalspur- Kohlenzüge der East Broad Top ebenfalls „Mikados", die meistens von Baldwin stammten. Viele dieser Schmalspurloks sind in gutem Zustand erhalten.

MISSOURI-"PACIFIC-MIKADO"-MODELL

Baujahr	1923
Konstrukteur	American Locomotive Co. (Alco)
Auftraggeber	Missouri Pacific
Spurweite	Standard
Treibräder	165 cm
Antrieb	2 Zylinder 69 x 81 cm
Druck	90,6 kg
Gewicht	138 Tonnen
Zugkraft	28 Tonnen

● RECHTS
Eine „Mikado Nr. 14" der Duluth & Northern Minnesota macht ihren Weg durch Duluth, dem Norden Minnesotas. Diese leichte „Mikado" wurde 1913 von Baldwin gebaut.

● RECHTS
Diese 2-8-2-"Mikado"-Type wurde in den Brooks-Werken der American Locomotive Company (Alco) 1920 gefertigt. Sie fuhr für die Aberdeen & Rockfish Railroad und die Valley Railroad in Essex, Connecticut, New Maryland.

Amerikanische Gelenklokomotiven

Die „Mallet"-Verbundlokomotive, nach dem Schweizer Erfinder Anatole Mallet benannt, war lange in Europa bekannt, bevor sie in den USA eingeführt wurde.

• B&O SETZT „MALLET" EIN

Zu Beginn des 20. Jahrhunderts brachte die Nachfrage nach einem stärkeren Antrieb die Amerikaner dazu, dampfbetriebene Verbundlokomotiven mit zwei Antriebssätzen einzusetzen. Die Verbundlokomotive verwertete den Dampf der Niederdruckzylinder, um eine optimale Effektivität zu erzielen. Die ersten Antriebsräder vieler „Mallets" wurden mit sehr großen Niederdruckzylindern bestückt. Hochdruckzylinder wurden erst später verwendet. Die American Locomotive Company (Alco) baute die erste amerikanische „Mallet" vom Typ 0-6-6-0 als Verbundlokomotive, die den Spitznamen „Old Maud" bekam, für die Baltimore & Ohio Railroad (B&O).

Zum Einsatz kam sie vor einem Kohlenzug, der sehr starke Steigungen zu überwinden hatte. Da die „Mallets" sehr praktisch für die langsamen Linien waren, wurden sie kaum für den Einsatz auf Hauptstrecken verwendet.

BALTIMORE & OHIO MALLET-TYPE NO. 2400 „OLD MAUD"

Baujahr	1904
Konstrukteur	American Locomotive Co. (Alco)
Auftraggeber	Baltimore & Ohio Railroad
Spurweite	Standard
Treibräder	142 cm
Antrieb	4 Zylinder: 2 (51 x 81 cm) und 2 (81 x 81 cm)
Druck	106,45 kg
Gewicht	152 Tonnen
Zugkraft	32,4 Tonnen

• GEGENÜBER OBEN
Die 2-8-8-2 der KK1-Klasse der Baltimore & Ohio war eine Versuchslok mit Wasserkocher (die meisten amerikanischen Lokomotiven hatten Feuerkessel). Sie hatte eine Zugleistung von 40,77 Tonnen.

• LINKS
Union Pacifics 4-6-6-4-"Challenger"-Type als einfacher Gelenkzug No. 3985 in Portola, Kalifornien. UP besaß mehr als 100 Lokomotiven dieses Typs für den Schwertransport im Westen der USA.

• EINFACHE VERBUNDLOKS WERDEN POPULÄR

Das Verbundprinzip wurde bei der herkömmlichen Bauweise immer beliebter. Die einfache Verbundlokomotive hat zwar zwei Zylinderpaare, verwertet aber den Dampf nicht wieder. Die meisten

• LINKS
Die Baltimore & Ohio-Lok Nr. 2400 war die erste amerikanische Lokomotive nach „Mallet"-Bauart. Sie wurde 1904 von Alco gebaut und als „Old Maud" populär. Sie wog 152 Tonnen und hatte eine Zugleistung von 32,4 Tonnen.

der Gelenkloks, die nach 1910 gebaut wurden, waren keine Verbundzüge und deshalb keine echten „Mallets". Während viele Eisenbahngesellschaften die einfachen Verbundloks bevorzugten, perfektionierten die Norfolk & Western (N&WR) ihre „Mallet". Die N&WR-Klasse Y6b, die von den Roanoke-Werkstätten in North Carolina für die Hauptstrecken gebaut wurden, repräsentierten das Modell in seiner vollen Blüte. N&WR war eine der letzten amerikanischen Eisenbahnen, die Mallets auf den normalen Hauptstrecken verwendeten. Die Entwicklung der Verbunddampflok führte schließlich zum Bau der größten Lokomotive der Welt. Unter den größten Verbundloks war die 2-8-8-4 der „Yellowstone"-Type, die von Northern Pacific und dem Erzwerk Duluth, Missabi & Iron Range (DM&IR), genutzt wurde, die 2-6-6-6 „Allegheny"-Type von den Lima Lokomotivwerken für die Chesapeake & Ohio and Virginian Railway und die 4-8-8-4 „Big-Boy"-Type, die für die UP-Strecke von 1941-1944 gefertigt wurden.

● SOUTHERN PACIFIC VERLEGT DAS FÜHRERHAUS NACH VORNE

Die Southern Pacific (SP) entwickelte eine einmalige Form der Verbundlok: Das Prinzip der traditionellen Dampflokomotive mit dem Führerhaus hinter dem Kessel wurde auf den großen Verbundzügen zum Problem, wenn diese in lange Tunnel einfuhren wie auf dem 2.174-Meter-Donner Pass in der Sierra Nevada. Das Personal litt unter der Rauchentwicklung. Also drehte SP die Lok um und platzierte das Führerhaus vor den Kessel. Die erste der 256 Verbundloks mit vorgelagertem Führerhaus von SP war eine „Mallet" von 1910. Die letzten waren von Baldwin gebaute Verbundloks der 2-8-8-4-Typen, die SP-Klasse AC-12 aus dem Jahre 1944.

● OBEN
Zu den schwersten Verbundlokomotiven mit Dampf, die jemals gebaut wurden, gehörten die „Yellowstone"-Typen 2-8-8-4, die für die Northern Pacific (NP) and Duluth, Missabi & Iron Range (DM&IR) gebaut wurden.

● RECHTS
Norfolk & Western perfektionierten die „Mallet"-Verbundgelenkloks, lange nachdem andere Eisenbahnen die einfache Verbundlok einsetzten. Hier eine N&WR Y6-"Mallet"-2-8-8-2 in der Nähe des Blue Ridge Summit in West Virginia, 1958.

AMERIKANISCHE „PACIFICS"

● GEGENÜBER OBEN
Die Louisville & Nashville-"Pacific" mit der Nr. 152 wurde von den Alco-Rogers-Werken im Januar 1905 gebaut. Diese Lokomotive fuhr fast 50 Jahre für diese Eisenbahn.

● UNTEN
Die Baltimore & Ohio-"Pacific" der Nr. 5305.

Die 4-6-2-"Pacific"-Dampflokomotive kam Anfang des 20. Jahrhunderts in Mode und wurde bis 1930 produziert.

● DIE STARKEN PERSONENZÜGE

Diese Lokomotive folgte klar der logischen Entwicklung von der 4-4-0 des amerikanischen Typs, der 4-4-2 „Atlantic"-Type und, in geringerem Maße, der 2-6-2-Prärielok. Die meisten „Pacifics", die für den Personenschnellverkehr konstruiert wurden, hatten relativ lange Feuerbüchsen und hohe Treibräder. Bereits 1915 wurden die 4-6-0 „Ten Wheeler" und 4-4-2 „Atlantics" durch diesen Typ ersetzt. In ganz Amerika machten sich die blitzschnellen „Pacifics" einen Namen. Das galt für Northern Pacifics luxuriöse North Coast Limited, Southern Pacifics Sunset Limited und die Pennsylvania Railroad's Broadway Ltd.

● DIE „PACIFIC" PASST GUT ZU TECHNIK UND STYLING

Die „Pacific"-Type war auf gleicher Höhe mit den technischen Verbesserungen. Überhitzer, mechanische Schürhaken und Schieberkästen wurden entwickelt. Die Überhitzung ließ den heißen Dampf durch die Feuerbüchse strömen und erzeugte mehr Kraft und größere Effizienz. Diese Veränderungen wurden an allen „Pacifics" vorgenommen und verbesserten ihre Leistung.

In den 30er Jahren, als die aerodynamischen Züge in Mode kamen, verkleideten manche Bahnlinien ihre „Pacifics" mit ausgefallenen Ummantelungen.

● PENNSYLVANIA RAILROAD K4

Die bekannteste, beliebteste und vielleicht am auch besten laufende „Pacific" war die „Pennsylvania" der Klasse K4. PRR bekam die erste 1907, Pacific von Alco eine Versuchslokomotive der

● OBEN
Eine fein herausgeputzte K4-"Pacific" Nr. 5475 der Pennsylvania Railroad.

Klasse K28. Diese Lokomotive führte zur Entwicklung anderer „Pacific"-Klassen, die 1914 in der Klasse K4 gipfelten, die als Meisterwerk der Ingenieurskunst galt. Schließlich hatte Pennsylvania etwa 425 K4-Typen laufen, eine außergewöhnlich hohe Zahl für eine einzelne Klasse. Sie waren die bevorzugten Personenlokomotiven der Eisenbahnen über nahezu 30 Jahre. Einige K4 waren von Baldwin gebaut worden, viele aber von den eisenbahneigenen Juanita-Shops. Wie die meisten der PRR-Dampfloks hatte die K4 eine kastenförmige Belpaire-Feuerbüchse. Die K4 verschwand erst 1957 aus dem regulären Betrieb.

● LINKS
Die Southern-Pacific-Nr. 2472 war eine von 15 der P8-Klasse von „Pacific"-Modellen in der Personenzugflotte. Diese 1912 von Baldwin gebaute Lok hatte 20 Tonnen Zugkraft.

PENNSYLVANIA RAILROAD K4 PACIFIC

Baujahr	1914–28
Konstrukteur	Juniata Shops, Baldwin, PA, USA
Auftraggeber	Pennsylvania Railroad
Spurweite	Standard
Treibräder	203 cm
Antrieb	2 Zylinder 69 x 71cm
Druck	93 kg
Gewicht	212 Tonnen
Zugkraft	20 Tonnen

„Shays“ und „Switchers“

Amerikanische Waldstrecken erforderten spezielle Loks, weil ihre meist schlecht verlegten Schienen z.T. scharfe Kurven hatten und Steigungen über 10 % besaßen. Hier brauchte man Lokomotiven, die schwere Ladung bei relativ geringer Geschwindigkeit ziehen konnten.

● „Shays“ und andere Getriebelokomotiven

Um die besonderen Voraussetzungen zu erfüllen, spezialisierten sich drei Konstrukteure darauf, wendige Dampflokomotiven mit hoher Bodenhaftung zu bauen, die zudem mit einem Getriebe funktionierten. Die Konstrukteure hießen Lima aus Ohio mit dem „Shay“-Typ, Heisler Locomotive Works in Eire, Pennsylvania, und schließlich die Machine Works in Corry, Pennsylvania. Jeder Konstrukteur verfuhr nach demselben Prinzip: Eine zylinderbetriebene Achse, die mit den Antriebsrädern durch Kegelradgetriebe verbunden war. Doch alle realisierten die Idee unterschiedlich.

● OBEN
Ein „Shay“-Modell als Gewerbelok von Lima 1928 gebaut. Es war an die Mayo Lumber Company gegangen. Sie ist mit anderen „Shays“ noch auf der Cass Scenic Railroad in West Virginia, USA, erhalten geblieben.

Limas „Shay“ war das populärste Modell. Es hatte einen Satz vertikaler Zylinder auf der rechten Seite der Lok, um das Getriebe anzutreiben, das wiederum die zwei oder dreipaarigen Antriebsräder in Bewegung setzte. Die Zweizylinder-„Shays“ hatten zwei Paare von Antriebsrädern, die Dreizylinder drei. Die Shaymodelle wurden zum ersten Mal in den 80er Jahren des 19. Jahrhunderts gebaut.

Heisler benutzte zwei Zylinder, die jeweils kreuzweise gegenüberlagen, auf jeder Seite der Lok einen, so dass sich ein V-Muster ergab. Diese Zylinder trieben durch das Getriebe zwei Paare Antriebsräder an. Climay verwendete zwei stark zurückgesetzte Parallelzylinder, auf jeder Seite der Lokomotive einen, die das Getriebe mit den jeweiligen Antriebssrädern verbanden.

● „Switchers“

Die meisten Eisenbahnstrecken wurden durch spezielle Lokomotiven mit konventioneller Bauart befahren, die sich auf die unterschiedlichen Betriebsarten einstellen konnten. Weil die meisten „Switchers“ ziemlich klein waren, mit geringer Geschwindigkeit liefen und hohe Bodenhaftung benötigten, um lange Zugkolonnen zu bewegen, hatten sie in der Regel keine Tender, wie sie sonst von den Lokomotiven benutzt wurden.

Die kleinsten Switcher waren 0-4-0-Modelle. Sie hatten wenig Haftung sowie ein unglaublich schlechtes Fahrverhalten, so dass Loks mit mehreren Antriebsachsen bevorzugt wurden. Die 0-6-0-“Switchers“ waren die beliebtesten ihrer Art und in zirka 10.000 Exemplaren gebaut. Auf einigen Strecken liefen die 0-8-0-“Switchers“ für viele Betriebsarten. Nach 1900 schließlich fand man sie nur noch beschränkt auf den Rangierdienst. Besondere „Switcher“ ohne Tender, mit Wasserkasten über dem Kessel, und feuerfreie Dampfloks wurden dort eingesetzt, wo konventionelle Lokomotiven uneffektiv waren.

Typische 0-6-0 „Switcher“

Baujahr	etwa 1905
Konstrukteur	American Locomotive Co. (Alco)
Spurweite	Standard
Treibräder	130 cm
Antrieb	2 Zylinder 48 x 61 cm
Druck	82 kg
Gewicht	74 Tonnen
Zugkraft	12 Tonnen

● GEGENÜBER
Heislers Getriebelokomotiven hatten zwei Zylinder im V-Muster. Diese Heisler war 1912 für die Louise Lumber Company of Hawkes, Mississippi, gebaut worden. Sie lief in Freeport, Illinois, für die Silver Creek & Stephenson Railroad.

● RECHTS
Die letzte der von Lima gebauten „Shays“ waren sehr schwere Dreizylinder-Lokomotiven, die 1945 gebaut worden waren. Die Western-Maryland-Gesellschaft in den USA besaß mehrere dieser großen „Shays“. Sie wogen 147 t und generierten eine Zugkraft von über 27 t.

● UNTEN
Von Bauholz umgeben ist hier dieses von Lima gebaute „Shay“-Modell Nr. 2 der Ely Thomas Lumber Company zu sehen, wie es auf die nächste Fuhre wartet. Die Aufnahme entstand 1958 in der Nähe von Gauley, West Virginia.

● OBEN
Lokomotive 2-8-0 der Nr. 207 (vormals Southern 630) und North American Rayon Companys „feuerfreie“ 0-6-0T Nr. 1 auf der Strecke der East Tennessee and Western North Carolina Railroad in den USA.

Amerikanische Exporte

Die Länder der Erde waren auf die Produktivität des amerikanischen Marktes angewiesen, um ihren Bahnbedarf zu decken. Von den 175000 Lokomotiven, die in 120 Jahren zwischen 1830 und 1950 gebaut wurden, waren 37000 – also 20 Prozent – speziell für den Export gefertigt worden. Ganz nach dem Wunsch der Kunden wurden viele verschiedene Modelle verkauft. Besonders fünf Typen waren im Exportgeschäft beliebt und machten den Löwenanteil der verkauften Lokomotiven aus.

• „CONSOLIDATIONS“

Die populärsten Exportmodelle waren die 2-8-0-“Consolidations“. Mehr als 10.000 wurden außerhalb der USA verkauft. Mehr als 22000 wurden für den Einsatz in den USA gebaut, lediglich die 4-4-0 im amerikanischen Stil aus dem 19.Jahrhundert waren populärer.

Sehr nahe an die „Consolidation“ kam die 2-8-2-“Mikado“ heran. Über 4000 von ihr wurden exportiert. Dieses Modell war speziell von den Baldwin Locomotive Works für die Japanische Eisenbahn 1897 gefertigt worden. Später kam sie auch auf den heimischen Markt. Die meisten wurden für den Güterverkehr in den USA verwendet.

• „DECAPODS“ FÜR RUSSLAND

Die 2-10-0-“Decapod“ war das drittbeliebteste Modell. Viele der schweren Lokomotiven gingen während der beiden Weltkriege an Russland und die Sowjetunion. Die „Decapod“ war ebenfalls in Deutschland, Griechenland, Polen und

„MACARTHUR“ 2-8-2 USATC

Konstrukteur	Baldwin Locomotive Company, Eddystone,PA, USA
Auftraggeber	United States Army Transport Corps (USATC)
Spurweite	Meter
Treibräder	120 cm
Antrieb	Zylinder 41 x 61 cm
Gesamtgewicht	112 Tonnen

• LINKS

Eine der letzten überlebenden „MacArthur“-2-8-2. Diese Meterspurloks waren für die United States Army Transport Corp (USATC) für Operationen während des 2. Weltkrieges gedacht. Sie waren in Indien, Burma, Thailand und den Phillipinen weit verbreitet. Diejenigen, die den Krieg überdauert hatten, blieben auch weiterhin im Dienst. In Indien wurden sie als MAWDs (McArthur War Department) klassifiziert und bis in die nördlichen Regionen des Landes verbreitet.

● OBEN
Zu Kubas Manuel-Isla-Zuckerplantage gehört diese „Baldwin"-0-4-2 Tanklok, die 1882 gebaut wurden. Ein pensionierter Angestellter der Zuckerfabrik, der 88 Jahre alte Jose Alfonso Melgoragio, kannte die Lok sein ganzes Leben lang. Er arbeitete auf ihr über 25 Jahre.

● LINKS
Diese klassische amerikanische „Ten-Wheeler", von Rogers 1896 in New Jersey gebaut, ist hier bei den San-Barnado-Locomotive-Werken in der Nähe von Santiago de Chile im Bild. Hier fand die altgediente Zugmaschine ihre letzte Ruhe.

● OBEN LINKS
Eine Nachtszene in den Bergen der Phillipinen auf Negroes. Zwei „Fossile" sind hier auf dem Gelände der Insula Lumber Company abgebildet. Links eine von Baldwin gebaute Vierzylinder-Verbundmallet, rechts eine „Shay" mit vertikalem Zylinder. Dies sind die typischen Lokomotiven aus dem Nordwesten Amerikas.

der Türkei populär. Seltsamerweise war sie nicht so häufig in den USA vertreten. Einzig die Santa Fe and Pennsylvania Railroad besaß etliche. Von den 4100 in Amerika gebauten Decapods wurden 3400 weltweit exportiert.

● EXPORT VON „MOGULS" UND „TEN WHEELERS"

Fast 3000 2-6-0-„Moguls" waren für den Export bestimmt. Diese waren Mitte des 19. Jahrhunderts für den Schwerguttransport gedacht. Etwa 1600 Exemplare der 4-6-0-"Ten Wheeler" wurden ebenfalls exportiert, das waren fast 10 % der amerikanischen Produktion. Von den 3800 in den USA gebauten Getriebeloks für Waldstrecken und solche mit großen Steigungen wurden 600 exportiert.

● LINKS
Eine seltene „Baldwin"-2-6-2 Satteltanklok, die als „Lavras Rose" bekannt war. Als Baldwin-Exportlok mit der Auftragsnummer 327 war sie 1927 in Brasilien bei Lavras in der Mina-Gerais-Provinz aktiv.

● UNTEN LINKS
Diese klassische amerikanische „Switcher" arbeitete einst auf der 160 cm-Spur der Paulista Railway in der Pernambuco-Provinz im Osten Brasiliens. Sie war von Baldwin aus Philadelphia in Pennsylvania, USA, 1896 gebaut worden. Dieses altgediente Modell ist hier abgebildet, wie es in den Dienst der Cosim Steelworks in Sao Paolo, Brasilien, überstellt wurde.

„Aerodynamischer Dampf"

1934 zischte der aerodynamische „Pioneer Zephyr" aus rostfreiem Stahl über die Strecken der Burlington Eisenbahngesellschaft durch Amerika.

● DIE AERODYNAMISCHEN „HEBEN AB"

Der „Pioneer Zephyr" war eine Inspiration für jeden, der ihn sah. Die Erscheinung dieser mit Winton-Dieseln angetriebenen „Verbundzüge der Zukunft" führte dazu, dass viele Dampflokomotiven, die für den Personenverkehr vorgesehen waren, ebenfalls nach aerodynamischen Gesichtspunkten gebaut wurden.

● DIE „ALTE GARDE" WIRD AUFGEMÖBELT

Die Eisenbahngesellschaften waren erpicht darauf, die angestaubten Personenloks mit einem schönen neuen Mantel zu versehen. Die Pennsylvania Railroad engagierte den allgemein anerkannten Industriedesigner Raymund Loewy, um die Nr. 3768-K4 etwas „aufzumöbeln".

● UNTEN
Die Chesapeake & Ohio- Eisenbahngesellschaft besaß vier aerodynamische 4-6-4 Hudson-Typen der L1-Klasse als Reisezüge. Diese seltsam wirkenden verzierten gelben Lokomotiven wurden scherzhaft „Yellowbellies" genannt.

Das Resultat war eine auffallend imposante Lokomotive. Viele Eisenbahnen versahen ihre älteren Modelle mit einer entsprechenden Verkleidung, obwohl dieses in einigen Fällen zu weniger guten Ergebnissen führte. Manchmal störte die Ummantelung bei der Wartung und wurde später wieder entfernt.

● DIE NEUEN „AERODYNAMISCHEN"

Die Milwaukee-Road-Gesellschaft bestellte als erste die neuen aerodynamischen Dampfloks. Sie kaufte 1935 4-2-2- Hochgeschwindigkeitsloks mit 213 cm-Rädern und einer Verkleidung, die von Otto Kühler entworfen wurde. Diese Loks konnten mit über 160 km/h, zwischen Chikago, Illinois und Milwaukee, Wisconsin hin- und herjagen.

Die Flotte der halbaerodynamischen 4-8-4 von Southern Pacific des Northern Typs im „Daylight"-Muster schoss durch Kalifornien. Die Krönung dieser berühmten Klasse waren die 30 GS-4 und GS-5, die von den Limawerken 1941-42 gebaut worden waren. Diese starken Loks zierte das wohl beste Styling, das man überhaupt bei einer Lokomotive in Nordamerika sah. Unter den letzten aerodynamischen Loks, die gebaut wurden waren die Norfolk & Western der J-Klasse 4-8-4. Sie wurden für den Reiseverkehr eingesetzt.

● RECHTS
Die Klasse-J-"Northerns" Nr. 600 bis 612 der Norfolk & Western Railroad waren die berühmtesten aerodynamischen Loks. Diese gewaltigen Lokomotiven erreichten eine Höchstgeschwindigkeit von knapp 180 Stundenkilometern, obwohl dies gar nicht notwendig war. N&WR hatte noch andere aerodynamische Loks, inklusive ihrer 800er Serie der K-2 Klasse, die 4-8-2-"Mountains". Zwei N&WR der J-Klasse halten hier an der Servicestation im Jahr 1958.

● OBEN
Eine 4-8-4 Nr. 6402 der Canadian National Railway auf dem Weg durch Toronto.

● UNTEN
Southern Pacific besaß eine Flotte von halbaerodynamischen 4-8-4 mit „Daylight"-Lackierung vom „Northern"- Typ für den Personenverkehr. Von diesen galten die 30 GS-4 und GS-5, 1941-1942 gebaut, als die besten.

SOUTHERN PACIFIC GS-4

Baujahr	1941
Konstrukteur	Lima, Ohio, USA
Auftraggeber	Southern Pacific
Spurweite	Standard
Treibräder	203 cm
Antrieb	2 Zylinder 66 x 81cm
Druck	136 kg
Gewicht	215 Tonnen
Zugkraft	35,6 Tonnen

Das Netzwerk wird grösser – „Decapods“, „Mountains“, „Santa Fes“ und „Overlands“

Die Eisenbahnstrecken der USA benötigten ständig stärkere und leistungsfähigere Lokomotiven. Man glaubte, dass immer bessere Lokomotiven die Preise noch stärker senken würden und man mit weniger Personal und Lokomotiven Güter immer rascher bewegen konnte.

Im 19. Jahrhundert war die Leistung der Lokomotiven durch die Größe der Feuerbüchsen begrenzt. Und der Heizer konnte natürlich nur ein bestimmte Menge Kohle schaufeln. Die ersten Versuche, große Lokomotiven zu fertigen, endeten damit, dass merkwürdige Ungetüme gebaut wurden, die kaum Dampf entwickelten und zu wenig Antriebskraft besaßen. Die Erfindung des Überhitzers (mittels Rückleitung des Dampfes durch die Feuerbüchsen) und mehr Platz für die Feuerbüchse führten zu entscheidenden Verbesserungen und dienten der Entwicklung etlicher großer Lokomotivmodelle. Die weitere Entwicklung wie die des mechanischen Schürhakens (der die Kohle vom Tender in die Feuerbüchse ohne Zuhilfenahme einer Schaufel beförderte) versetzte die neuen, großen Lokomotiven in die Lage, maximale Leistung zu bringen.

CHESAPEAKE & OHIO CLASS J1 „MOUNTAIN“-TYP

Baujahr	1911–12
Konstrukteur	American Locomotive Co. (Alco)
Auftraggeber	Chesapeake & Ohio Railroad
Spurweite	Standard
Treibräder	175 cm
Antrieb	2 Zylinder 74 x 71cm
Druck	82 kg
Gewicht	226 Tonnen
Zugkraft	26 Tonnen

• „DECAPOD“- UND „MOUNTAIN“-TYPEN

Die 2-10-0-“Decapod“-Type, die 1870 von Lehigh Valley Railroad in Pennsylvania eingeführt wurde, war einfach zu groß für damalige Verhältnisse. Jedoch war sie im Export sehr erfolgreich.

Die 4-8-2 wurde etwa 1910 auf der Chesapeake & Ohiolinie vorgestellt. Sie galt als sehr erfolgreicher Typ. Diese Lok war als Personenzug bestens geeignet.

• „SANTA-FE“ UND „OVERLAND“-TYPEN

Das Streckennetz von Western Railroads verlief zu einem großen Teil über die offenen Steppen, Berge und Wüsten. Deshalb war der Bedarf an großen, star-

• OBEN
Die 2-10-0-“Decapod“ war nicht besonders beliebt unter den amerikanischen Eisenbahnen, doch die Pennsylvania Railroad besaß mehr als 500. Die Decapod wurde für den schweren Güterverkehr auf langsamen Strecken genutzt.

• RECHTS
Die Norfolk & Western Railroad benutzte aerodynamische 4-8-2- „Mountain“-Typen im Personenverkehr. Diese Lokomotiven der Klasse K2 sahen dem J Class „Northern“-Typ sehr ähnlich.

ken Loks hoch und es war einfacher, die Loks mit einem langen Achsgestell einzusetzen. Kurz nach 1900 bekam die Santa Fe Railway 2-10-2-Lokomotiven, die als Santa-Fe-Typen bekannt wurden. Doch dieses Modell wurde erst nach dem ersten Weltkrieg halbwegs populär, als das Modell mit veränderter Technik in die Massenproduktion ging.

In den 20er Jahren erhielt die Union-Pacific eine Dreizylinder-4-10-2- Lokomotive, die nach der von ihr befahrenen Strecke – der Overland Route – benannt war. SP bestellte ebenfalls diese Type und nannte sie die „Southern-Pacific"-Type. Von der 4-10-2 wurden nicht

● OBEN

Diese 4-8-2 der Baltimore & Ohio posiert als brandneue „Mountain"-Type für den Fotografen. Diese Lokomotive hatte eine Radgröße von 188 cm, 76 x 67 cm- Zylinder und zog 29,5 Tonnen.

AMERIKANISCHE SUPERPOWER

Die Lokomotivbauer versuchten permanent, den Dampfausstoß und Treibstoffverbrauch zu optimieren und erzielten so interessante Entwicklungen.

● VIERACHSEN-TENDER ALS „SCHLÜSSEL ZUR KRAFT“

Die Entwicklung des vierachsigen Tenders gab Raum für eine größere Feuerbüchse und erhöhte so Heizfläche und Dampfkraft. „Superpower“ zog ebenfalls den Nutzen aus anderen Verbesserungen, wie z.B. automatische Schieberkästen, Überhitzer und später die Rollenlager.

Die erste Lokomotive mit radialem Außenlager, vierachsigem Auflieger und vergrößerter Feuerbüchse war eine „Lima“ 2-8-4, die 1925 für die New-York-Central-Eisenbahn gebaut wurde. Sie war für den schweren Gütertransport vorgesehen. NYC setzte seine 2-8-4-Typen auf der Boston & Albany (B&A)-Strecke im Westen Massachusetts ein. Dort gab es die größten Steigungen des NYC-Streckennetzes. Dieses Modell hieß wegen der Bergregion, durch die der Zug fuhr, „Berkshire“. Die „Berkshire“ war die Weiterentwicklung der „Mikado“, die lange im Güterverkehr verwendet wurde. NYC war von der Leistung der „Berkshire“ angetan und bestellte eine Flotte für den Dienst auf der B&A-Linie. Dort waren sie mehr als 20 Jahre bis zur Einführung der Diesellok im Einsatz.

● DIE „SUPERPOWER“-PERSONENZÜGE

Die vierachsigen Sattelauflieger mit der großen Feuerbüchse harmonierten so gut mit der „Berkshire“, dass das selbe Prinzip für die schnellen Personenloks eingesetzt wurde. Die ersten 4-6-4-Lokomotiven von Alco erhielt die NYC 1927. Dieses Modell wurde nach dem Hudson River benannt, dem bekanntem Flusslauf New York Citys, der parallel

● LINKS
Eine der beeindruckensten Dampflokomotiven, die jemals gebaut wurde, war die 2900-Reihe der 4-8-4-"Northerns" für Atchison, Topeka & Santa Fe. Sie wogen 231 Tonnen und hatten eine Radgröße von 203 cm. Sie fuhren durchschnittlich über 160 km/h.

● GEGENÜBER
Reading Railroad baute 1945 acht 4-8-4 „Northerns" der Klasse T1 in ihrer Werkstatt in Reading, Pennsylvania. Für den Güterverkehr vorgesehen, wog die T1 366 Tonnen und hatte eine Radgröße von 178 cm.

● RECHTS
Eine Lok der Baltimore & Ohio Railroad 4-6-4 vom „Hudson"-Typ. Viele amerikanische Eisenbahnen setzten „Hudsons" im Personenverkehr ein. Die „Hudson" war die Weiterentwicklung des „Pacific"-Typs.

READING 4-8-4 NORTHERN TYPE CLASS T1

Baujahr	1945
Konstrukteur	Reading Shops, Reading, PA, USA
Auftraggeber	Reading Railroad
Spurweite	Standard
Treibräder	178 cm
Antrieb	2 Zylinder 69 x 81cm
Druck	108 kg
Gewicht	366 Tonnen
Zugkraft	29 Tonnen

zur Eisenbahnstrecke von New York City nach Albany verläuft. Die beschleunigte Entwicklung der „Hudson"-Type führte zum Bau einiger der besten Loks, die es je gab. Über 500 Hudson-Typen wurden für Amerika fertiggestellt.

● „NORTHERNS"

Die 4-8-4-"Northern"-Type war zum ersten Mal 1927 für die Northern Pacific entwickelt. Die „Northern" galt als eine exzellente Lokomotive für den Hochgeschwindigkeitsverkehr von Personenzügen und wurde während des gesamten zweiten Weltkrieges produziert. Einige der besten Modelle des „Northern"-Typs waren die 800er-Klasse der UP, die von Alco 1937 gebaut wurden; die S-Klasse der Milwaukee Roads, von Alco 1944 gebaut; die 2900er-Serie der Santa Fe, von Baldwin im selben Jahr gebaut und die NYC-6000-Serie, die 1946 entstand und oft eher als „Niagara" denn als „Northern" bezeichnet wurden. Einige „Northern"-Loks wurden mit aerodynamischen Verkleidungen geliefert, insbesondere die J-Klasse der Norfolk & Western Railroads und die GS-2- bis GS-6-Klasse der Southern Pacific (die Klassen GS-1, GS-7 und GS-8 von SP waren nicht aerodynamisch verkleidet). Mehr als 1000 „Northern"-Typen wurden für die North American gebaut. UP hatte eine „Northern" über das Ende der Dampfära hinaus bis weit in die 50er im Dienst. Ihre berühmte „Northern" Nr. 844 war nach einer millionenteuren Reparatur wieder als Ausflugslok unterwegs.

● OBEN
Milwaukee Road bekam 1944 von Alco „Northern"-Typen der Klasse S-3. Diese kraftvollen Lokomotiven wurden für den Güter- und Personenverkehr verwendet, doch für manche Strecken waren sie einfach zu schwer.

● RECHTS
Union Pacific hat die Nr. 844 gut erhalten. Während die Zugmaschine hauptsächlich als Ausflugslok eingesetzt wird, zieht sie auch gelegentlich Schwergut. 1989 hat sie eine Fracht über Omaha nach North Platte gebracht.

Amerikanische Diesel- und E-Loks

Den ersten Einsatz von elektrischen Lokomotiven in den USA gab es im Baltimore-Railway-Tunnel 1895.

PENNSYLVANIA RAILROAD KLASSE GG1-ELEKTROLOKOMOTIVE

Baujahr	1934-43
Konstrukteur	Baldwin, General Electric, Juniata Shops
Auftraggeber	PRR
Spurweite	Standard
Spannung	11000 Volt AC
Leistung	4680 PS
Gewicht	208 Tonnen
Zugkraft	34 Tonnen

● E-LOKS

Nach 1900 wurde die Elektrifizierung zunehmend populärer. In den 30ern wurden die Streckenabschnitte vieler Hauptverbindungen elektrifiziert. Herausragend waren die von der Pennsylvania Railroad (PRR) vorgenommenen weit reichenden 11000-Volt-Wechselstrom-Strecken in New York, New Jersey, Maryland und Pennsylvania; die 660-Volt-Gleichstrom-Elektrifizierung per Stromschiene der New York Central (NYC), New Havens 11000-Volt-Wechselstrom-Vorortelektrifizierung in Connecticut und Milwaukee Roads 3000-Volt-Gleichstrom- Oberleitungselektrifizierung durch die Berge Montanas, Idahos und Washington State. PRR hatte viele Klassen von E-Loks, angefangen von den kleinen 0-C-0 „Switchers" der B1-Klasse bis zu den bekannten 4-C+C-4 der GG1-Klasse im Raymond-Loewy-Stil. Die GG1 und ihre Nachfolger waren gut 50 Jahre bei der PRR.

NYC betrieb mehrere E-Loks verschiedener Klassen im Bereich von New York City. Die erste elektrische Lok der Klasse S1, Nr. 6000, war von 1904 bis in die 70er Jahre in Betrieb.

● UNTEN
Die PRR betrieb 139 GG1-E-Loks im Güter- und Personenverkehr auf ihren elektrifizierten Linien. Diese Lokomotive im Raymond-Loewy-Stil war fast 50 Jahre im Einsatz.

New Havens E-Loks liefen mit den 660 Volt Gleichstrom der Stromschiene oder den 11000 Volt Wechselstrom der Oberleitung. Sie setzten EF-Klasse-Motoren im Güter- und EP-Klasse- Motoren im Personenverkehr ein. Die letzten E-Loks im Personenverkehr waren die zehn EP-5 von General Electric 1955.

● OBEN
Ein PRR-GG1 zieht 1959 einen Hochgeschwindigkeitszug im Personenverkehr durch Frankford Junction in der Nähe von Philadelphia, Pennsylvania.

● LINKS
Der Rio-Grande-"Zephyr" der Denver & Rio Grande Western Railroad in Thistle, Colorado, 1982.

● LINKS
Eine der EP-5-E-Loks im Personenverkehr der New Haven Railroad 1960 mit einem Zug durch Sunnyside Yard in Queens, NY. Die zehn EP-5, von General Electric 1955 gebaut, waren die letzten neuen elektrischen Personenloks der Eisenbahngesellschaft.

Milwaukee Roads bekannteste zweipolige E-Loks waren die 6-D+D-6 der Klasse EP-2, die von GE 1918 für die Strecken der Washington State-Bahn gebaut wurden sowie die 1949 von GE gebauten „Little Joes" für die Strecken in Montana und Idaho. Diese Doppellokomotive mit dem „Babyface" waren für Russland vorgesehen, aber wegen des Kalten Krieges nicht ausgeliefert worden. So wurden sie „Joseph Stalin" genannt. Milwaukee nahm die letzte E-Loks 1974 aus dem Verkehr und übergab 1980 seine Strecken an die Pacific Coast.

In den 60ern besaßen die Dampfloks bereits einen Museumsstatus. Die dieselelektrische Lok brachte die amerikanischen Eisenbahngesellschaften dazu, ihre Strecken ohne Oberleitungen zu belassen. In einigen Fällen jedoch wurden diese Loks durch rein elektrische Züge ersetzt.

● UNTEN
Die elektrisch angetriebene E7 war eine der beliebtesten Personenloks. Mehr als 500 von ihnen wurden gebaut. Hier begegnen sich zwei der Louisville & Nashville-E7-Loks 1958 in Louisville, Kentucky.

● GANZ UNTEN
Die EAs der Electro-Motive Co, 1937 für Baltimore & Ohio Railroad gebaut, waren die ersten aerodynamischen diesel-elektrischen Personenloks, die nicht Teil eines Verbundzuges waren.

● DIE DIESEL-ELEKTRISCHE VERLOCKUNG

Amerikas erste erfolgreich kommerziell betriebene Diesel-E-Lok war von Alco-GE-Ingersol Rand 1925 für die Central Railroad aus New Jersey als „Boxcab" gebaut. Zunächst wurde die diesel-elektrische Lok hauptsächlich als Universallok gebaut, doch der Bezug zum Personenverkehr wurde mit der Einführung der „Pioneer Zephyr" von Budd auf der Burlingtonstrecke 1934 deutlich. Diese aerodynamische Lok aus Edelstahl veränderte die Sichtweise der Eisenbahngesellschaften in Bezug auf diesel-elektrische Loks. Die General Motors Electro-Motive Corporation führte den FT ein, eine 1350 PS starke stromlinienförmige Lok, die dafür vorgesehen war, im Viererverbund Schwerlastzüge zu bewegen. Diese bemerkenswerte Lokomotive stach nahezu jede zeitgemäße Dampflok aus. Die Diesellok hatte bewiesen, dass sie auf allen Ebenen den dampfbetriebenen Lokomotiven ebenbürtig und dabei noch kostengünstiger war. Nach dem Krieg ersetzte die diesel-elektrische Lok bald die Dampfloks.

Amerikanische Vorortbahnen

Zwischen 1890 und dem Ersten Weltkrieg wurden in den gesamten USA die Vorortbahnen in Leichtbauweise gefertigt. Am häufigsten waren sie im Nordosten und Mittleren Westen des Landes.

● LEISTUNGEN DER VORORTBAHNEN IN AMERIKA

Die Vorortbahnen waren hauptsächlich für Passagiere gedacht, doch viele wurden auch im Güterverkehr eingesetzt. Die Bahngesellschaften litten stark durch den wachsenden Autoverkehr und nur wenige überlebten die Wirtschaftskrise der 30er Jahre. Einige wenige Vorortbahnen gab es bis in die 50er und frühen 60er Jahre. Andere überlebten als Güterbahnen. Heute existiert von diesem Netz nur noch ein Bruchteil, der hauptsächlich für den Gütertransport genutzt wird. Nur die Chicago, South Shore & South Bend Bahn, befördert noch Passagiere.

● DIE TRIEBWAGEN DER VORORTBAHNEN

Die Bauweise der ersten Stadtbahnen ähnelte den Triebwagen der dampfbetriebenen Personenzüge. Ornamentverzierte, schwergewichtige Waggons aus Holz waren vorherrschend, bis 1915 schließlich die Stahlwaggons aufkamen. Die Waggons der Vorortbahnen wurden von verschiedenen Unternehmen wie der American Car Company in Brill, der Cincinnati Car Company, der Holman

● OBEN
North Shore hatte zwei aerodynamische Verbund-Elektrozüge – „Electroliners" genannt – und auf der Hochgeschwindigkeitsstrecke zwischen Chikago, Illinois und Milwaukee, Wisconsin, hin- und herpendelten. Hier ist ein „Electroliner" in den Straßen von Milwaukee am 19. Juli 1958 abgebildet.

● UNTEN
Die Chicago, South Shore & South Bend Railroad besaß eine Flotte von Standard-Vorortzügen mit Stahlwaggons. Hier ist eine typische South Shore Vorortbahn in Gary, Indiana, im Jahre 1958 abgebildet.

● RECHTS
North Shore ließ einige seiner schweren Vorortbahnwaggons so umspritzen, dass der Eindruck entstand, sie seien moderne, aerodynamische Waggons im Edelstahldesign.

CHICAGO, SOUTH SHORE & SOUTH BEND VORORTZUG

Baujahr	1929
Konstrukteur	Standard Steel Car
Auftraggeber	South Shore & South Bend Interurban
Spurweite	Standard
Voltage	1500 Volt DC
Achsen	4
Gewicht	60,5 Tonnen
Antrieb	Westinghouse
Sitze	48

Car Company und der Jewett Car Company, gefertigt. Die meisten bauten ebenfalls Straßenbahnwaggons und die Wagen der schnellen Transitbahnen. Einige Vorortbahnen bestellten in den 30er Jahren Hochgeschwindigkeitszüge aus Leichtmetall, z.B. Fonda, Johnstown & Gloversville, New York, die fünf aerodynamische Bullet-Waggons 1932 von Brill kauften.

● AERODYNAMISCHE VERBUNDZÜGE

Die Chicago, North Shore & Milwaukee erhielt 1941 zwei aerodynamische Verbundzüge als Vorortbahnen von der St. Louis Car Company. Diese auffälligen Züge wurden als „Electroliner" bezeichnet und waren mit smaragdgrün-lachsfarbenen Streifen versehen. Die North Shore war eine der wenigen Vorortbahnen, die in ein städtisches Verkehrsnetz eingebunden waren. Über zwanzig Jahre lang pendelten die „Electroliners" zwischen Milwaukee, Wisconsin und Chicagos „L-Schleife". Nach dem Ende von North Shore 1963 wurden die „Electroliners" nach Philadelphia verkauft und dort unter dem Namen „Liberty Liners" auf der Norristown Highspeed Line (vormals Philadelphia & Western) eingesetzt. Die Zweigstelle in Illinois unterhielt ebenfalls aerodynamische Verbund-Vorortbahnen des St.-Louis-Typs.

● RECHTS
Die Nummer 20 der Chicago, Aurora & Elgin (CA&E) wurde 1902 von der Niles Car & Manufacturing Company gebaut. Sie wog 38,5 Tonnen und hatte Platz für 52 Personen. Die CA&E versorgte ihre Züge durch eine Stromschiene und Oberleitungen.

Kanadische Personenzüge

Etwa 4100 Dampflokomotiven waren auf den kanadischen Hauptlinien, Canadian National (CN) und Canadian Pacific (CP) im Einsatz.

● OBEN
Canadian Pacifics bekannteste Lokomotive war die „Royal Hudson", die 1938 von den Montreal Locomotive Works gebaut wurde. Wie viele der CP-Dampflokomotiven war sie halb-aerodynamisch verkleidet und hatte zurückgesetzte Stirnlampen.

● LOKOMOTIV-HERSTELLER

Zwei private Hersteller aus Kanada bauten die meisten dieser Lokomotiven. Die Montreal-Locomotive-Werke (MLW), eine Tochtergesellschaft der American Locomotive Company (Alco), fertigte in der ersten Hälfte des 20.Jahrhunderts mehr als 3600 Dampflokomotiven. Danach ging man dazu über, Diesellokomotiven zu produzieren. Die Canadian Locomotive Company (CLC), die in den 1850ern gegründet wurde, baute mehr als 2500 Dampflokomotiven, darunter 500 für den Export. Die CLC erhielt 1950 die Lizenz, Fairbanks-Morse-Dieselelektroloks zu bauen.

● CANADIAN NATIONAL

Die CN führte 1927 – nur einen Monat später als Northern Pacific in den USA – in Kanada die ersten 4-8-4 ein. CN benannte die 4-8-4 den „Confederation"-Typ und bestellte im Lauf von 20 Jahren mehr als 200 Exemplare für den Personen- und Güterverkehr. Von den 4-8-4 waren elf aerodynamisch verkleidet. Eine der beeindruckendsten Modelle der 4-8-4 war die CN-Klasse U-2-h, die für den Personen- und Güterverkehr geeignet

● UNTEN
Die Nummern 1246 und 1293 des Canadian-Pacific-Railway-Typs G 5-4-6-2, aufgenommen in Brockways Mills, Vermont, USA.

war. Sie wog 181 Tonnen, hatte 185 cm-Treibräder und eine Zugkraft von über 25 Tonnen. CN unterhielt eine Flotte von 4-8-2-„Mountain"-Typen, die überwiegend im Personenverkehr eingesetzt wurden.

● CANADIAN PACIFIC

Die Lokomotiven des ausgehenden Dampfzeitalters der CP besaßen einige markante Merkmale. Die meisten waren halb-aerodynamisch verkleidet mit mittig zurückgesetzten Stirnlampen. Wie bei den CN-Lokomotiven gab es bei CP geschlossene Führerhäuser, um dem Personal bei Kälte mehr Komfort zu bieten. CP bevorzugte 4-6-2-„Pacifics" und 4-6-4-„Hudsons" für den Personenverkehr. Von 1906 bis 1948 schafften sie „Pacifics" an. Ihre „Hudsons" waren ansehnliche Lokomotiven mit einer großartigen Leistungsbilanz, aber auch von ästhetische Qualität. Einige CP „Hudsons" fuhren regelmäßig auf 800 Meilen langen Strecken (1350 Kilometer). Die bekanntesten 4-6-4 waren die H1-„Royal Hudsons", so bezeichnet, weil sie die Sonderzüge von König George VI und Königin Elizabeth 1939 durch Kanada zogen. Die „Royal Hudsons" waren mit einer Reliefkrone versehen.

CANADIAN PACIFIC CLASS H1D, 4-6-4 „ROYAL HUDSON"

Baujahr	1938
Konstrukteur	Montreal Locomotive Works
Auftraggeber	Canadian Pacific
Spurweite	Standard
Treibräder	190 cm
Antrieb	2 Zylinder 56 x 76 cm
Druck	125 kg
Gewicht	285 Tonnen
Zugkraft	21 Tonnen

● OBEN
Eine Canadian National 4-8-4, Nr. 6218, auf einer Ausflugsfahrt. CN verfügte über die meisten 4-8-4.

● OBEN
Eine 4-8-4 der Canadian National, Nr. 6218, zieht hier 1964 einen Personenzug über eine Brücke.

● LINKS
Canadian National bevorzugte vierachsige Dampflokomotiven und besaß viele „Mikados", „Mountains" und „Confederations" (auch als „Northerns" bekannt). Im Bild eine 4-8-2 „Mountain" der Klasse N-7b, Nr. 6017, während einer Pause in Turcot Yard, Montreal.

KANADISCHE GÜTERLOKS

Canadian National war ein öffentliches Unternehmen, das 1922 von mehreren erfolglosen Linien gegründet wurde. Sie hatte von den zwei kanadischen Gesellschaften das größere Streckennetz, das sich von Küste zu Küste erstreckte.

● LINKS
Während CN die vierachsigen Dampflokomotiven wie die 4-8-2-„Mountains" bevorzugte, setzte CP auf die dreiachsigen Lokomotiven. CP besaß viele 4-6-2-„Pacifics" und setzte sie auf allen Strecken ein. Hier zieht eine CP-4-6-2 1958 einen Personengüterzug in Jackman, Maine, USA.

● LINKS
Eine 40 Tonnen-„Shay" namens „Old One Spot" mit Standardspur aus dem Jahre 1910, die letzte mit Feuerholz betriebene Lok.

● CANADIAN NATIONAL

In den 20er Jahren kaufte die vereinigte CN viele 4-8-2-„Mountains" und kleinere 2-8-2-„Mikados". Sie war eine der ersten Eisenbahngesellschaften, die 1927 die „Northern"-4-8-4 anschaffte und sie „Confederation" nannte. CN und ihre amerikanischen Töchter Grand Truck Western (GTW) besaßen schließlich 200 4-8-4-Lokomotiven. Die starken 4-8-4 waren ideal für den Güter- und Personenverkehr. CN experimentierte 1929 mit einer Alternative. Das Unternehmen bestellte zwei diesel-elektrische Loks von Westinghouse und war damit die erste nordamerikanische Eisenbahn, die Dieselloks auf den Hauptstrecken einsetzte. Trotzdem waren diese Versuchslokomotiven nicht erfolgreich und deshalb nicht sehr verbreitet.

Letztlich stellte CN viele Züge von Dampf auf Diesel um, doch schließlich weniger als amerikanische Eisenbahnen.

● CANADIAN PACIFIC

Die CP hatte eine andere Einstellung zu ihren Güterloks als CN. Während CN viele vierachsige Lokomotiven wie die 4-8-2 oder die 4-8-4 verwendete, bevorzugte CP die dreiachsigen Lokomotiven für die meisten Einsatzgebiete. Sie besaß viele 4-6-2 „Pacifics" und 4-6-4 „Hudsons". Eingesetzt wurden leichte „Pacifics" im Zubringerdienst sowohl im

● RECHTS
Eine Canadian-National-4-8-4, Nr. 6168, zieht 1959 einen Güterzug in der Nähe von Brantford, Ontario. CN verwendete für den Güter- und Personenverkehr viele 4-8-4-Loks.

CANADIAN PACIFIC KLASSE T1B, 2-10-4 „SELKIRK"-TYP

Baujahr	1929-49
Konstrukteur	Montreal Locomotive Works
Auftraggeber	Canadian Pacific
Spurweite	Standard
Treibräder	160 cm
Antrieb	2 Zylinder 64 x 81 cm
Druck	130 kg
Gewicht	202 Tonnen (nur Maschine)
Zugkraft	35 Tonnen

Güter- als auch im Personenverkehr. CP war eine der wenigen, die „Hudsons" im Güterverkehr verwendete. Die meisten Gesellschaften benutzten dieses Modell nur für Personenzüge. CP besaß einige große Lokomotiven. Sie bauten 1928 zwei 4-8-4, denen aber keine mehr folgten. Trotzdem nutzte CP für ihren Güterzugverkehr in den kanadischen Rocky Mountains 36 halbaerodynamische 2-10-4-„Texas"-Modelle, die sie „Selkirks" nannten. Diese Lokomotiven waren optimal für die großen Steigungen und die schweren Lasten geeignet und brachten gute Leistungen. CP baute 1931 eine 2-10-4 als Versuchslokomotive mit Dreizylindermaschine. Diese Lok war jedoch kein Erfolg und so wurde sie schließlich verschrottet.

● OBEN
Eine CN 2-8-0-„Consolidation" in Montreals Turcot-Bahnhof. Die meisten Dampflokomotiven von CN wurden von den Montreal Locomotive Works gebaut.

● OBEN
Eine 45 Tonnen-Waldlokomotive, Nr. 9, aus dem Jahr 1912.

● LINKS
In den 20er Jahren begann die neugegründete Canadian National mit mehreren 2-8-2-„Mikados".

Preussischer Einfluss

Der preußische Einfluss ist auf die große Klasse der 4-6-0-Lokomotiven, auch als P8 bekannt, beschränkt. Nach der Gründung des Deutschen Reiches von 1871 ging Preußen weiter seinen eigenen Weg im Eisenbahnwesen. Andere Staaten des Reiches folgten der Vorgabe Preußens.

● DER BEGINN

Am Ende des 19. Jahrhunderts waren die meisten Bahngesellschaften damit beschäftigt, mit der schnellen Entwicklung mitzuhalten. Dies betraf auch Preußen. Wegen des Flachland-Charakters des preußischen Staatsgebietes bestimmten die Lokomotiven in Leichtbauweise auf viele Jahre und in vielen Varianten das Bild. Verbundzüge waren auch üblich; die Klassen wurden scheinbar nach dem Zufallsprinzip produziert, einige als Verbundlokomotiven, andere als einfache Lokomotiven.

● OBEN
Die preußische P8 überlebte bis zum Ende der Dampfära in Westdeutschland. Hier, in den späten 60er Jahren ist die Lok Nr.038-509-6 unter einer Brücke zu sehen.

PREUSSISCHE P8

Baujahr	1906
Konstrukteur	Schwarzkopff, Berlin
Auftraggeber	Preußische Staatsbahn
Spurweite	Standard
Klasse	Preußische P8 Deutsche Reichsbahn (DR) 38
Achsfolge	4-6-0
Treibräder	175 cm
Antrieb	2 Zylinder 58 x 63 cm
Gesamtgewicht	78,2 Tonnen
Höchstgeschwindigkeit	100km/h

● DER SCHMIDT-ÜBERHITZER

Der entscheidende Moment in der Geschichte des Eisenbahnbaus – nicht nur für Preußen – war die Entwicklung des Erfolg versprechenden Überhitzers. Der Dampf wurde in den Röhren des Kessels getrocknet, um die in Bewegung befindlichen Wassertropfen zu entfernen. Der auf diese Weise überhitzte Dampf war so wesentlich effektiver.

In den frühen 1890er Jahren wurde ein preußischer Physiker, Dr. Wilhelm Schmidt, vom Geheimrat Garbe der Preußischen Staatseisenbahn (PSE) ermuntert, erste Versuche durchzuführen. Die ersten Schmidt-Überhitzer wurden 1897 eingesetzt, doch wie bei vielen Erfindungen gab es zunächst Lecks und Probleme mit der Schmierung. Darüberhinaus waren Lokomotiven, die mit dem Überhitzer ausgestattet wurden, teurer in der Konstruktion. Eine einfache 4-4-0 wurde 1900 mit dem Schmidt-Überhitzer ausgestattet, rückte in den Mittelpunkt des Interesses und setzte sich durch. Verglichen mit den Verbund-4-4-0-Loks ohne Überhitzer der gleichen Klasse, benötigten die überhitzten Lokomotiven 12 Prozent mehr Kohle und 30 Prozent mehr Wasser.

● RECHTS UND UNTEN GEGENÜBER
Die Türkischen Staatsbahnen (TCCD) hatten eine Strecke, die separat von der Hauptverbindung verlief, um Kohle aus der Zeche in den Armutçuk-Bergen zu den Hafenanlagen in Eregli am Schwarzen Meer zu bringen. Nach der Inspektion haben sich diese preußischen G8-2 mit zwei Zylindern, 2-8-0, von 1919 für die Nachtschicht vorbereitet.

● DIE PREUSSISCHE P8

Trotz der Ersparnis einer einfachen Lok verglichen mit einer Verbundlok wurden die Überhitzer bei wesentlich mehr Lokomotiven eingesetzt. Verbundsysteme wurden für die Hochgeschwindigkeitsstrecken eingesetzt. Preußen hatte auch Erfahrungen mit den De-Glehn-Verbundloks gesammelt und eine eigene Verbundvariante 4-6-0 entwickelt. Als eine einfache Zweizylinder-Variante für den Reise- und Güterverkehr 1906 herauskam, war die Zeit für die Weiterentwicklung der preußischen P8-Klasse reif. Die erste wurde von Schwartzkopff in Berlin gefertigt. Insgesamt entstanden mehr als 6000 Exemplare. Die Reparationsforderungen nach dem ersten Weltkrieg führten dazu, dass die P8 auch in anderen Ländern Europas fuhren.

● WEITERE EINFLUSSGEBIETE

Andere Klassen der preußischen Lokomotiven wurden weit verbreitet und gingen an Deutschlands Verbündete, insbesondere die Türkei. Die zahlreichen Auslieferungen und die Reparationen führten dazu, dass Preußens Einflusss noch größer wurde und das Interesse an der relativ einfachen und robusten Bauweise zunahm. Die Notwendigkeit für die deutsche Lokomotivindustrie, mit der Nachfrage gleichzuziehen, führte zu einer Erweiterung der Kapazität und zu einer Verbesserung der Bauweise. Davon profitierten auch die deutschen Konstrukteure außerhalb Preußens und in Deutschland entstand die Basis für die Staatseisenbahn, die Deutsche Reichsbahn (DR), nach 1945 im Westen die Deutsche Bundesbahn (DB).

● UNTEN LINKS
Die 4-6-4T der Deutschen Bundesbahn (DB) der Klasse 078 war bis zum Ende der Dampfära in den frühen Siebzigerjahren in Westdeutschland im Dienst. Eine Lok dieser Klasse ist hier mit einem Personenzug abgebildet. Diese preußische T-18-Klasse wurde von 1912-1927 gebaut.

● UNTEN
Ebenfalls bei der Inspektion in Eregli in der Türkei in den Siebzigerjahren sieht man einen Lokführer, der seine preußische 0-8-0 der G8 Klasse mit der Nummer 44071 von 1902 ölt, bevor er aufbricht.

Die Reichsbahn-Standardloks

1920 Deutschland führte die Reichsbahn als ein nationales System ein. Es überrascht nicht, dass preußische Methodik und Führungstil zum Erfolg wurden.

● DIE GRUNDLAGEN

Die technische Zentralleitung wurde in Berlin eröffnet. Eine der Entscheidungen dort war, die Produktion einer Serie von Lokomotiv-Klassen zuzulassen, die auf sämtlichen Strecken eingesetzt werden sollten. Ein Herr Wagner wurde als Leiter eingesetzt. Und in der Zeit vor 1939 nahm seine Bedeutung als Ingenieur und Leiter ständig zu.

● ERSTE SCHRITTE

Eine der ersten Handlungen war die Kategorisierung der Lokomotiven verschiedener Herkunft. Diese war so erfolgreich, dass sie viele Nachahmer fand. Sie zeigte die Stärken und Schwächen des Bestandes auf. Und wieder einmal nahm die Bedeutung Preußens zu.

Das bedeutete jedoch nicht, dass andere deutsche Eisenbahnlinien keine Vorteile erzielen konnten. Sachsen und Württemberg waren weit fortgeschritten. Zudem steuerten die privaten Konstrukteure von Lokomotiven ihr hohes technisches Niveau bei.

● RECHTS
Diese unveränderte 01-798 mit einer Last von 450 Tonnen. Hier ist der Expresszug um 6.37 Uhr in der Nähe von Großenhain im damaligen Ostteil Deutschlands auf der Strecke Berlin-Dresden im Jahr 1977 zu sehen.

KRIEGSLOK DEUTSCHE REICHSBAHN (DR) KLASSE 52

Baujahr	1942
Konstrukteur	Borsig, Berlin
Auftraggeber	Deutsche Reichsbahn
Spurweite	Standard
Klasse	52
Type	2-10-0
Treibräder	140 cm
Antrieb	2 Zylinder 50 x 60 cm
Gesamtgewicht	85,3 Tonnen
Höchstgeschwindigkeit	80 km/h

● RECHTS
Eine 2-10-0, Nr. 050 383-9, beim Verlassen des Bahnhofes von Freudenstadt im Schwarzwald Ende der 60er Jahre.

● CHARAKTERISTISCHE BAUWEISEN

Verbundzüge waren unüblich geworden. Zweizylinder-Expansionslokomotiven wurden Standard, obwohl diese Bauart mit drei kleinen Klassen in den 30er Jahren drei Zylinder hatten. Robustere Maschine wurden durch das Anheben der Achslast auf 20,4 Tonnen eingesetzt. Die Erleichterung der Wartung wurde, wie von J.A. Maffei aus München praktiziert, durch eingelassene Beschläge und Gitterrahmen am Kessel möglich. Die geräumigen Führerhäuser erleichterten dem Personal im Führerstand die Arbeit.

Viele weitere Entscheidungen beeinflussten Komponenten und Ausstattung und einige blieben in der preußischen Bauweise erhalten.

● GEGENÜBER
Eine Kriegslok der Türkischen Staatseisenbahn (TCDD) mit der Nr. 56533. Hier holt sie einen Güterzug ab.

● RECHTS
Die 4-6-2-„Pacifics" der Klasse 01 waren 1977 immer noch auf der Strecke Berlin-Dresden in der damaligen DDR unterwegs, hier im ländlichen Weinböhla in Sachsen.

● NATIONALE UND INTERNATIONALE STANDARDS

Nicht weniger als 29 Klassen wurden zwischen 1925 und 1945 eingeführt. Sie variierten von der kleinen Klasse der 0-6-0 T und der 2-4-2 T bis zur 6.292-Klasse mit 52 Kriegsloks von 1942. Diese fuhren durch ganz Europa und überdauerten selbst die Erwartungen ihrer Konstrukteure. Standard-Bauweisen waren für viele Länder interessant. Einige kauften nahezu gleiche Modelle von deutschen Kontrukteuren oder als Lizenzprodukte ihrer eigenen Hersteller. Polen hat 1922 zum Beispiel die preußischen P8 verändert. Die Türkei hatte eine Fülle von Modellen bis in die 70er Jahre im Einsatz. Viele Typen blieben in der ehemaligen DDR bis in die 80er Jahre in Fahrt. Eine erhebliche Zahl, besonders der Kriegsloks, wurden wieder restauriert und zu Sonderfahrten in den europäischen Ländern eingesetzt.

Gölsdorf und die österreichische Monarchie

Österreich-Ungarn war vor seinem Zusammenbruch 1918 als Folge des Ersten Weltkrieges eine der mächtigsten politischen und wirtschaftlichen Größen auf dem europäischen Kontinent.

● HINTERGRÜNDE

Die Eisenbahnstrecken verliefen hauptsächlich gen Osten mit einigen wenigen topographischen Problemen von Wien nach Budapest in Ungarn. Richtung Süden wurde die einzige geographische Herausforderung zwischen Wien und Graz durch die Eröffnung der Triester Eisenbahn 1853 über die österreichischen Alpen und den 980 Meter hohen Semmering-Pass gelöst. Ein ähnliches Problem hatten die Erbauer der Eisenbahnlinie, die in Richtung Italien von Innsbruck aus verläuft: Diese Strecke erklimmt am Brenner-Pass die Berge in 1369 Metern Höhe und wurde 1867 fertig gestellt. Abgesehen von den ebenen Strecken im Westen Richtung Deutschland wurden die anderen Verbindungen eher als zweitrangig eingestuft. Darüberhinaus wurden sie durch das europäische Alpenmassiv behindert. Die beste Verbindung war die Linie durch das österreichische Tirol und den Vorarlberg. Die Strecke wurde 1861 eröffnet und erreicht Buchs im Kanton St. Gallen an der Grenze mit einer großen Steigung beidseitig des in 1789 Metern Höhe gelegenen Arlbergtunnels.

● DR KARL GÖLSDORF

Karl Gölsdorf wurde 1861 in eine Eisenbahnerfamilie hineingeboren. Im Alter von 30 Jahren wurde er Chefingenieur der Österreichischen Bundesbahnen. Anfang des 19. Jahrhunderts zeichnete er für den gesamten Maschinenbau unter der Oberhoheit des österreichischen Eisenbahnministers verantwortlich. Das beeinflusste auch die offiziell unabhängigen ungarischen Eisenbahnen. Zu seinen Errungenschaften gehört die Zahnradbahn auf der Erzberglinie. Der 1533 Meter hohe Erzberg, der über reiche Eisenerzvorkommen verfügte, erhebt sich stolz über die Zechenlandschaft in Österreichs Provinz Steiermark.

● BAUART-PROBLEME UND LÖSUNGEN

Auf den ebenen Strecken des Reiches brauchte man Lokomotiven mit hoher Geschwindigkeit. Die kurvenreichen, gebirgigen Linien erforderten Loks mit einer „härteren Gangart“. Gölsdorf sah sich der engen Begrenzung auf eine maximale Achsenlast von 14,5 Tonnen und damit der Notwendigkeit der Leichtbauweise gegenüber. Er erreichte optimale Gewichtsverhältnisse durch hohen Kes-

● LINKS
Diese Szene im Strasshof-Lokdepot nördlich von Wien im Jahr 1987 zeigt die Klasse 30.33 der Österreichischen Bundesbahnen (ÖBB). Diese Lok stammt aus dem Jahre 1895 und verfügt über zwei Dampfdome mit Verbindungsstück.

● OBEN LINKS UND RECHTS
Diese Lokomotiven sind Gölsdorf-Modelle oder -Abwandlungen, die in den 7er Jahren im ehemaligen Jugoslawien aktiv waren.

● UNTEN RECHTS
Die Eleganz von Gölsdorfs Expresslokomotive für den Personenverkehr war typisch. Weniger bekannt ist diese Klasse von Zahnradbahnen. Sie arbeiteten hauptsächlich vor Zügen, die mit Eisenerz aus Erzberg in der Steiermark beladen waren, bis die Wagen an Loks mit normaler Traktion in Vordernberg überstellt wurden.

GÖLSDORFS ZAHNRADBAHN DER ERZBERG LINIE

Baujahr	1912
Konstrukteur	Dr Karl Gölsdorf
Spurweite	Standard
Klasse	ÖBB 197
Type	ÖBB Kategorie F: Whyte-Bezeichnung 0-12-OT
Adhäsionsantrieb	2 Zylinder 57 x 52 cm
Zahnradantrieb	2 Zylinder 52 x 45 cm
Kuppelräder	*103 cm Durchmesser*
Gesamtgewicht in	88 Tonnen
Höchstgeschwindigkeit	Adhäsion 30 Stundenkilometer Zahnrad 15 Stundenkilometer

seldruck und durch die Anwendung seines Grundsatzes: Es ist einfacher, bei tausend kleinen Teilen und nicht bei den großen Teilen Gewicht zu sparen. Weite Rauchkammern trugen dazu bei, den Dampfnachschub zu sichern. Sehr große Treibräder der Expresslokomotiven (über 210 cm) ermöglichten eine hohe Geschwindigkeit. Bis zu zwölf Achsräder sorgten für die Haftung und bildeten die Berechnungsgrundlage für das Zugvermögen in den Bergregionen.

● VERBUNDSYSTEME

Gölsdorfs Bauweise wurde oft als ungewöhnlich angesehen. Ein typisches Merkmal: Zwei Dome wurden auf den Kessel gesetzt, um Dampf zu sammeln. Sie waren durch eine lange Röhre verbunden, durch die Dampf vom einen in den anderen Regulator strömte. Viel wichtiger war jedoch eine „versteckte“ Vorrichtung: Gölsdorf war ein Befürworter des Verbundsystems und verwendete häufig allein zwei Zylinder, einen Hochdruck- und einen Niederdruckzylinder. Schwierigkeiten gab es beim Starten des Verbundsystems nach einem Halt. An Stelle des üblichen Speiseventils, das eine geübte Bedienung erforderte, wurde Hochdruckdampf automatisch in den Niederdruckzylinder eingelassen, wenn die Ventilsteuerung im Vor- oder Rücklauf war. Seine Entwicklungen wurden von der Ungarischen Eisenbahn übernommen.

Der französische Einfluss beim Dampf

Die Zeit von 1900 bis 1950 war für Frankreich das „goldene Zeitalter" für die dampfbetriebenen Eisenbahnen. Konstrukteure erweiterten die Grenzen des Wissens über die Bauweise und Leistung von Lokomotiven. Die Ära brachte auch eine Klasse von Lokführern hervor, die nicht nur alles über die neue Technologie lernen mussten, sondern auch ihre Fahrtechnik den Gegebenheiten anzupassen hatten. Die französischen mécaniciens waren außergewöhnliche Techniker im Führerstand

● RECHTS
Französische Eisenbahnen hatten Tanklokomotiven für den Personen- und Frachtverkehr im Einsatz. Diese TA der Klasse 141 sind Loks der Strecke Paris-Orleans, die zwischen 1911-23 gebaut wurden.

● Verbundsysteme

Für einen Eisenbahnhistoriker ist das Verbundsystem mit zwei Namen in Frankreich verbunden: Alfred de Glehn, allerdings in England geboren, und André Chapelon.

Das Verbundsystem funktioniert folgendermaßen: Eine Dampflokomotive erzeugt unter Druck Dampf im Kessel. Der Dampf entweicht in die Zylinder, um die Kolben anzutreiben und wird dann ausgestoßen. Der ausströmende Dampf enthält viel Energie. Wenn dieser Dampf durch einen längeren Niederdruckzylinder geführt wird, kann diese ansonsten ungenutzte Kraft verwendet werden, um Brennstoff und Wasser zu sparen.

● Die Arbeit der Entwickler

Französische Ingenieure, die großen Anteil an der weltweiten Entwicklung hatten, waren Gaston Du Bousquet, ein Zeitgenosse von De Glehn, und, zum Ausklang des Dampfzeitalters, Mark de Caso. Chapelon hat stets Du Bousquets erfolgreiche Grundlagenforschung anerkannt. Permanent hatten die Lokomotiventwickler unter Beschränkungen zu leiden. In Frankreich, wo seit 1857 der Bau von Eisenbahnen streng kontrolliert wurde, gab es eine Bestimmung vor dem Zweiten Weltkrieg für eine möglichst schnelle Reisezeit, ohne jedoch 120 Stundenkilometer zu überschreiten. Das bedeutete, dass die Güterzüge am Berghang sehr schnell sein mussten.

Die De-Glehn-Verbundloks, die bis 1914 gebaut wurden, waren für ihre Zeit sehr leistungsfähig. Als die Ladungen schwerer wurden und mehr Zugkraft erforderten, kamen Vierzylinder-Verbundmaschinen zum Einsatz.

● LINKS
Viel harte Arbeit war erforderlich, um diese klassische „Mountain" der Nr. 241A 65 wieder herzustellen. Sie wurde von Fives-Lilles (Auftragsnummer 4714/1931) gebaut und ist hier 1994 vor dem Depot in St. Sulpice, Neuchâtel in der Schweiz, zu sehen.

● OBEN LINKS
Diese ehemalige 231E „Pacific" der Strecke Paris-Orleans führt den Flêche d'Or-Calais-Paris-Express im ausgehenden Dampfzeitalter als Standardlokomotive an. In seiner Blütezeit war es ein Luxuszug. Die Lokomotive, ein Du-Bousquet/Chapelon-Modell für die Strecke Paris-Orleans, stammt aus dem „goldenen" Bahnzeitalter.

● OBEN RECHTS
Diese 2-8-2-Tankloks, die im Lokschuppen glänzen, lassen an die typischen Szenen französischer Rundschuppen denken.

SNCF (ETAT) 241A

Baujahr	1927
Konstrukteur	Compagnie de Fives-Lille, Fives, Frankreich
Auftraggeber	Société Nationale des Chemins de Fer (SNCF)
Spurweite	Standard
Type	241 (Whyte Bezeichnung 4-8-2)
Treibräder	179 cm
Antrieb	2 Zylinder 51 x 65 cm 2 Zylinder 72 x 70 cm
Gesamtgewicht	114,6 Tonnen
Höchstgeschwindigkeit	120 km/h

● VERBESSERUNG DER ZUGKRAFT

In den späten Zwanzigerjahren begann Chapelon sich als großartiger Eisenbahnkonstrukteur zu profilieren. Er war 1919 in den Eisenbahndienst eingetreten, sich jedoch 1924 für eine Telefongesellschaft entschieden. Sein Forschergeist, der schon in seiner Schulzeit zu Tage trat, brachte ihn dazu, eine Einladung in die Forschunsgabteilung der Paris-Orleans Eisenbahngesellschaft anzunehmen. Dort betraute ihn Monsieur Paul Billet damit, die Abdampfsysteme bestimmter Maschinen zu verbessern – der Grundstock seiner Karriere. Durch Studien hatte man herausgefunden, dass Energie auf dem Wege vom Kessel zum Zylinder verschwendet wurde. Die Gründe hierfür waren die Dampfrohre und -leitungen. Die Überarbeitung unter Chapelons Leitung führte fast zur Verdopplung des Wirkungsgrades der umgebauten Verbundlokomotiven. Diese Verbesserungen konnte man auch auf einfache Lokomotiven anwenden. Sie stärkte die Argumentation derer, die meinten, dass einfache Lokomotiven mit starkem Überhitzer letztlich doch ökonomischer seien. Zum Glück für Chapelons war er dem Verbundsystem nicht hoffnungslos ergeben. Er brachte ähnliche Verbesserungen auch für die Klassen der einfachen Dampflokomotive hervor.

● LINKS
Eine 231 G 558 läuft mit einem Zug aus den Dreißigerjahren in Le Havre, Nordfrankreich, ein. Gäbe es nicht die Oberleitungen, hätte die Szene gut kurz nach 1935 stattgefunden haben können, als die SNCF diesen 1922 gebauten Batignolles-„Pacific" wieder einsetzte. Tatsächlich wurde das Bild aber 1992 aufgenommen.

Der französische Einfluss bei den E-Loks

Die wichtigsten europäischen Länder versuchten sich an der Elektrifizierung mit wechselhaftem Erfolg. Die 31 km lange und steile Strecke von St.Georges de Commiers nach La Mure wurde 1903 von Sécheron, einer Schweizer Firma, elektrifiziert. Es war die erste Linie, die mit 2400 Volt Gleichstrom per Hochspannungsleitung elektrifiziert worden waren und durch zwei Kabel die Bo-Bo Lokomotiven, welche ein Zugvermögen von 110 Tonnen auf den Steigungen von 1:38 hatten, mit Strom versorgte.

● Die Anfangsjahre

Die französischen Ingenieure Auvert und Ferrand entwickelten zusammen eine einphasige Gleichstrom/Wechselstrom 2Bo+Bo2 Lokomotive, die von den Alioth Werken in Münchenstein gebaut wurde.

Die 12000 Volt/25 Hz starke Spannung wurde durch einen Umformer weitergeleitet an die vertikal befestigten Motoren. Die Versuche waren erfolgreich und eine weitere Lokomotive wurde entworfen, aber nicht gebaut.

Südfrankreichs Midi Eisenbahn betrachtete die Elektrifizierung ebenfalls als Möglichkeit für eine effektive Traktion in den Bergen. Sechs Lokomotiven wurden von verschiedenen Herstellern für vergleichende Feldversuche bestellt. Schließlich kam heraus, dass man sukzessives Bremsen mit Einphasenstrom durchführen konnte. Der Hersteller, Jeumont aus Frankreich, gehörte zu den zwei Unternehmen, die einen Liefervertrag bekamen. Das andere Unternehmen war Westinghouse aus den USA. Was die Aufnahme des Triebwagenverkehrs betrifft, war die Paris Métropolitan (Métro), eröffnet am 14. Juli 1900, sehr früh im Geschäft, zwei

2-D-2 Serie 5401-23 (Etat 501-23)

Baujahr	1937
Konstrukteur	Fives-Lille, Fives, Frankreich
Auftraggeber	SNCF
Spurweite	Standard
Klasse	2D2 5400
Type	2-D-2
Stromspannung	1.500 V Gleichstrom
Antrieb	Buechli
Länge	17,78 m
Gesamtgewicht	88 Tonnen
Höchstgeschwindigkeit	140 km/h

● OBEN
BB 915, eine ehemaliger Etat Lokomotive, gebaut 1935 von Alsthom, 1970 im Depot von Le Mans. Es ist eine Baureihe von 35 Stück und fährt mit 1500 Volt Gleichstrom.

● LINKS
Der Triebwagen 253 der Luxemburger Eisenbahn wurde 1975 von MTE in Frankreich gebaut. Er hat all die markanten Merkmale der Budd-Wagen, die im Text im Zusammenhang mit der Le Mans Linie erwähnt sind. Er ist abgebildet, als er in den Bahnhof von Esch Alzetle in Südluxemburg 1995 einläuft.

● LINKS
BB 209, ehemals zwischen Paris und Orleans unterwegs, wurde 1938 von Alsthom gebaut und hat die kastenartige Bauweise der Frühphase. Hier ist sie 1970 beim Rangieren an dem Pariser Bahnhof Austerlitz abgebildet.

● OBEN
Die Lok 2D2 5534, ehemals auf der Strecke Paris-Orleans, zieht 1970 einen Postzug am Bahnhof Austerlitz in Paris. Sie wurde 1934 von der Compagnie-Electro-Mécanique in Le Havre gebaut.

Monate nach der Strecke von Paris Invalides nach Les Molineaux.

● DAS ZEITALTER DER ENTWICKLUNG

Zwischen 1918 und 1939 gaben grundlegende Versuche den Weg frei für höhere Geschwindigkeit, Zugkraft und Effizienz einer sich rasant entwickelnden Technologie. Probleme bereiteten den Entwickler die unterschiedlichen Stromspannungen. Diese bemühten sich sehr wenig um eine Vereinheitlichung der Systeme.

Die Formen und Größenordnung der Lokomotiven waren sehr vielseitig. Verschiedene Fahrwerke wurden ausprobiert. Ebenso wie bei den Dampflokomotiven sahen die Fahrzeuge entweder abstoßend – wie Kasten auf Rädern – aus, oder hatten ein attraktives Rundheck. Mitte der dreißiger Jahre wurden weichere Formen üblich, wie z.B. an der Paris-Orleans Type 2-D-2 5100. In den vierziger Jahren wurde der kurze Rumpf mit den allgemein abgerundeten Formen in Frankreich, besonders bei den Bo-Bo´s, populär. Eine weitere Entwicklung war der Führerstand mit dem überhängenden Dach, vermutlich nur auf Frankreich beschränkt.

● TRIEBWAGEN

1937 bestellte die Société Nationale des Chemins de Fer (SNCF) eine Serie von 27 Triebwagen für die elektrifizierte Strecke Paris-Versailles-Le Man, die auf die gerippte Stahlkonstruktion von Budd zurückging. Diese Version setzte für viele Jahre Maßstäbe, und ähnliche Modelle sind auch heute noch zu sehen.

● UNTEN
Lokomotive 5406 verläßt Le Mans, eine Stadt mit Waggonindustrie in der Mitte von Nordwestfrankreich, mit dem Express nach Paris, 1961.

Der schweizerische Einfluss – Bergbahnen

Bergbahnen werden nach dem Seilwindenprinzip (das Gewicht eines sinkenden Wagens zieht ein anderes hinauf) oder nach dem „Zahnrad-Prinzip“ gebaut.

● DAS RIGGENBACH SYSTEM

Die erste erfolgreiche Zahnradbahn wurde nicht in der Schweiz, sondern in den USA entwickelt. Die Entwicklung wurde in beiden Ländern gleichzeitig vorangetrieben, doch wußten die maßgeblichen Ingenieure nichts voneinander.

In der Schweiz meldete am 12. August 1863 Niklaus Riggenbach ein Patent an, doch er entwickelte es damals nicht weiter. Er hörte 1869 von einer Eisenbahn, die 800 m hoch auf dem Mount Washington, Berkshire County, USA, nach dem Zahnradprinzip von Sylvester Marsh lief. Er besichtigte die Bahn und entwickelte danach die „Zahnradleiter“. Eine erste Anlage wurde 1870 auf einer kurzen Strecke bei Ostermundigen in der Nähe von Bern installiert. Die Lokomotive „Gnom“ blieb erhalten. Der Erfolg wurde schnell wiederholt als dieses System auf der Vitznau-Rigi Bahn (VRB) eingeführt wurde. Diese Standardspurstrecke verband Vitznau am Luzerner See mit dem einsam gelegenen 1800 m hohen Rigi-

RIGI BAHN NR. 7

Baujahr	1873
Konstrukteur	Schweizerische Lokomotive- und Maschinenfabrik (SLM), Winterthur
Auftraggeber	Rigi Bahn
Spurweite	Standard
Zahnradsystem	Riggenbach
Antrieb	2 Zylinder 27 x 40 cm
Gesamtgewicht	15,1 Tonnen
Höchstgeschwindigkeit	7,5 km/h

● UNTEN
Die Schweizer Vitznau-Rigi Bahn (VRB) hat zwei Dampflokomotiven, die als Ausflugszüge eingesetzt werden. H2/3 No. 17 von SLM 1925 gebaut, ist hier am Bahnhof Rigi Kaltbach 1986 abgebildet.

● UNTEN
Die erste SLM-gebaute Dampflokomotive, die Rigi Bahn Nr.7, wurde 1995 vom Luzerner Transportmuseum geholt und von SLM 1996 für das 125. Jubiläum der Schweizer Vitznau-Rigi Bahn (VRB) restauriert. Sie ist hier im Bild, wie sie einen voll besetzten Ausflugswagen von Rigi Staffel zur Gipfelstation nach Rigi Kulm schiebt.

● RECHTS
Es war nicht schwierig, die Zahnradbahn mit elektrischen Zügen zu versehen. Die 800 mm spurige Wengernalp Bahn (WAB), welche auf der Mitte der Strecke von Interlaken zur 4758 m hohen Jungfrau im Schweizer Zentralmassiv liegt, – erreicht mit der Riggenbach-Pauli-Zahnstange die Kleine Scheidegg. Diese Aufnahme wurde 1989 vor dem Aufstieg im Grindelwaldgrund aufgenommen. Einige Fahrzeuge waren noch von 1947.

● UNTEN
Die Locher Zahnstange ist eine einmalige Konstruktion, hier ein Foto von 1991, das aus dem Depot der Pilatusbahn in Alpnachstad am Fuße des Pilatusberges bei Luzern aufgenommen wurde.

● LINKS
Mit der Öffnung des Filisur-Bever Abschnitts der schweizerischen Rhätischen Bahn begann 1903 die Erschließung des Flusses, des Tals und des Berges, bis man schließlich auf das Plateau in Höhe von 1800 m gelangte. Dampf war vorherrschend, aber 1921 kam diese 61 Tonnen schwere E-Lok heraus.

berg. Diese Strecke bzw. das System feierte 1996 sein hundertjähriges Bestehen. Dabei wurde eine der Original-Lokomotiven, die Nr. 7, die erste Lokomotive, die von den Schweizer Lokomotiven- und Maschinenwerken (SLM) aus Winterthur bei Zürich gebaut wurde, wieder eingesetzt.

● DAS RIGGENBACH-LOCHER SYSTEM

IEs war Riggenbach, der die Idee hatte, Zähne zu installieren, welche unter den Schienen an einem Seil zwischen Territet nach Glion in der Nähe von Montreux am östlichen Rande des Genfer Sees installiert werden sollten. Die tatsächliche Umsetzung haben wir Oberst Eduard Locher zu verdanken, der Ingenieur der Pilatus Strecke im Kanton Unterwalden wurde. Dort, mitten in der Schweiz, gab es 50 prozentige Steigungen. Das Modell hatte horizontale, eingefaßte Zahnräder mit tiefen, glatten Flanken, die unter die speziell gefertigten Zahnstangen griffen. Tatsächlich wurde die Traktion und Führung durch die Zahnstange und Zahnräder ausgeführt. Die Schienen auf denen die Waggonräder liefen, waren lediglich für das Halten der Balance.

● ADHÄSIONSBAHNEN

Unzählige Bahnen, meist in Meterspur, winden sich durch die Berge, die in einigen Fällen Neigungen bis zu 7,7 Prozent ohne Hilfe von Zahnrädern zu bewältigen hatten. Zwei Strecken sind vor allem unter Touristen bekannt. Eine ist die Montreux-Oberland-Bahn, die von Montreux durch das Berner Oberland und die Alpen nach Zweisimmen verläuft. Die andere ist die meterspurig Rhätische Bahn, die sich über die Rhätischen Alpen und dem größten Kanton der Schweiz, Graubünden, erstreckt. Die Rhätische Bahn bietet einen sagenhaften Ausblick und profitiert von einer ihrer bemerkenswerten technischen Brillanz. Sie versetzt die Bahn in die Lage, von der Ebenen des Engadin, dem 97 km langenTal des Inn, bis hinauf auf 1800 m über dem Meeresspiegel, zu fahren. Ein großer Teil dieser Gegend ist durch den Wintersport geprägt und man kennt hier nur einen verläßlichen Zubringer – nämlich die Eisenbahn! Serpentinen und Tunnel mußten ähnlich verlaufen wie die der zwei vorherigen Strecken der Schweizer Bundesbahnen. Diese 1872-81 komplettierte Trasse der SBB über den St.Gotthard Pass verbindet mit einem 15 km langen Tunnel Göschenen und Airolo mit der Bern-Lötschberg-Simplon Linie.

Der 20 km lange Simplon-Tunnel, der von 1898-1905 gebaut wurde, liegt teilweise in der Schweiz und teilweise in Italien. Damals war er als längster Eisenbahntunnel der Welt bekannt und war berühmt wegen des durchfahrenden Orient Express.

Südeuropa – Iberische, italienische und griechische Halbinseln

Die europäischen Eisenbahnen der iberischen, italienischen und griechischen Halbinseln waren seit geraumer Zeit Verkehrsknotenpunkte zwischen Europa und Afrika. Sie waren nicht nur von nationaler und internationaler Bedeutung, sondern hatten sogar eine kontinental übergreifende Bedeutung. Seit 1869 wurden Vorschläge für den Bau einer Straßen- und schienengestützten Verbindung zwischen Spanien und Marokko durch die Straße von Gibraltar diskutiert, die Tanger zum Portal Afrikas machen sollten.

● LINKS
Eine große Mallet 2-4-6-OT für Meterspur, in Chaves, Nordportugal, aufgenommen 1974 .

● LINKS
In Griechenland scheint die Sonne auf diese schmucke, in den USA gebaute 2-8-0, die nach dem Zweiten Weltkrieg in Europa weitverbreitet war.

● SPANIEN

In Spanien waren die Konstruktion von Lokomotiven gut entwickelt. Die meisten der Lokomotiven wurden bis ins 20. Jahrhundert genutzt, manche sind sogar immer noch im Einsatz. Trotzdem wurden seit Beginn der zwanziger Jahre viele große, wohl-proportionierte Lokomotiven von ausländischen und heimischen Herstellern für die Standardspur mit dem bevorzugten Achsbild von 4-8-2 dazugekauft. Es gab sogar Garrats, die 1930 für den Personenverkehr gebaut worden waren. Die Elektrifizierung begann 1911 auf der 21 km langen stark abschüssigen Strecke der Spanischen Südbahn zwischen Gérgal und Santa Fé de Montdújar in der Sierra Nevada in Almeria. Diese Strecke wurde Richtung Almeriastadt an der Küste auf insgesamt 44 km ausgebaut. Die Oberleitung hatte 5,5 kV dreiphasigen Wechselstrom. Mehrere große Lokomotiven wurden für diese Strecke geliefert, inklusive 12 2CC2 im Jahre 1928 von Babcock & Wilcox-Brown Boveri.

Der Fortschritt kam durch den Spanischen Bürgerkrieg (1936-39) zum Erliegen, doch neue Dampf- und E-Loks wurden schon bald danach eingesetzt. Die Gründung neuer Eisenbahnlinien, die ein besseres Streckennetz schaffen sollten, dauerten an. Diese Entwicklung war die Basis für das dichte und gute Streckennetz, das Spanien heute besitzt.

● UNTEN
Die 2-8-2 Nr. 7108 und die Baureihe Es Nr. 7721 mit dem Doppeldom ziehen einen Sonderzug in Diakofto, Griechenland, 1980.

● GANZ RECHTS
Unter der Rauchkammertür ist der Crosti Vorheizkessel bei der 2-8-0 Nr. 741 046 der FS Italia sichtbar, sowie die ungewöhnliche Lage des Schlotes.

● UNTEN
Diese Alco 1500 PS diesel-elektrische Lok, die 1948 ausgeliefert wurde, gehört zur Vorhut von 12 Stück, die Portugals Diesel-Revolution einleiteten. Sie ist hier 1996 in Tunes, Algarve, abgebildet.

FS ITALIENISCHE KLASSE 741

Baujahr	1911 (Umbau 1955)
Konstrukteur	Breda
Auftraggeber	F.S. Italia (Umbau)
Spurweite	Standard
Klasse	741 (Umbau von 740)
Treibräder	140 Whyte Notierung 2-8-0
Antrieb	2 Zylinder 54 x 70 cm
Treibraddurchmesser	137,0 cm
Gesamtgewicht	68,3 Tonnen
Höchstgeschwindigkeit	65 km/h

● PORTUGAL

Um die Jahrhundertwende waren Portugals diverse Dampflokomotiven in gutem Zustand. Darunter waren De Glehn Verbundloks, die 1898-1903 gebaut worden waren und typische Henschel 4-6-0 Modelle, die in Kassel, Deutschland, gefertigt worden waren. Die meisten europäischen Hersteller von Rang und Namen waren vertreten. Erst 1924 kamen die ersten Pacifics von Henschel. Mehrere Serien der 2-8-0 Güterloks wurden von 1912-24 in den Dienst genommen. Sie waren von Schwarzkopf aus Berlin und von North British aus Großbritannien. Die ersten 4-8-0 von Henschel kamen 1930. Tenderlokomotiven der Klasse 0-4-0T bis 2-8-4T deckten die anderen Leistungen ab, inklusive die der Vorortszugverbindungen. Auf der Meterspur liefen gute Lokomotiven, hauptsächlich große Mallet 2-4-6-0 T Tenderloks. Die Vorortsverbindungen um Oporto, der zweitgrößten Stadt des Landes, wurden mit 0-4-4-0Ts und 2-8-2 Ts aus dem Jahre 1931 betrieben.

● ITALIEN

Italiens Entwicklung auf dem Sektor der Dampfeisenbahn war für damalige Verhältnisse, bedingt durch die Unterbrechung der beiden Weltkriege, normal. Ungewöhnlich war die Entwicklung eines neuen und effektiven Vorwärmsystems für das Speisewasser. Diplom-Ingenieur Piero Crosti entwickelte Kessel, in denen die Verbrennungsgase auf normalem Wege durch den einfachen Hauptkessel geleitet wurden und dann in umgekehrter Richtung durch Rauchrohre gedrückt wurde. Das in die Rohre geleitete Wasser nahm die Temparatur der Gase an und verminderte die Außenfläche der Feuerbüchse. Das senkte einerseits die Brennstoffkosten, doch andererseits veränderte sich ebenfalls das gewohnte Aussehen der Lokomotive. Diese Loks hatten keinen sichtbaren Schlot und die Auspuffgase wurden durch ein ausgeklügeltes System von Rohren abgeleitet, die in der Nähe der Kesselrückseite endeten.

● GRIECHENLAND

Griechenland erwarb Lokomotiven von verschiedenen Herstellern und durch Ankauf aus zweiter Hand in Deutschland, Österreich und Italien. 1914 und auch nach dem Zweiten Weltkrieg, nach viele Zerstörungen, kamen dann die in den USA gebauten Lokomotiven nach Griechenland.

Skandinavische Eisenbahnen

Ab 1900 wurden die Eisenbahnstrecken der skandinavischen Länder – Norwegen und Schweden auf der skandinavischen Halbinsel mit Dänemark und Finnland am südlichen und östlichen Rand – graduell erweitert. Manchmal wurden Meterspurstrecken auf Normalspur umgebaut, besonders in Norwegen. Ebenso wurde dort von Dampfloks auf elektrifizierte Strecken umgestellt. Finnland blieb eine Ausnahme, denn von den 805 Lokomotiven der finnischen Flotte waren 766 Dampflokomotiven.

Abgesehen von Dänemark, dessen Inseln einige geographische Schwierigkeiten hatten, gab es die gleichen Probleme wie in anderen kalten Ländern. Frosteinbrüche beeinträchtigten den Streckenbau in den flachen Feuchtgebieten. Schwere Schneefälle und die latent vorhandene Lawinengefahr war ein große Belastung in den Bergen Norwegens und Nordschwedens.

● RECHTS UND GEGENUBER LINKS UND RECHTS
Diese Bilder von Dampfloks in Finnland geben ein längst vergangenes Zeitalter wieder und zeigen den Einfluß der russischen Bauweise. Kobelschornstein und hochgezogene Rehling am Tender der mit Holzfeuerung laufenden Maschine Nr. 1163 sind deutlich zu sehen.

● UNTEN RECHTS
Die einfachen Formen dieser 1-C-1 Diesellok, Nr. HP 15 der Danish Hjörriger Privatbahnen sind für die Anforderungen ausreichend. Sie wurde 1935 von Frichs gebaut und ist hier in Randers aufgenommen, dem östlichsten Seehafen Jütlands.

● DÄNEMARK

Dänemark blieb im Gegensatz zu den anderen skandinavischen Ländern ein wegen seiner Inseln, der Bevölkerungsdichte und seinen dicht aneinandergrenzenden Gemeinden ein Sonderfall. Dazu kam der teilweise realisierte Wunsch, die Hauptinsel Jütland mit allen anderen dänischen Inseln und der skandinavischen Halbinsel bei Malmö per Brücke oder Tunnel zu verbinden. In den dreißiger Jahren betrug die Gesamtlänge des Netzes 5233 km, von denen lediglich 2512 km, das sind 48 Prozent, in staatlichem Besitz waren. Aufgrund des ebenen Geländes gab es für die Dampflokomotiven keine wirklichen Heraus-

● LINKS
Die 2-6-0T Nr. 7 hat das typische Aussehen einer dänischen Dampflokomotive, das betrifft auch die Rauchkammer und die Nationalfarben auf dem Ring am Schlot. Ausflugswaggons mit Glasdächern und offenen Türen bestimmen die nostalgische Szenerie 1980 in Helsingör auf der dänischen Insel Seeland in der Nähe von Kopenhagen.

● LINKS
Eine der späteren Modelle des Lyngtog Zuges (Blitzzuges) aufgenommen in Struen, Westjütland in Dänemark 1980. Der viergliedrige Einheit wird mit einem Voith Hydraulikgetriebe durch einen Maybach Dieselmotor angetrieben . Der Triebkopf ist aus der Reihe MA mit der Nr. 467.

forderungen und es waren die leichten Dieseltriebwagen, die im Personenverkehr eine attraktive Alternative zur Dampflokomotive wurden.

Die staatlichen Eisenbahnen besaßen einen Grundstock an Dampflokomotiven, die meistens in Deutschland gebaut worden waren. Um Hochgeschwindigkeitsstrecken zu etablieren, wurden dreigliederige Dieseltriebwagen, Lyntog (Blitz) genannt, eingeführt. Sie waren in der Lage, die Reisezeit entscheidend zu verkürzen.

● FINNLAND

Von 1809 bis 1917 war Finnland Teil des damaligen russischen Zarenreiches und so übernahm man dort die Spur von 1524 mm für die Hauptstrecken und die 750 mm Spur für die Nebenstrecken. Das Staatsgebiet war relativ flach und da die Fahrpläne am Anfang des Jahrhunderts nicht so voll waren, reichten die leichten, holzbefeuerten Lokomotiven vollkommen aus. Im fortgeschrittenen Dampfzeitalter wurde eine kleine kohlebetriebene Lok der Pacific-Klasse mit schönen Formen und geräumigen Führerhäusern im schweren Personenverkehr eingesetzt. Regionale und Eilzugverbindungen im Umfeld der Hauptstadt wurden von den kleinen, außerordentlich attraktiven Loks der N1 Klasse von Hanomag, Deutschland, bedient.

● SCHWEDEN

Das goldene Zeitalter von Schwedens Eisenbahnen ist mit dem Abbau von Eisenerz in den Bergen an der Nordgrenze Schwedens und Norwegens verbunden. In der Nähe der Stadt Kiruna in 509 m Höhe wurden Tag und Nacht Schwedens höchstgelegenste Minenschächte ausgebeutet. Etwa 16 Millionen Tonnen wurden in den sechziger Jahren produziert; das Gros davon wurde per Eisenbahn in das Ausland exportiert. Die Elektrifizierung der Strecken mit 16000 Volt einphasigem Wechselstrom mit $16\,^{2}/_{3}$ Hz erfolgte 1910 mit den Frontier Railways. Im Jahre 1914 wurden die ersten der gigantischen E-Loks für den Frachtverkehr, die 1+CC+1 und B-B+B-B von dem Hersteller ASEA/ Siemens geliefert. Die Elektrifizierung dauerte bis 1923, bis etwa 480 km mit Strom versehen waren. Es wurden immer stärkere Lokomotiven gekauft, zehn-D- mit 1200 PS für den Güterverkehr, die als Universalloks eingesetzt werden konnten und zwei 2400 PS starke B-B+B-B, die als Personenzugloks fungierten. Für die allgemeine Elektrifizierung entschied sich die Swedische Staatseisenbahn (SJ) für eine einzige Baureihe von Lokomotiven, die sowohl im Fracht- als auch im Personenverkehr eingesetzt wurden.

Bei den 1-C-1 Modellen kann das Getriebe umgestellt werden, von dem Ziehen eines 500 Tonnen Passagierzuges bei 65 km/h zum Transportieren eines 900 Tonnen schweren Güterzuges bei 45 km/h. Elektrifizierung hat den Dampf nicht vollkommen ersetzt. Die Hauptrouten wurden in den dreißiger Jahren mit einigem Erfolg elektrifiziert.

● LINKS
Die private Traffic-Ab Grangesberg-Oxelosunds Jarnvagar (TGOJ) besaß Turbinenlokomotiven. Die Klasse MT3 71 nimmt 1981 an einer Parade in Stockholm teil.

Am Anfang wurden die Lokomotiven aus England gekauft. Später kopierten die Entwickler sie. Diese Praxis wurde bis in die dreißiger Jahre fortgeführt, als die schwedischen Motalawerke eine kompakte Lok 4-6-0 mit Innenzylinder für die private Kalmar Eisenbahn baute, die in der südöstlichen Provinz von Kalmar tätig war.

Die private Traffic-Ab Grangesberg-Oxelosunds Jarnvagar (TGOJ), eine Eisenerzbergbaugesellschaft, hatte drei Turbinenlokomotiven, die eine gute Leistung brachten. Die Dreizylinder-Lokomotive gab es selten in Schweden. Nydkvist und Holm aus Trollhättan in Schweden bauten eine Klasse für die Berglagernas Eisenbahn. Die Blütezeit dieser Klasse von Expresszügen zwischen Göteburg und Mellerud am Vanernsee endete mit der Elektrifizierung 1939. Bis 1955 wurden 10 Prozent der Strecken mit Dampflokomotiven befahren und 63 Prozent wurden mit Strom betrieben.

SCHWEDISCHE STAATSEISENBAHNEN (SJ) 4-6-06-0

Baujahr	1918
Konstrukteur	Nyakvist and Holm, Trollhättan, Schweden
Auftraggeber	Schwedische Staatseisenbahn (SJ)
Spurweite	Standard
Klasse	B
Treibräder	175 cm
Antrieb	2 Zylinder 59 x 62 cm
Gesamtgewicht	69,2 Tonnen (ohne Tender)
Höchstgeschwindigkeit	90 km/h

● NORWEGEN

Norwegen, das zwischen 1814-1905 politisch mit der schwedischen Krone verbunden war, ist das gebirgigste Land in Skandinavien. Das Eisenbahnnetz erstreckt sich von der Hauptstadt Oslo wie die Finger einer Hand, die sich einen Weg suchen, um die verstreute Bevölkerung zu erreichen.

Norwegens Eisenbahn entwickelte sich spät und auf mannigfaltige Weise. In dem zugänglicheren Gebiet nördlich von Oslo war die Dampflokomotive erfolgreich. Englische Bauweisen waren die Basis für die weitere Entwicklung. Lokomotiven waren seit 1879 aus den USA importiert worden. Als der Ankauf neuer Lokomotiven während des Ersten Weltkrieges notwendig wurde, wurden

● LINKS
Die Schönheit des lackierten Holzwagenkastens ist ein typisches Merkmal der SJ Klasse Du 1-C-1 E 109. Sie wartet hier 1981 im Malmöer Hauptbahnhof, dem südlichen schwedischen Seehafen, mit einem Zug aus verschiedenen Wagen.

● RECHTS
Die Lok der HHJ-Reihe H3 4-6-0 Nr. 21 ist abgebildet mit einem Zug aus Ausflugswagen in Klippan, Südschweden, 1981.

● UNTEN
Die fulminante Größe dieses direkten Nachfolgers der frühen „Eisenerz" E-Lok wird erst durch die Menschen im Vordergrund erkennbar. Der Zug nahm 1981 an einer Parade in Stockholm teil.

die Baldwin-Werke aus Philadelphia in den USA beauftragt, 2-8-0 nach norwegischer Bauart zu liefern. Tatsächlich waren die Kessellager und das Führerhaus entsprechend dem norwegischen Stil, aber der Rest war typisch Baldwin. Zwei 0-10-0 Rangierloks kamen 1916 von demselben Hersteller, ebenso die drei 2-8-2 Güterzugloks. Eine 2-6-2T, mit norwegischem Aussehen, kam 1919.

Die späteren Klassen standen unter deutschem Einfluss. Eine ungewöhnliche Bauweise war die 2-8-4 von 1935 mit einem Achsbild, welches man nur in Österreich bei den Express-Lokomotiven kannte. Es waren Vier-Zylinder Verbundlokomotiven für die Dovrelinie über den Dovrefjell. Dies ist Norwegens Zentralplateau, zwischen Dombas und Trondheim, dem Hafen der zugleich die drittgrößte Stadt des Landes ist. Die erste Lok wurde „Dovre Riese" genannt. Bis in die sechziger Jahre hinein fuhren kleinere und ältere 2-6-0 und 4-6-0 auf den Haupt- und Nebenstrecken.

Die Entwicklung der Elektrifizierung, besonders im fernen Norden, entsprach dem schwedischen Muster. Weil genügend Wasser für das Betreiben von Wasserkraftwerken vorhanden war, begann die Elektrifizierung 1922 zwischen Oslo und Drammen, einem Hafen an einer Bucht des Oslo Fjords.

Fast die gesamte Strecke von 4300 km ist in staatlichem Besitz und zu etwa einem Drittel mit 15 kV einphasigem Wechselstrom 16 2/3 Hz elektrifiziert.

Wenige Schmalspurstrecken haben überdauert. Narvik ist Synonym für die Eisenbahn, die sich quer durch die Halbinsel, vom schwedischen Hafen Lulea bis zum Bottnischen Meerbusen, zieht. Es ist einer der am nördlichsten gelegenen Bahnhöfe der Welt.

● RECHTS
Die jüngeren Modelle der Dampflokomotiven der Schwedischen Staatseisenbahn repräsentiert diese B 4-6-0 Nr. 1367. Sie ist hier zu sehen, wie sie einen Sonderzug mit einer weiteren Lok aus der südschwedischen Stadt Nassjo 1981 zieht. Bemerkenswert ist das lange, geschlossene Führerhaus.

Indische Eisenbahnen

Von allen Eisenbahnen der Welt, die von England beeinflusst waren, spiegelten die indischen Eisenbahnen den britischen Stil am deutlichsten wider. Bis in die fünfziger Jahre dehnte sich ein 64400 km langes Netz aus, das aus Hauptstrecken mit Breitspur bestand, die die bevölkerungsreichen Gebiete verband, und einem Netzwerk von Schmalspurstrecken.

Im 19. Jahrhundert gab es vier verschiedene Spurweiten in Indien: 1676 mm, die Meterspur, 755 mm und 610 mm. Die Fülle der Unternehmen, die diese Strecken betrieben, hatten – mit Ausnahme der Meterspuren – unkoordiniert unterschiedlichste Modelle bestellt.

● LINKS
Die 4-4-0 Express-Lok-Version mit Innenzylinder aus der 0-6-0-Reihe, ebenfalls mit Innenzylinder, im Streckenbereich der LNER. Hier abgebildet: Die „Pollitt" der Manchester, Sheffield und Lincolnshire Railway.

● Das Engeneering Standards Commitee

Diese Tatsache veranlaßte das British Engineering Standards Committee (BESA), einen Unterausschuß einzusetzen, der aus führenden Maschinenbauingenieuren bestand, die Standards für den indischen Subkontinent erarbeiten sollten. Acht Lokomotiv-Typen wurden 1905 bestimmt, sämtliche Anforderungen der Breitspurstrecken ganz Indiens abzudecken. Die Modelle waren klassische britische Produkte: 0-6-0 Loks mit Innenzylinder und 4-4-0s mit dem Standardkessel, Atlantics, 4-6-0s und 2-8-0 für den Schwergutverkehr. 1924 wurde das neu gegründete Locomotive Standards Committee (LSC) damit beauftragt, eine neue Modellserie mit noch stärkeren Lokomotiven zu entwickeln. Das Kommitee präsentierte acht Grundtypen. Die wichtigsten waren drei Pacifics, XA, XB und XC für den einfachen, mittleren- und schweren Personenverkehr, zwei Mikados, XD und XE für den leichten bis schweren Gütertransport und XT 0-4-2 Ts für die Nebenstrecken.

Standard Bautypen für Meter- und Schmalspur wurden ebenfalls produziert. Dem Zusatz X für die Breitspur folgte die Bezeichnung Y für die Meterspur, Z für die 755 mm Spur und Q für die 610 mm Spur.

● Amerikanischer Einfluss

Eine dramatische Veränderung während des Zweiten Weltkrieges war die Tatsache, dass England nicht genügend Lokomotiven für das zunehmende Ver-

● LINKS
Eine klassische britische 2-8-0 HSM von Indiens South Eastern Railway. Dies waren einmal Zugmaschinen für den Schwergutverkehr der Bengal & Nagpur-Eisenbahnen. Dieses Foto zeigt das letzte Modell beim Transport von Waren nach Kalkutta.

● LINKS
Eine 4-6-2 Pacific der XC Klasse der Indian Railways. Diese Lok hat eine verblüffende Ähnlichkeit mit Gresleys Pacifics. Beide Typen wurden in den zwanziger Jahren eingeführt.

● MITTE
Die schwergewichtige Version der XC war die XE 2-8-2. Sie war der Gresleys P1 von 1925 sehr ähnlich.

● UNTEN
Eine von Indian Railways Standard 0-6-0 mit Innenzylinder. Sie liefen auf vielen der Breitspurstrecken des Subkontinents. Gemeinsam mit den X Typen haben diese Maschinen eine große Ähnlichkeit mit Reihen der LNER, in diesem Fall mit der Pom Pom J11 der Great Central Railway (GCR).

kehrsaufkommen in Indien liefern konnte und viele neue Modelle kamen schließlich aus Nordamerika. Diese Modelle hoben sich stark von den britischen Lokomotiven ab und waren ein Garant für die weitere Entwicklung der Dampflokomotiven, die in Indien wegen ihrer guten Eignung sehr populär waren.

Drei sehenswerte Modelle liefen auf der 1676 mm Spur: Dazu gehörten die AWC, eine indische Version von Major Marshs berühmter S160 aus dem zweiten Weltkrieg, die AWE Klasse, welche eine amerikanisierte Version der XE 2-8-2 war und die leichtere Universal-Mikado 2-8-2, die als AWD/CWD klassifiziert worden war.

INDIAN XE KLASSE 2-8-2

Baujahr	1930
Konstrukteur	William Beardmore Dalmuir, Vulcan Foundry, Lancashire, England
Auftraggeber	East Indian Railway
Spurweite	167,6 cm
Treibräder	156,2 cm
Antrieb	Zylinder 58 x 76 cm
Gesamtgewicht	204 Tonnen

Chinesischen Lokomotiv-Traditionen

Die Eisenbahnentwicklung kam in China spät. Im Zweiten Weltkrieg wurden unglaublich ehrgeizige Programme für den Bau von Lokomotiven und die Standarisierung der Typen aufgelegt.

● LINKS
Diese stromlinienförmige Pacific, Reihe SL7, ist ein Modell, das von Kawasaki in Japan stammt und im Dienste der South Manchurian Railway stand. Diese Loks zog den asiatischen Hochgeschwindigkeits zug, der am Tag zwischen Dairen (japanischer Name für Dalian) und Mukden (Shenyang) verkehrte. Diese Loks wurden 1934 eingeführt.

● ERSTE ENTWICKLUNGEN DURCH KREDITE

Noch vor 1930 hatte China weniger als 16000 km an Eisenbahnstrecke. Chinas Eisenbahn wurden am Anfang des 20. Jahrhunderts von einer Vielzahl von Organisationen entwickelt. Doch unweigerlich verfiel man darauf, amerikanische Lokomotiven mittlerer Größe zu importierten. Die Bemühungen der Amerikaner, den Export ihrer Lokomotiven voranzutreiben, stießen in China auf großes Interesse. Die Größengleichheit von Amerika und China zusammen mit den

USATC S160 2-8-0

Baujahr	1943
Konstrukteure	American Locomotive Company (Alco) Baldwin Locomotive Company Lima Locomotive Company
Auftraggeber	United States Army Transportation Corps of Engineers (USATE)
Spurweite	Standard
Treibräder	143,7 cm
Antrieb	2 Zylinder 48 x 66 cm
Gesamtgewicht	127 Tonnen

● LINKS
In den Jahren nach dem Zweiten Weltkrieg wurde eine Reihe von Major Marshs klassischen S 160 2-8-0 nach China im Rahmen eines Programms zum Wiederaufbau des Eisenbahnwesens überstellt.

gleichen geographisch sehr unterschiedlichen Gegebenheiten, prädestinierten die amerikanischen Lokomotiven geradezu für den Verkauf.

● SÜDMANDSCHURISCHE EISENBAHN

Der fortschrittlichste Teil Chinas war die Mandschurei und damit auch die Eisenbahn. Obwohl sie in japanischem Besitz war, ist sie amerikanisch in der Ausstattung und der Bedienung. Die Amerikaner lieferten die meisten der in Japan eingesetzten Lokomotiven. Japan besetzte 1931 die Mandschurei und übernahm die Nordmandschurische Eisenbahn. Die Lokomotiven, die in der Mandschurei liefen, waren zum Teil aus eigener Herstellung und zum Teil aus Japan importiert worden. Die Weiterentwicklung der Eisenbahn und die industrielle Fertigung in der Mandschurei führte 1934 zur Einsetzung des aerodynamischen „Asienzuges" der Südmandschurischen Eisenbahnen, die einen klimatisierten Schnellzug zwischen Dalian und Shenyang unterhielten. Stromlinien-Pacifics wurden für diese Verbindung in Japan und in der Mandschurei gefertigt.

● EISENBAHN UNTER CHIANG KAI-SHEK

Unter der Regierung von Chiang Kai-Shek in den dreißiger Jahren, wurde die Entwicklung der Eisenbahnen in anderen Teilen des Landes vorangetrieben. Der Ausbruch des chinesisch-japanischen Krieges 1937 beendete den Bau von Eisenbahnen. Im Verlaufe des Krieges wurden 80 Prozent von Chinas Eisenbahnen entweder zerstört oder fielen in die Hände der Japaner.

● RECHTS
Eine 2-8-2 Mikado der JF Klasse der Chinesischen Eisenbahn in Sankong Bridge, der Hauptstadt der Provinz Heilongjiang in Nordost-China.

● RECHTS
Eine ehemalige sowjetische 2-10-2 Lok der Union FD Reihe, die 1931 eingeführt wurde. Etwa 1250 dieser Loks wurden in den fünfziger Jahre nach China gebracht. Die Standard QJ Klasse der Chinesischen Eisenbahn stammt von diesem Modell ab. Die FD´s waren wiederum einem amerikanischen Vorbild entlehnt.

● RECHTS
Die chinesischen Eisenbahnen wurden kaum von der britischen Bauart beeinflusst. Eine Ausnahme bildet diese Mogul, von der man annahm, sie sei in Glasgow, Schottland gebaut worden, doch tatsächlich kam sie aus China.

● KMT: EISENBAHN UNTER KOMMUNISTEN

Als Japan 1945 kapitulierte, waren die chinesischen Eisenbahnstrecken in einem hoffnungslosen Zustand. Die United Nations Relief and Rehabilitation Administration (UNRRA) legte ein Hilfsprogramm auf, durch das wieder einmal große Stückzahlen amerikanischer Lokomotiven nach China gelangten. Der in China wütende Bürgerkrieg hinterließ weitere Schäden. Zur Zeit von Maos Sieg 1949 nur noch die Hälfte der Strecke befahren werden. Die folgenden Jahrzehnte brachten eine gewisse Stabilität angesichts der Planwirtschaft. In den fünfziger Jahren wurde der Grundstock für das Goldene Eisenbahnzeitalter Chinas gelegt.

SÜDOSTASIATISCHE EISENBAHNEN

Dieses Kapitel behandelt die Eisenbahnen auf der Halbinsel Malaysia. Ebenso geht es um die Eisenbahnen Thailands und der thailändischen Inseln, die die Halbinsel Malaysias auf dem Kra Isthmus verbinden, sowie um Indonesien, die Philippinen und Taiwan.

● MALAYSISCHE INSELN

Das fehlende Verbindungsstück zwischen beiden Inselstädten der damaligen britischen Kolonie namens Straits Settlements, Penang und Singapur, zwischen dem Norden und dem Süden Malaysias, wurde 1909 eröffnet. Die Endstationen waren auf dem Festland an den Häfen, von denen die Fähren ablegten. Die Loks auf diesen Strecken waren robuste Pacifics mit bis zu 76 Tonnen Gewicht. Die Lok hatte ein 4-6-4 Achsbild und große Stirnlampen sowie einen kräftigen Wildfänger.

Die Dreizylinder-Pacifics für Expresspersonenzüge wurden 1938 auf der Malaysischen Meterspur zwischen Singapur, und der Hauptstadt von Perak State, Kuala Lumpur, sowie Prai mit dem Kopfbahnhof und dem Festland-Seehafen gegenüber George Town auf der Penang Insel eingeführt. Ein Teil dieser Strecke ging bis auf den 1000 m hohen Taiping Pass bei Ipoh, dem Handelszentrum in der Region Perak. Diese gewaltigen Steigungen setzten eine spezielle Art von Lokomotiven voraus. Die Dreizylinder 4-6-2 Pacifics hatten einen relativ kleinen Kessel, doch ein hoher Druck gewährleistete die nötige Energie, um eine hohe Traktion zu generieren.

Die Pacifis wurden auf den langen Strecken genutzt, doch gab es auch Nebenstrecken, auf denen die Schlepptenderlok unvorteilhaft war. In diesem Falle wurden die 4-6-4 Zweizylinder Tener-Lokomotiven verwendet. Sie war an

● OBEN
Die Insular Lumber Company auf der philippinischen Insel Negros hatte die weltweit letzte Vierzylinder-Verbundlokomotive, eine 0-6-6-0 Mallet, im Einsatz. Sie wurde von Baldwin in den zwanziger Jahren gebaut.

● OBEN
Eine der bemerkenswertesten Eisenbahnanlagen ist diese Steinbahn in Gunung Kataren im nördlichen Sumatra in Indonesien. Die Linie transportiert Steine vom Flussufer in ein Steinmahlwerk wo man sie zertrümmert, damit sie dann als Schotter verwendet werden können.

● LINKS
Drei japanische Standard Modelle für 1067 mm Spur in Taiwan. Ganz links eine 2-8-0 der Taiwan Government Eisenbahn, Reihe DT595 (Japanese National Railway Reihe 9600). In der Mitte eine „Mogul" der Reihe CT192 (JNR Reihe 8620). Rechts eine „Mikado" der Reihe DT673 (JNR Reihe D51).

● RECHTS
Eine 4-6-0, gebaut für die meterspurige Royal Siamese State Railways 1919 von North British in Glasgow, Schottland.

4-6-0

Baujahr	1919
Konstrukteur	North British Glasgow, Schottland
Auftraggeber	Royal Siamese State Railways
Spurweite	Meter
Treibräder	121,9 cm
Antrieb	Zylinder 36 x 56 cm

beiden Seiten mit einem Wildfänger versehen, so dass sie problemlos in beiden Richtungen fahren konnte. Wie die „Pacifics" waren diese 4-6-4 T´s mit einer Caprotti-Ventilsteuerung ausgerüstet.

● THAILAND

In Siam (für die Thais Muang-Thai und ab 1949 Thailand), einem Land mit viel Reisanbau und großen Urwaldgebieten, wurde die Meterspur mit leichten Schienen auf einem einfachen Gleisbett verlegt. Starke Lokomotiven wurde benötigt und 1926 wurden 26 „Pacific" 2-8-2 aus den USA gekauft. Sie hatten Holzfeuerung und die Routen wurden so gelegt, dass die Lokomotiven eine Tour hin- und zurück mit einem Tender voll mit Brennmaterial schafften. Die gesamte Strecke hin- und zurück belief sich auf 193 - 225 km.

● OBEN
Eine abgefahrene Mikado aus Amerika von 1921, die vermutlich von Alco stammt. Hier bei der Arbeit auf der Strecke der Ma Ao Sugar Central Railway auf der philippinischen Insel Negros. Diese Lokomotiven brachte frisch geschlagenes Zuckerrohr aus den Feldern zu den Mühlen.

● RECHTS
Eine thailändische meterspurige „Pacific" 4-6-2 der Nr. 823, die zusammen mit der MacArthur 2-8-2, eine der letzten Dampflokomotiven Thailands war.

Australische Eisenbahnen

New South Wales (NSW) ging in das 20. Jahrhundert mit dem Plan, den Reiseverkehr auf den Hauptstrecken mit den Standardklassen zu bewältigen. unter anderem mit der P6 (später C32) der 4-6-0 Reihe, für den Güterverkehr die 1524 der 2-8-0 (spätere Reihe D 50), von der 280 gebaut wurden und die Reihe S636 (später C30) für die Vorortstrecken mit 145 Einheiten.

● LINKS
K167, ein Exemplar der Consolidations Reihe K der Australian's Victorian Railways, die 1922 eingeführt worden waren. Hier 1965 mit einem Ausflugszug in Bandiana in der Nähe der Grenze von New South Wales (NSW).

● LINKS
Nach 1924 wurde die Reihe P96 in die Reihe C32 umgezeichnet. Durch ständige Überschwemmungen im Hunter Valley im östlichen NSW, war diese Klasse in der Lage, den Verkehr aufrechtzuerhalten, wozu eine Diesellok gar nicht fähig war. Die Abdeckung über dem Kreuzkopf hält den Staub in dem wüstenartigen Landstrich im fernen Westen von NSW ab.

● NEU SÜD WALES

Mitte der zwanziger Jahre übernahmen 75 Loks der Reihe C 36 den Personenverkehr. Von 1929 an wurden 25 4-8-2 der Reihe D57 für den Schwerguttransport bereitgestellt. Wegen des hohen Verkehrs während des Zweiten Weltkrieges wurde 30 neue Pacifics der Reihe C38 gebaut. Sie wurde die Expresslokomotive per se. Wegen der Nachfrage nach Güterzuglokomotiven nach dem Krieg wurden 42 der 4-8-4+4-8-4 Garrats erworben, die vor der Diesellok die Hauptarbeit im Güterverkehr übernahmen.

● TASMANIEN

Tasmanien setzte ebenfalls Garretts für 608 mm Spur, Reihe K von 1910, ein, die ersten Garretts der Welt. Die Strecke mit einer Spur von 1067 mm folgte mit der Reihe L der 2-6-2+2-6-2 für den Güterverkehr und der Reihe M der 4-4-2+2-4-4 für den Personenverkehr.

● SÜDAUSTRALIEN

Hier wurden 1926 je zehn 4-6-2 Personen-, 2-8-2 Güterzugloks und 4-8-2 Lokomotiven für den gemischten Dienst beschafft. Sie waren von amerikanischer Bauart und in England hergestellt worden. Auf der Schmalspur bewältigte die T-Reihe den hauptsächlichen Transport bis zum Ende des Dampfzeitalters.

● WESTAUSTRALIEN

Es führte 1902 mit den 4-8-0 Loks 57 Modelle der Reihe F ein. Diese wurden von 65 4-8-0 Loks der Reihe E für den Personenverkehr ergänzt. Nach dem 2. Weltkrieg wurde die Flotte durch 60 leichte Beyer Peacock 4-8-2 der Reihe W und 25 2-8-2 der Reihe V von Stephenson & Hawthorn vergrößert.

● DAS AUSTRALISCHE NETZ UND DIE TCR

Die Spurweite war nicht einheitlich (New South Wales hatte den 1435 mm

● LINKS
Diese Pmr 726 Pacific ist hier 1968 außerhalb der Midland Werkstätten abgebildet. Sie wurde von North British Works aus Glasgow, Schottland importiert. Da sie nicht sehr schnell waren, bewährten sie sich im Güterverkehr erfolgreich.

● RECHTS
Der Stolz der australischen NSW Railways ist die Nr. 3801, die 1943 eingeführt wurde und hier darauf wartet, mit dem klimatisierten Personenzug den Bahnhof zu verlassen.

SAR RX 4-6-0	
Baujahr	1909
Konstrukteur	SAR Islington/ NBLC Walker (SA)
Auftraggeber	NSWGR
Spurweite	Standard
Treibräder	175,4 cm
Antrieb	Zylinder 46 x 61 cm
Gewicht	204 Tonnen

● RECHTS
Die 4-6-0 der Reihe 30 R wurden 1899 von den South Australian Railways (SAR) in die Reihe Rx umgewandelt, indem sie mit Hochdruckkesseln ausgestattet wurden. Weitere 54 wurden 1909 neugebaut. Diese RX93 wurde aufgenommen am Mile End Depot 1965.

Standard, Südaustralien hatte die Breitspur von 1600 mm und ganz Queensland hatte die Schmalspur mit 1067 mm. Von den 45000 km Eisenbahnstrecke des Kontinents waren mit einer Ausnahme von 3 Prozent alle in den fünfziger Jahren in Staatsbesitz. Davon gehörten 1694 km der Transcontinental Railway (East-West), die 1917 fertiggestellt worden.

Die Strecke der TCR verläuft durch Süd- und Westaustralien und verbindet Port Augusta mit Perth und seinem Hafen Fremontle am Indischen Ozean. Die Linie kreuzt die Great Victoria Wüste und die Nullarbar Plain, durchläuft die Goldschürfstätten von Kalgoorlie sowie die Agrarzonen.

● NEUSEELAND

Neuseelands Anspruch auf Ruhm gründet sich auf die Entwicklung der ersten Pacific Lokomotive, wovon 13 von Baldwin 1901 geliefert wurden. Diese Loks hatten lange Bestand, die letzte von ihnen schied 1957 aus. Die Pacific wurde schließlich zur Reihe Ab von 1915 weiterentwickelt, von der 141 gebaut wurden sowie zu einer Tenerlok der sogenannten Wab Reihe. Die Reihe Ab gehört zu den ersten Lokomotiven der Welt, die für jede 100 lb Gewicht 1 PS zur Verfügung hatte.

Die Tenderloks spielten eine wichtige Rolle auf den Strecken dieses kleinen Landes und die 4-6-4 T der Reihe W waren mit 50 Exemplaren die am häufigsten vorkommende Loks. Garratts wurden ebenfalls 1928 ausprobiert, doch sie versagten. Schwerere konventionelle Lokomotiven folgten.

● UNTEN
Dieses Modell der Reihe J für den leichten Reiseverkehr war eine von 40 Loks, die zu Beginn des Zweiten Weltkrieges geliefert wurden. Eine veränderte Reihe Ja, die 1946 geliefert wurde, ist vorne zu sehen. Die beiden Lokomotiven wurden 1972 in Fielding-Marton aufgenommen.

Afrikanische Eisenbahnen

Die Jahre vor dem Beginn des Ersten Weltkrieges waren für die südafrikanischen Eisenbahnen spannend, denn viele Modelle wurden produziert. Das 20. Jahrhundert brachte einen Vorgeschmack der gigantischen Loks, die noch kommen sollten, den gewaltigen 2-8-2, 4-8-0 und 4-8-2.

● UNION SÜD-AFRIKA

Die Entfernungen des dünn besiedelten Landes erforderten Lokomotiven mit meistens vierachsigen Drehgestellen. South African Railways (SAR) wurde 1910 aus verschiedenen großen afrikanischen Eisenbahngesellschaften geformt. Dazu gehörten die Cape Government Railway (CGR), die Natal Government Railway (NGR) und die Central South African Railway (CSAR).

Die ersten Verbundlokomotiven des Landes waren die 2-6-6-0 Loks, die von der American Lokomotive Company (ALCO) gebaut worden waren. Die Type wurde auf Strecken mit starken Kurven und Steigungen eingesetzt. Südafrikas Eisenbahnen waren eine der besten Kunden der Garretts seit der Etablierung der Lokomotiven im Jahre 1920. Sie erwiesen sich der Mallet auf dem Streckennetz überlegen.

Da die Kessel und Feuerbüchsen der Garrett nicht über den Rädern liegen, können sie in jeder Größe gebaut werden. Eine große Feuerbüchse sorgte für eine freien Entwicklung von Dampf und einer totalen Verbrennung der Gase. Dadurch, dass die Räder unter dem Wasserkasten lagen und die rückwärtigen Kohlenkästen auf jeder Seite des Kessels platziert waren, verteilte sich das Gewicht der Lok auf eine große Fläche. Da die Vorder- und Hinterteile mit dem Kessel gelenkartig verbunden waren, konnte man eine starke Lokomotive bauen, die zugleich schwere Lasten auf großen Steigungen und leichten Gleiskörpern bewegen konnte. SAR hatte mehr als 400 Garratts, die meistens aus Großbritannien stammten.

● OBEN
Im Gegensatz zu den typischen vier- und sechsachsigen Tenderloks der britischen Hersteller, waren die südafrikanischen Loks Hauptstreckenmodelle, die die Züge über der SAR im Zechengebiet zogen. Diese 4-8-2 T von North-British ist eine der Standard Reihen, die aus Glasgow nach Südafrika für den Güter- und Industrieverkehr exportiert wurde.

● LINKS
Eine 4-8-2 der SAR mit einer Spur von 1067 mm in den dreißiger Jahren.

● UNTEN
Garrats auf der Greytown Linie in Natal, Südafrika. Eine der SAR Garrats 4-8-2+2-8-4 der SAR-Reihe GMA verläßt gerade New Hanover in Natal mit voller Ladung für Greytown. Diese starken zweitklassigen Garratts entstanden aus der Reihe GM von 1938, die Steigungen von 1:40 bei einem Gewicht von 60 lb schaffte.

SAR „BIG BILL" 4-8-2

Baujahr	1925
Konstrukteure	Baldwin, American Locomotive Company (USA) Breda (Milan, Italy) North British (Glasgow, Scotland)
Auftraggeber	South African Railways (SAR)
Spurweite	106,7 cm
Treibräder	152,4 cm
Antrieb	Zylinder 61 x 71 cm
Gewicht	176 Tonnen

● GANZ LINKS
Die SAR Reihe 15 CA, die 4-8-2 Big Bills waren die ersten größeren amerikanischen Loks, die nach Südafrika importiert wurden. Dieses in Italien gebaute Modell verlässt gerade Panpoort in Transval.

● NAMIBIA

In den Jahren nach dem Zweiten Weltkrieg wurden 100 2-8-4 Berkshires in den Dienst für die Zubringerstrecken, in Südwestafrika (seit der Unabhängigkeit 1990 Namibia), gestellt. Sie hatte zylinderförmige Drehgestelltender für Langstrecken ohne Wasser. Dieses Modell ersetzte die älteren 4-8-0 der Reihen 7 und 8 aus der ersten Hälfte des Jahrhunderts.

In den zwanziger Jahren wurden die großen 4-8-2 und die Pacifics amerikanischer Herkunft populär. Diese Loks setzten die Maßstäbe für die Riesenloks die folgten, so etwa die Reihe 15F und 4-8-2 Reihe 23. Sie machten den Hauptanteil der Dampfflotte in den dreißiger Jahren bis zum Ende der Dampflokära aus.

● OBEN RECHTS
Die Mallet wurde kaum in Südafrika verwendet, doch diese 2-6-6-2 Vierzylinder Verbundlokomotive der Reihe MH war eine von fünf, die von North British 1915 gebaut worden waren. Bei ihrer Einführung waren sie die längsten Lokomotiven der Welt mit einer Spur von 1067 mm.

● RECHTS
Eine 4-8-2 der Klasse 23 der South African Railways (SAR) nördlich von Bloemfontein. Dieses amerikanisch inspirierte Modell mit 1067 mm wurde in den späten dreißiger Jahre von deutschen und britischen Herstellern gefertigt und beliefen sich auf 136 Exemplare.

● LINKS
Eine ehemalige 2-8-2 der Reihe ML der Tanaganyika Railway mit Geisl-Ejektor und Luftbremsen – eine der letzten Modelle der Tanganyika Railways überhaupt.

● GEGENÜBER OBEN LINKS
Typschild einer Lokomotive, die für die Rhodesian Railways von Beyer Peacock aus Manchester, England, gebaut wurde.

● SIMBABWE

Eisenbahnen waren entscheidend für das Entwicklungspotential des von Nachbarstaaten eingeschlossen Simbabwe. Die Routen verliefen bis zu den Häfen des Indischen Ozeans, östlich nach Beira in Mozambique, südlich durch Südafrika nach Durban in Natal. Eine dritte Route wurde nach Norden eröffnet, zu den Victoriafälle in Hwange (bis 1982 Wankie) und weiter rauf zum Kupfergürtel. Diese Strecke verband die Häfen des Atlantischen Ozean mit der Benegeula Railway in Angola. Bis 1920, als die Rhodesia Railways (RR) gegründet wurden, war eine 1067 mm Spur in Betrieb.

Die Lokomotiven unterschieden sich nicht von denen Südafrikas mit den 4-8-0 und den 4-8-2 Mountains. Als der Reichtum dieses großflächigen Staates sich vermehrte, kam die Nachfrage nach schwereren Zügen auf und die Verbundlokomotiven wurden entscheidend.

Nach der „Kitson-Mayer" Ära kam die Garratt Ära, die die Vereinheitlichung der Strecke mit sich brachte. Fast über die Hälfte der Lokomotiven der Rhodesian Railways Eisenbahnen waren in Großbritannien gebaute Garratts, die auf allen Gebieten eingesetzt werden können, von dem Zubringerdienst über den Schwerguttransport bis zum Expressverkehr mit der flotten 4-6-4+4-6-4 der Reihe 15. Diese waren im Güter- und Personenverkehr eingesetzt und erreichten im Reiseverkehr bis zu 113 km/h.

● LINKS
Dem Trend in den USA gehorchend tauchte die große Feuerbüchse früh auf den britischen Exportlokomotiven auf, besonders bei den für Afrika bestimmten. Ein typisches Beispiel war die 4-8-2 der Reihe 12 A für Rhodesian Railways. Dieses Modell mit der Nr. 190 wurde 1926 von North British in Glasgow, Schottland gefertigt.

● RECHTS
Eine Garratt 2-8-2+2-8-2 der Reihe 16, die von Beyer Peacock aus Manchester, England 1929 gebaut wurde. Sie fährt für die Transvaal Navigation Kohlenmiene in Südafrika.

● OSTAFRIKA

In Ostafrika waren die von den Briten gebauten kenianischen und ugandischen Strecken und die von Deutschen gebauten Eisenbahnen in Tansania Meterspurstrecken. Die ugandische Eisenbahn benutzte in ihren frühen Jahren die ersten indischen Meterspur Modelle, besonders die 0-4-2 der Reihe E und die 0-6-0 der Reihe F. Dies war die Blüte der Eisenbahnära mit der Mallet-Phase und man sah auch Garrats. Obwohl die 4-8-0 zum allgemeinen Standard erhoben wurde, waren viele Modelle dem indischen BESA Entwurf ähnlich.

Als die Kenya & Ugandan Railway (KUR) 1926 gegründet wurden, liefen die außergewöhnlich starken 2-8-2 auf der Strecke, die den kenianischen Hafen Mombasa und die kenianische Hauptstadt Nairobi verbanden. Auf den Strecken liefen ebenfalls viele Garratts, obwohl diese die Ausnahme blieben, verglichen mit den herkömmlichen Lokomotiven.

REIHE 54 2-8-2+2-8-2 GARRATT

Baujahr	1944
Konstrukteur	Beyer Peacock, Manchester, England
Auftraggeber	Kenya & Ugandan Railway (über das britische Versorgungsministerium)
Spurweite	Meter
Treibräder	116 cm
Antrieb	4 Zylinder 48 x 61 cm
Gewicht	189 Tonnen

● RECHTS
Ein afrikanischer Plantagenzug am Anfang des 20. Jahrhunderts in Uganda. Die unbekannte Lokomotive mit dem verzierten Funkenfänger am Schlot ist europäischer Herkunft.

● ANGOLA

Die 1347 km lange Angola Railway wurde von den Portugiesen gebaut, um ihre Besitztümer an der West- und Ostküste des südlichen Afrikas zu verbinden, insbesondere Angola und Mozambique. Von Westen her kommend, verläuft die Strecke von den Häfen des Atlantischen Ozeans Lobito und Benguela zur Demokratischen Republik Kongo und verbindet Port Francqui , den Kupfergürtel von Sambia und Simbabwe sowie im weiteren Verlauf die Häfen am Indischen Ozean Sofala (früher Beira) und Maputo (bis 1975Lourenco Marques) in Mozambique mit Durban bis weiter zum Kap. Die Strecke wurde weltberühmt wegen der eukalyptusbefeuerten Garratts, die an der steilen Küste des Atlantiks fuhren. Von vielen wurde diese Linien als die schönste Eisenbahnstrecke der Welt angesehen.

Nord-afrikanische Eisenbahnen

● LINKS
Typenschilder von Dampflokomotiven der ehemaligen Gold Coast Railway erinnern an britische Gouverneure, Stämme und Sklavenmärkte.

Die Entwicklung der Eisenbahn in Afrika war notwendig, um Zugang zum industriellen Potential des Inneren des Kontinents zu bekommen. Afrika profitierte sehr von dem Eisenbahnnetz, aber das stückwerkhafte, beschränkte Bauen beeinträchtigte das erwünschte Ideal eines Pan-afrikanischen Netzes, welches zur Folge hätte, dass Afrika heutzutage ein wesentlich reicherer Kontinent wäre.

● ALGERIEN

Algeriens Eisenbahnen wurden seit Mitte des 19. Jahrhunderts von den Franzosen konstruiert und gebaut. Es entstand ein großes Schienenetz mit verschiedenen Typen auch in den Nachbarstaaten Tunesien und Marokko. Auf der Normalspur und der Meterspur waren die 0-6-0 präsent. Dieses waren Moguls und Standard De Glehn Verbundlokomotiven.

In den zwanziger Jahren tauchten die 2-10-0 für das Befördern der schweren Mineraliengüterzüge. Berühmte Modelle waren in Algerien zu finden, so einige der preußischen G8 und Dreizylinder G12. Am meisten verehrt wurden die algerischen Garratts. Diese 1932 in Frankreich gebauten Züge waren die tüchtigsten Express-Lokomotiven, die jemals außerhalb der USA liefen. In den fünfziger Jahren durchzog ein Eisenbahnnetz mit einer Gesamtstrecke von 4800 km ganz Algerien.

EGYPTIAN STATE RAILWAYS (ESR) ATLANTIC 4-4-2

Baujahr	1906
Konstrukteur	North British, Glasgow, Schottland
Auftraggeber	Egyptian State Railways (ESR)
Spurweite	Standard
Treibräder	190,4 cm
Antrieb	Zylinder 43 x 66 cm

● UNTEN
Diese britisch-gestylten Atlantics wurden 1906 an ESR von den North British Works in Glasgow, Schottland für den Betrieb auf Ägyptens Normalspurnetz geliefert.

● TUNESIEN

Tunesien hatte Normal- und Meterspurlinien, obwohl ab 1928 keine Normalspur-Loks mehr geliefert wurden. Während des Zweiten Weltkrieges kamen amerikanische 2-8-0 S160, britische Hunslet Austerity 0-6-0 und einige British Great Western Dean, die für militärische Operationen eingesetzt wurden.

● MAROKKO

Marokkos Eisenbahnen waren ebenfalls von den Franzosen dominiert, denn das Land kam 1912 unter französisches Protektorat. Durchgangsverbindungen von 2400 km gab es zwischen Marrakesch im Westen und Tunesien im Osten.

● LINKS
Zwei 0-6-0 Tenderloks von Orenstein & Koppel des Nsuta Manganese System in Ghana. Die Lok mit den Nummern 10609/10 wurde 1923 nach Ghana exportiert (bis 1957 wurde die britische Kolonie Gold Coast genannt).

● ÄGYPTEN

Die Egyptian State Railway (ESR) ist die älteste in Afrika und blühte nach der britischen Besetzung des Nildeltas 1882 auf. Die Eisenbahn wurde von den Engländern gebaut und unterhalten. Obwohl die ESR eine Fülle von verschiedenen Modellen hatte, waren die Arbeitsstandards und die Bauweise britisch. Der Hauptanteil im Personenverkehr wurde von den Atlantics 4-4-2 bewältigt und durch 0-6-0 bzw. Moguls unterstützt.

Die Feldzüge des Zweiten Weltkrieges in Nordafrika forderten die Bewegung von ungeheuer schweren Güterzügen. Viele britische Stanier 8F 2-8-0 wurden entsandt, von denen die ESR 60 nach dem Krieg übernahm.

Ägyptens lange Eisenbahntradition ging mit einer Klasse von ölgefeuerten, in Frankreich gebauten Pacifics, die erst 1955 geliefert wurden, zu Ende.

● SUDAN

Die ägyptischen Normalspurstrecken stehen im Gegensatz zu den 1067 mm spurigen Bahnen des Netzes des Nachbarlandes Sudan, wo der Eisenbahnbau um die Jahrhundertwende begann. Eine der ersten Bahnen lief von dem Nildelta bis zum Roten Meer und dann südlich durch die Hauptstadt Khartum. Obwohl der Grund für den Eisenbahnbau oft ein militärischer war, waren die Anfänge für eine eigene Eisenbahn schon gelegt.

● OBEN
Die sich drehenden Räder einer 4-8-2 der Reihe 500 der Sudan Railway.

● UNTEN
Ein Mischzug der Sudan State Railway, gezogen von einer ölgefeuerten Mikado 2-8-2 der North Britisch Works aus Glasgow, Schottland.

Sudan versuchte, ein breitgefächertes Eisenbahnnetz zu betreiben. Noch 1960 wurden Erweiterungen vorgenommen.

Pacifics und Mikados, viele mit geringer Achslast, gaben den Ton bei Sudans Eisenbahnen an. Sudan hatte ebenfalls 4-6-4+4-6-4 Garratts eingesetzt, um Züge mit 1600 Tonnen zwischen Atbara, Khartum und Wad Medanai bewegen zu lassen. Dazu erledigten englisch aussehende 0-6-0T die Rangierarbeiten und bedienten die Regionalstrecken. Die letzten der Loks wurden 1951 gebaut. Ungeachtet dessen erhielt Sudan die ersten Dieselloks bereits 1936.

Das pièce de résistance der sudanesischen Eisenbahnen waren 42 Loks 4-8-2 der Reihe 500 von North Britisch aus Glasgow, Schottland, im Jahre 1954.

● WESTAFRIKA

In ihre Kolonien nach Westafrika brachten Großbritannien, Frankreich und Deutschland ihre eigenen Eisenbahnen.

Südamerikas Eisenbahnen

Die Eisenbahnen Südamerikas sind von großer Vielfältigkeit und spiegeln die Kontraste eines Kontinents wider, der sich vom Regenwald des Amazonas über die Andenpässe in 4266 m Höhe bis zu den argentinischen Pampas erstreckt.

● ARGENTINIEN

Argentinien hat die größte Dichte von Eisenbahnstrecken mit über 100 Loktypen, die auf fünf verschiedenen Spurweiten fahren. Die britisch betriebenen Eisenbahnen Argentiniens waren das größte Unternehmen, das es jemals außerhalb des Geberlandes gab. Da die meisten der Eisenbahnen des Landes von Großbritannien betrieben wurden, war Argentinien auch Grossabnehmer der britischen Waren. Die in England gebauten Dampflokomotiven verhalfen Argentinien zu einer starken Wirtschaftsentwicklungen mit dem Export von Fleisch, Getreide und Obst.

● URUGUAY

Die Eisenbahnen des Nachbarlandes Uruguay waren ebenfalls in britischem Besitz. Beyer Peacock aus Manchester, war einer der größten Hersteller über viele Jahre. Manchester war mit der Fray Bentos Fleischfirma verbunden, die in der Stadt Fray Bentos in Uruguay liegt.

● BRASILIEN

Die Weite Brasiliens mit einem Streckennetz von 1600 mm und Meterspuren und einer großen Anzahl von Nebenstrecken, Plantagen- und Industriebahnen, war Ursache für die Lokomotivtradition. Die in Amerika gebauten Lokomotiven sowie britische Klassiker auf der Meterspur der Leopoldina Bahn dominierten das Bild.

● PARAGUAY

Die in Paraguay vorhandene Normalspur der Hauptstrecke verband die Hauptstadt Asunción mit dem 386 km

● LINKS
Gemischter Güterzug auf dem Weg nach Fray Bentos in Uruguay. Die letzte 2-8-0 der Reihe T namens „Ing Pedro Mgnou“ der Uruguayan Railways führt einen Zug an, der auf dem Weg zum Umschlaghafen für Fleisch am Uruguay-Fuß ist. Diese 2-8-0 hatte eine besondere Prägung der Scottish Highway Railway.

● GEGENÜBER
Überreste einer 167,6 cm Spurweite (Klasse 38) der chilenischen Eisenbahn sie dient als Zugmaschine für das Bergwerk San Bernardo. Es ist wahrscheinlich das letzte Modell aus dem Werk von Rogers aus New Jersey, USA von 1896.

entfernten Encarnación an der argentinischen Grenze. Diese Eisenbahn stand ebenfalls in britischem Besitz und Leitung. Die wichtigsten Loks des 20.Jahrhunderts waren holzgefeuerten Edwardian Moguls, die von den British North Works aus Glasgow exportiert wurde.

● BOLIVIEN UND CHILE

Die Eisenbahn von Bolivien, dem anderen ganz von Nachbarstaaten umgebenen Land Südamerikas, verband Chile über die Anden nach dem Westen mit Brasilien und Argentinien und mit den feuchten Niederungen des Ostens. Die Lokomotiventradion des Landes war reich, geprägt durch eine Mischung aus europäischen, amerikanischen und britischen Einflüssen in der Konstruktion.

● TRANS-ANDEAN RAILWAY (TAR)

Der Trans-Andean Railway (TAR) wurde 1910 fertiggestellt und verbindet Valparaiso, Chiles größten Seehafen, über die Anden mit Buenos Aires und Patagonien am Uspallata Pass zwischen Mendozy in Argentien und Santiago in Chile. Der fast 3 km lange Tunnel durchläuft den höchsten Punkt des Passes auf 3986 m in der Nähe des höchsten Punktes der westlichen Hemisphäre, dem 6958 m hohen Mount Aconcagua. So verkürzte sich die Reise von 11 Tagen per Boot über den Magellanstreifen auf 40 Stunden über Land. Die Strecke verläuft auf Steigungen, die zeitweise sogar eine Zahnradvorrichtung erfordern.

● LINKS
Die letzte der Kitson-Meyer 0-6-6-0, die als „The Dodo of the Atacama" berühmt war, hier im Einsatz in Chiles Atacama Wüste. Diese Lokomotive brachte einst Gold und Salpeter an die Häfen des Pazifiks.

BUENOS AIRES & GREAT SOUTHERN REIHE 11 B 2-8-0

Baujahr	1914
Konstrukteur	Beyer Peacock, North British and Vulcan Foundry
Auftraggeber	Buenos Aires & Great Southern Railway (BAGS)
Spurweite	167,6 cm
Treibräder	143,5 cm
Antrieb	Zylinder 48 x 66 cm
Gesamtgewicht	105 Tonnen

● KOLUMBIEN, ECUADOR UND PERU

Kolumbien, Ecuador und Peru sind maßgeblich von den amerikanischen Lokomotivbauern beeinflusst worden. Peru besaß eine Mischung aus amerikanischen und britischen Modellen.

Es gab keine Tradition des Eisenbahnbaus in Südamerika oder Afrika. Beide Kontinente waren vollkommen abhängig von den Entwicklung die in Europa und Amerika vorherrschten.

● GEGENÜBER MITTE
Eine holzgefeuerte Ewardian Mogul von North British aus Glasgow, Schottland ist unterwegs auf der Normalspurhauptstrecke von der paraguayanischen Hauptstadt Asunción nach Encarnación an der argentinischen Grenze. Diese Bahnlinie ist die letzte dampfbetriebene internationale Strecke weltweit.

● RECHTS
Eine 2-8-2 Nr. 183 im Jahre 1971 der guatemalanischen Eisenbahn in Gualán.

AN 2
X 32

Die 50er Jahre bis heute

In der zweiten Hälfte des 20. Jahrhunderts wurde die Eisenbahn als Transportmittel immer unwichtiger. Die Konkurrenz auf den Straßen und in der Luft war enorm. In vielen Teilen der Welt, vor allem in den westlichen Ländern, verschwand die Dampflokomotive vollkommen. Die Verantwortlichen jedoch nahmen den Kampf auf und durch Einsatz von Hightech-Zügen ist wieder eine Tendenz hin zur Schiene zu beobachten. Wachsende Bevölkerungszahlen und überfüllte Straßen unterstützen dabei die Rückkehr der Eisenbahn.

● GEGENÜBER
Eine Lokomotive der australischen Nationalbahn am Bahnsteig.

● OBEN
Eine Lok der Baureihe 103 (8100 PS, Achsfolge Co-Co), gebaut für die ICs und TEEs der Deutschen Bundesbahn schlängelt sich durch das Rheintal zwischen Bonn und Mainz in Rheinland-Pfalz.

Britische Gleis- und Industrieloks auf den Hauptstrecken

Die Entwicklung der Dampfgleisloks der britischen Hauptstrecken endete in den fünziger Jahren. Es war die Great Western Railway (GWR), die die Tradition der Dampfbaureihe offiziell mit den 0-6-0 Ts der 1500/9400 Klasse beschloss. Der Bau von Lokomotiven der Klasse 9400 dauerte bis 1956 an, als insgesamt 210 Lokomotiven gebaut wurden. Diese Loks waren die letzten Modelle von British Railways mit uneinheitlicher Bauweise vor der Verstaatlichung. Dadurch, dass British Railways viele 0-6-0 T Loks von den großen Herstellern, den „Big Four", bekam, brauchte BR kaum zusätzliche Gleislokomotiven. Die vorübergehende Inbetriebnahme der Dieselgleisloks in den fünfziger Jahren brachte den Einsatz der 0-6-0 diesel-elektrischen Loks mit 350 PS mit sich, die massenhaft von den Derby Werken aus Derby in der Grafschaft Derbyshire hergestellt wurden. Viele sind noch im Einsatz und haben die Rangierdienste, die gelegentlich auf den Hauptstrecken zu erledigen sind, übernommen.

● LINKS
Amerikanische Dieselloks werden auf britischen Eisenbahnlinien eingesetzt und bedienen die Hauptstrecken sowie Werkslinien. Dieses Modell, das für Foster Yeoman gebaut wurde, holt gerade eine Fuhre Güterwaggons.

● UNTEN LINKS
Etliche 0-6-0 Satteltankloks der Klasse 5700 der Great Western Railways (GWR) gelangten in den Werksverkehr, um dort weitergenutzt zu werden.

● Dieselloks ersetzen dampfbetriebene Rangierloks

Schnell wurde erkannt, dass Dieselloks besser für Rangierarbeiten geeignet sind. Sie besitzen einmalige Vorzüge, da sie trotz großer Pausenintervalle für den Betrieb unmittelbar an- und auszustellen sind. Die regelmäßige Drehkraft des Motors macht einen gleichmäßigen Start bei schwerer Ladung gut möglich.

Seit 1966 gab es einen starken Rückgang von Rangierloks. Man brauchte weniger Dieselloks als Dampfloks. Als wesentlicher Faktor ist hier das langsame Verschwinden von Rangier- und Verschiebebahnhöfen und die Verla-

● RECHTS
Eine 0-4-0 Satteltanklok von Andrew Barclay zieht eine Reihe Güterwaggons mit Kohle von der Förderanlage der Pennyvenie Mine bei Delmington in Ayrshire, Schottland.

gerung des Transportes von der Schiene auf die Straße zu nennen. Die Gleisbauloks sind heute sehr selten zu sehen und erhalten dementsprechend eine große Aufmerksamkeit.

● VERRINGERUNG VON PRIVATUNTERNEHMEN

Die dampfbetriebenen Gleislokomotiven überdauerten auf den Werkgeländen in der Großindustrie. Die letzten waren noch bis Mitte der achtziger Jahre zu finden. Obwohl die Dieselloks – inklusive der Loks, die British Railways gehörten – in großer Zahl auf Industriegeländen eingesetzt wurden, verringerte sich die Anzahl der privaten Unternehmen, die eigene Loks einsetzten. Der Grund war in dem starken Rückgang der Schwerindustrie in Großbritannien und der zunehmenden Abhängigkeit vom Straßenverkehrsnetz zu sehen.

● LINKS
Die Cadley Hill Kohlenzeche in der Nähe von Burton on Trent in Staffordshire, verwendete als einziges Unternehmen in Großbritannien noch Dampflokomotiven. Auf diesem Bild, mit der Drakelow Power Station im Hintergrund, rangiert eine 0-6-0 Standard „Hunslet Austerity" (rechts) neben einer 0-6-0 Progress Statteltanklok von Robert Stephenson & Hawthorne mit Innenzylinder.

KLASSE 8 DIESEL-RANGIERLOK

Konstrukteur	Derby Locomotive Works, Derby, England
Auftraggeber	British Railways
Spurweite	Standard
Antrieb	English Electric 6 Zylinder 350 PS Bremskraft (261 kw)
Gesamtgewicht	51 Tonnen
Gesamtzugkraft	15,95 Tonnen
Höchstgeschwindigkeit	24-32 km/h

● RECHTS
Penzance, Cornwall, besitzt als eine der wenigen Bristish Railwaystrecken eine 0-6-0 Rangierlok mit Elektrodieselmotor der Klasse 08.

Hauptlinien des britischen Güterverkehrs

● LINKS
Eine 2-10-0 der Klasse 9 F der Nr. 92084 von British Railways legt eine Pause im Cricklewood Depot im Norden von London 1960 ein. Von dieser Klasse gab es insgesamt 250 Modelle.

● LINKS
Im Bild eine ARC Co-Co diesel-elektrische Lok der Klasse 59, die in den USA von General Motors gebaut worden war. Die Lokomotiven für den Schwerguttransport in Großbritannien werden amerikanischer Bauart sein.

In den fünziger Jahren wurde bei den neugegründeten British Railways die Hauptlinien im Güterverkehr von den 2-8-0 Loks dominiert. Die häufigsten waren die 2800er der Great Western Railways, die LNER der 01, 02 und 04 Klassen, die 2-8-0 der Stanier LMS Klassen 8F und die Version des Versorgungsministeriums aus dem Zweiten Weltkrieg. Diese summierten sich auf eine stattliche Anzahl von 2000 Lokomotiven. Die 2-8-0 wurden durch viele 0-6-0 und 0-8-0 Loks unterstützt. Diese wurden mit Zügen unter 1016 Tonnen Last fertig, insbesondere die 0-8-0 der ehmaligen North Eastern und Londons North Western Eisenbahngesellschaften. Die in Kontinentaleuropa weit verbreiteten 0-10-0 Loks wurden in Großbritannien nicht eingesetzt. Die leichte Achslast war von zu geringem Nutzen. Die größere Flexibilität der 2-8-0 Loks war von Vorteil.

Desgleichen eigneten sich die 2-8-2 und 4-8-0 Lokomotiven nicht. Die große Kapazität der Feuerbüchse der 2-8-2 Loks war nicht vonnöten, weil hochwertige Kohle genügend vorhanden war. Abgesehen von den typischen Modellen für den Schwerguttransport gab es etliche 2-8-0 von Churchward, die Kohlenzüge aus den Tälern von South Wales zu den Häfen brachten.

● UNTEN
Die diesel-elektrischen Co-Co der „Brush of Loughborough" Klasse 60 der Nr. 60061 von Alexander Graham Bell ziehen Öltanks auf der Hauptstrecke an der Westküste mit einer Oberleitung von 25 kv Wechselstrom. Die 100 Loks ziehen Schwerguttransporte mit über 3050 Tonnen Gewicht.

● NATIONALE VEREINHEITLICHUNG SETZT STANDARDS

Sammelgüterzüge wurden von „Moguls" der Reihen 2-6-2 und 4-6-0 gezogen. Die LMS K3s von Crabs and Gresley waren typische „Moguls". Die V2 waren von der Bauart her 2-6-2. Die 4-6-0 waren den Stanier Black 5s von LMS, den Thomsons B1 von LNER und den Collets Hall der GWR ähnlich. Die Prototypen der 4-6-0 für den Sammelgüterverkehr gehen zurück auf den Anfang des Jahrhunderts, als es Motoren von Robinson Fish und die „Fast Good" Typen gab.

Im Laufe der Verstaatlichung der

● RECHTS
Die Co-Co Dieselloks der Klasse 56 von British Railways wurden 1977 bei den langsamen Schwergutzügen mit den Kipploren eingesetzt. Die ersten dreißig wurden in Rumänien gebaut. Weitere 75 wurden in Doncaster, South Yorkshire, und Crewe in Cheshire eingesetzt. Die Klasse 56 hatte eine 16 Zylinder Ruston-Viertakt-Dieselmotor. Dieses Modell wurde typisch für den Güterverkehr auf dem Streckennetz von British Railways.

DIESELELETRISCHE CO-CO KLASSE 47

Baujahr	1962
Konstrukteur	Brush of Loughborough, Leicestershire, and BR Crewe Works, Crewe, Cheshire, England
Auftraggeber	British Railways
Spurweite	Standard
Antrieb	Sulzer 1920 kW (2,580 PS)
Gesamtgewicht	127 Tonnen
Gesamtzugkraft	27,18 Tonnen
Höchstgeschwindigkeit	153 km/h

britischen Eisenbahnlinien 1948 wurden zwölf Standardmodelle für das ganze Land entwickelt. Zu ihnen gehörte die Öllokomotive, eine 2-10-0 der Klasse 9F. So hatte sich die Entwicklung der zehnachsigen Güterlok zuguterletzt in Großbritannien durchgesetzt, etwa fünfzig Jahre nachdem die ersten Vorläufer in Amerika aufkamen und 40 Jahre nachdem sie in Deutschland und Österreich eingeführt worden waren.

Die zuverlässige 0-6-0, ein echtes britisches Arbeitstier, verwandelte sich plötzlich in eine hochwertige Lokomotive. Die 9F stellte den genialen Höhepunkt in der Entwicklung der britischen Güterlokomotive dar. Wenn man die wesentliche Rolle der Innenzylinder der 0-6-0 im Laufe von 125 Jahren betrachtet, ist es erstaunlich, dass die Loks in so kurzer Zeit abgeschafft wurden. Die Q1 Loks der Southern Railways kamen erst elf Jahre vor den ersten 9 F Loks auf.

Die Diesellokomotive wurde 1892 von dem in Frankreich geborenen in Deutschland ausgebildeten Ingenieur Rudolf Diesel (1858-1913) erfunden.

Die erste Diesellokomotive wurde 1913 in der Schweiz von den Sulzer Werken hergestellt.

● RECHTS
Diese diesel-elektrische Gelenklok Co-Co der Klasse 47 ist hier in Harbury Cutting abgebildet. Sie zieht einen Containerzug von Railfreight Distribution, der zwischen Birmingham in den West Midlands und Southhampton Docks in Hampshire verkehrt.

BRITISCHE DIESEL-VERBUNDKOMPONENTEN (DMU)

Die britischen Diesel-Verbundkomponenten gingen aus den Dampflokzügen der LMS und LNER der 20er und 30er Jahren hervor. Diese bestanden aus einem einfachen Waggon mit zwei Triebköpfen und einer Dampfmaschine, die in die Komponenten der beiden Enden des Wagens integriert war. Die Dieseltriebwagen wurden in Großbritannien 1933 für den Ausflugs-, Zubringerverkehr und für GWR Regionalstrecken eingesetzt. Auf der 155 km langen Strecke zwischen Birmingham im Herzen Englands und Cardiff in Wales waren sie im Expressverkehr für Geschäftsleute eingesetzt worden. Die Züge bestanden aus zwei Triebwagen mit einem Speisewagen dazwischen. Diese Formation nahm die erste Generation von DMUs mit zwei Motorenkomponenten und einem Drehwagen und den späteren Intercity 125, die einen Triebkopf an den Enden hatte, vorweg.

EXPRESS DMU KLASSE 158

Baujahr	1990
Konstrukteur	British Rail Motorering Ltd. (BREL), England
Auftraggeber	British Rail
Spurweite	Standard
Antrieb	Cummings 260 kW (350 PS) oder 300 kW (400 PS) alternativ Perkins 260 kW (350 PS)
Reisegeschwindigkeit	145 km/h

● EINFÜHRUNG DES DIESELTRIEBWAGENS

Die Einführung des Dieseltriebwagens in den fünfziger Jahren war Teil eines Modernisierungskonzeptes von British Railways. Man glaubte, dass Dieselverbundtriebwagen Haltestellen in dichter Folge besser bedienen konnten und schnelles Anfahren und hohe Geschwindigkeit zwischen den Stationen, die nur

● OBEN
Eine nagelneue Turbo der 165er Klasse, die zwischen Londons Marylebone Station und Birmingham verkehrte, ist vor dem Aylesbury Depot in Buckinghamshire abgestellt. Diese 1992 eingeführten Züge waren Teil der von den Chiltern Linien durchgeführten Rundum-Modernisierung.

● LINKS
Ein zweigliedriger Triebwagen der Klasse 158 des BREL Expresszuges. Diese Baureihe schloss die Lücke zwischen regionalem und Überlandverkehr und wird auf Langstrecken benutzt.

wenige Kilometer voneinander entfernt waren, garantierten. Die dampfbetriebenen zweigliedrigen DMU-Triebwagen der Klasse 158 des BREL Expresszuges. schlossen die bestehende Lücke zwischen regionalem und Überlandverkehr und wurden auf vielen Langstrecken in ganz England benutzt.

Die ersten DMU Stahlkarosseriewaggons waren als zwei-, drei- und viergliedrige Verbundwaggons im Einsatz. Die zweigliedrigen Triebwagen hatten zwei Motorenkomponenten. Die dreigliedrigen hatten ein Mittelteil ohne Motor. Die viergliedrigen besaßen an beiden Enden einen Triebkopf.

● **DIE ZWEITE GENERATION**

Die zweite Generation von DMUs wurde Mitte der 80er Jahre als „Sprinter“ –Serie eingeführt. Sie hatten automatische Schiebetüren, ein hydraulisches Getriebe und sie boten eine klare Steigerung des Fahrkomforts im Vergleich zu den ersten Zügen. Die Hauptklassen sind die 150er und 156er. Beide sind normalerweise als zweigliedrige Wagen zu sehen, die mit einer 285 PS starken Maschine pro Wagen ausgerüstet sind. Im Gegesatz dau gab es die „Pacers“ mit den Klassen 141, 142 und 143/144. Dieses sind leichtere vierachsige Wagen, die jeweils motorisiert sind. Das Fehlen der Drehgestelle verminderte den Fahrkomfort und deshalb wurden sie nicht populär. Das Glanzstück der britischen DMUs ist die Klasse 158 des Expressverbundzuges. Die ersten wurden 1990 unter der Regie von British Rail Engineering Ltd. gebaut. Die 158 besteht aus zwei Waggonkomponenten mit einem weiterentwickelten Drehgestelldesign und einem 350 PS starken Motor, der in jedem Wagen vorhanden ist. Sie laufen sehr gut auf mittleren und langen Strecken und bieten bei einer Spitzengeschwindigkeit von 145 km/h einen angenehmen Reisekomfort.

Diese zweite Generation von DMUs wurde in ganz Großbritannien eingeführt und ersetzte die konventionellen von Lokomotiven gezogenen Züge.

● OBEN LINKS
Die erste Generation der „Heritage DMU“ der Ciltern Linie im Depot der Network South East in Marylebone. Diese Züge sind auf der Thames- und Chilternstrecke durch Turbo-DMUs der Klasse 165 ersetzt worden, die von dem neuen Depot in Aylesbury, Buckinghamshire starteten.

● OBEN RECHTS
Eine „Leyland Parker“ der Klasse 141 in West Yorckshire in den Farben der PTE (Public Transport Excecutive). Die Komponenten wurden aus Rohteilen der Leyland National Bus auf vierachsigen Rahmen in den Derby-Werken in Derby 1984 gefertigt.

● UNTEN
Eine grünlackierte Heritage DMU „Bubble Car“ im Regionalverkehr zwischen Bletchley, Buckinhamshire, und Bedford in den Midlands. Dieses Modell lief unter der Bezeichnung 121 und stammt aus dem Jahre 1960.

Britische Eletkroverbundkomponenten

Die elektrischen Verbundkomponenten (EMU) gab es noch lange vor den Diesel-Verbundkomponenten (DMU) bei den City & South London Railways, die die EMUs einsetzten, als ihre Strecken 1890 eröffnet wurden. Die Stromversorgung geschah durch eine 450 Volt führende dritte Schiene. Abgesehen von der Londoner U-Bahn war es Southern Railways, die dem Zusammenschluss von 1923 folgte, die die Möglichkeiten der EMUs mit einem expandierenden eletrifizierten Streckennetz ausnutzte.

Die britischen Eisenbahngesellschaften wurden 1923 reorganisiert und in vier Gruppen eingeteilt. Die „Big Four": London, Midland & Scottish (LMS), London & North Estern (LNER), die Great Western (GWR) und die Southern Railways (SR).

EMUs bestehen aus vier Waggons, die jeweils mit einem Triebkopf versehen sind. Je nach Verkehr können sie als vier- , acht- oder zwölfgliedrige Waggonkomponenten eingesetzt werden.

● LINKS
Unter den Qualitätszügen der EMU mit Oberleitungssystem ist die Klasse 302. Dieser ist beim Verlassen von Fenchurch Street Station in London auf dem Streckenabschnitt London-Tilbury zu sehen. Dieses Modell wurde in den fünfziger Jahren gebaut.

● OBEN
Ein ehemaliger Network South East Wagen der Klasse 415/6. Sie haben mechanische Türen und laufen mit einer dritten Schiene, die 750 Volt Gleichstrom hat. Sie wurden 1959 gebaut.

● UNTEN
Die Züge der Klasse 323 wurden 1992 für die West Midlands Public Transport Excecutive (PTE) und Greater Manchester PTE Strecken gebaut. Sie haben Aluchassis, Thyristorkontrolle und automatische Schiebetüren.

● Die neue Generation

Als sich die Elektrifizierung der Hauptstrecken in Großbritannien Mitte der Fünfziger verbreitete, kam eine neue Generation von EMU mit Oberleitungsabnehmern heraus, die mit 25 kv Wechselstrom liefen. Erst kürzlich wurden die Mehrzweckwagen entwickelt, die mit 25 kv Wechselstrom der Oberleitung und 750 Volt Gleichstrom liefen. In diese Kategorie fielen die Thameslinkzüge der Klassen 319 und 319/1. Sie fuhren zwischen Bedford und Brighton, mitten durch das Herz von London.

In den fünziger Jahren wurden die DMU und EMU Modelle kombiniert, um verschieden Serien von Zügen herzustellen, die mit Hilfe eines Dieselmotors Elektrizität erzeugten, die wiederum den Motor des Triebkopfes in Gang hielt. Diese diesel-elektrischen Komponenten (DEMUs) liefen auf nicht-elektrifizierten Strecken.

● Extraschnelle Expresszüge

Ebenso wie die DMUs wurden die EMUs schnell zu Expressvarianten weiterentwickelt. Dafür ist die „Brighton Bell" ein typisches Beispiel. Jüngst wurden die „Wessex Electrics" auf den Hochgeschwindigkeitsstrecken zwischen London Waterloo und Southhampton in Hampshire und Bournemouth und Weymont in Dorset eingeführt. Später kamen die Networker Expresszüger der Klasse 365 mit Aluminiumchassis, ver-

● RECHTS
Ein 325 Expresslok der Paketpost kommt auf dem Wege nach Süden mit dem Westküsten-Postzug durch Lune Gorge. Sie laufen mit 25 kv Wechselstrom an der Oberleitung und 750 Volt Gleichstrom per Stromschiene.

● UNTEN
Die Klasse 465 der „Networker EMUs" ersetzte ausrangierte Fahrzeuge der Kent Link Linie. Die neuen Komponenten haben Aluchassis, automatische Schiebetüren und Bremsen mit Rückkopplung. Die Klasse der C1365 des Networker Express wurde von Connex South Eastern eingeführt. Diese 160 km/h schnellen Züge waren mit Mehrzweckspannung ausgerüstet, einem 2+2 Sitzmodul, einer Behindertentoilette und durchgängig mit Teppichboden versehen.

● UNTEN
Die Wessex Electrics Class 442 ist eine sehr angesehene EMU. Diese 160 km/h schnelle Maschine wurde für die Dienste der Waterloo-Bournemouth-Weymouth gebaut. Ungewöhnlich für britische EMUs, hatten viele einen Namen. Diese komfortablen Züge wurden 1988 eingeführt als teilweise renovierte ältere Modelle. Präzedenzfälle, die zum Nachahmen einluden, statt neue Züge zu bauen.

● UNTEN RECHTS
Eine „ThamesLink" der Klasse 319 mit Mehrzweckspannung klettert den steilen Anhang von Blackfiars Station in London auf der Bedford-Brighton Strecke hinauf. Die 160 km/h schnellen Komponenten liefen mit 25 kv Wechselstrom auf der Midland Hauptverbindung und mit 750 Volt Gleichstrom von London nach Brighton.

bessertem Drehgestell und rückgekoppelten Bremssystemen auf. Diese Wagen sind 160 km/h schnelle Expresszüge mit grossem Komfort und technischer Finesse.

Die Postzüge der Klasse 325 wurden 1995 vorgestellt. Abgesehen von ihren Mehrzweckwagen waren diese 160 km/h schnellen Züge mit Diesellokomotiven kombinierbar. Auf diese Weise hatten sie zu dem gesamten Schienennetz Zugang, auch zu den nicht-elektrifizierten Streckenabschnitten. Viele der Komponenten auf den mit 750 Volt Gleichstrom betriebenen Strecken Südenglands sind überaltert.

EMU KLASSE 319

Baujahr	1987
Konstrukteur	British Rail Motorering (BREL), York, England
Auftraggeber	British Rail
Spurweite	Standard
Antrieb	Vier GEC mit 247,1 kw
Gesamtzugkraft	15,95 Tonnen
Reisegeschwindigkeit	160 km/h

BRITISCHE DAMPFLOKSTANDARDS

● LINKS
Die 2-6-4 T der British Railways Standards der Klasse 80000 basierten auf den LMS Loks von Stanier and Fairburn. Diese starken Loks mit hoher Beschleunigung sah man überall auf dem Streckennetz der britischen Eisenbahnen. Von dieser Klasse gab es insgesamt 155 Exemplare.

Zum Zeitpunkt der Verstaatlichung der „Big Four“ – LMS, LNER, GWR und SR 1948, bekam die neue Verwaltung hunderte von verschiedenen Lokomotiven. Viele waren aus dem Bestand privater Unternehmen, die vor dem Zusammenschluss von 1923 existierten. Dieser Zustand war denkbar unpraktisch für die neue, zentralisierte Verwaltung und so schlug man vor, zwölf Standardtypen – die „Standards“- zu kreieren, um den Anforderungen des Streckennetzes gerecht zu werden.

● MODERNISIERUNGSPLAN VON 1955

Im Verlaufe von vier Jahren nach der Einführung der „Standards“ schrieb der Modernisierungsplan das Ende des Dampfzeitalters zugunsten von Diesel- und Elektroantrieb fest. Diese führte zu noch mehr Vielfalt des Modelldesign. Die neuen Loks wurden aufgrund der Erfahrung beim Austausch der Lokomotiven 1948 entworfen. Damals wurden die Haupttypen der „Big Four“ gegeneinander auf den Strecken der anderen Bahnen getestet, um so die besten Fahreigenschaften zu ermitteln. Technisch und ästhetisch gesehen, brachte die neue Bauweise einen Bruch mit dem klassischen britischen Design zugunsten einer Anlehnung an amerikanische Produktentwicklung. Die zwölf Typen bestanden aus drei „Pacifics“. Dann gab es zwei Klassen von 4-6-0, drei „Mogule“, eine starke 2-6-4 Tanklok, zwei 2-6-2 Tankloks und eine 2-10-0 der Klasse 9F für den Einsatz im Bergbau.

Mit Ausnahme der „Duke of Gloucester“ und den 9F waren die neuen „Standards“ alle für die verschiedenen Dienste vorgesehen, denn zu die-

BR BRITANNIA PACIFIC 4-6-2

Baujahr	1951
Konstrukteur	Crewe Locomotive Works, Crewe, Cheshire, England
Auftraggeber	British Railways
Spurweite	Standard
Treibräder	188 cm
Antrieb	Zylinder 51 x 71 cm
Gesamtgewicht	152 Tonnen

● RECHTS
Die „Duke of Gloucester", eine Standard Pacific der British Railways mit der Nr. 71000 ist hier in der Lackiererei der Crewe Works in Cheshire abgestellt.

● UNTEN
Die 4-6-0 der Klasse vier der British Rail Standard für den leichten Personenverkehr und allgemeine Dienste. Von der Klasse gab es 80 Lokomotiven. Ihre klare, moderne Form mit amerikanischen Charekteristika ist hier deutlich zu erkennen.

● GEGENÜBER UNTEN
Die „Britannia" der British Railways Standard der Pacificklasse Nr. 70042 „Lord Roberts", hier 1962 in Willesden westlich von London.

ser Zeit war das Konzept mit jeweils unterschiedlichen Lokomotiven für den Personen- und den Güterverkehr längst nicht vom Tisch. In der Tat befähigten sie die ausgewogenen Proportionen dazu, im schnellen Passagierverkehr eingesetzt zu werden. Vor dem Einsatz auf diesen Strecken sollte nicht bekannt werden, dass sie in der Lage waren, 145 km/h zu erreichen.

● **DIE „BRITANNIA" AUF DEM FESTIVAL OF BRITAIN**

Im Hinblick auf leichten Zugang zu den wartungsintensiven Vorrichtungen und unter arbeitsökonomischen Erwägungen waren die „Standards" eine Verbesserung der vorhergehenden Modelle. In Bezug auf ihren universellen Einsatz unterschieden sie sich kaum von ihren Pendants, den „Big Four", deren Bauweise sie fast vollkommen entsprachen.

Die erste Lokomotive „Britannia" Nr. 70000 wurde 1951 auf dem Festival of Britain vorgestellt und zog viel Interesse und Bewunderung auf sich.Sie erwiesen sich als ungeheuer schnelle Lokomotiven, die eine phantastische Leistungsbilanz vorzuweisen hatten, und das nicht nur auf der ehemaligen Hauptverbindung von Londons Liverpool Street nach Norwich in Norfolk.

Die größte Enttäuschung war die „Duke of Gloucester", die langsam dahinkroch und dazu noch sehr viel Kohle verbrauchte. Sie wurde wieder voll betriebsfähig restauriert, nachdem sie auf dem Schrottplatz Woodhams Scrapyard in Barry gefunden worden war. Computermessungen der Ventile des „Duke" ergaben, dass sie für die Hauptstrecken falsch eingestellt waren. Die Veränderungen, die während der Überholung der Lok gemacht wurden, führten dazu, dass der „Duke" den Shap Bank mit einem 456 Tonnen schweren Zug mit sagenhaften 82 km/h erreichte.

● UNTEN
Die „Mogul" der British Railways Standardklasse Nr. 76005. Dieses Bild ist in den sechziger Jahren im Bournemouth Shed in Dorset aufgenommen worden.

BRITISCHE DIESEL-LOKOMOTIVEN

● LINKS
Die diesel-elektrischen Zwillingsloks von H.G. Ivatt mit der Nr. 10000/10001 kamen in den vierziger Jahren auf und machten den Dieselloks auf den Hauptstrecken den Weg frei. Ein Waggon ist hier bei der Reparatur in den Derby Werken in Derbyshire zu sehen.

Die Entscheidung für die Einführung des Dieselmotors wurde in Großbritannien erst spät getroffen. 1955 als die Regierung den Modernisierungsplan vorstellte, wurde das Ende der Dampfära anvisiert. Selbst dann noch gaben sich erfolgreiche Eisenbahnexperten wie Cecil J. Allen zuversichtlich und meinten, dass die Eisenbahnen mit Dampf noch bis zum Ende des Jahrhunderts vorherrschend sein würden.

Von Beginn an waren diesel-elektrische Loks die bevorzugten Modelle. Dann schlossen sich Versuche mit den 1947 gebauten LMS 10000/10001 an. Danach folgte ein kurzer Abstecher zu den dieselmechanischen Lokomotiven, z.B. mit der 4-8-4 der Nr. 10100, die 1951 von H.G.Ivatt vorgestellt wurde.

Diesel-hydraulische Loks wurden üblich, besonders auf den Strecken der Great Western Linie, doch so sehr diese Typklassen auch geschätzt wurden, so hatten sie doch nicht lange Bestand.

● LINKS
Eine Co-Co Diesel der Klasse 47 mit dem Namen „Maid of all Work" war seit den frühen sechziger Jahren oft auf den Strecken zu sehen. Hier ist sie abgebildet, als sie mit dem Überlandexpress Birmingham in den Midlands verlässt.

● UNTEN
Eine der ältesten Diesselloks, die noch auf den Strecken der British Railways läuft, ist die „Brush Type 2" der Klasse 31, die von Brush Traction aus Loughborough in Leicestershire aus dem Jahre 1957 stammt. Im Laufe der Jahre wurden sie fast überall eingesetzt, aber heute werden sie nur noch für Reparaturdienste genutzt.

● ERSTE EXPERIMENTE

Ein weiteres Experiment machte man mit der English Electric Deltic, der Prototype auf der Hauptstrecke an der Ostküste. Die Loks der Brush Sulzer Klasse 47, welche gute Nachfolgemodelle der 842 Stanier Black 5 wurden, waren hervorragende Universalfahrzeuge für den Personen- und Güterverkehr. Die 47er liefen mit 145 km/h als Personenzüge, doch ebenso mit Frachtzügen, die eine Gesamtlast von über 1000 Tonnen hatten. Über 500 wurden in den Dienst gestellt und viele sind auch heute noch aktiv. Weitere Typen waren die „English Electric" der Klasse 40, deren Züge vor der Elektrifizierung auf die Hauptstrecke an der Westküste verlegt wurden sowie die Sulzer-12 Zylinder-„Peaks", die 1959 sowohl als Personen- als auch als Güterzüge eingesetzt wurden. Die 40er und die „Peaks" gehören der Vergangenheit an. Doch die Klasse 47, die mit einem 50er-Jahre-Design ab 1960 gebaut wurde, war weiterhin eine wichtige Klasse, die in völlig unterschiedlichen Bereichen eingesetzt wurde.

BR CLASS 37 CO-CO DIESEL ELECTRIC

Baujahr	1960
Konstrukteure	English Electric Company, Vulcan Factory, Newton-le-Willows, sowie Robert Stephenson & Hawthorn, Darlington Durham, England
Auftraggeber	British Railways
Spurweite	Standard
Antrieb	English Electric 1300 kW (1750 PS)
Gesamtgewicht	110 Tonnen
Gesamtzugkraft	25,1 Tonnen
Reisegeschwindigkeit	161 km/h

● OBEN RECHTS
Die diesel-elektrischen „Co-Cos" der English Electrics Type 3 der Klasse 37 wurden 1960-65 von English Electric Co. in der Vulcan Foundry in Lancashire von Robert Stephenson & Hawthorn in Darlington, Durham, gebaut. Sie sind echte „Dienstboten". Zu einem der hervorragensten Angebote gehört die Nachtlinie mit den Schlafwagen, die zwischen dem Schottischen Hochland und der Touristenattraktion Fort Willam und Inverness verkehrt.

● LINKS
Eine Co-Co Diesellok der Klasse 50 der English Electric Type 4. Sie wurden 1967-68 von Vulcan Foundry in Newton-le-Willows in Lancashire gebaut und zwischen Crewe in Cheshire und Carlisle in Cumbrien eingesetzt. Schließlich kam sie auf die Hauptstrecke der South Western Eisenbahnlinie, die zwischen Waterloo in London und Exeter in Devon lief.

● KONZEPT DES UNIVERSALVERKEHRS

Dieses Konzept hat sich im Dieselzeitalter fortgesetzt. Doch seit 1976 wurden die Klassen 56, 58 und 60 hauptsächlich im Industriebereich eingesetzt. Die nächsten Dieselloks sollten aus Nordamerika kommen, als EWS begann, ihren Bestand an Güterlokomotiven gewaltig aufzustocken. Die neuen Lokomotiven werden wahrscheinlich den Modellen von Foster Yeoman und den „Co-Cos" der ARC Klasse 59 von General Motors ähnlich sein.

● LINKS
Der Intercity 125 ist einer der erfolgreichsten Züge in der britischen Eisenbahngeschichte. Er revolutionierte die Bedienung der Langstrecken im Personenverkehr. Die 125er, die in den siebziger Jahren eingesetzt wurden, erreichten eine Höchstgeschwindigkeit von 200 km/h und kamen so zu ihrem Namen.

Elektrifizierte Britische Hauptstrecken

● UNTEN
Die diesel-elektrischen Intercity „Bo-Bos" der Klasse 73 verkehrten zwischen Gatwick Airport und London Victoria Street Station. Sie wurden in Eastleigh bei Southhampton in Hampshire 1962 gebaut und liefen mit 660 bis 850 Volt (Gleichstrom) mit einer Stromschiene. Sie sind mit einem Dieselelektromotor ausgestattet und können auch auf nicht-elektrifizierten Strecken fahren.

Obwohl man dazu neigt, die Elektrifizierung für die ultimative Form der Modernisierung zu halten, handelt es sich um eine Innovation, die in Großbritannien seit den späten achtziger Jahren des 19. Jahrhunderts aktuell ist. Zwei Lokomotivenbauer, nämlich George Stephenson und F.W. Ebb sahen voraus, dass die britischen Eisenbahnen eines Tages alle mit Strom laufen würden. Die erste Güterlokomotive kam 1905 auf der Strecke der North Estern Railway (NER) heraus. Danach machte man viele abenteuerliche Versuche. So wurde die Elektrifizierung der NER Hauptstrecke York-Newcastle-upon-Tyne nach dem Ersten Weltkrieg vorgenommen. Doch die Rezession in den dreißiger Jahren, gefolgt vom Zweiten Weltkrieg, verhinderte das Durchführen anderer Projekte. Noch 1948 waren nur 17 E-Loks auf den Hauptstrecken von British Railways zu finden.

● Elektrifizierung der Hauptstrecken der Great Central

In den frühen fünfziger Jahren wurde ein Projekt wieder aufgenommen, dass in den Kriegsjahren ausgesetzt werden musste. Es handelte sich um die Oberleitungselektrifizierung mit 1.500 Volt Gleichstrom der mit starken Steigungen versehenen Hauptstrecke der Great Central zwischen den Industriezentren Sheffield und Manchester. Bei diesem angesehenen Projekt waren die Bo-Bos im Güter- und die Co-Cos im Personenverkehr eingesetzt. Gleichzeitig kamen Mitte der fünfziger Jahre bei Southern Regio Diesel E-Loks auf. Die Antriebswellen der Motoren wurden entweder von einer Stromschiene versorgt, oder durch die Spannung, die von dem an Bord vorhandenen Dieselmotor ausging und der sie befähigte, auf den nicht-elektrifizierten Streckenabschnitten zu fahren. Viele der Modelle der Klasse 73 sind heute noch aktiv und auf der Route London Victoria Station-Gatwick Airport eingesetzt.

● Elektrifizierung der West- und der Ostküste

Die Hauptstrecken der Westküste ab London Euston Station ist die meist befahrenste Verbindung in England. Sie kam deshalb aufgrund des Modernisierungsplanes von 1955 sehr früh für die Elektrifizierung mit 25 kv Wechselstrom in Frage. Die Lokomotiven waren so-

● RECHTS
Dieser 30 Jahre alte elektrische Zug der Klasse 86, der von English Electric in Vulcan Foundry gebaut wurde, gehört immer noch zum Hauptbestand der Westküstenbahn dazu. Im Bild ist ein Zug mit einer 25 kv Gleichstrom-Oberleitung zu sehen, der die Stadt Crewe von Süden her erreicht.

● RECHTS
DVTs an den Hauptstrecken der britischen Ost- und Westküste, die der Klasse 91 gleichen. Auf beiden Strecken werden die nach Süden fahrenden Züge von einem DVT gezogen. Dieser hier ist dabei, den Bahnhof von Crewe Richtung London zu verlassen.

● GEGENÜBER MITTE
Mitte der 90er Jahre wurden die Bo-Bos der Klasse 92 auf den Transitstrecken eingesetzt. Das Bild zeigt die Nr. 92019 in Crewe Station, Cheshire.

BR BO-BO ELECTRIC DER KLASSE 91

Baujahr	1988
Konstrukteure	British Rail Engineering Ltd. (BREL), Crewe Werke Cheshire, England
Auftraggeber	British Railways
Spurweite	Standard
Motoren	General English Electric (GEC) G426AZ
Gesamtgewicht	85 Tonnen
Gesamtleistung	4540 kW (6090 PS)
Höchstgeschwindigkeit	225 km/h

wohl für den Personen- als auch für den Güterverkehr vorgesehen. Sie waren in der Lage, 480 t Züge mit einer Geschwindigkeit von 145 km/h auf ebener Strecke mit einer Höchstgeschwindigkeit von 160 km/h sowie 965 t schwere Güterzüge bei 67 km/h mit einer Höchstgeschwindigkeit von 89 km/h zu bewegen. Das Gros waren Loks der Klasse 86, die aus dem Jahre 1965 stammten. Die den 86er nachfolgenden 87er wurden durch die starken Züge der Klasse 90 Ende 1987 ersetzt.

Fast alle elektrifizierten Hauptstrecken der West- und Ostküste haben einen Triebkopf an dem einen Ende sowie einen Driving-van Trailer (DVT) auf der anderen. Ein DVT hat Gepäckwagenkomponenten mit einer Steuerkonsole, so dass er in beide Richtungen fahren kann, ohne dass er wenden muss. Sehr bald nach der Fertigstellung der Klasse 91 kamen die Mehrzweckwagen der Klasse 92 für den Güter- und Personenverkehr durch den Ärmelkanaltunnel zwischen Frankreich und England.

● RECHTS
Eine von GEC entworfene elektrische Bo-Bo der Klasse 91 in King's Cross Station in London. Diese mächtigen Lokomotiven revolutionierten den Service auf der Hauptstrecke der Ostküstenlinie.

BRITISCHE STRASSENBAHNEN

Großbritanniens erste elektrische Straßenbahn gab es in Blackpool. Es ist die einzige, die die landesweite Abschaffung dieser Strecken 1962 überstand. Bei diesem altehrwürdigen Verkehrssystem modernisiert man immer noch die Bahnen sowie die Infrastruktur. Es ist weltweit eine von drei Linien, die zweistöckige Wagen einsetzen.

● STRASSENBAHNEN UND MASSENVERKEHRSMITTEL

In Kombination mit den Straßenbahnen wurden die Massenverkehrsmittel in London und dem schottischen Glasgow ausgebaut. Die Londoner U-Bahn ist eine der weltweit größten. Es werden dort, hauptsächlich auf den Untergrundstrecken, zwei Arten von Zügen eingesetzt. Die U-Bahn in Glasgow besteht aus einer Ringlinie, die als Kabelbahn geplant war, aber in den dreißiger Jahren elektrifiziert wurde. Neue Bestände wurden zwischen 1978 und 1980 als Teil der Modernisierungskampagne geliefert.

● UNTEN
Nach der Wiederherstellung der Birkenheads Docklands laufen diese in Hongkong nach britischem Muster gebauten Traditionswagen mit dem typischen Doppelstockwerk auf den Strecken in Merseyside.

● TYNE & WEAR U-BAHN

Nach einem Jahrzehnt, in dem die meisten britischen Städte mit immer mehr Bussen und stärkerem Verkehrsaufkommen zurechtkommen mussten, wurde die Planung von flexiblen und kostengünstigen Straßenbahnen (LRS) angegangen. Im nordostenglischen Tyneside wurde durch die Schließung der Regionalstrecken dem Passenger Transport Excecutive (PTE) 1980-84 die Möglichkeit eingeräumt, ein schienengebundenes integriertes Verkehrssystem mit neuen Leichtbaumodellen und einer U-Bahn unter dem Stadtzentrum zu entwickeln. Die erfolgreiche Thyne & Wear Metro wurde bis zum Newcastle Airport verlängert und die Pläne für die Unterführung unter dem Thynefluss sind schon weit gediehen.

● LONDONS DOCKLANDBAHNEN

Eine weitere Spielart wurde 1984-87 in den Londoner Docklands installiert. Die Dockland Light Railway (DLR) wurde als unabhängiges Verkehrssystem mit Stromschienen und selbstfahrenden Zügen realisiert. Ursprünglich für 2000 Fahrgäste je Zug pro Stunde konzipiert, mussten die Kapazitäten der Linie schnell für 12000 Fahrgäste pro Stunde erweitert werden. Es wurden Verbundkomponenten eingeführt und die Strecke wurde bis

● LINKS
Blackpools Promenade Strassenbahn bietet den idealen Platz für einen Sommerausflug auf dem offenen Oberdeck. Der Doppeldecker mit der Nummer 706 ist der einzige Wagen, der nach dem Originalvorbild von 1935 restauriert wurde.

SOUTH YORKSHIRE NIEDERFLURBAHNEN

Baujahr	1993–94
Konstrukteur	Siemens-Duewag, Deutschland
Spurweite	Standard
Spannung	750 V oder kV
Achsbild	B-B-B-B mit 4x277 kW Motoren
Gesamtlänge	3475 m
Breite	2,65 m
Höhe	Bodenabstand 480 mm (880 mm über dem Unterbodengestell)
Höchstgeschwindigkeit	80 km/h
Plätze	88 Sitze, 155 stehend

● LINKS
Die starken Steigungen auf der Strecke der South Yorkshire Supertram werden bestens von dieser in Deutschland gebauten Niederflurbahn gemeistert. Hier im Bild ist die Bahn an der Abzweigung Woodburn Road zu sehen.

zu den Royal Docks Victoria, Albert und King George V in Plaistow Marshes im Osten Londons erweitert. Gerade begann die Arbeit an der Strecke nach Lewisham im Süden Londons.

● DIE METRO VON MANCHESTER

In Manchester wurde 1990-93 die Metro von der PTE geschaffen. Man übernahm die Linien nach Bury in Lancashire und Altrincham in Cheshire und verband sie mit dem neuen Schienennetz im Stadtzentrum. Das Verkehrsnetz wurde von dem Metrolinkkonsortium betrieben, dass Verbundzüge aus dem italienischen Firema einsetzte.

● SOUTH YORKSHIRE, WEST MIDLANDS UND CROYDON

In South Yorkshire wurde eine Straßenbahn zwischen 1992 bis 1995 geschaffen, die das Stadtzentrum von Sheffield mit den Vororten und dem Meadowhall Einkaufszentrum verbinden sollte. Die starken Steigungen der Strecken konnten nur durch Verbundkomponenten mit individuellem Achsantrieb bewältigt werden. Die in Deutschland gebauten Züge waren die ersten, die als Niederflurbahnen konzipiert waren und Warnleuchten an den Türen hatten.

● UNTEN LINKS
Londons Docklands Light Railway (DLR) wurde erweitert, als der Hochhauskomplex in Canary Wharf gebaut wurde.

● UNTEN RECHTS
Die Thyne & Wear Metro im Nordosten Englands hat regionale Strecken im Umfeld von Newcastle upon Thyne übernommen. Im Bild ist hier eine Bahn bei Fawdon. Die Waggons wurden von Metro Cammell gebaut und liegen einem deutschen Modell zugrunde.

Britische Zugrestaurierung

Die Entwicklung der Eisenbahnrestaurierung in Großbritannien begann am 11.Oktober 1955, als eine Delegation in Birmingham auf einer Konferenz unter der Leitung von L.T.C. Rolt verlautbaren ließ, dass man die Talyllyn Railway in Brecknockshire in Central Wales (heute Powys) retten wolle. Der durchschlagende Erfolg des Powys- Projektes ist in den Kreisen der Eisenbahnfans heutzutage wohl bekannt.

● UNTEN
Bevor die „Deltics" eingeführt wurden, dominierten die A4 Loks die Hauptstrecken der Ostküste. Gut erhalten ist „Sir Nigel Gresley" mit der Nr. 4498. Sir Nigel Gresley (1876-1941) war der leitende Maschinenbauingenieur von Englands Great Northern Railway (GNR) und dem Nachfolgeunternehmen LNER. Er entwarf die „Mallard".

GREAT WESTERN KING KLASSE 4-6-0

Baujahr	1927
Konstrukteur	Swindon Locomotive Works, Wiltshire, England
Auftraggeber	Great Western Railway (GWR)
Spurweite	Standard
Treibräder	198,0 cm
Antrieb	4 Zylinder 41x71 cm
Gesamtgewicht	138 Tonnen

● RECHTS
Die „Co-Co Deltics" der ehemaligen Klasse 55 von British Railways waren eine Serienanfertigung des Prototyps, der aus der Mitte der fünfziger Jahre stammte. Sie waren viele Jahre eingesetzt, um die schwersten Langstreckenzüge der Ostküste zu ziehen. Ihre Popularität machte sie zu einem idealen Objekt für die Restaurierung.

● UNTEN
Die 4-6-0 Expresslok der Great Western Railways Kings Klasse. Abgesehen von dieser einen 1908 eingesetzten Lok, setzte GWR keine „Pacifics" ein. Es wurde keine größere Lokomotive benötigt, weil die 4-6-0 Loks mit der qualitativ hochwertigen walisischen Kohle auf ziemlich flachen Strecken liefen. Die „King George V" mit der Nr. 6000 war das Originalmodell von 1927.

● RECHTS
Eine 4-6-0 „Sir Lemiel" mit der Nr. 777 der ehemaligen „King Arthur" Klasse der Southern Railway (SR) unterwegs nach Leeds und York.

● UNTEN
Diese 4-6-0 „Leander" mit der Nr. 5690 der ehemaligen LMS Jubilee Klasse ist eine von vielen Modellen, die auf den Hauptstrecken aktiv ist.

● UNTEN RECHTS
Die „City of Wells", eine „Bulleid Pacific" der Nr. 34092, wird für die Fahrt mit dem „Golden Arrow" nach Leeds bereitgemacht.

● RESTAURIERUNG UND DIE FREIZEITINDUSTRIE

Es entwickelte sich eine Bewegung, die in den nächsten fünfzig Jahren eine riesige Freizeitindustrie begründete und die Traditionen des Eisenbahnzeitalters lebendig hielt.

Nachdem die Modernisierungskampagne von 1955 umgesetzt worden war, wurden die alten Lokomotiven Stück um Stück verschrottet. Eine kleine Auswahl von Lokomotiven wurde für die Ausstellung in Museen reserviert.

Landesweit fanden sich Tausende von Eisenbahnfans zusammen, um die Lokomotiven, die Fuhrparks und Teilstrecken zu retten. Nach der Umsetzung der Beeching-Kampagne standen plötzlich unzählige Nebenlinien zum Verkauf. Im Laufe der Jahre wurden Dutzende von Loks zu Objekten für die diversen Restaurierungsvorhaben. Die Bewegung manifestierte sich mit dem Ende des Einsatzes der Dampflokomotiven am 11. August 1968, nachdem verkündet worden war, dass niemals eine restaurierte Lokomotive auf dem nationalen Streckennetz zugelassen werde.

● AUSFLÜGE MIT DER DAMPFLOK

Heutzutage gibt es in Großbritannien mehr als 100 Freizeitparks, in denen man die Dampflokomotiven finden kann. Sie ziehen jedes Jahr Millionen von Besuchern an. Mehr als 2000 Lokomotiven sind restauriert worden.

Die Erhaltung der Eisenbahnen ist durch eine fortdauernde, kreative Dynamik gekennzeichnet. Als man die erste Generation von Dieselloks ausrangierte, wurden etliche Modelle gerettet und auf den wiederhergestellten Strecken zum Einsatz gebracht. Dort liefen sie neben den Dampflokomotiven, die sie einst ersetzten. Die Entscheidung, die Dampfloks von den Strecken zu verbannen, wurde 1971 rückgängig gemacht. Viele der historischen Lokomotiven kehrten auf ihre angestammten Strecken zurück, inklusive der Modelle, die dem National Railway Museum in New York zur Verfügung gestellt worden waren. Eine Gesamtmenge von 235 Dampflokomotiven befuhr 1985 die Ausflugsstrecken von British Railways. Viele wurden auf die historische Bedeutung der Eisenbahn aufmerksam und setzten sich öffentlich für den Erhalt von Eisenbahnen ein.

Der Besuch einer Museumsstrecke stellt ein unvergessliches Erlebnis dar, sowohl für Eisenbahnexperten als auch für interessierte Laien. Die Eisenbahnparks sind sehr authentisch und faszinieren alle Altersstufen.

EUROSTAR

Die Vorstellung, dass Dampfloks großartig sind und der moderne Antrieb öde und seelenlos, ist für immer durch den Eurostar widerlegt worden. Dieser Zug verbindet die aerodynamische Ära der Romantik der dreißiger Jahre und die einschneidende Innovation der Technologie. Londons Waterloo Internationale Station ist genauso beeindruckend wie das Pendant Viktoria Station und der Kanaltunnel mit der 37 km langen Strecke zwischen Fokestone und Calais von Terminal zu Terminal ist ein weltweit bestauntes Wunderwerk der Technik.

● OBEN
Drei Eurostars beim Aufenthalt im Waterloo International Terminal in London

● **DER FLEXIBELSTE ZUG DER WELT**

Die Verbindung des 16000 km langen Schienennetzes Großbritanniens mit dem 185000 km weiten Streckennetz Europas 1993 brachte einen unbedingt notwendigen Auftrieb für den Schienenverkehr. Eurostar steht in Konkurrenz zu den Fluggesellschaften, die die Städte London, Brüssel und Paris bedienen.

Eurostar ist der flexibelste Zug der Welt. Er läuft auf vier unterschiedlichen Signalanlagen und greift auf drei unterschiedliche Stromspannungen zurück –

● UNTEN
Ein Eurostar rast über die Hochgeschwindigkeitsstrecke durch eine Landschaft im Norden Frankreichs.

● LINKS
Ein Eurostar aus London erreicht den Kanaltunnel. Im Hintergrund ist der Dollands Moor Güterbahnhof sowie eine neue Klasse-92-Lok (links) zu sehen.

● UNTEN
Ein Eurostar am Waterloo International Terminal macht sich bereit, den Bahnhof Richtung Frankreich und Belgien zu verlassen.

● GANZ UNTEN
Eurostar-Design im Detail.

EUROSTAR	
Baujahr	1992
Konstrukteur	GEC Alstholm in verschiedenen Werken
Auftraggeber	British Rail (BR) Société Nationale des Chemins de Fer Francais (SNCF) Société Nationale des Chemins de Fer Belge (SNCB)
Spurweite	Standard
Antrieb	6 XABB 6PH
Höchstgeschwindigkeit	300 km/h

750 V Gleichstrom (DC), 25 kV Wechselstrom (AC) in Großbritannien, 25 kV AC im Tunnel, in Frankreich und Hochgeschwindigkeitsstrecken in Belgien sowie 3.000 kV DC auf Belgiens herkömmlichen Strecken.

● **HOCHGESCHWINDIGKEITSNETZ**

Die Eurostars haben 18 Waggons und kommen so auf eine Gesamtlänge von 394 m. Der Eurostar fährt mit 300 km/h auf den Hochgeschwindigkeitsstrecken Europas, doch darf der Zug in Großbritannien nur 160 km/h fahren.

Der Zug ist komfortabel ausgestattet. Es gibt zwei Speisewagen und einen Minibarservice auf Rädern. Die Eurostars werden in London im North Pole Depot gewartet, welches durch die West London Linie mit Waterloo International verbunden ist.

● **DIE NACHTZUGREVOLUTION**

Der Eurostar Service wird durch zwei zusätzliche Momente bereichert. Erstens gibt es die Tagesverbindung zwischen Edinburgh, Manchester, Birmingham und Paris. Zweitens gibt es den Nachtzug mit Schlafwagen. Diese Verbindungsmöglichkeiten revolutionieren den Langstreckenverkehr per Nachtzug in Eruopa in erheblichem Maße. Die Fahrgäste haben die Möglichkeit, bei Abfahrt in der einen Stadt zu Bett zu gehen und erwachen am nächsten Morgen am Zielort.

Amerikanische Rangierloks

Rangierloks sind dazu da, Güterwaggons von einem Gleis auf das andere zu bewegen. Es sind kleine Lokomotiven mit 300 bis 1500 PS, die dafür geeignet sind, mit geringer Geschwindigkeit auf kurvigen oder schlechten Strecken zu fahren.

● Die erste erfolgreiche diesel-elektrische Lok

Die ersten erfolgreichen diesel-elektrischen Typen wurden als Rangierloks eingesetzt. Die ersten kommerziell betriebenen Strecken hatte 1925 Central Railroad in New Jersey, USA. In den 40er Jahren wurden diesel-elektrische Rangierloks mit geringer PS-Stärke für Rangierarbeiten auf dem Güterbahnhof, bei Industrieanlagen und im Personenzugverkehr. Die Hersteller General Electric (GE), Balwin, die Electro-Motive Division (EMD) von General Motors, American Locomotive Company (Alco), Fairbanks-Morse, Whitcomb, Porter und Davenport bauten alle in den 40er und 50er Jahren Rangierloks.

● Die veränderte Nachfrage

Als sich zwischen den 50er und 70er Jahren das Verkehrsverhalten änderte,

● UNTEN
Southern Pacific Lines setzten die Rangierloks länger ein als die anderen Eisenbahngesellschaften des Westens und bestellten die EMD SW 1500 in großen Mengen. Die SW 1500 mit 1500 PS wurden schliesslich im EMD Bestand von MP15 ersetzt, die ebenfalls 1500 PS hatten.

● OBEN
Die Rangierlok von Baldwin S 12 mit der Nr. 16 ist mit dem Schriftzug der Feather River & Western Eisenbahnlinie versehen. Baldwin baute weit mehr als 550 der S12 diesel-elektrischen Rangierloks zwischen 1951-56 mit 1200 PS.

● LINKS
Eine ehemalige Rangierlok der US-Armee ist hier als Lok der Western Pacific Railroad mit der Nr. 512 zu sehen. Mehr als 500 S1 wurden für den Gebrauch in den USA und Mexiko zwischen 1940-50 produziert. Die Lokomotive hat einen sechszylindrige Antriebsmaschine mit der Bezeichnung 539, die 660 PS generiert.

● RECHTS
Die NW2 der Western Pacific Railroad ist hier im orangen Gewand in Portola, Kalifornien, zu sehen. Electro-Motive baute 1119 NW2 Loks mit 1200 PS. Viele wurden später nachgebaut und bekamen die U-Bezeichnung.

brauchte man wesentlich weniger Rangierloks. Die amerikanischen Eisenbahngesellschaften gaben viele Strecken im Personenverkehr auf und brauchten demzufolge weniger Rangierloks. Der Güterverkehr ging ebenfalls zurück, als die Eisenbahnen sich entschieden, in Kombination mit der Bahn auch andere Verkehrswege zu nutzen. Mitte der 70er Jahre hatten die Eisenbahnen kaum noch Rangierloks geordert. Statt dessen überholten sie die vorhandenen, oder bauten andere Loks um.

● RANGIERLOKMODELLE

Die Firma Electro-Motive begann in den 30er Jahren damit Rangierloks zu bauen. Eines der ersten attraktiven Modelle war die NW2 mit 1000 PS, die in den Jahren 1930-49 entstand. Die SW1, eine Rangierlok mit 600 PS, wurde 1939-53 hergestellt. Andere Rangierloks der SW-Reihe in den 70er Jahren produziert. Mitte der 70er Jahre führte EMD die 1500 MP-Klasse ein.

Alco produzierte viele Rangierloks mit niedriger PS-Zahl von 1940-60. General Electric baute lange Jahre Rangierloks bis man 1960 auf den Markt für die schweren Überlandlokomotiven drängte. Die beliebtesten Rangierloks waren die 44- und 70 Tonnen-Modelle.

In den neunziger Jahren platzierte sich Morrison-Knudson auf dem Markt für Rangierloks mit diesel-elektrisch und von Biogas angetriebenen Loks.

SW8 DIESEL-ELECTRIC

Baujahr	1950-1954
Konstrukteur	General Motors (Electro-Motive Division)
Motor	8 Zylinder 567B
Antrieb	567 ccm pro Zylinder
Leistung	800 PS

● RECHTS
Eine SW8 der Wellsboro & Corning Railroad zieht Güterwaggons südlich von Gang Mills in New York. Die SW8 von EMD mit 800 PS wurden von 150-54 gebaut. Die meisten Kurzstreckenlinien bevorzugen kleine Rangierloks .

Amerikanische Züge in den Fünfzigern

● LINKS
General Electrics stach seinen Hauptkonkurrenten EMD mit den Verkaufszahlen für innovative Loks mit dem DASH-8 Modell aus. Diese DASH8-40B mit 4000 PS von Santa Fé macht eine Pause in Corwith bei Chicago in Illinois.

Die amerikanischen Eisenbahnspediteure stützten sich seit dem Ende der Dampfära in den fünfziger Jahren hauptsächlich auf diesel-elektrische Lokomotiven, die das Gros ihrer Schienenfracht transportierten. Die Lokokomotivhersteller – jetzt nur noch General Motors Electro-Motive Division (EMD) und General Electric (GE) versuchten, einteilige oder Verbundloks mit immer stärkerer Zugkraft zu entwickeln.

● OBEN
Eine brandneue SD70MAC von EMD in Chicago. Die Burlington Northern Railroads bevorzugen diese mächtige Wechselstromlok für ihre Kohlenzüge in Wyoming, USA.

● UNTEN
Die Waggonlokomotive, die in vierziger und fünfziger Jahren populär war, wurde durch eine vielseitigere Rangierlok ersetzt. Nur wenige Eisenbahnlinie nutzen jetzt dieses alte Modell, z.B. die LTV Mining, die eine Flotte dieser altertümlichen von EMD gefertigten F7As hat.

● Der PS-Wettlauf

In den fünfziger Jahren waren die GP9 Loks und die F9 Waggonlokomotiven von mächtiger Bauweise mit einer 567er Maschine mit 16 Zylindern und 1750 PS sowie einer herkömmlichen Antriebsmaschine auf Gleichstrombasis ausgestattet.

In den frühen sechziger Jahren erhöhte EMD die PS-Stärke der 567 Antriebsmaschine mit einem Turbolader, den die GP20 und SD24 Modelle hatten. In der Zwischenzeit hatte General Electric den Markt für neue, schwere Diesel-E-Loks mit den U25B erobert.

Die U25B-Rangierfahrzeuge setzten mit ihrem 16 zylindrigen 7FDL Antriebsmotor 2500 PS frei. Der Markteintritt GEs mit diesem Modell löste den PS-Wettlauf aus.

Um den Anforderungen der nordamerikanischen Eisenbahngesellschaften gerecht zu werden, fingen EMD, GE und Alco an, jeweils vier- und sechachsige Rangierloks zu entwickeln, die in immer grösserer Zahl und geringeren Abständen herauskamen. GE setzte dem ganzen die Krone auf mit seiner U36C, die 3600 PS hatte. Beide Hersteller bewegten sich in dem Segment der PS-starken Kategorie mit den achtachsigen Maschinen mit Doppelantrieb.

● Verbesserungen beim Design

In den 70ern gab es viele Verbesserungen bei den E-Loks. Die 80er brachten die Steuerung durch Mikroprozessoren. Mitte der 80er stellte GE die DASH-8 vor, ein erfolgreiches Modell mit 4000 PS, mit dem GE in diesem Bereich Marktführer wurde. Die Verbesserungen

● RECHTS
GE stellte den Wechselstromantrieb mit der AC4400CW vor. Dieses Modell ähnelt einem früheren, das mit Gleichstrom lief. Es war im Westen des Landes sehr populär. Dort wurden die Loks für den Schwertransport über die Berge eingesetzt.

SD45-DIESEL-ELECTRIC

Baujahr	1965–71
Hersteller	General Motors (Electro-Motive Division)
Antrieb	20 Zylinder 645 ccm pro Zylinder
Leistung	3600 PS

bei den Mikroprozessoren Mitte der Neunziger versetzten beide Hersteller in die Lage, den Wechselstromantrieb bei den nordamerikanischen Güterloks zum Tragen kommen zu lassen. Das war eine entscheidende Verbesserung seit dem Aufkommen der diesel-elektrischen Loks. Durch die Verwendung des Wechselstroms hatten die Hersteller die Möglichkeit, das Zugvermögen einer einzelnen Lokomotive gewaltig zu steigern. 1996 wurden die ersten Wechselstrommodelle mit 6000 PS getestet.

● OBEN
Die Union Pacific Railroad (UPR) nahm 1996 die neuesten Wechselstrommodelle von EMD in Empfang, es waren die konvertiblen SD90MAC. Diese Lokomotiven hatten eine Antriebsmaschine mit 4000 PS und können auch mit einem 6000 PS Motor versehen werden, der gerade in der Entwicklung ist.

● RECHTS
Eine neue SD75M der EMD mit einem Spezialführerhaus und roter Farbe im Wartestand am Corinth Yard in Chicago, Illinois. Trotz einer Entwicklung zum Wechselstromantrieb hatte die Santa Fé Railroad sich ganz den traditionellen Gleichstrommotoren verschrieben.

Amerikanische Kurzstrecken

Die kleinen privaten Carrier betreiben die amerikanischen Kurzstrecken mit weniger als 560 km Länge und einem Umsatz nicht über $ 40 Million.

● **VIELE NEUE KURZSTRECKEN**
Seit Mitter der siebziger Jahre formierten sich etliche neue Kurzstrecken. Dieses sind hauptsächlich Nebenstrecken und Zubringerlinien , die durch die Verkleinerung der ursprünglich längeren Strecken entstand. Üblicherweise hatten die wirtschaftlichen Kurzstrecken die Möglichkeit, gebrauchte Lokomotiven von den größeren Linien oder neue direkt vom Hersteller zu beziehen. Mitte der Siebziger boten die Hersteller eine Fülle von Loks an mit schwacher oder mittelstarker PS-Zahl. Das waren Rangier- und Gleisloks sowie Spezial Diesel-E-Loks, die sehr gut auf die Kurzstrecken abgestellt waren.

● **EMD-RANGIERLOKS UND „GEEPS"**
General Motors (Electro-Motive Division) offerierte als Hauptthersteller der neuen Lokomotiven eine Serie von Rangierloks, die ein kurzes Achsgestell hatten, das sowohl bei Kurzstrecken und

● GANZ OBEN
New Hampshire & Vermont (NHV) Railroad hat viele Nebenstrecken von Boston & Maine und Maine Central übernommen. Alco RS 11 und GP9 von EMD waren im Einsatz. Die NHV RS 11 Rangierloks sind hier in Whitefield, New Hampshire, abgebildet.

● UNTEN
Green Mountain Railroad (GMR) betreibt Güter- und Personenlinien in Vermont. Normalerweise übernehmen die GP9 von EMD Güterzüge und die RS-1 von Alco arbeitet mit Personenzügen.

● OBEN
Viele amerikanische Kurzstreckenlinien haben außergewöhnliche Lokomotiven im Einsatz. Massachusetts Central Railroad besitzt eine seltene NW5 von EMD, von der es insgesamt nur 13 gibt. Diese 1000 PS-Lok gehörte ursprünglich Southern Railway.

CENTURY-425

Baujahr	1964-1966
Hersteller	American Locomotive Company (Alco)
Motor	251C
Spurweite	Standard
Leistung	2500 PS
Antrieb	16 Zylinder

● LINKS
In den 70ern widmeten die Santa Fe Linien viele ihrer F7 Führerhausloks von EMD in Gleisloks der Baureihe CF7 um. Die Massachusetts Central Railroad kaufte 1984 eine CF7 von Sante Fe. Die CF7 wurde von den Betreibern der Kurzstrecken als gebrauchte Lok bevorzugt.

Langstrecken auf den Rangiergleisen und –bahnhöfen im Einsatz war. Diese Serie brachte zuerst die SC 600-PS Lok und die SW im Jahre 1936 heraus. Eine weitere EMD-Lokomotive war die GP Serie, allgemein als „Geeps" bekannt.

● FÜR KURZSTRECKENLINIEN RENTIEREN SICH NEUE LOKS NICHT

Als der Preis der neuen Lokomotiven zu steigen begann, verfielen die Betreiber der Kurzstrecken darauf, gebrauchte Loks zu kaufen. Sie hatten viele Zubringer verloren und so benötigten sie auch weniger Lokomotiven für die Kurzstrecken und so wurde der Markt mit Rangierloks und „Geeps" überschwemmt. Ende der Siebziger orderten wenige Betreiber der Kurzstrecken neue Lokomotiven. Sie arbeiteten viel lieber mit den von anderen Linien ausrangierten Loks. Und so kam es, dass die Kurzstrecken von einer Fülle unterschiedlichster Modelle bedient werden. Insgesamt gibt es auf den Kurzstrecken in den USA die größte Vielfalt an Loks überhaupt. Lokomotiven, die von Alco gebaut wurden, sowie all die anderen außergewöhnlichen und besonderen Modelle können auf den Kurzstrecken in den gesamten USA gefunden werden.

● OBEN
Sierra Railroad war eine der letzten Kurzstrecken, die regelmäßig „Baldwins" einsetzten. Sie betrieb die 80 km lange Strecke mit etlichen diesel-elektrischen S12. Die Betreiber der Kurzstrecken sprachen sich weiter für die „Baldwins" aus, obwohl die größeren Linien ihre „Baldwins" längst abgestoßen hatten.

● LINKS
Die GP9 Rangierloks der Nr. 669 der New Hampshire & Vermont Linie sind hier in Whitefield in New Hampshire zu sehen. Wie die meisten anderen Kurzstrecken betrieb NHV die „erste Dieselgeneration" – nämlich jene, die die Dampfloks ersetzten, auf Strecken die von den großen Linien längst aufgegeben worden waren.

Amerikanische Personenzüge

● LINKS
Cal-Train betreibt eine Pendlerstrecke zwischen San Francisco, San Jose und Gilroy in Kalifornien. Die Betreiber setzen F40PH Loks mit 3000 PS von EMD im Push-Pull Modus ein. Die Lokomtive ist immer der südlichen Fahrtrichtung zugewandt

Die diesel-eletrischenZüge hatten ihr Debut im Personenverkehr 1934 mit dem „Pioneer Zephyr" der NR und dem M-10000 „City of Salina" der UPR.

● PIONEER ZEPHYR ETABLIERT DIESELZUG IM PERSONENVERKEHR

Nach dem Zweiten Weltkrieg kauften die amerikanischen Eisenbahnen diesel-elektrische Züge in großen Menge für ihren Personenverkehr. Genau wie auf dem Sektor des Güterverkehrs dominierte General Motors Electro-Motive Division (EMD) diesen Markt. Die beliebtesten Modelle waren die der E-Serie, aerodynamische Lokomotiven, die einen Doppelantrieb 567 und A1A-Züge hatten. Jeder Wagen hatte drei Achsen, doch die mittlere wurde nicht angetrieben. Die E7 mit 2000 PS wurde 1945 eingeführt, die E9 mit 2400 PS wurde 1954 in den Dienst gestellt und bis 1963 produziert. Obwohl andere Hersteller ebenfalls Personenloks produzierten – besonders Alco mit seiner PA Serie – war keine in den USA besonders erfolgreich. Die PA genoss großes Ansehen bei den Eienbahnliebhabern wegen ihres kühnen Designs, doch wurde sie von den Betreibern verschmäht, da sie eine schlechte Fahrleistung bot und wartungsintensiv war.

FL9 DIESEL-ELECTRIC/ELECTRIC

Baujahr	1956-1960
Konstrukteur	General Motors (Electro-motive Division)
Motor	20 Zylinder 567C oder 567D1
Leistung	1750 PS oder 1800 PS
Antrieb	567 ccm pro Zylinder

EMD stellte auch vierachsige Loks der F-Serie für den Personenverkehr her. Western Railroads entschied sich für die F Serie wegen des Zugvermögens in sehr steigungsbetontem Gelände.

Die New Haven Railroad (NHR) bekam 1956 FL9 Züge (mit multifunktionalem diesel-elektrischen/elektrischen Antrieb) von EMD, um sie auf den elektrifizierten Strecken um New York City einzusetzen. Diese wendigen Loks laufen mit einem Dieselantrieb oder werden per Stromschiene versorgt.

● DIE AMTRAK-ÄRA

Amtrak, America National Railroad Passenger Corporation, ist eine staatliche

● LINKS
Amtrak hat mehrere Loks der Reihe FL9 auf der Strecke New York City-Albany im Dienst. Die aufgegebene New Haven Railroad (NHR) Eisenbahngesellschaft bestellte von 1956-60 genau 60 dieser Speziallokomotiven.

● GEGENÜBER
Amtrak-Lokomotiven in Chicago warten auf ihren Einsatz. Ganz links eine ist eine GE AMD 103 der Nr. 828, rechts sind die F40PH von EMD zu sehen.

● RECHTS
Im Northeast Corridor zwischen Washington DC und New Haven in Connecticut betreibt Amtrak AEM7 E-Loks, die eine Höchstgeschwindigkeit von 210 km/h erreichen.

Eisenbahnlinie, die der US-Regierung gehört und 1970 gegründet wurde. Amtrak war ab 1971 für die meisten Intercityverbindungen zuständig. In den achtziger Jahren wurden die Pendlerzüge von den staatlich betriebenen Strecken verbannt. Eine neue Generation von Antriebsmotoren wurde für Amtrak und die Pendlerstrecken gebaut. Anfang der siebziger Jahre wurde von EMD eine Personenlok, die der erfolgreichen SD40 Güterlok entlehnt war, eingesetzt. Doch die sechachsigen SDP40 Loks mit einer Schutzverkleidung erwiesen sich für den Personenverkehr als ungeeignet. Viele von ihnen wurden später an die Betreiber von Santa Fe für den schnellen Güterverkehr verkauft.

● LINKS
Zwei General Electric Genesis AMD 103 von Amtrak sind mit dem California Zephyr in Richtung Westen nach La Grange in Illinois unterwegs.

● E-LOKS UND TURBOLINER

Amtraks nordöstliche Trassen sind weitestgehend elektrifiziert. In den Siebzigern fertigte General Electric ungefähr 30 E-Loks der E 60-Baureihe, um die 40 Jahre alten GG1 der Pennsylvania Railroad auf dieser Route zu ersetzen. Anfang der achtziger Jahre lizensierte EMD die Rc4 E-Lok des schwedischen Unternehmens Almänna Svenska Elektriska Aktiebolaget (ASEA) und baute nach diesem Vorbild mehr als 60 PS-starke AEM7 E-Loks für die Hochgeschwindigkeitsstrecken der nordöstlichen Trassenverbindungen.

Amtrak betrieb wenig erfolgreich Verbundturboliner. Mitte der 70er setzte man sieben aerodynamische Rohr Turboliner auf dem Empire Corridor zwischen New York und den Niagarafällen ein. Jeder Zug hat einen Triebkopf an den beiden Enden, der mit 1140 PS ausgestattet ist.

● DIE NEUE GENERATION

Anfang der Neunziger bestellte Amtrak unterschiedliche Modelle. Amtrak erhielt etwa 20 futuristisch anmutende DASH-8 32 PB mit 3200 PS von GE, denen viele Varianten der GE „Genesis"folgten. Die „Genesis" ist halb aerodynamisch mit einem stromlinienförmigen Rumpf und Antriebsmaschine von GE. Amtrak und der Vorortslinienbetreiber Metro-North verwenden Loks der Genesis-Reihe für die mit Stromschienen elektrifizierten Strecken im Umfeld von New York City. Auf den kalifornischen Strecken setzt Amtrak die F59PHI von EMD ein, stromlinienförmige Personenloks mit der für EMD typischen „Schnauze".

Amerikanische Metro – Hochbahnen

● RECHTS
Das Logo der New York City Transit Authority.

Die traditionellen Hochbahnen, die auf Stahlstrecken als elektrische Schnellstrecken über den Straßen der Stadt laufen, sind heute noch in New York, Philadelphia und Chikago zu finden.

● Traditionelle Hochbahnen

Die Hochbahnen gehören zusammen mit den U-Bahnen zu einem Verkehrsverbund. In New York und Philadelphia sind die Hochbahnen auf Außenbezirke beschränkt. Damit bleibt Chikago die einzige amerikanische Stadt mit einer Hochbahntrasse im Stadtzentrum. Auf der alten Trasse stellt sich die Wolkenkratzerarchitektur in einer faszinierenden Vielfalt dar.

Mitte der achtziger Jahre ersetzte Boston in Massachusetts den größten Teil seiner Orange Line durch eine moderne Metro und somit blieb die Verbindung Lechmere-North Station der Green Line einzige Hochbahn der Stadt.

● Das moderne Metroverkehrssystem

Einige amerikanische Großstädte, die traditionell keine Hochbahn hatten, haben nun modernen öffentlichen Nahverkehr. Ebenso wie bei herkömmlichen Metros laufen elektrisch betriebene (meistens mit Stromschienen) Triebzüge auf zweispurigen Strecken unterirdisch, überirdisch und auf Hochbahnstrecken. Die meisten weitverzweigten Strecken hat die Washington D.C. Metro und die Bay Area Rapid Transit (BART) im Großraum von San Francisco.

● LINKS
Ein stadtauswärtiger D Train Richtung Coney Island, Brooklyn, Long Island, New York City im kalten Dezember 1993. Die New York City Transit Authority (NYCTA) hatte tausende von U-Bahnwagen und betreibt das größte Nahschnellverkehrssystem in Nordamerika.

● LINKS
Ein Zug aus Flushing in Queens auf dem Weg zum Times Square in Manhatten 1993, eine von vielen Linien in Queens.

● OBEN
Chicagos berühmter „Loop" ist die letzte Linie der traditionellen Hochbahn, die im Herzen einer amerikanischen Großstadtfährt. Eine Zug aus Morrison-Knudson Waggons bedient den „Loop" hier am 4. Juli 1995.

CHICAGO TRANSIT AUTHORITY (CTA) WAGGONSERIE 2000	
Baujahr	1964
Konstrukteur	Pullman Car & Manufacturing Company
Gewicht	105 Tonnen
Antriebsmotoren	General Electric
Plätze	47/51 Sitze

● **SCHNELLVERKEHRSSYSTEME**

New York City und Chicago haben die größten Nahverkehrssysteme in den USA. In den vergangenen Jahren hat New York seine Flotte mit neuen Waggons von Bombardier und durch die Reparatur alter Waggons modernisiert. Vorher kamen die meisten Waggons der NYCTA von MK Rail, den ehemaligen Werkstätten der Erie Railroad in Hornell aus dem Westen des Staates New York.

In New York wurde bei neuen und überholten Zügen die Graffiti der siebziger und achtziger Jahre entfernt. Die neuen graffitiabweisenden Waggons sind nun gegen die Sprayer gefeit.

Chicagos Flotte stammt von den verschiedensten Herstellern. Nachdem in den Fünfzigern viele Straßenbahnen ausrangiert wurden, baute Chicago die meisten der Wagen des President Conference Committee (PCC) für das System der U- und Hochbahnen um. 1964 erhielt Chicago 180 neue Wagen von Pullmann. 1969 wurden bei Budd Co. 75 Edelstahlwaggons bestellt. Später bekam Chicago von Boeing-Vertol 200 Waggons und weitere 600 von Budd. Die letzte Bestellung erfolgte Anfang der Neunziger über 256 Waggons von Morrison-Knudson.

● OBEN LINKS
Am Independence Day 1995 sind diese rot-weiß-blau lackierten Waggons in Chicago in Illinois von Boeing-Vertol auf der Linie Richtung Howard Street unterwegs.

● OBEN
Bis in die Fünfziger hatte NYC eine Flotte von alten Zügen mit offenem Deck auf der Myrtle Avenue Linie der verbliebenen Hochbahn nach Brooklyn.

● UNTEN
Chicago hat eines der größten Streckennetze mit Hochbahnzügen. Ein Zug der Waggonserie 3200 von Morrison-Knudson stadteinwärts auf der Howard Street Line.

Amerikanische Strassenbahnen

Mitte der siebziger Jahre bestellten San Francisco und Boston neue Wagen in Leichtbauweise, um die alten Waggons des President Conference Commitee (PCC) zu ersetzen. Es war seit Jahrzehnten der erste Auftrag und begründete zugleich einen neuen Trend.

● WIEDERGEBURT DER STRASSENBAHN

Die neuen Wagen von Boeing-Vertol hatten einige Schwächen. Es wurden keine weiteren bestellt. Nach mehr als zwanzig Jahren stockten beide Städte erst Mitte der Neunziger ihren Bestand auf.

● SAN DIEGO FOLGT DER KANADISCHEN INITIATIVE

Die Wiedergeburt der Straßenbahn geschah 1978, als in Edmonton, Alberta, Kanada, eine 7 km lange Strecke eingeweiht wurde. Es wurden 14 sechsachsige Siemens-Duewag U2 Waggons der Leichtbauweise (LVR) eingesetzt. Die USA folgten der kanadischen Initiative mit dem San Diego Trolley (SDT) in Kalifornien. Wie in Edmonton hatte die SDT, die das Stadtzentrum von San Diego mit der

● OBEN

San Franciscos hell lackierte, umgebaute PCC sind bei Touristen sehr beliebt. Die Wagen wurden überholt, damit sie auf der San Francisco Municipal Railway Linien laufen. Die PCC fahren auf der F Market Linie, die nicht die Muni-Metro U-Bahnstrecke bedient. Dieser Wagen ist im Stil der Bostoner MBTA der fünfziger Jahre lackiert.

● GEGENÜBER UNTEN

Eine von Kawasaki hergestellte LRV aus Japan fährt auf der eingleisigen Breitspur der Media Line bis in die Vororte Philadelphias. Philadelphia war die einzige Stadt, die diese nicht-verbundenen Wagen kaufte.

● UNTEN

Eine Type 7 von Kinki Sharyo aus Japan biegt hier 1993 am Cleveland Circle in Boston ab. Boston hat drei verschiedene Typen von LRVs auf den Strecken.

MASSACHUSETTS BAY TRANSPORTATION AUTHORITY (BOSTON) TYPE 7

Baujahr	1986-1988
Konstrukteur	Kinki Sharyo
Auftraggeber	MBTA (Boston)
Spannung	600 kV DC
Achsen	6
Gewicht	188 Tonnen
Antriebsmotoren	Westinghouse
Plätze	50 Sitze

● LINKS
Die Massachusetts Bay Transportation Authority (MBTA) in Boston kaufte 100 Boeing-Vertol light rail vehicles (LRV) für die Strecken der Green Line. Die Mattapan-Ashmont Schnellstrecke, die Teil der Red Line ist, verwendet auch ältere Wagen des President Conference Committee (PCC).

● SAN FRANCISCO FÜHRT DEN PCC WAGEN WIEDER EIN

San Francisco setzte 1995 seine stillgelegte F-Market Linie wieder mit überholten PCC Wagen aus Philadelphia instand. Die Wagen waren von M-K Rail, Tochter von Morrison-Knudsen aus Hornell, New York, für die Spurweite in San Francisco aufgearbeitet worden. Um die PCC Bauart voll zum Tragen kommen zu lassen, waren die Wagen in den typischen Farben der Städte lackiert worden, in denen sie fuhren. So hat man hier die farbigsten Straßenbahnen ganz Amerikas. San Franciscos einst große Flotte von PCC-Wagen wurden ausrangiert, als in den achtziger Jahren neue Wagen von Boeing-Vertol kamen.

Einige amerikanische Städte setzen Niederflurbahnen ein. Portland in Oregon war die erste amerikanische Stadt, die 46 Wagen der Type U2 von Siemens 1993 kaufte.

mexikanischen Grenze verband, sechsachsige, rotlackierte U2 Waggons. Die SDT war sehr beliebt. Sie wurde seither ständig erweitert und ausgebaut.

● BAUARTEN DER STRASSENBAHNEN

Seitdem wurde rund ein Dutzend neuer Strecken dieser Art etabliert. Die jüngste wurde im Juni 1996 in Dallas, Texas, eröffnet. Auf 18 km Strecke werden gelb-weiße Wagen von Kinki Sharyo/Itochu International eingesetzt.

Die Fahrzeuge sind in den USA nicht einheitlich, selbst die Spurweite differiert. Die meisten Städte haben Normalspur, doch New Orleans, Louisiana, sowie Philadelphia und Pittsburg in Pennsylvania haben 1581 mm und 1587 mm. Bahnen der unterschiedlichsten Hersteller sind im Einsatz. Sie stammen von alten amerikanischen Betrieben wie Perley Thomas, dessen Wagen von 1923-24 in New Orleans fahren; von Bombardier für Portland in Oregon, und auch von ausländischer Hersteller, z.B. Italiens Breda und Japans Kinki Sharyo.

● LINKS
Die Stadt Sacramento in Kalifornien, Ursprungsort der transkontinentalen Eisenbahnlinien, baute 1987 ein Straßenbahnnetz auf. Züge mit vierachsigen Siemens-Duewag U2A LRV durchqueren die Straßen der Hauptstadt Kaliforniens.

Ausflugslinien in Amerika

In den letzten 20 Jahren haben viele Eisenbahnen Ausflugslinien eingerichtet. Einige sind nur für den Personenverkehr und erreichen mit Luxusspeisewagen besondere Marktsegmente.

● LINKS
Die Green Mountain Railroad (GMR) betreibt den Güter- und Personenverkehr mit einer Flotte historischer Loks. Hier zieht eine GP9 1850 von EMD 1993 einen Güterzug den Berg in Ludlow in Vermont hinauf. Die GP9 war sehr beliebt im Güter- und Personenverkehr.

● Beliebtheit der Touristenstrecken

Andere Touristenlinien sind Kurzstrecken mit Güterverkehr. Die Loks auf diesen Strecken variieren stark, sind aber an historische Vorbilder angelehnt und sprechen das Publikum an. Einige Bahnen haben Dampfloks, andere setzen diesel-elektrische Loks ein. Die Dieselloks sind in Farben wie in den vierziger und fünfziger Jahren lackiert.

● LINKS
Die East Broad Top Railroad (EBTR) mitten in Pennsylvania bietet eine authentische Eisenbahntour an. Sie hat vier einsetzbare Schmalspur-Mikados von Baldwin. Die Nr. 15 ist hier im Bild in Rockhill Furnace.

● Kaliforniens Napa Valley Bahn

Der Napa Valley Zug ist sehr beliebt. Er fährt mehrmals am Tag durch das Napa Valley und bringt die Kunden der oberen Schichten ans Ziel. Die Gäste dinieren und probieren den Wein an Bord der Waggons, die durch eine FPA-4 diesel-elektrische Lok der Montreal Locomotive Works (MLW) gezogen wird. Vier dieser Loks wurden von der kanadischen Bahn Via Rail gekauft und 1989 in den Dienst gestellt. Sie sind in rot-gold gehalten und symbolisieren die kalifornischen Weinanbaugebiete. Viele Ausflugsbahnen kauften FPA-4 aus Kanada, als Via Rail seine Flotte modernisierte und ältere Modelle ausrangierte.

● UNTEN
Die Boone Scenic Railways (BSR) bekam eine ganz neue Mikado der JS Klasse aus China, die auf der Brücke im Norden von Boone Iowa zu sehen ist. Die schön lackierte Dampflok steht bei Eisenbahnliebhabern hoch im Kurs.

● Green Mountain Bahn

Die Green Mountain Railroad (GMR), eine erfolgreiche Regionalbahn in Vermont, hat die Einnahmen durch eine saisonale Ausflugslinie gesteigert. Hier setzt sie eine Alco RS-1 Diesellok ein, die exakt dem Modell entspricht, dass von dem Vorgänger Rutland Railways im Personenverkehr der vierziger und fünfziger Jahre eingesetzt wurde. Man benutzt ebenso Electro-Motives GP9 von General Motors, wenn die Züge im

FPA-A	
Baujahr	1958-1959
Konstrukteur	Montreal Locomotive Works (MLW) (Alco)
Motor	251B
Leistung	1800 PS
Antrieb	12 Zylinder

Herbst stark frequentiert werden, wenn der farbenfrohe Herbst viele Touristen anzieht.

● **DIE NEUEN DAMPFLOKS SIND POPULÄR**

Die Boone Scenic Railroad (BSR) unterhält eine Verbindung in Iowa und hat eine neue Strategie für die Personenzüge entwickelt. Neue, in China gefertigte Mikados der JS Klasse kamen 1989. Andere amerikanische Ausflugsbahnen haben ebenfalls neue Dampfloks geordert. Für Boone, die ihren gesamten Umsatz mit Ausflugstouren macht, ist die neue Dampflok ein riesiger Erfolg. Etliche Bahnen setzen herkömmliche Dampfloks aus Amerika ein, die für die Touren restauriert wurden.

● OBEN LINKS
Eine zehnachsige 4-6-0 Lok der Reihe S-10 328 der Northern Pacific Railroad zieht einen Ausflugszug über die Wisconsin Central St. Croix River Bridge. Die Alco-Lok von 1907 ist die einzig verbliebene NPR 4-6-0.

● RECHTS
Im Herbst 1989 begann der Napa Valley Wine Train mit dem Speisewagenservice in dem pittoresken Tal in Kalifornien. Vier stromlinienförmige FPA-4 Loks von Via Rail sind eingesetzt. Sie kamen von der kanadischen Eisenbahngesellschaft.

Aufarbeitung amerikanischer Züge

Die Restauratoren haben etwa 150 Dampflokomotiven in den USA und Kanada gerettet und wieder in den Betriebszustand versetzt. Originale sowie Nachbildungen sämtlicher Perioden sind vorhanden – eine ganze Bandbreite in Alters und Größe, von der Wiederherstellung einer kleinen Tom Thumb von Peter Cooper aus 1830 bis zur 4-8-4 Northern Nr. 844, aus dem Zweiten Weltkrieges.

● **DAMPFLOKOMOTIVEN**

Auf den erhalten gebliebenen Schmalspurstrecken Colorados fahren interessante Dampfloks. Die Cumbres & Toltec, die über den 3048 m hohen Cumbres Pass der San Juan Mountains des südlichen Colorados bis Toltec in Arizona fährt, hat drei Reihen von Denver & Rio Grande Western Mikados im Einsatz, die K27, K36 und K37der Type 2-8-2. Das Baltimore & Ohio Railroad (B&OR) Museum in Maryland besitzt viele Dampfloks, einschließlich einem Nachbau der Tom Thumb. Die Bundesregierung hat viel Geld ausgegeben, um Loks aus den USA und Kanada in Steamtown in Scranton, Pennsylvania, zu erhalten. Steamtown war eine private Stiftung und wird jetzt vom American National Park Service betrieben. Trotz der vielen restaurierten Lokomotiven gibt es noch viel zu tun. Denn für jede wieder in Stand gesetzte Lok gibt es ein Dutzend andere in schlechtem Zustand, die darauf warten, wiederentdeckt zu werden.

● GANZ OBEN
Die zehnachsige von Alco gebaute 4-6-0 der Klasse R1 Nr. 1385 der Chicago & Northern Western Railroad ist im betriebsfähigen Zustand im Mid-Continent Railway Museum in North Freedom, Wisconsin, erhalten.

● OBEN
Die GP7 der Nr. 1605 am Illinois Terminal hat ein farbenprächtiges Lackierung. Die GP7 war die erste populäre Mehrzwecklok. Diese und viele andere Lokomotiven sind in betriebsfähigem Zustand im Illinois Railways Museum in Union erhalten.

● LINKS
Colorados Cumbres & Toltec Scenic Railroads betreibt die schmalspurigen Mikados 2-8-2 der ehemaligen Denver & Rio Grande Western Reihe K36. Es gibt ebenfalls eine Reihe K28 und K37 für den gelegentlichen Einsatz.

NORTHERN PACIFIC RAILROAD (NPR) 4-6-0 KLASSE S10 NR. 328

Baujahr	1907
Konstrukteur	American Locomotive Co. (Alco)
Treibräder	145 cm
Antrieb	2 Zylinder 48 x 66 cm
Druck	422 kg/cm²
Gewicht	340 Tonnen
Zugkraft	11,7 Tonnen

● OBEN RECHTS
Das Portola Railroad Museum in Kalifornien hat sich auf die Erhaltung von diesel-elektrischen Loks spezialisiert. Die Nr. 6946, eine Union Pacific Railroad DDA40X, die größte Diesellok überhaupt, ist eine der beeindruckensten Ausstellungsstücke des Museums. EMD baute 47 DDA40X für die Union Pacific Railroad von 1969-71.

● RESTAURIERTE DIESEL-ELEKTRISCHE UND ELEKTRISCHE LOKS

In den letzten zwanzig Jahren wurden vermehrt bedeutende diesel-elektrische und elektrische Lokomotiven angekauft und erhalten. Viele Museen haben sich auf dieses Gebiet konzentriert.

Die ersten kommerziell erfolgreichen Dieselloks, eine von Alco-General Electric-Ingersol Rand 1926 für New Jerseys Central Railroad gebaute box-cab, weilt im B&OR Museum. Einige Modelle der größten diesel-elektrischen Lok, die je gebaut wurde – die achtachsige DDA40X mit 6900 PS von EMD – werden im Westen aufbewahrt. Union Pacific Railroad setzt ein Modell im Ausflugsdienst ein, äußerst selten fährt sie im Güterverkehr.

E-Loks werden ebenfalls restauriert. Es gibt einige schöne Loks der im Raymund Loewy Stil gebauten Pennsylvania Railroad GG1. Eine der größten Sammlungen von erhaltenen Equipment – Dampf, Diesel-elektrisch und Elektrisch – ist im Illinois Railway Museum, Union, zu finden. Dort ist eine DDA40A Pennsylvania GG1 unter hunderten von Exponaten zu sehen.

● RECHTS
Die 4-6-0 „Tenwheeler" Nr. 328 der Northern Pacific von Alco fährt für das Minnesota Transportation Museum in Osceola, Wisconsin. Es gibt einen saisonalen Ausflugsdienst. Wenn die Dampflokomotive nicht eingesetzt wird, fahren Dieselloks.

Kanadische Güterzüge

● UNTEN
Zwei Ontario Northland RS-3 warten auf ihren Einsatz. Diese von MLW gebauten Loks sind fast identisch mit den RS-3, die in den USA von der MLW-Tochter Alco gebaut wurden.

Die kanadischen Eisenbahnen hatten eine konservativere Haltung als die Nachbarn in Amerika. Die Kanadier zogen herkömmliche Lokomotiven den neuartigen vor und verließen sich bis in die fünfziger Jahre auf Dampfloks.

● **DIE FÜNFZIGER JAHRE**

Obwohl der Wandel zu diesel-elektrischen Loks der Entwicklung in den USA glich, fing die Umstellung später an und war nicht so frei bei der Typenwahl. In den späten fünfziger und sechziger Jahren orderten Canadian Pacific (CP) und Canadian National (CN) viele, vornehmlich amerikanische, Loks. General Motors Diesel Ltd. (GMD) und Montreal Locomotives Works (MLW), eine Alco-Tochter, waren die Hauptlieferanten. Baldwin und Fairbanks-Morse lieferten ebenfalls nach Kanada.

Die kanadischen Bahnen kauften einige stromlinienförmige F Einheiten, doch generell war der auf Diesel umgestellte Güterverkehr mit Road-switchern der Markt für CP und CN. Beide Bahnen kauften Loks der MLW S-Serie.

● **DIE KANADISCHEN LOKOMOTIVEN BEKOMMEN IHR TYPISCHES AUSSEHEN**

In den späten Fünfzigern hatten die kanadischen Loks einen eigenen Stil, der sie von ihren amerikanischen Pendants unterschied. Technisch gesehen waren sie genau gleich. Kanada kaufte MLW's RS-18 mit 1.800 PS, die gegenüber der amerikanischen Alco RS-11 nur eine andere Verkleidung hatten, sonst aber identisch waren. MLW fertigte auch noch Loks, als Alco seine amerikanische Produktion 1969 einstellte. MLW baute nun seine besonderen kanadischen Loks, die auf der Bauweise von Alco beruhten.

● LINKS
Canadian National (CN) kaufte 1995 SD701 Loks von General Motors. CN bekam 1996 die ersten SD751, die Teil einer Bestellung von 300 Loks waren.

Bombardier kaufte 1979 MLW und baute bis in die achtziger Jahre weiter Lokomotiven. Seitdem ist sie nicht mehr auf diesem Markt präsent.

● KANADISCHE SICHERHEITSKABINEN

In den frühen Siebzigern bestellten die sicherheitsbewussten Kanadier Loks mit großflächigen vierfenstrigen „kanadischen Sicherheits-" oder „Komfortkabinen". Die verstärkten Führerhäuser schützten das Personal bei Unfällen. Sie begannen auch, ihre Lokomotiven mit zusätzlichen Scheinwerfen zu versehen, mit Stirnlampen nahe dem Gleis, um die Sicht zu verbessern. Jahrelang waren sie Markenzeichen kanadischer Loks. US-Bahnen haben diese Praxis übernommen, Sicherheitskabinen und Stirnlampen sind jetzt bei den nordamerikanischen Bahnen Standard.

● DIE NEUNZIGER JAHRE

Mitte der Neunziger orderten Canadian National und Canadian Pacific Loks, die von GM und GE kamen. Die Endmontage erfolgte in Kanada. CP bestellte 1995 eine Flotte von GE AC4400CW für den Schwergutverkehr in den kanadischen Rockies. Dieser Versuch mit Wechselstromloks war die erste kommerzielle Nutzung der neuen Technologie in Kanada. CN blieb bei der Entscheidung für den Gleichstromantrieb. Es wurden mehr als 300 sechsachsige SD701 und SD751 von General Motors bestellt.

● UNTEN
Großnasige „kanadische Sicherheitscabs", oder „Komfortkabinen" mit den Zusatzscheinwerfern waren Markenzeichen der Loks von CN. Heute sind sie bei den nordamerikanischen Güterlokomotiven üblich. Hier zieht eine Gruppe von vier CN GP420 mit Sicherheitskabinen einen Frachtzug nach Norden.

RS-18

Baujahr	1956-1968
Konstrukteur	Montreal Locomotive Works (MLW) (Alco)
Motor	12 Zylinder, 251B
Leistung	1800 PS

● GEGENÜBER
Eine MLW RS 18 Rangierlok der Canadian Pacific (CP) in Quebec, St. Martin Junction, 1993. Die in Kanada gebaute RS-18 unterschied sich kaum von der amerikanischen RS-11.

Kanadische Personenzüge

Dampflokomotiven wurden bis in die frühen Sechziger im Personenverkehr eingesetzt.

● VON DEN FÜNFZIGERN BIS IN DIE ACHTZIGER

In den Fünfzigern kauften Canadian National (CN) und Canadian Pacific (CP) Diesel-Personenloks. Beide Eisenbahnen setzten kanadische FP7 von General Motors Diesel (GMD) sowie FP9 und Mehrzweckloks ein. Diese Loks waren fast mit ihren US-Pendants

FPA-A

Baujahr	1958-1959
Konstrukteur	Montreal Locomotive Works (MLW) (Alco)
Motor	12 Zylinder, 251B
Leistung	1800 PS

● LINKS
Die kanadische Betreibergesellschaft Via Rail hatte eine Flotte von FP4 der Montreal Locomotive Works von Canadian National übernommen. Abgebildet sind vier FP4 1984 im Bahnhof Central Station in Montreal, Quebec.

● UNTEN LINKS
Die LRC Lok von Via Rail wurde nicht immer mit den speziell entworfenen LRC Waggons gekoppelt. Diese LRC Lok zieht einen konventionellen Zug 1995 nach Toronto in Ontario.

● UNTEN
Torontos „GO Transit“ ist früher Anwender von Wendezüge. Am Zugende der Lok gegenüber befindet sich ein Zusatzkabine. Hier ist ein Antrieb untergebracht. Einige dieser Zusatzkabinen wurden aus Loks der Reihe F gebaut.

identisch. CN setzte auch FPA-2 und FPA-4 im Personenverkehr ein, MLW's Personenzugversion der Alco FA für den Güterverkehr. Die E Serie, in den USA populär, konnte sich in Kanada nicht durchsetzen, obwohl CP einige besaß.

● **TORONTOS PENDLERSTRECKEN**

Der Betreiber der Pendlerstrecken Torontos, GO Transit, bestellte 1966 von General Motors speziell gefertigte Mehrzweckloks, die GP40TC. Diese Lok entspricht fast der Güterlokversion der GP40 mit 3000 PS und hatte einem Zusatzgenerator, der Strom und Licht erzeugte.

Die GO Transit Züge waren Vorläufer der Wendezüge. Um nicht die Züge wie üblich mit je einer Lok vorne versehen zu müssen, hat Go Transit die Waggons am Ende mit Führerständen und einem Zusatzantrieb ausgerüstet. Die Extra-Kabinen, die aus dem umgebauten Chassis der F Klasse stammten, bieten Platz für den Zusatzantrieb. So benötigt Go Transit keine Lok, um die Fahrt in beide Richtungen zu gewährleisten.

● **LEICHT, SCHNELL UND KOMFORTABEL**

Via Rail nahm 1997 den Betrieb auf den meisten Langstrecken im Reiseverkehr auf. Auf der Suche nach Verbesserungen entschied man sich für moderne Züge mit Neigetechnik. Von 1981-84 bekam Via Rail LRC Züge, befördert von 31 speziell gefertigten Loks der Bombardier Montreal Locomotive Works. Die LRC Loks waren aber zu anfällig und wurden nicht mehr produziert.

● OBEN LINKS

Die elektrische Lok von Canadian National läuft mit einem Pendlerzug in den Bahnhof Val Royal Station ein. Die CN Vorortbahn nach Deux Montagnes, Quebec, benutzen Oberleitungen. Die Elektrifizierung und die E-Loks, einige fast 80 Jahre alt, wurden 1995 runderneuert.

● OBEN RECHTS

In den späten 80er Jahren ersetzte Via Rail die überalterten Lokomotiven im Carbody Stil durch neue F40H von General Motors.

● UNTEN

Ontario Northland Railroad setzte 1977 auf seiner Linie die FP7 Personenloks zusammen mit den gebrauchten Wagen des Trans-Europa-Express ein.

Kanadischer Nahverkehr

Die drei wichtigsten Nahverkehrssysteme Kanadas befinden sich in Calgary und Edmonton, Alberta sowie in Toronto, Ontario. Beide Albertalinien wurden um 1980 gebaut. Torontos Netz entstand aus vorhandenen Straßenbahnstrecken.

Toronto und Montreal betreiben elektrische U-Bahnen. Die Metro in Montreal läuft in ungewöhnlicher Weise auf Gummirädern. In Vancouver, British Columbia, gibt es den „Skytrain", eine Hochbahn, mit computergesteuerten unbemannten Wagen mit 600 V-Stromschienen.

EDMONTON U12 LRVS

Baujahr	1978-1983
Konstrukteur	Siemens-Duewag
Spannung	600 Volt DC
Achsen	6
Gewicht	32,5 Tonnen
Antriebsmotoren	Siemens
Plätze	64 Sitze

● EDMONTON

Edmonton eröffnete 1978 eine 7 km lange Strecke. Bis 1992 war sie auf 10,6 km erweitert worden. Anfang des 20. Jahrhunderts hatte Edmonton schon eine Straßenbahn. Diese wurde nach dem ersten Weltkrieg zugunsten von Straßen aufgegeben. Edmontons neues Stadtbahnsystem begann mit 14 sechsachsigen Wagen Typ U2 von Siemens-Duewag.

● CALGARY

Calgary schloss sich Edmonton an und eröffnete 1981 eine 12 km lange Stadtbahnstrecke. Bis 1992 war die

● LINKS
In den sechziger Jahren hatte Toronto die altehrwürdigen Peter Witt Wagen, welche im Vergleich zu den modernen Fahrzeugen nahezu antiquiert wirken.

● GEGENÜBER
Toronto hat 196 vierachsige Bahnen, die 1977–82 gebaut wurden. Ein TTC Waggon bei einem Halt 1985 in Dundas Avenue in Toronto.

● UNTEN
Toronto unterhielt einst eine große Flotte von President Conference Committee (PCC) Wagen. In den letzten zwei Jahrzehnten wurden sie durch kanadische Stadtbahnen ersetzt.

Strecke auf 27 km verlängert worden, Erweiterungen sind geplant. Calgary hat 80 sechsachsige U2 Wagen von Siemens-Duewag. Außerdem gibt es noch zwei U2-Versuchswagen, die Wechselstrommotoren haben. Die meisten Nahverkehrsstrecken Amerikas werden mit Gleichstrom betrieben. In den USA wird einzig in Baltimore, Maryland, eine Bahn mit Wechselstrom betrieben.

● **TORONTO**

Toronto besaß viele President Conference Committee Wagen (PCC). Ab 1977 wurden die PCC-Wagen durch neue kanadische ersetzt. Anfang der Neunziger fuhren 100 vierachsige Großraum- und mehr als 50 sechsachsige Gelenkwagen. Ebenso wie die Städte in den USA will Toronto zukünftig Niederflurbahnen haben.

Kubas Eisenbahnnetz

Kuba besitzt viele klassische amerikanische Dampfloks, die aus der Zeit vor der Revolution von Fidel Castro 1959 stammen.

Einige dieser Loks stammen aus den USA. Ihre Typschilder lesen sich wie ein Who is Who der amerikanischen Lokgeschichte: H.K Porter, Rogers, Davenport, Alco, Vulcan Ironworks und Baldwin. Es ist nicht verwunderlich, dass Kuba Ziel für Dampfliebhaber der ganzen Welt geworden ist. Die letzten Unikate in Osteuropa, Südafrika und Indien sind bereits verschwunden.

Alle Dampfloks sind auf den großen Zuckerrohrplantagen eingesetzt, gelegentlich auch auf den Hauptstrecken. Es handelt sich hierbei nicht um die kleinen Loks, die weltweit auf Zuckerrohrplantagen eingesetzt werden. Kubas Loks sind in den meisten Fällen große Maschinen, die typisch waren für die in Amerika eingesetzten Loks zum Anfang des Jahrhunderts.

Zusätzlich gibt es viele Spurweiten, von der Normalspur über 911 mm, 876 mm, 762 mm bis zu 705 mm.

Eine beachtliche Anzahl von über hundertjährigen Loks ist im Einsatz, einschließlich Baldwins von 1878, 1882, 1891, 1892 und einige Rogers von 1894.

Augenscheinlich wird Kuba noch viele Jahre von Dampfloks abhängig sein und damit wohl zu einer der letzten Bastionen der Dampfkraft im neuen Jahrtausend werden.

● UNTEN
An dieser Kreuzung der Boris Luis Santa Coloma Bahn in Kuba steht ein klassisches, typisch amerikanisches Stellwerk auf Pfählen. Im Bild ist eine 1920 von Baldwin gebaute „Mogul".

● RECHTS
Das Typenschild eines deutschen Herstellers an einer kubanischen Lok.

● RECHTS
Die von H.K. Porter 1919 gebaute „Mogul" ist auf dem Netz der Carlos Manuel de Cespedes Zuckerwerke in der Provinz Camaguey mit einem gelben Arbeitswagen zu sehen.

● GANZ RECHTS
Das Wrack einer 2-8-0 Baldwin der Nr. 1542 mit Namen „Manuel Fajardo" im Depot der Obdulio Morales Zuckerwerke in der Provinz Sancti Spiritus, nahe der Stelle, wo sie explodierte. Der Kessel, der an der vorderen Rohrwand hochging, war zuvor geschweißt worden. Das Ergebnis war verheerend. Als der Lokführer die Maschine ölte, explodierte der Kessel und er wurde zerfetzt; es wurden lediglich seine Beine gefunden. Der Heizer im Führerhaus wurde etwa 15 m durch das Depot geschleudert.

4-4-0 WESTINGHOUSE

Konstrukteur	Baldwins, New York, USA
Auftraggeber	Havana Central Railroad
Spurweite	Standard
Type	4-4-0
Treibräder	172,7 cm
Antrieb	Zylinder 46 x 61 cm
Gewicht	54 Tonnen

● GEGENÜBER
Die 2-8-0 Nr. 1390 von Baldwin eilt mit Waggons frischen Zuckerrohrs auf der Arreyo Blanco Linie in der Provinz Holguin an der Zuckerfabrik von Rafael Freyre auf Kuba vorbei.

● OBEN
Kuba besitzt etliche feuerlose Lokomotiven. Diese riesige 0-4-0 Baldwin von 1917 steht im Dienst der Bolivia Zuckerfabrik in der Provinz Camaguey.

● OBEN
Kuba hat keine Kohlenreserven, also werden die Lokomotiven des Inselstaats mit Öl befeuert. Das Führerhaus einer 2-8-0 Baldwin ist auf dem Anwesen des E.G. Lavandero Zuckerwerkes in Dampf gehüllt.

Südamerikanische Dampflokomotiven

Südamerika ist eine Region, auf die sich in den fünfziger Jahren das Augenmerk richtete, als die Dampfloks weltweit im Abnehmen begriffen waren, denn dieser Trend dauerte hier bis weit in die Achtziger.

● UNTEN RECHTS

Eine 2-10-4 Texas der Teresa Cristina schießt aus dem Sieropolis Tunnel der meterspurigen Zubringerlinie der Rio Florita-Bahn. Diese Lok Nr. 313 wurde 1940 von Baldwin gebaut.

● ARGENTINIEN UND URUGUAY

Argentinien übernahm die britische Bauweise. Das Land hatte mehr Loks als jedes andere in Südamerika, etwa 1000 waren bis Mitte der Siebziger aktiv. Auf fünf Spurweiten waren 80 verschiedene Typen. Eine der weltweiten Attraktionen ist die 750 mm Bahn in Rio Gallegos, eine Kohlenbahn südlich des 52. Breitengrades in der Nähe der Magellanstraße. Auf dieser Strecke fahren 2-10-2, die 1828 Tonnen schwere Kohlenzüge über eine der schönsten Strecken der Welt zieht.

Uruguay ist eine weitere Hochburg mit klassisch britischen Loks, die in ihrer Treue allein von Indien überboten wird.

● OBEN

Eine 4-8-0 15 B der argentinischen Eisenbahn. Die britische Vulcan Foundry exportierte 30 dieser zweizylindrigen Loks 1942 nach Argentinien. Als Universalloks transportierten sie über 1000 Tonnen schwere Züge mit Erntefrüchten über die 1200 km lange Strecke vom Tal des Rio Negros bis nach Buenos Aires im Fahrplanturnus des Personenzuges.

● LINKS

In den Fünfzigern sandte die Yorkshire Engine Co. aus Sheffield zwei „Mogul" nach Paraguay. Die Loks haben das Flair der LMS Modelle – wie auf diesem Bild eine Asunción Nr. 152.

● BRASILIEN

Brasilien war lange ein Land mit vielen kaum bekannten Loktypen, denn das Land war relativ abgelegen und sehr groß. Die bekannteste dampfbetriebene Strecke ist die meterspurige Dona Teresa Cristina im Südwesten, wo die weltweit letzte 2-10-4 der Texasklasse eingesetzt ist. Sie befand sich früher im Hochland des Mato Grosso. Diese riesigen amerikanischen Loks stehen in Kontrast zu den Bahnen auf den Zuckerrohrplantagen von Campos nördlich von Rio de Janeiro und in der nordöstlichen Provinz von Pernambuco am Atlantischen Ozean in der Hafen- und Provinzhauptstadt Recife. In diesen Zuckerfeldern gab es zahlreiche meterspurige Loks. Viele von ihnen kamen von den ehemaligen

● OBEN
Im Bild die 2-10-4 „Texas" Typen und die 2-8-2 „Mikados" im Lokschuppen in Tubarao auf der meterspurigen Strecke der Dona Teresa Csitina Railway im Südosten der brasilianischen Provinz Santa Catarina.

● UNTEN RECHTS
Brazilien Dona Teresa Cristina Eisenbahnlinie kaufte sechs meterspurige 2-6-6-2 „Mallets" von Baldwin 1941-49. Sie wurden auf der kurvigen und steilen Verbindung Tubarao-Lauro Muller eingesetzt.

15B KLASSE 4-8-0

Baujahr	1949
Konstrukteur	Vulcan Foundry, Lancashire, England
Auftraggeber	Argentine Railways (Ferrocarriles Argentinos; FA)
Spurweite	167,6 cm
Treibräder	172,7 cm
Antrieb	Zylinder 48 x 71 cm
Gesamtgewicht	156 Tonnen

Hauptstrecken wie zum Beispiel der Leopoldina, Mogiana, Paulista und Sorocobana.

● CHILE, PERU UND PARAGUAY

In Chiles Atacama Wüste gab es die letzten „Kitson Meyers", seltsame zweigliedrige Ungetüme, die sich in der Mitte bogen und ein Schlot auf beiden Seiten hatten. Diese Loks waren Vorläufer der erfolgreichen Garrett-Maschinen.

Die seltenen „Kitson-Meyer" wurden nur durch die unglaublich alten 4-4-0 von American Rogers von 1870, die im Norden Perus in Puerto Eten fuhren, übertroffen.

In der Wildnis des Gran Chaco gab es Dutzende von Veteranen, die „quebracho" aus dem Landesinneren zu den Häfen am Paragay-Fluß brachten, von wo es nach Buenos Aires gebracht wurde. Die Hölzer waren Grundlage für Gerbsäure für Gerbemittel und medizinische Verwendung. Funkensprühende holzgefeuerte Loks des Gran Chaco boten einen schönen Kontrast zu den 2-6-2 T Loks der Normalspurstrecke Asunción-Encarnacion, auf der die holzgefeuerten „Mogule" von North British Glasgow und Hawthorn Leslie fuhren.

Eine Vielzahl Loks, darunter viele Exoten, haben hier das Dampfzeitalter überdauert. Obwohl in den Neunzigern von dieser Vielfalt wenig übrig blieb, wird es noch im neuen Jahrtausend welche geben.

Moderne südamerikanische Lokomotiven

In der Vergangenheit hatten die Länder Lateinamerikas engere Verbindungen zu Europa oder den USA als untereinander. Das Ergebnis sind mindestens sechs verschiedene Spurweiten.

● GÜTERVERKEHR IN PERU

Die peruanischen Eisenbahnen erklimmen die höchsten Höhen der Anden mit Adhäsionsstrecken. Wenn die Erzzüge sich die großen Berge hinaufschlängeln, bieten sich dem Betrachter spektakuläre Bilder. Dieselloks sind in diesen Breiten üblich. Peru hat fast 1350 km Normalspur und nur 300 km Schmalspurstrecke mit 911 mm.

Perus ölgefeuerte Dampfloks wurden durch diesel-elektrische Loks ersetzt, meistens vom Typ Co-Co JJ 26 CW-2B3 mit 3300 PS, die von Villanes aus Brasilien stammen.

● RESTRUKTURIERUNG IN CHILE

Chile hat auch nach der Modernisierung knapp 2576 km Strecke mit 1676 mm und mehr als 1600 km Meterspurstrecken. Auf den meterspurigen Nordstrecken Santiagos werden Dieselloks eingesetzt; die Normalspurstrecke Richtung Puerto Montt im deutschen Siedlungsgebiet südlich von Santiago wurde elektrifiziert. E-Loks schweizerischer Herkunft werden in Chile gebaut. Die Schmalspurstrecken haben Dieselloks.Die E32 Co-Co von GAI aus

● OBEN
Die diesel-elektrische Lok Nr. 107 von Alco rangiert auf dem Mehrspurgleis des Güterbahnhofs von Mérida in Yucatan, Mexiko. Die Lokomotive gehört zum Bestand der Ferrocarriles Unidos del Surreste.

● UNTEN
Die wechselhafte Eisenbahngeschichte Argentiniens kann man hier an diesem Bahnhof in Buenos Aires sehen. Eine diesel-elektrische Lok steht neben einer dreizylindrigen 2-6-4 der Reihe 8E Tenderlok, eine der erfolgreichsten Loks, die je in das Land geliefert wurden.

ARGENTINIENS 8E KLASSE 2-6-4 T SUBURBAN

Baujahr	1923
Spurweite	167,6 cm
Auftraggeber	Buenos Aires & Great Southern Railway
Treibräder	172,7 cm
Antrieb	3 Zylinder 43 x 66 cm
Druck	90 kg/cm²
Achslast	19 Tonnen
Gesamtgewicht	102 Tonnen

● UNTEN
Das Typ- und Nummernschild einer von zwei „Mogulen“ die von Yorkshire Engineering Co. nach Paraguay gingen. Die Lok wurde „Asunción“ genannt, nach der Hauptstadt, die als Nuestra Senora de la Asunción 1538 gegründet wurde. Das Pendant Nr. 151 wurde „Encarnacion“ getauft nach dem landwirtschaftlichen Zentrum Encarnacion de Diaz gegenüber der Stadt Posados in Argentinien.

Italien sind die in Chile üblichen Loks. Die meisten Dieselloks stammen vom argentinischen GM Werk. Die Reihen DT600, DT1300, DYD5100, D7100 und D1600 machen zwei Drittel der Maschinen aus. Die gängigsten Dieselloks auf der 1676 mm Spur sind die GAIA 1350, GAIA 1050 und die RSD16 von Alco. Die meterspurigen Dieselloks kommen von General Electric (GE). Mit über 100 Loks bilden die G22CO den größten Anteil. Die elektrifizierten Strecken von 201 km Länge werden nur durch Loks aus Russland bedient.

● DIESELLOKS SPIELEN IN ARGENTINIEN DIE HAUPTROLLE

Argentinien hat mehr als 22500 km mit 1676 mm und nahezu 3220 km mit 1435 mm sowie mehr als 14500 km Strecke mit anderen Spurweiten. Ein Großteil des Netzes geht von Buenos Aires aus. Wegen des starken britischen Einflusses entspricht alles britischen Normen. Dieselloks dominieren, einzig auf der Esquel und Rio Bahnlinie Patagoniens gibt es noch Dampfloks. Auf den Hauptstrecken sind Dieselloks der Firma Fiat üblich, obwohl der Frachtverkehr der elektrifizierten Strecken generell von britischen Dieselloks bewältigt wird. Die Vorortstrecken um Buenos Aires sind seit vielen Jahren elektrifiziert.

● OBEN
Eine 2-8-0 der mexikanischen Southern Pacific Bahn hat einen Güterzug auf der 2104 km langen Strecke an der Westküste im Schlepptau. Die Linie erstreckt sich von Guadalajara, der zweitgrößten Stadt Mexikos, über die Grenze der Vereinigten Mexikanischen Staaten bis an die USA.

● UNTEN
Eine E-Lok zieht einen Güterzug in der Nähe der chilenischen Provinz Antofagasta über den Pass bei Caracoles, der Chile und Argentinien verbindet.

● ERZ, STAHL UND SÃO PAULO TREFFEN SICH IN BRASILIEN

Brasilien ist Südamerikas größtes und am weitesten industrialisierte Land. Die Hauptspurweiten sind 1600 mm und die Meterspur. Das Aufkommen an Massengut ist gestiegen und machte den Bau neuer Exportrouten nötig. Es ist dem Eisenerz in Minas Grais sowie der Stahlindustrie von Volta Redonda in der Provinz Rio de Janeiro zu verdanken, die seit 1942 wichtigster Stahlproduzent ist, sowie der am schnellsten wachsende Stadt Brasiliens, Sao Paulo, selbst ein großes Eisenbahnzentrum. Die Angleichung der Spuren und die Elektrifizierung ist in den letzten 15 Jahren fortgeschritten. Die nicht-elektrifizierten Strecken werden von Diesselloks bedient. Es gibt mehr als 1932 km mit 1600 mm Spur und 24150 km Meterspur, von denen 885 km elektrifiziert sind. Der Güterverkehr macht 99 Prozent des Aufkommens aus.

Europäische Rangierloks

In der Dampfära wurden Loks für Rangierarbeiten manchmal nach besonderen Gesichtspunkten konstruiert, meistens waren es von den Hauptstrecken ausrangierte Loks. Mit Beginn der fünfziger Jahre wurde der Effizienz aber mehr Bedeutung beigemessen.

● LINKS
Die zahllosen Dieselloks der Schweizerischen Bundesbahnen aus den Jahren 1950-68, hier eine Tm 736 in Chambrelien 1996, sind oft mit Arbeiten im Eisenbahnwesen beschäftigt.

● Rangieren auf Bahnhöfen

Ganz nach Bedarf gab es Dieselloks in vielen Formen und Größen. An kleinen Bahnhöfen der Hauptstrecken fielen gelegentlich Rangierarbeiten mit geringer Ladung an.

Die Loks für die leichteren Arbeiten sind vierachsig und haben 50 bis 300 PS. Sie haben entweder Elektro- oder Dieselantrieb. Die Maschinen in der Schweiz haben zwei Antriebe, der nach Bedarf ausgewählt werden kann. Zum Beispiel kann der Dieselantrieb auf Strecken ohne Oberleitungen die Elektromotoren mit Strom versorgen. Einige sind mit Fernsteuerung ausgerüstet, so dass der Fahrer in der Lage ist, vom Bahndamm aus zu rangieren. Kleine Loks können ohne aufwendige Schulung, welche für die großen Loks notwendig ist, gefahren werden.

Die größeren Loks waren meist sechsachsige elektrische oder dieselgetriebene „Bo-Bo's". Dieselantrieb wird in der Regel wegen der Flexibilität bevorzugt.

● Rangierbahnhöfe und Güterterminals

Das Gros der Arbeiten der großen Rangierbahnhöfe wird durch Bo-Bo Loks, mit Diesel oder elektrischen Oberleitungen bei oft mehr als 1000 PS, erledigt. Auf abschüssigen Rangierbahnhöfen werden manchmal Standardloks mit einem Spezialgetriebe eingesetzt, die die Waggons über die Steigung ziehen können. Die Loks wurden mit Fernbedienung ausgestattet, um die Bedienung vom Stellwerk aus vorzunehmen. Andere Rangierloks waren mit einer ähnlichen

● LINKS
Die Bern-Loetschberg-Simplon (BLS) Nr. 401 in Spiez in der Nähe von Interlaken im Kanton Bern mit einem beachtenswerten Zwischenwellenantrieb. Diese Loks sind denen der Schweizerischen Bundesbahnen (SBB) und vergleichbaren aus Schweden ähnlich. Die Geschwindigkeit und Leistung prädestiniert sie für das Rangieren und für Güterterminals.

● RECHTS
Der Trend, die kleinen Rangierloks effektiver zu machen, hält an. Oft sind sie mit Fernbedienung ausgerüstet. Dazu haben sie Akkumulatoren, wie diese E-Lok der schweizerischen Spiez-Erlenbach-Zweisimmen Bahn, so das auch auf nicht-elektrifizierten Strecken gefahren werden kann. Tea 245.021 ist hier 1995 in Zweisimmen.

● UNTEN
Die Reihe 101 der Deutschen Reichsbahn, Nr. 512, ist ein Klassiker unter den kleinen Diesel-Rangierloks, hier 1991 beim Rangieren in Riesa bei Dresden. Später, im wiedervereinigten Deutschland, bekam die Lok die Nr. 311 512.

● RECHTS
Ältere Loks der Hauptstrecken werden oft nach Bedarf auf dem Güterterminal oder Rangierbahnhof eingesetzt. Die Klasse 1200 der Companhia dos Caminhos de Ferro (CP), 1961-64 von Sorefame in Portugal gebaut, werden oft in Südportugal eingesetzt. Die Loks Nr. 1213 und 1210 sind am Eisenbahnkreuz der Stadt Tunes, Algarve, 1996 abgebildet.

ELEKTR. RANGIERLOKS BERN-LOETSCHBERG-SIMPLON BAHN (BLS)

Baujahr	1943
Konstrukteure	Schweizerische Lokomotiven und Maschinenwerke
Elektrische Ausstattung	SA des Ateliers de Sécheron
Spurweite	Standard
Klasse	Ee 3/3
Achsbild (Bezeichnung nach Whyte	030 0-6-0)
Kettenspannung	15 kV AC 16,7 Hz
Gesamtgewicht	38 Tonnen
Stundenleistung	462 kW (619 PS)
Höchstgeschwindigkeit	40 km/h

Antriebskomponente verkuppelt, allerdings ohne Führerhaus oder Steuerstand. Diese Gespanne werden oft „Kuh und Kalb“ genannt.

Verschiedene größere Rangierloks arbeiten in Werksgeländen.

● GROSSE PERSONENBAHNHÖFE

Auf den meisten großen Bahnhöfen sieht man eine lokale Rangierlok bei der Arbeit mit leeren Güterwagen oder beim Zusammenstellen von Zügen. Die Lokomotiven sind meistens oder ähnlich derer, die auf den Rangierbahnhöfen vorkommen. Der Unterschied besteht oft nur in der Ausrüstung mit zusätzlichen oder geänderten Bremsen oder Kupplungen.

● OBEN
Die Ungarischen Staatseisenbahnen (MAV) habe eine beachtliche Zahl von elektrischen Bo-Bo’s, die ab 1983 von Ganz Mavag gebaut wurden. Ihre Leistung von 1100 PS bei 820 kW ist Voraussetzung für ein weites Aufgabenfeld wie dem Rangieren im schweren Güterverkehr und auf Frachtterminals. Die Nr. V46 054 ist hier in der Hafenstadt in Szegedin an der Grenze zu dem ehemaligen Jugoslawien zu sehen.

Europäischer Güterverkehr

Der Wiederaufbau Europas nach dem zweiten Weltkrieg und das Wachsen des internationalen Handels brachte Zuwächse im Güterverkehr der Bahn. Gleichzeitig musste er mit dem höheren Fahrgastaufkommen harmonisiert werden, Loks sollten jetzt zugleich für beide Zugarten tauglich sein.

Doch der Transport von Gütern ist zurückgegangen. Das Geschäft hat dann wieder durch den vermehrten Kombiverkehr von Trailern für Lkw und Schiene zugenommen. Und manchmal werden die Fahrer sogar in den Schlafwagen untergebracht. Der Kombiverkehr mit Containern oder Trailern ist an sich nicht neu, wurde aber weiterentwickelt. Der Transport von Standardwaggons mit speziellen meterspurigen Drehgestellen oder Wagen hat die Kosten im durchgehenden Verkehr zu Schmalspurbahnen vermindert, besonders in der Schweiz.

● LINKS
Ein neues Land und neue Farben haben eine erstaunliche Veränderung bei der ehemaligen Reihe 242 der Deutschen Reichsbahn bewirkt, die von dem Schweizer Lockoop gekauft wurde und verliehen wird. Die Lok der Schweizer Südostbahn ist hier 1996 am Schindellegi mit Werbung für ein Erholungsgebiet in den Bergen zu sehen.

● Elektrische Lokomotiven

Während sich die Loks technisch verschieden weiterentwickelten, hat sich der sichtbare Trend bei den Bahnen nur graduell in der Form der Aufbauten und dem Stile und der Form des Kühlergrills gewandelt.

Die meisten Bahnen hatten sich für die Bo-Bo's entschieden. In Ländern mit großen Steigungen wurden auch Co-Co Loks eingeführt. Vor einigen Jahren hat die Entwicklung bei der Fernsteuerung dazu geführt, dass zwei oder mehrere Lokomotiven am Kopf des Zuges sowie auch zwischen den Waggons eingesetzt wurden. Dies entlastet die Kupplungen zwischen der Lok und den Waggons. Längere Züge erhöhen die Auslastung und damit die Wirtschaftlichkeit der Bahn.

● OBEN
Die Klasse 140 der Deutschen Bahn AG war bekannt als Güterlokversion einer gleichartigen Personenzuglok. Sie kam 1957 heraus und bis 1973 wurden fast 900 Loks dieses Modells gebaut. Sie können von leeren Waggons bis zu den üblichen Ladungen mittlerer Gewichtsgüte alles transportieren. Die Nr. 140 009-2 ist hier in Murnau südlich von München in Bayern aufgenommen worden.

● LINKS
In starkem Kontrast zu der in Frankreich üblichen Geschäftigkeit ist dieser Güterzug im südlichen Portugal bereit, das Eisenbahnkreuz von Tunes, Algarve, zu verlassen. Der Zug wird von einer diesel-elektrischen A1A-A1A Lok von Alco mit der Nr. 1503 aus dem Jahre 1996 gezogen.

● RECHTS
Zwei Lokomotiven wirken übertrieben für diesen leichten Güterzug aus Venlo in Limbug in den Niederlanden 1989. Doch die diesel-elektrische Lok der Nederlandse Spoorwegen (NS) Nr. 6401 von 1985 ist Teil des Zuges der NS 2213. Es ist eine Ironie der Geschichte, dass die Lok eine andere der Reihe, die sie ersetzte, zieht.

SNCF REIHE BB 22200

Baujahr	1976
Konstrukteur	Alsthom/MTE
Spurweite	Standard
Achsbild	BB
Kettenspannung	1500 V DC und 25 kV AC einphasig (Zweisystemlok)
Raddurchmesser	125 cm
Gesamtgewicht	89 Tonnen
Leistung	4360 kW
Höchstgeschwindigkeit	160 km/h

● **DIESELLOKOMOTIVEN**
Dieselantrieb, bei schweren Zügen im Verbund, ist die einzige sinnvolle Einrichtung auf nicht-elektrifizierten oder nicht voll ausgelasteten Strecken. Die vorhandene Zugkraft ist allgemein nicht so hoch wie bei E-Loks, doch der permanente Einsatz der Diesselloks in Europa ist abzusehen.

● **KONSTRUKTEURE**
Viele Länder Kontinentaleuropas können Diesel- und E-Loks bauen. Dennoch kommt es selten vor, dass Hersteller gleichzeitig Loks entwerfen und fertigen. Die Anerkennung für das Design oder die Machart einer bestimmten Baureihe kommt meistens dem Unternehmen zugute, das die Endmontage macht. Obwohl das Endprodukt der Herstellerfirma zugeschrieben wird, kommen Aufbauten, Motoren, elektrisches Equipment sowie andere Teile von verschiedenen Konstrukteuren.

● LINKS
Die BB 22288 Lohans der französischen SNCF verlässt den Rangierbahnhof von Villeneuve-St.Georges im Südosten von Paris mit einem langen Zug von leeren Autowaggons, 1996.

Europäische Zahnradbahnen

Zahnradbahnen sind speziell für große Steigungen in den Bergen gebaut.

● **AUSFLUGSSTRECKEN**

Das Gros der Ausflugsstrecken in den Bergen zieht im Winter Skifahrer und im Sommer Wanderer oder Touristen an. Andere Strecken erreichen besondere Aussichtspunkte.

Die Spurweite variiert von 800 mm bis zur Normalspur. Der Betrieb erfolgt meist durch Elektrotriebwagen, die einen Steuerwagen schieben. Doch der touristische Wert der Dampflok ist erhalten geblieben. Einige Bahnen haben jüngst neue Dampfloks mit Ölfeuerung gekauft, die lediglich einen Lokführer benötigen. Häufig sind die Strecken recht kurz. Beispiele für beide Varianten sind abgebildet.

● LINKS
Österreichs meterspurige Achsenseebahn nutzt das Riggenbachprinzip und die normale Reibung, um von Jenbach in Tirol östlich von Innsbruck zu dem See zu gelangen, der der Bahn den Namen gab. Die Lokomotiven sind von 1899. Die Nr. 2 ist 1980 mit den Ausflugswagen beim Verlassen von Jenbach aufgenommen worden.

● LINKS
Die Schweizer Brienzer-Rothorn Bahn mit 800 mm Spurweite hat für den Verkehr zwischen dem Brienzer See und Rothorn drei neue Dampfloks mit revolutionärer Bauweise in den Dienst gestellt. Die Loks werden mit Öl gefeuert und nur von einem Mann bedient. Die erste mit der Nr. 12 wurde 1992 ausgeliefert und ist hier 1996 in Brienz aufgenommen worden.

● UNTEN LINKS
Die Monte Generosa Bahn wird mit Dampf, Diesel und seit 1982 mit Strom betrieben. Der Zug im Bild erreicht gerade die Endstation, die 1989 modernisiert wurde.

ELEKTRISCHER TRIEBWAGEN – MONTE GENEROSO EISENBAHN

Baujahr	1982
Konstrukteur	Schweizer Lokomotiven und Maschinenwerke (SLM)
Auftraggeber	Monte Generoso Railway
Spurweite	800 mm Zahnrad
Klasse	Bhe 4/8
Achsbild	Vierradantrieb der achtachsigen Einheit
Oberleitungsspannung	650 V DC
Gesamtgewicht	35 Tonnen
Leistung	810 kW (1086 PS)
Höchstgeschwindigkeit	14 km/h

● LINKS
Eine beliebte Berglinie mit Meterspur ist die Schneebergbahn, die vom Puchberg zum Gipfel in Hochschneeberg führt. Die Nr. 999.02 der ÖBB von 1893 pausiert in Baumgarten 1986.

● UNTEN LINKS
Die dienstälteste Lokomotive der normalspurigen Erzberglinie der ÖBB war die Reihe 97, die 1890 gebaut wurde.

● UNTEN RECHTS
Nicht alle Zahnradbahnen sind in den Bergen. Im ungarischen Budapest gibt es eine wichtige Normalspurstrecke, die zum Teil für Pendler da ist, aber in erster Linie Bewohner befördert, die in die Höhen hinter Buda – der alten ungarischen Hauptstadt am Westufer der Donau – wollen. Die Bahn wurde ursprünglich mit Dampf betrieben, doch die schweizerischen SLM Werke legten den Grundstock nach der Elektrifizierung von 1929. Wagen Nr. 55 ist beim Verlassen des unteren Terminals zu sehen.

● KONVENTIONELLE BAHNEN MIT ZUSÄTZLICHEM ZAHNRADANTRIEB

Der Grund, konventionelle Bahnen mit zusätzlichem Zahnradantrieb auszurüsten, ist die Verbindung in den Bergen für den Güter- und Personenverkehr, auch für Touristen, zu erleichtern. Gäbe es sie nicht, wäre die Wirtschaftlichkeit mancher Bahnen in dünn besiedelten Gebieten in Gefahr.

Die Meterspur ist weit verbreitet. Auf den ersten Blick scheint es sich um E-Loks mit einer langen Reihe Waggons zu handeln. Andere Züge scheinen einzelne oder doppelte elektrische Triebwagen zu sein, es sind aber Fahrzeuge mit Gepäck- und Fahrgastraum. Wenn es die Strecke erlaubt, kann eine Geschwindigkeit von mehr als 75 km/h auf den Reibungsabschnitten erreicht werden, sonst nur die Hälfte.

● INDUSTRIEBAHNEN

Eine spektakuläre Industriebahn mit Normalspur war die „Eisenerzbahn“ von Vordernberg in der Steiermark bis nach Eisenerz in Österreich. Es gab Personenzüge, doch die Hauptfunktion bestand darin, Eisenerz aus dem Ort Eisenerz zu den großen Stahlwerken in Donawitz, westlich von Leoben, zu transportieren. Dampfloks wurde bis zum Schluss genutzt. Auch spezielle Dieselloks mit einem Zahnradgetriebe wurden in Dienst gestellt. Diese waren nur mäßig erfolgreich. Der Personenverkehr ging soweit zurück, das man einzelne zweiachsige Zahnraddieseltriebwagen einsetzte.

Die Strecke der Österreichischen Bundesbahnen (ÖBB) wurde 1986 wegen der sinkenden Nachfrage nach Stahl und billigeren Stahlimporten aus dem Ausland geschlossen. Der letzte Stahlzug mit Diesellok fuhr am 27. Juni 1986. Mindestens sieben Dampfloks sind noch erhalten. Fünf der 0-6-2 T stammen aus dem Jahre 1890, sie waren beim Personal beliebt. Eine von ihnen steht auf dem Rathausmarkt. Eine 0-12-0 T und eine 1941 in Deutschland gebaute 2-12-2 T stehen am Bahnhof Vordernmarkt.

Europäische Dieseltriebwagen

Der Dieseltriebwagen, die flexibelste Fahrzeugart im Personenverkehr, fährt in Europa auf allen Spurweiten und in manchen Kombinationen.

● OBEN
Die diesel-elektrischen DE II der niederländischen Eisenbahnen, die 1953 von Allan gebaut wurden, erlebten 1975-82 eine Neuauflage. Dieser Wagen kam hier 1989 gerade aus Arnheim in Gelderland an.

● UNTEN
Das moderne Erscheinungsbild dieser nachgebauten X4300 Baureihe der SNCF aus Frankreich verschleiert die Tatsache, dass diese Wagen 1963 eingeführt wurden. Hier wartet 1983 eine typische Version in Dinant, Belgien, auf die Rückkehr nach Givet in den Ardennen im Nordosten Frankreichs in der Nähe der belgischen Grenze.

● SOLO-TRIEBWAGEN

Triebwagen können einzeln oder in Verbindung mit einem Steuerwagen, einem Güter- oder Personenwagen genutzt werden. Ein einzelner Triebwagen ist oft in der Lage, den Verkehr aufrechtzuerhalten. Dieses ist auf der 760 mm Strecke der Österreichischen Bundesbahnen zwischen den niederösterreichischen Städten Gmünd und Groß Gerungs oder den Normalspurstrecken, wie der grenzüberschreitenden Route zwischen der österreichischen Stadt Reutte in Tirol und dem deutschen Garmisch-Partenkirchen am Fuße der bayerischen Alpen der Fall.

Durch das Hinzufügen weiterer Triebwagen gelingt es, den Zug ohne Verminderung der Geschwindigkeit für erhöhtes Fahrgastaufkommen zu verlängern. Eine Hauptstrecke, auf der teilweise langsame extralange Züge verkehren, ist unakzeptabel. Die oben erwähnten Komponenten erreichen bis zu 120 km/h.

Auf Nebenstrecken mit wenig Verkehr wird der Geschwindigkeitsabfall durch nicht angetriebeneWagen toleriert. Moderne Wagen bieten kaum Luftwiderstand, so das eine hohe

● RECHTS
In Bayern ist dieser Zug der Deutschen Bahn 1989 dabei Hersbruck zu verlassen und sich nach Nürnberg auf zu machen.

DEUTSCHE BAHN AG REIHE 614

Baujahr	1971
Konstrukteur	Orenstein & Koppel/Uerdingen
Auftraggeber	Deutsche Bahn
Spurweite	Standard
Reihe	614 dreiteilig
Antrieb	MAN Dieselmotor, Antrieb auf dem Drehgestell durch Hydraulikantrieb
Gesamtgewicht	123 Tonnen (dreiteilig)
Leistung	670 kW
Höchstgeschwindigkeit	140 km/h

Geschwindigkeit erreicht werden kann – wichtig in der Konkurrenz zum Reisebus.

● ZWEI- UND MEHRTEILIGE WAGEN

Die zwei- und mehrteiligen Wagen sind vom Zubringerdienst über den Regional- bis zum Express- und Hochgeschwindigkeitsverkehr zu finden. Am unteren Ende der Geschwindigkeitsskala finden sich die zweiteiligen Einheiten, bei denen nur ein Fahrzeug angetrieben wird. Am anderen Ende der Skala sind die Züge mit Doppelantrieb, die einen oder mehrer Wagen ziehen.

Diese Einheiten werden normalerweise auf den Hauptstrecken eingesetzt, aber auch auf den mittellangen Strecken im Regionalverkehr. Jüngste Entwicklungen aus Deutschland sind zweiteilige Neigezüge für 160 km/h, die eine Aufhängung ähnlich wie der italienische Pendolino haben. Sie sind besonders auf der Strecke von Nürnberg nach Hof in Bayern von hohem Nutzen, da es dort permanent kurvige Abschnitte gibt. Dort können die Züge mit der Neigetechnik mit höheren Geschwindigkeiten gefahren werden.

● OBEN
Die DMU Gruppen von Budd aus den USA sind in Portugal sehr populär. Diese Wagen des 1989 gebauten Rápidos-Express halten an den Regional- und den Hauptbahnhöfen. Einer schlängelt sich gerade am Eisenbahnkreuz von Tunes, Algarve, 1996 entlang.

● UNTEN
Die ÖBB hat ihr Geschwindigkeit und den Komfort mit modernen Zügen der Reihe 5047 aus dem Jahre 1987 verbessert. Das Resultat war ein höheres Fahrgastaufkommen. Die Nr.5047.028 mit den Bergen im Hintergrund in den Tiroler Bergen in Reutte 1994.

Europäische Elektro-Triebwagen

● OBEN
Im Kontrast zur rechteckigen Bauweise früherer Jahre symbolisiert dieser österreichische zweiteilige EMU die weichen Formen, die von vielen europäischen Ländern in den Fünfzigern eingeführt wurden. Die Nr. 4030.309 einer Serie, die von Simmering-Graz-Pauker zwischen 1956-59 gebaut wurde, ist hier bei der Abfahrt von St. Margarethen in der Schweiz in Richtung Grenzgebiet zum österreichischen Bundesland Voralberg in Bregenz am Konstanzer See 1994 zu sehen.

Die Elektrotriebwagen gehen bis auf die Jahrhundertwende zurück. In einfachster Ausführung hatten die Gleichstrommotoren recht geringe Wartungskosten. Dadurch wurden die relativ hohen Kosten für die Stromversorgung wieder aufgefangen. Es war ein großer Vorteil, dass die Komponenten elektrisch betrieben wurden und lediglich ein Fahrer notwendig war. Der Hauptvorteil lag im Wegfall des Lokwechsels bei geänderter Fahrrichtung.

Die Betreiber der U-Bahnen und Metros konnten so im beschränkten Raum im Untergrund die Versorgung mit Gleichstrom per Stromschiene zu gewährleisten.

Das System unterlag bis zu den fünfziger Jahren kaum Veränderungen. Doch dann veränderte die Elektronik fast jeglichen Bereich der Konstruktion bei den EMU.

● DIE MODERNEN E-TRIEBWAGEN – NAH- UND REGIONALVERKEHR

In Kontinentaleuropa haben die Niederlande die meisten Triebwagenleistungen. Nur wenige Strecken sind noch nicht elektrifiziert und das dicht besiedelte Land macht es erforderlich, dass die Züge eine große Zahl von Sitzplätzen sowie eine gute Beschleunigung und gute Bremsen haben.

Die niederländischen Eisenbahnen nannten ihre zweigliedrigen Wagen 1975 „Sprinter". Es folgten drei- und mehrgliedrige Wagen. Der neue Name wurde von British Rail übernommen. In Belgien und den großen Städten Frankreichs, Deutschlands und Italiens sind die E-Triebwagen wichtig. Die Schweizerischen Bundesbahnen ließen sich in den Zwanzigern kurz auf die E-Triebwagen ein und kamen vom Lokbetrieb bei Kurzstreckenzügen immer mehr zu den ausgereiften Triebwagen der Fünfziger. Die neuesten Züge können aus zwei Triebwagen mit bis zu drei zwischengehängten Waggons zusammengestellt werden und heißen „Neuer Pendel Zug" (NPZ). Varianten gibt es bei privaten Eisenbahnen. Die Thyristorsteuerung ist voll etabliert, trotz der Schwierigkeiten, die es in vielen Ländern mit Versuchsmodellen gab. Viele der meterspurigen Bahnen haben nun auch Triebwagen mit ähnlicher Technologie.

Österreich favorisiert dreiteilige Fahrzeuge, die von 1978-1987 für den Nah- und Regionalverkehr gefertigt worden waren.

● UNTEN
Dieser Zug, der durch zwischengehängte Wagen verstärkt wurde, ist zum Standard für die moderne thyristorgesteuerten EMU's geworden und kann Vorort- und Regionalstrecken bedienen. Sie werden auf dem gesamten Schienennetz der Schweizerischen Bundesbahnen genutzt. Ähnliche Modelle sind von privaten Gesellschaften gekauft worden. Dieser Zug wurde 1993 auf dem Hauptbahnhof von Lausanne aufgenommen. Ein französischer Hochgeschwindigkeitszug TGV (Train Grande Vitesse) und ein ehemaliger Schweizer TEE, nun mit grauer Lackierung, sind auch im Bild.

NEUER PENDELZUG (NPZ) SCHWEIZERISCHE BUNDESBAHNEN

Baujahr	4 Prototypen, 1984 Produktion, 1987-1990
Konstrukteure	Mechanik: Flug und Fahrzeugwerke AG Altenrhein, Schweiz; Schweizerische Lokomotiv und Maschinenfabrik (SLM) Winterthur, Schweiz Schindler Waggon AG, Pratteln, bei Basel, Schweiz Elektrik: A.G. Brown Boverie & Cie, Baden, Baden Würtemberg Deutschland
Spurweite	Standard
Klasse	RBDe4/4 (jetzt Reihe 532)
Achsbild	Vierachsiger Antrieb per Triebwagen
Kettenspannung	15 kV, 16,7 Hz
Gesamtgewicht	70 Tonnen (inklusive Triebwagen)
Stundenleistung	1650 kW (2212 PS)
Höchstgeschwindigkeit	140 km/h

● **OBEN RECHTS**
Die runden Formen der 50er sind bei diesem vierteiligen EMU der Trafik AB Grängesberg-Oxlesund Jarnvag, einer schwedischen Privatlinie westlich von Stockholm, lebendig. Der Zug steht hier 1981 in Katrineholm. Die X20 wurde 1956-57 gebaut. Sie war ihrer Zeit weit voraus: der Antrieb wurde in den Zug integriert.

● **RECHTS**
Die österreichische EMU der 4020 Klasse hat ein ähnliches Erscheinungsbild wie die Schweizer NPZ, doch ist unterschiedliche Technik im Spiel. Zwischen 1978-87 wurden 120 Züge gefertigt. Sie haben sich als S-Bahnzüge und auf mittellangen Strecken sehr bewährt. Sie wurden von Simmering-Graz-Pauker hergestellt, doch die Elektrik kam von Brown-Boveri, Elin und Siemens. Vier Antriebsmotoren erzeugen 1200 kW, etwa 1608 PS, für die dreiteiligen Wagen und erlauben damit eine Reisegeschwindigkeit von 120 km/h. Der 4020-116 ist hier 1990 in den Bergen unterhalb des St. Anton im Bild.

● DIE MODERNEN E-TRIEBWAGEN – EXPRESSVERBINDUNGEN

E-Triebwagen sind nur selten für Expressverbindungen gebaut worden, doch 1965 stellten die ÖBB eine Reihe von sechsteiligen Triebwagen vor, die auf 150 km/h kamen. Alle Züge hatten einen Speisewagen für prestigeträchtigte Verbindungen, insbesondere für die Verbindung Zürich-Wien.

Sie stehen zwar jetzt nicht mehr an erster Stelle der Expresszüge, werden aber nach eingehender Renovierung erfolgreich auf dem Semmering-Pass eingesetzt.

● **OBEN**
Die Niederlande haben schon immer einen eigenen Weg bei der Bauweise beschritten. Manche meinen, der dreiteilige Plan Z0/Z1 (ICM 1/2) „Koploper“ sei hässlich. Tatsächlich ist er sehr praktisch: die Tür hinter dem erhöhten Führerhaus erlaubt den Fahrgästen die uneingeschränkte Passage aller Wagen.

Europas Dieselloks – Hauptstrecken

● UNTEN
Diesellok Nr. 232 231 hält hier 1992 in Brandenburg, der früheren Residenz preußischer Könige, mit einem Doppelstockzug in Richtung Potsdam. Brandenburg ist 60 km und Potsdam 27 km westlich von Berlin gelegen.

Dieselloks wurden in den Fünfzigern auf Hauptstrecken populär, als Dampfloks nicht mehr aktuell waren. Einige Länder hatten durch die US-Armee nach dem Zweiten Weltkrieg Dieselloks. Die ersten großen Dieselloks wurden in den USA eingesetzt. Manchmal wurden Loks unter Lizenz oder aus Importteilen hergestellt. Bei der belgischen Lok wird klar, woher das Vorbild kam. Dieselmodelle gab es in Skandinavien, wo die Nohab Company aus Trollhättan in Schweden einen Stil entwickelte, der einen transatlantischen Einfluss hatte und sich bis in die Länder des Ostblocks fortsetzte.

Die Dieselloks wurde in nahezu jedem Bereich des Güterverkehrs eingesetzt. Einige Reihen sind besonders dafür geeignet. Im Personenverkehr sind sie auf Haupt- oder Nebenstrecken wo sich die Elektrifizierung nicht lohnt, eingesetzt. Die Loks werden nach Leistung klassifiziert.

● **ELEKTRISCHER ANTRIEB**

Der elektrische Antrieb ist sehr beliebt. Ein Dieselmotor treibt über einen Generator die Motoren an. Das System ist einfach, belastbar und gut zu warten. Verfechter des Hydraulikantriebs behaupten, dass der Elektroantrieb schlecht zu steuern und ineffektiv ist.

Die Co-Co Reihe 5100 der Belgischen Staatseisenbahn, Société Nationale des Chemins de Fer Belges (SNCB), wird von einem Motor von Cockerill/Baldwin angetrieben, der 1580 kW (2118 PS) bei 650 U/min hat, und 120 km/h Höchstgeschwindigkeit. In Deutschland hat eine beliebte und kräftige diesel-elektrische Lok. Sie stammt aus dem Lokomotiv-Werk Oktober Revolution Lugansk /Ukraine (Woroschilowgrad 1939-91), ehemalige Sowjetunion. Die Co-Co Reihe 230 wurde 1970 für die Deutsche Reichsbahn (DR) in Ostdeutschland gebaut. 1972-73 kam die Reihe 231. Eine abschließende Lieferung von 709 Loks wurde 1973-82 als Reihe 232 ausgeliefert. Eine massige Diesellok, die 2950 PS hatte und 120 km/h schaffte, ideal für den Personen- und Güterverkehr.

● OBEN
Diese „Grand Duchy" diesel-elektrische Lok der Luxemburgischen Eisenbahn, Société Nationale des Chemins de Fer Luxembourgois (CFL) wurde 1958 von Brissonneau & Lotz aus Aytre gebaut. Unweit der Grenze von Frankreich ist sie 1995 in Esch/Alzette zu sehen, sie entspricht französischer Bauart. Sie ist im Schwergutverkehr des luxemburgischen Industriegebietes im Süden eingesetzt.

● OBEN
Die ÖBB Reihen 2043 und die verwandten 2143 sind mit 1100 kW oder 1475 PS für europäische Verhältnisse relativ schwach. Dennoch sind sie die stärksten Loks in Österreich und werden auf nicht-elektrifizierten Strecken eingesetzt.

DEUTSCHE REICHSBAHN REIHE 132

Baujahr	1973
Konstrukteur	Lokomotivwerke Oktober Revolution Werke Woroschilowgrad, (Lugansk) UdSSR
Spurweite	Standard
Reihe	132 (jetzt 232 Deutsche Bahn AG)
Achsbild	Co-Co
Gesamtgewicht	123 Tonnen
Leistung	2200 kW (2950 PS)
Höchstgeschwindigkeit	120 km/h

Mit der Wiedervereinigung in Deutschland 1990 haben sie sich über das ganze Land verbreitet und wurden von den Lokführern der Deutschen Bundesbahn (DB), die sie im Westen des Landes fuhren, gelobt. Die verbesserte Reihe 234 schafft 140 km/h Spitze. Viele der Lokomotiven wurden überholt und werden noch lange ihren Dienst tun.

Diesel-elektrische Loks sind für kleine Länder mit starkem Verkehr zwischen den Ballungsgebieten und Handelszentren sehr wichtig. Dazu gibt es oft finanzielle und soziale Gründe, den Verkehr auf Nebenstrecken zu erhalten. Ein Beispiel hierfür ist Portugal, dessen Loks von der 117 Tonnen schweren Co-Co mit 3000 PS bis zu der leichten 64 Tonnen wiegenden Bo-Bo mit 1300 PS reichen.

● **HYDRAULISCHER ANTRIEB**

Die Deutsche Bundesbahn, jetzt Deutsche Bahn AG (DB AG), bevorzugt hydraulischen Antrieb für die Dieselloks von Voith aus Heidenheim, Brenz. Er funktioniert wie das Automatikgetriebe bei Autos. Zwischen 1968 und 1979 wurden fünf Reihen von „Bo-Bo“, deren letzte die Reihe 218 ist, gebaut. Von dieser gibt es zwei Typen. Eine hat einen Pielstick 16 PA 4 V 200 Motor mit 3000 PS und 140 km/h. Ihr Gewicht beläuft sich auf 78,5 Tonnen, verglichen mit den 123 Tonnen der Reihe 234.

Die ÖBB bevorzugt den Voith Antrieb in den relativ kleinen 1475 PS starken Loks, deren Zahl durch die zunehmende Elektrifizierung der Strecken zurückgeht

● OBEN
Die Lok der Reihe 218 der Deutschen Bahn AG ist die letzte einer Serie in ähnlicher Bauweise. 1968-79 wurden 500 Stück produziert. Die stärkste dieser Bo-Bo dieselhydraulischen Loks hat 2061 kW, ca. 3000 PS. Nr. 218 905 und 908 sind Umbauten der Reihe 210, hier 1991 in Braunschweig, Niedersachsen.

● RECHTS
Die eindeutig französische Form dieser Lok der Reihe 2601 der Eisenbahnen in Portugal fällt auf. Dieselelektrische Bo-Bo von Alsthom, die Santa Clara in Beira südwestlich von Coimbra, der ehemaligen Hauptstadt, passiert.

Europas elektrische Hauptstrecken

Nach dem Zweiten Weltkrieg war das Streckennetz Kontintaleuropas sehr beschädigt. Viele Betreiber sahen in der Elektrifizierung die Zukunft, doch die neutrale Schweiz wies den Weg.

● Die Schweiz setzt Hydroelektroloks ein

Die Schweiz hat außer Wasser keine natürlichen Energieressourcen. Im Krieg war die Kohle für die Dampfloks unerschwinglich und so wandten sich

die Ingenieure dem hydroelektrischen Antrieb zu (HEP). Das Land hatte seit vielen Jahren E-Loks und Triebwagen, doch nun benötigte man kraftvolle Loks für den schnellen Güter- und Personenverkehr mit hoher Leistungsfähigkeit und guter Haftung. Dies führte zu einem Antrieb mit Motoren auf allen Achsen.

Es war die Bern-Lötschberg-Simplon Bahn, die 1944 einen Trend setzte mit acht Bo-Bo Loks mit einem Gewicht von nur 80 Tonnen und vier aufgehängten einphasigen Motoren, die die vier Achsen antrieben. Eine Spannung der Oberleitung mit 15 kV, 16 ⅔ Hz befähigte die Lok zu einer stündlichen Leistung von 3270 kW.

● Die Vereinheitlichung der deutschen Strecken

Westdeutschlands große, effiziente Flotte von Dampfloks fuhr bis in die Siebziger auf Hauptstrecken. Doch wurden auch „Bo-Bo" Loks mit vergleichbarer Größe zu den BLS Maschinen eingeführt, so 1956 die Reihe 110 für den gemischten

● **OBEN**
Die Zweisystem „Sybic" 26053 der SNCF Reihe BB26000 zieht einen Express.

● **GANZ OBEN RECHTS**
Die Reihe 120 der Deutschen Bundesbahn ist hier am Münchener Hauptbahnhof, Bayern, 1989 im Test an der Spitze eines niederländischen Doppelstockzuges. Eine Fünferserie des Prototyps dieses hochwertigen Modells mit einem dreiphasigen Motor wurde 1979 in den Dienst gestellt. Die Produktion kam nicht vor 1987 in Gang. Die 60 Maschinen haben eine Stundenleistung von 6300 kW, etwa 8445 PS, und eine Höchstgeschwindigkeit von 200 km/h.

● **RECHTS**
Dieser direkte Nachfolger der bahnbrechenden Bern-Lötschberg-Simplon Bahn (BLS) Bo-Bo von 1944, hält am Westbahnhof von Interlaken mit dem Zug „Thunersee" aus Berlin. Es ist eine Lok der Reihe 35 mit einer Stundenleistung von 4990 kW, ca. 6690 PS, und einer Höchstgeschwindigkeit von 140 km/h.

● LINKS
Dieser Zug mit der DB 111 081-6 verlässt die historische Stadt Boppard im Rheintal bei Koblenz Richtung Norden. Diese Reihe mit 227 Loks ist eine verbesserte Variante der weitverbreiteten Reihe 110.

Verkehr und 1957 Reihe 140 für den Güterverkehr, aber auch oft im Personenverkehr zu erleben. Mehrere hundert dieser Typen gibt es in Westdeutschland. In Ostdeutschland wurde eine Reihe mit Thyristorsteuerung entwickelt. Diese ging 1982 in Serie und war so erfolgreich, dass sie in Deutschland als Reihe 143 überall eingesetzt wird. Die Loks wiegen 82 Tonnen und haben eine Stundenleistung von 3720 kW.

● FRANKREICH NUTZT ZWEISYSTEM-TECHNIK

In Frankreich verlief die Entwicklung nach dem Krieg anders. Nicht zuletzt wegen der Verschiedenheit des Systems, welches die Hauptstrecken der SNCF umfasste, die 1938 elektrifiziert waren und die mit einer nichtkompatiblen Spannung ausgerüstet waren. Es gab nicht viele Lok-Baureihen, dafür aber mehrere Versuchsfahrzeuge, was schließlich zur Entwicklung der imposanten „Sybic“ (für „Systeme Bicourant“) Reihe BB26000 führte. Diese Zweisystem-Loks laufen entweder mit 1500 V Gleichstrom oder 25 kV einphasigem Wechselstrom. Sie wurden 1988 eingeführt und behaupteten sich gut. Sie sind so gut, dass ihre Zahl ständig steigt, um schließlich auf eine Vorgabe von 300 Stück zu kommen. Sie wiegen 91 Tonnen und haben 6400 kW bei einer Spitzengeschwindigkeit von 200 km/h.

Frankreichs TGVs (Trains Grande Vitesse) sind Hochgeschwindigkeits-Triebzüge. Die SNCF hält einen offiziellen Rekord mit der Co-Co CC7107 von 1955, die unter 1500 V Gleichstrom mit einem 100 Tonnen Zug 330,9 km/h erreichte. Am nächsten Tag wurde dieser Rekord mit einem 81 Tonnen schweren Zug mit der Bo-Bo BB 9004 wiederholt.

● RECHTS
Bis 1988 war die Reihe CC 6500 der SNCF unter 1500 V Gleichstrom die stärkste Lokomotive mit der Unterreihe CC 21000 mit Zweisystemtechnik. Sie ist mit Einzelmotordrehgestellen ausgerüstet. Die Höchstgeschwindigkeit liegt bei 200 km/h. Sie hat 5900 kW, mehr als 7900 PS. Die CC 6563 ist hier bei geringer Geschwindigkeit in der Nähe des Rangierbahnhofs von Villeneuve-St-Georges in Paris 1996 aufgenommen worden.

● LINKS
Man brauchte für die modernen Hauptstrecken E-Loks, die nicht nur im Expressverkehr auf ebener Strecke, sondern auch mit den starken Steigungen in Österreichs Bergen zurecht kommen. Deshalb kaufte die ÖBB 1971 thyristorgesteuerte Loks der Schwedischen Eisenbahnen der Reihe Rc2 Die Reihe 1044 wurde rasch von den Eisenbahnbehörden entwickelt und 1974 eingeführt. Die Nr. 1044092 ist hier in Jenbach in Tirol östlich von Innsbruck aufgenommen. Sie hat eine Reisegeschwindigkeit von 160 km/h sowie 5300 kW/h, mehr als 7100 PS. Eine spätere Version hat eine Höchstgeschwindigkeit von 200 km/h. Ein Modell ist für 220 km/h zugelassen.

● ÖSTERREICHISCHE UND UNGARISCHE MODELLE

Österreich, das so wegweisend mit der Gölsdorf-Dampflok und dem Giesl-Ejektor war, hat die Bo-Bo Reihe 1044, die einiges von der früheren Reihe 1042, dem „Arbeitstier", sowie der schwedischen Rc2 von hat.
Ungarn hat viele Loks der Reihe V43 Sie gehen auf deutsche Technik zurück. Die erste Serie wurde von Krupp in Essen gebaut. Ganz, ein weltweit anerkannter Hersteller, an dem Hunslet aus Großbritannien Anteile besitzt, hält mit der Entwicklung Schritt.

● RECHTS
Die Niederlande haben als relativ kleines Land ein dichtes Schienennetz, welches Teil des internationalen Verkehrssystems in Europa ist. Die Loks der Reihe 1600 und der fast identischen Reihe 1700 wurden von Alsthom in Frankreich gebaut und gehen auf die Reihe BB 7200 der SNCF zurück. Die Reihe 1600 wurde 1981 eingeführt, die 1700 im Jahre 1990. Obwohl sie 200 km/h schafft, ist sie nur für 160 km/h zugelassen. Hier hat die Nr. 1643 1989 einen Expresszug in die Grenzstadt Maastricht, Provinz Limburg gebracht.

● DIE SCHWEIZER LOKS SIND FÜHREND

Wieder einmal führt die Schweiz das Feld mit den „Hi-tech" Modellen der Schweizerischen Lokomotiven und Maschinen Werken (SLM) aus Winterthur an. Das als Lok 2000 bekannte Fahrzeug ist technisch voll ausgereift. Ein kleines Buch ist nötig, um alle Vorteile aufzuzählen. Ein bemerkenswertes Kennzeichen ist das leise Fahrgeräusch. Bei den Schweizerischen Bundesbahnen (SBB/CFF/FFS) laufen sie als Reihe Re 460. Eine leistungsstärkere Variante ist die Reihe 465 der BLS. Eine Breitspurversion gibt es in Finnland. Versuche wurden in anderen Ländern gefahren.
Die Loks kamen 1991 in den Dienst der SBB und laufen prima. Anfangsschwierigkeiten verlangsamten zunächst die Einführung auf den Hauptstrecken. Doch nachdem die Probleme gelöst wurden, sind sie überall zu sehen.

LOK 2000

Baujahr	1992
Konstrukteure	Mechanik: Schweizerische Lokomotiven & Maschinenwerke (SLM) Winterthur, Schweiz Elektrik: ABB Transportation Systems, Baden, Zürich, Schweiz
Auftraggeber	SBB
Spurweite	Standard
Reihe	Re460
Achsbild	Bo-Bo
Oberleitungsspannung	15 kV
Gesamtlänge mit Puffer	18500 mm
Gesamtgewicht	84 Tonnen
Antriebsmotoren	4
Leistung	1100 kW (8180 PS)
Höchstgeschwindigkeit	230 km/h

● RECHTS
Die Lok 2000, Nr. 460 015-1 der SBB hält 1993 in Lausanne im Kanton Vaud, nachdem sie mit dem Express aus Basel ankam.

● LINKS
Belgien hat ein dichtes Linienwerk und braucht starke Mehrzweckloks für alle Dienste – vom leichten Wendezug über Güterzüge bis zu Expresszügen. Die Reihe 21 von 1984 besteht aus 60 Loks mit 3310 kW, ca. 4437 PS, und einer Höchstgeschwindigkeit von 160 km/h. Sie wurden in Belgien von La Brugoise et Nivelles SA gebaut und sind fast identisch mit der choppergesteuerten Reihe 27. Die Nr. 2157 ist beim Verlassen des Gent St. Pieters Bahnhofs im Osten Flanders, der Provinzhauptstadt von Gent, auf ihrem Weg ins Depot in Dendermonde aufgenommen.

● RECHTS
Italien hat lange innovative und unkonventionelle Lokomotiven gebaut. Mit der Bo-Bo-Bo Reihe 656 mit dem besonderen Aufbau hat die FS Italia ihr seit Jahren erfolgreichstes Modell. Es basiert auf der ausgereiften Technik, die auf die Reihe 636 von 1940 zurückgeht. Geschwindigkeiten über 150 km/h sind möglich und so werden diese Loks überall in Italien im Expressverkehr eingesetzt. Die ersten wurden 1975 in den Dienst gestellt. Bis 1989 waren 608 Stück gebaut worden. Hier wartet 1996 Lok E 656-469 darauf, den Zug in Domodossola, Novara im Piedmont, zu übernehmen.

Europäischer Regionalverkehr – Lokbespannt

Bis in die sechziger Jahre gab es im Regionalverkehr Dampfloks. Schon bald wurden sie durch die E- und Dieseltraktion ersetzt. Wegen dem zunehmenden Einsatz von Triebwagen mit hoher Leistung in der Personenbeförderung haben viele Betreiber von lokalen Strecken auf die Loks an der Spitze des Zuges verzichtet.

Eine Lok bleibt für diese Strecken aus zwei Gründen interessant. Erstens haben bestimmte Linien eine Mixtour aus leichtem Güter- und Personenverkehr, so dass in beiden Fällen eine Lok von Nutzen ist.

● Wendezüge

Zweitens gab es in Gebieten mit hohem Fahrgastaufkommen eine Verdrängung der Loks durch Triebwagen, die oft Züge mit veralteten Waggons zogen. Relativ moderne Fahrzeuge wurden entweder verschrottet, oder zu Schleuderpreisen verkauft. Eine

● OBEN
Der Einsatz der Reihe 143 war eine große Verbesserung bei der Deutschen Bahn AG. Dieser Zug läuft in Belzig bei Potsdam südwestlich von Berlin mit einem Doppelstockzug ein.

SCHWEIZER BUNDESBAHN KLASSE 450

Baujahr	1989
Konstrukteure	Mechanik: Schweizerische Lokomotiven & Maschinenwerke (SLM) Winterthur, Schweiz Elektrik: ASEA Brown Boveri
Auftraggeber	SBB
Spurweite	Standard
Reihe	450
Achsbild	Bo-Bo
Oberleitungsspannung	15 kV AC 16.7 Hz
Gewicht (nur die Lokomotive)	78 Tonnen
Leistung	3200 kW/h (4290 PS)
Höchstgeschwindigkeit	130 km/h

● LINKS
Die Nr. 450 067-4 der SBB ist hier 1994 als S-Bahn am Züricher Hauptbahnhof eingesetzt.

● LINKS
Im S-Bahn Vorlaufverkehr ist diese Lok der Reihe 218 der DB AG und dem eindrucksvollen Dach des Kölner Bahnhofs, Nordrhein-Westfalen, 1986 zu sehen.

Möglichkeit war es, eine Reihe mit adäquater Beschleunigung und Leistung zu überholen und mit Fernsteuerung auszurüsten, so dass die Züge mit Steuerwagen und hochwertigen Waggons zu kombinieren waren. Nachdem die neuen Züge in den Farben der Triebwagen-Flotte lackiert worden waren, nahmen sie ihren Dienst auf. Da sie in beide Richtungen fuhren, ohne dass die Lok umgehängt wurde und sie nur von einem Fahrer gesteuert wurden, waren sie für den Nahverkehr gut geeignet.

Sowohl Diesel- als auch E-Loks sind mit der Wendezug-Steuerung versehen. Diese sind auch im Expressverkehr üblich. Außerdem ist es simpel, die Lok für die Wartung zu wechseln.

Ein gutes Beispiel für diese Betriebsweise ist das Ruhrgebiet und der Raum Köln in Nordrhein-Westfalen. Der Grund, warum dieses System von anderen Regionen und Ländern übernommen wurde, liegt nicht in der Schwierigkeit, eine Verwendung für die übrige Lok zu finden. Es war bei der früheren Deutschen Reichsbahn üblich, E-Loks in gewissen Bereichen einzusetzen und Dieselloks andernorts, z.B. in Verbindung mit Doppelstockzügen.

● **MODERNES SCHWEIZER DESIGN**

In der Schweiz wurde die bestellte Lok der Reihe Re 450 ab 1989 mit drei Doppelstockwagen, von denen einer ein Steuerwagen war, kombiniert. Zunächst fuhren sie bis in die Vororte der größten Stadt der Schweiz – in Zürich. Doch im Zuge der Erweiterung des S-Bahnnetzes sind sie auch außerhalb der Stadt zu finden. Mehrfachtraktionen sind normal und es ist üblich, drei Zugverbände zu verbinden. Die Loks gehörten zur ersten Generation mit neuer Elektrik, Mechanik und Aufbau. Sie wurden von den Schweizerischen Lokomotiven und Maschinen Werken (SLM) gebaut und laufen mit 15 kV 16 und 2/3 Hz. Vier dreiphasige Tatzlagermotoren liefern fast 4300 PS für ein 78 Tonnen schweres Fahrzeug.

● OBEN
Die Diesel-elektrische Co-Co der Nr. 5105 der belgischen Eisenbahnen (SNCB) läuft in St. Pieters in Gent, Ostflandern, mit einem Pendlerzug 1992 ein.

● OBEN
Die in Frankreich gebaute Bo-Bo E-Lok Nr. 3618 mit dem kegelförmigen Führerhaus der Société Nationale des Chemins de Fer Luxembourgeois (CFL) läuft in den Bahnhof von Esch/Alzette, der zweitgrößten Stadt Luxemburgs im Süden des Landes, 1995 ein.

Europäische Metros und Straßenbahnen

Europa hatte, abgesehen von Straßenbahnen, in den frühen Fünfzigern wenige Nahverkehrssysteme. Von den elektrifizierten Metros ist die Pariser chemin de fer métropolitain die berühmteste. Sie wurde 1900 eröffnet. Die älteste Metro der Welt wurde am 23 Mai 1896 in Ungarn in Budapest eröffnet. Die schönste Metro ist die Moskauer U-Bahn von 1933. In Budapest sind ähnliche Wagen wie in Moskau eingesetzt.

● STRASSENBAHNEN

In Europa gab es viele Straßenbahnen nach dem Zweiten Weltkrieg, einige davon im innerstädtischen Verkehr. In den vom Krieg betroffenen Ländern

● LINKS
Im totalen Kontrast zur Straßburger Tram sind in der Altstadt von Lissabon echte Relikte der Vergangenheit zu sehen. Die kleinen Bahnen erklimmen die engen Gassen und Hügel der portugiesischen Hauptstadt.

DIE „EUROTRAM" IN STRASSBURG

Baujahr	1994
Konstrukteur	ABB Transportation, York, England
Auftraggeber	Compagnie des Transports Strasbourgeois, Strasbourg
Spurweite	143,6 cm
Reihe	Eurotram
Achsbild	Variabel
Oberleitungsspannung	750 V DC (Spannung wird in den Wandler des Waggons eingespeist)
Maximale Leistung	38 kW (50 PS) pro Antriebsmotor
Geschwindigkeit	60 km/h

● LINKS
Diese Straßenbahn in Strassburg ist ein komplett neues Verkehrssystem. Die ersten 12,65 km dieser zweispurigen Strecke wurde offiziell am 26 November 1994 eröffnet. Die Tram fährt auf separaten Gleisen, unterirdisch oder, wie die Bahn im Bild von 1996, in Fußgängerzonen.

● LINKS
Eines der weitverzweigtesten Straßenbahnnetze Europas hat Budapest. Eine U-Bahn und ein Netz von Straßenbahnlinien auf eigenem Gleiskörper bilden eine effektive und preiswerte Transportmöglichkeit. Moskva tét in Buda ist ein Knotenpunkt vieler Linien. Wagen 4158 und ein Pendant sind hier 1993 auf der Linie 61 aufgenommen.

waren die meisten schwer beschädigt. Die Trams wurden so schnell wie möglich wieder eingesetzt, weil sie ideal sind, um viele Menschen möglichst schnell in Ballungsgebieten transportieren können.

Viele alte Fahrzeuge fuhren, bis die reorganisierte Industrie in der Lage war, die Nachfrage nach neuen und effizienteren Zügen zu bedienen. Kleinere Städte, besonders in Frankreich, ersetzten Straßenbahnen durch Busse. Andere entschieden sich für Oberleitungsbusse und man experimentierte viel, unter anderem mit geführten Bussen und Magnetbahnen. In Deutschland überdauert die Schwebebahn zwischen Barmen und Elberfeld in Wuppertal, einer Industriestadt in Nordrhein-Westfalen nicht nur, sondern hat sogar komfortable, moderne Zweierwagen.

Hauptsächlich hatten zwei Tramhersteller in der Nachkriegszeit großen Einfluss, Duewag aus Deutschland und CKD aus Prag, Tschechien, mit den Tatrawagen. Beide produzierten zuverlässige Wagen, die es in vielen Ländern gab.

Die Nachfrage im Nahverkehr hat zum Bau der hochentwickelten Niederflurbahnen geführt, von denen einige neue Drehgestelle mit einem niedrigen Fußboden im gesamten Fahrzeug haben. Fortschritte bei den Steuerelementen der großen Loks haben auch bei den Straßenbahnen Eingang gefunden.

● LINKS
Wien hat ein expandierendes U-Bahnnetz. Doch um ein Gefühl für die Stadt zu bekommen, fährt man am besten mit der Tram. Die Linien 1 und 2 bedienen beide Richtungen in der Ringstraße. Die Standardserie E2 Nr. 4311 auf Linie 65 ist hier 1987 am Karlsplatz, in der Nähe des Umsteigebahnhofs zur U-Bahn, im Bild.

● LINKS
Einige Fahrzeuge sind zwischen Straßenbahn und U-Bahn anzusiedeln. Eine davon ist die Bahn im pulsierenden Utrecht, Haupteisenbahnkreuz der gleichnamigen, kleinsten Provinz der Niederlande. Dieser Zug ist einer von 27, die zwischen 1981-83 von SIG in Neuhausen, Schweiz, gebaut wurden. Obwohl als Straßenbahn bezeichnet, ist er fast eine richtige U-Bahn und hat eine Höchstgeschwindigkeit von 80 km/h. Hier ist er 1989 in der Nähe des Utrechter Hauptbahnhofs abgebildet.

● LINKS
Österreichs private Bahnen haben viele Jahre den Nutzen aus dem Ankauf von gebrauchtem Material gezogen. Der abfahrbereite Zug an der Haltestelle der Salzburger Stadtwerke Verkehrsbetriebe (SVB) in der Nähe des Salzburger Hauptbahnhofes 1986 kommt von der privaten Köln-Bonner Eisenbahn (KBE). Heute ist der SVB Terminal, auf der eine Flotte von leichten Bo-2-Bos im Einsatz ist, eine unterirdische Station.

Der Eindruck von vor 20 Jahren, dass die Straßenbahn laut ist, schaukelt und unkomfortabel sei, hat sich gewandelt. Fußgänger müssen heute vor herannahenden Fahrzeugen gewarnt werden, besonders im öffentlichen Nahverkehr. Wo die Bahnkörper gut verlegt wurden, ist die Fahrt oft angenehmer als mit der U-Bahn.

Eine ideale Möglichkeit, den Schnelligkeitsvorteil der modernen Tram zu nutzen, ist der Bau eines separaten Bahnkörpers, teilweise auch auf Vollbahnstrecken. Straßenbahnen fahren auch auf städtischen und Vorortsstrecken über Strecken, die von normalen D-Zügen benutzt werden, wie etwa auf der SBB-Strecke Genf-La Plaine.

● OBEN
Der Einsatz von Stadtbahnfahrzeugen auf Hauptstrecken greift um sich. Der Abschnitt der Schweizerischen Linie zwischen Genf und La Pleine ist mit 1500 V Gleichstrom für den Transitverkehr der französischen Standardlok nach Genf elektrifiziert. Die SBB hatte diese Triebwagen in Leichtbauweise eingeführt, um alte Loks aussondern zu können.

● UNTEN
Ein Triebwagenzug der Metro in Paris.

● RECHTS

Leichte Niederflurbahnen als Ersatz der Hauptbahntypen sind in extensivem Gebrauch auf der Meterspur in der Schweiz. Das gilt auch für Strecken, die fast nur im städtischen Bereich liegen und viele Haltestellen haben. Der Zug Be 4/8 33 ist hier an der Station Menziken der Wynental und Suhrentalbahn auf dem Weg nach Aarau 1996 zu sehen. Diese wichtige Station liegt im Kanton Aargau an der Hauptstrecke der SBB zwischen Zürich und Bern.

● UNTEN

Ein andere deutsche innerstädtische Linie ist die Wuppertaler Schwebebahn mit 13,3 km von Oberbarmen nach Vohwinkel. Die Gelenkwagen wurden 1972-74 von MAN gebaut. Sie sind an der wuchtigen Stahlkonstruktion aus der Jahrhundertwende aufgehängt. Die Strecke verläuft zum Teil über dem Fluss Wupper und parallel zur Straße.

● METROS

Diese Systeme werden generell in großen Städten bevorzugt, um mit hoher Zugfolge einen erstklassigen Service anzubieten. Die meisten Linien veraufen vollkommen, bzw. überwiegend unterirdisch. In anderen Fällen werden Straßenbahnen und U-Bahnen verbunden oder teilweise unterirdisch geführt. Teilweise werden überholte Bahnstrecken als Metro bezeichnet, um die Strecken so mit einem Qualitätsnamen zu versehen.

● DIE PARISER MÉTRO

In Bezug auf den Allgemeinnutzen und der Mischung aus Geschichte und modernster Technik ist die Pariser Métro kaum zu schlagen. Unter den Straßen von Paris gibt es Tunnel, die durch offene Bauweise entstanden und gute Umsteigemöglichkeiten in andere Métros, deren tentakelhafte Arme bis weit in die Vororte reichen, bieten.

Über der Erde werden die Strecken über Viadukte oder Brücken über die Seine geführt, teils mit schöner Aussicht. Die schmalen Einheiten quietschen in den Kurven oder müssen starke Steigungen überwinden. Die Gelegenheit, mit einer der Linien zu fahren, die für Traktion und Führung Gummireifen verwenden, sollte nicht vertan werden. Konventionelle Räder mit Radreifen dienen als Sicherung.

Die Benutzung der Métro und des schnellen RER Netzes ist die beste Art, um in Paris voranzukommen. Dieses gilt für alle Städte, die das Métrosystem als zukunftsweisendes Verkehrskonzept adaptiert haben.

● OBEN

Deutschlands Oberrheinische Eisenbahn-Gesellschaft (OEG) ist ein Verkehrsmittel zwischen Städten. Sie läuft durch vier Länder – Bayern, Rheinland-Pfalz, Baden-Württemberg und Hessen. Die Strecke hat 61 km Meterspur von Dürckheim, zu den Handels- und Industriestädten Ludwigshafen am Rhein, Mannheim und Heidelberg. Die Züge verkehren parallel zu den Straßen, in Fußgängerzonen und auf separaten Gleisen. Zug 109 von Duewag aus Düsseldorf und Uerdingen von 1974 wartet in Viernheim, einem Vorort von Mannheim, im Jahre 1986.

INTERNATIONALE EUROPÄISCHE VERBINDUNGEN

● UNTEN
Die jüngste Entwicklung des Pendolino ist der ETR 470 Cisalpino. Diese Zweisystemzüge werden von einem italienisch-schweizerischen Konsortium betrieben. Die Strecke Mailand-Basel und Mailand-Genf wurde 1996 in Betrieb genommen. Ein Zug von Genf nach Mailand läuft hier 1996 in Lausanne ein.

Anfangs unterschieden sich die elektrisch betriebenen Strecken kaum von denen der Ära der Dampfloks. Die qualitativ hochwertigsten Lokomotiven der verschiedenen Länder zogen die Waggons bis zur Grenze, wo sie durch eine aus einem anderen Land ersetzt wurde. Das war nicht immer leicht. In Venlo, der Provinz Limburg in den Niederlanden, unterschied sich das Stromsystem stark von dem in Deutschland. Die internationalen Bahnhöfe sind mit speziellen Oberleitungen ausgerüstet, so dass sie auf das jeweilige System umgestellt werden können. Es bot sich hier an, eine Dieselrangierlok einzusetzen, um die Zuglok an- und abzuhängen.

● DEUTSCHLAND, ÖSTERREICH UND DIE SCHWEIZ

In Deutschland, Österreich und der Schweiz gab und gibt es im Transitverkehr kaum Probleme, da die Spannung überall bei 15 kV Wechselstrom, 16,7 Hz liegt. In all diesen Ländern wird Deutsch gesprochen, so dass nur Schwierigkeiten mit Signalen und Dienstvorschriften bestanden, die durch Schulungen leicht überwunden wurden.

Die Franzosen hatten viel Erfahrung, da sie ihre Strecken früh mit 1500 V Gleichstrom und 25 kV einphasigem Wechselstrom elektrifizierten. Sie traten 1964 in den Kreis der Betreiber von Mehrsystemloks ein, die für alles gewappnet waren. Sie konnten unter 1500-3000 V Gleichstrom und 15 kV einphasigen und 25kV dreiphasigen Wechselstrom fahren. Sie waren in der Lage, alle Grenzen zu überschreiten, während sie die Strecke Paris-Brüssel-Amsterdam bedienten.

Schließlich trat der Triebkopfzug in Erscheinung. Die sechteilige österreichische Reihe 4010 wurde 1965 eingeführt und fuhr, teils in Mehrfachtraktion, auf der Expresslinie Zürich-Wien. Sie wurden von lokbespannten Zügen ersetzt, weil sie nicht genug Fahrgäste befördern konnten. Die Züge fahren immer noch nach München.

● FRANKREICH ENTWICKELT DEN TGV, DEUTSCHLAND DEN ICE

Die jüngste Errungenschaft ist der französische Hochgeschwindigkeitszug TGV mit Mehrsystemtechnik, der nach Belgien und in die Schweiz fährt. Hieraus entwickelten sich die Thalys, die TGVs der Strecke Paris-Brüssel-Amsterdam/Köln. Dies führte zu einem Versuchsmodell (noch 1996 für Thalys im Test), das ein weitaus größeres Potential hat.

Deutschland hat den ICE der Reihe 401 in großer Menge produziert. Er ist dem TGV in der Leistung ebenbürtig und geht, wie der TGV, auf bewährte Technik zurück. Das Stromsystem der Schweiz ermöglicht es, internationale Verbindungen wie den „Thunersee" von Berlin nach Interlaken anzubieten.

● OBEN
Der ICE der Deutschen Bahn AG bringt trotz konventioneller Technik eine Spitzengeschwindigkeit von 280 km/h. Der „Thunersee" aus Interlaken ist hier im Bild, als er das Verkehrskreuz von Olten in der Schweiz in Richtung Berlin verlässt.

● UNTEN
Konventionelle Technik und neue Hochgeschwindigkeitsstrecken waren ein Erfolg für den TGV. Reisezeiten wurden mit Spitzengeschwindigkeiten von 300 km/h revolutioniert, was bei diesem TGV Atlantique zu sehen ist.

● OBEN
Die Viersystemtechnik des TGV auf der Thalyslinie (Paris-Brüssel-Amsterdam/Köln) wurde gerade getestet, als dieses Foto im Juni 1996 in Paris am Gare du Nord gemacht wurde. Die TGVs mit der roten Lackierung des Thalys waren im November 1996 im regulären Netz zu sehen.

● UNTEN RECHTS
Die ETR 450 gilt als der erste, kommerziell erfolgreiche Zug mit Neigetechnik. Der Spitzname dieses Typs ist „Pendolino".

Die französisch-britische Kooperation beim Bau und Betrieb des Expresszuges im Kanaltunnel brachte große Herausforderungen mit der Elektrik auf britischem Terrain. 750 V Gleichstrom kommt über die Stromschiene.

● ITALIEN ENTWICKELT DEN PENDOLINO

Italien hat den Zug mit Neigetechnik so weit entwickelt, dass das Konzept, welches in etlichen Ländern ausprobiert wurde, nun für den Einsatz bereit ist. Der Pendolino geht sehr stark auf die Pionierarbeit von British Railway mit dem APT (Advanced Passenger Train) zurück. Es geht darum, bei bestehender Infrastruktur trotz der Gravitationskräfte höhere Geschwindigkeiten in Kurven fahren zu können. Andere technische Entwicklungen haben dazu geführt, die Geschwindigkeit und den Fahrkomfort noch weiter zu steigern.

PENDOLINO (ETR 450)

Baujahr	1987
Konstrukteure	Fiat/Marelli/Ansaldo
Spurweite	Standard
Reihe	ETR 450 (Elletro Treni Rapidi 450)
Achsbild	1-A-A-1
Oberleitungsspannung	3000 V DC
Gesamtgewicht	400 Tonnen
Leistung	4700 kW (6300 PS)
Höchstgeschwindigkeit	250 km/h

Die Erhaltung europäischer Züge

Zur Jahrhundertwende waren sich Eisenbahner und Historiker der Notwendigkeit bewusst, die Ursprungsmaterialien vom Bau der Eisenbahnen zu erhalten. Weltweit gewann die Entwicklungsgeschichte an Bedeutung. Die Fahrzeuge kamen entweder ins Museum, oder wurden auf einem Sockel ausgestellt und dabei unwiederbringlich beschädigt. Kontinentaleuropa hat verschiedene gute Museen, z.B. in Nürnberg, in Mulhouse in Frankreich, Wien und Luzern.

● RECHTS
Die Nr. 29851 erreicht mit einem Schneepflug Grünberg in Oberösterreich aus Garsten auf der 750 mm Strecke nach Klaus.

● **ERHALTUNG – AKTIVE EISENBAHNMUSEEN**

Stationäre Ausstellungen sind zwar informativ, aber nicht lebendig. Die Initiative von Privatpersonen war maßgeblich für das Wiederherstellen des Bestandes in einen betriebsfähigen Zustand. Es wurde Geld gesammelt, oft dauerte dies lange, um vernachlässigte Loks anzukaufen. Freiwillige waren Monate und Jahre beschäftigt, ihre Ziele zu erreichen. Man wollte die Lokomotiven und Wagen auf gekauften Teilstrecken laufen lassen, die vom Besitzer abgestoßen worden waren, bzw. die Betreiber von Strecken davon überzeugen, diese von Zeit zu Zeit freizugeben. Es ist einer Armee von Freiwilligen zu verdanken, dass in ganz Europa ein großer Bestand von Bahnen erhalten blieb. Doch in den Siebzigern begriffen die staatlichen und privaten Eisenbahnen, dass sie mit den alten Loks ein großes wirtschaftliches Potential besaßen und sie begannen, ihre eigenen Nostalgielinien einzurichten und zu bewerben. Loks wurden von der stationären Ausstellung in betriebsfähigen Zustand gebracht und regelmäßig bei den Jubiläen der Bahnhöfe und Bahnlinien auf der Strecke eingesetzt.

● RECHTS
Drei verschiedene Bahnen im Depot von Gmünd in Österreich, 1987.

● UNTEN RECHTS
Die Kunst der freiwilligen Restauratoren wird an diesem wunderbar reparierten elektrischen Triebwagen auf der Meterspur der Martigny Châtelard Bahnen von 1909 in der Schweiz deutlich.

ÖSTERREICHISCHE BUNDESBAHNEN (ÖBB) REIHE 16

Baujahr	1911
Konstrukteur	Dr Karl Gölsdorf
Hersteller	Maschinenfabrik der Österreichisch-Ungarischen Staatseisenbahn Gesellschaft Wien
Auftraggeber	Kaiserlich-Königliche Österreichische Staatsbahnen (KKSTB)
Spurweite	Standard
Reihe	BBÖ 310 ÖBB 16
Achsbild	1C2 (2-6-4)
Antrieb	2 Zylinder (390 x 720 mm) und 2 (630 x 720 mm) Verbundtriebwerk
Raddurchmesser	2100 mm
Gesamtgewicht	86 Tonnen
Höchstgeschwindigkeit	100 km/h

● GEGENÜBER
Die Nr. 310.23 von Gölsdorf ist zu sehen, wie sie herausgeputzt am 150. Jubiläum des Bestehens der ÖBB teilnimmt.

● RECHTS
Dieser Zug mit Doppeltraktion schlängelt sich durch Filisur in der Schweiz.

● LINKS
Eine belgische stromlinienförmige 2B1 4-4-2 von Cockerill von Liege 1939 gebaut und eine Lok der DB Nr. 23 023 in Utrecht, Niederlande, 1989.

● **TOURISTENBAHNEN**
Es gibt sehr unterschiedliche Touristenbahnen. Sie sind auf Schmalspurstrecken in Ausflugsparks wie dem Wiener Prater – seit dem 16. Jahrhundert ein kaiserlicher Park, der nun öffentlich ist – über spezielle Touristenstrecken bis zu den Haupt- und Nebenstrecken, die für den Güterverkehr gebaut wurden und nun Touristen anziehen, präsent.

Die speziellen Touristenstrecken befinden sich oft in den Bergen und befördern Skifahrer, Wanderer und Kletterer zu den attraktiven Gebieten, aber viele Fahrgäste der Züge genießen

● OBEN
Diese Kinderbahn auf den Hügeln über Budapest erreicht mit der Mk 45-2002 Szenchenyi von Huvosvolgy kommend.

● LINKS
Der „fliegende Hamburger" wurde teilweise restauriert und im Mai 1985 zum 150. Jubiläum auf einer Ausstellung in Nürnberg gezeigt.

● GEGENÜBER
Die Anmut einer restaurierten Dampflok wird durch diese 4-8-2, Reihe 241, Nr. 498-022 der tschechoslowakischen Eisenbahnen deutlich.

einfach nur die schöne Aussicht. Beispiele dieser Art gibt es viele in der Schweiz, Österreichs Achensee, Schafberg und Schneeberg sowie Deutschlands Drachenfels (320 m) im Siebengebirge im Westerwald, am Ostufer des Rheins, wo der Legende nach Siegfried den Drachen tötete.

Einige schweizerische Bahnen betreiben kommerzielle Strecken, die aber auch Touristen ansprechen. Dies sind die meterspurigen Bahnen Brig-Visp-Zermatt im Kanton Valais, Furka-Oberalp im Kanton Uri und die umfangreiche Rhätische Bahn im Kanton Graubünden, welche zusammen den Glacier Express betreiben.

Schließlich gibt es Bahnen mit Schmalspurstrecken, die zwar das Gros ihrer Fahrgäste und Fracht an die Straße abgeben mussten, aber trotzdem immer noch einen begrenzten Service anzubieten haben. Beispiele hierfür sind die Strecken im Harz, Gmünd-Gross Gerungs in Niederösterreich und der „kleine gelbe Zug" in Cerdang, Frankreich.

● OBEN

In Italien, unweit des höchsten Bergs Frankreichs und der Alpen, dem Mont Blanc (4807 m), ist diese leichte 1 C (2-6-0) zu sehen. Sie hat Innen-Zylinder und äußere Ventilgehäuse und wurde 1910-22 gebaut. Hier hält sie in Pré Saint Didier, um nach Aosta, der Stadt an der Kreuzung des Großen und Kleinen St. Bernard Passes, im Piedmont Compartimento, zu gelangen.

GEMEINSCHAFT UNABHÄNGIGER STAATEN (GUS)

Die ehemaligen Republiken der Sowjetunion (UdSSR) gründeten 1991 einen losen Staatenbund, der als GUS (Gemeinschaft Unabhängiger Staaten) bekannt ist. Die GUS übernahmen mehr als 151000 Eisenbahnkilometer mit 1524 mm Spur und mehr als 2400 km Schmalspurstrecken. Die Schmalspur ist meistens 760 mm breit, dazu gab es noch meterspurige und 610 mm breite Strecken. Über 61000 km leichte Industriestrecken der ehemaligen Sowjetunion kamen dazu.

Die Industrie-, Erz-, Agrar- und Waldbahnen waren nicht der Politik der staatlichen Bahnen unterworfen und so behielten sie die Dampfloks länger. Besonders dort, wo Holzabfälle von Sägemühlen ständig Brennstoff lieferten. TO-4, TO-6A und TO7 Dieselloks waren dort, wo dieser billige Brennstoffvorrat nicht vorkam.

● LINKS
Eine E-Lok der Reihe CS4T wartet am Schuppen auf die Reparatur.

KLASSE P36 4-8-4

Baujahr	1954
Konstrukteur	Kolomna Lokomotiven Werke, Russland
Auftraggeber	Russische Staatseisenbahnen
Treibräder	1829 mm
Antrieb	Zylinder 56-58 x 78 cm
Druck	15 kg/cm²

● **WELTREKORDE**

Der Gütertransport dominierte den Eisenbahnverkehr mit 3218000 Tonnen-Kilometer jährlich, welches dem Gesamtaufkommen der übrigen Welt entspricht. Die 2-10-0 der Reihe L, nach dem Zweiten Weltkrieg gebaut, war eine erfolgreiche Güterzuglok. Über 5000 Stück wurden produziert. Der Reihe L folgte die erfolgreiche Reihe E 0-10-0, von der 14000 in leicht ver-

● LINKS
Eine S2D 4-8-4 P 36 Nr. 0250 mit Zug Nr. 1 in Skoworodino (früher Rukhlowo), einer Stadt der SU im Bezirk Amur – dem Eisenbahnkreuz der Transsibirischen Eisenbahn. Es gibt eine Verbindung zum Amur, 56 km südlich, an der chinesisch-russischen Grenze.

● LINKS
Eine russische 2-10-0 Lok der Reihe EA steht in Manzhouli in der Inneren Mongolei, einer Autonomen Region an der chinesischen Grenze zu Russland, am russischen Bahnhof der Transsibirischen Eisenbahn (TSR) in Sabaikalsk. Manzhouli ist etwa 1000 km nördlich von Peking, der Hauptstadt Chinas, gelegen. Die Strecke gehörte zur Ostchinesischen Eisenbahn in der damaligen Mandschurei und war Teil der Provinz Heilungskiang, bis die Kommunistische Partei Chinas 1949 die Volksrepublik ausrief. Ursprünglich eine mongolische Handelsstadt, wurde sie 1905 zur freien Handelstadt gemacht. Während der japanischen Besatzung hieß die Stadt, als Teil des Marionettenstaates Manchukuo, von 1932-45 Lupin.

● UNTEN
Eine E-Lok der Reihe VL80S wartet am Schuppen auf den Einsatz.

schiedenen Versionen gebaut wurden. Es ist die am häufigsten gebaute Lokreihe.

Die stromlinienförmige Expresszuglok der Reihe P36 4-8-4 war die letzte Hauptstreckenserie in der UdSSR, deren erste Lok 1950 herauskam. Es war eine Lok, die sich bewährte mit klassischen Formen und doch modern gebaut. Etwa 250 wurden 1954-56 von den Kolomna Lokomotivwerken gebaut.

Die 2-6-2 Standardexpresslok der Reihe S, von der es 4000 gab, ist die am meisten vorkommende Personenzuglok der Welt. Sie wurde 1910 erstmalig gebaut und ist bis 1951 hergestellt worden.

Dieselzüge werden von TE3 und 21762, zwölfachsigen zweiteiligen Loks gezogen. Um mit noch längeren Zügen fertig zu werden, wurden drei- und vierteilige Komponenten gebaut – die Reihen 3TEIOM, 4TEIOS und 4TE130S.

Dieselloks im Personenverkehr sind die TE60 von Skoda,, eine- oder zweiteilig. Eine TEP70 Reihe von Co-Co´s, die 4000 PS pro Fahrzeug hat und 129 Tonnen schafft, wurde für längere Personenzüge mit 25-30 Waggons gebaut. Diese Züge haben eine Höchstgeschwindigkeit von 178 km/h.

● UNTEN
Die 2-10-0 Ty4 109, ehemals Reihe 44 der Deutschen Reichsbahn, war eine Lok, die im Zweiten Weltkrieg für die deutschen Wehrmacht fuhr und später als S160 Tr203 229 zum US Army Transport Corps gehörte. Sie ist hier 1974 in Malbork in Polen im Bild. Die Stadt, ein wichtiges Eisenbahnkreuz, gehörte früher als Marienburg zu Ostpreußen und wurde 1945 Polen zugeschlagen.

● DAS ENDE DER DAMPFLOKS

Im Februar 1956 wurde auf dem Parteitag das Ende der Dampfloks beschlossen. In dem Jahr wurde die Produktion von Dampfloks gestoppt.

Heute ist ein Fünftel der Standardspur elektrifiziert. Die typische Güterzuglok für Wechselstrom ist die achtteilige Tandem-VL80. Die Tandem-VL10 Bo-Bo, auch als vierteiliges Modell, laufen mit Gleichstrom.

Elektrische Personenzugloks kommen von Skoda aus Tschechien. Die üblichste ist die CS4T Bo-Bo für Strecken mit Wechselstrom.

Der Nahe Osten

Die ehemalige Hedschas Pilger Route nach Mekka ist ein wichtiger Teil des Schienennetzes Syriens und Jordaniens. Auf der Strecke mit 1050 mm sieht man in beiden Ländern noch Dampfloks. Syrien hat aufgrund der Bagdad Bahn Normalspur. Diese durchquerte Aleppo im Nordwesten Syriens. Die ehemaligen preußischen G8 0-8-0 und die 2-10-0 des britischen Kriegsministeriums, die diese Strecken befuhren, verschwanden 1976 Seitdem werden Dieselloks eingesetzt.

Die Jordanischen Eisenbahnen bedienen das Gebiet zwischen Der'a in Syrien entlang der Grenze nach Jordanien gen Süden bis nach Saudi Arabien. Die Pilgerroute ging früher weiter bis nach Medina, doch wurden die Strecken im Norden Saudi Arabiens längst stillgelegt. Das eigentliche Ziel Mekka wurde gar nicht erreicht. Die Jordanischen Eisenbahnen verlegten 1975 Schienen bis nach Aqaba am Roten Meer. Die letzten Dampfloks in Jordanien waren japanische Pacifics. Eine 2-8-2 Mikado ist noch erhalten.

IRAKISCHE STAATSEISENBAHNEN METERSPURIGE 2-8-2 DER REIHE Z

Baujahr	1955-56
Konstrukteur	Esslingen Baden-Württemberg, Deutschland
Auftraggeber	Irakische Staatseisenbahnen
Spurweite	Meter
Treibräder	1219 mm
Antrieb	Zylinder 46 x 61 cm
Gesamtgewicht	70 Tonnen

● OBEN
Eine der Mogule, die von Borsig in Berlin 1911 für die Bagdad Bahn gebaut wurde, fährt hier am Pier in Hisarönü an der türkischen Schwarzmeerküste entlang.

● GEGENÜBER OBEN LINKS
Eine Szene auf der syrischen Hedschas Bahn zwischen Damaskus und Der'a in Syrien an der jordanischen Grenze. Die 2-8-0 von Hartmann ist Nr. 91 auf der 1050 mm Hedschas Bahn.

● UNTEN LINKS
Ein Quartett moderner Dieselloks steht vor dem Depot in Haifa.

● UNTEN RECHTS
Eine 2-8-0 von Borsig aus Berlin aus dem Jahre 1914 in Der'a, wo sie zweimal wöchentlich im Güter- und Personenverkehr auf der Strecke nach Basra im Süden Syriens eingesetzt war.

● **JORDANISCHE PHOSPHATE**
Eine weitere Bahn in Jordanien ist die Aqaba Railway Corporation (ARC) Sie fährt seit 1979, um Phosphate aus den Minen in Al Hassa und später aus Wadi el Abiad nach Aqaba zu bringen. Die diesel-elektrischen Co-Co´s mit 100 Tonnen und 2000 PS von General Electrics und sind gut für die Strecken im Nahen Osten.

Abdul Asis ibn Saud (1880-1953), von 1932-53 erster König Saudi Arabiens, war ein Eisenbahnfreund. Er setzte sich für eine über 60 km lange Normalspurstrecke von Riad bis nach Ad Dammam, der Stadt am Golf von Bahrain und dem nahegelegenen Ölfeld, ein. Diesel-elektrische Bo-Bo´s und Co-Co´s wurden von Beginn an eingesetzt. In den Siebzigern hatte ein Konsortium den Plan, die Hedschas Bahn im südlichen Jordanien wieder zu eröffnen. Es wurden viele Erhebungen gemacht, doch die Arbeiten wurden nicht aufgenommen.

● **ZUGANG ZUM MITTELMEER**
Auf Iraks Eisenbahnenstrecken gibt es Meter- und Normalspur. Irak hat die Absicht, die Bahn zu modernisieren und neue Linien zu bauen. Eine Strecke verläuft von Bagdad durch Syrien bis zum Mittelmeer. Man hat in starke Dieselloks mit 3600 PS für die Normalspurstrecken investiert. Die Irakischen Eisenbahnen haben etwa 450 diesel-elektrische Loks, hauptsächlich auf der Normalspur, im Dienst. Auf den meterspurigen Strecken sind offiziell 75 Dampflokomotiven aktiv.

Iran hat sich 1950 der Dampfloks zugunsten der diesel-elektrischen Loks von General Motors entledigt.

Israels 900 km langes Netz wird nur von Dieselloks befahren.

● OBEN RECHTS
Eine 2-8-2 der Hedschas Bahn, 1955 von Jung gebaut, 1979 im Schuppen in Amman, der jordanischen Hauptstadt.

● RECHTS
Zwei syrische 2-6-0 Tenderloks auf der 1,05 Meterspur, von SLM aus der Schweiz 1894 gebaut, lassen Dampf in Sergaiah an der syrisch-libanesischen Grenze vor der Rückkehr mit Ausflugswagen in die syrische Hauptstadt Damaskus ab.

Indische Dampfloks

Indiens letzte Phase in der Entwicklung von Dampfloks war von der Bauweise amerikanischer Typen beeinflusst, die während des Zweiten Weltkrieges in das Land kamen. Die einfache und robuste Konstruktion der Amerikaner sowie der leichte Zugang zu den beweglichen Teilen kam den indischen Bedürfnissen entgegen. Als neue Standardmodelle für die Breitspurbahn benötigt wurden, um die alten Loks der britischen X Serie zu ersetzen, wand sich Indien an Amerika.

KLASSE WT 2-8-4T

Baujahr	1959
Konstrukteur	Chittaranjan Locomotive Works Chitaranjan, Westbengalen
Auftraggeber	Indian Railways
Spurweite	167,6 cm
Treibräder	170,0 cm
Antrieb	Zylinder 51 x 71 cm
Gesamtgewicht	125 Tonnen

● **WP EXPRESSPERSONENLOK**

Nach Gesprächen mit Baldwin, noch vor der Unabhängigkeit 1947, wurde speziell für indische Bedürfnisse die WP Expresslok hergestellt. Die erste Serie wurde 1947 geliefert. Sie setzten sich durch, gut ausbalanciert und – wegen der 18 Tonnen Achslast- in der Lage, schwere Züge mit knapp 100 km/h zu ziehen. Es wurden im Verlaufe von 20 Jahren insgesamt 755 Loks gefertigt.

Eine schwere Güterzuglok wurde 1950 als Reihe WG eingeführt. Sie hatte den gleichen Kessel, die Teile und den Antrieb der WP Standard, doch kleinere Treibräder und größere Zylinder. Auch sie waren sehr erfolgreich. Es gab von dieser Reihe zum Ende der Bauserie 1970 über 2450 Stück.

Im Laufe der Jahre waren die WGs mit den WPs im Expressverkehr, denn es wurden immer mehr Dieselloks und E-Loks vor Indiens schweren Güterzügen eingesetzt. Es ist ein Tribut der Amerikaner, das es zwischen ihnen nur geringe Unterschiede gab.

Die Kompatibilität der Loks aus den USA nach dem Zweiten Weltkrieg in Indien hatte mit den sich dort ändernden Bedingungen zu tun.

Wartung, Gleiszustand und die allgemeinen Standards der Bedienung und Wartung waren nicht mehr wie einst.

● LINKS
Die indischen Eisenbahnen betrieben 30 dieser wuchtigen 2-8-4 Tenderloks, die in Indien für den schweren Verkehr gefertigt wurden. Ihre gekuppelten Achsen und die Zylinder waren mit denen der WP Pacific identisch, doch war der Kessel kleiner. Diese Lok, die gerade mit Wasser in Rajahmundri betankt wird, war im Überlandverkehr im Godavari Delta, in Andhra Pradesch, eingesetzt.

● GEGENÜBER
WPs waren für Indien typische Expresszugloks und nie waren zwei genau gleich. Etliche hatten schöne Ornamente und waren prächtig geschmückt.

Eine leichtere Pacific wurde für die kürzeren Strecken im Nordwesten des Landes benötigt und 104 Exemplare wurden gekauft. Diese Loks, 1955-68 gebaut, haben eine Achslast von 17 Tonnen.

● **DAS ENDE DER DAMPFÄRA**

Eine ähnliche Standardisierung wurde auf dem großen meterspurigen Netz mit der YP Pacific und der verwandten YG 2-8-2 in den frühen 50ern vorgenommen. Die meterspurige YL 2-6-2 mit einer Achslast von acht Tonnen wurde 1952 eingeführt. Damit gab es insgesamt drei Standardklassen.

Die Umstellung auf Diesel und die Elektrifizierung schritten in Indien, das allgemein als letztes großes Land der Dampfloks galt, voran. Indien ging seiner Dampfloks verlustig, die letzte Breitspurlinie wurde 1995 aufgegeben. Ende 1996 war die Meterspur nur noch ein Schatten ihrer selbst. Auf den Schmalspurstrecken hatten die Dieselloks und Stilllegungen ihren Tribut gefordert und eine Menge von faszinierenden, vorzeitlich anmutenden Fossilien dezimiert.

● GANZ OBEN
Jedes Jahr hielten die Indian Railways einen Schönheitswettbewerb für Lokomotiven ab. Jede Linie wurde aufgefordert, eine geschmückte WP der Jury in Delhi vorzuführen. Hier ist die Nr. 7247 der Eastern Railways dabei, das Depot in Asansol in Westbengalen auf dem Weg nach Delhi zu verlassen.

● OBEN
Diese 1676 mm spurigen WP Pacific (links) sowie eine WG der Reihe 2-8-2 (rechts) stehen im Depot. Von diesen Nachkriegsmodellen gab es in Indien mehr als 3000 Stück.

● LINKS
Die nordindischen Zuckerplantagen haben viele Loks, die auf 610 mm Spuren fahren. Die meisten Loks stammen aus Europa. Hinzu kam eine Serie von 4-6-0 Baldwins, die für das Militär in Europa während des Ersten Weltkrieges gebaut wurde und dann zum weiteren Gebrauch nach Indien gelangten. Eine altgediente Lok wird in Katauli mit Wasser betankt.

Indien wird elektrifiziert

Indiens erste elektrische Züge waren im Einsatz, bevor die berühmte X Serie der Standard Dampfloks in den späten Zwanzigern eingesetzt wurde. In den Dreißigern waren die beiden Hauptstrecken der Great Indian Peninsular Railway (GIPR) von Bombay ausgehend elektrifiziert worden. Diese waren wegen des langen Anstiegs zum Deccan Plateau nötig. Zwei Routen, eine nach Kalkutta, eine nach Madras, hatten einen Aufstieg von 600 m mit 2,5 Prozent Steigung. Die Loks von Metropolitan Vickers waren 2-Co-1 für Personen- und die C-C mit Treibstangenantrieb für den Güterverkehr. Die Spannung lag bei 1,5 kV Gleichstrom.

● LINKS
Eine WAM4 Co-Co Güterzuglok der Indischen Staatseisenbahnen.

INDIAN RAILWAYS E-LOK REIHE WAM4

Baujahr	1971
Konstrukteure	Chittaranjan Locomotive Works Chittaranjan Damodar Tal, Westbengalen, Bihar State, Indien
Auftraggeber	Indian Railways
Spurweite	167,6 cm
Spannung	25 kV AC
Achsbild	Co-Co
Gewicht	115 Tonnen

● Dampfloks verschwinden

In Indien war die Übergangsperiode vom Dampf- zum Dieselantrieb lang. Es dauerte 65 Jahre, bis die Dampfloks von den Hauptstrecken verschwanden. Das 4-6-0 Modell der BESA Serie wurde bis 1951 gebaut.

Mitte der Fünfziger trieben die Indischen Bahnen die Elektrifizierung und die Umstellung auf Diesel voran. Die Elektrifizierung wurde bevorzugt, da das Land zwar Kohle, aber keine Ölindustrie hatte. Die Elektrifizierung der langen Hauptstrecken war eine gute Anlage für ein Land, das so viel Menschen hatte und in dem die Eisenbahn die Lebensader einer pulsierenden Wirtschaft war. Die 718 km Breitspur war bis 1961 elektrifiziert worden. In der folgenden Dekade kam man auf 3540 km.

Die elektrifizierten Vorortstrecken in Kalkutta, Howrah und Sealdah liefen mit 25 kV Wechselstrom, was zum Standard in Indien wurde. Den diesel-elektrischen Loks WDM1 aus Amerika folgten die WDM4, welche von Alco-Konstruktion waren und in Varanasi im Diesellokomotivenwerk in Uttar Pradesch, gebaut wurden. Später zogen die E-Loks viele Züge dieser sechsmotorigen „Arbeitspferde".

● E-Loks aus Indien

Die erste in Indien gebaute E-Lok kam 1962 von den Chittaranjan Locomotive Works bei Asansol in Westbengalen. Die

● RECHTS
Im Juni 1994 transportierte die Air Foyle/Antonov den weltweit ersten „fliegenden Zug", eine 109 Tonnen schwere Diesellok, von Kanada nach Indien.

● RECHTS
Eine ganz neue 6C Co-Co der Reihe WAG für 25 kV Wechselstrom (AC) in blau-weißer Lackierung erstrahlend.

● UNTEN LINKS
Eine von 1200 Elektrotriebwagen der indischen Northern Railways, aufgenommen auf der Strecke New Delhi-Palwal, einem Ort mit großen Kulturschätzen in Haryana, südöstlich von Delhi.

● UNTEN RECHTS
Eine WAP 1-25 Co-Co Personenzuglok der indischen Northern Railways bei der Abfahrt.

WCM Lok mit 3600 PS war für die Gleichstrom-Strecken der Central Railways. Indiens erste E-Lok mit Wechselstromantrieb war eine WHE1 Bo-Bo eines europäischen Konsortiums.

In den Siebzigern hatte Indian Railways 600 E-Loks und 1100 Diesselloks, 700 davon waren Standard WDM2 Co-Co´s mit 2500 PS. Ein Jahr darauf baute Chittaranjan die letzte Dampflok, eine meterspurige 2-8-2 der Reihe YG. Indiens erste elektrifizierte Route war Delhi-Kalkutta. Danach kam Delhi-Madras, Delhi-Bombay und Kalkutta-Madras-Bombay. Bis 1987 waren 8000 km Strecke elektrifiziert.

● **UNABHÄNGIGKEIT**

Die Tage, in denen Indien große Mengen an Lokomotiven und Waggons, meistens aus England importierte, sind vorbei. Das Land ist im Hinblick auf die hochtechnisierte Produktion in der Eisenbahnindustrie autark. Die Lokomotivenindustrie wurde in Indien seit den Sechzigern entwickelt und führte zur Ausmusterung der Dampfloks auf Breitspurstrecken. In einigen Gebieten blieben YP und YG Pacifics und Mikados auf den Meterspuren, besonders bei den Western und North-East Frontier Railways, die 1997 ausrangiert werden sollten.

● LINKS
Diese Lokomotive von Alco wartet auf Dienstbeginn.

Chinesische Lokomotiven

Seit den fünfziger Jahren ist das Dampfzeitalter weltweit auf dem Rückzug. Bis 1970 sind Dampfloks weitestgehend verschwunden, vornehmlich in Nordamerika und fast ganz Europa. Das Mitte der Siebziger in China pro Tag mindestens eine Dampflok produziert wurde, haben die Medien weltweit verkündet.

● DATONG UND TANGSHAN

Chinas Eisenbahnzentrum lag bei Datong, westlich von Peking in Shanxi, nicht weit von der Grenze zur Autonomen Republik Innere Mongolei. Das Gebiet ist für heiße Sommer und sehr kalte Winter bekannt.

Datong, eröffnet 1959, baut Dampfloks, die dem Plan der russischen Loks der Fünfziger entsprachen. Dort wurden zwei Standardklassen produziert: die Qianjin (Vorwärts) QJ 2-10-2 für Güterzüge erstmalig 1965 und die JS 2-8-2 Universallok. Als der Bau von Eisenbahnenstrecken stieg, gingen einige dieser Loks an neue Linien.

Kurz nachdem vom Westen die Produktion in Datong wahrgenommen wurde, erfuhr man von einem weiteren Werk, welches Industrieloks fertigte. Es lag in Tangshan, dem Kohleabbaugebiet und industriellen Zentrum etwa 260 km östlich Pekings, Provinz Hebei. In Tangshan wurde der „Shangyang“ (Sonnenpfeil) bzw. Loks der Reihe SY gebaut, doch wurde die Stadt 1976 durch ein Erdbeben zerstört. Das Erdbeben war von bisher einmaliger Schwere; von 1,06 Mio. Menschen sind 242000 umgekommen. Tangshan baute man schnell wieder auf und der Bau von Dampfloks wurde wieder aufgenommen. Tangshan hat ca. 1700 SY Mikados produziert.

Datong gab den Bau von Dampflokomotiven in den späten Achtzigern auf. Im Sommer 1996 wurde die Produktion eingeschränkt wieder aufgenommen.

● OBEN
Eine 2-10-2 der Reihe QJ wird im Werk zusammengesetzt.

● LINKS
Eine Serie QJ Loks ist hier inmitten des Dunstes des Anheizschuppens der Datong Werke zu sehen. Beide Lokomotiven sind den ganzen Tag auf einer speziell gefertigten Versuchsstrecke gelaufen.

● **DIE DAMPFLOKPRODUKTION**
Andere Werke bauten Dampfloks für Chinas Waldbahnen mit 762 mm Spur. Es waren 0-8-0 Standardloks mit 28 t. Vereinzelt werden sie noch produziert.

Der Produktion von Dampfloks beizuwohnen, ist ein unvergessliches Erlebnis. Die Werkstatt hat mindestens 20 Kessel in verschiedenen Bauphasen. Die Feuerbüchsen stehen neben dem Kesselrohbau. Die Szenerie war mystisch erleuchtet und die von den Schweißern erzeugten Lichter warfen dunkle Schatten zum ohrenbetäubenden Kreischen der Bohrer an die Wand. Die Erinnerungen an frühere Werke wurden wach, egal wo – es war, als ob man mit einer Zeitmaschine zurück in die lebendige Zeit der Dampfära gereist war. Und etwas, was man viele Jahre vermutete, wurde klar: Das Dampfzeitalter war in jeder Hinsicht so phantastisch, wie die Erinnerung daran.

(QJ) KLASSE 2-10-2

Baujahr	1957
Konstrukteur	Datong & Dalian
Auftraggeber	China Railways
Spurweite	143,5 cm
Treibräder	1500 mm
Antrieb	2 Zylinder 65 x 80 cm

● GANZ OBEN LINKS
Schweißarbeiten im Inneren einer Feuerbüchse in den Datong Lokomotiven Werken, Provinz Shanxi, China.

● GANZ OBEN RECHTS
Schweißen am Rauchkammersattel und den Zylinder einer 2-10-2 Lok Reihe QJ.

● OBEN
Toleranzmessungen an dem Fahrgestell einer QJ 2-10-2

● LINKS
Die Treibräder der QJ 2-10-2 sind im Vordergrund. Die Lokomotive im Hintergrund ist bereit, die Fertigungshalle für Testfahrten zu verlassen.

CHINAS AKTIVE DAMPFLOKS

● UNTEN
Die in Tangshan gebaute 2-8-2 Industrielok der Reihe SY kippt flüssige Schlacke in die Halde der Anshan Eisen und Stahlwerke. Anshan ist führend in der Stahlverarbeitung.

Durch den Rückgang der Dampfloks in Indien in den Neunzigern wurde China der größte Betreiber. China hatte 1996 etwa 6500 Dampfloks im Einsatz. Das ist mehr, als der Rest der Welt zusammengenommen hat. Als Indien mehr als 6500 aktive Loks hatte, gab es mehr als 150 Typen. Chinas Planwirtschaft hat dazu geführt, dass es nur fünf Typen gibt – nur drei Loks für Hauptstrecken, eine Industrielok und eine Schmalspurlok.

● HAUPTSTRECKEN

Auf den Hauptstrecken fahren meist die 2-10-2 der Reihe QJ, mehr als 3000 sind aktiv. Ihnen folgen die 2-8-2 der Reihe JS mit etwa 1300 Exemplaren und dazu kommen die 25 verbliebenen der einst zahlreichen 2-8-2 Loks der Reihe JF. Die 2-8-2 Industrielok der Reihe SY beläuft sich auf 1700 Stück. Auf der 762 mm Spur finden sich 500 Standard 0-8-0, insgesamt sind das 6500 Lokomotiven. Im Gegensatz zu den allgegenwärtigen QJ verschwinden die JF Mikados nun plötzlich von den Hauptstrecken. Diese waren Vorläufer der Reihe JS und beliefen sich auf 2000. Die älteste Lok ist von 1918

Die meisten an die Bahn angeschlossene Industrie Chinas hat die 2-8-2 der Reihe SY. Die meisten der

● LINKS
Der tägliche Pendlerzug fährt über die 700 mm breiten Schienen in Anxiang, im Nordosten Chinas.

● GEGENÜBER
Ein Trio von 2-10-2 der Reihe QJ, eingehüllt in den Dampf vor dem Lokschuppen in Shenyang, Provinz Liaoning, im Nordosten Chinas.

SY KLASSE 2-8-2 INDUSTRIELOK

Baujahr	1969
Konstrukteur	Tangshan Locomotive Works Hebei, China
Auftraggeber	Industriewerke in ganz China
Spurweite	Standard
Treibräder	1370 mm
Antrieb	2 Zylinder 53 x 71 cm
Gesamtgewicht	145 Tonnen

neuen Loks sind leichte, typisch amerikanische Mikados, die vor dem Ersten Weltkrieg in Amerika weit verbreitet waren.

Diese Rarität ist auf einem Industriegelände zu finden. Im November 1996 wurde bestätigt, dass es mindestens eine 2-8-0 der Reihe KD6 im aktiven Dienst gibt. Diese Lok ist eine berühmte United States Army Transportation Corps (USATC) S160, von der mehr als 2000 in Amerika für Operationen mit britischen Lademaß weltweit im Zweiten Weltkrieg gebaut wurden.

● DIE EINMALIGEN 2000 TONNEN-ZÜGE

Dampfloks sind auf Hauptstrecken zu sehen, die über 2000 Tonnen schwere Züge schleppen. Die mächtige QJ Loks, meist zu zweit, können große Steigungen, von denen es viele auf den Hauptstrecken gibt, überwinden.

● QJ LOKS AUF NEUEN STRECKEN

China als Mekka des Dampfes erhielt am 1. Dezember 1995, als eine neue 950 km lange Bahnstrecke an der Grenze zur Autonomen Mongolischen Republik eröffnet wurde, eine neue Attraktion. Sie wird allein von den QJ Loks befahren, hat sechs Lokschuppen und eine Semaphor-gesteuerte Signalanlage. Die Strecke verläuft von Tongliao, einer Stadt im äußersten Osten, nach Jining, östlich der Region Hohot. Über den Jingpeng Pass fahren QJ in Doppeltraktion über einen 50 km langen Abhang durch sechs Tunnel über Serpentinen und einen Viadukt mit 90 Grad.

● OBEN LINKS

Der Stolz des Harbinschuppens war „Zhoude", die Lok der Reihe QJ, die nach dem Helden der Kommunistischen Revolution in China, Feldmarschall Zhu De (1886-1976), befehlshabender General der Volksbefreiungsarmee Chinas in der Hierarchie gleich hinter Mao Tse-Tung, benannt wurde. Zhoude ist durch die Metallembleme an den Feuerbüchsentüren verewigt.

● OBEN RECHTS

Die Silhouette einer 2-8-2 Industrielok der Reihe SY, eingetaucht in Lichtkegel, ist im Lokschuppen der Anshan Eisen- und Stahlwerke zu sehen.

Modernes China

Seit der Gründung der Volksrepublik China 1949 hat sich das Streckennetz mehr als verdoppelt und das Aufkommen des Fracht- und Passagierservice hat sich verzehnfacht bzw. ist bis zu 20 mal höher.

● LINKS
Die Volksrepublik hat nur drei Städte mit Straßenbahnen Changchun, Anshan und Dalian. Hier in diesem Schuppen wird der Verfall deutlich, der eingesetzt hat und zur Stilllegung des Netzes führte.

● PERMANENTE EXPANSION

Die Expansion des Verkehrssystems hält an und im Jahr 2000 werden die Eisenbahnplaner die elektrifizierten Fracht- und Personenlinien verbessert haben. Dampfloks wird es noch einige Jahre geben. Kohle ist billig und reichlich vorhanden, Öl nicht. Die jährliche Aufstockung mit neuen Diesel- und E-Loks kann nicht mit dem wachsenden Verkehr Schritt halten, so dass die Dampfloks nur langsam weichen.

Standard- und Schmalspurloks mit Dampfantrieb werden in kleiner Auflage noch hergestellt. In den Achtzigern hatte die chinesische Eisenbahnproduktion einen nie dagewesenen Output. Der Transport von Kohle wurde zu Chinas drängendstem Problem. Die Provinz Shaanxi besitzt ein Drittel der

Kohlevorräte Chinas und Millionen von Tonnen liegen noch unter der Erde. Im Moment macht Kohle 50 Prozent des Frachtgutes auf den vier Hauptstrecken Chinas aus. Diese sind:

- Peking-Guangzhou (Kanton)
- Shenyang-Lanzhou-Lianun Gang
- Peking-Shanghai
- Harbin-Taliang

Lanzhou liegt in der Provinz Gansu. Lianun Gang in der Provinz Kiangsu, Harbin in der Provinz Heilongjiang und Taliang in der Provinz Liaoning.

Es wurden seit den ausgehenden Fünfzigern viele Dieselloks gebaut und in den Achtzigern waren Chinas Bahnen mit 20 Prozent Dieselloks bestückt. Eine große Flotte von vor Ort gefertigten

● OBEN LINKS
In der Provinz Liaoning gibt es die Linie Shenyang-Taliang, die bis in die Achtziger hauptsächlich von Dampfloks bedient wurde. Ein Güterzug bricht von Shenyang nach Dalian auf und passiert in der Nähe der Fushun Linie den Hunhe Fluss. In Fushung, nordöstlich von Shenyang, liegt Chinas größtes Kohlenrevier übertage.

● LINKS
Eine „Co-Co“ Diesellok DFH3 der chinesischen Eisenbahnen an der Spitze eines Personenzuges unterwegs zwischen Jilin und Shengchun, in der gleichnamigen Provinz im Nordosten Chinas. Shengchun wurde durch die Japaner Hauptstadt des Vasallenstaates Mandschurei (1932-45).

● RECHTS
Eine Serie von diesel-elektrischen Loks der DF4 Klasse an der Spitze eines Güterzuges passiert Zoujia auf der Strecke Changchun-Jilin im Januar 1994.

CHINESISCHE EISENBAHNEN DIESEL-E-LOKS KLASSE DF 4

Baujahr	1969
Konstrukteur	Taliang Lokomotiv-Werke Liaoning, China
Auftraggeber	Chinesische Eisenbahnen
Spurweite	Standard
Achsfolge	Co-Co
Gewicht	138 Tonnen
Höchstgeschwindigkeit	100 km/h

Dong Feng (Ostwind) Güter-„Co-Cos“ mit zur Zeit 3.300 Stück soll auf 4.000 Stück bis Anfang 2000 aufgestockt worden sein. Zu Beginn der Achtziger lieferte General Electric (GE) mehr als 200 Modelle der C36-7 „Co-Co“ Diesel-E-Loks mit 4.000 PS für den Güterverkehr. GE erhielt drei Jahre später einen Folgeauftrag über 200 Lokomotiven.

● DIE NACHFRAGE ÜBERSTEIGT DAS ANGEBOT

Eine „Dong Feng Co-Co“ mit 5.000 PS ist Chinas Standard-Diesellok für den Personenverkehr. Die Verbreitung des Diesel- und Elektroantriebs kann mit der Nachfrage nicht Schritt halten, so dass die 2-10-2 der QJ Klasse und die 2-8-2 der JS Klasse weiterhin genutzt werden.

In den Neunzigerjahren hatte die Elektrifizierung der zweigleisigen Kohlelinie von Shanxi bis zum Hafen von Quinhuangtao in Hebei sowie die 322 km lange Kohlenstrecke von Datong in der Inneren Mongolei bis nach Taiyuan, der Hauptstadt Shanxis Priorität.

Der Bau neuer Strecken sowie die Elektrifizierung erhöhten das Aufkommen der Kohletransporte, weil China zu 70 Prozent den Verbrauch selbst deckt. Mit Kohle verdient China durch Millionen von Tonnen an Exporten Devisen. Um die neu elektrifizierten Linien zu bedienen, haben chinesische Hersteller die 138 Tonnen schwere „Shaoshan“ SS3 E-Lok geliefert. Die Nachfrage ist so groß, dass 80 mit Mikroprozessoren und Thyristorsteuerung versehene „Co-Cos“ mit 4.800 kV in Japan sowie 100 E-Loks in Russland gekauft wurden.

● LINKS
Harbin, die Hauptstadt Heilongjiangs in Nordost-China, hatte einst ein Straßenbahnnetz. In den späten Achtzigern gab es nur noch eine Linie. Dieses Bild stammt vom Harbin Bahndepot im letzten Jahr vor der Schließung.

Japanische Güterzüge

Japanische Strecken haben meistens eine Schmalspur, um wirtschaftlicher das bergige Terrain zu bewältigen. Die Spurweite und die Gebirge machten die Strecke langsam. Dazu kam die Straße als Konkurrenz. Neue Schnellstraßen auf direkten Routen erlaubten kürzere Reisezeiten. Die Bahn reagierte- die Antwort hieß „Shinkansen".

● TRANSPORTEFFIZIENZ BEI SCHWEREN LADUNGEN

Die Bewältigung des Güterverkehrs orientierte sich an der Handhabung anderer Länder. Man konzentrierte sich auf das, was die Schiene gewährleistete, nämlich den schweren Gütertransport auf einer kleinen Zahl von Linien.

Dieses sind entweder Güterwaggons voll mit Ladung wie z.B. Stein und Erz, oder Containerwaggons, bei denen die Frachtkosten stark minimiert wurden. Trotz dieser Fokussierung auf bestimmte Frachten ist der Verkehr defizitär. Der

● UNTEN
JR Güterloks am Shin Kawasaki Depot abgestellt. Rechts eine EF 66 29 Lok für den gemischten Verkehr. Viele Lokomotivklassen haben die gleiche Karosserie und doch verschiedene Spannungen. Links eine EF 200 8 aus den Neunzigerjahren. Laut Aufschrift ist die Lok mit Stromrichtertechnik ausgerüstet.

● GEGENÜBER
Chichibu Railway Elektro-Lokomotive No. 103 auf einem Güterbahnhof in Chichibu, Honshu, 1995. Der Güterverkehr läuft die ganze Woche, oft auch Sonnabends.

Verkehr ging von 688 Mio. Tonnen 1985 auf 584 Mio. Tonnen 1991 zurück. Die Zahl der Rangierbahnhöfe wurde 1986 von 110 auf 40 verringert. Die Frachtkilometer fielen 1985 um 25 %.

● DIE UMSTRUKURIERUNG DER JAPANISCHEN EISENBAHNLINIEN
Als Teil der Umstrukturierung der japanischen Eisenbahnen, die 1987 begann, wurde JR Freight für die Abwicklung des Frachtverkehrs gegründet. Die Firma besitzt Lokomotiven (1069 in 1994), Waggons, Frachtterminals und zahlt für die Nutzung der Personenstrecken.

Eine kleine Zahl privater Betreiber unterhält Güterlinien. Die Chichibu Eisenbahn in Chichibu, 50 km nordwestlich von Tokyo, hat mehr Frachtgut als jede andere private Linie und bindet ein Kalk- und Zementwerk an das Schienennetz von JR.

● OBEN
Die JR Diesellok DE10 1521 ist eine Rangier- und Güterlok. Die 1966 gebauten Hydraulik-Dieselloks haben das typische Achsbild AAA-B. Sie sind auf den wenigen Bahnhöfen eingesetzt, die noch über ein Frachtterminal verfügen. Die Lok ist 1994 in Fuji auf Honshu am 3775 Meter hohen heiligen Berg, dem Fujijama, aufgenommen worden. Die höchste Erhebung Japans liegt 113 km südwestlich von Tokio und ist ein Vulkan, der 1649 erloschen ist.

● UNTEN
Die EF 66 22 E-Lok mit einem Containerzug in Odawara auf der Tokaido Linie 1994. Diese Klasse wurde 1964 eingeführt. Sie hatte die gleiche Karosserie wie andere Fabrikate, die auch in den Export gingen, und sind vergleichbar mit den Lizenzmodellen aus Spanien. Odawara ist eine Stadt in Kanagawa, südöstlich auf Honshu gelegen, der größten der vier japanischen Hauptinseln. Odawara liegt 80 km südwestlich von Tokio. Tokaido ist eine grosse Küstenregion am Pazifischen Ozean zwischen Tokio und Kyoto, das bis 1869 Japans Hauptstadt war. Es handelt sich um ein großes Industriegebiet in der Kantoebene an den Kantobergen. Tokaido bedeutet „östliche Küstenroute".

E-LOKS DER KLASSE EF 66

Einführung	1968
Konstrukteure	Mechanik: Kawasaki Heavy Industries, Japan Elektrik: Tokyo Shibaura Electric Co., Tokio, Japan
Spurweite	1067 mm
Kettenspannung	1500 kV DC
Achsbild	B-B-B
Leistung	3900 kW
Gewicht	100 Tonnen
Höchstgeschwindigkeit	120 km/h

Japans „Bullet-Triebzüge“

Japans „Bullet-Triebzüge“, die Shinkansen, d.h. soviel wie „Neuer Superexpress“, wurden entwickelt, um schnellen und zuverlässigen Personenverkehr zwischen den Ballungsgebieten zu gewährleisten.

Alle Routen mussten neu gebaut und separat installiert werden. So bevorzugte man die Standardspur gegenüber der auf Japans Strecken üblichen Schmalspur. Die Strecken wurden für 250 km/h schnelle Hochgeschwindigkeitszüge konzipiert.

● OBEN
Ein „Shinkansen“ der Serie 100 erreicht den Bahnhof von Tokio 1994

● TOKAIDOEXPRESS

Die erste Route des Tokaidoexpress auf Honshu wurde für die Olympischen Spiele 1964 eröffnet. Sie verlief über 400 km von Tokio nach Osaka, Japans zweitgrößter Stadt und neben Nagoya und Kyoto die Industriestadt des Fernen Ostens. Drei weitere Routen wurden auf Honshu eröffnet:

- Die Sanyolinie, die südlich von Osaka verlief.
- Die Joetsulinie, die Tokio mit Niigata im Norden des Landes verband.
- Die Tohokulinie nördlich von Tokio Richtung Morioka.

Eine Strecke wurde von der Tohokulinie nach Yamagata, einem Zentrum der Seidentextilindustrie, abgezweigt. Diese Strecke bestand bereits und wurde begradigt und in der Spur angeglichen und entspricht nicht den anderen Hochgeschwindigkeitsstrecken.

● UNTEN
Ein „Max Shinkansen“ E153 102 in Utsunomiya auf Honshu 1994 Die Doppeldecker Superexpresszüge wurden gebaut, um das Fahrgastaufkommmen der Pendler- und Urlaubszüge nördlich von Tokio zu erhöhen.

● FÜNF VERSCHIEDENE BAUREIHEN

Den Shinkansen gibt es in fünf verschiedenen Auflagen. Die O Serie ist die erste, welche auf Interregiostrecken Tokaidos und Sanyos laufen. Die 100er Serie ist halbschnell und die 300er Serie zieht die schnellen Nozomizüge, beide auf den Tokaido/Sanyo Linien. Die 200 Serie bedienen die Strecken von Joetsu und Tohoku und haben einen blauen, nicht einen grünen Seitenstreifen. Die 400er Serie hat kleine Wagen, welche sich von den anderen der Yamagatlinie stark unterscheiden. Die E-2 Serie setzt Doppeldecker auf den Joetsu und Tohoku Routen ein und wurde „Max“ getauft.

Es gibt keine externen Signale. Das Führerhaus des Shinkansen ist mit einem

SHINKANSEN 0-SERIES TRAIN

Baujahr	1964
Konstrukteure	Mechanik: Niigata Tekko Hitachi MFG Co Kawasaki Heavy Industries Japan Elektrik: Hitachi MFG Co. Tokio Shibaura Electric Co. Japan
Spurweite	Standard
Kettenspannung	25 kV AC, 60 Hz
Antrieb	Allachsenantrieb
Leistung	11840 kW/Wagen
Höchstgeschwindigkeit	220 km/h

automatischen Signalsystem ausgerüstet, das auch im Tokioter Transportmuseum besichtigt werden kann. Die ersten Züge machten 220 km/h, 240 km/h auf den Strecken im Norden. Nozomizüge erreichten 270 km/h. Die nächste Generation soll mit 320 km/h laufen.

Versuchszüge waren bereits schneller. Die Zugdichte ist sehr hoch. Es gehen von Tokio auf der Tokaidolinie zehn Züge zwischen 8 und 9 Uhr ab, sechs davon gehen nach Osaka, einer weiter nach an den Hafen nach Okayama, zwei nach Hirsohima und einer nach Hakata. Der schnellste Zug erreicht in 2 Stunden 32 Minuten das 515 km entfernte Osaka mit nur zwei Zwischenstopps, bei denen vier Wagen en route angehängt werden.

● OBEN
Ein „Shinkansen“ 222-18 der 200er Serie in Utsunomiya, 97 km nördlich von Tokio 1994. Dieser Bahnhof liegt an der JP Strecke nach Nikko, einem der ältesten Tempelbezirke Japans, Bergstadt und zugleich Erholungsort in 609 m Höhe im Nikko Gebirge der Hauptinsel Honshu.

● UNTEN
Ein „Shinkansen“ der Serie 1994 in Shin Fuji, einer der vielen Haltestellen, die es den Schnellzügen erlauben, die Regionalzüge zu überholen. Der vielfotografierte Abschnitt mit dem Fujijama im Hintergrund liegt unweit nördlich dieser Haltestelle.

Japanische MUs

Die Japaniese Railways (JR) sind vor langer Zeit elektrifiziert worden. In 1991 waren 11700 km, d.h. 58 % des Schienennetzes, elektrifiziert. Die intensive Nutzung auf vielen Linien hat zu einer Steigenden Bedeutung der MUs geführt. Obwohl nur 58 % der Strecken elektrifiziert waren, gab es mehr EMUs (Electric Multiple Units), als DMUs (Diesel Multiple Units). Im Jahre 1991 gab es 3189 Dieseltriebwagen (13 %) und 20.548 Elektrowagen (87 %).

MUs gab es in fast jedem Segment der japanischen Eisenbahnen, sowohl bei der privaten als auch der staatlichen. Das betraf Vorortsstrecken, regionale und Langstrecken (inklusive die Shinkansenlinie) als auch den Markt für Luxuszüge. Die EMUs hatten eine lange Geschichte.

● LINKS
Ein EMU JR Vorortszug Nr. 22-23 in Akihabara, in Tokio 1994 Dieses Modell ist eine Variante des Standarddesigns einer städtischen EMU. Auf den städtischen Verkehrsnetzen hat jede Linie eine andere Farbe, dieselbe Farbe wie auf den U-Bahnplänen. Die Fahrgäste warten an einem Samstagmorgen an diesem Bahnhof, an dem die Züge alle zehn Minuten fahren.

Die zwei häufigsten EMUs, von denen es viele Varianten gibt, sind die Vorortsbahnen und die Regionalzüge. Der Odakayu EMU repräsentiert die Baureihe der kleinen Spezial-EMU's.

Die EMUs der Klasse 165, die in der Tabelle geführt wird, repräsentiert 20 Zugklassen, die 1959-71 für die unterschiedlichen Spannungen mit geringen Unterschieden gebaut wurden. Diese Züge wurden mit bis zu zehn Wagen versehen.

● RECHTS
Die EMU 505 der Shonan Schwebebahn erreicht Ofuna, im Süden von Yokohama, Honshu, 1994. Diese Linie, 1970 gebaut, verbindet die JR Tokaidobahn mit dem Erholungsort Enoshima. Die Strecke hat starke Neigungen und zwei Tunnel. Es ist eine Transportverbindung, keine Ausflugs- oder Touristenlinie.

● UNTERSCHIEDLICHE BAUREIHEN

Private Eisenbahnen betreiben verschiedenste EMUs. Einige stammen von JR und sind entweder gebraucht oder von ähnlicher Bauart. Viele Eisenbahngesellschaften haben ihre eigenen Modelle entwickelt.

In den Ballungsgebieten haben die meisten Linien Strom, da sich die Elektrifizierung auf die häufig befahrenen Routen konzentrierte. DMUs, die auf weniger befahrene Strecken beschränkt sind, findet man in diesen Gebieten selten. Dieselbetriebene Strecken scheinen zuzunehmen, je weiter man von Tokio entfernt ist. Sie konzentrieren sich auf die nördlichen und südlichen Gebiete der Hauptinseln, Honshu und Hokaido und Kyushu, Japans zweit- und drittgrößte Inseln.

JAPANISCHE EISENBAHNEN EMU KLASSE 165

Baujahr	1962
Konstrukteure	Mechanik: Nippon Sharyo Seizo Ltd Kinki Nihon Sharyo und Hitachi MFG Co. Japan Elektrik: Hitachi MFG Co. Mitsubishi Electric Co. Tokyo Shibaura Electric Co, Japan
Spurweite	1,67 Meter
Spannung	1500 kV DC
Konfiguration	2 Triebwagen pro 3-Wagen-Einheit
Achsbild	Vierachsenantrieb pro Triebwagen
Leistung	480 kW pro Triebwagen
Gesamtgewicht	108 Tonnen pro 3-Wagen-Einheit
Höchstgeschwindigkeit	110 km/h

● DIE KASHIMA-KÜSTENBAHN AUF HONSHU

Alle Zugklassen gibt es als DMUs, angefangen von zweiachsigen Schienenbussen, über regionale Eilzüge, die überall halten, bis zu den edlen Expresszügen. Das Fahrzeugdesign, mit Ausnahme der Motoren, ist dem der EMUs ähnlich.

Viele der privaten Eisenbahnen Japans, die ihre Pendelzugstrecken vor Jahren elektrifiziert haben, unterhalten eine große Flotte EMUs. Viele dieser Betreiber haben auch DMUs, nicht nur auf den Eilzugstrecken, sondern für andere auch. Die Kashima Coastal Railway (KRT) auf Honshu zum Beispiel hat DMUs auf einer 80 km langen Route östlich von Tokio. Sie wurden 1985 als hochwertige stromlinienförmige Modelle für den Expressverkehr gebaut.

● OBEN
Ein Express-EMU der Odayakyu Railways (OER) am Bahnhof von Shinjuku in Tokio. Die OER hat, wie viele andere private Eisenbahnen, ausser den Vorortszügen mehrere lange EMU's. Sie bedienen ein Naherholungsgebiet süd-westlich von Tokio. Shinjuko ist der weltweit geschäftigste Bahnhof, der zugleich von der JR, zwei privaten Linien und meheren U-Bahnen angelaufen wird.

● OBEN
Die EMU der Nr. 401-76 bedient die Regionalstrecke der JR in Ishioka, 64 km nördlich von Tokio. Dieses typische Modell mit Spannungswahl (1500 V Gleichstrom und 20 kV, 50 Hz) ist eine Version der Klasse 165. Die Farblackierung deutet auf eine Reihe von Routen, die den Vorortsstrecken ähnlich sind.

● UNTEN
Elektro-Triebwagen der Nr. 108 und 109 der Hakone Tozan Bahn bei Gora. Die 15 km lange Strecke überwindet 450 m Höhe mit Steigungen bis zu 8% durch drei Sackbahnhöfe. Die Züge von 1927 sind immer noch aktiv. Hakone ist ein Erholungsgebiet mit heißen Quellen und einem wunderbaren Blick auf den Gipfel des Fujijama, der 32 km nordöstlich gelegen ist.

Japanische Personenzüge auf Langstrecken

Japans Schmalspurbahnen sowie das bergige Terrain haben die Eisenbahnen davon abgehalten, erfolgreich mit der Konkurrenz durch die Straße und die Luft fertigzuwerden. Die Antwort für den Personenverkehr war der „Shinkansen". Dennoch gibt es den Langstreckenverkehr per Schiene, obwohl er vor 40 Jahren weiter verbreitet war. Der Grund dafür ist der Bau der Hochgeschwindigkeitsstrecken, der es erforderlich machte, die Städteverbindungen dem „Shinkansen" anzupassen. Wo neue Strecken nicht mehr gebaut werden, wurde das Tempo von 120 km/h auf ein Maximum von 160 km/h gesetzt.

Langstrecken fallen in zwei Kategorien: die Tagesstrecken, die von den EMUs bedient werden und die mit Loks bestückten Nachtzüge.

Die Tagesstrecken werden seltener bedient. Es müssen Reservierungen vorgenommen und Zuschläge kassiert werden. Eine Anzahl EMUs und DMUs sind auf diesen Strecken aktiv. Einige haben Neigetechnik, um die Kurven leichter zu nehmen. Doppeldecker mit zusätzlicher Platzkapazität herrschen vor.

● LINKS
JR „Blue Train" Schlafwagen passieren Yarakucho in Tokio. Die Karosserie ist stromlinienförmig, was bei der Einführung dieser Züge sehr modern war.

● LINKS
JR EMU Nr. 189 508 verlässt Oji.

● UNTEN LINKS
Die E-Lok EF 66 44 von JR läuft in Yarakucho, Tokio, am Ende der Nachtfahrt mit dem „Blue Train" ein. Auffällig ist das Namensschild.

● BLUE TRAINS

Die Nachtzüge bestehen aus einer Flotte von „Blue Trains", die normalerweise als Teil- Express fahren. Sie bestehen aus Waggons, hauptsächlich Schlafwagen, von 1958. Die Schlafwagen gibt es in verschiedenen Ausführungen. Der Unterschied zwischen A-und B-Schlafwagen besteht in der Größe der Kabine. Einige Züge haben auch Speisewagen. Nur wenige haben Sitze. Die Züge können von allen Lokomotiven gezogen werden. Die rotlackierten mit der Sternschnuppe auf beiden Seiten sind den Nachtzügen vorbehalten. Normale Ex-

● RECHTS
JR EMU Nr. 185 107 passiert Hamametsucho, 1994 in Tokio. Beachtenswert ist die Anzeigetafel am Steg des Zuges.

JAPAN RAILWAYS EMU KLASSE 185

Baujahr	1980
Konstrukteure	Mechanik: Niigata Tekko Kawasaki Heavy Industries Japan Elektrik: Hitachi MFG Co. Tokyo Shibaura Electric Co. Mitsubishi Electric Co. Japan
Spurweite	1,67 Meter
Kettenspannung	1500 V DC
Wagenanzahl	4
Antrieb	Achtachsig pro Wagen
Leistung	960 kW pro Wagen
Höchstgeschwindigkeit	110 km/h

● LINKS
Ein Beiwagen der JR wird mit Autos in Hamatesucho in Tokio 1994 beladen. Bemerkenswert ist die Seitenladetechnik.

pressnachtzüge mit Schlafgelegenheiten sterben aus. Bestimmte Nachtzüge haben Beiwagen. Diese sind bekannt für ihre unkonventionelle Ladevorrichtungen. Sie werden seitwärts mit Paletten per Gabelstapler beladen. Private Linien haben Expresszüge mit vorgeschriebener Platzreservierung und Zuschlägen, doch kann die Streckenlänge nicht mit denen der JR konkurieren.

● RECHTS
Der EMU Nr. 250-04 der JR ist auf Honshu bei Kogetsuenmae, zwischen dem Gewerbegebiet Tokios Kawasaki und Japans wichtigstem Hafen, Yokohama, eingesetzt. Diese Züge haben Sitze, von denen die Fahrgäste aus über den Fahrer hinwegschauen können. Der EMU fährt auf der Strecke nach Tokio parallel zur Keilin Bahn und bietet einen schönen Ausblick auf die Landschaft.

JAPANISCHE STRASSENBAHNEN UND METROS

● UNTEN
Keihan Intercity hat eine Straßenbahn in Kyoto auf Honshu. Nr. 89 und 90 von Kinki Sharyo in Japan 1967 ist mit Falttreppen für die Straßenhaltestellen ausgerüstet. Hier ist eine Hochflurbahn im Bild.

Japan ist ein Paradies für die Fans des elektrifizierten Nahverkehrs. Das Land ist gut mit Straßenbahnen und Metros bestückt, um die Bevölkerungsmassen von Ort zu Ort zu bringen. Mehr als 100 Trams, Metros und Intercitybahnen gibt es. Meistens sind sie mit den privat betriebenen elektrifizierten Streckennetzen verbunden. Die Klassifizierung ist schwierig, denn die Intercitybahnen sind wie Trams, die Metros können Intercitybahnen ziehen und Bahnen, die als Intercitystrecken anfingen, haben ein dichtes Netzwerk von Strecken mit Express- , Interregio- und Eilzügen, um die Menschen zwischen den dicht bevölkerten Städten zu transportieren. In Bezug auf Transit hat Japan genau soviel wie die Schweiz zu bieten. Da der größte Teil der 120 Millionen Einwohner auf 25 % der Fläche lebt, ist eine effiziente Bahnverbindung von größter Bedeutung. Die großen Städte haben U- und Hochbahnen.

● UNTEN
Kochi auf Shikoku, Japans viertgrößter Insel, ist eine Hafenstadt, doch die Vororte deuten eher auf ländliche Idylle hin. Die Strecke ist eingleisig und hat eine Wendeschleife. Die von Hitachi gebaute Tram Nr. 201 wurde 1950 gebaut.

● **METROS UND STRASSENBAHNEN**

Tokios weitverzweigte Metro wurde teilweise privat finanziert. Deshalb gibt es zwei separate Netzwerke, drei verschiedene Spurweiten mit Oberleitungen bzw. Stromschiene. Das Fahrgastaufkommen ist so groß, dass zehnteilige Züge eingesetzt werden und zu den Hauptverkehrszeiten „Pusher" eingesetzt werden, die dafür sorgen, dass alle Passagiere in den Zug gehen und die Türen noch zu schliessen sind. Einige der Privaten, die nach Tokio Verbindungen unterhalten, haben auch Metros. Durchgangsverkehr von privaten Bahnen bis zu den städtischen Metros findet man auch in Kobe und Osaka auf Honshu sowie bei den JR-Zügen in Fukuoka, dem Hafen an der Hakata Bucht auf Kyushu. Sapporos Metro auf Hokaido hat Züge mit Gummireifen und Hochbahnstrecken, welche als Schutz gegen Schneefälle abgedeckt sind. Sapporo wurde 1869 von der japani-

● UNTEN
Der Wagen 7513 ist hier auf der Arakawastrecke des Tokyo Metropolitan Transport Bureau, ein 12 km langes Stadtnetz mit 1372 mm Spur aus Vortagen, im Bild. Die Tram wurde 1962 von Niigata Engineering gebaut.

schen Regierung als Pionierstadt gegründet und ersetzt Hakodate als Hauptstadt. Die Straßenbahnen haben seit einigen Jahren an Bedeutung verloren. In den größeren Städten wurden sie durch Metros beseitigt. Andernorts wurden sie durch Busse ersetzt. Es gab kaum Entwicklungen. Hiroshima auf Honshu ist die einzige Stadt, die ein modernes, großes Streckennetz hat. Sie hat eine Intercitylinie, die per Direktverbindung mit den Straßenbahnen der Stadt verbunden ist.

In den 90ern gibt es wieder Hoffnung für die Straßenbahnen. Hakodate, die Hafenstadt auf Hokaido, an der Straße von Tsurgaru sowie Kitakushu an der Straße von Shimonoseki bei Honshu, haben abgebaut. Doch andere haben neue Züge gekauft, oder alte Wagen wieder instand gesetzt. Moderne Verkehrsplanung nutzt die Infrastruktur effizient, so dass weitere Stilllegungen unnötig scheinen.

● UNTEN
Gifu liegt auf Honshu, nordwestlich von Nagoya, und hat Trams und Intercitybahnen auf der gleichen Strecke. Verbundbahn Nr. 875 und 876, die aus Sapporo kam, fährt auf dem städtischen Streckenabschnitt der Mino Linie, auf der die Verbindung mit den Intercitybahnen Mehrfachspannung erforderlich macht. Mino liegt 20 km nördlich von Gifu.

● OBEN
Die Meter-Spur in Toyohashi auf Honshu, südöstlich von Nagoya, hat drei Strecken mit 23 km. Tram Nr. 3105, die beim Einlaufen in den Bahnhof zu sehen ist, wurde 1943 gebaut und wurde aus Nagoya übernommen.

● UNTEN
Japans nördlichste Stadt Sapporo auf Hokaido hat eine Tramlinie behalten, um die Verbindung mit der Metro aufrecht zu erhalten. Wagen 255 wurde 1958 von einer lokalen Werkstätte für die Meter-Spur gebaut.

● **TRAMBAHNEN**

Tokios Tram auf Honshu ist die einzige verbliebene Bahn, eine weitverzweigte Linie in den südlichen Vororten. Es gibt noch eine private Regionalbahn. Das Netz in Gifu auf Honshu ist eine faszinierende Mischung aus Straßenbahn und ländlicher Intercitystrecke (mit unterschiedlicher Spannung), die privat betrieben wird. Die Hafenstadt Kochi auf Shikoku ist bekannt für die aus eruopäischen Beständen angekauften Bahnen. Die wurden überholt und sind als Touristenattraktion im normalen Verkehr eingesetzt. Auf Honshu wurden die Trams Osakas 1969 aufgegeben, aber eine städtische Tram wurde als Ersatz für die private betrieben. Andere Straßenbahnen wurden beständig aufgerüstet und obwohl sie noch formal Trambahnen sind, kann man sie kaum von den Intercitybahnen unterscheiden. Eine solche Bahn gibt es in Enoshima, dem populären Seebad auf Honshu.

HIROSHIMA VERBUNDTRAM

Konstrukteur	Alna Koki, Hiroshima
Spurweite	Standard
Spannung	600 V DC
Achsbild	B-2-2-B mit zwei 120 kW Motoren
Gesamtlänge	26,3 m
Leergewicht	39 Tonnen
Höchstgeschwindigkeit	80 km/h

● **HEIMAT DER SCHWEBEBAHN**

Japan ist auch als Hort der Schwebebahn bekannt. Es gibt eine Transitstrecke in Chiba, der reichen Handelsstadt an der Ostküste der Tokioter Bucht, und in Kitakyushu. Es gibt noch eine Original strecke zwischen Tokio und dem Inlandflughafen von Haneda und einen

● LINKS
Japans modernste Straßenbahn läuft in Hiroshima auf Honshu, das nach dem Zweiten Weltkrieg vollkommen neu aufgebaut wurde. Wagen 3702 ist einer der zunehmenden Verbundzüge. Er wurde 1987 von Alna Koki gebaut.

Abschnitt zwischen Ofuna, südwestlich von Yokohama und Enoshima. Kürzlich wurden neue Verkehrssysteme etabliert , die unbemannte Züge mit Gummireifen auf Hochbahnstrecken als neueste Entwicklung haben. Die Züge auf Honshu sind die Portliner in Kobe, die Newtram in Osaka, NTS in Hiroshima und VONA in Nagoya.

Japan mit seinem großen Markt für elektrische Schienenfahrzeuge lässt sich durch viele Hersteller beliefern. Die Elektronik repräsentiert die neuesten Entwicklungen. Neben Großaufträgen für Straßenbahnen und Metros bekommen die Hersteller weitere Bestellungen von den Trambahnen. Es gibt sogar einen Gebrauchthandel in Japan.

● ABGESCHLAGEN VON DER ENTWICKLUNG

Die meisten Bahnen haben Wagen mit Einzelgestell, doch es gibt auch Verbundwagen in Gifu, Hiroshima und Kagoshima, der Hafenstadt im Süden von Kyushu und in Kitakyushu. Ein Zeichen dafür, dass Japan akzeptiert hat, dass es im Trambahnbau zurückgefallen ist und dass die neuen Ideen aus Übersee kommen, ist die Ankündigung Kumamotos, einer Stadt auf Kyushu:

Man hat die Lizenz für den Bau einer deutschen Niederflurbahn von AEG, bevor die Firma Teil von Adtranz wurde, gekauft.

● LINKS
Die Hankai Tram im Süden Osakas auf Honshu hat zwei Standardspuren mit 18,7 km. Wagen 169 in Ebisucho ist einer von vielen altgedienten Zügen, die seit 1928 im Einsatz sind.

● UNTEN LINKS
Gummireifentrassen gibt es in vielen japanischen Städten. Zum Beispiel die Astrambahn, die 1994 in Hiroshima gebaut wurde.

● UNTEN RECHTS
Die Trams von Hakodate auf Hokaido und von Tokio auf Honshu haben beide 1372 mm Spuren. Hakodate hat gebrauchte Wagen aus der Hauptstadt bekommen, doch Wagen 3003 ist ein 1995 gefertigtes Fahrzeug von Alna Koki für Hakodates zweigleisiges System.

DIE PAZIFIK-ANLIEGER

Einige der kleineren Anliegerstaaten des Pazifiks haben kleine Eisenbahnnetze.

● REPUBLIK KOREA

Die Korean National Railroad (KNR) in Südkorea hat mehr als 3000 km Strecke mit Standardspur, von der mehr als 400 km 1987 elektrifiziert waren. Die Hauptstrecke des Landes verläuft zwischen der Hauptstadt Seoul und dem wichtigsten Hafen Pusan. KNR ist insofern untypisch, da sowohl der Personen- als auch der Frachtverkehr zugenommen haben, obwohl es nicht genug war, um permanent Profit abzuwerfen. Doch neue Linien werden im Zuge des Wirtschaftswachstums gebaut. Die Elketrifizierung wurde vorangetrieben, doch die meisten Strecken haben Dieselloks, bis auf Seouls Vorortsbahnen. Sie sind mit der Metro verbunden, so dass man auf EMUs mit 25 kV Wechselstrom und 1500 V Gleichstrom zurückgreift.

Zunehmender Wettbewerb durch Bus- und Luftverkehr führen zum Ausbau der Strecke Seoul-Pusan und zur Einführung von 150 km/h schnellen Dieselloks. Verbesserungen wurden ständig vorgenommen durch die Einführung der CTC (Centralized train control), die eine effizientere Überwachung der Strecke und damit einen schnelleren und verbesserten Service gewährleistet.

● LINKS
Die Metro Nr. 3126 und 3111 der Singapore Mass Rapid Transit Corporation (SMRT) in Yishun 1990. Yishun ist die Haltestelle der Nord-Südlinie.

● LINKS
Die Diesellok Nr. 38-150 mit 800 PS der Vietnamesischen Eisenbahn in LuuXa 1989 bei Rangierarbeiten. Beachtenswert sind die unterschiedlichen Spurweiten.

● UNTEN
Der DMU Nr. 132 des KNR Express in Yongsan 1995. Diese Wagenreihen wurden 1987 eingeführt und haben zwei Triebwagen und fünf Beiwagen. Yongsan liegt im Süden von Seoul und ist ein guter Platz, um Eisenbahnen zu beobachten. Die Strecke der Vorortsbahn wird zwischen dieser Station und dem Hauptbahnhof unterirdisch.

● MALAYSIA UND SINGAPUR

Singapur hat keine eigene staatliche Eisenbahn. Die einzige Hauptstrecke geht über den Johore Damm, der die Insel mit Malaysia mit Singapore Station verbindet sowie eine Strecke, die nur für den Güterverkehr vorgesehen ist. Eine Direktverbindung gibt es von Singapur nach Kuala Lumpur, der Hauptstadt Malaysiens. Ein Luxuszug für Touristen verbindet Singapur mit Kuala Lumpur und Butterworth, gegenüber von George Town auf Pinang in Malaysien. Singapur hat ein großes Transitnetz. Der erste Abschnitt einer Metro mit Standardspur und Stromschiene wurde 1987 eröffnet. Die Metro hat untertunnelte Abschnitte in der Stadt

● RECHTS
Die 2-6-2T Dampflok der Nr. 131 444 der meterspurigen vietnamesischen Eisenbahnen 1989 in Haiphong. Der französische Einfluss ist an der Lok zu erkennen, der chinesische an den Waggons dahinter.

und Hochbahnstrecken in den Vororten. Malaysia hat ein meterspuriges Netz von mehr als 1600 km. Die Hauptroute verläuft von Singapur über Kuala Lumpur nach Butterworth. Elektrifizierte U-Bahnen wurden 1995 in Kuala Lumpur eingeführt. Die 18 dreiteiligen EMU Wagen waren von britischer Bauweise, in Ungarn gebaut, mit holländischer Elektronik versehen, und in Österreich montiert. Das Fahrgastaufkommen stieg an, doch seit den Achtzigerjahren fiel die Gütertonnage ständig.

● LINKS
Eine PJKA F10 der Nr. F1012 der Indonesian State Railways 1971 in Blitar auf Java. Zwischen 1912-20 haben Java und Sumatra 28 dieser mächtigen 2-12-2 T empfangen. Diese Lok wurde 1914 von Hanoang gebaut.

KOREAN NATIONAL RAILWAYS KLASSE 8000 E-LOK

Baujahr	1972
Konstrukteure	Mechanik: Alsthom Elektrik: AEG und ACEC
Spurweite	Standard
Kettenspannung	25 kV, 60 Hz
Achsbild	Bo-Bo-Bo
Leistung	5300 PS
Gesamtgewicht	132 Tonnen
Höchstgeschwindigkeit	85 km/h

● **VIETNAM**
Vietnams kleine Eisenbahn hat weniger als 300 km an Strecke. Meistens ist es eine Meterspur, doch hat gibt es auch standardspurige Strecken, inklusive der angepassten Linie von der Hauptstadt Hanoi nach Haiphong, der Hafen- und Industriestadt. Die Schienen wurden während des Indochinakrieges (1940-75) verwüstet. Die Finanzen für weitere Investitionen sind knapp. Doch trotz dieser Probleme wurde die neue Verbindung Hanaoi-Ha Dong 1986 eröffnet.

● RECHTS
Die E-Lok Nr. 8001 der Korean National Railways (KNR) am Bahnhof von Chongnyangnii in Seoul. Der französische Einfluss dieser Lokomotiven ist ganz offensichtlich.

SCHIENEN-VERKEHR IN HONGKONG

Hongkong hat dreiTrambahnen, zwei auf Hongkong und eine auf den New Territories (NT). Auf der Insel verkehrt Die Peak Tram als Seibahn von Garden Road bis Victoria Gap, 397 m über dem Meeresspiegel mit einer Steigung von 1:2 seit 1978 Die Tram wurde gerade modernisiert. Die Nordküstenstrecke wurde 1904 eröffnet und hat Doppeldeckerwagen. Die Hong Kong Tramways hat 1067 mm Spur und verläuft 17 km an der Nordseite der Insel durch das Geschäftsviertel Central District bis zum Einkaufsviertel nach Victoria. Alle Wagen sind zweiachsig mit 500 V Gleichstrom.

Die Wagen wurden in den letzten zehn Jahren in eigenen Werkstätten überholt. Jetzt haben die alten Fahrgestelle neue Karosserien. Die Doppeldeckerflotte aus 163 Trams ist weltweit einmalig. Es gab die Befürchtung, das die Victoria Linie schliessen müsste als die parallele Mass Transit Railway (MTR) Metro gebaut wurde. Obwohl es eine Rückgang beim Fahrgastaufkommen gab, ist die Tram weiterhin auf Kurzstrecken und als Metrozubringer gefragt. Generell hat die Strecke eine Route, doch gibt es zwischen den unterschiedlichen Wendekreisen sechs Nebenstrecken. Nur wenige Trams bedienen die gesamte Route.

● OBEN RECHTS
Ein Pendelzug mit 12 Wagen der Kowloon-Canton Railway (KCR) bei Fanling, NT 1996 erscheint äusserlich wie ein MTR. Innen ist er weitaus komfortabler mit hoher Anzahl gegenüberliegender Sitzplätze.

● RECHTS
In Hong Kongs New Territories ist dieser Light-Rail Transit (LRT) Nr. 1022 in Yau Oi auf der Route 720 nach Tin Shui Wai im Bild. Bemerkenswert ist der 910 mm hohe Peron an den Straßenhaltestellen.

TUEN MUN LIGHT-RAIL TRANSIT (LRT) CAR

Baujahr	1988
Konstrukteure	Mechanik: Wagen 1001-70 Comeng, Australien Wagen 1071-90 Kawasaki Heavy Industrie, Japan Wagen 1201-10 Duewag, Deutschland Elektrik: Thyristorsteuerung: Siemens, Deutschland Antrieb: AEG, Deutschland
Betreiber	Kowloon Canton Railway Company
Spurweite	Standard
Kettenspannung	750 V DC
Gesamtlänge	19,4 m
Gewicht in	27 Tonnen
Rating	390 kW (523 PS)
Höchstgeschwindigkeit	80 km/h

● RECHTS
Viehwagen mit Lebendfracht wreden von Tandemloks 19996 nach Kowloon gebracht. Der Zug passiert zwischen den EMUs der Kowloon-Canton-Railways.

Die Flotte hat zwei besondere Fahrzeuge; Nr. 28 und 128, die für die Ausflugslinien der Dim Sum Tours sind. Sie haben neue Karosserien mit schönen Metallverzierungen im alten Stil. Alle Wagen sind mit Werbung beschriftet. Damit verdient der Betreiber 10 Prozent der Einnahmen. Ausser der Doppeldeckerlinie gibt es drei öffentliche Bahnlinien in der Region.

● DIE KOWLOON-CANTON BAHN

Die Kowloon-Canton Railway (KCR) verbindet Hongkong mit Canton, der Hauptsadt der gleichnamigen Provinz Chinas von Tsimshsui in Kowloon und Lo wu an der chinesisch-britischen Grenze begann 1905 Die Strecke wurde am 10. Oktober 1910 eröffnet. Die 179 km war am 5. August 1911 fertig.

Vom 14 Oktober 1949 bis zum 4April 1979 gab es keine Direktverbindung ausser der, die die chinesische Führung heimlich nach Hongkong brachte. Die Bahnen endeten beiderseits der Grenze. Im britischen Sektor haben Dieselloks die Dampfloks voll ersetzt. Durch die Elektrifizierung und Modernisierung, die am 15Juli 1983 endete, wurden EMUs im Personenverkehr eingesetzt.

● MTR IN HONGKONG

Der erste Abschnitt der Mass Transit Railway (MTR) verband die Insel und Kowloon durch einen Tunnel und wurde 1979 gebaut. Es ist eine 15 km lange unterirdische Strecke. Nach 10,8 km gibt es eine Abzweigung zur Industriestadt Tsuen Wan, NT. Die Wagen kamen von Metro-Cammel aus England. Sie laufen mit 1500 V Gleichstrom und sind für maximale Gewichtsauslastung geeignet. Die Sitzreihen verlaufen längs der Aussenwand.

● LINKS
Eine MTR Zug rast auf dieser Oberstrecke. Es ist die Tsuen-Wan Linie, die die Industriegebiete mit den New Territories verbindet.

Eine viergliedriger Wagenverbund kann 3000 Personen (400 Sitzplätze) befördern.

● TUEN MUN LRT

aufgrund der Bevölkerungsexplosion veränderten sich die NT. Neue Staädte entstanden und modrner Nahverkehr ist wichtig. Eine komplexe Entwicklung führte zur Gründung der Tuen Mun LRT, einem 31,75 km langen Schienennetz, das von Triebwagen, die manchmal im Verbund fahren, bedient wird. Die 1201 Serie heisst „drones", weil sie angetrieben werden, aber nicht alle Fahreigenschaften besitzen. Der erste Abschnit von 23 km zwischen Tuen Mun Castle Peak Valley und Yuen Long wurde am 1 8August 1988 eröffnet. Die Kowloon-Canton Railway Corporation (KCRC) ist der Betreiber.

● LINKS
Die Hong Kong Tram Nr. 90, hier 1991 unterwegs. Auf den Strecken durchs Stadtzentrum kommt es immer wieder zu Verspätungen.

Australien

Mit dem Beginn der Fünfziger kam das Ende für die Feuerrosse, die über ein Jahrhundert auf den Schienen liefen gekommen, nun waren zischende Blechbüchsen auf Rädern in Sicht. Dampflokomotiven wurden dennoch einige Jahre für die australischen Eisenbahnen gebaut. Die Klasse BB13 1/4 Nr. 1089 wurde 1958 für Queensland gebaut. Diese letzten Dampfloks hatten eine kurze Lebenszeit.

● OBEN
Tasmanien musste aufgrund des erhöhten Frachtaufkommens stärkere Loks kaufen. Die Z Klasse mit 1850 PS ist doppelt so stark, wie die üblichen Loks. Die vier „Co-Cos" wurden 1972 eingeführt und sind von den Western Australien Railways der R Klasse entwickelt worden. Sie wurden in örtlicher Herstellung als Lizenzbau von English Electric gefertigt. Das knallige Gelb des gezeigten Modells war als Signalfarbe für Bahnübergänge gedacht.

● RECHTS
Die 2-8-0 Lok von J&A Brown der Nr. 23 wurde von Great Central Railways in den Gorton Werken 1918 gebaut. Sie ist beim Kohlentransport auf der Route Sockrington-Port Waratah zu sehen.

● DIESEL E-LOKS

Mit dem Aufkommen der Diesel-E-Loks verschwand viel an Individualität bei den Eisenbahnen, denn man kaufte die Standardmodelle aus Übersee. Diese Bauserien wurden an die Bedingungen der Spur, der Gleise und des Klimas des Landes angepasst, doch die Fahrzeuge unterschieden sich fast nur in der Farbgebung. Einige Hersteller von Dampflokomotiven drängten auf das Feld. Beyer Peacock und Metropolitan Vickers aus Manchester bauten 48 2-Do-2 Loks 1954 für Western Australia Railways (WAR). Es handelte sich um Fahrzeuge der Leichtbauweise. Mit einigen Ausnahmen konzentrierte sich das Marktgeschehen auf vier Hauptanbieter, deren Loks in Lizenz gebaut wurden: English Electric, Alco, General Motors-EMD (EMD) und General Motors of America (GM).

● UNTEN
Eine schwere australische Diesellok.

● DIE ERSTEN DIESEL-E-LOKS AUF HAUPTSTRECKEN

Die ersten Diesel-E-Loks Australiens waren die „Bo-Bos" der 32 V Klasse von English Electric, die nach Tasmanien gingen, welches 1901 dem Australischen Commonwealth beigetreten war. Es waren Fahrzeuge mit Riesenkühler vor dem Führerhaus. Da es auf den langen Wüstenstrecken der Nullabor Plain in Süd- und Westaustralien Wasserprobleme gab, haben die Commonwealth Railways (CR) 11 A1A-A1A Loks von GM im Lizenzbau bei Clyde Engineering 1951 im eignen Land bestellt. DieFahrzeuge waren breit und hatten stromlinienartige Führerhäuser am Ende. Gleichzeitig importierte New South Wales 40 A1A-A1A Kühlerloks der Klasse 40 von Alco

● RECHTS
New South Wales (NSW) Railways hatte versucht den rückläufigen Fahrgastanteil durch den britischen Hochgeschwindigkeitszug (HST), der leicht verändert wurde, wieder zu gewinnen. Die Paxman Loks waren eine Kopie. Die 19 „Bo-Bos" mit 2000 PS kamen auf 160 km/h. Im Bild ist ein XPT auf der Boanbee Creek Bridge an der Nordküste 1990, etwa neuen Jahre nachdem der erste XPT in den Dienst gestellt wurde.

aus Kanada. „Bo-Bos" waren in Übersee üblich, doch Australiens Drehgestelle waren sechsachsig, wegen der Gewichtsbeschränkungen auf den leichten Schienen. Von nun an ging die Aussonderung der Dampfloks rasch vor sich. NSW bevorzugte vor Ort gebaute Alcoloks bis zum Bankrott der Firma.

● STAATEN ENTSCHEIDEN SICH FÜR MODELLE

Victoria kaufte nur bei GM. Tasmanien bei English Electric, Südaustralien hatte Loks von Alco und English Electric, Commonwealth Railways nahm GM, Westaustralien hatte GM und Queensland besass Loks von English Electric und GM. Da es viel mehr Loks aus Amerika als von English Electric gab un die Lok von EE mit den amrikanischen nicht kompatibel waren wurde die Produktion der EE-Loks 1976 in Australien eingestellt.

Eine lokaler Hersteller, Wlkers Ltd aus Maryborough, kam mit eigenen „Bo-Bo" dieselhydraulischen Loks gut auf den Markt. EMU Railways kaufte 1963 Züge für vier Hauptlinien und weitere sieben 1970. Queenland Railways (QR) kaufte 73 Rangierloks 1968, die NSW Railways 50 Stück 1970 und WAR 5 in 1971 Da die Eisenbahnen bis auf Güterwagen alles abschafften, waren diese Rangierloks nur kurz im Dienst. Da sie betriebsbereit waren, wurden sie verkauft und etliche wurden für eine Spur von 610 mm konvertiert und auf dem Streckennetz der Zuckerwerke von Queensland eingesetzt.

● RECHTS
Commonwealth Railways hatte wie WAR steigendes Verkehrsaufkommen und durchbrach die 2000 PS Grenze. Man bestellte 17 Loks der CL Klasse mit 3000 PS 1970. Gemäss seiner Politik blieb CR bei den GM-EMD Modellen. Im Gegensatz zu WAR entschied sich CR für eine breite Stromlinienform Die CL31 zieht eine Reihe Waggons verschiedener Klassen mit einem Eisenerzzug 1988 in Cockburn in Südaustralien. CR war Australia National geworden und übernahm die Eisenbahnen Südaustraliens und Tasmanien.

● LINKS
Eine 28-2 T Standardlok der South Maitland Railway. Die von Beyer Peacock gebauten Loks wurden „Bobtails“ genannt.

● UNTEN
Eine Reklame der Vulcan Foundry zeigte eine der sechzig 2-8-0 der J Klasse der Victorian Government Railways.

Die staatlichen Eisenbahnen der verschiedenen Länder hatten bis 1987 keine Lok mit mehr als 2000 PS. In dem Jahr erwarb WAR die GM der L Klasse, leistungsstarken „Co-Cos“. Das beeinflusste vermutlich die private Eisenerzlinie in Westaustralien , wo man seit 1965 starke Loks für die schweren Ladungen brauchte. Seitdem gibt es die 4000 PS starken Loks auf den staatlichen Strecken in NSW mit 31 „Co-Cos“ von GM-EMD in Kanada, die 90er Klasse. Die Eisenerzlinien sind noch weiter mit ihren 29 GE Dash 438 PS Loks, die von Erie Railroad aus den USA kamen.

In den meisten Staaten kam die Elektrifizierung nicht voran. Queensland mit dem immensen Schwergut ging einen anderen Weg. Seit 1986 wurden 186 Loks mit dem Bo-Bo--Bo Achsbild gekauft. Diese ist ungewöhmlich für Australien . Die Loks haben 3890 PS und viele besitzen Transmitter, so das an der Spitze der Züge und zwischendrin Loks angehängt werden können. Die Ladungen überstiegen oft 10000 Tonnen Gewicht.

● **NEUSEELAND**

In Neuseeland trug sich ähnliches zu. Alles begann mit drei Loks von English Electric von 1952 an. Wegen der Gewichtsverteilung hatte man eine 2-Co-Co-2 der DF Klasse mit einem ganz unüblichen Achsbild dabei. Doch 1955 gewann GM mit der Einführung von 146 A1A-A1A der Da Klassen die Oberhand. Die meisten Loks waren impor-

● LINKS
Kohle ist die Hauptfracht der New South Wales Railways. Zwei „Garratts“ 4-8-4+4-8-4 (AD) der Klasse 60 dampfen mit Güterwaggons durch Cockle Creek 1970.

● RECHTS
Diese A1A-A1A „Co-Co“ der S Klasse von GM ist in einer für Südaustralien typischen Landschaft am Lake Eyre auf der Marre Line aufgenommen worden.

tiert worden, denn Neuseeland experimentierte. Mitsubishi aus Japan lieferte 1968 64 Bo-Bo-Bo diesel-elektrische Loks.

Da man einen stärkeren Antrieb auf North Island brauchte, wurden dort 1972 49 „Co-Co“der DX Klasse von GE eingeführt. Mit 2600 PS hatten die drei sehr lang für 1067 mm Kapspur. Die Aufrüstung dieser Loks auf 3200 PS zur Dxr Klasse begann 1993 Die New Zealand Railways wurden nun privatisiert und verkauft an Americas Wisconsin Central Railway (WCR), die damit ein profitables Geschäft machen.

● **PRIVATISIERUNG**

Die Ankündigung über den geplanten Verkauf von National Rail (NR) bescherte den 120 Loks der NR Klasse, gerade von GM georderte „Co-Cos“ mit 4000 PS sowie den Herstellern Gonian & Co., die die ersten bereits geliefert hatten, eine unsichere Zukunft.

STATE RAILWAY AUTHORITY NSW KLASSE 48

Baujahr	1959
Konstrukteure	Alco/Goodwin GE/AEI
Auftraggeber	NSW State Railway
Treibräder	Co-Co
Gesamtgewicht	75 Tonnen
Leistung	708 kW
Höchstgeschwindigkeit	120 km/h

● LINKS
In Südaustralien zieht eine Alco Lok der Klasse 48 mit der Nr. 872 einen Güterzug in Munipa auf der isolierten Schmalspur Strecke der Port Lincoln Division auf Eyre.

Australische Strassenbahnen und Metros

Australien ist weltweit das am stärksten urban besiedelte Land, denn 70 Prozent der Bevölkerung leben in Städten. Die Städte konzentrieren sich in den Küstenregionen des Ostens und Südens. dort liegen die wichtigsten Städte – Sydney (NSW), Melbourne (Victoria), Brisbane (Queensland) und Adelaide (South Australia). Eine Ausnahme ist Perth (Westaustralien) auf der anderen Seite des Kontinents.

● RECHTS
Die Tram Nr. 376 in Adelaide stammt von 1929. Sie ist hier in einer Straßenszene im Zentrum von Glenelg aufgenommen. Die Stromabnehmer sind Ergebnis der letzten Modernisierung.

● Strassenbahnen statt Metros

Keine der großen Städte Australiens hat eine Metro, obwohl elektrifizierte städtische Schienennetze in Melbourne und Sydney eine ähnliche Rolle erfüllen. Im Stadtzentrum gibt es U-Bahnstrecken, die eine Verbindung mit den Vorortbahnen bilden.

Die Trams gibt es in 13 australischen Städten seit der Jahrhundertwende. Nach dem zweiten Weltkrieg wurden nicht profitable Tramlinien durch Busse ersetzt. In den 50er und 60er Jahren wollten alle Städte ausser Melbourne Straßenbahnen abschaffen. In Adelaide hat eine Bahnlinie überlebt, das separate Gleisbett verbindet das Stadtzentrum mit der Glenelg-Küstenbahn.

● Die längste Strassenbahn der südlichen Halbkugel

Melbournes 238 km lange Trambahn ist die längste der südlichen Hemisphäre. Das Netz wurde in den letzten Jahren gewaltig erweitert und der alte Bestand wurde durch neue Fahrzeuge ersetzt. Doch wurden einige der alten Modelle umgebaut, inklusive der auf den City Circle Linie, die im Zentrum kostenloses Fahren erlaubt.

Melbourne Tram Klasse Z

Baujahr	1974-1977
Konstrukteure	Comeng/ASEA
Auftraggeber	Melbourne Tram
Spurweite	Standard
Spannung	600 V DC
Achsbild	Bo-Bo mit vier 52 kW Motoren
Höchstgeschwindigkeit	70 km/h

● LINKS
Melbournes Trams der Z-Klasse waren die ersten modernen Wagen, die in größerer Zahl eingeführt wurden. Tram Nr. 110 ist ist hier auf der neuen Strecke an der Latrobe University im Bild.

● RECHTS
Ein Versuchzug der Victorian Railways mit Doppeldeckerwagen, der auf Melbournes städtischem Netz laufen soll, erreicht Heatherdale am östlichen Stadtrand.

● UNTEN
In Bourke Street in Melbourne fährt diese Verbundtram durch das Stadtzentrum

● GANZ UNTEN
Die Tram Nr. 17 kehrt aus dem Depot nach einer für einen privaten Ausflug gecharterten historischen Tour durch die Straßen von Bendigo (Victoria) wieder zurück. Bendigo war eine 1851 gegründete Goldgräberstadt.

Der Wechsel von der Oberleitung zum Stromabnehmer und zur Steuerung durch nur einen Fahrer sind bald vollzogen. Die meisten Routen haben moderne Drehgestellbahnen und Verbundwagen. Die jüngsten Streckenerweiterungen nach St. Kilda und Port Melbourne werden mit Bahnen der Leichtbauweise befahren.

In Sydney ist eine neue Trambahn konstruiert worden, um die Hauptstation mit dem Darling Harbour District zu verbinden. Diese Strecke wurde privat finanziert und wird von australischen Niederflurbahnen, dem Verbundzügen der Variotrams von ADtranz bedient. Darling Harbour besitzt ebenfalls eine Einschienenbahn als Ausflugslinie für Touristen.

● DIE MUSEUMSVEREINE

Die Museumsvereine für Trambahnen sind gut etabliert in Australien. Die Museen in Adelaide (St. Kilda), Balarat (Victoria) und Sydney (Loftus) unterhalten eine Trasse neben der Straße. In Bendigo (Victoria) betreibt das Museum eine Historische Bahntour, auf der Touristen Sightseeing durch den Stadtkern machen können.

SÜDAFRIKA

Die Lieferung von Dampflokomotiven nach Südafrika (bis 1961 Union of South Africa) hielt bis in die sechziger Jahre an.

● **SÜDAFRIKAS KAROOWÜSTE**
Das aufregendste Modell nach dem Zweiten Weltkrieg waren 90 4-8-4 der Klasse 25 mit Kondensator von 1953. Sie waren den 4-8-2 der 15F-Klasse nachgebaut mit großen Kesseln, stahlgegossener Bodenplatte und Rollenlager.

Die Loks mit Kondensator, die auf der Hauptstrecke fuhren, senkten in der wasserlosen Karoowüste bis zu 85 Prozent ihres Wasserverbrauchs, ein großer Fortschritt.
Kondensatoren haben kein normales Ausstossgeräusch, zu hören war nur das Brummen des turbinengetriebenen Ventilators, der die heißen Gase des Rauchkastens ausstieß. Die Anordnung der Kondensatoren im Tender machte die Lokomotive 33 m lang.

● **DIE LETZTEN „GARRATTS"**
1954 kamen 25 4-8-2+4-8-4 „Garratts" der GO-Klasse von Henschel aus Deutschland, eine leichtere Version der GMA-Type. Die letzten „Garrats" der Republik waren 1967-68 für die 60 cm Spur von Hunslet Taylor geliefert worden. Die letzten „Garratts" überhaupt. Im Kontrast dazu wurde 1952-53 eine Serie von 100 0-8-0 Rangierloks für den schweren Güterverkehr von Krupp geliefert.

● OBEN
In Cape Province fährt diese 2-8-4 „Berkshire" der SAR Klasse 24 über die pittoreske Nebenlinie zwischen George und Kysna am Indischen Ozean. Dies ist eine der schönsten Strecken Südafrikas. Die Klasse 24 mit leichter Achslast ist ideal für solche Routen. Die Loks wurden 1948 eingeführt, um die Unmengen an veralteten Loks der 6, 7, und 8 Klasse zu ersetzen.

● UNTEN
Eine 4-8-4 SAR 25 NC Klasse mit Kondensator zieht einen Güterzug durch Karoo. Diese Loks wurden in der gesamten ariden Wüste eingesetzt, besonders zwischen Touws River-Beaufort West und Beaufort West-De Aar. Der Dampf wird durch die Zylinder nicht in die Atmosphäre abgegeben, sondern geht an den Tender, wo er im Kühlsystem kondensiert und dann wieder in den Kessel geleitet wird.

SAR CONDENSER 25 NC KLASSE 4-8-4

Baujahr	1953
Konstrukteure	Henschel, Deutschland North British Glasgow, Schottland
Auftraggeber	South African Railways (SAR)
Spurweite	Meter
Treibräder	1524 mm
Antrieb	Zylinder 61 x 71 cm
Gesamtgewicht	237 Tonnen

● OBEN
Südafrikas 4-8-4 „Red Devil" ist der Versuch, die Dampfflotte zu vergrößern, obwohl offiziell schon das Ende der Dampfära eingeläutet wurde.

● LINKS
Die rostbraune Lok Nr. A371 glänzt südwestlich in Bulawayo, Zimbabwe, in der Sonne, 1993.

● UNTEN
Eine Landau Kohlenlok Klasse 12A zieht einen Kohlenzug von der Zeche zur Linie der South African Railway (SAR). Landau benutzte, genau wie die Zechen in Transvaal, Lokomotiven mittlerer Kategorie. Die 12 A zogen über 900 Tonnen schwere Züge über eine Strecke mit starken Steigungen.

● **SCHNELLE MODERNISIERUNG**

Die Modernisierung der Eisenbahn geschah in Südafrika sehr schnell. Die Republik SA hatte in den Siebzigern und Achtzigern viele Dampfloks, die Fans anzogen, die gerne Dampfloks in einer wunderbaren Landschaft bei besten Wetterbedingungen bestaunten.

Man hoffte, dass die 25 NC 4-8-4 in Cape Provinz auf der Linie De Aar erhalten blieben. Diese Linie verband mehrere Strecken von Cape Town, Port Elisabeth und Kimberley, dem Zentrum der Diamantenminen. Die Loks waren recht neu und brachten eine exzellente Leistung. Diese hielt nicht an und die Abwendung vom Dampfantrieb hat etwas mit dem allgemeinen Verfall der Bahn zu tun. Die gute Nachricht lautet, dass Südafrika immer noch genügend Dampfloks hat, um Besucher zu entzücken. Das beinhaltet auch die letzte 4-6-2 „Pacific", die im Werksdienst auf den Goldfeldern eingesetzt wird.

● OBEN
Eine ehemalige EAR „Governor Garratt" 4-8-2+2-8-4 mit 11 Tonnen Achslast ist bei einem Halt auf der Strecke zwischen Voi, dem kenianischen Eisenbahnkreuz der Mombasa-Nairobi-Linie und Moshi, der Stadt am Kilimandscharo, zu sehen. Die Lok Nr. 6024 heißt „Sir Henry Hayes-Sadler". Die „Governors", die nach britischen Governeruen benannt wurden, bestanden aus der Klasse 29, die alle 1954 gebaut wurden und von denen 12 in Lizenz von Beyer-Peacock von Franco-Belge in Paris gefertigt wurden.

● SÜDAFRIKA UND NAMIBIA

Südafrika hat einen großen Kohlevorrat, aber kein Öl, also entschied man sich für die Elektrifizierung. Zunächst wurde die Gegend um Johannesburg in Transvaal, Afrikas größter Stadt südlich von Kairo und Witwatersrand, den ergiebigsten Goldminen der Welt, sowie in Cape Town, Südafrikas offizielle Hauptstadt und die erste weisse Siedlung in Südafrika von 1652, elektrifiziert. Die Strecken nach Namibia wurden als erste wegen der wasserarmen Gebiete in den Fünfzigern auf Diesel umgestellt. Vorherrschend bei den Dieselloks Südafrikas sind die diesel-elektrischen „Co-Cos" D34400 /35200. Unter den E-Loks sind die „Bo-Bos" der Klasse 6E1. Im Gegensatz zur Dampfflotte sind die Diesel- und E-Loks fast alle aus Südafrika.

Im Verhältnis zur Dampfära werden große Tonnagen bewegt. Hauptgüterstrecke in Cape Province ist die 865 km lange Route der Eisenerzminengesellschaft in Sishen in Griqualand West nach Saldanha an der Küste nördlich von Cape Town. Dieser Abschnitt wurde mit 50 kV einphasigem Wechselstrom elektrifiziert und „Co-Cos" der Klasse 9E mit 5070 PS ziehen Waggonreihen, die 2,4 km lang sind. Ein Motorrad wird am Kopfe des Zuges für Inspektionen der Waggons bereitgehalten.

● OBEN
In Tanzania verlässt eine 2-8-2 der EAR Klasse Tabora, eine morderne Stadt, die 1820 von Arabern gegründet wurde. Diese Loks haben eine 11 Tonnen Achslast für die leicht geneigten Strecken Ostafrikas und waren von Vulcan Foundry, Lancashire in den Fünfzigern gebaut worden. Die Klasse der Nr. 3129 ist nach einem afrikanischen Stamm benannt und heißt Kakwa.

● UNTEN
Ein Zambesischer Güterzug erreicht Victoria Falls am Zambezi River an der Grenze von Zimbabwe und Zambia.

● FORTSCHRITT IN ZIMBABWE

Im benachbarten Zimbabwe gab es bis spät in die Fünfziger Dampfantrieb, als die letzten großen 4-8-2+2-8-4 „Garratts" der 20-Klasse geliefert wurden. Seitdem hat sich zugunster der Diesel-E-Loks, den „Bo-Bos" und den „Co-Cos", viel geändert. Diese kamen zur Dampfflotte in den Achtzigern dazu. Man nahm an, dieses würde so bleiben. Doch 1996 waren alle Dampfloks ausgemustert. Fast alle der Dampfloks Zimbabwes in den letzten 20 Jahren waren „Garratts".

● ABRUPTES ENDE IN SÜDAFRIKA

Eine ähnliche Situation ergab sich auf dem Territorium, das durch die ehemalige East African Railway Corporation (EARC) bedient wurde. Recht plötzlich endete die Dampfära mit 34 „Mountain" 4-8-2+2-8-4 Garratts 1954. Die 252 ölbefeuerten Riesen mit über 21 Tonnen Achslast bedienten die Strecke

MOUNTAIN KLASSE GARRATT

Baujahr	1955
Konstrukteur	Beyer Peacock, Manchester, England
Auftraggeber	East African Railways (EAR)
Spurweite	Meter
Treibräder	137 cm
Antrieb	4 Zylinder 52 x 71 cm
Gesamtgewicht	226 Tonnen
Zugkraft	37,5 Tonnen

● LINKS
Eine riesige 4-8-2+2-8-4 „Garratt" der Klasse 59 erklimmt die steilen Küstengebirge in Mombasa am Indischen Ozean am Beginn der 532 km langen Reise nach Nairobi. Während dieser steilen Strecke schafft die „Mountain" 1200 Tonnen schwere Ladungen und klettert über einen Kilometer in die Höhe, denn Nairobi liegt 1500 m über dem Meeresspiegel. Die Lok im Bild hat die Nr. 5933.

Mombasa-Nairobi. Sie waren 32 m lang und hatten einen Kessel mit 2285 mm Durchmesser, doppelt so gross wie die Spurweite, mit einem Zugvermögen von 37,5 Tonnen. Für die Meterspur ungewöhnlich, wurde eine 378 Tonnen schwere 4-8-4+4-8+4 Lok mit einer Achlast von 25 Tonnen geplant, doch die Nutzung der Diesel-E-Loks verhinderte, dass die „Garratts" gebaut wurden. Die Lieferung von Tribal 2-8-2/2-8-4 lief bis Mitte der Fünfziger, als im britisch kontrollierten Kenia, Uganda und Tanganyika auf Diesel umgestellt wurde.

● **SCHRITTE ZU EINEM PANAFRIKANISCHEN NETZWERK**

Eine der spannendsten Strecken in Afrika hatte die Tanzania-Zambia Railway, die als TAZARA und TANZAM bekannt sind und in den Sechzigern für die Meterspur gebaut wurden. Die Route ist von Dar es Salaam nach Kapiri Mposhi im zambesischen Kupfergürtel, nördlich von Lusaka 1860 km lang. China finanzierte die Strecke, half technisch sowie mit „Bo-Bo" Dieselhydraulikloks. Die Route bedient den Export- und Import zwischen dem Indischen Ozean und Botswana, Malawi, Zaire, Zambia und Zimbabwe. Wegen der schwachen Wirtschaft und politischer Probleme ist die Vision noch keine Wirklichkeit. Die Bahn ist aber ein wichtiger Teil für eine panafrikanische Eisenbahn, die der Kontinent so dringend benötigt.

● UNTEN
1953-54 lieferte Beyer Peacock sehr britisch wirkende Lokomotiven an Südrhodesien (welches zusammen mit Nordrhodesien und Nyasaland Teil des Zentralafrikanischen Bundes war). Eine der Loks, die 2-6-2+2-6-2 „Beyer Garratt" der 14 A Klasse hält in Matabeleland in Balla Balla auf ihrem Weg von West Nicholson nach Bulawayo.

Nordafrika

Die Wüste in Algerien machte die Umstellung auf Diesel unausweichlich und die Damploks verschwanden zugunsten der amerikanischen Diesel in den Fünfziger. Die Elektrifizierung begann 1932 auf den Eisenerzlinien mit etwa 40 aktiven E-Loks.

● **NORDAFRIKA BEKOMMT DIESELLOKS UND WIRD ELEKTRIFIZIERT**

In Marokko begann die Elektrifizierung 1927. Heute sind 50 % der Strecken elektrifiziert. Das System ist modern und hat eine Oberleitung von 3 kV Gleichstrom. Nichtelektrifizierte Abschnitte werden mit Diesselloks bedient.

Tunesien hat ein großes Verkehrsnetz um Tunis herum in Standard und Meterspur. Das Land will alte Linien wiedereröffnen und neue meterspurige und Standardstrecken bauen.

Ägyptische Eisenbahnen haben seit 20 Jahren Dieselloks. Der Güterverkehr ging zurück, doch der Personenverkehr läuft gut. Investitionen in zweigleisige Strecken, Wiedereröffnung stillgelegter Strecken und der Bau neuer Linien passieren gleichzeitig. Die ägyptischen Eisenbahnen (ESR) haben über 350 Dieselloks.

● OBEN
Trams in Halwân, der Stadt mit den Bädern am Nil in Südägypten, gegenüber den Ruinen von Memphis.

● RECHTS
Eine 4-8-2 der Klasse 500 von Sudan Railways. Eine von 42 Loks die in den Fünfzigern von North British gebaut wurden. Obwohl die Spur 1067 mm hat, können sie 16 Tonnen ziehen und sind fast identisch mit der 2-8-0 von LMS Stanier 8F. Die Lok ist auf der Strecke zwischen Kosti in der Provinz des Blauen Nils südlich von Khartoum, Richtung Khana aufgenommen.

● UNTEN
Das Bild der Location Locomotive Works der Ghana Railways zeigt zwei verschiedene Dieselloks.

Die 42 ölbefeuerten 4-8-2 der Klasse 500, die von North British an den Sudan geliefert wurden, waren der letzte Auftrag für den Hersteller und auch für die Sudan Railways.

Die Umstellung der Hauptstrecken auf Diesel begann 1959 mit einer Klasse English Electric „Co-Cos", die den „Peaks" von British Rail ähnlich waren. Es gab keine Elektrifizierung. Sudan Railways hat fast nur Dieselloks und wenige Dampfloks im Einsatz, meistens Loks der Klasse 500 und „Pacifics und „Mikados" mit leichten Achslasten.

● RECHTS
Eine „Co-Co“ E-Lok der SNCFA mit 3 kV Gleichstrom. Sie bedienen die 236 km lange Route zwischen Tebessa an der algerisch-tunesischen Grenze und Annaba am Mittelmeer.

● GANZ UNTEN LINKS
Eine Industrielok mit Dieselantrieb in Ghana. Vor der Unabhängigkeit hieß das Land Goldküste.

● GANZ UNTEN RECHTS
Eine „Co-Co Diesellok von English Electric in Sudan Railways wartet darauf, Khartoum mit dem Güterzug nach Sennar zwischen dem Weissen und dem Blauen Nil zu verlassen.

ALGERISCHE EISENBAHNEN (SNCF) CO-CO ELECTRIC

Baujahr	1972
Konstrukteure	Mechanik: LEW Elektrik: Skoda
Auftraggeber	Société Nationale des Chemins de Fers Algériens (SNCFA)
Spurweite	Standard
Spannung	3 kV DC
Leistung	2700 PS
Länge	1864 cm
Gewicht	132 Tonnen

● WESTAFRIKA – AMNESIE UND WILLENSKRAFT

Sierra Leone ist das größte dichtbesiedelte Land, das seine Eisenbahn komplett verloren hat. Das Netz hatte 515 km. Schon 1955 wurden 4-8-2+2-8-4 „Garratts“ von Beyer Peacock aus England geliefert. Später erhielt die Linie dieselhydraulische Loks. Nach Sierra Leones Unabhängigkeit 1961 geriet die Eisenbahn vollkommen in Vergessenheit.

Dasselbe hätte auch in Ghana passieren können, doch der Wille die Bahn trotz massiver wirtschaftlicher und technischer Probleme zu halten ist da, so dass sich die Bahn wieder erholt.

Sämtliche einst so eleganten Dampflokomotiven sind verschwunden und im ghanesischen Stahlwerk am Seehafen von Tema eingeschmolzen worden. Dieselloks gibt es auf allen Strecken. Einige Ingenieure glaubten, dass die einfachere Dampflok den Konditionen in Ghana eher entgegenkamen als die komplizierten Dieselloks.

Westafrikas grösstes Eisenbahnnetz liegt in Nigerien. Der riesige Ölvorrat bedeutet starke Konkurrenz durch die Straße und das hat die Macht der Bahn gebrochen. In den Achtzigern hatte die Bahn nur 50 betriebsbereite Hauptstrecken-Dieselloks. Wie in Ghana schafft die Bahn nun ein Comeback.

DAMPFLOKFOSSILE AUS ALLER WELT

Es war von Richard Trevithick 1804 kaum abzusehen, dass die erste Lokomotive, die aus dem Pen-y-Darren Ironworks in South Wales hervorging, weltweit eine so enorme Wirkung erzielen würde, die nach über 200 Jahren immer noch anhält.

● DER ERHALT DER LOKS – DIE ROLLE CHINAS

Die Dampflokomotive war so bedeutsam für die Entwicklung des Verkehrs, der Industrie und des Handels, dass überall Schienen gelegt wurden. Von den 1850ern an, als die Eisenbahn sich durchsetzte, blieb die Dampflokomotive bis 1950 als Transportmittel weitgehend ohne Konkurrenz. Auch heutzutage sindweit mehr Dampfloks aktiv , als allgemein angenommen.

In den letzten Jahrzehnten haben viele Länder den Reiz der Dampfloks erfasst und betreiben eigene Touristenstrecken. Dieses, sowie die Anstrengungen für den Erhalt, besonders in England, Amerika, Europa und Australien, ermöglichen es, dass Dampfloks die Zeit überdauern.

● LINKS
Die breitspurigen Lokomotiven der Hawaii Philippine Co. auf Negros sind als „Dragons" bekannt. „Dragon" Nr. 6, eine „Baldwin" 0-6-0 von 1920, ist mit leeren Waggons aufgenommen worden, die auf die Zuckerrohrfelder zurück gebracht werden.

● OBEN
Die Lokomotive Nr. 8 ist eine 0-8-0 Tendertanklok von 1927 von Orenstein & Koppel. Dieses Fossil ist auf den Meritjan Zuckerwerken in Kidiri auf Java in Indonesien im Einsatz. Sie verbrennt Rückstände des Zuckerrohrs.

● UNTEN
Eine ölbefeuerte breitspurige 0-6-0 mit Innenzylinder der Pakistan Railways auf den Weg in den Punjab.

● INDIEN UND PAKISTAN

Im Januar 1997 hat eine Expedition nach Indien eine unglaubliche Anzahl von Typen gefunden, u.a. der Great Indian Peninsular Railway (GIPR) Ghat Bankers, zwei 2-8-4 T und 0-8-4 T, die englische XE 2-8-2 von 1928 und eine „Kitson Pacific" alle auf 1676 mm. Auf der Meterspur gab es zwei F Klassen 0-6-0 und ein Modell vo 1874, sowie zwei „Sharp Stewart" 2-4-0 von 1873, dazu kamen die neuen meterspurigen Klassiker wie die „Mac Arthur" 2-8-2 des Zweiten Weltkrieges. Auf der 610 mm Spur gab es eine „Bagnall" 0-4-0 OST, die in einem Ziegelwerk auf einer Strecke eingesetzt war, die im ländlichen Wales zu Beginn der industriellen Revolution hätte stehen können.

● SÜDAFRIKA UND SÜDOSTASIEN

Selbst Länder mit Dampfloks wie Südafrika und Zimbabwe haben oft Fossile, die überlebten, besonders in einem industriellen Umfeld. Es lohnt sich immer noch, diese Länder zu besuchen, ebenso Mosambique und Sudan und andere afrikanische Länder.

In Südostasien bieten Javas Zuckerplantagen eine Fülle von altgedienten, bunten Veteranen europäischer und amerikanischer Herkunft. Die amerikanischen Loks der Philippinen auf Negros bleiben aktiv, gehen aber zurück. Hauptstrecken mit Dampfloks gibt es in Vietnam und Nordkorea.

● OSTEUROPA, GUS UND LATEINAMERIKA

Industrieloks gibt es noch in Osteuropa und dem ehemaligen Jugoslawien. Auch in Russland gibt es noch viel zu entdecken. Dort sind Loks als stationäre Kessel, als Rangierloks oder auf dem

● RECHTS
Eine 2-6-2+2-6-2 „Garratt“ 14 A Klasse mit einem Güterzug schnauft die Hauptstrecke nördlich von Bulawayo, dem Industriegebiet Zimbabwes in Matabeleland, entlang. Diese leichten „Garratts“ wurden auf Nebenstrecken eingesetzt und haben eine Achslast von nur 14 Tonnen. Das Modell stammt von Beyer Peacock aus Manchester und wurde 1953-54 gebaut.

RHODESIAN RAILWAYS A KLASSE 14A GARRATT

Baujahr	1953
Konstrukteur	Beyer Peacock Manchester England
Auftraggeber	Rhodesian Railways
Spurweite	1067 mm
Treibräder	1220 mm
Antrieb	4 Zylinder 41 x 61 cm
Gesamtgewicht	132,4 Tonnen

● LINKS
Die 0-6-0T der US Army Transportation Corps (USATC) aus dem Zweiten Weltkrieg waren einst das am weitesten verbreiteste Schienenfahrzeug des Militärs im 20. Jahrhundert. Sie wurden von drei Herstellern gebaut: H.K.Porter, Vulcan Works und Davenport Works. Dieses Modell ist beim Rangieren in Salonikki aufgenommen worden.

● OBEN
Die letzte 2-6-0 Tanklok der B-Klasse aus Uruguay hat einen sechsachsigen Tender mit Außenrahmen. Diese Lok stammt von Beyer Peacock aus Manchester von 1889.

Industriegelände im Einsatz. Es gibt auch Dampfloks auf Hauptstrecken.

Wie schon in den vorigen Kapiteln deutlich wurde, haben Dampfloks auch in Südamerika überlebt. Kuba ist die letzte Bastion mit Klassikern aus Amerika von denen wenige vor 1920 gebaut wurden. Kuba wurde zum weltweit größten Magnet für Liebhaber der Dampflokomotiven – geradezu ein lebendes Museum.

Generell sind die aktiven Dampfloks aus Westeuropa, Nordamerika, Australien, Neuseeland und Japan sowie dem Nahen Osten verschwunden. Doch gibt es immer noch viel zu entdecken. Es wird noch viele Jahre dauern, bevor die letzten Funken ausgehen und diese unglaublich einflussreiche Erfindung für immer verschwinden wird.

● UNTEN
Eine AWD „Mikado“ mit 1676 mm Spur der Pakistan Railways, eine der wichtigsten Lokomotiven des indischen Subkontinents in den Nachkriegsjahren.

1246
CANADIAN

Beliebte Bahnreisen in aller Welt

MAX WADE-MATTHEWS

Beliebte Reisen im Westen

Dieser Teil des Buches spannt den Bogen von der 3200 km langen Reise von Chicago nach Oakland bis zu der nur 27 km kurzen Spritztour von Bedford nach Bletchley im ländlichen Bedfordshire, England. Wir werden die Höhen Perus und der Schweiz erklimmen, aber auch unter den Englischen Kanal tauchen, wenn wir durch eines der modernen Weltwunder reisen – den Kanal-Tunnel.

Bahnreisen aus reinem Vergnügen wurden im ausgehenden 19. Jahrhundert Mode, als der Wohlstand breiter Schichten stieg und selbst die Arbeiter einen jährlichen Urlaub erhielten. In vielen Teilen Europas und Nordamerikas kamen Städte nun in eine vorteilhafte Lage allein durch die Tatsache, dass sie an das schnell wachsende Eisenbahnnetz angeschlossen wurden. Viele der nachfolgend beschriebenen Bahnreisen kann man heute noch unternehmen, andere sind bereits Geschichte.

● GEGENÜBERLIEGENDE SEITE
Ein sommerlicher Blick auf den Zug vom Fotopunkt in Agwa Canyon, Ontario, Kanada.

● OBEN
Doppelstöckige Superliners im Amtrak-Abstellbahnhof von Chicago.

Toronto – Vancouver

Nur ein einziger transkontinentaler Zug durch Kanada verkehrt heute noch auf einer Strecke von 4467 km. Er verbindet Toronto mit Vancouver über die Gleise der Canadian National, betrieben wird er von der VIA Rail Corporation.

Der „Canadian" verkehrt dreimal pro Woche, der Name stammt noch von der Canadian Pacific, die den Zug 1954 als ersten Hotelzug mit Stromlinienwagen (Streamliners) einführte. Der Zug benötigt drei Tage und drei Nächte für seine Reise, die teils eine Schienen-Kreuzfahrt und teils einen Ort-zu-Ort-Transport darstellt. „Kreuzfahrer"-Reisende zahlen erkleckliche Summen für erstklassige Unterbringung und Verköstigung sowie hervorragend ausgestaltete Wagen.

Obwohl transkontinentale Züge in Montreal beginnen, ist der Ausgangspunkt unserer Reise Toronto. Die Route führt über Capreol (bei Sudbury, Ontario), dann über hunderte von Kilometern Flachland nach Sioux Lookout und windet sich danach durch den Manitoba Lake District bis Winnipeg, 1958 km westlich von Toronto. Nach einem einstündigen Aufenthalt durchquert der „Canadian" die wellige Prärie nach Saskatoon, Saskatchewan und weiter nach Edmonton, Alberta, bevor er die Ausläufer der Rocky Mountains erreicht.

OBEN
Eine Außenansicht der Pacific Central Station in Vancouver.

MITTE
Eine Innenansicht eines „Dome Cars" (Aussichtswagen) des „Canadian". Von den Sitzen dieses Wagens aus können die Fahrgäste die grandiose Schönheit Kanadas unverfälscht genießen.

LINKS
Der von VIA betriebene „Canadian" auf den Gleisen der Canadian Pacific zwischen Montreal und Vancouver.

● LINKS
Der ostwärts fahrende „Canadian" Vancouver – Toronto, bei einem Halt in Banff, Alberta.

● UNTEN
Die Empfangshalle der Union Station in Toronto.

Jasper liegt inmitten dieses Gebirges, wo der Zug 70 Minuten hält, um einige Kurswagen an den „Skeena" abzugeben, der von Edmonton aus den Pazifik bei Prince Rupert ansteuert. Der verkürzte „Canadian" setzt seinen Weg durch die Rockies über den Yellow Head Pass fort, um dann hinunter nach Kamloops zu rollen. Der letzte Teil der Strecke verläuft an einem Ufer des Fraser River (mit den Gleisen der Canadian Pacific Railway auf dem gegenüberliegenden Ufer) flussabwärts nach Vancouver, das am dritten Morgen nach Reisebeginn in Toronto planmäßig um 8.30 Uhr pazifischer Ortszeit erreicht wird. Leider passiert der Zug einige der schönsten Abschnitte bei Nacht, doch die Höhen der Rockies sind bei Tageslicht zu sehen.

INFO-KASTEN

Endpunkte	Toronto und Vancouver
Land	Kanada
Entfernung	4467 km
Eröffnung	1885

In der Vergangenheit gab es drei transkontinentale Züge, die aber nicht wirtschaftlich waren. Sie wurden auf zwei reduziert, als die Canadian National aus Grand Trunk, Canadian Northern und Grand Trunk Western gebildet wurde. 1967 fuhren kurzzeitig vier transkontinentale Züge am Tag, alle von Montréal aus.

Der Luftverkehr setzte dieser Verbindung arg zu und die Fertigstellung des Trans-Canada-Highways 1968 führte schließlich zu einer Reduzierung des Reisezugverkehrs auf ein Zugpaar dreimal die Woche. Dank der Unterstützung von Reiseveranstaltern aus den USA, Großbritannien und Deutschland scheint der „Canadian" in seiner Doppelrolle als Hotelzug und InterCity aber nun profitabel zu fahren. Für die Hotelzuggäste sind die Mahlzeiten im Speisewagen und vieles mehr im Fahrpreis enthalten.

● MITTE LINKS
Der „Canadian" verlässt Windsor Station in Montreal zu seiner Reise durch den nordamerikanischen Kontinent.

● LINKS
Der „Canadian" windet sich durch eine herbstliche Kulisse.

Sault Sainte Marie – Hearst

Die Algoma Central & Hudson Bay Railway (ACR) ist seit 1899 eine private Eisenbahn, deren Gleise in Süd-Nord-Richtung durch Ontario führen. Ausgangspunkt ist Sault Sainte Marie am Ostufer des Oberen Sees. Die 476 km lange Hauptlinie endet in Hearst, immer noch über 240 km von der Sub-Arctic Bay entfernt. Sie führt über die höchsten Berge Kanadas außerhalb der Rocky Mountains. Der tägliche Reisezug bahnt sich seinen Weg durch eine Landschaft aus Tälern, Wäldern, Seen und schnell fließenden Flüssen. An Wochenenden im Frühling, Sommer und Herbst ist dieses angeblich der längste und bestbesuchte Reisezug Nordamerikas.

Er verkehrt als Ausflugszug, weil viele Menschen Agawa Canyon in Algoma Country besuchen wollen. Nur drei Wagen fahren weiter bis Hearst, die anderen 18 bis 20 Wagen, einschließlich Speisewagen und Diesellok, werden abgekoppelt und bleiben für zwei Stunden im Talgrund. Wanderer und Picknicker können sich vergnügen, bis der nach Süden fahrende Drei-Wagen-Zug aus Hearst ankommt und die schwere Last samt Diesellok festmacht, um die 183 km zurück zum Soo zu fahren.

Ursprünglich war die Bahnlinie für die Eisenerz-Abfuhr von der Helen Mine bei Michipicetin errichtet worden, zu der eine Zweigstrecke ausgebaut wurde, während die Hauptstrecke nach Hearst andere Güter, vor allem Holz, beförderte.

INFO-KASTEN

Endpunkte	Sault Sainte Marie und Hearst
Land	Kanada
Entfernung	476 km
Eröffnung	1899

RECHTS
Ein Teil der Reise verläuft an den Ufern des mächtigen Montreal River.

LINKS
Im Herbst überziehen leuchtende Farben Algoma Central County, hier bei einer Zugfahrt zum Agawa Canyon auf der Trestle-Brücke über dem Montreal River.

● RECHTS
Der Zug schlängelt sich durch die herbstlichen Wälder des Agawa Canyon.

● UNTEN
Betuchte Fahrgäste können auch eigens gemietete Wagen anhängen lassen. Hier ist so ein Wagen, der „Michipicoton", zu sehen, gebaut 1910 von Pullman, Chicago.

● UNTEN RECHTS
Der Zug verkehrt auch im Winter, die Wärme in den Wagen trotzt dem Eis und den Temperaturen weit unter dem Nullpunkt. Hier bahnt sich der Zug seinen Weg durch den tiefen Schnee.

Obwohl sie der Algoma Steel Corporation gehört, wird die Bahngesellschaft eigenständig betrieben und erfreut sich schwarzer Zahlen. Ein großer Teil der Gewinne der Algoma Central stammt von ihren Reisezügen. Dabei ist es nicht selten, wenn an einem Sommersonntag 1200 bis 1500 Fahrgäste zum Agawa Canyon reisen und dafür je 30 kanadische Dollar (ca. 45 DM) berappen.

Der Bahnlinie kommt zugute, dass keine parallel verlaufende Straße existiert, nur Hawk Junction, 265 km nördlich des Soo, besitzt Straßenanschluss. Die Algoma Central hat zwei Verbindungen zu anderen Bahngesellschaften: in Franz zur Hauptstrecke der Canadian Pacific (heute nur noch Güterverkehr) und in Oba zur Canadian National. Beide Stationen sind Dörfer, aber in Oba besteht immerhin dreimal wöchentlich Anschluss an den „Canadian".

Große Flüsse werden auf filigranen Trestle-Brücken überquert, zum Beispiel über den Goulais, den South und North Chippewa sowie den Batchewana. Die größte von ihnen führt bei Milepost 93 über den Montreal River. Die spektakuläre Strecke ermöglicht fantastische Ausblicke. Ferner gibt es einen kurvenreichen Aufstieg nach Hubert, 461 m hoch.

Während der Zugteil nach Agawa Canyon viele Urlauber befördert, sieht man in den drei Wagen nach Norden eher Großwildjäger und Fischer. Im Herbst, wenn die Blätter sich verfärben, haben Hirsch und Elch Saison: Der Zug, der bei Bedarf auf Flaggensignal auf freier Strecke hält, ist der „Moose Meat Special", der „Elchfleisch-Sonderzug".

Die Algoma Central besitzt 25 braun/creme/graufarbene Dieselloks, während die Reisezugwagen in attraktivem Kastanienbraun gehalten sind.

VANCOUVER – SQUAMISH

● UNTEN
Die Museumslok „Royal Hudson“ No. 2860 in Squamish. Diese 2’C2’-Lokomotive wurde 1940 von den Montreal Locomotive Works gebaut.

Die Route von North Vancouver nach Squamish gehört der British Columbia Railway (BCR) und ist in erster Linie eine Strecke für den Güterverkehr. Die 61 km lange Frachtstrecke ist nur ein Teil des 2172 km langen Streckennetzes.

Für den Personenverkehr gibt es ein tägliches Zugpaar zwischen North Vancouver, Lillooet und Prince George. Der Zug heißt „Cariboo Prospector“ und benötigt 13 $^{1}/_{2}$ Stunden für die 745 km lange Fahrt. Zusätzlich verkehrt ein Schülerzug zwischen Seton Portage und Lillooet. In den Sommermonaten gibt es zwei Sonderzüge für Touristen: einen werktags von Whistler aus nach Norden sowie den nachfolgend beschriebenen „Royal Hudson“.

Die BCR, die bis 1972 Pacific Great Eastern Railway hieß, hat in North Vancouver Junction Anschluss an die Canadian National Railway (CN) und damit an das übrige kanadische Eisenbahnsystem. Ein weiterer Anschluss besteht zur Vancouver Wharves Railway, die das Hafengelände in Vancouver anfährt.

Der Abschnitt Squamish-Vancouver wurde erst 1956 eröffnet, kurz nachdem das Streckennetz Squamish von Norden

● LINKS
Der „Royal Hudson“ kurz nach der Abfahrt aus North Vancouver, vom Prospect Point aus gesehen.

● LINKS
BCR-Dieselloks 4642+762+4615 am Güterbahnhof von Squamish. Nr. 4642 ist eine 4400 hp General Electric Dash 9 von 1995, Nr. 762 ist eine 3000 hp General Motors SD40 von 1980 und Nr. 4615 ist eine GE 4000 hp Dash 8 von 1990.

INFO-KASTEN

Endpunkte	Vancouver und Squamish
Land	Kanada
Länge	61 km
Eröffnung	1956

● LINKS
Shannon Falls, einige Kilometer südlich von Squamish gelegen, vom Meer aus gesehen.

her erreicht hatte. Dies deshalb, weil die Hauptaufgabe der Bahn darin bestand, die Gruben und Minen im Norden mit dem nächsten Hafen zu verbinden, und Squamish Umlademöglichkeiten für Massengüter wie Erz oder Kohle bot. Die BCR expandierte noch zu einer Zeit, als andere Bahngesellschaften in großem Stil Strecken stilllegten. 1983 wurde die 132 km lange, elektrifizierte Tumbler Subdivision fertig gestellt.

Der „Royal Hudson" verkehrt mittwochs bis sonntags von Juni bis September und benötigt zwei Stunden für die Tour nach Norden. Der Zug wurde nach dem Dampfloktyp benannt, der ihn einst bespannte und von den Montreal Locomotive Works im Jahre 1939 für die Canadian Pacific Railway gebaut wurde. „Hudson" ist die Bezeichnung für die Achsfolge 2'C2'. Den Präfix „Royal" erhielt der Typ, als eine jener Maschinen (No. 2850), die den königlichen Zug anlässlich des Besuchs des britischen Königs George VI und Königin Elizabeth in Kanada 1939 bespannte.

● UNTEN
„Royal Hudson" No. 2860 passiert Porteau Cove im Juni 1996. Die Straße, bekannt als der „Sea to Sky Highway", verläuft zwischen Horseshoe Bay und Squamish größtenteils nahe der Bahnlinie und bietet viele exzellente Fotomotive.

● LINKS
Blick vom westlichen Ufer des Howe Sound auf die Seite mit dem Britannia Mining Museum.

● UNTEN LINKS
Die „Britannia" der Harbour Ferries hat auf dem Weg von Vancouver nach Squamish soeben die Lions Gate Bridge unterquert.

Nach der Ausmusterung ging Lok Nr. 2860 in den Besitz der Provinzregierung von British Columbia über, die sie gegenwärtig an die BCR vermietet hat. Als Reservelok für Touristenzüge mietete BCR die „Consolidation" Nr. 3716, die 1912 von MLW für die Canadian Pacific gebaut wurde. Lok Nr. 2860 erstrahlt in Kastanienbraun und Schwarz, metallisch glänzen Kessel und Feuerbüchse; oberhalb beider Zylinder wurden königliche Kronen aufgemalt.

Die Reise beginnt im BCR-Bahnhof von North Vancouver. Direkt am Bahnhof liegt das Betriebswerk, in dem die Dampflokomotiven unterhalten werden. Auf der anderen Seite der Gleise befinden sich ein großer Verschiebebahnhof und ein Diesellok-Depot. Der Zug besteht aus zwölf Wagen, zumeist ex-CN-Material von 1954, gestrichen in Toskana-Rot. In der Mitte hängt ein offener Aussichtswagen namens „Britannia", der 1920 gebaut wurde. Im Juni 1996 war das Wetter eisig, und nur die größten Fans harrten in luftiger Kälte aus. Am Zugschluss hängt der Salonwagen „Mount Cascade", der gegen Zahlung des doppelten regulären Fahrpreises zur Verfügung steht.

Langsam verlässt der Zug den Bahnhof North Vancouver westwärts, vorbei am Güterbahnhof. Kurz danach unterquert der Zug die Auffahrt zur Lions Gate Bridge. Diese wurde angeblich von der Familie des Bierbrauers Guinness finanziert, um die nördlich gelegenen Gebiete zu erschließen, in denen sie Ländereien besaß. Ein exzellenter Fotopunkt für Züge ist Prospect Point am Stanley Park Drive am gegenüberliegenden Ufer, nahe der Brücke. Die Bahnlinie nimmt ihren Weg parallel zur English Bay durch die Außenbezirke von Ambleside Beach. Es folgt der 1280 m lange Horseshoe Bay Tunnel, der einen Felsvorsprung abkürzt. Hinter dem Tunnel schwenkt die Strecke nordwärts. Ins Blickfeld rückt kurz der Fährbahnhof Horseshoe Bay, von dem aus Autofähren nach Vancouver Island verkehren. Kurz darauf nähert sich die Bahnlinie wieder dem Wasser und verlässt das Ufer bis zum Zielort Squamish nicht mehr. Auf der gegenüber liegenden Seite der Meerenge bieten sich großartige Ausblicke auf Wälder und schneebedeckte Gipfel.

Die Strecke verläuft zwar recht kurvenreich, aber ohne größere Steigungen. Ihr höchster Punkt liegt mit gerade

● LINKS
Ein Gleisüberwachungsfahrzeug der BCR passiert Porteau Cove. Es fährt dem „Royal Hudson“ voraus und stellt sicher, dass die Strecke frei von Hindernissen ist.

einmal 51 m im Horseshoe Bay Tunnel. Zwischen North Vancouver und Squamish gibt es Ausweichgleise in Brunswick, Porteau und Britannia.

In Porteau läuft die Bahn entlang einer kleinen Bucht, in der einige Schiffe versenkt wurden, um Hobbytaucher anzulocken. Porteau ist einer der besten Fotopunkte unterwegs. Acht Kilometer weiter, in Britannia Beach, steht das British Columbia Museum of Mining , das Bergbaumuseum der Provinz British Columbia, genau dort, wo zu Kolonialzeiten die größte Kupfermine des British Empire stand. Die „Narbe“ in der Landschaft ist bereits von weitem sichtbar.

In Squamish wird der „Royal Hudson“ auf einem Nebengleis nahe der Innenstadt gewendet. Squamish ist Sitz des BCR-Ausbesserungswerks und des wichtigsten Betriebswerks und hat daher viele Haupt- und Nebengleise. Die Stadt beherbergt ferner das West Coast Railway Heritage Museum, das am Nordende des Güterbahnhofs liegt, einige Kilometer vom Haltebahnhof des „Royal Hudson“ entfernt. Interessenten können eine Ergänzungstour per Bus buchen und das Museum während des Aufenthalts des „Royal Hudson“ besuchen.

Squamish selbst hat etwa 12.000 Einwohner und ist für Touristen wenig attraktiv. Aber es ist ein regionales Zentrum mit vielen kleinen Geschäften und gemütlichen Restaurants.

● OBEN RECHTS
Ein Budd Diesel Railcar BC-33 der BCR, gebaut 1957, im Bahnhof von North Vancouver kurz nach der Ankunft als nach Süden fahrender „Cariboo Prospector“.

● RECHTS
Der Leuchtturm am Zusammenfluss von Howe Sound und English Bay, mit der Skyline von Vancouver im Hintergrund.

WHITEHORSE – SKAGWAY

Die kleine White Pass and Yukon Railway hat eine wechselvolle Geschichte, die aber ebenso die Höhen und Tiefen des ganzen Landes widerspiegelt wie die Geschichte der großen Canadian Pacific. Eine Fahrt auf der White Pass and Yukon Railway ist eines der großen Erlebnisse in Nordkanada.

Die 117 km lange, schmalspurige (914 mm) Bahnlinie verbindet die Hauptstadt der Provinz Yukon, Whitehorse, mit dem alten Hafen von Skagway und der dort einlaufenden Küstenschiffahrt. Auf diese Weise führt die Linie durch die kanadischen Provinzen Yukon und British Columbia sowie durch den US-Bundesstaat Alaska. Die Bahnlinie entstand während des Alaska-Goldrausches, um Goldsucher von Skagway durch das Küstengebirge zur Flussschiffahrtslinie und zu den Klondike-Goldfundgebieten zu bringen. Die Bauarbeiten begannen im Mai 1898, der letzte Gleisnagel wurde bereits am 29 Juli 1900 in Carcross eingeschlagen.

INFO-KASTEN

Endpunkte	Whitehorse und Skagway
Land	Kanada
Länge	177 km
Eröffnung	1900

● OBEN LINKS
Blick in einen Salonwagen.

● LINKS
Die White Pass & Yukon verläuft durch nur dünn besiedeltes Gebiet.

● UNTEN LINKS
Ein Zug windet sich durch Waldgebiete hinab nach Skagway.

Zwischen 700 und 2000 Arbeiter und Ingenieure planten, sprengten, hackten und schaufelten 26 Monate lang unter härtesten Bedingungen. Ein unscheinbarer, moosbewachsener Stein mit Inschrift ist stummer Zeuge der mühevollen Arbeit tausender Männer, die dem Lockruf des Goldes verfallen waren.

Als der Goldrausch verflogen war, schwand auch die Bevölkerung von Yukon, und in den harten 30er Jahren verkehrten die Züge nur noch einmal pro Woche. Aber die Dampflokomotiven und Schneeschleudern hielten die Linie weiterhin offen.

Später wurde die Bahnlinie sowohl von Touristenzügen als auch von schweren Erzzügen frequentiert. Einige der hölzernen Salonwagen aus dem Jahre

● RECHTS UND GANZ RECHTS
Blicke vom Führerstand eines nach Norden fahrenden Zuges.

● UNTEN RECHTS
Die Gleise erreichen ihren höchstgelegenen Punkt bei Log Cabin, BC.

1883 waren noch im Einsatz und inmitten schwerer Stahlwagen und Dieselloks echte Blickfänge. Eine Zeit lang wurde die Linie als reine Güterbahn genutzt. Heute wird nur noch das Teilstück zwischen Skagway und Bennet von Touristen befahren, die zumeist mit Ausflugsschiffen kommen.

Unter schwierigsten Bedingungen wurde ein Tunnel 16 km nördlich von Skagway durch ein steiles Felsmassiv getrieben, das wie ein Stützpfeiler aus dem Berg herausragt. Unweit der Passhöhe überspannt eine Auslegerbrücke ein 66 m tiefes Flusstal. Dahinter, im Dead Horse Gulch, windet sich der alte White Pass Trail, in den Fels getreten von Tausenden von Goldgräberstiefeln. Um Steigungen und Gleisbögen zu reduzieren, ersetzte man Brücke und Tunnel 1969, doch die Originale stehen noch. Von Meereshöhe bei Skagway schlängelt sich die Bahnlinie in 34 km auf 879 m. Ganz oben liegt Log Cabin, BC, auf 889 m.

Die gesamte Reise dauert etwa acht Stunden, und die Ausblicke auf Berge und Seen sind atemberaubend. 64 km vor Skagway steht ein Fachwerkhaus, das Bennet Eating House, wo sich der nach Norden und der südwärts fahrende Zug treffen. Die Fahrgäste legen hier eine Pause ein, um das im Fahrpreis enthaltene Mittagessen einzunehmen: Schmortopf, Bohnen, Brot und Apfelstrudel.

Die San Francisco Muni

● **RECHTS**
Das Muni-Logo.

San Francisco ist eine der schönsten und kompaktesten Städte Amerikas, berühmt für seine Atmosphäre und sein herrliches Wetter. Die San Francisco Municipal Railway – meist einfach „Muni“ genannt – betreibt das öffentliche Nahverkehrssystem der Stadt, das aus Bussen, Oberleitungsbussen (O-Bussen), Straßenbahnen, U-Bahnen (Muni Metro) und den weltbekannten Cable-Cars besteht. Die Muni ist vielleicht die beste Art, San Francisco zu entdecken, und die meisten Teile der Stadt liegen weniger als vier Blocks von der nächsten Haltestelle entfernt.

Die Cable-Car Routes sind die interessantesten Fahrten der Stadt. Dieses Verkehrsmittel entstand zuerst in San Francisco, um möglichst viele Fahrgäste im Schienenverkehr über die steilen Straßen der Stadt zu befördern. Es gab viele Linien, die von unterschiedlichen Gesellschaften betrieben wurden. Auch andere US-Städte besaßen Cable-Cars, wie New York City, Chicago und Seattle, doch nur die von San Francisco existieren noch. Die verbliebenen drei Linien sind eine große Touristen-Attraktion, und in der Hauptsaison muss man häufig eine Stunde auf eine Bahn mit freien Stehplätzen warten. Die Powell & Hyde ist die bekannteste und interessanteste der Cabel-Car-Lines. Die Powell & Hyde Line beginnt wie auch die Powell & Mason Line an der Ecke Market und Powell Street nahe der Innenstadt. Die Powell & Hyde führt nach Fishermans Wharf, über Chinatown, Russian Hill und Nob Hill. Die beste Zeit für eine Fahrt mit den Cable-Cars ist frühmorgens an einem Werktag im Winter. Man wird eine warme Jacke benötigen, aber dafür kann es passieren, dass man der einzige Fahrgast ist – eine wesentlich attraktivere Angelegenheit als der Kampf um einen Stehplatz an einem Sommermittag.

Die Muni betreibt sechs Straßenbahnlinien, fünf davon mit modernen Fahrzeugen, die in der Innenstadt unterirdisch als Muni Metro

● **OBEN RECHTS**
PCC-Triebwagen Nr. 1056 der Minu ist in den Farben der ehemaligen Straßenbahn von Kansas City, Missouri, gestrichen. Wie die anderen PCC-Triebwagen der F-Market Line, war auch dieser früher in Philadelphia, Pennsylvania, im Einsatz.

● **RECHTS**
Eine Boeing-Vertol-Straßenbahn der J-Church Line verläßt den U-Bahn-Tunnel bei Duboce Street Richtung Church Street. Auch Fahrzeuge der N-Judah Line verlassen hier den Tunnel, doch halten sie sich hinter Duboce westlich zum Sunset-Tunnel und dem Pazifik.

INFO-KASTEN

Stadt	San Francisco
Land	USA
Entfernung	48 km
Eröffnung	1873

● LINKS
Die außerordentlich steilen Berge in San Francisco erforderten Cable-Cars, kein anderes Massentransportmittel war ihnen gewachsen. Ein Car von Powell & Mason rollt auf der Powell Street vorbei an der Academy of Art in die City von Frisco.

● OBEN
Innenansicht eines umgebauten PCC-Triebwagens der F-Market Line.

● UNTEN
Die Skyline von San Francisco bei Sonnenaufgang.

einen spektakulären Blick auf die Skyline von San Francisco bietet. Hinter dem Berg trifft die Linie wieder auf Church Street bis zur 30th Street. Einige Fahrten enden hier, während andere via San José Avenue weiter nach Balboa Park führen, auf einer Strecke, die erst in den frühen neunziger Jahren eröffnet wurde.

verkehren. Die einzige oberirdisch verlaufende Linie ist die F-Market Line vom Transbay-Busbahnhof über Market Street nach Castro. Die Fahrzeuge sind historische PCC (President Conference Committee) Cars. In den frühen neunziger Jahren erwarb die Muni alte PCC-Triebwagen aus Philadelphia, ließ sie modernisieren und unterschiedlich anstreichen. Jeder Triebwagen trägt nun die Farben einer anderen US-Großstadt, in der die PCC-Triebwagen einst verkehrten, darunter Boston und Kansas City. Diese Triebwagen sind seit 1996 auf der F-Market Line im Einsatz.

Von den fünf Straßenbahn/U-Bahn-Linien ist die J-Church Line die interessanteste. Sie verlässt den Tunnel bei Duboce und Church Street und folgt der Church Street einige Blocks lang, bevor sie sich auf eigenem Gleiskörper den Dolores Park emporwindet, der

CHICAGO – SEATTLE
DER „EMPIRE BUILDER“

James J. Hill war ein Gigant des nordamerikanischen Eisenbahnwesens. Klein, einäugig und bärtig, beschrieb ihn der legendäre Lucius Beebe, habe er wie ein Pirat ausgesehen. Bis 1901 kontrollierte er drei Bahngesellschaften, welche die Wildnis des pazifischen Nordwesten erschlossen: die Great Northern, die Northern Pacific und die Burlington. Sie wurden damals als die „Hill Railroads“ bezeichnet. Sein bester Zug war der „Oriental Limited“ von Chicago über die Twin Cities (Minneapolis und St. Paul) nach Seattle, wo seine eigenen Dampfschiffe Anschluss nach Japan und China boten. Viel später, im Jahre 1929, als die Verbindungen nach Asien abnahmen, wurde ein Zug nach ihm „Empire Builder“ benannt.

INFO-KASTEN

EMPIRE BUILDER	
Endpunkte	Chicago und Seattle
Land	USA
Entfernung	3575 km
Eröffnung	1901

Die Great Northern Railway operierte als selbstständige Abteilung der NPR, die ebenfalls Seattle von den Twin Cities aus anfuhr. Doch seit 1971, dem Gründungsjahr der quasi-staatlichen Personenbahngesellschaft Amtrak, fertigte nur die nahe der kanadischen Grenze verlaufende Strecke der Great Northern noch Personenverkehr ab. Der Zug heißt bis heute „Empire Builder“ und ist vielleicht die schönste Transkontinental-Verbindung der USA.

Seit 1980 besteht der Zug aus modernen „Superliner“-Doppelstockwagen mit Großraum-, Bar/Aussichts-, Speise- und Schlafwagen, allesamt 5,20 m hoch (ein deutscher InterCity-Wagen misst gerade 4,05 m). Die ersten 687 km von

● RECHTS
Ein Blick aus dem „Empire Builder", während er durch die Flathead River Indian Reservation im Bundesstaat Montana rollt.

● LINKE SEITE, GANZ LINKS
Amtraks ostwärts fahrender „Empire Builder" rollt durch Grizzley, Montana, im Hintergrund erheben sich die Rocky Mountains.

● LINKE SEITE, LINKS
Ein Superliner-Wagen der Amtrak als Teil des „Empire Builder" an der Chicago Union Station.

● UNTEN
Der ostwärts fahrende „Empire Builder" der Amtrak nähert sich dem Bahnhof von Columbus, Wisconsin.

Chicago nach St. Paul führen über Gleise der Burlington. Von St. Paul sind es dann noch 2888 km bis Seattle.

Nach der Ausfahrt aus Chicagos Union Station geht es nach Milwaukee, der „Bierhauptstadt" der USA. Dann folgt der Zug dem Oberlauf des Mississippi mit bezaubernden Aussichten bis zu den Twin Cities. Hinter Minneapolis beginnt die weite, offene Landschaft. Während der ersten Nacht hält der Zug in Fargo, dem Gründungsort der weltberühmten Spedition Wells-Fargo. Am nächsten Morgen passiert man den Bedarfshalt Rugby mit einem Obelisken an der Station, der das exakte Zentrum des nordamerikanischen Kontinents markieren soll.

Weiter geht es durch die Ebene, vorbei an Glasgow und Havre, nach Browning, Montana. Hier beginnt der dramatische Aufstieg in die Rocky Mountains. Im Norden sehen die Fahrgäste einen 2500 m hohen Berg, bekannt als Triple Peak Divide, von dem aus der schmelzende Schnee in drei verschiedene Meere fließt, den Atlantik, den Pazifik und das Arktische Meer. Der „Empire Builder" fährt weiter durch die Naturwunder des Glacier National Parks und überquert die Continental Divide (kontinentale Wasserscheide) auf dem Marais Pass in 1596 m Höhe. Es ist dies die niedrigste Überquerung der Rockies, und James Hill sandte eigens einen Vermesser namens John Paul Stevens, um diesen Pass herauszufinden. Er reiste allein und war wohl der erste Weiße in jener Region, und das in eisigem Winter. Eine Statue von Stevens kann man aus nach Westen fahrenden Zügen rechts neben den Gleisen sehen.

Durch Berg- und Flusslandschaften nimmt der Zug seinen Weg nach Spokane und weiter nach Portland, Oregon. Auf dem Weg nach Seattle durchfährt der Zug den 12,5 km langen Cascade Tunnel, dem längsten im Westen der USA, eröffnet 1929. Frühstückende Fahrgäste erleben den Zug, wie er sich die Cascade Mountains im Bundesstaat Washington hinunterwindet. Häufig kann man dabei Hirsche und Elche beobachten.

● LINKS
Durch Marais Summit an der ehemaligen Hauptstrecke der Great Northern im nördlichen Montana fahren täglich Amtraks „Empire Builder" und 30 bis 40 Güterzüge der Burlington Northern Santa Fe. Überlebensgroß steht hier das Denkmal des Begründers John P. Stevens.

PUEBLO – DURANGO
DER „SAN JUAN EXPRESS“

● UNTEN
Eine 16-mm-„Fischaugen“-Perspektive der C&T Class K36 No. 487 mit einem Personenzug in Chama, New Mexico.

Die Denver and Rio Grande Railroad betrieb das größte 914-mm-Spur-Netz in den USA und unterhielt gar einen Hotelzug, den „San Juan Express“. Dieser verkehrte bis Anfang der 50er Jahre von Pueblo, Colorado, über Alamosa, Colorado, und das nördliche New Mexico nach Durango in Colorado.

Teile der Gleise liegen heute noch, und auf zwei Teilstrecken verkehren noch Dampfzüge: Durango – Silverton (72 km) und Antonito – Chama, New Mexico (103 km). Die Rio Grande betrieb die Linie lange Zeit für Touristen, bevor sie sie verkaufte. So entstand die erste Museumsbahn in Amerika, die von Jahr zu Jahr mehr Besucher begeistert. Die Antonito Chama Line ist ein Gemeinschaftsunternehmen der Bundesstaaten New Mexico und Colorado, betrieben wird sie von Kyle Railways.

Eine Flotte von 1'D1'-Lokomotiven überlebte die schwere Zeit, als Dieselloks im ganzen Land die Dampfloks aufs Abstellgleis schoben. Neun dieser großartigen „Mikado“-Dampfloks stehen für Züge auf den 914-mm-Strecken zur Verfügung. Die Reisezugwagen der Durango-Silverton-Line sind teilweise Originale, während die Chama Antonito Line umgebaute Güterwagen einsetzt.

● **RECHTS**
C&T Class K36 No. 484 rast das 4:100-Gefälle am Cumbres Pass hinunter.

● **LINKE SEITE, UNTEN**
C&T K36 No. 484 am Cumbres Pass bei Gewitterregen im September.

● **UNTEN RECHTS**
Ein Personenzug der C&T am Cumbres Pass.

Zur Hauptsaison verkehren täglich drei Zugpaare auf der Strecke nach Silverton, in der Nebensaison fährt immerhin ein Zug in jede Richtung. Ab November ruht der Verkehr bis auf einen Urlauberzug, bis im Frühjahr der Schnee zu schmelzen beginnt. Auf der Linie Chama – Antonito verkehrt ein Zugpaar am Tag von Mitte Mai bis Mitte Oktober.

Beide Linien bieten Hochgebirgs-Bahnverkehr. Die Chama Antonito Linie, die vollständig Cumbres and Toltec Scenic Railroad heißt, erklimmt den Cumbres Pass auf 3055 m. Aus dem Zugfenster eröffnet sich mit etwas Glück der Blick auf einen Viehtrieb mit berittenen Cowboys, die aus der Ferne so klein aussehen wie Ameisen.

Durango liegt 1800 m hoch, und die Linie nach Silverton steigt durch die San Juan Mountains stetig an, und zwar am spektakulärsten im Animas Canyon. Schließlich erreicht sie die alte Silberbergbaustadt Silverton in 2750 m Höhe. Die Bergfahrt dauert 3 1/2 Stunden, es folgt ein 2 1/4-stündiger Aufenthalt in Silverton. Die Talfahrt nach Durango verläuft eine Viertelstunde schneller als die Bergfahrt.

Eine einzelne Fahrt auf der Cumbres and Toltec dauert 6 1/2 Stunden, inklusive Picknick-Stop bei Osier nahe der Passhöhe. Sowohl für die Fahrt in den offenen Hochbordwagen als auch für das Picknick wird auch im Sommer warme Kleidung dringend empfohlen.

Der nach Westen fahrende Zug heißt „Colorado Limited", der ostwärts fahrende „New Mexico Express". Tagestouren umfassen eine Zug- und eine Busfahrt. Will man Hin- und Rückfahrt im Zug genießen, muss man einmal übernachten.

INFO-KASTEN

SAN JUAN EXPRESS

Endpunkte	Pueblo und Durango
Land	USA
Entfernung	534 km
Eröffnung	1876

Manitou Springs – Pike's Peak

● UNTEN LINKS
Ein Zug wartet an der Bergstation Pike's Peak.

● UNTEN
Die Infotafel an der Bergstation Pike's Peak.

Im Jahre 1806 entdeckte Leutnant Zebulan M. Pike, ein Landvermesser der US Army, einen atemberaubenden Gipfel der Rocky Mountains im Colorado Territory. Er stieg zwar nicht hinauf, legte aber die Höhe auf 5500 m fest. Zehn Jahre danach bestieg eine Seilschaft der Armee den Gipfel, der sich dann als „nur“ 4300 m hoch erwies. 75 Jahre später führte dann bereits eine Eisenbahn hinauf, dampfgetrieben und mit Hilfe von Zahnrädern.

Die Zahnradbahn war eine amerikanische Erfindung. Die erste war die White Mountain Line führte auf den Mount Washington in New Hampshire, der, nur 2134 m hoch, der stürmischste Punkt der Erde sein soll. 1866 war auch der ambitionierte Schweizer Niklaus Riggenbach als Lehrling beteiligt.

Bis heute sind alle Züge dieser Linie dampfgetrieben. Am Pike's Peak blieb eine der Dampfloks vom Eröffnungsjahr 1891 bis zur Ausmusterung 1958 im Einsatz. Seit 1938 gab es Versuche mit benzin- und benzolgetriebenen Triebwagen, die aber nur 24 Fahrgäste befördern konnten, verglichen mit 50 an Bord eines dampfgetriebenen Zuges mit einem Wagen. 1964 trafen die ersten beiden in Winterthur/Schweiz gebauten diesel-elektrischen Triebwagen ein, die 80 Fahrgäste fassten. Später kamen zwei weitere hinzu. 1973 bestellte die Pike's Peak zwei diesel-elektrische Gelenk-Triebwagen, die ersten ihrer Art für Zahnradbetrieb. Sie beförderten je 216 Fahrgäste. Die große Beliebtheit der Pike's Peak zeigt sich an klaren Sommertagen, wenn bis zu 16 Züge zur gleichen Zeit im Einsatz sind. Hin- und Rückfahrt dauern knapp vier Stunden, der Betrieb dauert, je nach Wetterverhältnissen, von Mai bis Oktober.

Die Manitou and Pike's Peak Railway fährt auf Normalspurgleisen. Die Talstation liegt in Manitou Springs am Englemann Canyon auf 2003 m. Früher brachte die Colorado Midland Railway die Fahrgäste bis fast ans Depot der Pike's Peak, heute müssen sie den Bus nehmen. Einst gab es gar eine Überland-Straßenbahn nach Colorado Springs.

Auf der Fahrt hinauf sehen die Reisenden die dahinrostende Baldwin Tank Nr. 5. Alle anderen ausgemuster-

INFO-KASTEN

Endpunkte	Manitou Springs und Pike's Peak
Land	USA
Entfernung	14,3 km
Eröffnung	1891

● LINKS
Schweizerische Fahrzeuge in Manitou Springs, der Talstation dieser Linie.

ten Dampfloks wurden erhalten und Museen übergeben. Bereits kurz hinter der Talstation erreicht die Strecke eine Neigung von 1:4 (1 m Höhe auf 4 m Strecke), und die erste Station, Minnehaha, liegt bereits auf 2540 m. Es folgt Son-of-a-Gun Hill, dann Halfway House. Danach verläuft die Strecke weniger steil durch Lion Gulch. Bei Mountain View (3048 m) eröffnet sich ein grandioser Ausblick auf das gewaltige Panorama der Rocky Mountains.

Sich weiter nach oben schlängelnd, erreicht die Bahn Grecian Bend, Big Hill, Windy Point und schließlich Summit House in 4300m Höhe und 14,3 km hinter der Talstation. Es ist ein unwirtlicher Punkt mit begrenzten Schutzmöglichkeiten vor den Unbilden des Wetters, aber es ist der höchste Punkt, der in Nordamerika per Bahn erreicht werden kann. Eine Broschüre beschreibt das, was man von hier aus sieht, als „großartigste Landschaft der Welt“.

Der Aufenthalt dauert gewöhnlich 40 Minuten, in denen manche Besucher nach Atem ringen (Bergsteiger benutzen in diesen Höhen manchmal schon Sauerstoffmasken), allesamt aber vom Wind durchgeschüttelt werden. Im August 1911 verpasste ein zu luftig angezogenes Pärchen den talfahrenden Zug. Nur Stunden später waren sie erfroren.

● OBEN
Ein Zug wartet an der Bergstation Pike’s Peak. Diese Bahn verkehrt von Mai bis spät im Oktober, je nach Schneesituation.

● LINKS
Die Bergstation Pike’s Peak liegt 4300 m über Normalnull.

ST. ALBANS, VERMONT – WASHINGTON DC
DER „VERMONTER“

● LINKS
An einem kalten Wintertag überquert der „Vermonter“ den Quaboag River auf der Strecke der ehemaligen Boston & Albany. Der „Vermonter“ benutzt dabei ein kurzes Stück der alten B&A zwischen Palmer und Springfield, Massachusetts.

Vermont liegt zwischen den Bundesstaaten New Hampshire und New York und bietet eine der schönsten ländlichen Gegenden im Osten der USA. Vermont steht für Milchfarmen, Ahornsirup und feine Skihotels. Nachdem der „Montrealer“, ein Nachtzug von Washington, DC, nach Montréal, Quebec, 1995 eingestellt wurde, setzte die Amtrak einen Tagzug zwischen Washington und St Albans, Vermont, ein. Finanziert wird der Zug vom Bundesstaat Vermont. Passenderweise der „Vermonter“ genannt, entwickelte sich die Verbindung rasch zu einer der populärsten im Nordosten der USA. Der „Vermonter“ führt als Erkennungszeichen einen besonderen Gepäckwagen mit, der den Namen des Zuges unter einem überdimensionalen Landschaftsgemälde trägt. Der Zug hält in Städten von Massachusetts, New Hampshire und Vermont, deren einziges öffentliches Verkehrsmittel er ist.

Zwischen St Albans, Vermont, und Palmer, Massachusetts, benutzt der „Vermonter“ die Gleise der New England Central, einer Nebenbahn, die der RailTex gehört, einem in Texas beheimateten großen Betreiber diverser Nebenlinien. Die New England Central nahm den Betrieb im Februar 1995 auf, nur wenige Wochen vor der ersten Fahrt des „Vermonter“. Die Gleise gehörten zuvor der Central Vermont, einer Tochter der Canadian National. Der „Vermonter“ ist einer der wenigen täglich fahrenden Amtrak-Reisezüge, der über die Gleise einer Short Line Freight Railroad (Nebenbahn für Güterverkehr) verkehrt, ferner einer der wenigen Amtrak-Züge, die im „Dark Territory“ verkehren, d.h. auf Streckenabschnitten ohne automatische Blocksignale. Das bedeutet aber nicht, dass die Fahrt hier besonders gefährlich ist: Es gibt stattdessen ein restriktives System von Gleisbesetztmeldungen. Der „Vermonter“ teilt

● OBEN
Der „Vermonter“ hält an einem sonnigen Nachmittag in Amherst, Massachusetts.

● UNTEN
Der nach Süden fahrende „Vermonter“ nährt sich dem kurzen, engen Tunnel bei Bellows Falls, Vermont.

INFO-KASTEN

VERMONTER	
Endpunkte	St. Albans, Vermont und Washington DC
Land	USA
Entfernung	975 km
Eröffnung	1995

● RECHTS
Der „Vermonter", Amtraks Zug Nr. 56, gleitet am aufgestauten Connecticut River bei Vernon, Vermont, vorbei.

● UNTEN LINKS
Am Neujahrstag 1997 überquert der nach Süden fahrende „Vermonter" die hohe Brücke bei Millers Falls, Massachusetts.

● UNTEN RECHTS
Der „Vermonter" nähert sich bei kristallklarem Wetter Amherst, Massachusetts.

sich die Gleise der New England Central sicher mit deren wenigen Güterzügen.

Südlich von Palmer befährt der „Vermonter" die Gleise der belebten Boston Line, die auch viele andere Amtrak-Reisezüge benutzen. Von Springfield geht es weiter über New Haven durch den North-East Corridor, Amtraks meistbefahrener Strecke, nach Washington, DC. Doch der interessanteste Teil der Reise ist doch derjenige auf den Gleisen der New England Central. Der Zug hält in Amherst, Massachusetts, einer kleinen Universitätsstadt und einst Heimat der Dichterin Emily Dickinson. In Vermont läuft der Zug Brattleboro, Bellows Falls, Windsor, White River Junction, Randolph, Montpelier, Waterbury, Essex Junction und St Albans an. Bellows Falls bietet als Besonderheit einen Bahntunnel, der direkt unter den Ort hindurchführt.

Im Sommer und im Frühherbst hält in Bellows Falls auch der privat betriebene „Green Mountain", der seine Reisenden nach Chester, Vermont, bringt. Zwischen Bellows Falls und Windsor führt das Gleis über den Connecticut River nach New Hampshire, erster und zur Zeit einziger Halt eines Reisezuges in diesem Bundesstaat ist Claremont. Vom Zug aus ist der Mt. Ascutney zu sehen, einer der höchsten Berge in Vermont. Auch einige der berühmten überdachten Holzbrücken kommen ins Bild.

Der nach Norden fahrende Zug, Nr. 56, verlässt Washington früh am Morgen und erreicht St Albans am Abend, während der südwärts fahrende Zug, Nr. 55, die Strecke zeitgleich in umgekehrter Folge absolviert. Plätze im „Vermonter" müssen unbedingt vorgebucht werden.

Boston – Chicago
Der „Lake Shore Limited“

Die Western Railroad of Massachusetts – eine der ersten Bergbahnen der Welt – überquert die Berkshire Hills und verbindet Boston mit dem Erie-Kanal in Albany, New York. Die Strecke vermaß der Eisenbahn-Pionier George Washington Whistler in den 1830er Jahren, Anfang der 1840er Jahre war sie bereits fertig gebaut. Um den steilen Anstieg am Ostrand der Berkshires zu überwinden, folgte Whistler dem westlichen Zulauf des Westfield River, der auf Steinbogenbrücken mehrfach überfahren wird. Die Maximalsteigung konnte auf 1,67 % begrenzt werden, aber dadurch war sie bei Fertigstellung eine der längsten Steigungsstrecken der Welt. Besonders schwere und kräftige Dampfloks waren erforderlich, um Züge über diese Berge zu befördern.

1867 fusionierte die Western Railroad mit der Boston & Worcester zur Boston & Albany, und im Jahre 1900 pachtete die New York Central die Strecke. Die Besitzverhältnisse wechselten in den folgenden Jahren noch mehrmals, doch für die Einheimischen ist die Route nach wie vor die „B&A“. Heutzutage stellt Whistlers Bahnlinie den landschaftlich schönsten Teil der Boston Section von Amtraks „Lake Shore Limited“ (Züge Nr.448 und 449) dar. Der Zug verkehrt täglich zwischen Chicago Union Station und der South Station in Boston, Massachusetts. Zwischen Chicago, Illinois, und Rensselaer, New York, laufen die Boston Section und die New York Section gemeinsam im Zugverbund.

Der „Lake Shore“ nach Boston verlässt Rensselaer gegen Mittag zu einer entspannten Fahrt über die Berkshires. Um aus dem Tal des Hudson River hinauszukommen, benutzt der Zug eine Stichbahn bis zu der Verzweigung bei

● LINKS
Amtrak's „Lake Shore Limited“ erklimmt Springfield Hill vor dem dramatischen Hintergrund eines brodelnden, stürmischen Novemberhimmels.

● UNTEN LINKS
Einer von George Washington Whistlers berühmten Steinbogenbrücken über dem Westfield River bei Middlefield. Sie ist eine der Brücken, die 1912 stillgelegt wurden.

INFO-KASTEN

Lake Shore Ltd	
Endpunkte	Boston und Chicago
Land	USA
Entfernung	1636 km
Eröffnung	1840er Jahre

Post Road, die Anfang der 70er Jahre stillgelegt worden war, nachdem Penn Central, damals Besitzerin der B&A, den Reisezugverkehr aufgegegben hatte. Weil alle Güterzüge den westlich der Post Road gelegenen Castleton Cutoff nach Selkirk benutzten, wurde die alte Reisezugstrecke als überflüssig

● LINKS
Amtrak Nr. 448 am Ostportal des State Line Tunnels. Dieser berühmte Tunnel befindet sich kurz vor der Grenze der Bundesstaaten New York und Massachusetts.

Summit, dem höchsten Punkt der einstigen B&A. Die Strecke über den Washington Mountain ist zweigleisig und für Gleiswechselbetrieb ausgebaut, so dass Züge auf beiden Gleisen in beide Richtungen verkehren können. Häufig überholt der „Lake Shore" hier einen langsameren, ostwärts fahrenden Güterzug. An der Ostrampe bei dem Städtchen Middlefield sind nördlich der heutigen Strecke noch einige von Whistlers alten Steinbogenbrücken zu sehen. Diese Brücken wurden seit 1912 nicht mehr gebraucht, als die Strecke verlegt wurde, um die Steigung zu reduzieren.

angesehen. Als aber Amtrak 1971 den Reisezugdienst übernahm, kam das Gleis zu neuen Ehren. Östlich von Chatham, New York, überquert die Strecke eine Autobahn, den New York State Thruway, und eine Weile danach verschwindet der Zug in dem berühmten State Line Tunnel an der Grenze der Bundesstaaten New York und Massachusetts. Der Tunnel besitzt eigentlich zwei Röhren, aber gegenwärtig wird nur die südliche benutzt. Die nördliche wurde Ende der 80er Jahre stillgelegt.

Östlich der Station von Pittsfield, Massachusetts, klettert der Zug hinauf zum 445 m hoch gelegenen Washington

● OBEN
Dieser Heritage-Schlafwagen der Amtrak ist typisch für die Wagen des „Lake Shore Limited".

● RECHTS
Amtrak Nr. 448 windet sich die Ostschleife von Washington Hill hinunter, östlich von Middlefield, Massachusetts.

CHICAGO – OAKLAND
DER „CALIFORNIA ZEPHYR"

Die Verbindung von Chicago nach Oakland, California, stellt einer der populären Amtrak-Züge her, der „California Zephyr". Auf seiner Route liegt eine der spektakulärsten Landschaften im Westen der USA, von der sich auftürmenden Colorado Front Range bis zur kalifornischen Pazifik-Küste. Der „CZ" (sprich: ßie-sie) windet sich die „Big Ten Curves" westlich von Denver empor, unterquert die kontinentale Wasserscheide im berühmten Moffat Tunnel, durchmisst die tiefen, rauhen Schluchten der Gore und Glenwood Canyons sowie Utah Desert und führt über Soldier Summit nach Salt Lake City. Es folgen die Wüsten von Nevada, der Donner Pass in Kalifornien, das Central Valley und, der Carquinez Straits folgend, erreicht der „CZ" schließlich Oakland.

Während andere Bahnstrecken ab und zu einen landschaftlichen Höhepunkt aufweisen können, durchfährt der „California Zephyr" ganze Ansammlungen davon, es ist eine stetige Folge grandioser Ausblicke. Einer der besten ist der Aufstieg hinter Denver in die Front Range der Rocky Mountains, mehrmals ist Denver aus immer größerer Höhe zu sehen und dahinter der unendlich scheinende Horizont der „Great Plains". Der wohl imposanteste Ausblick ist die Westrampe vom Donner Pass. Nachdem die Smart Ridge überquert ist, die das Yuba River Basin vom Bett des American River trennt, folgt die Bahnlinie

● OBEN LINKS
Amtrak-Zug Nr. 5 überquert den Yuba Pass nach einem Wintersturm.

Der „City of San Francisco" steckte Anfang der fünfziger Jahre einmal drei Tage in einer Schneewehe am Yuba Pass fest.

● LINKS
Der „California Zephyr" nach Westen überquert die Smart Ridge und verlässt den Yuba in Richtung American River westlich vom Donner Pass.

● LINKS
Amtrak Nr. 6 müht sich den Truckee River bei Floriston, California, hinauf.

● OBEN
Sonnenaufgang am Donner Lake im Juni 1990. Der Amtrak-Zug hält sich weit oberhalb der Wolkenseen auf einer Bahnlinie, die der Ingenieur Theodore Judah in den 1860er Jahren errichtete.

● UNTEN
Amtrak-Zug Nr. 5 donnert durch die Colorado Rockies am Dotsero Cutoff. Die Stichstrecke verbindet seit den Dreißigern die Strecken der Denver & Salt Lake und der Denver & Rio Grande Western.

dem Canyon des American River. Während der Fluss tief unten durch die höhlenartige Schlucht tost, führt die Eisenbahnstrecke hoch darüber, wie sie bereits in den 1860er Jahren Theodore Judah, ein Genius und Förderer der Central Pacific Railroad, entworfen hatte. Östlich von Alta, California, verlaufen die Gleise 610 m über dem Fluss. In klaren Nächten kann man von hier aus die Lichter der über 110 km weit entfernten kalifornischen Stadt Sacramento sehen.

Der erste „California Zephyr" nahm den Betrieb im Jahre 1949 auf und verkehrte bis 1970. Der heutige CZ benutzt annähernd dieselben Gleise, außer dass er mehr über den Donner Pass und seltener durch den Feather River Canyon fährt. Amtrak ließ den „California Zephyr" Mitte der 70er Jahre wieder aufleben. Der CZ ist mit Amtraks typischem Material für die Züge im Westen ausgestattet: mit doppelstöckigen „Superliners", den wie Pepsidosen bemalten General Electric P32BWH „Pepsi Cans" und den General Electric Genesis Diesel-Loks.

INFO-KASTEN

CALIFORNIA ZEPHYR

Endpunkte	Chicago und Oakland
Land	USA
Entfernung	3218 km
Eröffnung	1949

SEATTLE – LOS ANGELES
DER „COAST STARLIGHT“

● LINKS
Amtrak-Zug Nr. 11, der „Coast Starlight“ Richtung Los Angeles, rollt langsam durch Embarcedero nach Jack London Square in Oakland, California.

● UNTEN LINKS
Amtrak-Zug Nr. 11 windet sich auf der Fahrt von Seattle und Portland nach Los Angeles bei Cruzatte, Oregon, hoch in die Cascades hinauf.

Der „Coast Starlight“ verbindet Seattle mit Los Angeles und ist Amtraks bester Zug an der Westküste. Er bietet einen Service 1. Klasse und grandiose Ausblicke auf dem gesamten Streckenverlauf. Auf seinem Weg überquert der „Coast Starlight“ mehrere Gebirgszüge, darunter die Oregon Cascades und die Coast Range in Kalifornien. Südlich von San Luis Obispo, California, verläuft die Bahnlinie viele Kilometer direkt an der Pazifikküste entlang. Amtrak preist den Service im „Coast Starlight“ als „gehoben“: 1. Klasse-Reisende erhalten eine Gratis-Weinprobe sowie Champagner zu den Mahlzeiten.

Südlich von Eugene, Oregon, bei Oakridge, beginnt für den „Starlight“ die Bergfahrt durch die Oregon Cascades. Die Southern Pacific stellte ihre Cascade Route Mitte der 20er Jahre fertig, als sie den Natron Cutoff zwischen Black Butte und Eugene vollendete. Bis heute gehört die Route zu den beeindruckensten Ingenieurleistungen im Westen der USA. Bei Heather führen die Gleise über eine hohe Trestle-Brücke und verschwinden danach zwischen immergrünen Bäumen. Kurvenreich windet sich die Strecke den Berg hinauf und passiert dabei viele lange Tunnel und Schutzvorrichtungen gegen Schneeverwehungen und Lawinen, die so genannten Galerien. Bei Cruzatte verschwinden die Gleise in einer Galerie, kaum dass sie den Tunnel verlassen haben; weiter geht es auf einer hohen, gekrümmten Trestle-Brücke über den gewundenen Noisy Creek hinüber durch die nächste Galerie und hinein in einen weiteren Tunnel. So atemberaubend wie die Landschaft im Sommer erscheint, so ehrfurchtgebietend erscheint sie im Winter, wenn sich die Bäume unter Tonnen von Schnee neigen. Unglücklicherweise durchquert der nach Süden fahrende „Starlight“ die Cascades im Winter bei Nacht, nur der nordwärts fahrende Zug passiert sie bei Tag.

Amtrak fährt San Francisco nicht direkt an, bietet aber einen Zubringerbus zu seiner neuen Emeryville Station an. Reisende nach San Francisco können auch in San José in einen Regionalzug der „Cal Train“ umsteigen. In Oakland fährt der „Starlight“ mitten durch die

INFO-KASTEN

COAST STARLIGHT	
Endpunkte	Seattle und Los Angeles
Land	USA
Entfernung	2235 km
Eröffnung	1894

Stadt, schleicht durch die Embarcedero Avenue zum neugebauten Endbahnhof Jack London Square. Es gibt nur noch wenige Orte, in denen sich Amtraks hohe „Superliners“ den Verkehrsweg mit Automobilen teilen müssen.

Um San Luis Obispo vom landwirtschaftlich genutzten Salinas Valley her zu erreichen, muss der „Starlight“ den Cuesta Grade überwinden, eine 22,5 km lange Tortur für die Eisenbahn, die sich durch eine der schönsten Landschaften Kaliforniens windet: wellige Hügel, bewachsen mit Gras und durchsetzt von Eichen.

Die Reise an der Küste führt den „Starlight“ mitten durch die Vandenberg Air Force Base, die sonst für Zivilisten gesperrt ist. Der südliche Endpunkt des „Starlight“ ist das Los Angeles Union Passenger Terminal, einer der letzten großen Bahnhöfe Amerikas, 1939 im spanisch-maurischen Stil vollendet.

● OBEN LINKS
Eine Werbetafel für den „Coast Starlight“ im neuen Bahnhof von Oakland, California.

● OBEN RECHTS
An einem dunstigen Junitag rollt der nordwärts fahrende „Coast Starlight“ bei Fields, Oregon, die Cascade Line der Union Pacific hinab.

● OBEN
Amtraks „Coast Starlight“ hat soeben Tunnel 5 1/2 im Salinas Valley verlassen. Bevor dieser Tunnel gebohrt wurde, fuhr die Eisenbahn in einem großen Bogen um den Berg. Der frühere Linienverlauf ist links neben dem Tunnel noch sichtbar.

● LINKS
Der Pazifik glitzert in der Morgensonne.

Bellows Falls – Chester, Vermont
Der „Green Mountain Flyer"

Die Rutland Railway verband einst Bellows Falls, Rutland und Burlington, Vermont, mit Ogdensburg, New York; sie unterhielt ferner eine Strecke von Rutland nach Bennington, Vermont, und weiter nach Chatham, New York. Die Rutland stellte Anfang der 60er Jahre den Betrieb ein und Teile der Strecke wurden stillgelegt.

Heute betreibt die „Green Mountain Railroad" einen Streckenabschnitt der Rutland Railway und einen winzigen Teil der ehemaligen Boston & Maine Railroad, Vermont zwischen North Walpole, New Hampshire und Rutland, Vermont. Diese Short-Line (Kleinbahn) hält den Geist der alten Rutland Railway wach, indem sie deren farbenfrohen grüngelben Anstrich für ihre Fahrzeuge verwendet. Vom Spätfrühling bis zum

● LINKS
Der „Green Mountain Flyer" verlässt Chester, Vermont, Richtung Bellows Falls.

● LINKS
Das Logo der „Green Mountain Railroad"erinnert an das der Rutland.

● UNTEN
An einem strahlenden Herbstmorgen führt die Alco RS-1 Nr. 405 aus dem Jahre 1951 den „Green Mountain Flyer" bei Brockway Mills, Vermont.

● RECHTS
Wenn der „Green Mountain Flyer" lang und schwer ist, hat die nur 750 kW starke Alco Nr. 405 ihre liebe Not, den Fahrplan einzuhalten.

● UNTEN RECHTS
Nach getaner Arbeit steht der „Green Mountain Flyer" in Bellows Falls, Vermont.

Frühherbst betreibt die „Green Mountain" einen Sonderzug namens „Green Mountain Flyer".

Dieser Zug verkehrt zweimal täglich außer montags zwischen dem Amtrak-Bahnhof in Bellows Falls (wo auch der tägliche „Vermonter" hält) und Chester. Der Zug führt historische Personenwagen, darunter auch zwei Wagen der ehemaligen Rutland, die auch weiter die Namen ihres einstigen Besitzers tragen.

Der „Flyer" ist eine Reminiszenz an einen hinterwäldlerischen Nebenbahn-Reisezug und damit ein erfrischender Kontrast zu den modernen Amtrak-Zügen von heute. Die Green Mountain betreibt unter anderem zwei diesel-elektrische General Motors GP9, die sie aus 2. Hand erwarb. Star ist aber die Alco RS-1 aus dem Jahr 1951, die einst der Rutland gehörte. Oft besetzt die Green Mountain den „Flyer" mit der RS-1, wodurch der Zug noch mehr einem Rutland-Reisezug von vor 50 Jahren gleicht.

Die Landschaft entlang der Linie ist faszinierend. Fahrgäste können die Fahrt mit dem „Flyer" an beiden Endstationen der Linie beginnen, und sowohl Bellows Falls als auch Chester besitzen sehr schöne Bahnhofsgebäude. Bellows Falls hinter sich lassend, folgt die Bahnlinie zunächst dem Connecticut River, um sich dann ins Inland hinaufzuwinden. Bei Brockway Mills überqueren die Gleise eine tiefe Schlucht auf einer überdachten Brücke. Auf dem weiteren Weg kommen einige weitere malerisch Holzbrücken und Scheunen ins Bild. Vermont fasziniert besonders im frühen Herbst, wenn die Tage kristallklar sind und sich das Laub in leuchtende Rotgelbtöne verfärbt. Es gibt kaum eine faszinierendere Art, diesen „Indian Summer" zu erleben, als bei einer Fahrt mit dem „Green Mountain Flyer". Sonderzüge verkehren dafür an Oktoberwochenenden nach Ludlow, Vermont.

INFO-KASTEN

GREEN MOUNTAIN FLYER

Endpunkte	Bellows Falls und Chester, Vermont
Land	USA
Entfernung	21 km
Eröffnung für den Reisezug-Verkehr	1984

Chicago Metra
Der „Race Track“

Die Metra in Chicago unterhält ein beachtliches Netz von Vorortbahnen mit mehr als einem Dutzend Linien auf Gleisen von sechs unterschiedlichen Besitzern. Die meistbefahrene Strecke ist hierbei die der Chicago, Burlington & Quincy nach Aurora, einer Schlafstadt, 56 km westlich von Downtown Chicago.

Diese Verbindung, gemeinhin als „Race Track“ (Rennstrecke) bezeichnet, gehört der Burlington Northern Santa Fe (BNSF). Auf ihr befördert die Metra an Werktagen mit 80 Zügen etwa 50.000 Reisende. Dazu kommt die Amtrak mit einigen Langstreckenlinien, darunter den Transkontinentalzügen „Southwest Chief“ und „California Zephyr“. Nicht zuletzt fahren hier 60 Güterzüge durch, meist eigene der BNSF, aber auch solche der Konkurrenten Canadian National and Union Pacific.

Diese Kombination von dichtem Reisezug- und Güterzugverkehr macht die dreigleisige Hauptstrecke zur meistbefahrenen Bahnlinie der USA. Es ist faszinierend, sie zu beobachten und auf ihr zu fahren. Züge mit dem Ziel Aurora beginnen in Chicago Union Station, einem der vier großen Bahnhöfe in Chicago. Die Zugsicherung erfolgt computergesteuert mittels Centralized Traffic Control, womit alle drei Gleise in beiden Richtungen benutzt werden können.

In der abendlichen Hauptverkehrszeit, wenn tausende von Menschen aus Chicago heimwärts streben, verlassen Nahverkehrs- und Schnellzüge Chicago

● **RECHTS**
Ein Schnellzug hält an der Station Stone Avenue in La Grange, Illinois. Er wird bespannt von F40PHM-2 Nr. 195.

INFO-KASTEN

Endpunkte	Chicago und Aurora, Illinois
Land	USA
Entfernung	61 km
Eröffnung	1853

● **LINKS**
F40PHM-2 Nr. 199 rast in westlicher Richtung am Haltepunkt Stone Avenue vorbei. Die 30 in den Jahren 1991/92 angeschafften Loks der EMD-Baureihe F40PHM-2 mit dem Spitznamen „Winnebago“ sind die einzigen ihrer Art.

● RECHTS
Ein westwärts fahrender Schnellzug fährt ohne Halt durch La Grange, Illinois.

Union fast im Minutentakt. Die Nahverkehrszüge benutzen gewöhnlich das nördliche Gleis, die Schnellzüge das mittlere Gleis und die nach Chicago fahrende Züge des Nahverkehrs das südliche. Um Verspätungen während den Hauptverkehrszeiten zu vermeiden, bleiben die Frachtzüge zu Stoßzeiten in den Güterbahnhöfen von Chicago, Eola, oder westlich von Aurora.

Metra setzt meistens doppelstöckige „Gallery Cars" ein, die von General Motors F40PH oder F40PHM-2 bespannt werden. Die mittlerweile recht betagten F40PH bilden immer noch das Rückgrat der Reisezuglok-Flotten US-amerikanischer Bahngesellschaften. Die stromlinienförmig verkleideten F40PHM-2 ähneln ein wenig dem populären „Winnebago"-Wohnmobil und erhielten sofort den entsprechenden Spitznamen. Die 30 für Metra gebauten F40PHM-2 sind die einzigen gebauten ihrer Art. Alle Metra-Züge verkehren als Wendezüge. Die Fahrtzeit zwischen Chicago und Aurora variiert zwischen 80 Minutes bei Nahverkehrszügen und 52 Minuten bei einem Schnellzug.

Eine gute Möglichkeit, den Betrieb auf dem „Race Track" zu erleben, ist, einen Mittagszug der Metra von der Chicago Union Station nach Hollywood (Brookfield Zoo) oder La Grange (Stone Avenue) zu nehmen und den Nachmittag über die vorbeifahrenden Züge zu beobachten.

● OBEN
Ein feiner Ort, um die Züge auf einer der meistfrequentierten Bahnlinien der USA zu beobachten, ist Zoo Stop in Hollywood, Illinois. Mehr als 100 Züge kommen hier täglich durch.

● RECHTS
Auf dieser dreigleisigen Strecke der Burlington Northern Santa Fe zwischen Aurora und Chicago fahren täglich vier bis acht Güterzüge der Canadian National.

MILWAUKEE – EAST TROY

Die ersten elektrischen Überlandbahnen der USA entstanden etwa 1890. Die Gleise verliefen außerorts entlang bestehender Straßen und innerorts als Straßenbahnen. Besonders viele dieser Bahnen gab es im Mittleren Westen der USA. Sie verbanden Großstädte wie Chicago und Milwaukee mit den umliegenden Gemeinden. Zusätzlich zum Personenverkehr beförderten viele „Interurbans" auch Frachtgüter. Sie setzten dafür kleine Elektrolokomotiven ein. Doch die Ära der Überlandbahnen dauerte nur kurz. Der zunehmende Automobilverkehr machte ihnen rasch den Garaus, und die meisten von ihnen wurden bereits in den 20er und 30er Jahren stillgelegt.

Die Milwaukee Electric Railway & Light Company betrieb zu ihrer besten Zeit ein 320 km langes Netz von Überlandbahnen im südöstlichen Wisconsin.

● OBEN
Die East Troy Electric Railroad bedient einige Industriebetriebe in East Troy, die der Trent Spur gehören. Im Bild: der offene Triebwagen Nr. 21.

● LINKS
Das Logo der East Troy Electric Railroad.

● UNTEN
Dieser Triebwagen fährt über Beulah von East Troy nach Elegant Farmer.

● **RECHTS**
Einer der beliebtesten Wagen der East Troy ist „Gate Car" Nr. 253 der ehemaligen Duluth-Superior Transit, eine typisch amerikanische Straßenbahn, deren Innenraum akribisch genau restauriert wurde.

● **UNTEN LINKS**
Lok L9 der ehemaligen Milwaukee Electric Railway & Light Company und der Überlandbahn-Triebwagen Nr. 1130 der Chicago, South Shore & South Bend im ehemaligen Unterwerk von East Troy, Wisconsin, das nun ein Museum ist.

● **UNTEN RECHTS**
Eine der Überland-Straßenbahnen der East Troy am Bahnübergang Army Lake Road bei Mukwonago, Wisconsin. Auf der acht Kilometer langen Strecke von East Troy nach Mukwonago verlaufen Gleis und Straße meist parallel.

● **GANZ UNTEN**
Eine Überlandbahn der einstigen Chicago South Shore & South Bend wartet auf dem Ausweichgleis in Beulah auf zwei Gegenzüge Richtung Elegant Farmer. Diese alte Überlandbahn verläuft eingleisig mit mehreren Ausweichgleisen.

Sie eröffnete ihre Strecke ins ländliche East Troy, Wisconsin, im Jahre 1907. Während die Milwaukee Electric den Personenverkehr nach East Troy bereits 1939 einstellte, überlebte die Strecke noch etliche Jahre als elektrische Güterbahn. Die Gemeinde East Troy unterhielt die Bahn, um einheimische Industriebetriebe anzufahren. Heute ist sie eine der letzten Vertreterinnen der Überlandbahn-Ära. Die East Troy Electric Railroad betreibt sie heute und bietet in Zusammenarbeit mit dem Wisconsin Trolley Museum wieder Ausflugsfahrten an, die an Wochenenden zwischen Mai und September stattfinden. Die East Troy befördert nach wie vor Fracht, doch beschränkt sich der Güterverkehr seit den 90er Jahren auf 20 bis 30 Wagen im Jahr.

Fahrgäste sollten die Fahrt in East Troy oder Elegant Farmer (bei Mukwonago, Wisconsin) beginnen. Die 16 km lange Tour verläuft parallel zu

einer Landstraße durch ländliches Gebiet und dauert etwas länger als eine Stunde. Die East Troy betreibt eine Flotte historischer Überland-Elektro-Triebwagen, dabei sind auch einige Fahrzeuge der berühmten Chicago, South Shore & South Bend. Sie betreibt ferner Straßenbahn-Triebwagen in verschiedenen nordamerikanischen Städten. Ihr ganzer Stolz ist Wagen Nr. 21, der Nachbau eines zweiachsigen, offenen Triebwagens aus der Jahrhundertwende. Das ehemalige elektrische Unterwerk von East Troy ist heute Teil des Museums.

INFO-KASTEN

Endpunkte	Milwaukee und East Troy, Wisconsin
Land	USA
Entfernung	8 km
Eröffnung	1907

Boone Scenic Railroad

Der Bundesstaat Iowa liegt im Herzen der USA und ist vor allem landwirtschaftlich geprägt. Im Herzen von Iowa wiederum liegt Boone, einst ein wichtiger Stützpunkt an der geschäftigen Hauptstrecke der Chicago & North Western zwischen Chicago, Illinois, und Council Bluffs, Iowa. Boone war einst ein belebter Personalwechselpunkt und ein wichtiger Rangierbahnhof.

Amtrak durchmisst Iowa auf der alten Strecke der Chicago, Burlington & Quincy (heute Burlington Northern Santa Fe) viele Kilometer weiter südlich. Einige Kilometer westlich von Boone steht die gigantische Kate Shelley High Bridge, benannt nach einem Mädchen, das sein Leben riskierte, um einen Zug anzuhalten, damit er nicht auf eine nach einem Unwetter unterspülte Brücke fuhr. Die Kate Shelley High Bridge überspannt das Tal des Des Moines River und bewältigt heutzutage 40 bis 60 Güterzüge pro Tag. Sie wird von der UP betrieben, die 1995 den Vorbesitzer Chicago & North Western aufkaufte.

Ebenfalls westlich von Boone beginnt die Boone & Scenic Valley Railway,

● OBEN
An jedem Morgen vor einer Fahrt rollt die „Mikado" der Boone & Scenic Valley zum Ausblasen des Kessels ohne Wagen auf die hohe Brücke, um Verunreinigungen zu entfernen.

● LINKS
Der Überland-Triebwagen Nr. 50 der Charles City & Western erinnert an die Fahrzeuge der Fort Dodge, Des Moines & Southern, die einst nach Boone kamen. Die Boone & Scenic Valley setzt Nr. 50 an Sommerwochenenden für Sonderzüge ein.

● GEGENÜBER
Die Dampflok der Boone & Scenic Valley tankt an einem heißen Junitag Wasser. Boone ist stolz auf seine Eisenbahnvergangenheit und veranstaltet jeden September seine „Pufferbilly Days" mit vielen Sonderfahrten.

● OBEN LINKS
Die in China gebaute 1'D1'-Maschine der Boone & Scenic Valley läuft in Boone, Iowa, ein.

● OBEN RECHTS
Ein schwerer Kohlezug der Union Pacific nach Chicago überquert die Kate Shelley High Bridge. Obwohl zweigleisig, trägt die Brücke nur einen Zug zur Zeit.

INFO-KASTEN

Ort	Boone, Iowa
Land	USA
Entfernung	11 km
Eröffnung	1906

eine beliebte Museumsbahn mit Dampf-, Diesel- und Elektrozügen auf den Gleisen der Fort Dodge, Des Moines & Southern, bekannt als Fort Dodge Line, der einst größte unter den Überlandbahnen in Iowa. Iowa war damals durchzogen von kleinen, elektrischen Überlandbahnen, die Güter und Personen beförderten. Die meisten Strecken sind heute abgebaut, doch wenige Teilstücke blieben erhalten, meist als Güterbahnen. Die hier beschriebene Strecke wurde bis Mitte der 50er Jahre elektrisch betrieben, danach sah sie nur noch Dieselloks. Später übernahm die Chicago & North Western die Linie und betrieb sie als reine Güter-Nebenbahn. Vor einigen Jahren erwarb die Boone & Scenic Valley die pittoreske Strecke von der C&NW und begann, Museumsfahrten anzubieten. Seit dieser Zeit hat die Boone Scenic einen kurzen Abschnitt ihrer Linie wieder elektrifiziert und erinnert von Zeit zu Zeit mit einem historischen Elektro-Triebwagen an die große Zeit der Überlandbahnen in Iowa.

Im Sommer aber stellt ein Dampfzug die Hauptattraktion dar, bespannt von der in China gebauten, glänzend lackierten 1'D1'-Mikado JS Nr. 8419. Die Boone Scenic bestellte diesen Neubau 1988 bei der Lokfabrik Datong. Er wurde 1989 für den Personenzugverkehr in Dienst genommen. Der Dampfzug verkehrt auf der ehemaligen Überlandbahn-Strecke von Boone nach Nordwesten, entlang dem Tal des Des Moines River. Der technische Höhepunkt ist die Hochbrücke der Boone Scenic, eine 48 m hohe Trestle-Brücke, die einen Zufluss des Des Moines River überspannt. Die Züge überqueren diese Brücke ganz langsam, damit die Fahrgäste den grandiosen Ausblick genießen können.

Den Sommer über bietet die Boone Scenic an Wochenenden drei Dampffahrten an, werktags immerhin eine. An Sommerwochenenden ist auch der elektrische Teil der Linie in Betrieb.

Los Mochis – Chihuahua

Ferrocarríl Barranca del Cobre

● UNTEN
Hier sehen wir den Zug nach Los Mochis kurz nach dem Beginn der Reise in Chihuahua.

Als im Jahre 1961 die letzte transkontinentale Eisenbahn Nordamerikas in Mexiko fertig gestellt wurde, konnten Bahnreisende die einzigartige Landschaft eines Schluchtensystems – länger und tiefer als in Arizona – bestaunen. Straßen und Flugplätze gibt es in diesem wilden Teil der Sierra Madre nicht, so dass die Eisenbahn das einzige Verkehrsmittel zu dieser atemberaubenden Natur darstellt.

Die Ferroarríl Chihuahua Pacífico wurde ein Erfolg. In den 38 Jahren ihres Bestehens beförderte sie Millionen von Fahrgästen, viele davon aus Übersee. Die Bahnlinie verläuft über 655 km von Los Mochis an der mexikanischen Westküste nach Chihuahua durch 87 Tunnel und über 36 längere Brücken. An einer Stelle benötigt sie eine Dreifachkehre, um Höhe zu gewinnen. Der höchste Pass liegt auf 2502 m bei Divisadero, wo die Barranca del Cobre (Kupferschlucht) von der beinahe ebenso beeindruckenden Barranca Ulrique abzweigt.

Bereits Ende des 19. Jahrhunderts als Güterbahn zwischen Texas und den mexikanischen Tiefseehäfen an der Westküste geplant, dauerte es noch über 60 Jahre, bis sie fertig war. Nur Landvermesser und Missionare hatten zuvor diese abgelegenen Schluchten gesehen, nur bewohnt von einem Stamm der Tarahumara-Indianer, die in den Höhlen der Felswände lebten. Durch die Abgeschiedenheit konnten die Tarahumara ihre Traditionen bewahren. Die meisten von ihnen sprechen kein Spanisch, obwohl es eine Schule in Creel gibt, einem Holzfällernest an der Bahnlinie, zu dem auch ein paar staubige Straßen führen.

Zwei Reisezüge verkehren täglich zwischen Chihuahua und Los Mochis und sie befahren eine der fünf schönsten Strecken der Welt. Die Züge fahren schon am Morgen ab, um die gesamte Strecke an einem Tag zu schaffen und sind meistens gut besetzt. Ausländische Touristen sind vorwiegend in der 1. Klasse vertreten. Hier werden auch Mahlzeiten serviert. Auf der Strecke gibt es auch Güterzüge, einen bei Tag und

INFO-KASTEN

Ferrocarríl Barranca del Cobre	
Endpunkte	Los Mochis und Chihuahua
Land	Mexiko
Entfernung	655 km
Eröffnung	1961

● LINKS
Vom Pazifik kommend, ist der nach einem einheimischen Volksstamm „El Tarahumara“ benannte Zug in Divisadero eingetroffen.

einen bei Nacht, die noch 20 Kilometer über die aufstrebende Stadt Los Mochis zum Tiefseehafen Topolobampo hinausfahren.

Einmal wöchentlich wird ein US-amerikanischer Zug, und zwar der aus Arizona über Nogales kommende „Sierra Madre Express" als Kurswagengruppe an die Linie Chihuahua – Pacífico angekuppelt. Dies geschieht in Sufragio, der Abzweigung der Barranca del Cobre von der Ferrocarríl Pacífico. Der

„Sierra Madre Express" umfaßt gewöhnlich zwei Schlaf-, einen Salon-, einen Speise- und einen Aussichtswagen (Dome Car), alles schwere, restaurierte US-Fahrzeuge der 50er Jahre, die eine echte Herausforderung für die Lokomotiven darstellen, sie auf 2500 m Höhe zu schleppen. In Divisadero werden die Kurswagen dann abgehängt und auf ein Nebengleis geschoben. In der Nacht werden die Wagen dann zum Luxushotel, entsprechend sind auch die Preise.

● OBEN LINKS
Die Brücke über den Rio Chinipas ist die höchste der Strecke.

● OBEN RECHTS
Eine Kurswagengruppe des „Sierra Madre" in Divisadero an der Barranca del Cobre.

● MITTE
Noch einmal Divisadero: links im Bild der Salon „Arizona" des „Sierra Madre", links zwei SD40-2 der staatlichen NdeM.

● RECHTS
Die Barranca del Cobre, die Kupferschlucht. Sie ist länger und anderthalbmal so tief wie der Grand Canyon des Colorado River.

Santos – São Paulo

Die Eisenbahn von São Paulo, Ferrovie Paulista, gilt als erfolgreichste britische Investition in überseeische Eisenbahnen. Gegründet 1856 als San Paulo Railway, sollte sie den Hafen von Santos mit dem fruchtbaren brasilianischen Hochland verbinden, in dem große Mengen Kaffee angebaut wurden. Die Bahnlinie begründete den Wohlstand von São Paulo, heute einer der größten Städte der Welt in einem der am stärksten industrialisierten Ballungsräume Südamerikas.

Diese einzigartige Bahnlinie mit 1600-mm-Breitspur wurde buchstäblich kerzengerade die Serra do Mar hochgezogen. Sie war von Anfang an eine Hauptlinie mit exzellentem Wagenmaterial, erstklassigen Dampfloks, Speisewagen und effizienter Arbeitsorganisation. Die Strecke ist nur 80 km lang, davon führen 19 km durch Sumpfland an der Küste, 53 km durch eine Ebene, die auf 8 km durch ein steiles Stück unterbrochen wurde, über die die Züge mit Seilen gezogen wurden. Die schnellsten Züge benötigten gerade einmal zwei Stunden für die Fahrt, einschließlich der bis zu 45 Minuten „am Seil". Wenn sechs Wagen und mehr zu befördern waren, wurde der Zug in zwei Teile zerlegt. Als nach dem 2. Weltkrieg die Dieselloks aufkamen, verringerten sich die Fahrzeiten weiter, denn nun konnten die Züge komplett durchfahren. Die 99-jährige Pacht der Briten lief 1955 aus, die Eisenbahn ging in brasilianischen Besitz über, der Name wurde in Estrada de Ferro Santos a Jundia geändert. Die Bahnlinie war von Beginn an profitabel, und auch nach der Übernahme konnte die Gesellschaft ihren Aktionären hohe

● OBEN
Im Bahnhof von Santos beginnt die Reise.

● LINKS
Eine der B-gekuppelten Bremslok auf dem Abschitt Santos – Jundia, die wie Trambahn-Lokomotiven aussehen. Sie entwickeln zuweilen derart viel Rauch, dass es aussieht, als würden sie brennen.

● RECHTS
Viele Reisende wollen den breiten Sandstrand der wunderschönen Stadt Santos am liebsten gar nicht mehr verlassen.

● UNTEN LINKS
Die Estación de la Luz (Bahnhof des Lichts) in São Paulo im Jahre 1936. Diese Szene zeigt den Zug nach Santos kurz vor der Abfahrt. Die Lok wird den Zug die ersten 53 Kilometer bis zur Steilrampe befördern.

● UNTEN RECHTS
Per Seil werden die Wagen eines Zuges von Santos nach São Paulo die Steilrampe hinaufgezogen. Zur Sicherheit hängt hinten eine Bremslokomotive.

Dividenden ausschütten. Doch mit dem Bau einer von Kanada finanzierten, parallelen Straße, der „Anchieta", wendete sich das Blatt. Autos und Busse schafften den Weg nun in unter 90 Minuten. Heute sind nur noch nur zwei tägliche Reisezugpaare unterwegs, die nur die 2. Klasse führen und für die Strecke 115 Minuten benötigen. Die Züge sind gut besetzt, weil der Fahrpreis niedriger liegt als der der Busse. Heute gehört die Bahn der Rede Ferroviaria Federal, São Paulo und damit der öffentlichen Hand. Nach 1927 wurden fünf neue Trassen angelegt, welche die Neigung der Steilrampe auf 1:11 reduzierten. Die Stahlseile wurden alle zwei Jahre ersetzt und alle sechs Monate neu gewickelt. Eine geübte Mannschaft schaffte dies in 40 Minuten. Kein Seil ist jemals gerissen.

INFO-KASTEN

SAN PAULO RAILWAY

Endpunkte	Santos und São Paulo
Land	Brasilien
Entfernung	80 km
Eröffnung	1856

SANTA ROSA DE LOS ANDES – LAS CUEVAS, ARGENTINIEN

• UNTEN
Diese historische Aufnahme zeigt einen Regionalzug von Loncoche nach Villarica im chilenischen Seengebiet.

Obwohl es bereits im Jahre 1854 Pläne für eine Trans-Anden-Bahn gab, begannen die Bauarbeiten erst 1887, und die Fertigstellung dauerte noch bis 1910. Einst gebaut als Verbindung von Chile nach Argentinien, endet sie heute an der Grenze der beiden Staaten.

Der erste Teil dieser meterspurigen, elektrifizierten Linie führt über 34 km von Santa Rosa de Los Andes nach Rio Blanco und überwindet dabei etwa 640 m Höhe. Der Zug erreicht dabei eine Durchschnittsgeschwindigkeit von 29 km/h. Der zweite Abschnitt von Rio Blanco zur Grenze ist 36,5 km lang, führt durch den 3028 m langen Uspallata-Tunnel und überwindet 1730 m Höhenunterschied. Auf der gesamten Strecke gibt es sechs Zahnstangen-Abschnitte und nicht weniger als 26 Tunnel mit einer Gesamtlänge von 3183 m. Die elektrisch betriebenen Züge erreichen auf dem zweiten Abschnitt nur 18 km/h im Durchschnitt. Der Uspallata-Tunnel liegt zwischen den Gipfeln des 7040 m hohen Aconcagua und des 6187 m hohen Tupungato und liegt selbst auf einer Höhe von 3200m.

Eine der frühen Lokomotiven auf dieser Bahn war eine Shay-Gelenklok mit zwei zweiachsigen Drehgestellen und einem angetriebenen Tender mit ebenfalls zwei Drehgestellen. Der

INFO-KASTEN

Endpunkte	Santa Rosa de Los Andes und Las Cuevas
Länder	Chile und Argentinien
Entfernung	71 km
Eröffnung	1910

• LINKS
Ein Blick auf den Paso de los Liberadores (Pass der Freiheitskämpfer) in den Anden nahe der chilenisch-argentinischen Grenze.

Hersteller Lima hat dieses Unikum 1904 gebaut. Es beförderte leichte Züge im Adhäsionsbetrieb über die Zahnradstrecke und auf dem Abschnitt zwischen Portillo und dem Scheiteltunnel. Es gab auch zwei 1'C1'b-Tenderdampfloks für Zahnrad- und Adhäsionsbetrieb, gebaut bei Borsig in Berlin.

Eine siebenachsige D'C't-Meyer-Gelenklok wurde in Los Andes hauptsächlich für Schneeräumdienste vorgehalten. Und Schnee war im Winter das Hauptproblem dieser Strecke; nicht selten lagen über sechs Meter Schnee. Im Sommer machten Fels- und Murenabgänge dem Bahnverkehr zu schaffen. Nach Dutzenden derartiger Zwischenfälle ist diese Strecke über die Anden nun endgültig außer Betrieb.

● OBEN LINKS
En Speisewagen der Chilenischen Staatsbahn.

● OBEN RECHTS
Der Schnellzug „Trans-Andino Combinación“ bei Llay Llay, auf dem Weg nach Los Andes.

● LINKS
Die Laguna del Inca (Inca-See) ist im weiteren Verlauf der Fahrt zu bewundern.

Es fehlen die erforderlichen Mittel und wohl auch der Wille zur weiteren Unterhaltung. Heute verläuft auf einem Großteil der ehemaligen Bahnlinie eine Straße, die auch den langen Tunnel unter der großen Christus-Statue benutzt.

Als die Züge noch regelmäßig verkehrten, war die interessanteste Station Las Cuevas in Argentinien, 3 km von der chilenischen Grenze entfernt. Heute wird die Linie nur noch in der Wintersaison genutzt.

● LINKS
Eine in Schweden gebaute, sechsachsige E-Lok rangiert Wagen des „Trans-Andino Combinación” in Llay Llay.

Asunción – Encarnación

Eine Eisenbahnfahrt durch Paraguay gehört zu den aufregendsten Abenteuern, die man unternehmen kann. Obwohl Paraguay mehrere Bahnlinien besitzt, befördert nur die Ferrocarril Presidente Carlos Antonio López Passagiere. Eines der unvergesslichen Erlebnisse dieser Fahrt ist das Feuerwerk, das den zu 100 Prozent holzgefeuerten Dampflokomotiven entweicht.

Der erste Teil dieser Strecke führt von Asunción nach Paruguar und wurde 1861 eröffnet. Im Jahre 1889 wurde die Linie von der britisch kontrollierten Paraguay Central Railway übernommen. Der Streckenbau erreichte Encarnación 1911, und die gesamte Linie wurde 1961 verstaatlicht. Ursprünglich in einer Spurweite von 1676 mm gebaut, wurde

● LINKS
Ein Zug nach Encarnación kurz vor dem Hauptbahnhof Asunción.

● UNTEN
Die bei North British gebaute 1C' Nr. 103 im Bahnhof von Parguar.

● GEGENÜBER, UNTEN LINKS
Zug Nr. 286 schleicht durch die Straßen von Asunción. Diese Aufnahme entstand kurz vor dem Zusammenstoß mit einem Autobus, bei dem es glücklicherweise keine Toten gab.

● GEGENÜBER, UNTEN RECHTS
Lok Nr. 51, eine bei North British 1910 gebaute „Mogul“, führt den Nachtzug von Encarnación nach Asunción.

● RECHTS
Eine der bei North British gebauten, holzgefeuerten Lokomotiven inmitten von Holzlagern in Colonel Belgrado.

● UNTEN
Diese Tram-Dampflok baute einst Borsig in Berlin für den Zugbetrieb in den Docks von Buenos Aires. Nach einer langen Dienstzeit in der argentinischen Hauptstadt wurde der Veteran an Zuckerplantagen im benachbarten Paraguay verkauft. Bei ihren Einsätzen ist die Maschine regelmäßig auf der Hauptstrecke Asunción – Encarnación zu beobachten.

die Gleisnorm später auf die argentinische Normalspur von 1435 mm reduziert, um Zugübergaben problemlos zu ermöglichen. Obwohl die Bahnlinie abgewirtschaftet ist und die Gleise in jämmerlichem Zustand sind, ist eine Fahrt mit dieser Bahn sehr empfehlenswert.

Die 376 km lange Fahrt beginnt in der Säulenhalle des Hauptbahnhofes von Asunción und dauert 14 bis 18 Stunden. Sie führt zunächst nach Südosten ins ländliche Villarica. Danach wird die Landschaft zu einer wenig fruchtbaren Pampa und bis zum Zielort Encarnación sehr sumpfig. Der D-Zug nach Argentinien setzt hier die Fahrt mitten durch die Stadt fort, um den Fährhafen Paca Cua zu erreichen. Mittels Stahlseil und Dampfwinde werden die Wagen dann auf die Fähre gezogen, die bis zu sechs Wagen gleichzeitig über den Rio Paraná nach Posadas in Argentinien.

Der zweimal wöchentlich fahrende Zug wird meistens von einer britischen Lokomotive bespannt. Außerdem sind 1'C-Edwardian-Maschinen im Einsatz.

Auf dieser einzigen Reisezuglinie Paraguays verkehren gerade einmal neun Wagen, und Komfort ist ein Fremdwort. Der einzige Schlafwagen wurde 1972 eingestellt und später dann auch der Speisewagen, so dass sich die Fahrgäste auf den Stationen unterwegs selbst mit Lebensmitteln versorgen müssen.

Die Zukunft der Bahnlinie ist ungewiss. Die neue Straßenbrücke über den Rio Paraná bei Encarnación ermöglicht jetzt auch Straßenverkehr zwischen Argentinien und Paraguay und macht die Fähre überflüssig. Im Augenblick gibt es überhaupt keinen Zugverkehr, denn die Gleise der Strecke werden erneuert. Es bleibt zu hoffen, dass der Eisenbahnverkehr eines Tages trotz der enormen Konkurrenz des Straßenverkehrs wieder aufgenommen wird. Lokomotiven und Wagen warten jedenfalls auf bessere Zeiten – ob sie je kommen werden?

INFO-KASTEN

Endpunkte	Asunción und Encarnación
Land	Paraguay
Entfernung	376 km
Eröffnung	1861

Juliaca - Cuzco
Die höchste Eisenbahn der Welt

Die peruanischen Anden zu überqueren, bedeutete, die höchstgelegene Eisenbahnlinie der Erde zu bauen. Deshalb standen die Ingenieure der Ferrocarríl del Centro del Perú (Zentralbahn) hochalpinen Problemen gegenüber, denn viele Pässe waren höher als der Mont-Blanc. Die Lösung waren enge Kurven, Spitzkehren und Zahnradabschitte.

Auch der Bahnbetrieb war mit besonderen Problemen behaftet: sehr starke Neigungen, das Fehlen jeglichen Nachschubes an Betriebs- und Instandhaltungsmitteln, und dann die extremen Wetterverhältnisse mit Berg- und Felsabgängen sowie von Wasser unterspülten Bahndämmen. Selbst der Wechsel von Dampf- auf Dieseltraktion stellte hier einen Rückschritt dar, denn Verbrennungsmotoren verlieren in großen Höhen wegen der dünnen Luft im Gegensatz zu Dampfmaschinen erheblich an Leistung, und es gab Fälle, in denen Dieselloks mit ihren Zügen einfach nicht weiterkamen.

Die drei Strecken der Ferrocarríl del Sur (Südbahn) führt über den *Altiplano*, eine windige Hochebene in 3900 m Höhe, und zwar mit einer normalspurigen Eisenbahn von Mollendo an der peruanischen Küste über die zweitgrößte Stadt des Landes, Arequipa, nach Juliaca auf dem Altiplano. Hier verzweigt sich die Linie. Eine Stichbahn führt zum Ufer des Titicacasees in die Hafenstadt Puno, während der andere Streckenast 339 km in den Norden nach Cuzco führt, der einstigen Hauptstadt des

INFO-KASTEN

Ferrocarríl del Sur del Perú

Endpunkte	Juliaca und Cuzco
Land	Peru
Entfernung	339 km
Eröffnung	1908

● LINKS
Die bei Hunslet gebaute Consolidation (1'D) Nr. 108 an einem entlegenen Haltepunkt auf der Strecke Huancayo – Huancavelica.

● LINKS
Ein Touristenzug (Tren Turista) müht sich die letzten Kilometer nach Machu Picchu ab. In einer Gegend fast ohne Straßen ist die Eisenbahn das einzige Verkehrsmittel.

● UNTEN LINKS
Ein Tren Turista auf der Linie Quillabamba – Cuzco – Juliaca macht in Cuzco Station.

● UNTEN RECHTS
Die 1'C-Baldwin Nr.103 im Jahre 1980 in Huancayo.

Inkareiches, wobei der 4314 m hohe Pass bei La Raya überwunden wenden muss.

Ein Blick auf die Landkarte von Peru zeigt den Streckenverlauf der Ferocarríl del Centro als ein schiefes „T" mit der Hauptstadt Lima als Basis und La Oroya als Verzweigungspunkt. Die Hauptstrecke zweigt nach rechts Richrung Huancavelica ab. Nach links führt eine Privatbahn nach Cerro de Pasco zu Perus ergiebigen Kupferminen. Die Süd- und die Zentralbahn Perus haben keine Verbindung zueinander.

Die Zentralbahn (Ferrocarríl del Centro) gilt als eines der Bauwunder Amerikas, hier wuchsen die Ingenieure über sich selbst hinaus. Das tief eingeschnittene, zum Teil keine 200 Meter breite Tal von Rimac zwischen Lima und La Oroya erwies sich als einzig gangbarer Weg von Lima ins Landesinnere. In diesem Tal mussten die Ingenieure auf einem Streckenverlauf von 76 km eine Möglichkeit finden, 3960 Höhenmeter zu überwinden. Dadurch wurde die Strecke deutlich länger und erreichte 117 km.

Um die maximale Neigung bei 1:23 zu halten, wurde die gesamte Talbreite genutzt, häufig wechselt die Bahn von einer auf die andere Talseite. Dennoch benötigte man für den Betrieb höchst hinderliche Spitzkehren, um Höhe zu gewinnen. Zwischen Chosica und Ticlio, dem mit 4783 m höchsten Punkt der Strecke, gibt es sechs doppelte und eine einzelne Spitzkehre, 66 Tunnel und 59 Brücken, darunter die 175 lange über den Verrugas, die bei der Eröffnung 1890 die drittlängste der Welt war.

Der Bau der Strecke begann 1870, und es traten außer den physikalischen Problemen viele weitere auf. So raffte eine mysteriöse Krankheit 1877 Tausende von Arbeitern dahin. Schließlich war der Staat bankrott, wodurch sich die Fertigstellung der Bahnlinie bis 1929 verzögerte.

Die Hauptaufgabe der peruanischen Zentralbahn war die Güterbeförderung, insbesondere seit 1897, als die Kupfermine von La Oroya eröffnete.

Guayaquil – Quito

Der wichtigste Teil der ecuadorianischen Staatsbahn (Empresa de los Ferrocarriles del Estado) ist die Strecke von Guayaquil nach Quito (irreführend als „gut und schnell" bezeichnet). Sie verband die beiden größten Städte des Landes, erstere an der Küste, letztere hoch in den Anden gelegen.

Die Bauarbeiten begannen 1871, doch dauerte es bis 1908, bis die in der hier ungewöhnlichen Spurweite von 1067 mm (afrikanische Kapspur) erichtete Bahnlinie fertig gestellt war. Um die 463 km lange und bis zu 3609 m hohe Linie realisieren zu können, waren enge Kurven und Spitzkehren vonnöten. Diese Bahn war zu keiner Zeit ein kommerzieller Erfolg und strauchelte lange Zeit am Bankrott entlang. Sie wurde chaotisch verwaltet und litt unter ständigen Entgleisungen und längeren Streckenunterbrechungen. Die Tatsache, dass die Bahnlinie immer noch betrieben wird, ist fast noch erstaunlicher als die Tatsache, dass sie überhaupt gebaut wurde. Doch jeden, der gern auf „unmöglichen Bahnlinien" reist und sich auch durch minimale Ausstattung und ständige Entgleisungen nicht abschrecken lässt, wird diese Bahnlinie durch eine einzigartige Erfahrung entschädigen, denn sie wurde wohl zu Recht die als „größte Achterbahn der Welt" bezeichnet.

Guayaquil, Ecuadors zweitgrößte Stadt, hat ihren Bahnhof in Duran, weit außerhalb der Stadt, am anderen Ufer

INFO-KASTEN

Endpunkte	Guayaquil und Quito
Land	Ecuador
Entfernung	463 km
Eröffnung	1908

● LINKS
Fahrgäste gehen an Bord eines ecuadorianischen „InterCities" von Ibarra nach San Lorenzo.

● LINKS
Der „Tren Mixto" (Personenzug mit Güterbeförderung) kurz vor der Abfahrt aus Sibambe.

● UNTEN
Die kleine Baldwin-Mogul (Achsfolge 1'C) Nr. 7 durchfährt Milagro ohne Halt an einem Markttag.

des Rio Gyayas. Die spektakuläre Bahnlinie nach Quito beginnt ihren Zickzack-Kurs in einer Schlucht, bevor der Aufstieg zur berühmten „Teufelsnase" (Mariz del Diablo), einem fast senkrecht bis auf 3230 m aufsteigenden Gebirgszug, beginnt. Dieses nahezu unüberwindliche Hindernis wurde durch eine Reihe von Spitzkehren überwunden, die Gleise dazwischen erreichten 5,5 % Steigung. Die Züge fuhren erst „Lok voran", dann „Lok geschoben", dann wieder „Lok voran" und so weiter, bis auf 3609 m hinauf nach Urbino, einer kleinen Stadt am Fuße des mächtigen 6705 m hohen Vulkans Chimborazo.

Die Linie von Quito nordwärts führt an der Küste entlang nach San Lorenzo. Die Linie besteht bis heute, doch ist der Verkehr eher unberechenbar, und ab und zu übernimmt ein Bus die Beförderung der Fahrgäste, wenn es denn genug sind oder aber sich mangels Güteraufkommen der Einsatz eines *tren mixto* (kombinierter Personen-/Güterzug) nicht lohnt. Auch heute sieht sich der renommierte *Thomas Cook Overseas Timetable* außerstande, feste Fahrzeiten anzugeben.

Wenn sich schließlich ein Zug auf der Strecke zeigt, dann ist dies ein kleines Monster namens *„autocarril"*, ein Gefährt, das ursprünglich den Fließbändern der Lastwagenfabrik von British Leyland entsprang und sein Leben auf Schienenrädern beschließen soll. Und auch wenn die Fahrkarte einen bestimmten Sitz bezeichnet, gibt es in Wirklichkeit überhaupt keine reservierbaren Plätze.

Zählt man die Winkel aller Kurven dieser Strecke zusammen, kommt man auf unglaubliche 16200 Grad, also 45 komplette Kreise.

● OBEN
Ein Blick hinab von der „Teufelsnase" auf einen Zug nach Sibambe.

● LINKS
Die große Consolidation (1'D) Nr. 44 verlässt Bucay vor einem „Tren Mixto", der auf dem Dach noch viel Platz hat.

DUBLIN – CORK

Die wichtigste Bahnlinie Irlands ist diejenige zwischen den beiden größten Städten des Landes, Dublin und Cork. Sie wurde von der Great Southern & Western Railway als Folge der Eisenbahnmanie der 1840er Jahre gebaut.

Gemessen an den Standards jener Zeit war der Bau dieser Linie Weg weisend: Mit 265 km war diese Linie länger als alle geplanten im Vereinigten Königreich von Großbritannien und Nordirland. Dazu kamen die wirtschaftlich vergleichsweise schlechten Bedingungen, entstand doch der Bau während der Great Famine, der großen irischen Hungersnot. Seine termingerechte Fertigstellung im Oktober 1849, fünf Jahre nach der Ratifizierung durch das Parlament, war somit eine echte Leistung.

Die Linie endete in einem behelfsmäßigen Bahnhof in den Außenbezirken von Cork. Sie begann

INFO-KASTEN

Endpunkte	Dublin und Cork
Land	Irland
Entfernung	265 km
Eröffnung	1849

● OBEN
Der Schnellzug Dublin – Cork nimmt Geschwindigkeit auf.

● OBEN LINKS
Das CIE-Logo der 60er Jahre.

● LINKS
Der Zug verlässt die Stadt und fährt durch die bezaubernde Landschaft Irlands.

● UNTEN
Die Hauptstadt verlassend, sehen die Fahrgäste eine Reihe von Vorortzügen der Metropolitan Dart.

● UNTEN
Irlands effizienter Bahnverkehr macht das Land zu einem bevorzugten Reiseziel für Urlauber, die gerne ihr Auto zu Hause lassen wollen.

im Bahnhof Heuston (damals Kingsbridge) in Dublin. Das prächtige Bahnhofsgebäude aus dem Jahre 1844 beherbergte Büros und den Sitzungssaal der drei Gesellschaften, welche die Bahnlinie über Jahrzehnte lang betrieben hatten. Es steht in krassem Gegensatz zu dem schäbigen Bahnhof, der sich hinter der glänzenden Fassade verbarg und bezeichnenderweise nicht einmal direkt mit dem Verwaltungsgebäude verbunden war.

Die Strecke nach Cork verläuft recht eben und hat nur zwei größere Neigungen kurz vor beiden Endstationen. Hat der Zug Dublin verlassen, nimmt er rasch Fahrt auf und passiert die Curragh of Kildare, wo längs der Gleise Vollblut-Pferde den Galopp üben. Nachdem der Zug Portarlington, Ballybrophy und Thurles durchmessen hat, erreicht er Limerick Junction, wo seit 1848 alle Züge rückwärts einfuhren, bis 1967 neue Verbindungsgleise fertig gestellt wurden. Hier kreuzen sich die Gleise der Strecke Limerick – Rosslare und die Strecke nach Cork ebenerdig, der einzige „Diamond“ in Irland heute.

In Mallow zweigt die Linie nach County Kerry ab und die Gleise nach Cork überqueren den Blackwater auf einem Viadukt, eine der wenigen Ingenieursleistungen dieser Linie. Beim Bahnhof Cork durchläuft die Linie den mit 1189 m längsten Tunnel des Landes

● OBEN
Eine bemerkenswerte Maschine aus der Flegelzeit der Eisenbahn in Irland steht gut behütet im Hauptbahnhof von Cork: 1A1 (Patentee) Nr. 36, gebaut von Bury, Curtis & Kennedy in Liverpool für die Dublin to Cork Line in den 1840er Jahren. Die Lokomotive absolvierte über eine dreiviertel Million Kilometer, bevor sie 1875 ausgemustert wurde. Glücklicherweise kaufte sie die Inchicore Works in Dublin und setzte sie bis in die 1950er Jahre ein. Dann wurde sie aufgearbeitet und in Cork aufgestellt.

mit einer erheblichen Neigung. Letzterer bedeutete für eine Bahnreise nach Dublin in den Zeiten der Dampflokomotive einen gar schrecklichen Anfang . Hinter den gewundenen Bahnsteigen von Cork endet die Strecke im Kopfbahnhof von Cobh, einst Queenstown und Übergangsstelle zu den Atlantik-Linienschiffen. Cobh war der letzte Hafen, den die schicksalsträchtige „Titanic“ 1912 anlief.

Heutzutage gibt es tagsüber viele Schnellzugverbindungen. Die Züge werden von modernen General-Motors-Diesellokomotiven mit einer Höchstgeschwindigkeit von 160 km/h befördert. Doch im Bahnhof von Cork hat ein Vertreter der ersten Lokgeneration bis heute überlebt: Die 1A1-gekuppelte Nr. 36, gebaut in den 1840er Jahren von der Bury, Curtis & Kennedy Company in Manchester.

Dromod – Belturbet

In den Jahren der Industriellen Revolution geriet Irland ins Hintertreffen, weil es weder über nennenswerte Kohle- noch über Eisenvorkommen verfügte. Eine Ausnahme war Arigna im County Roscommon. Obwohl die Gegend unwirtlich, durch Seen und Flüsse zerchnitten und nur dünn besiedelt war, führte die Aussicht auf Wohlstand durch die Bodenschätze in den 1880er Jahren zu Plänen für eine Schmalspurbahn zwischen den Orten Belturbet, County Cavan und Dromod. Eine Zweigbahn sollte von Ballinamore nach Arigna führen.

Die meisten Reisen auf dieser Schmalspurstrecke beginnen in Dromod an der Hauptbahn Dublin – Sligo. Der Personenzug mit Güterbeförderung umfasst auch einen Zugschluss- und einen Verandawagen in Wildwest-Manier und fährt durch eine Hügellandschaft mit engen Kurven und

● LINKS
Die 2'B-Tenderlok Nr. 2, „Kathleen", gehört zu den Maschinen, die 1887 zur Eröffnung der Cavan & Leitrim Railway gebaut wurden. Als die Linie stillgelegt wurde, gelangte No. 2 in das Ulster Folk & Transport Museum in Cultra bei Belfast.

● OBEN
In Belturbet teilt sich die 914-mm-Bahn C&L einen Bahnsteig mit der vollspurigen Great Northern. Züge beider Spurweiten sind auf diesem Bild vom April 1956 zu sehen.

● LINKS
Dieser Zug von Cavan nach Leitrim wird von einer B2'-Tenderlok mit „wildwestmäßigem" Kuhfänger befördert.

● GEGENÜBER, UNTEN
Der jämmerliche Zustand der Lokomotiven im März 1959 im Betriebswerk Ballinamore, kurz bevor die Strecke stillgelegt wurde.

INFO-KASTEN

Endpunkte	Dromod und Belturbet
Land	Irland
Entfernung	53 km
Eröffnung	1887

● LINKS
Eine der Lokomotiven, die 1930 von der stillgelegten Cork, Blackrock & Passage zur C&L überstellt wurden, ist hier in Ballyconnell zu sehen.

● UNTEN
Ein Blick aus der „Tramway“ nach Arigna, die fast sklavisch dem kurvigen Straßenverlauf folgt.

erstaunlichen Steigungen. An den größeren Bahnhöfen können die Fahrgäste Däumchen drehen, während die Zuglok abgekoppelt wird, Güterwagen auf Nebengleise schiebt und neue Wagen aufnimmt. Nach 26 km ist Ballinamore, der wichtigste Ort der Linie, erreicht. Hier mündet die Zweigbahn aus Arigna. Die meisten der 23 km dieser Linie, gemeinhin als „Tramway“ (Straßenbahn) bezeichnet, verlaufen malerisch entlang öffentlicher Straßen. Die Bahn überquert die Straße häufig auf unbeschrankten Übergängen und hält an Wald- und Wiesenstationen, die nur durch Schilder als solche erkennbar sind. An einer Stelle führt die Strecke über den Shannon, den größten Fluss Irlands, der hier aber fast noch ein Bach ist.

Hinter Ballinamore wendet sich die Bahn ostwärts nach Belturbet, wo sie auf die 3-Fuß-Zweigbahn (914 mm) der Great Northern Railway trifft. Beim Bahnhof von Belturbet überquert die Strecke den Erne auf einer schönen Steinbogenbrücke.

In den letzten Jahren gab nur noch einen einzigen Zug auf dieser Strecke, der auch Personen beförderte. Die 53 km lange Reise von Dromod dauerte allerdings drei Stunden, war also für eilige Fahrgäste nicht gerade geeignet.

Nur der Transport der schlechten Kohle von Arigna hielt die Cavan & Leitrim bis 1959 am Leben. Die Gesellscheft war aber schon 1925 von der Great Southern übernommen worden, die nach und nach die meisten Schmalspurlinien in Irland stilllegte. Deren Lok- und Wagenmaterial gelangte zur Cavan & Leitrim, um den zuweilen hektischen Kohleverkehr zu bewältigen. In ihren letzten Jahren war die Bahn ein veritables Technikmuseum, das Eisenbahnfreunde von nah und fern anlockte.

Die Erinnerung an diese Kleinbahn lebte unverändert weiter, und in den 1990er Jahren wurde eine neue Cavan & Leitrim Railway Company gegründet. Enthusiasten haben einen Teil der Gleise neu verlegt und hoffen, letztlich 8 km bis Molhill wieder betreiben zu können. Auch eine betriebsfähige 914-mm-Lokomotive wurde mittlerweile in dieser Gegend gesichtet.

LONDONDERRY – BURTONPORT

In den 1920er Jahren gab es in Irland über 800 Streckenkilometer Schmalspurbahnen, die öffentliche Reisezügen beförderten. Die schönste Linie führte auf den Gleisen der Londonderry & Lough Swilly Railway Company (L&LSR) von Derry nach Burtonport.

Die L&LSR begann als Vollspurbahn, doch nagelte sie ihre Gleise von Derry bis Buncrana auf 914 mm um, als die anschließende Bahnlinie von Derry nach Letterkenny 1883 eröffnet wurde. Zu jener Zeit war die britische Regierung bestrebt, die abgelegenen ländlichen Gebiete im Westen Irlands zu erschließen und subventionierte dort den Bau von Bahnlinien. Kritiker sahen darin allerdings einen Schachzug der britischen Besatzer, um die Irische Nationalbewegung ruhig zu halten.

Kein seriöser Investor wollte – aus welcher Motivation auch immer – Geld in eine Erweiterung der Letterkenny Line der L&LSR stecken, die 1898 ausgeschrieben worden war und durch den ärmsten Landstrich der grünen Insel zum Fischereihafen Burtonport führen sollte. Schließlich gründeten die Briten selbst die Letterkenny & Burtonport Extension Railway, um die 80 km lange Linie zu bauen. 1903 war sie fertig und kostete die britischen Steuerzahler 300.000 Pfund. Die Strecke führte häufig an den Ortschaften der Region vorbei, um lokalen Fuhrunternehmern

● LINKS
Die Strecke von Burtonport wurde von einer unabhängigen Gesellschaft gebaut und betrieben, der Letterkenny & Burtonport Extension Railway. Es war ein Versuch der Regierung, ihre enormen Investitionen in die Strecke von anderen Aktivitäten der L&LSR zu trennen. Unter den ersten Lokomotiven für diese Bahn war die 2'C-Tenderlok Nr. 4, hier in Londonderry zu sehen, die den Schriftzug der L&BER bis zu ihrem Einsatzende beibehielt.

● OBEN
Die letzten an L&LSR gelieferten Loks waren gleichermaßen einzigartig wie hervorragend. Die Nummern 5 und 6 waren 1'D1'-Tenderloks, gebaut bei Hudswell Clarke in Leeds und die einzigen Loks dieser Bauart, die im Vereinigten Königreich und Irland verkehrten. Sie wogen 52 Tonnen und besaßen bei ihrer Einführung 1912 eine höhere Zugkraft als viele vollspurige Maschinen in Irland.

● LINKS
Die 2'C-Tenderlok Nr. 3 kommt im Juni 1950 mit einem Güterzug von Derry in Letterkenny an. Die Busse wurden von der L&LSR betrieben und waren noch im Dienst, als die Züge bereits seit Jahrzehnten nicht mehr fuhren.

INFO-KASTEN

Endpunkte	Londonderry und Burtonport
Land	Irland
Entfernung	119 km
Eröffnung	1883

● RECHTS
4-8-0 No. 12 wartet im Juni 1937 darauf, den Zug zurück nach Derry zu führen. Die felsige Landschaft ist typisch für diese Linie.

eine Ertragsgrundlage zu schaffen, indem sie Güter von den jeweiligen Ortschaften zu den entlegenen Bahnstationen beförderten.

Die 119 km lange Strecke von Londonderry nach Burtonport dauerte fünf Stunden in unbeheizten Wagen. Die Bauarbeiten waren schwierig, und mancher Bahndamm versank im sumpfigen Untergrund, noch bevor die Gleise verlegt werden konnten. Höhepunkt ist das 347 m lange Owencarrow Viaduct, das den Wettergewalten derart ausgeliefert ist, dass in den schweren Stürmen der Jahre 1906 und 1925 zwei Züge heruntergerissen wurden. Zwei 2'D-Tenderlokomotiven lieferte Hudswell Clarke im Jahre 1905 für den Betrieb auf dieser Linie, die bei weitem stärksten Schmalspurloks in Irland und die einzigen Maschinen dieser Achsfolge, die überhaupt auf den Britischen Inseln und in Irland verkehrten.

Die Teilung Irlands traf die L&LSR hart: Die Stadt Derry lag in Nordirland, während ihr natürliches Hinterland, das County Donegal, plötzlich in einem anderen Staat lag. Treibstoffknappheit im Zweiten Weltkrieg verzögerte das Unvermeidliche noch ein paar Jahre, doch schließlich wurde der Abschnitt hinter Letterkenny 1947 endgültig stillgelegt.

● OBEN
Die Burtonport Linie benutzt die stärksten Lokomotiven, die jemals auf einem Schmalspurgleis gefahren sind.

● RECHTS
Die Linie nach Letterkenny and Burtonport verlässt Derry in Richtung Buncrana, einen einsamen Ort am Ufer des Lough Swilly.

Leicester – Loughborough

Am 4. Mai 1840 erreichten die Gleise der Midland Counties Railway die Stadt Leicester. Menschen versammelten sich im Bahnhof Campbell Street, als Lok „Leopard“ mit vier Wagen 1. Klasse und sechs Wagen 2. Klasse aus Nottingham eintraf. Nach einem kurzen Aufenthalt fuhr der Zug mit den Honoratioren der Stadt weiter nach Derby, wo sie im King's Head dinierten, bevor sie nach Leicester zurückkeherten.

Am folgenden Tag fand die Streckeneröffnung für das Volk statt. Trotz der Kälte kamen sehr viele Menschen zur ersten Abfahrt zusammen. Um 7.30 Uhr verließ der erste Zug mit 50 Fahrgästen Leicester Richtung Nottingham und Derby. Er erreichte das 9,5 km entfernte Syston nach zwölf Minuten und später Loughborough um 8.00 Uhr. Auch hier bejubelte eine Menschenmenge den Zug, der nach kurzem Halt weiterfuhr und Nottingham um 9.00 Uhr erreichte. In der folgenden Woche wurde die Linie nach Sheffield auf eine 112 km lange Strecke erweitert, die der Zug in etwas mehr als vier Stunden bewältigte.

● LINKS
Die Statue von Thomas Cook, einem der „Väter des Tourismus“, vor der London Road Station in Leicester. Der Stadtrat von Leicester hatte die Aufstellung 1992 anlässlich des 100. Todestages von Thomas Cook beschlossen.

● UNTEN
Das Grab von Thomas Cook auf dem Welford Road Cemetery in Leicester.

● RECHTS
1894, zwei Jahre nach dem Tod von Thomas Cook, wurde sein Reisebüro in Leicester im französisch-flämischen Stil errichtet. Im ersten Stock erinnern vier Bronzetafeln an die vier wichtigsten Stationen in Cooks Laufbahn.

● UNTEN RECHTS
Die erste Tafel zeigt den ersten Sonderzug von 1841. Man beachte die frühen Personenwagen, die in England den Spitznamen „Tubs“ (Wannen) erhielten.

● LINKS
Der Eingangsbereich des Bahnhofs Campbell Street in Leicester, wie er sich im Dezember 1843 beim Eintreffen von Queen Victoria präsentierte. Das zwei Jahre zuvor eingeweihte Gebäude wurde 1892 durch die heute noch bestehende London Road Station ersetzt.

INFO-KASTEN

Endpunkte	Leicester und Loughborough
Land	England
Entfernung	16 km
Eröffnung	4. Juli 1841
1. Sonderzug	5. Juli 1841

● LINKS
Eine Ansicht der Loughborough Midland Station.

Im Juli 1841 organisierte Thomas Cook die erste geführte Bahnreise und auch die erste Reise, für die in England (und vielleicht in der ganzen Welt) geworben wurde. Mit der Hilfe von John Fox Bell, Generalsekretär der Midland Counties Railway, arrangierte Cook einen Sonderzug von Leicester nach Loughborough. Bell genehmigte nicht nur den Sonderzug, sondern beteiligte den Geschäftsmann auch an den Ausgaben – und den Einnahmen. Cooks Fahrpreise betrugen nur die Hälfte eines 3. Klassebillets. Am Morgen des 5. Juli 1841 bestiegen 570 Fahrgäste die neun offenen Wagen ohne Sitze. Nicht nur auf dem Bahnhof Campbell Street verfolgten die Menschen das Spektakel, auch auf freier Strecke erwarteten Hunderte von Schaulustigen geduldig die Durchfahrt des Zuges.

So wurde im Herzen der englichen Midlands die Thomas Cook Company bekannt, ein Name, der ein Synonym für Reisen schlechthin wurde. Schon 1865 war Cooks Reiseunternehmen so groß, dass es Touren auf das europäische Festland und in die USA organisierte. Gleichzeitig verlegte man den Hauptsitz von Leicester nach London.

● UNTEN
Ein InterCity 125 (Klasse 43) hat Loughborough auf der Midland Main Line verlassen. Auf dieser Strecke fuhr Thomas Cooks historischer Sonderzug.

Fort William – Mallaig

● LINKS
Das Namensschild der Lokomotive „George Stephenson".

Die vielleicht landschaftlich schönste Strecke der britischen Inseln beginnt in Fort William, einer Stadt, die sich unter den Berg Ben Nevis kauert, der mit 1343 m der höchste Berg der Insel ist.

Kurz nach der Ausfahrt überquert der Zug den River Lochy und in Banavie die Drehbrücke über den Caledonian Canal, der den Great Glen von Fort William nach Inverness überwindet.

In Corpach steht eine Papierfabrik, für welche die Linie einst eröffnet worden war. Über die West Highland Line wurde das Holz angeliefert und die Papierrollen abtransportiert. Nach einer Fahrt am Nordufer des Loch Eil entlang, immer mit dem Ben Nevis in Sicht, erreicht man Locheilside am westlichen Ende des Loch. Diese Station ist, wie viele andere, noch im ursprünglichen Blau der Highland Line gestrichen. 3 km weiter, nach einem engen Tal, erreicht man das Glenfinnan Viaduct. Gebaut von Robert „Concrete Bob" (Beton-

● UNTEN
Lok Nr. 44767 „George Stephenson" überquert den Damm über Loch Eil auf dem Weg von Fort William nach Mallaig.

● LINKS
Ein Zug der LNER auf der West Highland Line zwischen Fort William und Mallaig.

● UNTEN
Der von „George Stephenson“ bespannte Zug verlässt Banavirwith in Richtung Mallaig.

Bob) MacAlpine, verläuft die 21-bogige Betonbrücke in einer Kurve 30 m über dem Grund des Finnan Valley. Während des Baus dieser frühen Betonkonstruktion kam es zu einem dramatischen Unfall: Ein Zugpferd verlor beim Zurücksetzen mit seiner Ladung flüssigen Betons an einem der Pfeiler den Halt, und das Gespann wurde samt Pferd und Kutscher in flüssigem Beton begraben. Eine Tafel an der Brücke erinnert noch heute an diesen tragischen Unfall.

Nachdem er Glenfinnan verlassen hat, durchmisst der Zug ein bewaldetes Tal und taucht an den Ufern von Loch Eilt auf. Hinter der Station von Lochailort folgt eine Reihe von Tunneln, bevor die Gleise auf einer Brücke über Glen Mamie führen. Dann wird bei Loch nan Uamh (Bucht des Grabes) der Atlantik erreicht. Hinter ein paar weiteren Tunneln geht es weiter nach Arisaig, von wo aus die Insel Eigg zu sehen ist.

Von hier aus wendet sich die Linie nordwärts, und bei Morar wird der gleichnamige Fluss überquert. Dieser Ausfluss des Loch Morar ist 310 m tief und damit der tiefste in Großbritannien. Schließlich erreichte der Zug seinen Endpunkt Mallaig, einen kleinen Fischereihafen.

In den 1970er und 1980er Jahren konnte das Bahnvergnügen noch gesteigert werden, als manche Züge einen Salon führten, in dem über Lautsprecher auf die verschiedenen Sehenswürdigkeiten der Strecke aufmerksam gemacht wurde. Jene Gresley-Wagen mit Parkettboden waren die letzten beiden in den Diensten der British Rail. Obwohl sie sehr beliebt waren, kam ihr Ende, als die Drehscheibe in Mallaig abgebaut wurde und die Salons nicht mehr gewendet werden konnten. Bleibt zu hoffen, dass wenigstens einer dieser Wagen für Sonderfahrten betriebsfähig erhalten wird. Auch heute noch möglich sind dagegen auf dieser Strecke Dampflok-Sonderfahrten, die im Sommer stattfinden.

INFO-KASTEN

Endpunkte	Fort William und Mallaig
Land	Schottland
Entfernung	67 km
Eröffnung	1901

EDINBURGH – WICK/THURSO

Kurz nachdem er Edinburgh verlassen hat, überquert der Zug den Forth and Clyde Canal, danach hält er sich scharf rechts und passiert Larbert und Stirling. Dessen Bahnhof, einst von der Caledonian Railway gebaut, besitzt immer noch Formsignale. Ab hier wird das Gelände hügelig, und im Hintergrund sind bereits die ersten Berge zu sehen. Kurz hinter Stirling führt die Bahnlinie über den River Forth, wonach eine 8 km lange Steigung im Verhältnis 1:100 beginnt. Perth liegt 111 km hinter Edinburgh, und hinter Perth beginnt der aufregendste Teil der Reise nach Inverness. Nach dem langen Anstieg zum höchsten Punkt der Strecke bei Druimuachdar (452 m) verläuft die Strecke durch hügeliges Land mit Wäldern und Feldern. Über eine trutzige Brücke erreicht man Blair Atholl, ein zu Dampflokzeiten wichtiger Ort, in dessen Betriebswerk die Schiebelokomotiven für die anschließende Rampe vorgehalten wurden. Das Depot ist auf der linken Seite der Bahnlinie noch zu sehen. Auf den nächsten 29 km windet sich die Strecke hinauf zu einem 315 m hohen

● LINKS
Lok Nr. 37412 ist auf den Namen des größten schottischen Sees getauft, Loch Lomond. Hier beschleunigt die Maschine ihren Zug im Flachland auf dem Weg nach Inverness.

● UNTEN
Der Schnellzug „Loch Lomond" schlängelt sich viele Seen (schottisch: Lochs) entlang in Richtung Inverness.

INFO-KASTEN

Endpunkte	Edinburgh und Wick/Thurso
Land	Schottland
Entfernung	Wick 540 km Thurso 529 km
Eröffnung	1871

Pass hinauf, der zur Dampflokzeit eine echte Herausforderung für Lokführer, Heizer und Lokomotive darstellte. Heutzutage ist die Steigung für die schnellen und gut motorisierten HST-Triebzüge kein Problem mehr, nur schwere Güterzüge mühen sich noch ab, und bei schlechten Reibungsverhältnissen bleibt von Zeit zu Zeit einer liegen. Die Highland Railway erreichte Inverness ursprünglich durch das Tal des Spey und den Umsteigebahnhof Boat of Garden, der Anschluss an die Great North of Scotland Railway und damit an die Ortschaft Grantown of Spey bot. Mit dem Bau der Stichstrecke von Aviemore über den damals noch unberührten Slochd Pass (401 m) verkürzte sich die Strecke nach Inverness von 97 auf 55 km.

Der Zug verlässt Inverness in einem weiten Linksbogen, um dann den River Ness auf einer Brücke zu überqueren, die erst kürzlich gebaut wurde, nachdem ihre Vorgängerin von einem gewaltigen Hochwasser fortgerissen worden war. Die Weiterfahrt entlang dem Beauty Firth bietet einen schönen Ausblick zur Rechten, bevor sich die Strecke vom Wasser ab- und dem Muir of Ord zuwendet und Dingwall erreicht. Von hier aus geht es weiter nach Norden, dem Küstenflachland folgend, dann Richtung Nordosten nach Tain am pittoresken Dornoch Firth. Danach gewinnt der Zug an den Kyley of Southerland Höhe und erreicht Culrain. Es folgt eine Schlucht mit Steilrampe in einem Steigungswinkel von 1:70 bis hinter Lairg (149 m), wonach sich die Strecke ostwärts wendet und wegen des schönen Loch Fleet wieder an Höhe verliert, bis sie bei Golspie wieder auf Meereshöhe angelangt ist. Einige Kilometer dahinter liegt Dunrobin Castle, der Sitz der Dukes of Southerland, die einst ihre eigene Bahnstation bauen ließen samt Unterstellmöglichkeit für den herzoglichen Zug. Die Bahnlinie folgt von nun dem Küstenverlauf, um hinter Helmsdale eine steile 1:60-Steigung aufzunehmen, die hinauf nach Forsinard führt, wo sich ein paar Häuser und Bäume um den Bahnhof ducken.

Weiter geht es nach Strath Halldale, Altanbreac und Georgemas. Dort teilt sie sich in die Linien nach Wick und Thurso.

● OBEN LINKS
Dieser Kiosk tituliert sich als erstes und letztes Geschäft auf britischem Festland. Das Haus, das Jan de Groot (anglisiert zu John O'Groat) baute, steht ganz in der Nähe.

● OBEN RECHTS
Das Königsblau der ehemaligen Caledonian Railway schmeichelt Lok Nr. 828, die hier mit ihrem Zug in Boat of Garten gehalten hat, um kurz darauf auf der Hauptstrecke nach Inverness die Fahrt nach Aviemore fortzusetzen.

● LINKS
En Blick vom Schloss auf Edinburghs berühmte Princes Street. Der Park zwischen Schloß und Straße liegt auf einem trocken gelegten See.

SETTLE – CARLISLE

Die Strecke von Settle nach Carlisle, die die Reisenden von den Yorkshire Dales über unwirtliche Berge führt, ist eine der landschaftlich schönsten Strecken Englands. Der größte Teil der Strecke verläuft oberhalb von 300 m und überquert 19 Brücken und 14 Tunnel, darunter den 2404 m langen Blea Moor Tunnel.

Der Ausgangspunkt der Strecke, die Ortschaft Settle in Yorkshire, liegt 137 m hoch. Obwohl die Bauarbeiten an der Strecke bereits 1869 begannen, dauerte es bis 1876, bis die ersten Fahrgäste die wunderschönen Ausblicke genießen konnten, die die Strecke bietet. Zwei Arbeiter verloren ihr Leben beim Bau des Abschnitts Settle und Dent Head, wie auf einer Gedenktafel in Settle zu lesen steht.

Die ersten 21 km der Strecke führen durch das Ribble Valley auf eine Höhe von 320 m. Nach 18 km wechselt die Bahn von der einen auf die andere Talseite. Dafür wurde 1870 bis 1847 aus Kalk- und Ziegelsteinen das 32 m hohe Ribblehead Viaduct errichtet, das heute noch ein Höhepunkt dieser Bahnreise ist. Die Abgeschiedenheit der Gegend kann daran gemessen werden, dass das Signalhaus von Blea Moor 1200 m von

● LINKS
Lok Nr. 4498 „Sir Nigel Gresley“ verlässt den Rise Hill Tunnel vor der Einfahrt nach Dent.

● UNTEN LINKS
Der „West Yorkshire Dalesman“, bespannt mit Lok Nr. 5305, nähert sich dem Scheitelpunkt Ais Gill Cottages auf dem Weg nach Carlisle.

INFO-KASTEN

Endpunkte	Settle und Carlisle
Land	England
Entfernung	115 km
Eröffnung	1876

● LINKS
Das 32 m hohe Ribblehead Viaduct, erbaut von 1870 bis 1874 aus Kalk- und Ziegelsteinen, ist einer der Höhepunkte der Reise.

● UNTEN
Die Lok „Flying Scotsman" bespannt den „Cumbrian Mountain Express". Der Zug verkehrt hier in südlicher Richtung bei Great Ormside auf dem Weg von Appleby nach Hellifield.

der nächtsten Straße entfernt liegt und der Bahnhof von Dent über 6 km von der gleichnamigen Ortschaft entfernt liegt, die er bedienen soll. Im Winter kann das Wetter hier garstiger sein als irgendwo sonst in England, häufig wüten anhaltende Schneestürme. Damit die Bahnlinie nicht von Schneeverwehungen lahmgelegt wird, stellte die Bahngesellschaft an exponierten Stellen lange Schneezäune auf.

Von Appleby nach Carlisle passiert der Zug den Vale of Eden. Die Neigung übersteigt zu keiner Zeit 1:100, doch hält sich die Strecke immer 15-30 m über dem Fluss. Sie wird dadurch weniger anfällig gegen Überflutungen, denn die Niederschlagsmenge liegt in dieser Gegend bei 2500 mm im Jahr.

Endstation der Reise ist Carlisle, dessen Bahnhof bereits zur Anfangszeit der Eisenbahn ein pulsierendes Zentrum mehrerer Bahnlinien war. Von Anfang an benutzten verschiedene Bahngesellschaften die Station Carlisle gemeinsam.

Einst eine Lebensader zwischen Leeds und dem Nordwesten, ist die Strecke heute ein Mekka für Eisenbahnfreunde, Hier können eine Reihe gut erhaltener Dampflokomotiven vor Sonderzügen bewundert werden.

London Euston – Glasgow

Dies ist eine der ältesten Bahnlinien in Großbritannien, die in Teilen auf Stephensons legendärer London & Birmingham Railway sowie auf Joseph Lockes Grand Junction Railway verläuft. Und obwohl der Name Royal Scot erst 1927 aufkam, war dieser Zug eine der ältesten Langstreckenverbindungen auf der Insel: Der erste verließ Euston 1862 Richtung Glasgow. Bis 1914 blieb es bei der Abfahrtszeit 10.00 Uhr und den Haltestellen Willesden Junction, Rugby, Crewe (wo die Kurswagen nach Edinburgh abgekuppelt wurden) und Symington. 1914 erreichte der Zug Glasgow planmäßig um 18.15 Uhr.

Im Sommer 1927 führte die LMSR den Royal Scot als Direktverbindung zwischen London, Glasgow und Edinborough ein. Der von zwei Loks, einer 2'C-Lok der Claughton Class und einer 2'B-Maschine der George V Class in Doppeltraktion bespannte Zug hielt nur zweimal: zuerst nach 380 km in Carnforth, wo die beiden Loks, deren Vorräte zu Ende gingen, gegen zwei 2'B-Verbundloks mit gefüllten Vorratsbehältern ausgetauscht wurden.

Weitere 209 km später, in Symington, wurde der Zugteil nach Edinburgh abgekoppelt. 1928 beförderte 2'C Nr. 6113 Cameronian der Royal Scot Class die Glasgow-Abteilung des Zuges nonstop von Euston nach Glasgow. Diese 646 km waren damals die größte Enfernung, die eine britische Lok zurücklegte, ohne Vorräte nachzufassen.

● OBEN
Ein Schnellzug Glasgow – Euston verlässt Proofhouse Junction, südlich vom Bahnhof Birmingham New Street gelegen.

● LINKS
Ein InterCity Euston – Glasgow, bespannt von einer E-Lok der Klasse 86, passiert Wolverhamptons Schleuse Nr. 1, die kurz vor der Einfahrt in den Bahnhof liegt.

● RECHTS
Ein nach Süden fahrender Zug am Anfang seiner Reise bei Ecclefechan, Galloway.

● UNTEN LINKS
Ein InterCity Glasgow – Euston neben der Autobahn M1 in Northamptonshire.

● UNTEN RECHTS
Eine in den Farben der RES (Rail Express Systems) gestrichene Lok der Klasse 86 zieht ihren Zug südwärts durch Cumbria auf der West Coast Main Line.

Der landschaftlich schönste Streckenabschnitt liegt nördlich von Wigan, der mit einer 1:104-Steigung beginnt und bis zum Scheitelpunkt bei Coppull führt. Obwohl der folgende Streckenabschnitt betriebstechnisch für Hochgeschwindigkeitsverkehr ausgelegt ist, gibt es wegen des Untertagebaus und den damit einhergehenden Bergschäden immer wieder Langsamfahrstellen. Bei Boars Head senkt sich das Gelände so stark, dass die Fenster der Wartehalle im Bahnhof eines Tages nur noch auf der Höhe des Bahnsteigs lagen…

Nach der steigungsarmen Strecke durch den Lune Gorge folgt die Steilrampe nach Shap Summit, die mit einer 1:75-Steigung auf 279 m Höhe führt. Von dort aus geht es die folgenden 51 km gemächlich bergab bis Carlisle. Bis zur Neuordnung der Bahngesellschaften 1923 war Carlisle ein Bahnhof mit bunt bemalten Zügen verschiedener Betreiber: dem Karminrot der Midland, dem Blau der Caledonian, dem Hellgrün der North Eastern und dem Gelb der North British.

INFO-KASTEN

Endpunkte	London Euston Station und Glasgow Central Station
Länder	England und Schottland
Entfernung	645 km
Eröffnung	5. Juli 1841

Bei Gretna erreicht die Bahnlinie Schottland, und der größte Teil der 10 t Kohle ist verbraucht. Damit der Heizer besser an die Reste im Tender gelangt, wird der Coal Pusher eingeschaltet, eine dampfbetriebene Schaufel, die die Kohlenreste aus dem hinteren Teil des Tenders nach vorne befördert.

Hinter Wamphray beginnt der steilste Abschnitt, den eine britische Hauptstrecke zu bieten hat: ein Gefälle im Verhältnis 1:74. Nur der Royal Scot überwand die 16 km lange Steigung nach Beattock Summit (318 m) ohne fremde Hilfe. Danach geht es bergab nach Glasgow Central Station, die 1879 eröffnet wurde und Zeit ihres Bestehens zu klein war, um die riesigen Mengen der Reisenden aufzunehmen.

LONDON KING'S CROSS – EDINBURGH WAVERLEY: *DER „FLYING SCOTSMAN"*

● LINKS
Die Border Bridge in Berwick-on-Tweed. Konstruiert von Robert Stephenson, wurde die Brücke 1850 von Queen Victoria eingeweiht.

● UNTEN LINKS
Dieses prächtige Grenzschild zwischen England und Schottland ist vom Zug aus zu sehen.

Der Name „Flying Scotsman" erweiterte 1923 das Eisenbahner-Vokabular. Doch bereits 1862 verkehrten die ersten Schnellzüge zwischen London und Edinburg. Damals dauerte die Fahrt zehneinhalb Stunden, heute nur noch viereinhalb. Bis 1935 leisteten die Atlantics des Herstellers Ivatt zwischen London und Leeds hervorragende Dienste. Eine A3-Pacific übernahm den Zug bis Newcastle, während eine Heaton Pacific den Rest der Strecke bewältigte.

King's Cross Station in London wurde von Lewis Cubitt entworfen und von John Jay 1852 gebaut. Heute ist dieser Kopfbahnhof mit acht Ferngleisen und zwei Gleisen für den Nahverkehr einer der kleinsten der britischen Hauptstadt.

Wenn ein Zug King's Cross verlässt, passiert er den Lokschuppen des Nachbar-Bahnhofes St. Pancras. Der gigantische Schuppen war 210 m lang, 30 m hoch, und sein Glas-Eisen-Dach überspannte in der Breite 78 m. Nachdem der Zug neun Tunnel passiert hat, fährt er über die majestätische Brücke von Welwyn. Konstruiert von Lewis Cubitt, umfasst das Bauwerk 40 bis zu 27 m hohe Ziegelbögen.

Alle weiteren Bahnhöfe der ehemaligen Great Northern Railway (GNR) zwischen King's Cross und Doncaster wurden von Henry Goddart entworfen und mit Baumaterialien aus der Umgebung errichtet.

Kurz hinter Peterborough erreicht der Zug die 24 km lange Stoke Bank, die den Zug mit einer maximalen Neigung von 1:178 auf 105 m Höhe bringt, wo die Strecke im 805 m langen Stoke-Tunnel verschwindet. Hiernach erreicht die Linie bei sanftem Gefälle die Ortschaft Grantham. Dieses ist der Abschnitt, auf dem Gresleys „Mallard" 1938 den offiziellen Geschwindigkeits-Weltrekord für Dampflokomotiven auf 203 km/h hochschraubte.

Auf diesem Streckenverlauf gibt es einige ebenerdige

● LINKS
Diese Szene aus der Mitte der 40er Jahre zeigt den „Flying Scotsman" bei der Ausfahrt aus Newcastle.

Schienenkreuzungen. Eine davon, bei Retford, war Schauplatz eines Zusammenstoßes. Der Lokführer eines talwärts fahrenden Schnellzuges sah einen Güterzug, der ihm gemächlich entgegenkam. Rasch erkannte der Lokführer, dass keine Zeit zum Bremsen war. Stattdessen beschleunigte er, und in einer hals-brecherischen Aktion gelang es ihm, den Güterzug in zwei Teile zu schnei-den und damit seinen Zug auf Kosten von zwei oder drei Güterwagen zu retten. Unglaublich, aber wahr!

Hinter Doncaster führt die Strecke über eine geschwungene Brücke nach Wakefield, bevor die Steigung nach Ardsley beginnt, und es dann hinunter nach Leeds geht. Nach kurzem Aufenthalt in Leeds Central Station geht es die Headingley Bank hinauf und dann hinein in den Bramhope Tunnel, mit 3,42 km der siebtlängste der Insel. Nach dem Abstieg erreicht die Strecke Newcastle upon Tyne über eine Hochbrücke, die Robert Stephenson 1846 entworfen hatte. Bei diesem Bauwerk wurde erstemals die von James Nasmyth entwickelte Dampframme eingesetzt. Es war dies die erste für den kombinierten Schienen/Straßenverkehr: Auf dem Oberdeck fuhr die Eisenbahn, auf dem Unterdeck der Straßenverkehr.

● OBEN LINKS
Hier sind die beiden berühmten Ziegelbögen von Londons King's Cross Station gut zu sehen.

● OBEN RECHTS
Ein InterCity durchfährt Durham Cathedral, den Ort der Ruhestätte des heiligen Cuthbert.

● UNTEN
Noch 560 Kilometer bis London ...

INFO-KASTEN

FLYING SCOTSMAN	
Endpunkte	London King's Cross und Edinburgh Waverley
Länder	England und Schottland
Entfernung	650 km
Eröffnung	1. Januar 1923

Die nächste große Brücke, die es zu überqueren gilt, ist die 658 m lange Royal Border Bridge, ebenfalls von Robert Stephenson entworfen und 1850 von Queen Victoria eingeweiht. Über 2000 Arbeiter errichteten die 28 Backsteinbögen mit je 18,70 m Breite. Hinter dem Übergang zur schottischen Grenze hält sich die Bahn an die Küstenlinie bis Burnmouth. Hinter Grantshouse erreicht sie den Penmanshiel Tunnel, und hinter Carlton Tunnel schließlich Waverley. Dieser erste Bahnhof Edinburgs steht am Ausgang eines engen Tals zwischen der Alt- und der Neustadt und war bald überlastet. Auf einer Fläche von fast einem Quadratkilometer entstand 1900 der zweitgrößte Bahnhof Großbritanniens.

London Paddington – Swansea: *Der „Red Dragon“*

● UNTEN
Ein Regionaltriebwagen Typ 143 vor Ragnor bei Cardiff.

Der „Red Dragon“ zwischen London Paddington und Swansea (gälisch: Abertawe) fuhr zum ersten Mal Winterfahrplan 1950/51. Er verließ Swansea um 8.45 Uhr und hielt in Cardiff (Caerdydd) und Newport (Casnewydd-ar-Wysg), um nach weiteren 214 km nonstop in 165 Minuten Paddington Punkt 13.15 Uhr zu erreichen. Die Fahrt in die Gegenrichtung beginnt um 17.55 Uhr und dauert 30 Minuten länger, da zusätzlich an den Stationen Swindon und Badminton gehalten wird, so dass Swansea erst um 22.45 Uhr erreicht wird.

Reading war der erste von Brunels einseitig befahrbaren Bahnhöfen und einer der letzten am Netz. Alles, was heute noch davon zu sehen ist, ist das Gebäude auf dem südlichen Bahnsteig. In Reading geschah auch einer der ersten Unfälle der Great Western: Während der Bauarbeiten am Bahnhof wurde der Zimmermann Henry West von einer Windbö erfasst, vom Dach des Gebäudes geweht und getötet.
Etwa 14 km hinter Reading überquert die Strecke die Basildon Bridge, die 1839 errichtet und in den 1890er Jahren ausgebaut wurde. Die rote Backsteinbogenbrücke führt über die Themse und verbindet die Grafschaften Berkshire und Oxfordshire.

INFO-KASTEN

Red Dragon	
Endpunkte	London Paddington und Swansea
Länder	England und Wales
Entfernung	307 km
Erstfahrt	1950

An der westlichen Ausfahrt von Steventon kreuzt die Strecke „The Causeway“, einen flutsicher erhöhten Weg, an dessen Seiten Bäume und Häuser des 17. und 18. Jahrhunderts stehen. 16 km danach wird Uffington mit seinem berühmten „White Horse“ erreicht. Das Gasthaus wurde 100 v.Chr. in den Fels geschlagen und liegt von der Zugspitze nur 114 m entfernt. Obwohl es „Horse“ (Pferd) heißt, ist wohl eher ein Drachen gemeint, der nach der Sage auf dem nahegelegenen Dragon Hill vom Heiligen Georg getötet wurde.
Der erste Bahnhof von Swindon, 124 km nordwestlich von Paddington gelegen, entstand 1841/42. Ein Merkmal dieser Station war das Hotel-Restaurant, das über eine Brücke mit der Abfertigungshalle verbunden war. Ursprünglich hatte man vereinbart, dass alle durch Swindon kommenden Züge dort zehn Minuten halten sollten, damit sich die Fahrgäste frisch machen und mit Speisen

und Getränken versorgen konnten. Swindon war Sitz der Lokfabrik von Brunels Great Western Railway, die 1843 vollendet wurde. Die letzte Dampflokomotive, die dort gebaut wurde, war die „Evening Star", die im Mai 1960 ihren Dienst aufnahm. Badminton, 160 km hinter Paddington, wurde extra für den Duke of Beaufort errichtet. Er forderte, dass jeder Zug auf sein Verlangen dort halten sollte, bis ihm das Parlament dieses Privileg aberkannte. In Badminton wurde auch das Federballspiel gleichen Namens erstmalig gespielt. Einige Kilometer westwärts unterquert der Zug einen Ausläufer der Cotswold Hills in dem 406 m langen Chipping Sodbury Tunnel. Der nachfolgende Tunnel unter dem Severn zwischen England und Wales wurde von Charles Richardson 1865 entworfen. Die Bauarbeiten gestalteten sich schwierig, und zweimal drohten Wassereinbrüche das Projekt zu stoppen. 1886 war dann schließlich der mit 4064 m längste Hauptstreckentunnel auf den Britischen Inseln fertig, doch hatten die Kosten mittlerweile die immense Summe von 2 Millionen Pfund verschlungen. Der Severn Tunnel verkürzte die Strecke von London ins südliche Wales um 40 km, so dass der Spitzname der GWR, „Great Way Round" (großer Umweg) nun nicht mehr traf. Kurz vor Newport führt die Bahnlinie über den River Usk. Die erste Brücke, eine von Brunels Holzkonstruktionen, brannte noch während der Bauarbeiten ab. Bemerkenswerterweise war dies aber die einzige Holzkonstruktion von Brunel, der ein solches Schicksal widerfuhr. Über Cardiff Central Station, Margam,Port Talbot und Neath erreicht der Zug den Endbahnhof Swansea.

● UNTEN
Ein Blick aus dem Führerstand eines InterCity 125 auf einen Gegenzug auf der Hauptstrecke Paddington – Swansea.

● UNTEN
Das Begrüßungsschild „Welcome to Wales" auf der walisischen Seite des Severn Tunnel.

● LINKE SEITE
Das englische Portal des Severn Tunnel, der England und Wales verbindet.

● RECHTS
Eine Szene bei Sonning Cutting. Auch wenn es die Fahrgäste des Zuges kaum wahrnehmen, ist dieser 18 m tiefe und 3 km lange Einschnitt eine technische Meisterleistung. Dieser „offene Tunnel" wurde im Herbst 1839 begonnen und bereits im März 1840 vollendet.

London Euston – Holyhead

Der „Irish Mail“

Der „Irish Mail“ der London & North Western Railway war der erste Zug der Welt mit einem Namen – und zwar nannten ihn die Leute: „Wild Irishman“ (wilder Ire).

Der Zug verließ Euston zum ersten Mal im August 1848. Nachdem er den 1080 m langen Primrose Hill Tunnel durchfahren hat, traf er in der 1842 erbauten Acton Lane Station ein (1866 in Willesden Junction umbenannt). Wegen seiner beiden Bahnsteige und der Tatsache, dass niemand vorhersagen konnte, auf welchem der beiden der nächste Zug einfahren würde, erhielt diese Station rasch den Spitznamen „Bewildering Junction“ (Bahnhof der Verwirrung).

● LINKS
Ein InterCity des 20. Jahrhunderts passiert Conway Castle, ein Bauwerk des 13. Jahrhunderts.

Nach etwa 27 km der Reise nimmt der Zug den 1,65 km langen Watford Tunnel, der extra gebaut wurde, damit die Bahnlinie nicht durch das Land des Earl of Essex geführt werden musste.

56 km später fährt der Zug über das 200 m lange Wolverton Viaduct, das mit seinen sechs Bögen à 18 m Spannweite in der Mitte eines 2,4 km langen und 15 m hohen Dammes steht. Nach weiteren 16 km erreicht der Zug den 2216 m langen Kisby Tunnel, der bei seiner Fertigstellung der längste Eisenbahntunnel der Welt war und 290.000 Pfund Sterling kostete.

Hinter Birmingham New Street, Manchester, Crewe und Chester, verläuft die Bahnlinie an der Küste von Nordwales. Nach Halt in Rhyl und Colwyn folgt die Linie den steilen Abhängen der regenreichen Küstengebirge von Penmaen Mawr. Dort, wo zwischen Berg und Ufer nicht genug Platz war, musste die Strecke in den Fels gesprengt oder auf Dämmen verlegt werden. Auch ein 211 m langer Tunnel wurde gebohrt, und in einigen Fällen legte man Vorrichtungen zum Schutz vor herabfallenden Felsbrocken an.

Während der Bauarbeiten im Oktober 1846 kam von Nordwesten ein schwerer Sturm auf, verbunden mit einer fünf Meter hohen Springflut. Das Unwetter zerstörte einen großen Teil der bereits fertig gestellten Bauten. Man entschloss sich dann, die Pläne zu ändern

● LINKS
Ein InterCity nähert sich Crewe von Süden.

● LINKS
Eine der ersten Hängebrücken überspannte die Merrenge Menai Strait. Die nur für Kutschen befahrbare Brücke verlor an Bedeutung, als 1850 Stephensons Kastenbrücke für den Eisenbahnverkehr fertig gestellt wurde.

● UNTEN
Der Museumszug „Irish Mail" fährt hier auf der Great Central Railway, Leicestershire.

und die Strecke über ein großes, geschwungenes Viadukt nach Bangor zu führen. Die Arbeiten an dem Viadukt waren 1849 beendet.

Bereits 1860 versuchte man, Non-Stop-Leistungen zwischen Chester und Holyhead dadurch zu erreichen, dass die Dampfloks vor Bangor während der Fahrt zusätzliches Wasser – wie mit einem Rüssel aus einem langen Trog – zwischen den Gleisen aufnahmen.

Nächstes Bauwerk auf der Strecke ist die Menai Strait Tubular Railway Bridge bei Anglesey. Konstruiert von Stephenson, überspannt das Bauwerk 335 m Wasser beim Britannia Rock, der der Brücke ihren Namen „Britannia Bridge" gab. Stephensons erster Plan war eine Gusseisen-Konstruktion, die aber von der Admiralität abgelehnt wurde, die auf keinen Fall eine Brücke mit Schiffahrt behindernden Pfeilern gebaut haben wollte. Schließlich entschied sich Stephenson im März 1845 für eine schmiedeeiserne Kastenkonstruktion von maximal 140 m Spannweite und 6 m Durchmesser.

1500 Arbeiter errichteten diese Brücke mit zwei 140-m-Kästen über dem Wasser und zwei 70-m-Kästen über Land. Die Eröffnung war am 18. März 1850. Vor der Fertigstellung mussten Zugreisende in Bangor aussteigen und die Menai Strait per Kutsche über Telford's Hängebrücke überqueren.

Auf dem kurzen Weg über die Insel Anglesey liegt die erst 1973 wieder eröffnete Station Llanfair PG, oder, wie sie im 19. Jahrhundert der örtliche Schankwirt nannte, Llanfairpwllgwyngyllgogerychwyrn-drobwllllantysiliogogogoch. Das ist mit Sicherheit für immer der längste Bahnhofsname der Welt. Und es wundert bestimmt niemanden, dass das 58-Buchstaben-Unwort von einem gälisch sprechenden Menschen erfunden wurde. An der Endstation Holyhead besteht ein reger Fährverkehr nach Irland.

INFO-KASTEN

IRISH MAIL	
Endpunkte	London Euston und Holyhead
Länder	England und Wales
Entfernung	425 km
Eröffnung	1. August 1848

LONDON PADDINGTON – PENZANCE

Eine der interessantesten Bahnreisen in England ist diejenige von London Paddington nach Penzance an der Südwestspitze von Cornwall. Als die Strecke im August 1859 eröffnet wurde, hielten nicht nur alle Züge an beinahe allen Stationen, man musste auch noch in Exeter und Plymouth umsteigen. In Truro angekommen, beförderte einen ein Pferdefuhrwerk weiter nach Falmouth, wo man dann die schmalspurige West Cornwall Railway für eine 33-minütige Fahrt weiter nach Penzance benutzte. Die schnellste Verbindung auf dieser Strecke brauchte damals 14 Stunden und 50 Minuten.

INFO-KASTEN

Endpunkte	London und Penzance
Land	England
Entfernung	490 km
Eröffnung	1859

1862 kam die Einführung des „Flying Dutchman" (Fliegender Holländer), der die Strecke von Paddington nach Churston über die Zweigstrecke nach Torquay auf der South Devon Railway mit durchschnittlich 90 km/h

● UNTEN
Der „Cornish Riviera Limited". Der erste Zug dieses Namens verkehrte im Jahre 1904.

zurücklegte, womit Penzance „nur" noch 10 Stunden und 19 Minuten entfernt war. Im darauf folgenden Jahr war die Strecke von Truro nach Falmouth fertig, womit der Pferdetransport überflüssig wurde. 1867 erreichte die Breitspurstrecke schließlich Penzance.

1890 führte die Great Western den „Cornishman Express" ein, der nicht mehr in kleineren Orten hielt und Penzance in 8 Stunden und 42 Minuten erreichte. Nach dem Umbau von Breit- auf Normalspur 1892 vermochte der „Flying Dutchman" seine Fahrtzeit

● LINKE SEITE, OBEN
Als der Bahnhof gebaut wurde, war Paddington noch ein Dorf. In der Schalterhalle steht ein kleines Denkmal von Isambard Kingdom Brunel, das im Mai 1982 enthüllt wurde.

● LINKE SEITE, UNTEN
Einer von wenigen Brunel-Bahnhöfen, der noch steht, ist Dawlish aus dem Jahr 1846.

● OBEN LINKS
Ein Teil der Strecke verläuft direkt an der wilden Atlantikküste, wie hier zwischen Dawlish und Teignmouth.

● RECHTS
Ein InterCity überquert den Huntspil River in Somerset Levels, eine der feuchtesten Gegenden Englands mit einer Jahresniederschlagsmenge von im Schnitt 1010 mm. Viele Gebiete werden regelmäßig überflutet.

● LINKS
Ein Zug Richtung Penzance passiert Cockwood Harbour, ohne zu halten.

nochmals um 15 Minuten zu reduzieren, womit er zum schnellsten Zug seiner Zeit avancierte.

1896 war der „Cornishman" mit 3.43 h für die 310 km von Paddington nach Exeter die längste Non-Stop-Verbindung der Welt. Die Gesamtfahrtzeit nach Penzance schrumpfte auf 7.52 Stunden.

Im Juli 1904 lief der Zug ohne Halt bis Plymouth, im Mai 1914 benötigte man noch 6 1/2 Stunden. 1927, mit der Einführung der kräftigen Dampfloks der „King Class", reduzierte der Schnellzug „Cornish Riviera" die Reisezeit auf 6.25 Stunden.

Gleich nach der Ausfahrt aus dem 1854 gebauten Bahnhof Paddington, den Brunel konstruierte, fährt der Zug über das 274 m lange Wharncliffe Viaduct. Das aus acht 21 m weiten Ziegelbögen bestehende Viadukt verläuft 20 Meter über dem Boden. Der nächste interessante Punkt ist Sounding Arch Bridge, bereits 1838 gebaut und 1891 erweitert. Sie wird mit ihren beiden Ziegelbögen – den flachsten der Welt – als eine der besten Brücken Brunels angesehen. Bei einer Spannweite von 39m ist sie nur 7,4 m hoch. Diese Brücke ist auch auf einem Gemälde von Turner, „Rain, Steam and Speed" (Regen, Dampf und Geschwindigkeit), zu sehen.

● OBEN
Reisende nach Penzance werden auf Cornish und Englisch begrüßt.

● UNTEN
Die Ferien sind vorbei. Der Zug nach Paddington verlässt Penzance.

Auch wenn die Fahrgäste kaum etwas davon sehen, ist der Einschnitt „Sonning Cutting", bis zu 18 m tief und 6,5 km lang, eine weitere Besonderheit, die bereits 1839 begonnen und im März 1840 eröffnet wurde. Der Aushub war schwierig, denn in Sturzbächen niedergehender Regen verwandelte die Gegend regelmäßig in eine Sumpflandschaft.

Eines der Merkmale der Strecke waren die berühmten „One-Sided Stations", konzipiert von Brunel. Die Auslegung mit beiden Bahnsteigen nur auf einer Seite einer zweigleisigen Strecke nötigte häufig Fahrgäste, die Gleise zu überqueren. In größeren Bahnhöfen wie Reading, Taunton und Exeter traten deshalb enorme betriebliche Probleme auf.

Nach dem 998 m langen Whiteball Tunnel, der die Grenze der Grafschaften Somerset und Devon markiert, folgt eine ebene Küstenstrecke mit nur fünf Tunneln zwischen Dawlish und Teignmouth-Kennaway, Phillot, Clerk's, Coryton und Parsons. Bereits 1905 wurden diese Tunnels für den

● UNTEN
Der 12.25-Zug der Great Western von London nach Bristol bei Swindon zeigt das neue Farbschema der privatisierten Great Western Railway.

● OBEN RECHTS
Der „Mayflower" fährt nach Exeter St Davids Station ein.

zweigleisigen Betrieb ausgebohrt. Zwischen den Grafschaften Devon und Cornwall überspannt die 338 m lange Royal Albert Bridge den River Tamar, die einzige Ketten-Hängebrücke der Welt, über die Schnellzüge fahren. Dieses 1077 metrische Tonnen schwere Meisterstück Brunels überspannt in zwei Bögen à 137 m in 30 m Höhe den Fluss, die an drei Pfeilern aufgehängt sind. Der mittlere Pfeiler ruht auf einem Felsen 24 m unterhalb der Hochwassermarke. Sein Fundament wurde von Maurern gelegt, die in einer druckbelüfteten Taucherglocke unter Wasser arbeiteten. Eine Technik, die hier zum ersten Mal angewendet wurde. Nach siebenjähriger Bauzeit eröffnete Prince Albert das Bauwerk im Mai 1859, vier Monate vor dem Tod von Isambard Kingdom Brunel.

Auf den 85 km zwischen Plymouth und Truro überquerte ein Zug 34 von Brunels Holzbrücken, die heute durch steinerne ersetzt worden sind. Die Viadukte, die viele enge und tiefe Täler überbrückten, besaßen auf den Strecken nach Cornwall und Tavistock 20 m weite Standard-Bögen, in West Cornwall waren sie 15 m weit.

Die 1435-mm-Gleise erreichten Penzance im März 1852, 15 Jahre später erreichten die 2133-mm-Gleise der Great Western's die Stadt. Der 1865 erbaute und noch heute betriebene Bahnhof begrüßt seine vielen Gäste mit einer schönen Tafel in der beinahe ausgestorbenen Sprache von Cornwall (Cornish).

● LINKS
Dieser Zug befährt den bei Dawlish vor der Küste aufgeschütteten Damm. Dawlish wird häufig von schweren Stürmen heimgesucht. Einer von ihnen peitschte die See derart auf, dass sie den am Meer liegenden Bahnsteig fortspülte.

London Victoria – Dover
Der „Golden Arrow“

Obwohl die Southern Railway (und ihr Vorgänger South Eastern & Chatham Railway) schon lange einen Bahnverkehr von London Victoria nach Paris unterhielt, dauerte es bis zum 15. Mai 1929, bis der „Golden Arrow“ aus der Taufe gehoben wurde. Die ersten dieser ausschließlich aus Pullman-Wagen der 1. Klasse bestehenden Schnellzüge wurden von 2'C-Loks der „Lord Nelson Class“ bespannt. Erst in den 40er Jahren kamen zwei Wagen 2. Klasse hinzu. Nach dem

● LINKS
Der „Golden Arrow“ bei der Fahrt durch Ashford in der Grafschaft Kent.

● UNTEN
Der „Golden Arrow“ fährt in den Bahnhof Headcorn ein. Die Aufnahme entstand an der Fritten Road Bridge.

2. Weltkrieg ersetzte man die „Lord Nelsons“ durch Oliver Bulleids Pacifics der „Merchant Navy Class“ ersetzt. Bulleid, ein gebürtiger Neuseeländer, war der Chief Mechanical Engineer (Chefkonstrukteur) der Southern Railway. Im Jahre 1951 übernahmen die 2'C1'-Loks der Class 7 den Dienst.

Der „Golden Arrow“ war einer der ersten Züge mit Lautsprecherdurchsagen für die Fahrgäste in Englisch und Französisch. Eine weitere Besonderheit war die Trianon Cocktail Bar, die an einen Club der britischen Oberklasse erinnerte und in dem die Reichen auf das europäische Festland reisten. Doch das reine Vergnügen 1. Klasse währte nur zwei Jahre. Im Mai 1931 zwang die Weltwirtschaftskrise die Southern Railway, Reisende 2. Klasse im „Golden

INFO-KASTEN

Golden Arrow	
Endpunkte	London Victoria und Dover
Land	England
Entfernung	113 km
Erstfahrt	15. Mai 1929

● RECHTS
Der „Golden Arrow" zwischen Tonbridge und Sevenoaks.

● MITTE
„King Arthur Class" 2'C Nr. 30794 „Sir Ector de Maris" wartet am traditionellen Bahnsteig 2 mit dem Zug zur Nachtfähre in London Victoria.

● UNTEN
Der „Continental Boat Express" verlässt Dover Marine Station mit zahlreichen Fährpassagieren.

Arrow" zu befördern. Einen „Union Jack" und eine „Tricolore" an der Rauchkammer, verließ der „Golden Arrow" London Victoria um 11.00 Uhr. Die Reise beginnt mit einem Aufstieg (1:62) zur Grosvenor Bridge. Es folgen weitere Neigungen einschließlich der 2,4 km langen zum Penge Tunnel (1:102) und der 3 km langen nach Bickley Junction (1:95) und der langgezogenen Kurve nach Orpington.

Hinter Tonbridge durchfährt der Zug den Sevenoaks Tunnel. Der Rest der Strecke nach Dover Marine, wo der Zug um 12.38 Uhr eintrifft, verläuft meist eben, so dass Höchstgeschwindigkeiten von 96 km gefahren werden können.

Das Fährschiff „Canterbury" überquert mit den Reisezugwagen den Kanal in 75 Minuten. Auf der französischen Seite wartet bereits die „Flèche d'Or", eine vierzylindrige Pacific der Chemin de fer du Nord, die in 190 Minuten den Zug die letzten 296 km von Calais nach Paris befördert; Ankunftszeit am Gare du Nord: 17.35 Uhr. Der Kanaltunnel von London nach Paris hat unlängst neue Zeichen gesetzt.

Bedford – Bletchley

Eine Bahnreise von Bedford nach Bletchley, zwei Stationen, die die Midland Main Line mit der West Coast Main Line verbinden, hört sich nicht gerade wie eine Fahrt mit dem „Orient Express" an, doch die „Friendly Line", wie die Einheimischen sie nennen, ist eine der schönsten Strecken im Königreich.

Seit ihrer Eröffnung am 17. November 1846 war diese von George und Robert Stephenson konzipierte Strecke der London & North Western Railway die Lebensader der Region. Die 27 km lange Linie heißt heute Marston Vale Line, wird von National Express betrieben und erscheint wie ein Zeitsprung zurück in die 1930er Jahre. Die Bahnreise durch die ländliche Idylle dauert 50 Minuten, drei bemannte Bahnübergänge und nicht weniger als sechs besetzte Stellwerke mit Formsignalen säumen ihren Weg. Das Stellwerk von Fenny Stratford beherbergt eine seltene Sammlung alter Gemälde und Fotografien aus der Region.

Zu Beginn des 20. Jahrhunderts führte die London & North Western auf dieser Strecke einen Dampftriebwagen für Personenverkehr ein. Heute wickeln zweiteilige „Heritage"-Dieseltriebwagen den Verkehr auf zwischen Bedford und Bletchley ab, eine der letzten Linien, auf denen die betagten Triebwagen der 60er Jahre noch anzutreffen sind.

Die Reise beginnt im Bahnhof Bedford Midland an der Midland Main Line mit Anschlüssen zu den Flughäfen Luton und Gatwick. Der erste Teil der Reise führt durch Bedford St Johns, Kempston Hardwick, Stewartby (früher Wootton Pillinge) und Millbrook. Hier gibt es einen Bahnübergang, dessen Schrankenkurbeln außen am Wärterhaus angebracht sind. Der nette Wärter besitzt eine Sammlung von Radkappen, die Autos auf diesem sehr holprigen Bahnübergang verloren haben.

Ein Teil der Bahnlinie führt über das Land des Duke of Bedford. Der 10. Duke war seinerzeit ein großer Befürworter des Eisenbahnbaus. Er setzte allerdings auch durch, dass alle auf seinem Land liegenden Bahnhöfe (Fenny

● OBEN
Im langen Abendschatten rollt der zweiteilige Diesel-Triebwagen der Class 117 als Regionalzug Bletchley – Bedford durch die goldene Landschaft nahe Millbrook.

● RECHTS
Ein Zug Richtung Bletchley hält in der verträumt-ländlichen Station Fenny Compton. Man beachte die Formsignale und die steile Böschung nach Ampthill im Hintergrund.

INFO-KASTEN

Endpunkte	Bedford und Bletchley
Land	England
Entfernung	27 km
Eröffnung	1846

Stratford, Woburn Sands, Ridgmont und Millbrook) in den von ihm favorisierten Chalet-Stil ausgeführt wurden. Woburn Sands beherbergte das Kohle-Depot der Strecke und besaß eine bedeutende Ziegelei, London Brick Yard. Entsprechend beförderte die Bahn große Mengen Ziegel, und Generationen von Kindern liebten es, während der Vorbeifahrt die vielen Schornsteine der Ziegelei zu zählen.

Heute gibt es nur noch zehn Schornsteine, die vom Zug aus zu sehen sind. Die alten, mit Wasser vollgelaufenen, inaktiven Tongruben vermitteln noch heute das Bild einer Mondlandschaft.

● OBEN
Ein Leichtbau-Dieseltriebwagen der Class 108 „Derby" (rechts) steht im Bahnhof Bedford. Im Hintergrund wartet bereits der Anschlusszug, ein Thameslink Elektro-Triebwagen der Class 319.

● MITTE
Die typische Atmosphäre einer ländlichen Bahnstation der 1930er Jahre hat Aspley Guise bewahrt, wo der zweiteilige Triebwagen der Class 108 einfährt.

● RECHTS
„Ten Chimneys", zehn Kamine. Ein zweiteiliger Class-117-Dieseltriebwagen fährt durch Lidlington als Regionalzug Bedford – Bletchley.

LONDON – KÖLN

● UNTEN
Die elektrische Lok Nr. 86.250 (Achsfolge Bo'Bo') an der Spitze eines Zuges in London Liverpool Street.

Drei Landwege führen von London nach Köln: über Hoek van Holland, über Oostende und durch den Kanaltunnel.

● VIA HOEK VAN HOLLAND

Diese Route beginnt in London Liverpool Street in einem Zug mit blankpolierter Lokomotive und hochklassigen, tauglichen Wagen. In Harwich, dessen Hafenanlagen nach der Eröffnung des Kanaltunnels nochmals vergrößert worden sind, durchlaufen die Passagiere die Zollformalitäten und gelangen auf das Fährschiff. Auch heute noch ist diese Route möglich, allerdings hat man 1997 den Nachtverkehr eingestellt, und tagsüber wird der Verkehr mit schnellen Katamaran-Fähren abgewickelt.

Der Bahnhof Hoek van Holland liegt direkt an den Landungsbrücken. Auch hier hat der Kanaltunnel einschneidende Veränderungen gebracht: Internationale Schnellzüge gibt es nicht mehr, und die Route über Venlo nach Köln erfordert mehrmaliges Umsteigen. Zum größten Seehafen der Welt, Rotterdem, gibt es

● LINKS
Die „König Albert" war in den 50er Jahren eines der Fährschiffe von Oostende nach Dover.

INFO-KASTEN

Endpunkte	London und Köln
Länder	England Belgien, Niederlande und Deutschland
Entfernung	via Oostende 595 km via Hoek van Holland 545 km
Eröffnung	Oostende 1861 Hoek van Holland 1893 Kanaltunnel 1994

● LINKS
Der Bahnhof und Schiffsanleger Hoek van Holland am Abend. Die Fährschiffe wurden mittlerweile durch große Katamarane ersetzt.

● LINKS
Der Bahnhof Oostende.

allerdings einen dichten Regionalverkehr.

Die Niederlande sind ein schwieriges Land für den Bau von Eisenbahnverbindungen. Zwar ist das Land meist flach, doch gibt es sehr viele meist schiffbare Flüsse und Kanäle zu überbrücken. Auf der Strecke nach Venlo liegt die längste Eisenbahnbrücke der Niederlande, 1070 m lang. Sie führt bei Moerdijk über das Hollandse Diep. Weitere interssante Orte sind Tilburg, wo sich die Hauptwerkstatt der Niederländischen Staatsbahn befindet, und Venlo an der Grenze zu Deutschland, wo die meisten der niederländischen Triebfahrzeug-Typen anzutreffen sind und die Umrüstungen der Züge auf deutsche Lokomotiven beobachtet werden können.

Heutzutage führt die meistbefahrene Route von Rotterdam nach Köln über Utrecht, einen der wichtigsten Bahnknoten der Niederlande. Die Züge verkehren im Stundentakt.

● VIA OOSTENDE

Londons Victoria Station ist der Ausgangspunkt dieser einst klassischen Route, auf der fährschifftaugliche Züge neben die Schiffe rollten. Heute verkehren elektrische Triebzüge bis Ramsgate und von dort aus gibt es eine Busverbindung zum Hafen. Die Nachtfähre brachte die Passagiere so rechtzeitig nach Oostende, daß sie den Schnellzug um 6.34 Uhr erreichten, der um 10.42 Uhr in Köln eintraf. Der Hafen von Oostende beherbergt neben den Fährschiffen auch viele Fischerboote, und die Stadt bietet entsprechend viele Möglichkeiten, örtliche Fischspezialitäten zu kosten.
Gleich auf dem Bahnhofsvorplatz hält die Küstenstraßenbahn De Panne – Knokke, einst Teil eines ausgedehnten Sekundärbahnsystems.

Das elegante Bahnhofsgebäude mit seinen sieben Kopfgleisen liegt direkt an den Landungsbrücken. Zusätzlich zu den

● UNTEN
Der eleganteste Weg von London nach Brüssel und Köln ist der „Eurostar". Hier steht einer dieser Züge in Bruxelles Midi, während ein TGV Nord einfährt. Von diesem Bahnhof aus sind die meisten Orte Mitteleuropas gut zu erreichen.

● LINKS
Ein „Sprinter"-Regional-Triebwagen in Rotterdam Centraal Station.

RECHTS
Der Kölner Hauptbahnhof im Schatten des Doms. Vorn ein Regionalzug, bespannt von einer E-Lok, Typ 141 (Achsfolge Bo'Bo').

Intercity- und Regionalzügen beginnen und enden hier bis heute wichtige internationale Schnellzüge. In Gent, der größten europäischen Stadt des 13. Jahrhunderts, steht auch ein eindrucksvolles Bahnhofsgebäude. Der Eisenbahnfreund kann hier die meisten belgischen Loks und Triebwagen beobachten, gelegentlich fahren hier sogar Güterzüge durch.

In Brüssel trifft diese Route auf die dritte und heute wichtigste Strecke von London nach Köln.

VIA KANALTUNNEL

Londons Waterloo Station beherbergt einen hypermodernen Terminal, in dem ausschließlich „Eurostar"-Züge nach Paris, Lille und Brüssel abgefertigt werden. Pass- und Zollkontrollen erfolgen wie am Flughafen im Eingangsbereich, Rolltreppen führen zu den Gleisen. Der Innenraum des Eurostar erinnert stark an den französischen Hochgeschwindigkeitszug TGV, von dem er auch abstammt. Die Laufruhe des „Eurostar" ist bemerkenswert, so dass man die maximal 300 km/h kaum wahrnimmt.

Auf britischem Boden fährt er gemächlich auf alten Gleisen kilometerlang durch Londoner Vororte, danach durchmisst er die ländliche Grafschaft Kent. In Dollands Moor wechselt die Stromaufnahme von der kapazitätsschwachen Stromschiene auf die leistungsfähige Oberleitung. Dies geschieht ohne Halt, und kurz darauf fährt der „Eurostar" mit 160 km/h durch den Kanaltunnel.

Auf französischer Seite liegen riesige Gleisanlagen für die Auto- und Güterverladung. Der Zug erreicht nun die Hochgeschwindigkeits-Strecke zum Bahnhof Lille mit TGV-Depot auf der linken Seite. Auch in Belgien sind mittlerweile die meisten Hochgeschwindigkeitsstrecken für den „Eurostar" in Betrieb.

In Brüssel werden die „Eurostars" im Südbahnhof (Bruxelles Midi) abgefertigt. Von den anderen Gleisen dieses wichtigsten Bahnhofes in Brüssel werden Züge in alle Teile Belgiens und Mitteleuropas abgefertigt. Unterhalb der Station verbinden S- und U-Bahnen den Bahnhof mit dem Nahverkehrssystem der geschäftigen belgischen Hauptstadt.

Die belgische Regierung traf eine weitsichtige Entscheidung, als sie frühzeitig beschloss, die beiden Kopfbahnhöfe im Norden und im Süden von Brüssel mit einem Tunnel zu verbinden, eine Entscheideung, die in London oder Paris noch aussteht ... Brussel Centraal bedient, wie der Name vermuten lässt, die Innenstadt. Der

● RECHTS
Für Reisende ist die Wartezeit in Brüssel kurzweilig. Vielleicht eine Tasse Kaffee oder Pikantes auf der Grand Place.

● LINKE SEITE, UNTEN
In Belgien wickeln Elektro-Triebwagen die meisten InterCity- und Regionalverbindungen ab. Hier fährt ein aus drei vierteiligen Aum-75-Triebwagen bestehender Regionalzug in Gent St. Pieters ein.

● MITTE
Der Bahnhof Marloiban in Utrecht ist heute ein schönes Eisenbahnmuseum, wo auch Stücke aus dem Vereinigten Königreich zu sehen sind, so die 1B-gekuppelte Nr. 32 mit Außenrahmen, gebaut 1864 von Beyer-Peacock.

● UNTEN
140.761 der Deutschen Bahn steht an der deutsch/niederländischen Grenze in Venlo. Die Bo'Bo'-Maschine hat einen Regionalzug nach Köln am Haken.

Nordbahnhof (Gare du Nord) liegt im französischsprachigen Teil der Stadt, einst einer heruntergekommenen Gegend, doch heute durch etliche moderne Gebäude aufgewertet.

Von Brussel Midi verkehren viele Züge täglich nach Köln, die zur Zeit knapp drei Stunden für die Reise benötigen. Diese Zeit wird sich stark reduzieren, wenn erst die Neubaustrecke nach Osten fertig gestellt ist. Der Abstieg nach Liège (Lüttich) erfolgt über ein starkes Gefälle, und auch die kräftigen Lokomotiven der heutigen Zeit müssen in Gegenrichtung bei schweren Zügen nachgeschoben werden. Der Bahnhof Liège wird sehr stark frequentiert, Züge aus allen Himmelsrichtungen treffen hier ein, auch von einer pittoresken Strecke aus Luxemburg. Die Strecke nach Köln verläßt Liège über einen langen Bogen Richtung Aachen. Hinter Aachen führt die Strecke durch eine ländliche Gegend mit einigen Braunkohletagebau-Fördergebieten. Hinter Düren wird die Landschaft allmählich städtischer und die ersten Kölner Vororte kommen in Sicht. Schließlich passiert der Zug das große Betriebswerk zur Rechten, um dann in den majestätischen Hauptbahnhof direkt neben dem Kölner Dom einzufahren.

Paris – Istanbul
Der „Orient Express“

● RECHTE SEITE, OBEN
Die bei Kraus-Maffei gebaute Pacific 18470 führt den „Orient Express“ zwischen Kehl und Stuttgart um 1933.

Der weltberühmte „Orient Express“ verbindet 8 Länder und wurde 1883 vom Belgier Georges Nagelmakkers ins Leben gerufen. Die Compagnie Internationale des Wagons-Lits (Internationale Schlafwagengesellschaft, CIWL), die erste multinationale Bahngesellschaft, betrieb bereits seit 1876 von Paris nach Wien durchgehende Schlafwagen. Der Zusatz „Et des Grands Express Européens“ entstand 1883, als der erste Zug Paris mit Bukarest verband. Die Route über München, Wien und Budapest besteht noch heute. Die Reise dauerte 77 Stunden hin und 81 zurück. Bei den Fahrzeiten blieben Ortszeiten unberücksichtigt, wir haben es hier also mit einem Vorreiter der „Mitteleuropäischen Zeit“ zu tun. Anschlussreisende nach Istanbul fuhren per Bahn nach Giurgiu, setzten mit der Donaufähre von Rumänien ins bulgarische Rustschuk über und bestiegen einen Zug zu der sieben Stunden dauernden Fahrt zum Schwarzmeerhafen Varna. Dort begann der letzte Teil der 82-stündigen Reise auf einem Linienschiff des Österreichischen Lloyd.

Vom 8. August 1888 an ließ der Zug Giurgiu links liegen und zweigte in Budapest nach Serbien ab. Nach Belgrad

● OBEN
Der militärische „Orient Express“ 1919. Alle Sitzplätze waren für die französische Armee reserviert (man beachte die Tricolore am Tender), Zivilisten durften nur mitfahren, wenn Platz für sie war. Hier überquert der Zug die Limmat bei Zürich.

● UNTEN
Der „Orient Express“ am 4. Oktober 1883 auf der französischen Ostbahn, bespannt von einer 1'B-Lok der Série 500.

INFO-KASTEN

Orient Express	
Endpunkte	Paris und Istanbul
Länder	Frankreich, Deutschland, Schweiz, Österreich, Ungarn, Rumänien, Bulgarien und Türkei
Entfernung	3212 km

und Niš führte die Route über den Dragoman-Pass durch die nördlichen Passara-Berge via Tunnel und Kehrschleifen bis Sofia, danach nochmals hinauf zum Tatar Pazardjik und über Plovdiv, dem einstigen Endpunkt der Oriental Railway aus Istanbul. Diese Reise dauerte etwas mehr als 67 Stunden.

Reisende des Jahres 1888 mochten die komfortablen Schlafwagen mit Samtvorhängen, Plüschsitzen, Toiletten an den Wagenenden und einer Glocke, die sie zum französischen Fünf-Gänge-Menu in den Speisewagen bat. Ab 1891 als „Orient Express" bezeichnet, hielt der Zug nur selten in Grenzbahnhöfen, um Lok und Personal zu wechseln. Unter den Fahrgästen befanden sich immer auch Geheimkuriere, die mit Handschellen an ihre Diplomatenkoffer gekettet waren, doch auch Angehörige der Königshäuser und Diplomaten nutzten die Verbindung. Erzählt wird die Geschichte eines rumänischen Adeligen, der den Zug benutzte, nur um an dem opulenten Mittagessen teilzunehmen, nach dem er bemerkte: „Der Schnellzug brauchte ganze vier Stunden, um meine Ländereien zu durchqueren…"

● OBEN RECHTS
Ein Zugbegleiter empfängt die Fahrgäste des „Orient Express".

● OBEN
Das prächtige Pullman-Wappen.

● RECHTS
Ein britischer Pullman-Wagen in Kensington Olympia um1987. Der Zugchef wartet vor dem Speisewagen.

LINKS
Der „Orient Express“ um 1910 in der Türkei, geführt von einer in Österreich gebauten 2'B-Lok. Man beachte den amerikanisch anmutenden Kuhfänger vorn an der Lok.

Der „Orient Express“ beginnt seine Reise am Gare de Strasbourg in Paris (heute Gare de l'Est), folgt der Marne aufwärts durch die Weinberge der Champagne bis zum Bahnhof Epernay. In Chalons wurde der Kurswagen aus Calais aufgenommen. Bei Nancy überquerte die Linie die Mosel und erreichte bei Deutsch-Avricourt die französisch-deutsche Grenze (bis 1918). Die Fortsetzung durch das Elsass führt durch den 1678 m langen Doppeltunnel bei Homarting-Arzviller. Eine Röhre barg die Bahnlinie, die andere den Rhein-Marne-Kanal. Acht Kilometer hinter Strasbourg (Straßburg) erreicht der „Orient Express“ bei Kehl den Rhein, die heutige deutsch-französische Grenze.

Über Stuttgart, Augsburg und Ulm fährt der Zug die bayerische Hauptstadt München an. Ursprünglich erreichte er die österreichische Grenze bei Simbach, doch schon bald fuhr er über Prien nach Salzburg und von dort aus weiter nach Wien. Von 1894 an verkehrte hier auch der Oostende-Wien-Express.

Der „Orient Express“ setzte seine Fahrt über Bratislawa nach Budapest fort, als nächstes wurden Szged, Timisoara und Bukarest erreicht.

Der Zugteil nach Istanbul hielt sich hinter Budapest südlich, überquerte die Donau bei Peiterwarden und erreichte die serbische Grenze bei Subotica. Von dort aus rollte der Zug ohne geografische Hindernisse durch Sonnenblumenfelder über Niš und Plovdiv zur griechischen Grenze.

Hinter Plovdiv folgte die Oriental Railway dem Tal der Maritza nahe der bulgarischen Grenze, den Fluss mehrfach überquerend, einmal über die 1270 m lange, aus 173 Bögen bestehende Brücke bei Pithion. Danach erreicht der Zug die schroffe ägäische Küste und folgt ihr bis Thessaloniki. Auf diesem Abschnitt wurden große Teile des James-Bond-Films „From Russia with Love“ (Liebesgrüße aus Moskau) gedreht. Schließlich geht es über Berge und Täler hinab zum Marmara-Meer, um endlich den Bahnhof Istanbul Sirkeci zu erreichen.

Im Jahre 1900 führte die CIWL einen Schnellzug Berlin – Breslau (Wroclaw) – Istanbul ein, der Wien umging. Dieses Experiment dauerte allerdings nur zwei Jahre.

Der Ausbruch des 1. Weltkrieges 1914 beendete abrupt den Verkehr des „Orient Express“, als beide Kriegsparterien ihre Reisezugwagen für Soldaten- und Verletztentransporte requirierten.

Im Kriegsjahr 1916 gründeten die Deutschen die CIWL-Wettbewerberin „Mitropa“ die ihren Betrieb mit beschlagnahmten CIWL-Wagen begann. Die Mitropa führte den Balkan-Express Berlin – Istanbul ein, um die verbündete

● LINKS
Ein Pullman-Wagen des „Orient Express".

Türkei zu erreichen. Der Waffenstillstand 1918 wurde im CIWL-Speisewagen Nr. 2419 unterzeichnet, der 1944 von abrückenden SS-Truppen zerstört wurde. Während der Besetzung des Ruhrgebiets 1923 wurde der „Orient Express" über Zürich und den 10,24 km langen Arlbergtunnel umgeleitet. Diese landschaflich schöne Strecke wurde später beibehalten.

Der Schweiz-Arlberg-Wien Express, 1932 in „Arlberg-Orient Express umbenannt, lief von Wien über Hegyeshalom, Budapest und Sighisoara nach Bukarest. Er führte zweimal wöchentlich einen durchgehenden Schlafwagen Paris – Athen und dreimal wöchentlich einen Schlafwagen Paris – Istanbul.

Der 2. Weltkrieg unterbrach den Zuglauf erneut, und erst 1947 fuhr der „Orient Express" wieder. 1950 wurde Captain Karpe, US Militär-Attaché in Bukarest, in diesem Zug ermordet.

● OBEN
Zwei Stewards posieren neben zwei Sitzwagen des „Orient Express".

● RECHTS
Dinieren in Luxus – an Bord des „Orient Express".

● LINKE SEITE
Der „Arlberg-Orient Express" in St. Anton am Arlberg um 1932. Bespannt wird der Zug von einer österreichischen E-Lok.

Calais – Istanbul

Simplon-Orient Express

● UNTEN
Der Fahrplan von 1900 zeigt in der Mitte einen Blick in den Speisewagen, links Abteile des „Orient Express" und rechts Abteile des „St. Petersburg-Cannes Express".

Im Jahre 1906 setzte die CIWL den „Simplon Express" von Paris nach Lausanne. Der Laufweg nach Mailand schloß den damals erst kürzlich eröffneten, 19,8 km langen Simplon-Tunnel ein und abnd später auch Venedig und das damals zu Österreich gehörende Triest an. Doch die Österreicher ließen es nicht zu, daß der „Simplon Express" weiter gen Osten fuhr, wie es die CIWL beabsichtigte.

Am Ende des Ersten Weltkrieges schufen die Alliierten den „Simplon-Orient Express". Sie baten die CIWL, diesen Zug zu betreiben, der die befreiten Staaten Rumänien, Jugoslawien sowie Griechenland an Eurpoa anband und dabei Deutschland, Österreich und Ungarn umging. Die Alliierten untersagten ferner den Deutschen, den „Orient Express" wieder aufleben zu lassen.

● LINKS
Ein Nachbau des Wagens Nr. 2439. Das Original, in dem die Waffenstillstände von 1918 und 1940 geschlossen wurden, wurde 1944 auf Befehl Hitlers zerstört.

● UNTEN
Der „Simplon-Orient Express" 1950 an der türkischen Grenze.

INFO-KASTEN

Simplon-Orient Exp.	
Endpunkte	Calais und Istanbul
Länder	Frankreich, Schweiz, Italien, Österreich, Jugoslawien, Rumänien, Bulgarien, Türkei
Entfernung	ca. 3460 km
Eröffnung	1906

Die griechische Hauptstrecke Athen – Saloniki wurde 1917 eingleisig eröffnet und konnte Ende 1921 zweigleisig befahren werden.

Die Bahnlinie von Calais Maritime anch Paris Gare de Lyon öffnete in 1870. Von Paris aus folgte der „Simplon Express" der Seine bis Laroche-Migennes, wo die Lok gewechselt

● GEGENÜBER
Der „Venice Simplon-Orient Express" am Arlbergpass nahe Pettnau.

• LINKS
Der „Venice Simplon-Orient Express“ in Pettnau am Arlberg im Juli 1984. Der Zug wird von einer Reihe 1020 und einer 1010 der ÖBB bespannt.

wurde. Dann ging es über eine Steigung bis Blaizy-Bas, danach durch einen 4100 m langen Tunnel, befor es hinunterging nach Dijon. Von dort aus stieg Zug von 288 m bei Mouchard auf 900 m am Mund des 6100 m langen Mont d'Or-Tunnel, der durch den Jura Richtung Vallorbe in der Schweiz führt. Vor der Fertigstellung des Tunnels 1915 liefen die Züge über Pontarlier nach Vallorbe, einer mittlerweile stillgelegten Strecke, die sich rühmen kann, 1974 die Kulisse für den Film „Mord im Orient Express“ abgegeben zu haben.

Bei Daillens erreicht die Bahn die 1906 elektrifizierte Schweizer Hauptstrecke von Neuchâtel nach Lausanne. Der „Simplon Express“ folgt dem Genfer See und dann der Rhône aufwärts nach Brig am Nordende des Simplon-Tunnels. Auch diese Strecke war bereits 1906 elektrifiziert.

Der Simplon-Tunnel endet im italienischen Iselle, Italien, von wo aus die von den SBB betriebene Strecke in 28 km 358 m hinuntersteigt nach Domodossola, wo die Übergabe an die Italienische Staatsbahn FS erfolgt. Den Lago Maggiore links liegenlassend, fährt der „Simplon-Orient Express“ über Mailand auf der bereits 1848 fertiggestellten Strecke nach Venedig weiter, das über eine lange Brücke erreicht

wird. Nicht weit von der Küste entfernt verläuft das Streckenstück nach Triest.

Der „Simplon-Orient Express" brauchte mit seinen schweren Teakholz-Wagen vier Tage und drei Nächte für diese Tour. Westfahrende Passagiere konnten bereits am Abend vor der Abfahrt in den Zug einsteigen und die Nacht an Bord verbringen, um die frühe Abfahrt nach Paris ja nicht zu versäumen.

Von Triest aus, wo alle Fahrgäste umsteigen mussten, steigt die Strecke von Meeresniveau 302 m hoch nach Poggioreale del Carso, der gegenwärtigen Grenze.

Der Weg des „Simplon-Orient Express" führte weiter über Ljubljana (Laibach), Zagreb, Vinkovci, Belgrad nach Nis, wo er sich teilte. Dreimal pro Woche fuhr ein Teil nach Istanbul und zweimal pro Woche einer nach Athen. Der Istanbul-Zug bot auch einen Anschluss nach Bukarest, der über die berüchtigte Strecke Vinkovci – Subotica verkehrte, welche die jugoslawisch-rumänische Grenze nahe des Eisernen Tores der Donau überquerte. Immer wieder gab es Probleme, einmal, so wird berichtet, mussten die Fahrgäste Geld sammeln, damit man Holz für die Lokomotive kaufen konnte, bevor die Fahrt weiterging.

Die ersten Ganzstahlwagen der CIWL, gestrichen in dem berühmt gewordenen Dunkelblau/Gold erschienen im Jahre 1926 im „Simplon-Orient Express", vier Jahre nach dem „Train Bleu" (Calais – Nizza – San Remo). 1929 begann ein täglicher Zuglauf Paris – Istanbul, bestehend aus einem Speisewagen, Schlafwagen Calais – Ístanbul und Schlafwagen Calais – Trieste. 1930 wurde der „Simplon-Orient Express" Hauptbestandteil der CIWL-Verbindung London – Kairo („Taurus Express").

Im Jahre 1932 wurde der „Simplon-Orient Express" neu zusammengestellt. Schlafwagen aus Oostende, Amsterdam, Berlin, Prag, Wien, dem „Paris-Orient" und dem „Arlberg-Orient" liefen an unterschiedlichen Tagen bis Belgrad durch. Aus diesen wurden dann drei

• OBEN
Diese seltene Aufnahme zeigt den „Venice Simplon-Orient Express" auf einer Umleitung über die Route des alten „Arlberg-Orient Express" via Zell am See, verursacht durch eine beschädigte Brücke bei Kufstein.

• RECHTS
Der „Venice Simplon-Orient Express" hält in Jenbach in Tirol. Über den Bergen braut sich ein Sturm zusammen.

● RECHTS
Der „Venice Simplon-Orient Express“ in St. Jodok zwischen Brenner und Innsbruck. Im Hintergrund ist die gewaltige Brücke der Brennerautobahn zu sehen.

● UNTEN LINKS
Diese Vorkriegs-Aufnahme zeigt den „Simplon-Orient Express“ auf der Gorgopotamos-Brücke in Griechenland.

wöchentliche Schlafwagenzüge nach Istanbul und zwei weitere nach Athen gebildet.

Die Strecke führte auch durch das unheimliche Transsylvanien, und entsprechend rankten sich bald Legenden um den Zug, der Zum Treffpunkt der Haute Volée wurde. Der bulgarische König saß des öfteren am Regler der Dampflok, die den „Simplon-Orient Express“ durch sein Reich zog. Viele Bücher spielten in dem Zug, wie Agatha Christies „Mord im Orient Express“ oder Graham Greenes „Stamboul Train“. Seltsam ging es an Bord zu, und immer wieder gab es Schwierigkeiten mit dem Zoll: einer versiegelte den Geschirrschrank im Speisewagen und gab ihn erst an der folgenden Grenze wieder frei. Für diese und andere Fälle hielt die CIWL entlang des Laufweges Depots mit Nachschub an Eisblöcken, Kohle und ganzen Wagen vor.

Der Zweite Weltkrieg stoppte den „Simplon-Orient Express“ nicht sofort, aber er wirkte sich aus: In einigen Wagen hingen Plakate „Les Oreilles de l'ennemi vous écoutent“ („Feind hört mit“). Auch der Kurswagen aus Berlin verkehrte noch bis 1940. Der „Simplon-Orient Express“ wurde 1942 eingestellt, lebte aber bereits im Januar 1946 wieder auf. Speisewagen sah man aber nur noch selten.

Die Fahrten des „Simplon-Orient Express“ endeten schließlich im Jahre 1962. Ein Kurswagen Paris – Istanbul verkehrte noch bis zum Jahre 1977, bis auch er eingestellt wurde. Die letzte Fahrt fand am 22. Mai 1997 unter großer Anteilnahme der internationalen Medien statt.

● RECHTS
Diese Aufnahme aus dem Jahr 1907 zeigt den „Venice Simplon-Orient Express“, geführt von einer Schweizer Dampflok, bei Iselle di Trasquera am italienischen Portal des Simplon-Tunnels.

Zermatt – St. Moritz
Glacier Express

Die meisten Passagiere des „Glacier Express“ fahren von Zermatt nach St. Moritz, ohne den grandiosen Ausblick vom Gornergrat auf das Matterhorn genossen zu haben. Auf- und Abstieg erfolgen bequem mit der meist zweigleisigen Gornergratbahn.

Es ist nicht unbedingt notwendig, zwischen Zermatt und St. Moritz den „Glacier Express“ zu nehmen, es gibt hier Züge im Stundentakt, aber der „Glacier“ bietet klimatisierte Panoramawagen und einen Speisewagen, in dem man Wein aus speziellen Gläsern trinken kann, die trotz ständig wechselnder Zugneigungen immer senkrecht stehen bleiben.

Man sollte auf jeden Fall versuchen, einen Sitzplatz auf der in Fahrtrichtung rechten Seite mit Blick nach vorn zu bekommen.

Von Zermatt bis Randa weiden im Tal Kühe. Dann kommt ein Stück Neubaustrecke, die notwendig wurde, als 1993 ein Teil des 4506 m hohen Weisshorns, unter ohrenbetäubendem Lärm

● LINKS
Ein schwerer Schnellzug von Chur nach St. Moritz mit Kurswagen vom „Glacier Express“ auf dem Landwasser-Viadukt.

● UNTEN LINKS
Die Chur-Arosa-Bahn vor der Tieflegung im Bahnhof Chur, als die Bahn noch mitten durch die Innenstadt fuhr.

● UNTEN RECHTS
Die Gornergratbahn hat ihren Abstieg nach Zermatt fast beendet. Ein Elektro-Taxi steht bereit, um Fahrgäste in ihre Hotels zu bringen.

„Glacier Express". Der Zug lässt nun den Bahnhof und das Depot der BVZ hinter sich, überquert die Rhône, hier Rotten genannt, wendet sich scharf rechts nach Naters. Das Tal der Rhône wird enger und muss den Fluss, die Bahn und eine Straße aufnehmen. Bei Grengiols steht der mit 31 m höchste Viadukt der FO. Ist er überquert, tritt die Bahn in einen steilen Kehrtunnel ein, in dem der Zahnradbetrieb zugeschaltet wird. Gleich nachdem der Zug wieder im Freien ist, eröffnet sich zur Rechten ein wundervoller Blick zurück auf Brig.

abging und das Tal über 100 m zuschüttete. Außer einem neuen Bett für die Matter Vispa musste die BVZ einen neuen Zahnstangenabschnitt bauen, um die neu entstandene Steigung zu überwinden. All dies ist auf der linken Seite zu sehen, auch ein Teil der alten Bahnlinie liegt noch.

Hinter Herbriggen steigt das Tal stetig ab. Bei Kalpetran windet sich die Bahn zusammen mit dem Fluss durch eine Schlucht. Nach einer weiteren Schlucht erreicht der Zug dann das weite Rhônetal bei Visp. Auf der linken Hangseite kann man die Linie der Bern-Lötschberg-Simplon-Bahn (BLS) auf ihrem langen Abstieg nach Brig sehen. Ebenfalls in Visb trifft die BVZ auf die normalspurige SBB-Strecke aus Montreux. Gemeinsam geht es nach Brig, das am Nordportal des Simplon-Tunnels liegt.

In Brig übernimmt eine Lokomotive der Furka-Oberalp-Bahn (FO) den

In Lax endet der Zahnstangen-Abschnitt. Hinter dem Ausflugsort Fiesch vollführt die Bahn eine weitere 180°-Steigungskurve mit Zahnradhilfe

INFO-KASTEN

GLACIER EXPRESS

Endpunkte	Zermatt und St. Moritz
Land	Schweiz
Entfernung	279 km
Eröffnung	1926

OBEN LINKS
Ein Blick auf Andermatt, das Hospental und, im Hintergrund, den Furka-Pass.

LINKS
Die Bahn folgt dem jungen Vorderrhein durch das Hospental. In der Ferne sind Zickzack-Verlauf von Straße und Eisenbahn von Andermatt hinauf nach Disentis zu erkennen.

● LINKS
Auf dem Vorplatz des mächtigen Bahnhofs von Brig fahren die Züge der Furka-Oberalp- und der Brig-Visp-Zermatt-Bahn ab.

unterbrochen wurde. Der Verein Furka Bergstrecke bemüht sich seit Jahren, den Abschnitt der alten Linie zwischen Gletsch und Realp wieder befahrbar zu machen.

Die gegenwärtige FO-Strecke unterquert die Unbilden der Natur in dem mit 15.442 m längsten Meterspur-Tunnel der Welt, der nach zehnjähriger Bauzeit am 26 June 1982 eingeweiht wurde. Der Tunnel ist eingleisig, hat aber zwei Ausweichstellen, wo sich Züge begegnen können.

Das Ostportal des Furka-Tunels liegt bei Realp, wonach die Bahnlinie dem Urserental bis Andermatt folgt.

Andermatt ist ein beliebter Ferienort und Ausgangspunkt der Schöllenenbahn, die heute zur FO gehört und über eine steile Zahnradstrecke eine Verbindung nach Göschenen am Nordportal des SBB-Gotthardtunnels herstellt. Aufwendig wird aus dem „Glacier Express" der Speisewagen heraus- und in den Gegenzug hineinrangiert.

Die Steigung hinter Andermatt bietet eine Reihe grandioser Aussichten. Der

● RECHTS
Im autofreien Zermatt übernehmen Pferdefuhrwerke die Fahrgäste der Brig-Visp-Zermatt Bahn. Der Bahnhof wurde mittlerweile modernisiert.

● UNTEN RECHTS
Auf dem Weg von Zermatt nach Brig folgt der Zug dem Lauf der klaren Matter Vispa.

Richtung Fürgangen. Es folgt einer der schönsten Abschnitte der Strecke, wenn der Zug die vielen Bergdörfer passiert, deren Häuser sich zusammen um eine alte Kirche zu kauern scheinen, um so den Elementen besser trotzen zu können.

In Oberwald bekommt die neue Bahnlinie Gesellschaft von der alten. Letztere passiert Gletsch mit einer fantastischen Aussicht auf den Rhône-Gletscher, der Quelle des Stromes, wonach die Bahn im alten Furka-Tunnel verschwindet und in einem wilden Tal wieder ans Tageslicht tritt. Hier sind die Wetter so heftig, daß der Zugverkehr nach Andermatt früher des öfteren

● LINKS
Durch das prächtige Herbstlaub zieht eine der futuristischen Ge$^{4}/_{4}^{III}$ der RhB ihren Zug von Tiefencastel nach St. Moritz.

unbezwingbar scheinende Rienzenstock stellt sich dem Zug in den Weg, der geradewegs auf ihn zufährt, den Zahnradbetrieb zuschaltet sich nach rechts wendet und den Aufstieg beginnt. Nach einiger Zeit kommt eine Kehre und der Aufstieg geht linker Hand weiter. Das wiederum sichtbare Urserental mit Andermatt am Ende liegt nun schon deutlich tiefer unten. Es folgen nicht weniger als vier Kurven, bevor der Zug das 407 m höher gelegene Nätschen erreicht. Weiter steil steigend, passiert der „Glacier Express" den Oberalpsee und erreicht bei der Station Oberalppasshöhe auf 2033 m seinen Scheitelpunkt gleichzeitig der höchste Punkt der FO.

Hinter Dieni weitet sich das Tal, der Zahnstangenabschnitt endet. Bei Sedrun liegt zur Zeit eine Großbaustelle, hier ist einer der Zugangspunkte für den im Bau befindlichen Gotthard-Basistunnel, der einst die Fahrzeiten auf Europas wohl wichtigster Nord-Süd-Querung revolutionieren wird.

In Disentis enden die Gleise der FO und die der Rhätischen Bahn (RhB) beginnen. Entsprechend findet erneut ein Lokwechsel statt. Eine der futuristisch aussehenden, 60 t schweren Ge$^{4}/_{4}^{III}$ übernimmt den „Glacier Express", die es leicht hat, den Zug durch leichtes Gefälle im Vorderrheintal zu bremsen. Bei Castrisch, 2 km unterhalb von Ilanz, tritt der Rhein in eine Schlucht ein. Vor tausenden von Jahren hatte ein Bergabgang das Tal versperrt, durch die sich der Fluss in zäher Arbeit diese 300 m tiefe Schlucht gebahnt hat. Die Schlucht liegt linker Hand.

● OBEN
Thusis ist ein wichtiger Umsteigepunkt zwischen Chur und St. Moritz. Abgebildet ist der neu erbaute Bahnhof.

● LINKS
Arosa erreicht man von Chur aus in weniger als einer Stunde mit der Arosabahn.

Die meisten der Fahrgäste des „Glacier Express" wollen nach St. Moritz, und die Kurswagen dorthin werden im Knotenbahnhof Reichenau-Tamins abgekuppelt und an einen Schnellzug Chur – St. Moritz angehängt.

Der Rest des Zuges fährt nach Chur, wo er endet. Chur, die Hauptstadt des Kantons Graubünden, ist auch der Endpunkt für die normalspurigen Reisezüge der SBB und besitzt ein Depot und eine Werkstätte. Das große, vor kurzem erweiterte, Empfangsgebäude von Chur dient Busreisenden und den Fahrgästen der SBB und der RhB.

Doch zurück nach Reichenau, von wo der „Glacier Express" seinen Weg fortsetzt Richtung Thusis. Hinter diesem Ort kann man einen Blick auf die Via Mala erhaschen, einem Pfad durch eine Schlucht des Hinterrheins, der einst eine wichtige Nord-Süd-Alpenquerung war. Viele Kutschen verunglückten damals auf dem gewundenen, wenig befestigten Weg.

Die Bahnlinie verlässt nun den Rhein und folgt dem Lauf der Albula durch die Schinschlucht nach Tiefencastel. Kurz vor dem Bahnknoten Filisur überquert der „Glacier Express" den 65 m hohen Landwasser-Viadukt, um direkt auf der anderen Seite in einem Tunnel zu verschwinden. Dann trifft er in Filisur ein, von wo aus Anschluss an die Bahnlinie aus Davos und dem Prättigau besteht.

● LINKS
Man braucht schon ein scharfes Auge, um diese aus Naturstein-Brücke am Albula-Pass zu erkennen. Der Hinterrhein hat sich tief in den Fels eingegraben.

● UNTEN LINKS
Filisur bietet eine kurze Pause für Züge, die die steile Albulabahn erklimmen wollen. Der „Glacier Express" nach St. Moritz fährt soeben dort ein, wo ein Regionalzug Anschluss nach Davos bietet.

Hinter Filisur beginnt eine der aufregensten Steigungsstrecken mit reinem Adhäsionsbetrieb (ohne Zahnstangen). Bergün liegt 1376 m über Meeresniveau. Die Strecke führt auf eine Steilwand zu, windet sich in Kehrtunnels empor, das Tal dabei mehrfach durchquerend. In den 4 km Luftlinie zwischen Bergün und Preda legt die Bahnlinie 12 km zurück und überwindet dabei 416 Höhenmeter. Wer mag, der kann die Albulastrecke auch abwandern. Neben der wenig befahrenen Kantonalstraße gibt es einen Wanderweg, den „Bahnhistorischen Lehrpfad", der an allen wichtigen Bauwerken der Strecke vorbeiführt und teils atemberaubende Ausblicke auf die Strecke bietet. Die einzelnen Bauwerke

● RECHTS
Die Strecke zwischen Disentis und Chur führt durch eine Schlucht, die der Vorderrhein durch den Flims-Bergrutsch gegraben hat.

werden auf Tafeln beschrieben. Weniger geübten Wanderern wird empfohlen, die Strecke von Preda nach Bergün zu gehen, also bergab. Bahnanschlüsse gibt es zumindest jede Stunde ab Preda und Bergün.

Direkt hinter Preda beginnt der 5865 m lange Albula-Tunnel, dessen Scheitelpunkt 1820 m hoch liegt, womit er der höchstgelegene Tunnel Europas ist.

Der im Winter 1999/2000 eingeweihte Vereina-Tunnel zwischen Klosters und dem Unterengadin wird viele Züge diese grandiose Strecke umfahren lassen, und die Reisenden, die nach Scuol-Tarasp reisen, werden auf die Albulabahn künftig verzichten müssen. Der Tunnel bietet außer Reisezugverkehr auch eine Autoverladung, mit der der Pkw-Verkehr ins Engadin wesentlich vereinfacht und vom Wetter unabhängig gemacht wird – hoffentlich zieht man sich da keine Konkurrenz heran.

In Samedan unterhält die Rhätische Bahn ein Lokdepot und eine Werkstätte.

● LINKS
Im Februar sind die Dächer der Bündner Hauptstadt Chur meist noch schneebedeckt.

● UNTEN LINKS
Das Vorderrheintal bei Tschamut-Selva – fest im Griff des Winters.

Ferner zweigt hier die Berninabahn nach Pontresina, Poschiavo und Tirano ab. Kurz darauf fährt der „Glacier Express" im mondänen, herrlich gelegenen Wintersportort St Moritz ein, in dem sich die Reichen der Welt treffen.

Unbedingt empfehlenswert ist ein Ausflug zur Berninabahn. Diese Bahn schraubt sich im reinen Adhäsionsbetrieb mit Steigungen bis zu 70 Prozent in das Bernina-Massiv hinauf und ermöglicht Ansichten aus dem Hochgebirge, die nur wenige Bahnlinien bieten können. Die von der RhB betriebene Linie überquert bei Brusio eine offene Kehrschleife und überschreitet bei Campocologno die italienische Grenze nach Tirano.

PILATUS
RUNDFAHRT UM LUZERN

● UNTEN
Das Transparent in Alpnachstad verweist stolz darauf, daß die Pilatusbahn die steilste Zahnradbahn der Welt ist. Bereits die Talstation liegt in der Steigung.

Unübersehbar erhebt sich über Luzern der Pilatus, ein Massiv mit mehreren Gipfeln, von denen das Tomlishorn mit 2129 m der höchste ist.

Lange vor der berühmten Pilatusbahn war der Berg eine Attraktion für Wanderer und Bergsteiger, und viele berühmte Leute machten sich zu Fuß oder mit Pferden auf den Weg hinauf, darunter Queen Victoria 1868. Schon damals konnte sie sich oben komfortabel ausruhen, denn seit 1860 stehen zwei Hotels nahe dem Gipfel.

Der Erfolg der normalspurigen Zahnradbahn von Vitznau auf die Rigi veranlaßte das Schweizer Parlament 1873, die Vitznau-Rigi-Gesellschaft mit dem Bau einer ähnlichen Bahn auf den Pilatus zu beauftragen. Diese Technik erlaubte nach schweizerischem Gesetz Steigungen bis 1:4 (250 Prozent), darüberhinaus bestünde die Gefahr, dass die Zahnräder aus der Stange gehebelt werden oder die Fahrzeuge aus den Gleisen springen könnten. Die Strecke sollte der bestehenden Straße folgen. Rasch erkannte man, dass diese Route

INFO-KASTEN

Endpunkt	Luzern
Land	Schweiz
Länge Pilatusbahn	4,27 km
Eröffnung	1889

● UNTEN LINKS
Eine kleine Wolke umschmeichelt den Gipfel des Pilatus, hier von einem Dampfschiff auf dem Vierwaldstättersee aus gesehen.

● UNTEN RECHTS
Auch der steile „Bahnsteig“ in Alpnachstad vermittelt noch nicht den wahren Eindruck von der Steilheit der Strecke.

● LINKS
Ein bergfahrender Zug der Pilatusbahn nähert sich dem Gipfel.

● UNTEN
Ein meterspuriger Zug der SBB-Brünigbahn trifft, von Luzern kommend, in Alpnachstad ein.

● UNTEN
Der Bahnhof Alpnachstad der Pilatusbahn.

zu lang werden würde, damit zu teuer und nicht profitabel. Eine kürzere Streckenführung von Alpnachstad aus würde billiger – aber viel steiler, nämlich 1:2 (500 Prozent)!

Ein neues Antriebssystem musste her. Das Locher Zahnrad/Zahnstangen-System basierte auf einem Konzept des berühmten Ingenieurs Riggenbach und benutzte ein Paar vertikal gelagerter Zahnräder, die von beiden Seiten in eine Stange mit seitlichen Zähnen griffen, womit ein seitliches Herausspringen des Zuges verhindert wird. Unter den Zahnrädern saßen Scheiben mit einem größeren Durchmesser als die Zahnräder selbst, die somit unter die Zahnstange faßten und ein Herausrutschen nach Oben verhinderten. Als Spurweite wählte man 800 mm, die Laufräder der Pilatusbahn waren konventioneller Bauart.

Weichen bei Bergbahnen sind immer eine heikle Angelegenheit, aber bei der übersteilen Pilatusbahn waren sie eine echte Herausforderung. An sechs Stellen biegen schwere Querstreben Gleis und Zahnstange in die gewünschte Position. An zwei Stellen wird gar die gesamte Weiche verschoben.

Die 4,27 km lange Strecke war am 4. Juni 1889 fertig und lief von Alpnachstad auf 441 m zur Bergstation in 2070 m. Zwischen 1886 und 1909 beschaffte die Pilatusbahn elf Dampfloks, die mit ihrem Wagen fest verbunden waren. Sie blieben im Einsatz bis zum 15. Mai 1937, als die Strecke elektrifiziert war. Eine der Dampfeinheiten wird im Verkehrshaus in Luzern der Nachwelt erhalten.

Acht Elektro-Triebwagen beschaffte die Pilatusbahn, 1954 gefolgt von einer von Frachteinheit, die 1962 mit einem Wechselaufbau ausgerüstet wurde, damit sie auch dem Personenverkehr dienen konnte. Eine weitere Personen-Einheit traf 1968 ein, gefolgt von einem dieselbetriebenen Gütertriebwagen im Jahre 1981.

Man sollte die Reise vom Bahnhof Luzern aus per Schiff beginnen – die Anlegestelle ist natürlich direkt am Bahnhof. Vielleicht erwischt man gar einen der alten Raddampfer, der einen bis Alpnachstadt bringt. Die schnellere Alternative ist die meterspurige SBB-Brünigbahn, die ebenfalls in Alpnachstad hält.

Zug und Schiff bringen ihre Fahrgäste direkt zur Talstation der Pilatusbahn. Die rot lackierten Züge haben Anschluss an die Brünigbahn. Man wähle am

besten das unterste Abteil und den Sitz gegenüber dem Einstieg mit Blick nach unten. Damit sitzt man im ersten Teil der Reise zwar am Felsen, doch sitzt man weiter oben auf der spektakulären Seite mit einem atemberaubendem Blick. Außerdem kann man jederzeit die zurückgelegte Strecke beobachten.

Kurz nachdem der Zug die Talstation verlassen hat, sieht man in Fahrtrichtung links das Depot und die Werkstätte. Das Depot ist der einzige Abschitt mit eben verlegten Gleisen. Schon bald erscheinen Häuser, Schiffe und die Brünigbahn nur noch spielzeuggroß. Dann erreicht die Pilatusbahn einen Wald, quert eine kleine Bergstraße und durchquert dann eine Reihe kurzer Tunnels.

Nach etwa acht Minuten Fahrtzeit überquert die Bahn auf dem Wolfort-Viadukt, eine Schlucht, und für einen Augenblick ist rechts der Vierwaldstättersee zu sehen, im Hintergrund die Glärner Alpen. Weitere kurze Tunnels folgen, wonach der Zug durch eine Bergwiese fährt, auf der zufriedene Kühe wiederkäuen. Dann erreicht er Aemsigen Alp, eine Ausweichstelle, bei der man die komplizierten Weichen in Aktion beobachten kann.

Felsen beginnen nun vom Untergrund aufzuragen. Die Bahn folgt einem ehemaligen Flusslauf, bevor sie Mattalp erreicht. Auch hier grasen Kühe auf der Almweide, ihre Glocken erklingen bei jeder Kaubewegung. Bäume gibt es hier kaum mehr, nur noch wenige verkrüppelte Kiefern.

Nach einem Tunnel dann die Sensation: Der Zug arbeitet sich über ein schmales Gesimse eine fast senkrecht abfallende Felswand empor, die Esels-

● OBEN LINKS
Der Zug, der aus dem Fenster zu sehen ist, fährt talwärts und hat soeben den bergwärts fahrenden Zug gekreuzt.

● OBEN RECHTS
Dieser Zug hat soeben die überdachte Bergstation am Pilatus verlassen.

● RECHTS
Einer der spektakulären Blicke vom Pilatus. Die Luftseilbahn führt vom Pilatus aus nach Kriens bei Luzern.

● RECHTS
Der Raddampfer „DS Unterwalden" nach Alpnachstad, aufgenommen von einem Zug der Pilatusbahn.

wand. Weit unten zeigen kleine sich bewegende Punkte einige Bergwanderer an. Kurz darauf erreicht der Zug über eine vollbewegliche Weiche die überdachte Bergstation. Folgt direkt ein weiterer Zug, dann kann man das riesige Weichenmonstrum vielleicht in Aktion erleben.

Der Bergsattel wurde ein wenig eingeebnet, um Platz zu schaffen für Hotels, Restaurants und Cafés. Zahlreiche gut ausgebaute Pfade führen den Wanderer zu den verschiedenen Aussichtspunkten.

Ein interessanter Rückweg führt über die Luftseilbahn nach Fräkmüntegg, die auf 1450 m Länge 650 Höhenmeter hinabsteigt.

In Fräkmüntegg schließt sich eine weitere Luftseilbahn an, die die Fahrgäste über den Baumwipfeln hinunter nach Kriens bringt, das bereits als Vorort von Luzern gelten kann. Dort besteht Anschluss an den Luzerner Nahverkehr, ein elektrischer Oberleitungsbus (O-Bus) bringt die Fahrgäste zurück zum Bahnhof Luzern. Wenn man ein wenig mehr Zeit mitbringen kann, ist ein Besuch des Verkehrshauses am östlichen Ufer des Vierwaldstättersees unbedingt empfehlenswert. Neben Luft- und Straßenfahrzeugen verdient vor allem die Eisenbahn-Abteilung für den Interessierten Beachtung.

Neben einem der Dampftriebzüge der Pilatusbahn ist auch eine der gigantischen, 14-achsigen Ae$^{8}/_{14}$ ausgestellt, die einst schwere Güter- und Personenzüge über den Gotthard beförderte.

● RECHTS
Hotel und Restaurant nahe der Bergstation der Pilatusbahn.

● LINKS
Die letzten Meter zum Pilatusgipfel muss man nach wie vor zu Fuß zurücklegen.

LONDON WATERLOO – BERN
EUROSTAR UND TGV

Diese Reise bietet eine der technisch aufwendigsten und aufregendensten Routen der Welt. Sie beginnt in London Waterloo in dem neugebauten, preisgekrönten Abfertigungsgebäude des „Eurostar".

Die Fahrgäste gelangen durch den Eingangsbereich, wo ihre Tickets automatisch geprüft werden . Nach einer Sicherheitskontrolle gelangen sie in die lichtdurchflutete Bahnsteighalle, wo sie von Stewards empfangen werden.

Der „Eurostar" ist konstruktiv ein französischer TGV (**T**rain à **G**rande **V**itesse – Hochgeschwindigkeitszug) mit englischem Einschlag: von der Insel kommen unter anderem die zentrale Lokführerposition (daher nur ein zentrales Frontfenster) und das kleine Lichtraumprofil. Der „Eurostar" muss dreierlei Strom verarbeiten können: In England gibt es 750 V Gleichstrom aus der Stromschiene, in Frankreich 3000 V Gleichstrom aus der Oberleitung und 25 kV/50 Hz Wechselstrom. Für die Tunnelfahrt gibt es ein spezielles Sicherheitssystem.

Der Innenraum ist eine französisch-belgische Gemeinschaftsentwicklung, die so erfolgreich und gut durchdacht war, dass man im „Eurostar" mehr Platz zu haben meint als in dem wesentlich breiteren und höheren TGV.

● OBEN UND LINKS
Die neue, lichtdurchflutete Eurostar-Bahnsteighalle in London Waterloo.

INFO-KASTEN

Endpunkte	London Waterloo und Bern
Länder	Vereinigtes Königreich, Frankreich, Schweiz
Entfernung	1008 km
Eröffnung	994 (Eurostar) 1987 (TGV nach Bern)

● RECHTS
Im Gare du Nord beginnen die TGV Nord nach Lille und die „Eurostar"-Züge nach London.

● UNTEN RECHTS
Ein „Eurostar" nach der Ankunft in Paris Gare du Nord. Die Lichter sind bereits wieder für die Rückfahrt nach London umgestellt.

Viele mechanische und elektrische Probleme waren für dieses Prokekt zu lösen. Die Sicherheitsvorschriften verlangten beispielsweise, dass die Fahrgäste innerhalb des Zuges von einen zum anderen Ende gehen können müssen. Das schloß die französische Art, den Zug mit zwei gekoppelten Einheiten verkehren zu lassen, von vorneherein aus. Entsprechend stärker mussten die beiden Triebköpfe des 20-teiligen Zuges ausgelegt werden, was wiederum bei Ausfall eines Triebkopfes zu starken Reibungsproblemen führen könnte. Daher werden beim „Eurostar" auch die an die Triebköpfe angrenzenden Drehgestelle angetrieben – wie auch schon beim TGV SE.

Des weiteren mussten die Drehgestelle umkonstruiert werden, damit der Zug nicht an englische Bahnsteige oder Stromschienen anstößt. Die Einstiegstreppen sollten so ausgelegt werden, dass sie sich automatisch an die jeweilige Bahnsteighöhe anpassen. Schließlich muss der Zug auch noch mit den Signalen und den weitergehenden Zugsicherungs-Einrichtungen verschiedener Länder, durch die der „Eurostar" fährt, klarkommen.

1987 wurde ein internationales Ingenieursbüro eingerichtet, das alle Schwierigkeiten untersuchen und beseitigen sollte, was auch gelang: Im November 1994 war der „Eurostar" fertig.

Was nun noch fehlt, ist eine Hochgeschwindigkeitsstrecke von London zum Tunnel und eine etwas mondänere Abfertigungshalle in Paris.

Im Bereich von Greater London dümpelt der „Eurostar" zwischen Regionalzügen dahin, erst in der ebenen Landschaft von Kent erreicht er trotz magerer 750 Volt aus der Stromschiene zwischen Tonbridge und Ashford beachtliche 160 km/h. Einige „Eurostar"-Züge halten in der

LINKS
Der Anblick von TGV Atlantique und TGV Nord gehört im Gare du Nord zum gewohnten Bild wie hier im März 1996.

UNTEN
Eine zeitlose Straßenszene in Montmartre, Paris.

modernisierten Station von Ashford, wo Anschlüsse an Intercities und Regionalzüge bestehen. Auch benutzen viele Londoner Reisende Ashford als Beginn einer Bahnreise auf das Festland, weil hier weitaus bessere Parkmöglichkeiten bestehen als in der Umgebung von London Waterloo.

Kurz hinter Ashford verlässt der „Eurostar" die alten britischen Gleise und schwenkt auf die Neubaustrecke Richtung Kanaltunnel.

Die ausgedehnten Gleisanlagen, Depots und Verladeeinrichtungen für Autos und Lkw nördlich des Kanaltunnels erhielten den Namen Dollands Moor.

Hier werden auch die Stromabnehmer für die seitliche Stromschiene eingefahren und die Pantografen für die Oberleitung hochgefahren.

Der Kanaltunnel (auch Channel Tunnel oder Eurotunnel genannt) ist 49,93 km lang und damit der zweitlängste Tunnel der Welt. An seiner tiefsten Stelle verläuft er 137,4 m unter dem Meeresspiegel.

Bereits im Tunnel meldet die französische Zugsicherung die Signalstellungen außerhalb des Tunnels in den Führerstand. Aus Sicherheitsgründen wurde die Höchstgeschwindigkeit im Tunnel auf 160 km/h begrenzt, und die Fahrt verläuft so ruhig, dass man schnell das Gefühl für die Geschwindigkeit verliert.

Kurz nachdem der „Eurostar" wieder ans Tageslicht kommt, passiert er die gewaltigen Gleisanlagen von Les Coquelles, dem Gegenstück zu Dollands Moor auf britischer Seite.

Die Strecke nach Paris führt durch den neuen Bahnhof Fréthun, wonach der „Eurostar" die ebene Strecke erreicht, die extrem weite Kurvenradien besitzt. Hier dreht der Zug so richtig auf, und kurze Zeit später weist eine Durchsage darauf hin, dass man nun mit der betrieblichen Höchstgeschwindigkeit von 300 km/h verkehre.

In Paris ist das größte Problem, vom Gare du Nord zum Gare de Lyon zu gelangen. Man nehme ein Taxi, vergewissere sich vorher, dass es sich um ein offizielles handelt oder nehme die RER-Linie D2, D4 oder D6 nach Süden oder nehme die Métro-Linie 5 Richtung Place D'Italie und steige in Bastille in die Linie 1 nach Câteau de Vincennes um – Sie sehen, ganz einfach ist es nicht, aber RER und Métro sind preisgünstig und gut ausgeschildert.

Der TGV SE Richtung Schweiz verlässt Paris in gemächlichem Tempo, passiert den großen Güterbahnhof von Villeneuve St Georges, um bei Lieusaint die „Ligne à Grande Vitesse" (LGV) zu erreichen, eine kombinierte Neubau/Ausbaustrecke nach Lyon, Valence und Marseille.

Der TGV nach Bern und Lausanne folgt der LGV nur bis Passilly, wo es eine Verbindungsstrecke zur alten Hauptbahn bei Aisy gibt.

Die Fahrt auf der LGV ist so ruhig, dass man die gefahrene Geschwindigkeit nur schwer einschätzen kann. Von Aisy aus reicht der Oberbau immer noch für eine anständige Geschwindigkeit. Nach einem längeren Gefälle erreicht der Zug Dijon. In der Gegenrichtung war die Strecke einst eine Herausforderung für Mensch und Maschine. Der geschäftige Hauptbahnhof liegt eingequetscht zwischen dichter Bebauung. Die schnellsten Züge benötigen für die 315 km von Paris nur 99 Minuten.

Gleich hinter Dijon verlässt der TGV das Tal der Saône und klettert hinauf in die Berge mit schönen Aussichten zur Rechten.

Der Knotenpunkt Frasne liegt auf einer Hochebene. Die Hauptstrecke verläuft

● LINKS
Ein TGV SE passiert den Pariser Vorort Villeneuve-St.-Georges. Einige TGVs umgehen nach dem Neubau einer Umgehungsstrecke diesen langsamen Abschnitt, um vom Pariser Norden in den Süden zu gelangen.

● RECHTS
Blick von der Kirchenfeldbrücke über die Aare auf der Berner Münster.

● UNTEN RECHTS
Eine moderne Straßenbahn in der historischen Innenstadt von Bern. Dieser Zug der Linie G von Worb endete seinerzeit hier am Helvetiaplatz, um kurz darauf wieder Richtung Worb zu fahren.

geradewegs ins schweizerische Vallorbe, von wo sie sich hinunterwindet in Richtung Lausanne am Genfer See (Lac Léman).

Die andere Bahnlinie zweigt von Frasne aus zu dem eindrucksvollen Montagne du Lermont ab. Über der Einfahrt in das enge Tal liegt die alte Stadt Pontarlier mit ihren Burgen hoch über der Bahnlinie. Der Zug nähert sich nun der französisch-schweizerischen Grenze. Bis Frasne verkehren Schweizer Elektro-Triebwagen aus den Jahre 1961, die ehemals TEE-Triebwagen waren, die berühmten RAe^{TEE}, die unter vier verschiedenen Stromsystemen fahren konnten. In ihren letzten Betriebsjahren wurden sie komplett umgebaut, da sie als EuroCities eingesetzt werden sollten und daher auch über Räume einer 2. Klasse verfügen mussten. Der Einsatz als EC „Gottardo" währte aber nur kurz, und nun fristen sie in der Westschweiz ihr Dasein.

Der erste Ort auf Schweizer Gebiet ist Les Verrières. Etwas später tauchen rechts St. Sulpice und Fleurier auf. Die Bahnlinie windet sich durch entzückende Landschaften, bis auf einmal der Panoramablick auf den Lac de Neuchâtel frei wird, der im Sommer übersät ist mit kleinen Segelbooten durch die sich die Linienschiffe den Weg bahnen.

Neuchâtel, dessen Schloß bei der Einfahrt rechts zu sehen ist, liegt an der Schweizer Hauptstrecke von Basel nach Lausanne und Genf. Der große Bahnhof bewältigt zumeist Züge der Schweizerischen Bundesbahnen (SBB/CFF/FFS), doch Züge der Bern-Lötschberg-Simplon-Bahn (BLS) kommen ebenfalls hierher. Über die Gleise der BLS setzt der TGV seine Fahrt in die Schweizer Bundeshauptstadt fort. Er überquert eine

● LINKS
Einige Verbindungen nach Bern erfordern ein Umsteigen in Frasne in einen Elektro-Triebwagen der SBB, der einst als TEE und EC „Gottardo" verkehrte. Die Lackierung brachte dem Zug den Spitznamen „Graue Maus" ein.

● OBEN
Ein schweizerischer Triebzug verlässt Frasne.

meist ebene, fruchtbare Landschaft, um schließlich in dem in einer Kurve gelegenen, düsteren und völlig verbauten Bahnhof von Bern zu enden, der allerdings direkt in der ausgesprochen sehenswerten Innenstadt liegt.

Die Reise von Paris hierher hat gerade einmal 4:32 Stunden gedauert. Man kann London zu der zivilen Zeit von 9.53 Uhr (GMT) verlassen, in Paris um 14.08 (MEZ) eintreffen, unverzüglich die RER- oder Métrofahrt beginnen, Paris um 15.50 wieder verlassen und zu der ebenfalls zivilen Zeit 20.22 in Bern sein.

● RECHTS
In der Schweizer Hauptstadt Bern gibt es eine Reihe verzierter Stadtbrunnen.

Budapest – Plattensee

Die ungarische Hauptstadt Budapest leistet sich drei Hauptbahnhöfe. Zwei davon in großem Stil (Keleti und Nyugati), die häufig als Filmkulisse dienten. Déli Pályaudvar (in Fahrplänen Pú. abgekürzt) ist dagegen ein modernes Gebäude mit unbedachten Bahnsteigen. Die Station liegt am Burgberg, und der Bahnhofsvorplatz Moszkva tér ist ein wichtiger Umsteigeknotenpunkt im städtischen Nahverkehr. Man sollte 1. Klasse reisen und sich einige Zeit vor Abfahrt des Zuges am Bahnhof einfinden, nicht nur, um das richtige Ticket zu erwischen, sondern auch, um einen guten Sitzplatz zu ergattern.

Der Regionalzug wird von einer der weit verbreiteten E-Loks der Reihe V43 mit ihrer leuchtend blauen Lackierung bespannt. Die erste Lok baute Krupp in Deutschland, die folgenden Maschinen entstanden bei Ganz-Mávag in Budapest. Sie sind 2130 kW starke Zweisystem-Maschinen, doch für unsere Reise rund um den Plattensee werden nur 25 kv/50 Hz benötigt. Die Zuglasten in Ungarn sind relativ gering und die Geschwindigkeiten moderat, gemessen an westeuropäischen Standards. Doch dieser Umstnd ermög-licht anderseits eine ausführliche Beobachtung der Szenerie – der Gebäude, der Landwirtschaft und der Menschen.

Der Zug beginnt seine Fahrt durch die Industriegebiete und Schlafvorstädte von Buda, sich dabei westlich der Donau haltend und ein fast unentwirrbares Ge-

● OBEN
Ein Blick auf Buda von der Fischerbastei auf dem Burgberg.

● OBEN MITTE
Eine in der Sowjetunion gebaute, diesel-elektrische Co'Co'-Lok der Reihe M 62 wartet in Balaton auf ihren nächsten Zug nach Keszthely.

● LINKS
Budapest Déli Pályaudvar ist der Ausgangspunkt der Reise an den Balaton (Plattensee). Eine der weit verbreiteten E-Loks der Reihe V43, gebaut von 1962–83, bespannt die meisten Züge auf den Hauptstrecken.

INFO-KASTEN

Endpunkte	Budapest und Plattensee
Land	Ungarn
Entfernung	399 km
Eröffnung	1861

● RECHTS
Der kühle Hinterhof dieses Cafés in Budapest bietet einen willkommenen Schutz vor der trockenen Sommerhitze Ungarns.

flecht aus Straßen und Bahnlinien durchquerend. Dann kommt der Zug in eine offene Landschaft mit kleinen Städten und Dörfern, von denen aus viele Felder privat beackert werden. Die großflächigen Felder werden meist genossenschaftlich bewirtschaftet. Die Gebäude der Kollektive steht oft inmitten der Felder, geschützt von ein paar Bäumen. Die meisten dieser Kollektivwirtschaften findet man jedoch in der Ebene im Osten des Landes.

Flußläufe mäandrieren neben der Bahnlinie und lassen Platz für Auen, Schilflandschaft und Haine. 47 km südwestlich von Budapest erreicht der Zug den 10 km langen See Velencefürdö. In der Ortschaft Velence liegen zahlreiche Cafés, Stände und Ferienhäuser direkt am See. Das Nordufer ist ein Naturreservat, das nur mit besonderer Erlaubnis betreten werden darf.

20 km danach erreicht der Zug den Eisenbahnknoten Székesfehérvár, von dem aus Anschlüsse in den Norden des Landes bestehen. 77 km hinter Budapest trifft der Zug in Szabadbattyán ein, wo sich die südlich und die nördlich am Plattensee verlaufenden Strecken trennen. Dieser Zug fährt auf der Südseite des Sees, und bald werden die Berge von Bakony Vértes zur Rechten sichtbar.

Erst in Balatonaliga, 102 km hinter Budapest, kommen rechts die blauen Wasser des Plattensees in Sicht. Er ist ein großer Süßwassersee, 77 km lang, aber schmal und mit maximal 3 m sehr flach. Nord- und Südufer des Sees sind landschaftlich sehr unterschiedlich.

Nachdem der Zug die Hügel und das Westende des Sees Richtung Keszthely verlassen hat, führt die Bahnlinie landeinwärts zum Bahnknoten Tapolca, dessen Wohlstand mit dem Abbau von Basalt begann. Von dort aus schwenkt die Bahnlinie zum Nordufer des Plattensees.

Nach einer dichten Folge kleiner Badeorte nähert sich der Zug dem nordöstlichen Ende des Sees, wonach sich die Strecke wieder ins Binnenland wendet und über Csajág wieder Szabadbattyán erreicht, womit der Kreis geschlossen wird.

● OBEN LINKS
1'C1'-Prairie 324-540 der Baureihe aus dem Jahre 1909 trifft mit einem historischen Sonderzug in Keszthely ein.

● RECHTS
Ein wichtiger Umsteigeplatz im Budapester Stadtverkehr ist Moszkva tér, hier zur Nebenverkehrszeit fotografiert.

Fier – Vlorë, Shkodër – Durrës

Diese Reiseaufzeichnungen entstanden während einer Reise nach Albanien in den frühen 1990er Jahren noch zu Zeiten des fanatischen Diktators Enver Hodscha. Entsprechend kompliziert war die Einreise in dieses verschlossene Land, der einzig gangbare Weg war die Teilnahme an einer offiziellen Rundreise, die von den politischen Gruppierungen angeboten wurde. Bei Ankunft wurde gerade der Ausnahmezustand verhängt und allen Besuchern verlesen. So ziemlich alles, was man unternehmen wollte, war danach nicht nur verboten, sondern auch mit Todestrafe bewehrt. Die einzige Ausnahme: Bahnfahren ohne behördliche Genehmigung wurde „nur" mit 25 Jahren Straflager geahndet. So nahm man eben den Zug, um Land und Leute kennen zu lernen.

Bist 1946 die Staatsbahn gegründet wurde, gab es in Albanien nur zwei Bahnlinien: Eine 31 km lange Bahn von der Bitumenmine von Selenice nach Skele, dem Hafen 3 km südlich von Vlorë, und eine viel kürzere Strecke zwischen Shkozet und Lakaj, südlich von Durrës. Heute verkehren zweimal täglich Züge von Shkodër im Norden

● OBEN
Die Abzweigung von Vorë. Von hier aus gehen Asphalt und Zement nach Durrës.

● UNTEN LINKS
Ein Personenzug fährt in Tirana ein.

● UNTEN RECHTS
Ein Güterzug im Rangierbahnhof von Durrës.

INFO-KASTEN

Endpunkte	Fier und Vlorë Shkodër und Durrës
Land	Albanien
Entfernung	ca. 700 km
Baubeginn	1946

● RECHTS
Die elegante, schlanke Eisenbahnbrücke bei Qukës.

● UNTEN
Der Zug aus Durrës trifft in Elbasan ein. Diese 30 km lange Strecke wurde 1959 eröffnet.

über Lezhe und Lac nach Durrës, dem wichtigsten Hafen des Landes. Sechs Zugpaare verbinden täglich Durrës and Elbasan, ein weiteres Zugpaar bindet das noch weiter östlich gelegene Pogradec an. Zweimal am Tag fahren Züge zwischen Durrës und Fier, alles in allem wird auf rund 700 km Gleisen verkehrt.

Die Strecke zwischen Fier – Vlorë war sehr lange im Bau, doch nun, mit der Hilfe „freiwilliger" Arbeitskräfte, ist sie endlich fertig gestellt. Doch die viel gepriesene Anbindung Albaniens an das europäische Schnienennetz bei Podgorica (früher Titograd) in Montenegro steht immer noch aus.

Nicht einmal die montenegrinische Grenzstadt Bar wurde bis heute vernetzt, und so bleiben die Albanischen Staatsbahnen bis heute abgeschottet und isoliert.

Die Strecke befindet sich in schlechtem Zustand, aber immerhin konnte man 1991 den Fahrzeugpark aus italienischen Beständen erneuern. Die ursprünglich eingesetzten Wagen stammten aus Rumänien, Ungarn und der Tschechoslowakei, ihr Zustand war jämmerlich. Die Toiletten liefen über, Sitze wurden herausgerissen, um frierenden Fahrgästen als Brennmaterial zu dienen …

Das Fotografieren von allem, was mit der Eisenbahn zu tun hat, ist in Albanien mit schweren Strafen belegt. Die Aufnahmen auf dieser Seite entstanden unter schwierigsten Bedingungen. Schließlich wurde der Autor sogar verhaftet und musste sich vor dem Innenministerium in Tirana rechtfertigen. Er erhielt einen strengen Verweis und musste das Land umgehend verlassen.

TUNES – LISSABON

Unsere Reise beginnt im Süden des Landes in Tunes und ist eine feine Art, die fruchtbare Landschaft Portugals zu erleben. Tunes und sein Bahnhof haben sich bis heute Umbauten oder Modernisierungen widersetzt, die anderenorts bereits zu modernistischem Einerlei geführt haben. Die Gelder kommen meist von der EU, und die sie begleitenden Forderungen und Pläne passen oft nicht zu der einfachen und entspannten Lebensweise der Menschen hier. Sehr willkommen war die Oberbau-Sanierung, die aber auch Gleisrückbauten und Stilllegungen von Güterbahnhöfen brachte. Die Renovierung von Bahnhofsanlagen ging mit Personalabbau einher, der wiederum Vandalismus und Graffiti zeitigte.

In Tunes verzweigt sich die von Lissabon kommende Bahnlinie. Eingleisig geht es in östlicher Richtung an der Algarve entlang über Faro zur spanischen Grenze. Eine kürzere Strecke führt westwärts nach Lagos. So sieht man in Tunes reichlich Aktivität, manchmal weilen sechs und mehr Loks und vier Züge gleichzeitig im Bahnhof, umständlich werden Kurswagen rangiert. Der Drei-Wagen-Zug nach Lissabon Barreiro wird von einer französischen E-Lok mit 2200 kW bespannt. Er fährt als erster aus dem Bahnhof, rattert über eine Weichenstraße und einen breiten Bahnübergang westlich des Bahnhofs, auf dem die Linie nach Lagos abzweigt. Der Übergang wird noch von Hand bedient, und eine Frau schwenkt eine Flagge oder eine Lampe, um den Zügen zu signalisieren, dass die Strecke frei ist.

Die Fahrt verläuft landschaftlich sehr abwechslungsreich durch meist spärlich besiedeltes Gebiet. Saftige Wiesen, Korkwälder und fast kahle Berge begegnen dem Reisenden. Hat der Zug die Obstgärten und Grünflächen bei Tunes hinter sich gelassen, schlängelt er sich über eine Hügelkette. Frisches Grün kontrastiert mit den weiß getünchten Wänden einsamer Farmen und dem Rot-Orange des beackerten Bodens. An einigen Stellen durchmisst der Zug felsige Einschnitte, in denen Kakteen wachsen.

Als der Zug an Höhe gewinnt, sieht man Nebelschwaden in die Senken ziehen, klare Bäche rinnen talwärts. Bei São Marcos da Serra, 27 km nördlich von Tunes, überquert die Bahn den

INFO-KASTEN

Endpunkte	Tunes und Lissabon
Land	Portugal
Entfernung	259 km
Eröffnung	Juli 1989

● UNTEN
Lok 1933 passiert mit IC 582 die Weinberge von São Bartolomeu de Messines, elf Kilometer nördlich von Tunes.

● GEGENÜBER OBEN
Die mit Kacheln verzierte Station von Grandola erwacht zum Leben, wenn der IC 580 einfährt.

● RECHTS
IC 583 verlässt die abgelegene Station von Santa Clara-Saboia. In der Abstellgruppe wartet eine Reihe offener Güterwagen auf die nächste Ladung Holz.

● RECHTS
IC 583, bespannt von Lok 1931, durchbricht die ländliche Einsamkeit und übertönt für kurze Zeit den lauten Chor der Frösche, wenn er den Ribeira de Odelauca entlang fährt, etwa 25 km nördlich von Tunes.

Ribeira de Odelouca, von dessen Ufern ein ohrenbetäubender Lärm quakender Frösche ausgeht. Einst waren die Berge hier eine Domäne von Schafen und Korkeichen, doch nach und nach werden widerstandsfähige Eukalyptusbäume dominant. Bei Pereiras überquert der Zug die imposanten Steinbögen des 123,5 m langen Viaductes Ponte de Mouratos, eines der höchsten der Strecke. Nachdem sich der Zug durch weitere Kurven gewunden hat, wird die

● UNTEN
Lok 1931 führt den stattlichen IC 582 über die eindrucksvolle Ponte de Mouratos, benannt nach dem Fluss, den die Brücke überspannt.

● LINKS
The trutzige Stadt Alcacer do Sol liegt am Ufer des Rio Sado, den unser Zug gerade auf einer 274 m langen Brücke überquert. Eine der in den Überschwemmungsgebieten des Sado gut gedeihenden Getreidearten ist Reis.

Land-schaft offener, bleibt aber hügelig. Nächster Bahnhof ist Santa Clara-Saboia, dessen einladendes Bahnhofsgebäude etwas weiter außerhalb der beiden Orte liegt, zu denen er gehört. Einige Kilometer nördlich durchmisst der Zug den kurzen Tunnel da Horta. Die Bahnlinie verläuft weiter in Bögen, vorbei an einer eindrucksvollen Villa nahe Torre Va.

Die ebenere Landschaft erlaubt es, Fahrt aufzunehmen. Kärgere Böden bedingen eine andere Vegetation, Pinienwälder wechseln sich mit Heidelandschaft ab. In Alvalade, 111 km hinter Tunes, erreicht der Zug Orangen-Plantagen Darüber ziehen weiße Reiher, Störche und Bussarde ihre Kreise.

● LINKS
Zwei der allgegenwärtigen diesel-elektrischen Loks der Serie 1200 warten in Tunes auf neue Aufgaben.

● UNTEN LINKS
Die bei Sorefame in französischer Lizenz gebaute Lok 1939 donnert bei Santa Clara-Saboia mit IC 582 nach Barreiro über eine Weiche.

Die Ebene verlassend, erreicht der Zug eine saftig grüne Landschaft mit Feldern und mäandrierenden Flüssen. Ginster, niedrige Pinien und Kiefern sind zu sehen, letztere werden für die Harzgewinnung angezapft. In einem weiten Bogen umrundet der Zug das auf einer Anhöhe liegende Alcacer do Sal, bevor er den Rio Sado auf einer Trägerbrücke überquert. Bis vor einigen Jahren war der Blick über den Fluss auf die Stadt ungetrübt, doch mittlerweile verschandelt eine breite Umgehungsstraße die Aussicht.

Der träge Rio Sado schlängelt sich durch die sumpfigen Niederungen, die zu einem der ersten Feuchtreservate des Landes erklärt wurden. Sumpfwiesen, Auen und bewaldete Hügel bieten ideale Bedingungen für Vögel und Ausflügler.

Die Bahnlinie schwenkt fort vom Fluss hinauf in eine sandige Landschaft mit weiten Feldern, wieder umsäumt von Korkeichen und Pinien.

Das Bahnhofsgebäude von Pinheiro, 191 km hinter Tunes, ist sehr gepflegt, liegt aber etwas abseits der Gleise und deutlich entfernt von dem Ort, den sie bedient. Entsprechend spärlich ist die

● RECHTS
Nur freitags verkehrt der Zug Algarve – Porto mit Schlaf- und Autotransportwagen. Hier nähert er sich dem Tunel da Horta, etwa 50 km nördlich von Tunes. Zuglok 1801 ist eine britisches Konstruktion.

● UNTEN
IC 580 leuchtet in der Morgensonne, als er in Grandola auf den IR 871 wartet. Mit ihrer leichten Last ist Lok 1937 vor der Zeit dort eingetroffen.

Anbindung, planmäßig halten nur zwei Züge täglich, um Fahrgäste aufzuneh-men.

Hinter Funcheira verzweigt sich die Strecke, und der Zug nimmt die östliche Route über Valdera, während er auf der Rückfahrt die westliche Route über Setúbal nimmt.

Auf dem östlichen Streckenast eilt der Zug über Vendas Novas und Casa Branca nahe Poceirao zum Bahnknoten Pinhal Novo, 233 km hinter Tunes, wo sich die Streckenäste wieder vereinigen. Dieser Bahnhof erfreut sich heute noch einer ganzen Batterie von Formsignalen, und die Vorortzüge nach Lissabon Barreiro werden zuweilen noch von ältlichen Alco-Dieselloks von 194 bespannt.

Auf dem letzten Abschnitt nach Barreiro dreht der Lokführer voll auf, aber er muss auch häufig das Signalhorn blasen, denn es gibt viele offizielle und inoffizielle Bahnübergänge hier und etliche Einheimische benutzen die Bahntrasse als Fußweg.

Barreiro liegt am Südufer des Tejo und besitzt ein Lokausbesserungswerk und viele Abstellgleise für Lokomotiven und Wagen. Der Bahnhof verfügt über eine attraktive Bahnsteighalle mit erstaunlich wenigen Gleisen.

Die Anlegestelle der Fährschiffe nach Lissabon liegt direkt am Bahnhof, und bis vor kurzem schlossen die Fähren direkt an ankommende Züge an. Nach größeren Umbauten legen die Fähren nun gegenüber dem Busbahnhof an, was den Fußweg vom Zug zum Schiff deutlich verlängert – was für ein Fortschritt. Auch gibt es nun Fahrkar-tenautomaten und Zugzielanzeiger mit Punktmatrix-Display, die aber nicht immer relevante Informationen bieten – was für ein Fortschritt. Man denkt bereits über eine Verlegung der Gleise, möchte das alte Gebäude aber auch nicht gern aufgeben. Die in dichtem Takt verkehrenden Fährschiffe über den Tejo eröffnen eine famose Aussicht.

Nach einer kurzweiligen halben Stunde ist die Überfahrt zu Ende und wir erreichen das charmante Lissabon.

Calais – Mailand
Durch Europa auf der Medloc

Bahnreisen von der Kanalküste Richtung Italien wecken bei vielen Briten großartige Erinnerungen an den „Orient Express“, der scheinbar mühelos Grenzen überwindet, während sich die Fahrgäste im Pullman-Speisewagen ein Cordon Bleu schmecken lassen. Meine eigene Erfahrung als Soldat Seiner Majestät in den frühen Nachkriegsjahren könnte kaum einen größeren Kontrast dazu bieten.

Ende März 1946 meldete ich mich nach einem Heimaturlaub bei einer Transporteinheit außerhalb von Southampton in der Erwartung, mit einem Truppentransportschiff nach Port Said weiter zu reisen. Doch die Wege des Militärs sind unergründlich, und nach zwei Wochen endlosen Wartens, wurde ein Trupp von uns im Bahnhof Southampton Central in einen Zug nach Waterloo abkommandiert, der von einer wenig prestigeträchtigen 1'C-Dampflok der N Class bespannt wurde. Gleich nach der Ankunft wurden wir nach Victoria Station gebracht, wo ich zum ersten Mal eine West Country Pacific sah, die unseren Eilzug nach Dover bespannte. Am folgenden Tag, nach einer glücklicherweise ruhigen Überfahrt über den Kanal, legten wir in Calais am Gare Maritime an oder vielmehr an dem Torso, das von ihm übrig geblieben war.

● LINKS
Sacré Cœur auf dem Montmarte in Paris.

● UNTEN LINKS
Eine Ansicht des Bahnhofs von Savona von 1975 mit einem vierteiligen Elektro-Triebwagen.

● GEGENÜBER UNTEN
Dies ist weder ein Museum noch ein Palast, sondern das Portal des 1924 errichtenen Mailänder Hauptbahnhofs Milano Centrale, dem Ende und dem Beginn einer weiteren Etappe des „Medloc-Marathon“ von 1946.

Um den Transport von Truppenteilen zwischen dem Vereinigten Königreich und Kontinental-Europa zu koordinieren, hatte die Railway Operating Division of the Royal Engineers (Oberste Betriebsleitung) die „Medloc“ (Mediterranean Line of Communication) eingerichtet, die aus mehreren Routen bestand, auf denen Truppentransporte stattfinden sollten. Ich sollte Route B nehmen, die von

● RECHTS
Die soliden Mikados der Serie 141F waren vor Güter- und Personenzügen in ganz Frankreich anzutreffen. Im Jahre 1962 ist 141F177 in Périgueux zu sehen.

● UNTEN LINKS
Die Beförderung eines britischen Truppentransports war eine ungewöhnliche Aufgabe für die schweizerische $Ae^4/_7$, wie sie hier in Luzern zu sehen ist. Im April 1946 führte sie den Medloc nach Domodossola.

● UNTEN RECHTS
Eine Lok der Serie BB8100 der SNCF passiert Villeneuve-St-Georges.

Calais nach Mailand führte und dort Anschlüsse an Transporte nach Süditalien hatte. Route A verband Dieppe mit Toulon und Route C führte von Calais nach Villach in Österreich. Kurz nach meiner Fahrt wurde Route B eingestellt, und ich schätzte mich glücklich, trotz aller Entbehrungen nun diese unvergessliche und unwiederholbare Reise gemacht zu haben.

Der Zug, in dem ich 37 Stunden verbringen sollte, bestand aus elf italienischen (FS) Mittelgang-Wagen, die ohne Luxus wie beispielsweise Polstersitze ausgestattet waren. Hinten am Zug hingen zwei Güterwagen und ein silbern gestrichener FS-NAAFI-Nachschubwagen mit der Armeebeschriftung „Lancastrian" für den wichtigen Nachschub von „Char and Wads" (Tee und Kuchen).

Ich war gespannt auf die erste französische Lokomotive, die ich sehen würde, und ich war entzückt über den Anblick der Collin Pacific No. 231-C-43 der ehemaligen Nordbahn, die einst den „Flèche d'Or" bespannte. Ebenfalls an der Anlegestelle warteten viele 1'D

INFO-KASTEN

Endpunkte	Calais und Mailand
Länder	Frankreich, Schweiz, Italien
Entfernung	2392 km
Eröffnung	1866

● LINKS
Piazzo della Scala in Mailand.

Maschinen des Kriegsministeriums auf die Rückführung in SNCF-Besitz.

Wir verließen Calais etwa um 13.00 Uhr, kamen aber nur langsam voran, weil wir immer wieder von den nach dem fürchterlichen Kriegsgeschehen notwendigen Instandsetzungsarbeiten behindert wurden. Auf unserer Reise nach Paris wurde in Amiens die Lok gewechselt und in Boves gab es einen Verpflegungsaufenthalt, auch für die Lok. Ein langer Aufenthalt in Creil kam mir zupass, wo eine lange Reihe von 141R-Mikados vor dem Lokdepot stand, frisch aus Amerika eingetroffen. Nach dem Krieg leisteten 1300 dieser unverwüstlichen Maschinen immense Hilfe beim Wiederaufbau und dem Übergang zur Elektrotraktion bei der SNCF.

Als die Dunkelheit hereinbrach, wurden wir von Creil aus umgeleitet, und meine knappen Aufzeichnungen sagen, dass wir über Epluches, Ermont, Eaubonne auf den den Nord-Süd-Gürtel von Paris gelangten. Im faden Licht warf ich im Halbschlaf einen kurzen, gequälten Blick auf einen riesigen Verschiebebahnhof und fremdartige Lokomotiven, darunter eine Mallet-Tenderlok der Série 031-130TB für Übergabegüterzüge und Verschubdienste.

Es folgte eine Phase unsteten Schlafes, die harten Sitzbänke und die scharfe Zugluft waren einer Nachtruhe nicht gerade zuträglich. Ein Kamerad stieg schließlich ins Gepäcknetz zum Schlafen. Bei Tagesanbruch hatten wir Paris hinter uns gelassen und fuhren auf der ehemaligen PLM-Hauptstrecke nach Dijon in südöstlicher Richtung. Die hervorragend ausgebaute Strecke folgte dem Flusslauf der Yonne und des Armençon. Über ein Jahrzehnt später sollte dies die Rennstrecke für Schnellzüge wie den „Mistral“ werden; die Geschwindigkeit unseres Zuges hingegen war auf 80 km/h begrenzt. Auch ein getrübter Blick richtet sich auf, wenn unzerstörte Orte wie Laroche-Migennes oder Les Laumes-Alésia vorbeiziehen, beide mit gut bestückten Depots und geschäftigen Rangierbahnhöfen. Während eines langen Aufenthalts in Dijon, einem

● LINKS
Die 1'D-Consolidations „S160“ der US-Army waren für Truppentransporte während und nach dem 2. Weltkrieg unersetzlich. FS-Consolidation 736.205 ist in Milano Smistamento stillgelegt.

● RECHTS
Die Statue von Vittorio Emmanuele II auf der Piazza del Domo in Mailand.

Knotenpunkt von Bahn-linien in die Schweiz und ans Mittel-meer, ergötzte ich mich am Anblick einer Vielzahl von Dampfloks der SNCF Région 5 (ehemalige PLM). Da standen 2'D1'-Mountains, auch eine in olivgrün glänzende, eine Auswahl von Mikados für den gemischten Dienst (Baujahre ab 1919), aber nur eine einzige der über 300 Pacifics war zu sehen. Weitere Attraktionen für den Eisenbahnfreund umfassten sehenswerte französische Formsignale, gezogen von Stellwerken hoch über den Gleisen, Güterwagen aus allen Epochen, zum Teil noch mit Bremserhäuschen.

Mikado 141-E-173 übernahm unseren Zug für die etwas anspruchsvollere Strecke nach Vallorbe. Um 08.30 Uhr verließen wir Dijon Richtung Schweizer Grenze, die wir gegen 15.00 Uhr erreichten. Eine weitere Unterbrechung der Reise erfolgte in Villers-les-Pots, wo wir zwecks Nahrungsaufnahme rückwärts auf ein Abzweiggleis rollten. Eilig verteilte man Eintopf auf unser Blechgeschirr. Aber auch Lokomotiven gab es hier zu sehen: eine 2'D-Mastodon mit Windscheidefenstern und eine riesige Personenzug-Tenderlok mit der gewaltigen Achsfolge 2'D2'.

In Vallorbe übernahm eine 2'Do1'-E-Lok der Reihe Ae$^{4}/_{7}$ unseren Zug. Die folgenden 241 km waren der Höhepunkt dieser Reise. Sie führten über Lausanne den Genfer See entlang, dann die Rhône aufwärts bis Brig. Die fantastische Landschaft war sonnenbeschienen und prägte sich tief in unsere Erinnerung ein. Die freundlichen Einwohner von Lausanne reichten uns Schokolade in den Zug, als er in der gläsernen Bahnsteighalle wartete. Ein Generatorwagen für die Dampfheizung unseres schweren Zuges wurde beigestellt, und die 2300 kW starke E-Lok zeigte auf der Non-Stop-Fahrt nach Brig, was in ihr steckte.

Aber auch zu dieser Zeit war die Dampftraktion noch nicht völlig aus der Schweiz verschwunden, im Depot von Lausanne entdeckte ich drei 2'C- und eine 1'C-Maschine. Im letzten Tageslicht fuhren wir in den Simplon-Tunnel ein und kamen in Italien wieder heraus. Um 02.00 Uhr erreichten wir Mailand.

● RECHTS
Die Galerie Emanuelle in Mailand.

● LINKE SEITE, UNTEN
In Domodossola übernimmt eine 1'Do1'-Lok der Reihe E.428 den Zug; die Aufnahme entstand 15 Jahre nach der denkwürdigen Fahrt mit dem Militärzug.

MYRDAL – FLÅM
DIE FLÅMSBANEN

● UNTEN
Die restaurierte E-Lok Nr. 9.2063 von 1944. Das alte Stationsgebäude im Hintergrund dient heute als Museum.

Die Flåmsbanen wird von Norges Statsbaner (NSB) betrieben, der Norwegischen Staatsbahn. Sie verläuft auf nur 20 Streckenkilometern zwischen Myrdal and Flåm. Die Besonderheit: Myrdal liegt an der Bergensbanen auf 865 m und Flåm an einem Fjord, wodurch diese Bahn zu einer der steilsten Linien ohne Zahnradbetrieb avanciert. Seit den späten 50er Jahren verkauften die NSB ein Ausflugs-Ticket namens „Norwegen in einer Nussschale", die eine Rundfahrt von Bergen aus per Zug, Boot und Bus beschreibt. Diese Flåmsbanen-Tour wird hier vorgestellt.

Bevor wir an Bord gehen, noch etwas zur Geschichte der Flåmsbanen. Flåmsdalen, ein tief eingeschnittenes Tal, fällt gleich hinter Myrdal 350 m tief ab. Dieses Gefälle verursachte den Ingenieuren das größte Kopfzerbrechen. Die erste Erkundung des Geländes für den Bau einer Bahnlinie erfolgte 1893 und führte zur Kostruktion einer 18 km langen Zahnradbahn mit einer Spurweite von 1067 mm und einer maximalen Neigung von 10 % im Zahnradbereich. Die Bahn, die schließlich 1923 gebaut wurde, fuhr elektrisch, hatte Normalspur und überwand den krassen Höhenunterschied mittels Tunnel, Steilwandstrecken und Haarnadelkurven – und zwar ohne Zahnstangen. Die Funktion der Strecke bestand darin, eine Verbindung der 1909 eröffneten Bergensbanen Oslo – Bergen mit dem Sognefjord herzustellen. Ein Abstecher nach Flåm war bereits vor dem Bahnbau beliebt, doch die Pferdekutschen durften bergwärts nur je einen Fahrgast befördern, was die Kapazität der Route begrenzte.

● UNTEN
NSB-Lok E 11.2110 in Flåm an der Spitze einer Kurswagengruppe aus Schlafwagen nach Oslo. Es ist dies der einzige durchgehende Zug auf der Flåmsbanen. In Myrdal werden die Wagen an einen Schnellzug Bergen – Oslo angekuppelt. Die Flåmsbanen ist eine der letzten Einsatzstellen für veraltete E-Loks der Reihe E 11.

Die Flåmsbanen hält ein Gefälle von 5,5 % über vier Fünftel der Strecke. Es gibt 20 Tunnel mit einer Gesamtlänge von 5692 m, das entspricht einem Drittel der Linie. Der kleinste Kurvenradius beträgt Industriebahn vergleichbare 130 m. Alle Züge auf der Strecke sind mit fünf unabhängigen Bremssystemen ausgerüstet, von denen jedes einzelne einen Zug zum Stillstand bringen kann. Da verwundert es denn

● RECHTS
Ein Blick vom Stalheim Hotel Richtung Gudvangen und Nærøyfjord. Die alte Pass-Straße verlässt die neue Strecke in der Mitte des Bildes nach rechts und folgt dem Flusstal, an dessen Wänden sie sich schwindelerregend hochwindet (links unten im Bild).

auch nicht, wenn die Höchstgeschwindigkeit auf 40 km/h begrenzt ist, womit die Reisezeit 53 Minuten beträgt. Doch in Anbetracht dessen, was man zu sehen bekommt, erscheint einem die Fahrt eher noch zu kurz.

Ursprünglich war die Eröffnung der Linie für 1942 geplant, doch mit großer Anstrengung gelang es bereits im August 1940, die Strecke einzuweihen, allerdings mit Dampftraktion. Die Auslieferung der bereits bestellten E-Loks verzögerte sich durch das Kriegsgeschehen bis 1947. Diese Lokomotiven der Reihe E19 standen bis 1984 im Dienst. Eine von ihnen ist im Bahnhof von Flåm ausgestellt.

INFO-KASTEN

FLÅMSBANEN	
Endpunkte	Myrdal und Flåm
Land	Norwegen
Entfernung	20 km
Eröffnung	1940

● RECHTS
Die „Skagastol" der Reederei Fylkesbaatane trifft in Flåm ein. Ihre frühere Verwendung als Autofähre ist unverkennbar, die Klappbrücke wird weiterhin zum Anlegen benutzt.

Während man in den 1960er Jahren noch über eine Stilllegung der „Flåmsbanen" nachdachte, stieg der Personenverkehr in den 1980er Jahren kontinuierlich an und erreichte 1992 immerhin 315000 Fahrgäste. Vier Zugpaare bedienen die Strecke im Winter, im Sommer sind es sogar zwölf.

Die erwähnte Tagestour beginnt in Bergen, der zweitgrößten Stadt Norwegens. Der Bahnhof ist ein trutziger Natursteinbau mit einem geschwungenen Dach über den vier Gleisen. Der

● LINKS
Der dreiteilige NSB-Elektro-Triebwagen Nr. 69625 hat, von Bergen kommend, Myrdal erreicht.

Zug nach Myrdal ist ein Nahverkehrszug, bestehend aus einem elektrischen Regionaltriebwagen, der sich auf dieser vergleichsweise langen Reise als nicht sehr komfortabel erweist. Doch die niedrigen Rückenlehnen und die großen Fenster erlauben eine gute Aussicht zu beiden Seiten.

Die Strecke Bergen – Myrdal ist weniger spektakulär als die Flåmsbanen, doch auf den 86 km bis Voss gibt es zwischen Takvam und Stanghelle sehr schöne Eindrücke eines kleineren Fjords.

Hinter Voss beginnt die Strecke zu steigen. Nach 135 km und zwei Stunden erreicht unser Zug Myrdal. Der Bahnhof liegt zwischen zwei Tunneln der Bergensbanen und scheint nur wegen der Abzweigung nach Flåm gebaut worden zu sein. Die wenigen Häuser wurden im Zusammenhang mit der Eisenbahn errichtet.

Das enorme Gefälle der Flåmsbanen ist bereits vom Bahnsteig in Myrdal zu sehen, hinter dem die Bahnlinie abtaucht. Im Zug kann man selbst erkunden, wie steil es bergab geht. Man stehe auf und gehe durch den 24 m langen Triebwagen – sein nördliches Ende liegt um 1,40 m tiefer als sein südliches…

Der erste grandiose Ausblick kommt nach einem Kilometer bei Vatnahalsen, wo der Wasserfall Kjosfossen nebst Kraftwerk weit unten ins Blickfeld rückt. Drei Kilometer weiter hält der Zug direkt neben dem Kjosfossen, wo etliche Fahrgäste von Bord gehen, um den über hundert Meter hohen Wasserfall zu fotografieren.

Etwas später erblicken die Fahrgäste die höchstgelegene Siedlung im Flåmsdalen. Zwischen Tunneln und Galerien sind grandiose Blicke zu erhaschen, nach oben wie nach unten. Zuweilen wird auch ein Teil der bereits zurückgelegten Strecke sichtbar. Die Attraktion ist ein „Fenster" in einer Tunnel-Felswand. In Berekvam, auf knapp der Hälfte der Strecke, liegt das einzige Ausweichgleis der ganzen Strecke. Unterhalb von Dalsbotn kann man bereits die Kirche von Flåm ausmachen. Kurz hinter Hareina erreicht die Bahn den Talgrund, die Neigung wird flacher. Die letzten Kilometer führen durch Ackerland, über dem sich bedrohlich die Felswände türmen. Das Tal wir nun noch einmal enger und beschreibt eine Kurve, hinter der dann zuerst der „Hafenort" Flåm erscheint und erst danach der Fjord in Sicht kommt. Die Umgebung der Station ist auf Touristen eingestellt: Es gibt Souvenirläden und Restaurants. Doch nur ein kurzer Fußweg, und man ist allein.

Der zweistündige Übergang auf das Schiff ist reichlich bemessen, um den „Ort" zu erkunden und eventuell ein paar Schritte zur höher gelegenen Kirche

● RECHTS
Ein Blick hinunter ins Flåmdalen unterhalb von Dalsbotn, aufgenommen von einem Zug der Flåmsbanen. In der Mitte des Bildes ist die Kirche von Flåm erkennbar. Rechts hinter der Talenge versteckt sich der Aurlandfjord.

LINKS
Blick auf einen Weiler am Ufer des Nærøyfjord.

UNTEN LINKS
Ein Blick vom Bahnhof Kjosfossen auf die fast senkrecht abfallende Felswand, die die Flåmsbanen gleich zweimal durchfahren hat. Der erste Teil der Strecke von Myrdal nach Vatnahalsen liegt noch höher.

UNTEN RECHTS
Die Akkulok 207.3 der NSB vor dem Depot in Flåm.

zu machen. Etwas Zeit sollte man auch auf das interessante Eisenbahnmuseum von Flåm verwenden, das im alten Bahnhofsgebäude untergebracht ist. Auf dem Bahnsteig steht die erhaltene E 9.2063 des E-Loktyps, der speziell für die Flåmsbanen gebaut worden war. Das angrenzende kleine Depot beherbergt eine Akku-Rangierlok.

Gudvangen liegt am Nærøyfjord, der wiederum vom Aurlandfjord abzweigt. Der Ort besteht aus wenig mehr als ein paar Bauernhäusern, einem Pier für die Fährschiffe, einem Andenkenladen und einem Gasthaus, alles in sehr gepflegtem Zustand.

Von hier aus bringt uns ein Bus weiter nach Voss. Die Busfahrt ist aufregend. Zunächst geht es das Tal am Ende des Fjordes hinauf. Dann verlässt der Bus die Hauptstraße und biegt in die steile und äußerst kurvenreiche Pass-Straße nach Stalheim ein, eine Herausforderung für Bus und Fahrer, auch ohne Gegenverkehr … Dieser ist glücklicher-weise selten, denn ein neuer Straßen-tunnel unterfährt diesen Abschnitt. Die Aussicht aus dem Bus ist spektakulär, am meisten in Stalheim, einem Hotel, das auf einen Sattel zwischen zwei Bergen gesetzt wurde. Auf der einen Seite geht es steil hinunter nach Gudvangen, auf der anderen Seite fällt der Fels fast senkkrecht nach Vinje ab.

Der weitere Verlauf nach Voss ist weit weniger dramatisch. Voss selbst liegt mit seiner imposanten Kirche an einem See und ist im Winter ein beliebter Skiort. Einst gab es hier eine Nebenbahn zum Hardangerfjorden. Per Zug geht es schließlich zurück nach Bergen.

Beliebte Reisen im Osten

Dieser Teil führt den Leser zu einigen der aufregendsten Bahnreisen der Erde. Vom romantischen Trans-Sibirien-Express zum kolonialen Luxus im südafrikanischen „Blue Train“ ist alles dabei. Reisen Sie mit durch die Wüsten des Iran oder den Dschungel von Ghana, wo die üppige Flora die Gleise binnen Wochen überwucherte, würden es nicht hunderte von Bahnarbeitern verhindern.

Auch geschichtliche Gestalten wie Lawrence von Arabien, dessen Zerstörung der Eisenbahn in Saudi Arabien auch heute noch sichtbar ist, werden uns begegnen. Wir fahren durch China und bestaunen eine der letzten Bastionen der Dampflokomotive. Den indischen Subkontinent bereisen wir unter anderem im „Palace on Wheels“ und im „Spielzeugzug“. Wir besuchen Australien und gedenken der Pioniere des 19. Jahrhunderts und ihres Einsatzes für den Eisenbahnbau. Und wir reisen durch das grüne Neuseeland, unter anderem mit dem spektakulären Trans Alpine Express.

● GEGENÜBERLIEGENDE SEITE
Der „Eastern and Oriental Express“ nördlich von Kanchanaburi, Thailand, am River Kwai.

● OBEN
Der Nachmittagszug verlässt die Station Pachegaon in Indien, die wenig mehr als ein Schild im Gras ist.

Casablanca – Gabes

Die Züge dieser Bahnlinie befördern den Bahnreisenden 1778 km weit an der nordafrikanischen Mittelmeerküste entlang, und zwar von Casablanca in Marokko über Tanger nach Gabes im südöstlichen Tunesien.

Von 1840 bis 1960 war Algerien nicht mehr als ein großes Département Frankreichs, und seine Eisenbahn, die Société Nationale des Transports Ferroviaires (SNTF) wurde nach französischen Normen gebaut und betrieben. Die normalspurigen Züge verkehren mit respektabler Geschwindigkeit und einer Effizienz, von der viele Länder nur träumen können. Die Eisenbahn verläuft größtenteils an der Küste, der Verbindungslinie Casablanca – Tunis, die damals beide unter französischer Kolonialherrschaft standen.

Weder die marokkanischen noch die algerischen Bahnen scheren sich groß um ihre Fahrgäste, einige Züge sind regelrecht eine Schande. Von Fez bis zur algerischen Grenze sind die Abteile voll ausgebreiteter Körper, die auf den hölzernen Bänken verzweifelt um eine Mütze Schlaf ringen.

Pinkfarben schimmern die Wadis, die ausgetrockneten Salzseen, in der Abendsonne. Auf einer Anhöhe liegt Taza Haut und kurz darauf nähert sich uns eine Ansammlung düsterer Häuser: die Kasbah von Taourirt. Ouja ist der Grenzort, ein entlegener, aber nicht reizloser Ort mit breiten Straßen und festen Häusern im europäischen Stil.

Rostige Zugwracks säumen die Strecke Richtung Oran. Tiemcen

- OBEN

An der Grenze von Algerien und Marokko liegt Ouja, hier das Bahnhofsgebäude.

INFO-KASTEN

Endpunkte	Casablanca und Gabes
Länder	Marokko, Algerien, Tunesien
Entfernung	1778 km
Baubeginn	1915

- OBEN

Der Schnellzug Casablanca – Tanger hält in Sidi Slimane.

- LINKS

Der Diesel-Schnelltriebwagen der Marokkanischen Staatsbahn auf dem Weg von Marrakesch über Casablanca und Rabat nach Tanger.

dagegen zeigt andalusische Eleganz und maurische Bogenarchitektur. Sidi-bel-Abbas riecht nach Fremdenlegion. Das am ehesten maurisch erscheinende Gebäude in Oran ist der chaotische Bahnhof. Hier kann man einen Fensterplatz nur ergattern, wenn man das Gerücht verbreitet, der Zug fahre ausnahmsweise auf einem anderen Gleis ein.

Wie in anderen industrialisierten Ländern ist auch hier die Bahnlinie in die Hauptstadt nicht gerade die schönste. Der Zug schleicht durch die Hinterhöfe und die schäbigsten Industriekomplexe der Stadt. Auf der Weiterfahrt nach Constantine liegen herrliche Felsformationen und eine Schlucht, die von gewagten Brücken-Konstruktionen überspannt wird. Der nächste größere Bahnhof ist Annaba – einst bekannt als Bône. Die Züge von Annaba aus führen 3.-Klasse-Wagen, die nur noch für den Schrottplatz taugen, etliche Abteile haben weder Sitze noch Fenster. Souk-Ahras ist die nächste Stadt, 16 km vor der tunesischen Grenze. Hier, am Rande des Krieges, stolziert die Grenzpolizei in Räuberhauptmann-Uniformen einher.

In Tunesien angekommen, ändern sich die Zustände dramatisch zum Besseren.

Die 190 km zwischen der Grenze und Tunis sind meterspurig. In Sfax muss man noch einmal umsteigen. Die Linie nach Gabès ist in einem schlechten Zustand und die gesamte Strecke erscheint so einsam und verloren wie unser Ziel, der armselige Bahnhof in Gabes.

● OBEN
Ein moderner Reisezug passiert Bab Tisera (Sidi Kacem) auf dem Weg von Casablanca nach Fez.

● RECHTS
Ein Schnellzug trifft in Rabat ein.

Kairo – Assuan
Star of Egypt

Obwohl der reine Schlafwagenzug nicht mehr als „Star of Egypt" verkehrt, repräsentiert er doch zweifellos den 120 Jahre alten Tourismusverkehr nilaufwärts. Thomas Cook & Son (präziser: Sohn John) organisierten Mitte der 1870er Jahre die ersten touristischen Flussdampffahrten auf dem Nil. Sie begannen in Kairo, das von Alexandria aus mit der ersten Eisenbahn des Mittleren Ostens (eröffnet 1855) erreicht wurde. Die Bahnlinie führte über eine gewaltige Nilbrücke, die auch der „Star of Egypt" benutzte. Die CIWL, die den „Orient Express" begründete, feierte 1898 ihr 25-jähriges Bestehen damit, dass sie ihr Streckennetz parallel nach Russland und Ägypten ausdehnte.

Zum Schutz vor der Hitze waren die ägyptischen Wagen weiß gestrichen, zur besseren Isolierung besaßen sie doppelte Dächer. Die von Ringhoffer in Prag gebauten Speisewagen besaßen erste primitive Klima-Anlagen: Durch Eisblöcke wurde die Luft zwischen dem Innen- und dem Außendach gekühlt. Als Wettbewerber von Cook, dessen Unternehmen sie 1928 aufkaufte, aber im 2. Weltkrieg wieder verlor, setzte die CIWL ab 1898 einen Schlafwagenzug mit Speisewagen zwischen Kairo und Luxor ein. Bis 1908 führte eine Schmalspurbahn weiter nach Assuan. Der Nachtzug von 1908 verkehrte montags, mittwochs und samstags nach Luxor, der Gegenzug dienstags, donnerstags und sonntags.

Die Bahnlinie Richtung Süden verlässt Kairo über die Nilbrücke Alexandria und führt am westlichen Nilufer bis Assjut. Bei Nag Hamadi überquerte sie erneut den Nil und folgt dann dem östlichen Nilufer nach Luxor und Assuan.

● RECHTS
Ein typischer Dorfmarkt (Souk), wie er auf der Reise häufig zu sehen ist.

● UNTEN
Ein Teil des Zierrats an Thomas Cooks Geschäftshaus in Leicester zeigt Cooks erste Ägypten-Tour, die er 1884 organisierte.

● UNTEN
Eine 1100 kW starke, diesel-elektrische Bo'Bo'-Lok US-amerikanischer Bauart steht abfahrbereit in Assuan.

● LINKS
Der in Frankreich gebaute Gasturbinen-Triebwagen erreicht auf der Linie Kairo – Alexandria 160 km/h.

Im Jahre 1906 kaufte Lord Dalziel das Unternehmen von George Mortimer Pullman mit allen Betrieben in Großbritannien und Ägypten und das Recht, den Namen „Pullman“ exklusiv zu benutzen. Lord Dalziel gab diese Rechte 1907 an die CIWL, deren Direktor er war, weiter. Die CIWL setzte Pullman-Wagen ab 1925 ein, weitere Pullman-Wagen wurden für den „Sunshine Express“ gebaut, einen Tagzug von Kairo nach Luxor, der ausschließlich Pullmans führte. Auch der Nachtzug, „Star of Egypt“, erhielt neue Wagen. Von Assuan aus fuhr dieser weiter nach El Shallal bei den Katarakten und dem Assuan-Staudamm, von wo aus Anschluss an die Dampfschifflinie nach Wadi Halfa im Sudan bestand. Hier setzte die Bahnlinie nach Al Khartum ein, die einen gigantischen Bogen des Nil abkürzte. Als dann der neue, höhere Assuan-Staudamm gebaut wurde, musste der Bahnhof von Assuan nach El Sadd el Ali verlegt werden.

Der „Sunshine Pullman“ stellte seine Fahrten 1939 ein, doch die Schlafwagenverbindung wurde nach dem Krieg mit dem „Star of Egypt“ wieder aufgenommen und dauerte bis 1959, als sich die CIWL aus Ägypten zurückzog. Die Egyptian Republic Railways (ERR) sahen sich außerstande, die Verbindung selbst zu betreiben und riefen zusammen mit der CIWL ein Joint Venture ins Leben. Man kaufte bei MBB in Deutschland klimatisierte Schlaf- und Salonwagen. Ein Vorratswagen ersetzte das Restaurant, die Speisen wurden in den Abteilen serviert. Heute gibt es auf der Strecke nur noch einen hochklassigen Zug Kairo – Assuan, der für die Reise 16 Stunden benötigt, eine halbe Stunde länger als der „Star of Egypt“ im Jahre 1938 …

● OBEN
Ein automatischer Schienenunterhaltungszug in Ägypten.

● UNTEN
Ein großer Teil der Strecke verläuft entlang des Nils, hier bei Kairo.

INFO-KASTEN

STAR OF EGYPT	
Endpunkte	Kairo und Assuan
Land	Ägypten
Entfernung	960 km
Eröffnung	1908

Nairobi – Kampala

● OBEN
Die gewaltige Garratt-Gelenkdampflok Nr. 5932, „Ol' Donya Sabuk", befördert bei Athi River einen Güterzug Mombasa – Nairobi.

Als 1898 die Bauarbeiten an der East African Railway begannen, hatte es den Anschein, als führe diese Eisenbahn von Nirgendwo über Nirgendwo nach Nirgendwo, und Spötter sprachen bereits von der „Lunatic Line", der „Bahn der Verrückten". Doch die Linie, die durch weitgehend unbekanntes Ostafrika bis in das schwer zugängliche Uganda führt, hatte einen Sinn. Man wollte durch sie den arabischen Sklavenhandel unterbinden.

Die Viktorianischen Kolonialisierungsbestrebungen in Ostafrika zielten auf das fruchtbare Uganda, Kenya war da mehr ein nachträglicher Einfall der Kolonialherren. Der „Feldzug" brauchte eine Eisenbahn, und mit der „Schaffen-wir-Tatsachen-Attitude dieser Zeit riss man gleich eine über 1000 km lange Strecke von der Hafenstadt Mombasa am Indischen Ozean bis nach Uganda auf. Auch wenn jede Menge Berge und Täler hierfür erschlossen werden mussten, wen scherte es? Der Glaube an die Technik war unerschütterlich.

Die Strecke wurde zunächst über hunderte von Kilometern durch den Busch getrieben, die Arbeiter litten unter den Angriffen wilder Tiere, Sumpffieber und die Strapazen bei der Eroberung des Great Rift bis zum Lake Victoria (Viktoriasee) taten das Übrige, etwa 200 Menschen ließen ihr Leben.

Nach unglaublichen Anstrengungen erreichte die Eisenbahnstrecke Kisumu und wurde mit größter Ausdauer bis Kampala und darüber hinaus vorangetrieben. Von der Küste aus schlängelt sie sich ins Hinterland, gewinnt an Höhe und erreicht eine Quelle im trostlosen Kikuyu Country. Dann nähert sie sich den Ausläufern des Great Rift, einem gewaltigen Gebirgszug, der quer zur

INFO-KASTEN

Endpunkte	Nairobi und Kampala
Länder	Kenia und Uganda
Länge	1338 km
Baubeginn	1898

● OBEN
Obwohl sie auf dem aufgeweichten Bahndamm der Strecke nach Kasese entgleist war, stand diese Lok drei Monate später bereits wieder im Einsatz.

● LINKS
Ein Zug nähert sich der Jinja Bridge über dem Victoria-Nil, der aus dem Victoriasse abfließt.

● RECHTS
Eine Garratt-Dampflok der Class 59 der East African Railways mit der Achsfolge (2'D1')(1'D2') schleppt einen schweren Güterzug von Mombasa nach Nairobi durch Voi am Fuße des Tsavo-Wildreservates.

● MITTE
Eine weitere Class 59, die 1955 von Beyer Peacock in Manchester gebaut wurde, fährt in eine offene Kehrschleife hinter Mombasa ein, um die Küstenberge zum Indischen Ozean hinabzusteigen.

Bahnlinie verläuft. Hier mussten die Züge mit Ketten über eine Steilrampe gezogen werden, bis der Scheitelpunkt Mau Summit erreicht wird. Weiter geht es nach Kisumu am Ufer des Lake Victoria. Mit dem Zug wurde ein vormontiertes Schiff hierher gebracht, zusammengebaut und zu Wasser gelassen. Damit war Kampala, die Hauptstadt Ugandas, an das internationale Verkehrsnetz angeschlossen. Kaum eine Bahnlinie hat eine Reiseverbindung derart dramatisch verkürzt: Ein sechsmonatiger, lebensgefährlicher Fußmarsch wurde zu einer viertägigen, fast bequemen Bahn/Schiffsreise.

Anfang 1997 endeten alle Züge bis auf einen an der kenyanisch-ugandischen Grenze. Es gab militärische Auseinandersetzungen, als der ugandische Präsident Idi Amin mit seiner Armee Kenya bedrohte. Angesichts dieser Belastungen musste der Bahnverkehr eingeschränkt werden. Der Zug von Nairobi aus war weniger hochklassig als der „Mombassa-Nairobi-Express", doch er war brauchbar. Und wenn die fantastische Aussicht auf den Great Rift ins Bild rückt, dann benötigt man nur ein Fenster, das sich öffnen lässt, weiter nichts.

Im Talgrund des Rift Valley liegt die Ortschaft Nakuru und, südlich davon, Lake Nakaru, eine flacher Salzsee, auf dem Myriaden von Flamingos leben.

Unglücklicherweise wurde der Zug in Malaba an der Grenze zu Uganda fünf Stunden lang festgehalten, wonach es dann weiter nach Tororo ging. Zwischen den beiden Grenzorten war der Zug fast leer, eine nicht ganz angenehme Situation in einem potentiellen Kriegsgebiet. In Tororo füllte er sich aber rasch wieder.

Ungeachtet der zahlreichen Zwischenhalte tat der Zug sein Bestes, um die Verspätung aufzuholen. Jede Station quoll von farbenfroh gekleideten Menschen über, von denen aber die wenigsten mit der Bahn reisen wollten. Die Bahnstation ist vielmehr der Ort, an dem etwas geschieht und damit das Zentrum der jeweiligen Gemeinde. In Jinja überquert die Bahn den Victoria-Nil, der dort aus dem riesigen Lake Victoria abfließt.

Als ich in Kampala den Bahnhof verlassen wollte, wurde ich von einem Sicherheitsbeamten in Zivil verhaftet, weil ich mich mit meinem Interesse für die Eisenbahn als Spion verdächtig gemacht hatte. Nach tagelangen Verhören in der finsteren Polizeistation wurde ich schließlich wieder frei gelassen und zum letzten, völlig überfüllten Zug nach Nairobi begleitet .

● UNTEN
Class 59 Garratt Nr. 5922, „Mount Blackett", arbeitet sich mit einem Güterzug nach Nairobi die Steigung des Küstengebirges hinter Mombasa empor.

Bahnnetz im Niedergang

Reisen mit der Bahn in Ghana ist heute beinahe schon Vergangenheit. Zu seiner besten Zeit war der Bahnverkehr dort mit Speise- und Schlafwagen ausgestattet. Bis 1985 verfielen die Anlagen, das Feuer in den letzten Dampfloks erlosch. Dies sehr zum Kummer der Bahnbediensteten, welche die einfach zu unterhaltenden Dampfloks liebten. Die mangelhafte Instandhaltung hat mittlerweile die meisten Dieselloks außer Betrieb gestellt, und vielleicht fährt in Ghana bald überhaupt kein Zug mehr.

Obwohl das gesamte Streckennetz des Landes nur 953 km umfasst, ist eine Bahnfahrt dort eine unvergessliche Erfahrung. Die 953 km verlaufen in Form eines „A" mit Kumasi an der Spitze sowie Takoradi und Accra an den Fußpunkten, während der Querstrich des „A" Huni Valley und Kotoku verbindet. Eine Besonderheit der Eisenbahn in Ghana ist ihre Kurvigkeit. Allein auf den 270 km zwischen Kumasi and Takoradi liegen 504 Kurven.

Goldfunde trieben die Briten einst dazu an, die erste Bahnlinie in Ghana zu errichten, wodurch das Land zu dem Namen Goldküste kam. Beginnend in der Hafenstadt Sekondi im Jahre 1899, arbeitete sich die Linie bis Tarkwa, Dunkwa und Obuasi vor, und im September 1903 erreichte sie schließlich das Ashanti-Königreich von Kumasi, 265 km landeinwärts. Der dortige Sekondi-Bahnhof steht noch, auch die große Gents-Uhr aus Leicester hängt noch, doch sie steht still.

Ghanas Küste besteht aus einem bis zu 240 km breiten Urwaldgürtel, und

INFO-KASTEN

Endpunkte	Accra, Kumasi und Takoradi
Land	Ghana
Entfernung	953 km
Baubeginn	1899

- OBEN
Britische Dampflokomotiven rosten in der überwucherten Abstellgruppe der Location Works vor sich hin.

- MITTE
Eine abgewrackte diesel-elektrische Lok.

- LINKS
Der alte Bahnhof von Sekondi gäbe ein perfektes Eisenbahnmuseum ab, die kaputte Originaluhr von Gents aus Leicester hängt auch noch ...

der Bau einer Bahnlinie durch die finsteren und sumpfigen Wälder bedurfte beinahe übermenschlicher Anstrengungen, und viele Arbeiter starben an Sumpffieber und anderen tropischen Krankheiten. Meist konnten die Bautrupps keine 30 m weit blicken. Erschwerend kamen kleine Senken hinzu, die tief morastig waren, was man aber durch das darüber wuchernde Gestrüpp nicht gleich erkennen konnte; etliche Arbeiter versanken im Moor. Ein anderes Problem verursachten die Pfähle, die die Ingenieure alle 30 Meter setzten, um die Mitte der geplanten Trasse anzuzeigen. Die Pfähle waren erst kurz zuvor geschnitten worden, und begannen in dem Treibhausklima rasch wieder zu wachsen und zu gedeihen, und bald waren sie von der übrigen Flora kaum noch zu unterscheiden.

Die Gold Coast Railways wurden jedoch fertig gestellt, expandierten weiter und wurden der Stolz Afrikas. Außer den Goldminen erreichte die Bahn auch die neu angelegten Kakao-Plantagen, die Mangan- und Bauxitminen von Nsuta und Awaso, von Kumasi schließlich wurden Tropenhölzer nach Sekondi transportiert. Die 583 km lange Strecke von Accra nach Kumasi wurde 1909 begonnen, aber erst 1923 beendet.

Eine der interessanteren Brücken in Ghana steht in Ancobra an der 31 km langen Stichbahn Tarkwa – Prestea. Fünf bis zu 12 m hohe Betonpfeiler tragen vier Bögen, dessen mittlerer 55 m lang ist. 1985, als der Eisenbahnfotograf und Historiker Colin Garratt Ghana besuchte, traf er in Accra einen zerfallenen Hauptbahnhof in einer Umgebung des Niedergangs an. Der große Verschiebebahnhof hatte sich in einen Frucht- und Gemüsemarkt verwandelt, die Gleise rosteten dahin, und die einzigen Fahrgäste der wenigen Züge waren Marktfrauen vom Lande, die ihre Ware in der Hauptstadt anbieten wollten. Trotz massiver Interventionen Garetts wurden immer mehr Strecken abgebaut. Ghana ist auf dem besten Weg, seine Touristen-Attraktionen im Bahnbereich zu zerstören.

● OBEN LINKS
Der Oberbau von Ghanas Eisenbahn war Anfang der 1980er Jahre in so erbärmlichem Zustand, dass das Bestehen des gesamten Systems in Gefahr geriet. Tausende Freiwilliger unterstützten den verzweifelten Versuch, das Schienennetz zu retten.

● OBEN RECHTS
Ein Stück britischer Industriegeschichte überlebte in den ghanaischen Location Locomotive Works. Allerdings gibt es hier nicht mehr viel zu reparieren ...

● UNTEN
Das verlassene Bahnbetriebswerk dient schon lange als illegaler Marktplatz im beengten Accra. Den Hintergrund des bunten Treibens bilden ein Hunslit-D-Kuppler und eine 2'D1' der Vulcan Foundry.

KAPSTADT – PRETORIA
DER BLUE TRAIN / BLOUTREIN

Der erste Luxuszug auf 1067-mm-Gleisen (Kapspur) lief 1903 von Kapstadt (Cape Town) nach Pretoria. Er wurde gemeinsam von der Cape Government Railway und der Central South African Railway betrieben. 1910, im Jahre der Gründung der „Union of South Africa", wurden alle bis dato unabhängigen Bahngesellschaften des Landes zu den South African Railways (SAR) zusammengeschlossen. Der Luxuszug hieß von da an „Union Limited". Obwohl er ein einklassiger Luxuszug mit hohen Zuschlägen war, erfreute er sich sehr großer Beliebtheit, so dass in den 1930er Jahren zusätzliche Wagen beigestellt werden mussten. Die schweren Lasten schafften auch die großen schmalspurigen Pacifics nicht mehr, und so übernahmen 2'D1'-Mountains die Züge.

Im April 1939 wurde der zweimal wöchentlich verkehrende Zug „Blue Train" oder, auf Afrikaans, „Bloutrein" getauft. Es war dies beileibe nicht der erste Zug, der diesen Namen erhielt, der französische „Train Bleu" fuhr seit den 1920er Jahren von Paris an die Côte d'Azur. In Südafrika war der Namens-

● LINKS
Der „Blue Train" im Bahnhof von Johannesburg.

● MITTE
Die Frontansicht des „Blue Train".

INFO-KASTEN

BLUE TRAIN/BLOUTREIN	
Endpunkte	Kapstadt (Cape Town) und Pretoria
Land	Republik Südafrika
Entfernung	1607 km
Erste Fahrt	1910

● UNTEN LINKS
Der „Blue Train" im blühenden Hex River Valley.

● UNTEN RECHTS
Das Badezimmer einer Suite im „Blue Train".

geber die Farbe der neuen Wagen, die blau und hellbeige gestrichen waren. Die Lokomotiven hingegen verblieben im Schwarz der South African Railways. Die Abteile waren sehr luxuriös ausgestattet, staubgeschützt und klimatisiert sowie mit blauen Lederpolstern und Schreibtischen inklusive Notizpapier, auf dem die Insignien des Zuges prangten, versehen. Am Zugschluss befand sich ein Aussichtswagen. Trotz der geringen Spurweite von 1067 mm waren die Wagen gewaltige 3048 mm breit.

Der Zug war so beliebt, dass trotz der hohen Fahrpreise Reservierungen oft weit im Voraus erfolgen mussten. Um Raum für die zahlreichen Dienste an Bord zu haben, die auch komplett eingerichtete Badezimmer umfassten, konnten pro Fahrt nur 100 Fahrgäste mitgenommen werden.

Zwischen Pretoria und Kimberley sowie zwischen Beaufort West und Kapstadt bespannten blau gestrichene Elektro-Lokomotiven den Zug. Der Fahrplan sah drei Zugpaare pro Woche von Oktober bis März und eines von April bis September vor. Man konnte zwischen vier unterschiedlichen Komfort-Klassen wählen.

Präsident Nelson Mandela stellte im Juni 1997 den neuen „Blue Train“ vor. Die Wagen waren umgebaute Fahrzeuge des alten „Blue Train“ und bildeten zwei komplette Garnituren mit nur noch zwei Komfortklassen, „Luxury“ und „Deluxe“.

Die Luxury-Abteile sind noch größer als die der Deluxe-Klasse und haben einen größeren Baderaum. Alle Abteile verfügen über Telefon und Fernseher, die Luxury-Abteile zusätzlich über CD-Player und Videogerät. Auf einem Fernsehkanal wird der Blick aus dem Führerstand der Lok übertragen. Es gibt einen Butler-Service rund um die Uhr, eine Wäscherei sowie zwei Salonwagen.

Heute fährt der „Blue Train“ statt über Johannesburg über Gemiston nach Pretoria und weiter nach Victoria Falls.

- OBEN
Der „Blue Train“ auf dem Weg durch das herrliche Hex River Valley.

- LINKS
Der „Blue Train“ verlässt Kapstadt mit dem unverkennbaren Tafelberg im Hintergrund.

KAPSTADT – VICTORIA FALLS

LINKS
Der Aussichtswagen des „Pride of Africa" erlaubt ungehinderte Sicht auf den afrikanischen Busch. Komfortable Sessel machen diesen Wagen zu einem Traum. Die Fotografen schätzen dagegen die offene Plattform wegen der aufregenden Panorama-Perspektive.

Die Anfänge der Eisenbahn in der britischen Kap-Kolonie reichen zurück bis 1857, als die 72 km lange Verbindung von Kapstadt (Cape Town) nach Wellington eingeweiht wurde. 1873 führte die Linie 1036 km durch die Karoo-Halbwüste bis in die Diamantenstadt Kimberley. Und als Cecil Rhodes sein Einflussgebiet in Afrika ausdehnte, entstand die 235 km lange Bahnverbindung von Kimberley nach De Aar in beeindruckenden 20 Monaten zwischen März 1884 und November 1885. Die Route des „Pride of Africa" verlief von Kapstadt via Beaufort West, De Aar, Kimberley, Klerksdorp, Johannesburg, Pretoria, Mafeking (Grenze nach Botswana), Gaborone, Plumtree (Grenze nach Rhodesien), Bulawayo und Hwange bis Victoria Falls.

INFO-KASTEN

Endpunkte	Kapstadt (Cape Town) und Victoria Falls
Länder	Südafrika, Botswana und Zimbabwe
Entfernung	3200 km
Eröffnung des ersten Abschnitts	1873

Der moderne Flachdachbau des Kapstädter Hauptbahnhofes ist der wenig anheimelnde Ausgangspunkt zu einer der schönsten Eisenbahnfahrten der Welt. Denn auf Gleis 24 steht kein gewöhnlicher Zug. Die Wagen aufgereiht wie Soldaten einer Parade, leuchtet der „Pride of Africa" (Stolz Afrikas) in flaschengrüner Livrée herüber und vermittelt von Anfang an den Eindruck von etwas ganz Besonderem. An der Spitze

LINKS
Eine andere Tour von Kapstadt aus führt über George nach Knysna. Auf dieser Route überquert der mit einer Doppeltraktion bespannte Sonderzug die Kaaiman River Bridge.

● UNTEN
Rovos Rail besitzt vier Dampflokomotiven. Die älteste von ihnen ist Nr. 439 „Tiffany", gebaut 1893 und über 90 Jahre später wieder aufgearbeitet bei Dunns Locomotive. Die Loks 2701, 2702 und 3360 sind allesamt Maschinen der Class 19D.

● UNTEN
Lok Nr. 519 kommt mit ihrem Güterzug aus dem Zementwerk von Gwanda, Zimbabwe.

● GANZ UNTEN
Eine eindrucksvolle Ansammlung von Garratts in Bulawayo.

des Zuges ist ein Paar Bo'Bo'-Elektroloks der Class 6E1 angekuppelt, bemalt in dem altmodischen Rostbraun der South African Railways. Sie sehen eher zweckmäßig als schön aus, geben einem aber das sichere Gefühl, ihrer Aufgabe gewachsen zu sein, die beachtliche Zuglast über 708 km zuverlässig durch die Karoo nach Beaufort West in 1219 m Höhe zu bringen.

Der würdevolle Empfang an Bord steht in großem Kontrast zu den Vorortzügen auf den anderen Gleisen, die pausenlos ein- und ausfahren und in denen sich Massen von Fahrgästen Ölsardinen gleich drängen.

Rohan Vos, Besitzer und Visionär des „Pride of Africa", steht persönlich am Bahnsteig, um seinen Fahrgästen zu zeigen, wie man das Optimum für sich aus dieser transafrikanischen Luxusreise herausholen kann. Bei der Abfahrt gibt es an Bord einen Willkommensgruß mit prickelndem, südafrikanischem Wein.

Hier und da sieht man Straußenvögel zwischen gleichgültigen Schafen und Pferden auf den Weiden die Federn spreizen. Afrika war ein Anziehungspunkt für Abenteurer seit Xenophons Männer ausrückten, um den wilden Strauß zu fangen, und in unserer Zeit hat Rohan Vos eigenhändig eines der romantischsten Reiseprojekte Afrikas verwirklicht. „Rovos Rail" war sein Kindheitstraum, und 1986 begann er, alte Eisenbahnwagen und Dampflokomotiven wieder aufzuarbeiten.

Im Jahre 1919 gebaut, ist jeder Schlaf-, Salon- und Aussichtswagen eine Wunderwerk der Restaurationskunst, die Speisewagen aus den Zeiten von Queen Victoria und King Edward verbinden den opulenten Vorkriegsstil subtil mit Errungenschaften der heutigen Zeit. Die Schlafwagen verfügen über Ein- und Zweibett-Suiten mit Dusche und Toilette.

Wenn die Sonne am Horizont verschwindet, hinterlässt sie noch für eine kurze Zeit ein tiefrotes Band am Horizont. Zu dieser Zeit trifft der „Pride of Africa" in Matjiesfontein ein. Hier kann man während des einstündigen Aufenthalts den historischen Weiler besuchen, in dem vor 100 Jahren Laird Logan ein kleines Hotel errichtete, um die müden, hungrigen und durstigen Reisenden der Cape Government Railways zu versorgen. Im Garten dieses lieblichen Hotels, das nach Lord Milner benannt wurde, kann man die frische Abendluft genießen und sich an einem

● RECHTS
Ein Gemälde des „Royal Train" in Rhodesien.

● UNTEN LINKS
Eine Garratt der Class 15 unter Volldampf bei Thomson Junction, Zimbabwe.

● UNTEN RECHTS
Eine Garratt der Class 20 gleich nördlich von Thomson Junction auf dem Weg nach Victoria Falls.

Glas des berühmten Castle Beer laben. Als der Zug weiterfährt, scheint der Horizont über der Karoo-Halbwüste blutrot. Einige Fahrgäste machen es sich im Aussichtswagen bequem, einen Aperitif in der Hand, und beobachten, wie sich die afrikanische Nacht des Landes bemächtigt.

Wagen Nr. 148 „Pafuri" wurde 1911 als Speisewagen des Typs A-17 gebaut und besaß eine kleine Bar, einen 24-sitzigen Essbereich und eine Küche. Als immer mehr Fahrgäste die Mahlzeiten an Bord großer Züge wie dem „Diamond Express", dem „Imperial Mail" oder dem „African Express" einnahmen, wurde der Wagen 1924 in einen 46-sitzigen Vollspeisewagen umgebaut.

Heute lieben es die Reisenden, in diesen herrlich romantischen, historischen Wagen Erinnerungen an die große Zeit des Bahnreisens wieder aufleben zu lassen, umgeben von sieben Paaren geschnitzter, hölzerner Dachstützen und Streben. Später werden die Leute angesichts des monotonen, hypnotisierenden Rhythmus der Räder müde und ziehen sich in die Schlafwagen zurück. Trotz der geringen Spurweite der südafrikanischen Eisenbahnen laufen die Wagen erstaunlich ruhig.

In Beaufort West wechselt die Spannung der Oberleitung von 3000 V Gleichstrom auf Industriestrom mit 25 kV/50 Hz, und zwei Co'Co'-Loks der Class 7E mit je 3000 kW Leistung führen den Zug bis De Aar. In der Nacht durchfährt man den 235 km langen, nicht elektrifizierten Abschnitt von De Aar nach Kimberley, bespannt wird der Zug dort von zwei dieselelektrischen Co'Co'-Loks der Class 34.

Am folgenden Vormittag trifft der Zug in der viktorianischen Station von Kimberley ein, der Diamantenstadt, die in der flachen, aber rauhen Umgebung der Karoo liegt. Die Geschichte lebt wieder auf, wenn man das Mittagessen im berühmten Kimberley Club einnimmt, wo die Kolonialherren Rhodes und Jameson so manchen weitreichenden Vertrag aushandelten. Von hier aus geht es wieder elektrisch weiter (3000 V), zwei Bo'Bo'-Schnellzugloks der Class 12E übernehmen den „Pride of Africa" bis Pretoria.

Am darauf folgenden Tag macht sich der 17-Wagen-Zug nach einer Besichtigungstour in der südafrikanischen Hauptstadt Pretoria nach Norden auf und fährt zunächst durch Plantagen von Orangen, Avocados und Papayas, vorbei an heruntergekommenen Dörfern, wo Kinder an den Gleisen entlang laufen und dem Zug lachend zuwinken.

● LINKS
Ein Zug aus Zimbabwe, bespannt mit einer kastanienbraunen Garratt, posiert auf der Victoria Falls Bridge für diese Aufnahme.

● UNTEN
Die spektakuläre Brücke nördlich der monumentalen Viktoria Falls ist ein Traum für jeden Eisenbahn-Fotografen. Einmal im Jahr unternimmt der „Pride of Africa" seine „Edwardian Safari" von Kapstadt nach Dar es Salaam, wobei der Zug über die Brücke fährt. Der Zugschluss steht nahe der zimbabwischen Grenze gleich nördlich der Station Victoria Falls. Die Zugspitze steht nahe der sambischen Grenze.

Im Zug selbst beginnt die Eisenbahn-Safari so richtig, als erste Impala-Antilopen, Kudus und Zebras gesichtet werden und uns eine erste Ahnung vermitteln, wie tief sich diese innige Begegnung mit Afrika in unsere Erinnerung einprägen wird.

Hinter Mafeking erreicht der „Pride of Africa" die Grenze zu Botswana, und es beginnt eine Serie von nicht weniger als sieben Lokomotivwechseln bis Victoria Falls. Die Stimmung an Bord ist so, wie man sie erwarten darf, wenn man Flusskrebse und Karoo-Lamm mit Chardonnay und Cabernet hinunterspült – exorbitant.

Die größte Steigung auf dieser Strecke beträgt 2,0 %. Sie befindet sich an einem Höhenzug, der das feuchte, fruchtbare Hex River Valley von der trockenen Karoo trennt. Der Anstieg über 82 km um 533 m ist der spektakulärste Streckenabschnitt; sein Scheitelpunkt liegt bei Johannesburg 1834 m hoch. Eine Folge von vier Tunneln bildet das Hex River Tunnel System, das als viertlängstes der Erde gilt und bei weitem das größte Kunstbauwerk auf der Strecke zwischen Kapstadt und Victoria Falls darstellt. Die Tunnel verlaufen kerzengerade, und der längste von ihnen, der nördlichste, ist am eindrucksvollsten vom Aussichtswagen am Schluss des Zuges zu beobachten: Man kann noch das Südportal sehen, wenn man Kilometer weiter den Tunnel in nördlicher Richtung bereits wieder verlassen hat.

Der letzte komplette Tag an Bord des Zuges bietet eine Fülle spektakulärer Blicke in den afrikanischen Busch. In Bulawayo übernimmt eine Garratt-Gelenkdampflok der Class 15 den Zug. Musi-oa-tunya („Donnernder Dampf") ist der afrikanische Name für Victoria Falls. Mit kreischenden Rädern fährt der Zug um die letzte Kurve vor den enormen Wasserfällen. An keinem würdigeren Punkt könnte diese Reise enden.

KAPSTADT – PRETORIA
DER TRANS KAROO

● UNTEN
Vom „Trans Karoo" sind diese Weingärten bei Paarl zu sehen.

Der „Trans Karoo" erhielt seinen Namen nach der riesigen Halbwüste Karoo, die er durchfährt und die fast ein Drittel der Fläche Südafrikas bedeckt. Obwohl keine Sandwüste, ist die Karoo ein Hindernis für die Eisenbahn. Ein anderes Hindernis sind die Höhen des Highveld, auf denen Johannesburg liegt 1524 m über dem Meer. Die Kombination dieser beiden Elemente macht eine Zugfahrt zwischen den beiden wichtigsten Städten des Landes zu einer ständigen Herausforderung, sogar nach der Elektrifizierung der Strecke.

Zu Dampflokzeiten führte der Wassermangel in der Karoo zu einer Besonderheit, dem überlangen Kondenstender, in dem ein Teil des im Kessel erhitzten Wassers wieder verwendet wurde. Viele Dampfloks der Class 25 waren mit diesen Recycling-Tendern ausgerüstet und konnten eine Strecke von über 1100 km fahren, ohne Wasser nachfassen zu müssen.

Modernisierungen ließen die Reisezeit von Kapstadt nach Pretoria von 30 Stunden im Jahre 1978 weiter schrumpfen, und der „Trans Karoo" verkehrt heute täglich, vor 20 Jahren waren es nur fünf Zugpaare pro Woche. Allerdings wurde ein zweiter Zug, der dem „Trans Karoo" zwölf Stunden später folgte, inzwischen wieder eingestellt. Der Rückgang des Bahnverkehrs wird durch die langen Reihen abgestellter Reisezugwagen außerhalb Kapstadts illustriert.

Der „Trans Karoo" verbindet Kapstadt mit Pretoria über De Aar, Kimberley und Johannesburg und benötigt 26 Stunden für die 1600 km lange Reise. Der berühmte „Blue Train" operiert auf derselben Route dreimal pro Woche. Während der „Blue Train" vor allem Luxusreisende und Touristen anlockt, fahren mit dem „Trans Karoo" auch „gewöhnliche" Leute.

Der „Trans Karoo" verlässt den großen Bahnhof von Kapstadt auf Gleis 24, das für diesen und andere Langstreckenzüge reserviert ist. Der Zug, mit dem der Autor fuhr, bestand aus 15 Reisezugwagen, einem Autotransporter

● RECHTS
Lok Nr. E1184 der Class 6E zeigt sich in den neuesten Farben der SAR im Depot von Beaufort West. Diese 2500 kW starken Loks wurden 1970-71 von Union Carriage and Wagon Co. (UCW) in Nigel, Transvaal. Zwei dieser Bo'Bo'-Maschinen bespannen den „Trans Karoo“ von Kapstadt bis Beaufort West und von De Aar bis Pretoria.

● UNTEN
Der Lokfriedhof der SAR in Millsite. Die große Maschine in der Bildmitte ist eine Beyer-Garratt-Gelenklok.

INFO-KASTEN

TRANS KAROO

Endpunkte	Kapstadt und Pretoria
Land	Republik Südafrika
Entfernung	1600 km
Baubeginn	1892

● GEGENÜBER UNTEN
Ein dampfbespannter „Trans Karoo“ passiert Millsite. Die beiden Loks sind 2'D2'-Northerns der Class 25NC, Nr. 3476 und 3404. Gebaut wurden sie 1953–54 von North British in Glasgow, Schottland, und Henschel in Kassel.

● UNTEN
Die Halbwüste Karoo bei Beaufort West. Häufig sind Berge wie diese im Hintergrund zu sehen.

einem Dampfheizungswagen sowie zwei Elektroloks der Class 6E. Das Wetter war kalt genug für kleine Dampfschwaden, die aus dem Heizungswagen aufstiegen. In Beaufort West übernimmt eine Wechselstromlok der Class 7E den Zug, und ab De Aar ist bis Pretoria wieder mit 3000 Volt Gleichstrom elektrifiziert. Der Freitagszug von Pretoria verkehrt bis Klerksdorp mit einer Doppeltraktion 2'D2'-Dampfloks der Class 25NC, ebenso der Gegenzug am Samstag.

Der erste Eindruck vom Zug ist auf Grund der aufwendigen Bemalung etwas verfälscht, denn der Inneraum ist eher einfach, aber zweckmäßig eingerichtet. Drei Klassen werden angeboten. Die 1. und die 2. Klasse bestehen aus Schlafwagen, dazwischen hängt der Speisewagen. Die dritte Klasse umfasst Sitz- und Liegewagen und ist vom Rest des Zuges durch eine während der Fahrt sorgfältig verschlossene Tür getrennt. An den Wagenenden der Liegewagen gibt es je eine Dusche.

Der Speisewagen besteht eigentlich aus zwei Fahrzeugen. Eines enthält die Küche und die Personalräume und das andere den Speiseraum. Das Essen ist gut und der Service wird in traditioneller

Manier, langsam und vornehm durchgeführt. Praktischerweise gibt es einen Minibar-Service mit Getränken und Snacks. Das Zugpersonal bleibt während der gesamten Fahrtdauer an Bord. Dies geschieht weniger wegen der hohen Kriminalitätsrate in Südafrika und vielmehr deshalb, um betrunkene Fahrgäste besser in den Griff zu bekomen.

Der Zug beginnt seinen Lauf durch die Vororte von Kapstadt und fährt dann durch die Weinanbaugebiete von Stellenbosch und Paarl. Inmitten der Weinberge liegen die berühmten, in niederländischem Stil gehaltenen, weiß getünchten Bauernhäuser. Besonders interessant ist der Bahnhof Huguenot in einer Gegend, die nach den ersten französischen Siedlern benannt wurde. Das Gebäude wurde im burischen Stil errichtet, doch die Fußgängerbrücke über die Gleise und die Signale spiegeln britischen Einfluss wider. Das Weingebiet der Kapprovinz liegt im Einzugsbereich der farbenfroh lackierten elektrischen Vorort-Triebwagenzüge von Kapstadt.

Der „Trans Karoo“ wendet sich zunächst nach Norden, um sich dann nach Nordwesten zu drehen. Dies ist natürlich nicht die Richtung nach Johannesburg, doch bietet die Geografie keine Gelegenheit, das Küstengebirge zu überwinden, was der Bahn gegenüber der Straße einen klaren Nachteil einbringt, kann der Straßenverkehr doch wesentlich größere Steigungen bewältigen. Hinter Herman nimmt es die Bahn mit dem Berg auf, sie windet sich empor und bezwingt schließlich eine Passhöhe, hinter der sie in das Breede Valley eintaucht. Dieses Tal ist von Äckern und Gärten geprägt, die mit Ausnahme der kahlen Berge im Hinter-

● OBEN
SAR-Wagen in Pretoria. Die blaugrauen Interpax-Wagen finden auch im „Trans Karoo“ Verwendung.

● UNTEN
Eine typische Szene aus der Karoo zwischen Touwsrivier und Matjiesfontein.

● UNTEN
Eine E-Lok der Class 7E der SAR vor einem Güterzug in Beaufort West. Diese 3250 kW starken Lokomotiven wurden von UCW und der „50-Hz-Gruppe“, einem Konsortium europäischer Elektrik-Hersteller, in den Jahren 1978–79 gebaut. Loks dieser Klasse bespannen den „Trans Karoo“ zwischen Beaufort West und De Aar.

● LINKS
Ein Regenbogen in der Karoo, nördlich von Prince Albert Road.

grund sehr englisch anmuten.

Hinter De Doorn, vier Fahrtstunden von Kapstadt entfernt, führt eine Reihe von Tunneln den Zug an den Anfang der Karoo. Eines der ersten bemerkenswerten Details hier ist eine Straußenfarm mit Gleisanschluss. Ein anderes Detail sind die derben Büsche auf dem dürren Boden, die in unterschiedlichen Farben erblühen. Ihre Dichte nimmt ab, je tiefer man in die Karoo hineinfährt. Die einzigen „wilden" Tiere, die man hier sieht, sind einige sehr widerstandsfähige Schafe. Weiterhin dominant bleiben die Berge im Hintergrund, oben flach, aber steil an den Seiten, mit Felsbrocken am Fuß und kaum bewachsen.

Zwei Eindrücke dieser Wüstenfahrt prägten sich ein: Nachdem wir durch einen der sehr seltenen Regenschauer in dieser Gegend fuhren, zeigte sich ein wunderbarer Regenbogen vor tiefgrauem Hintergrund und den gespenstischen Umrissen der Berge. Und dann eine Zugkreuzung in einsamer Wildnis. Die Luft war sehr kalt und der Autor hat nie zuvor einen derart klaren Nachthimmel ohne ein einziges, von Menschenhand gemachtes Licht gesehen.

Der notwendige Dampfheizungswagen war leider in Beaufort West abgehängt worden. So wurde es jetzt auch im Zug sehr kalt, erst die Sonne wärmte den Zug am nächsten Morgen wieder auf.

Die wenigen Güterzüge, die uns in dieser Nacht begegneten, waren allesamt Containertransporte. Die meisten Ausweichgleise auf der Strecke waren außer Betrieb, weil Lastwagen den regionalen und lokalen Güterverkehr übernommen haben und das Frachtaufkommen der Bahn signifikant gesunken ist. Dennoch wurde die Strecke weiter ausgebaut, Kurven und Neigungen wurden begradigt, neue Tunnel unterqueren schwierige Abschnitte, wie um zu zeigen, dass die Bahn eine Zukunft haben wird.

Der letzte Teil der Reise nach Johannesburg wird erst von Ackerland und dann von Bergwerken, deren Abraumhalden bis in die Stadtmitte hin sichtbar bleiben, bestimmt. Einen Besuch wert ist Millsite, kurz vor Krugersdorp gelegen. Neben dem SAR-Lokdepot befindet sich hier eine Abstellgruppe stillgelegter Dampflokomotiven.

Die morgendliche Fahrt durch die Vororte von Jo'burg zeigt einen auffallenden Unterschied zu Kapstadt. Fast jedes Haus besitzt hohe Zäune mit Stacheldraht, und mehrere Bahnhöfe werden von Gewehrposten gesichert.

Von Johannesburg aus setzt der Zug zur letzten Etappe nach Pretoria an, das einen imposanten Hauptbahnhof besitzt, neben dem das berühmte im Kolonialstil erbaute Victoria Hotel steht.

● UNTEN
Elektrische Vorortzüge der SAR zeigen die alte und die neue Bemalung der Triebwagen. Nr. 13150 ist in gelber „Metro"-Lackierung gehalten – ein Zug der Class 5M2A, gebaut von UCW in den 1960er Jahren. Die Gesamtbauzeit dieser Fahrzeuge reichte von 1958 bis 1985. Der Berg im Hintergrund ist Devil's Peak mit dem Tafelberg rechts dahinter.

ISTANBUL – BAGDAD
DER TAURUS EXPRESS

1930 verband der „Taurus Express" (türkisch: „Toros Ekspresı") zum ersten Mal London mit Kairo und Berlin mit Bagdad. Nur über den Kanal und den Bosporus musste man Fährschiffe benutzen. Der Landweg folgte der unter deutscher Leitung erbauten Bagdadbahn, einem türkischen Unternehmen, finanziert von der Deutschen Bank. Einst unter französischer Herrschaft, übernahmen 1880 die Briten die Strecke, bevor sie 1888 an die Türken fiel.

Die Ottomanisch-Anatolische Eisenbahn setzt in Istanbul ein und führt zunächst bis in die heilige Stadt Konya, einem islamischen Zentrum, berühmt für den Mevlevi-Orden mit seinen tanzenden Derwischen.

● OBEN
Die eindrucksvollen Mauern der Zitadelle in Aleppo.

● RECHTS
Ein Poster des „Simplon-Orient Express" zur Eröffnung der „Taurus Express"-Route über Ankara im Jahre 1930.

Im Süden der Türkei verläuft die Bahnlinie über die fruchtbare cilicianische Ebene nördlich des Taurus-Gebirges, die im Gegensatz zu den trockenen Gegenden der Umgebung einigermaßen besiedelt ist. Die Strecke von Adana über Yenice nach Mersin wurde 1886 eröffnet und wird seit 1906 von der Deutschen Bank kontrolliert.

1873 fuhr die CFOA zunächst als Schmalspurbahn an der nördlichen Küste des Marmarameers entlang und über die Ak-Ova-Ebene. Hinter Arifiye windet sich die Linie in 36 m Höhe durch die

INFO-KASTEN

TAURUS EXPRESS	
Endpunkte	Istanbul und Bagdad
Länder	Türkei und Irak
Entfernung	2566 km
Baubeginn	1893

● GANZ LINKS
Die ersten CIWL-Schlafwagen im asiatischen Teil der Türkei, hier im „Anatolien-Express“ des Jahres 1927. Sie liefen ab 1930 im „Taurus Express“.

● LINKS
Ein Schlafwagenabteil der Bauart SG, die in Birmingham für den „Taurus Express“ gebaut wurde. Man beachte den Halter für Taschenuhren über dem Bett.

Baleban-Schlucht, danach über die kleine Akhisar-Ebene mit Tabak-, Getreide- und Maulbeer-Anbau. Die Linie führt in 294 m Höhe durch eine weitere Schlucht, deren Wände sich 90 m über die Bahn erheben, bis Bilecik, einem Paradies für Dampflokfreunde. Hier kam die letzte 1'E1'-Tenderdampflokomotive der Westtürkei zum Einsatz, die Züge mit 2,5 % Steigung 16 km weit und 390 m hoch nach Eskeşehir schleppte.

In Eskeşehir befindet sich das Hauptausbesserungwerk der Türkischen Staatsbahn TCDD. Von hier aus führte eine Zweiglinie nach Angora (berühmt für seine Wolle), die 1892 fertig wurde. Im Jahre 1921 benannte Kemal Attatürk Angora in Ankara um und erklärte sie zur Hauptstadt der modernen Türkei. Der britische Botschafter, der nicht in das abgelegene Ankara umziehen wollte, mietete sich einige Schlafwagen und einen Speisewagen von der CIWL und wohnte darin von Montag bis Freitag in Ankara, um am Wochenende in seinen Botschaftspalast in Istanbul zurückzukehren.

1927 brachte die CIWL den „Anatolia Express“ auf den Weg nach Ankara, was jedoch auf den Widerstand Russlands stieß, das den „Drang nach Osten“ einer deutsch-beeinflussten Eisenbahn wie der Türkischen Staatsbahn missbilligte. Im Jahre 1895

● OBEN
Nach dem Krieg gab es nur noch zwei reine CIWL-Züge, den „Train Bleu“ in Frankreich und den „Ankara Express“ in der Türkei. Ein solcher Zug, geführt von einer 1'D1'-Mikado von Henschel, fährt 1957 in Istanbul ein.

● UNTEN
Ein Blick auf das syrische Aleppo, wie es sich von der Zidatelle aus zeigt.

begannen, wiederum mit deutscher Hilfe, die Bauarbeiten an einer Eisenbahn von Konya nach Bagdad. Bei Ausbruch des 1. Weltkrieges reichte die Linie von Konya bis Samora (heute Irak), 290 km südlich von Mossul und nur 121 km vor Bagdad.

Von Konya aus verläuft die Bahnlinie über die 64 km lange, gleichnamige Ebene, gefolgt von der Karaman-Ebene, bis Cakmak, von wo aus sie in 29 km von 61 m auf 366 m steigt, meist mit 2,5 % Steigung. Der Scheitelpunkt liegt bei Kardesgedigi, wo die Strecke auf die 1935 gebaute Linie aus Ankara trifft. Seit dieser Zeit verkehrt der „Taurus Express" über Ankara, und die Verbindung über Konya wurde zur Nebenstrecke degradiert.

Bei Kardesgedigi passiert der Zug das Cilicianische Tor Richtung Yenice, und die Eisenbahn fährt durch das Taurus-Gebirge in 105 km von 1468 m Höhe auf 34 m hinab. Pozanti, die einzige Stadt weit und breit, liegt 32 km hinter dem höchsten Punkt. Die deutschen Eisenbahnbauer waren der Ansicht, eine Streckenführung von Adana aus an der Küste nach Antiochia liege zu nahe am (britisch dominierten) Mittelmeer, und so wählten sie die schwierigere Strecke über 732 m hinauf nach Fevsipasa, für die der 1495 m lange Amanus-Tunnel gebohrt werden musste. Der „Taurus Express" windet sich nun südwärts durch Meydan Ekbez nach Aleppo (heute Syrien). Von Aleppo führt die Linie weiter nach Tripoli (heute Libanon) und weiter Richtung Palästina.

1927 gründete Attatürk die Türkische Staatsbahn. 1919 hatten die Franzosen die Verbindug Pozanti – Favaipasa gebaut. Sie gründeten zwei Gesellschaften: Cenup oder Südtürkische Bahn und die Syrien-Bagdad-Bahn. Beide wurden von demselben Vorstand geführt. Zwischen Aleppo und Tel Kotchek, 76 km vor der syrischen Grenze bei Nusaybin, betrieben beide Gesellschaften die Strecke gemeinsam. Bis 1939 verließen Reisende nach Bagdad den Zug in Tel Kotchek, heute El Yaroubish, wo ein Gasthaus der CIWL stand. Busse oder Autos brachten die Passagiere nach Kirkuk, dem Endpunkt der schmalspurigen Linie nach Bagdad. 1940 erreichte die Bagdadbahn Sanora. Nach 1940 wurde der „Taurus Express" ein durchgehender Zug von Istanbul ins 2566 km entfernte Bagdad mit Schlaf- und Speisewagen. Erst im Jahre 1966 musste diese Verbindung eingestellt werden.

Vor dem Zweiten Weltkrieg verkehrte der „Taurus Express" dreimal die Woche bis Tel Kotchek und ebenso oft nach Tripolis.

● OBEN
Ein Besuch in Ägypten ist nichts ohne eine Fahrt mit dem Nilschiff. Hier sind ein solches Linienschiff und eine Felluca bei Kairo zu sehen.

● OBEN LINKS
Die eindrucksvolle Statue der Sphinx bei Gizeh vor den Toren Kairos.

● LINKS
Der Schnellzug Istanbul – Ankara bei Kayseri.

● LINKS
Der „Taurus Express" nahe Bogazkopru.

In Tripolis übernahmen Automobile des Typs Ford Model A die Fahrgäste. Um der Hitze zu entgehen, fuhr man früh am Morgen nach Beirut, wo man vier Stunden pausierte, bevor es nach Haïfa weiterging. Um die Berge zu umgehen, fuhren die Autos über den Strand, eine Straße gab es damals noch nicht.

Von Haïfa aus ging es im CIWL-Schlafwagen über Rafa. Lydda Juntion (Jerusalem) und Gaza ins ägyptische Kantara-Ost. Die Palestine Railways fuhren bis Kantara, wo die Pontonbrücke über den Suezkanal zugunsten größerer Schiffe abgebaut worden war. Bahnreisende wurden per Fähre von Kantara nach Kantara-West übergesetzt, wo sie den letzten der vier Tageszüge der Ägyptischen Staatsbahn erreichten.

● RECHTS
Eines der sieben Weltwunder, die Pyramiden von Gizeh, sind ein ebenso romantisches wie eindrucksvolles Zeichen dafür, dass sich der Zug aus Assuan nun Kairo nähert.

ISTANBUL – KARS
DER DOGU EXPRESS

• UNTEN
Der „Dogu Express“ bei Eric.

Der „Dogu Express“ (türkisch:„Dogu Ekspresı“, deutsch: Ost-Express) verbindet Istanbul mit Kars kurz vor der Grenze nach Armenien.

Kemal Attatürk machte Ankara als damals östlichsten Bahnhof seines Reiches zur neuen Hauptstadt der Türkei. Er trieb den Bahnbau aber rasch weiter nach Osten voran. Von Ankara (876 m hoch gelegen) fährt die Bahn über 300 km hinab in das nur 305 m hoch gelegene Pazali.

Nach Südosten weiterführend, passiert die Strecke eine Munitionsfabrik, bevor sie sich in Bogazkopru verzweigt. Der „Taurus Express“ nach Adana hält sich südwestlich, während sich der „Dogu“ nach Nordosten wendet. 1935 führten die Gleise bis nach Kayseri, 378 km hinter Ankara.

Der „Dogu Express“ fährt in die Großstadt Sivas, 1185 m über dem Meer gelegen. Dort steht das Haupteisenbahnwerk der Osttürkei. Eine 1936 vollendete Bahnlinie zweigt kurz vor Sivas nach Samsun am Schwarzen Meer ab, wo Attatürk 1918 seinen Siegeszug über das Osmanische Reich in Gang setzte.

Von Sivas aus wendet sich der „Dogu Express“ südwestlich, überquert einen Höhenzug, um danach in das Tal des oberen Euphrats nach Cetinkaya hinunter zu fahren. Der folgende Abschnitt führt durch die Schlucht von Atma, einer stark erdbebengefährdeten Region. In diesem Bereich konnte die Bahnlinie erst 1967-68 fertig gestellt werden. Doch diese Bahnlinie ist ein Meisterwerk türkischer Ingenieurskunst: 13 Tunnel auf 50 km Strecke nach Erzincan. Bei Eric, einem Ort in einer kleinen, häufig überfluteten Ebene mit wenigen Feldern und mageren Obstbäumen, hält sich die Bahn oberhalb des Flutgebietes und muss dafür auf 17 km 14 Tunnel durchfahren.

• OBEN
Eine der besten Dampfloktypen der Türkei ist dieser 1'E-Typ, der mit seiner wuchtigen Erscheinung an US-amerikanische Maschinen erinnert. Kein Wunder, denn der „starke“ Typ wurde 1947–49 von den Vulcan Ironworks in Wilkes Barre, Pennsylvania, gebaut

• LINKS
Eine Ansicht der türkischen Hauptstadt Ankara, aufgenommen von der Festung.

● LINKS
Diese 1'D-Consolidation der TCDD wurde 1912 von Humbolt in Paris gebaut.

● MITTE
Eine weitere US-amerikanische 1'E vor einem Güterzug im Norden der Türkei.

INFO-KASTEN	
DOGU EXPRESS	
Endpunkte	Istanbul und Kars
Land	Türkei
Entfernung	1944 km
Eröffnung	1936

● UNTEN
Die Sultan-Achmed-Moschee in Istanbul.

Auf den Zwischenstreckengibt es viele Brücken, auf denen die Bahn die zahlreichen Flussläufe und Schluchten überquert, die sämtlich zum Euphrat führen. Da gibt es Steinbrücken, Fischbauchbrücken Beton- und Metall-Kastenträgerbrücken – eine wahre „Tour de Force", denn die Abgründe fallen fast senkrecht ab, so dass einem Angst und Bange wird.

Schließlich führt die Bahnlinie hinab nach Erzincan, das nur noch 112 m über dem Meeresspiegel liegt. Im Jahre 1937 begannen die Turken, die Strecke von Erzincan aus westwärts zu bauen, und zwei Jahre später wurde bereits die 200 km lange Strecke gen Osten nach Erzerum, der Hauptstadt der Osttürkei, fertig gestellt. Von dort aus fährt der Zug durch eine Reihe weiterer Tunnel, bis er das Tal des Araxes erreicht.

Der „Dogu Express" folgt dem Araxes bis Horasan, wo er nach Norden abbiegt und nach 3 km langer Steigung im Horasan-Tunnel verschwindet.

Danach beginnt der mit 2,5 % Gefälle recht steile Abstieg durch Nadelwälder nach Sarikamis. Die von dort ausgehende Anschluss-Strecke nach Kars wurde 1913 in russischer Breitspur-Gleisformation (1524 mm) vollendet. Der „Dogu" endet hier. Von Kars führt seit 1916 eine Schmalspurbahn nach Erzerum.

ISTANBUL – TEHERAN
DER VAN GOLU EXPRESS

Der „Van Golu Express" war eine der letzten Strecken der Türkischen Staatsbahn TCDD, die den Westen und den Osten des Landes miteinander verbanden. Der 97 km lange und 1719 m hoch gelegene Van Golu See war bis 1964 ohne jegliche Bahnverbindung.

Der „Van Golu" hat zwischen Istanbul und Cetinkaya denselben Lauf wie der „Dogu Express", folgt dann aber dem Euphrat bis Malatya, das bereits über eine Bahnlinie aus Fevsipasa erreichbar war. Im Jahre 1939 wurde die Linie bis in das 1000 m hoch liegende Elazig erweitert. Die schwierige Bergstrecke von Elazig wurde erst nach dem Zweiten Weltkrieg in Angriff genommen. Sie erreichte 1954 Genc und 1955 Mus.

Zehn Jahre vergingen, bevor die Linie Tatvan am westlichen Ufer des Van Golu erreichte. Der erste Teil der Route folgt dem Fluss Ningrad, der in südöstlicher Richtung fließt, sich ruhig durch einen Höhenzug windet, um seine Fluten in den Tigris zu ergießen. Höhere Berge versperren den Zugang zum Van Golu. der „Van Golu Express" endet in Tatvan am Pier, 1884 km östlich von Istanbul. Die TCDD unterhält eine Eisenbahnfähre, die den See in vier Stunden überquert. Im Ort Van startet eine andere Bahnlinie nach Osten, die nach 160 km Kapikoy erreicht, der Grenzstadt nach Razi im Iran.

Die Iraner bauten die 151 km lange Fortsetzung dieser schwierige Strecke durch ein lebensfeindliches, hoch aufragendes Felsengebirge nach Sharifkhansh, das an der Strecke von Djulfal an der armenischen Grenze nach Tabriz und Teheran liegt. Eine der wenigen Siedlungen an jener Strecke ist Kotur, nicht sehr weit vom See Urmia entfernt, der fast so groß wie der Van Golu ist. Dieser Streckenabschnitt wurde 1971 eröffnet, und von nun an bewältigten einige Jahre lang iranische 1. Klasse-Liegewagen und 1. Klasse-Sitzwagen der TCDD die 3059 km lange Bahnlinie von Istanbul nach Teheran in drei Tagen und zwei Nächten. Der Zug führte zwischen Razi und Teheran auch einen Speisewagen.

● UNTEN
Der nach Osten fahrende „Van Golu Express" hinter Malatya.

● LINKS
Eine ehemalige deutsche Kriegslok (52 mit Wannentender) führt einen typischen türkischen, gemischten Zug, bestehend aus Güter- und Personenwagen.

INFO-KASTEN

VAN GOLU EXPRESS	
Endpunkte	Istanbul und Teheran
Länder	Türkei und Iran
Entfernung	3059 km
Eröffnung	1965

Der Iran besaß vor dem Zweiten Weltkrieg noch keine Eisenbahn. Im Kriege bauten britische Ingenieure eine Linie von Nader Sharpur am Persischen Golf über Teheran nach Bandar Shah am Schwarzen Meer, um Nachschub für die Sowjetunion unter Umgehung des gefährlichen Seeweges über Nord- und Ostsee zu transportieren. Die Weiterführung nach Djulfa, wo sich eine russische Breitspur-Bahnlinie anschloss, wurde erst später fertig gestellt. Heute fährt der „Van Golu" dreimal in der Woche von Istanbul nach Tatvan.

● OBEN
Die deutschen Kriegslokomotiven der BR 52 waren in der Türkei über Jahrzehnte hinweg am weitesten verbreitet. Insgesamt wurden von der 1190 kWi starken Baureihe 52 etwa 6285 Exemplare gebaut, um Deutschland im Zweiten Weltkrieg zu unterstützen.

● OBEN
Der Eröffnungszug der Bandar-Abbas-BAFGH-Bahn im Iran.

● RECHTS
Eine Doppeltraktion deutscher Lokomotiven: Es führt eine 2'D-Maschine, gefolgt von einer 1'D1'-Lok aus dem Hause Henschel von 1937, die der deutschen BR 41 ähnelt.

BASRA – BAGDAD

Die erste Eisenbahnlinie in dem Land, das einst Mesopotamien hieß (heute Irak), entstand in den letzten Jahren des Osmanischen Reiches. Aber es war die britische Armee, die gleich zu Beginn des Ersten Weltkrieges Mesopotamien besetzte und den größten Teil der heute noch betriebenen Bahnlinien errichtete. Der auf Grund von Ölvorkommen reiche Irak vereinbarte mit Syrien ein Ausbauprogramm für Schnellzüge auf der Strecke Damaskus – Bagdad, dieser alten, vom Deutschen Kaiser 1909-13 für das verbündete Osmanische Reich gebauten Strecke. Die Strecke besitzt Normalspur 1435 mm und führt durch die Wüste nach Basra am Persischen Golf. Heutzutage fahren auf dieser Strecke nur selten Züge, und die Geschwindigkeit von Postschnellzügen der gehobenen Klasse erreicht gerade einmal durchschnittliche 48 km/h. Der schnellste Zug auf der Strecke schafft die 542 km zwischen Basra und Baghdad in elf Stunden.

● LINKS
Bagdad Hauptbahnhof.

● UNTEN LINKS
Eine 1'D der Syrischen Staatsbahn, 1914 bei Borsig in Berlin gebaut, im Einsatz südlich von Damaskus.

INFO-KASTEN

Endpunkte	Basra und Bagdad
Land	Irak
Entfernung	542 km
Eröffnung	1914

Züge der trans-iranischen Bahn haben ihre südliche Endstation in Khorramshah. Die Linie führt als erstes nach Abadan, heute Banda Khomeini. Eigentlich eine Insel, ist Abadan mit seinen zahlreichen Öl-Pipelines Sitz großer Raffinerien. Als Abadan Anfang des 19. Jahrhunderts von den Türken zerstört wurde, weil Khorramshahs Wirtschaft auf das nahegelegene Basra aus war, schritten Großbritannien und Russland ein und besetzten die Gebiete zu beiden Seiten des Kuran-Flusses, um den Frieden wieder herzustellen. Doch sie rechneten nicht mit dem feindlichen Fluss selbst, einem Arm des Schatt-al-

Arab, der plötzlich seinen Lauf änderte und die durchaus ehrenhaften Friedensabsichten zunichte machte. Wie die jüngste Geschichte zeigt, ist dort bis heute kein Frieden eingekehrt. Basra, einst im Iran gelegen, ist heute eine Irakische Stadt, doch der Hass dauert an und führte zu einem heftigen Ausbruch, als ich in Khorramshah ankam und angab, nach Basra reisen zu wollen. Schließlich schaffte ich es, nachdem ich kilometerweit durch wüstenartiges Niemandsland gewandert war und mich häufig unfreundliche und schwer bewaffnete Kontrollposten aufgehalten hatten.

Eine Schar freundlicher Iraki nahm mich in Basra auf. Diese Stadt ist geprägt von einer Vielzahl verschiedenster Einflüsse: karmaritische, mongolische, türkische, europäische und zu einem geringen Teil auch islamische Akzente bestimmen das Bild dieser Stadt. Am Bahnhof schloss ich Freundschaft mit dem Vorsteher, wurde zum Tee eingeladen und, als er erfuhr, dass ich meine Schecks der Barclays Bank nicht eingelöst bekam (sie gelten als Fluch Israels), überreichte er mir eine Fahrkarte 1. Klasse für den klimatisierten Luxus-Nacht-Express nach Bagdad.

Von Basra in die irakische Hauptstadt sind es 611 km, die in neun Stunden überwunden werden, zweifellos eine gute Zeit für diese Gegend.

Meine Unterbringung im Zug entsprach Europäischem Standard, und nach Wochen der Entbehrungen und einer Reise zu Fuß, mit Bussen und mit Lastwagen, erschien mir dieser Zug wie das Paradies. Am nächsten Morgen erreichten wir die Irakische Hauptstadt.

OBEN
Eine in Syrien gebaute 1'C-Tenderlok aus den 1890er Jahren verlässt Damaskus mit einem sonntäglichen Extrazug.

LINKS
Nach einem heißen Tag bringt die Abendsonne etwas mildere Kontraste in den Wald zwischen Syrien und dem Libanon. Diese in der Schweiz gebaute 1'C-Tenderlok ist mit dem abendlichen Personenzug in Richtung Damaskus unterwegs.

Damaskus – Medina

Jeder Moslem sollte zumindest einmal in seinem Leben den Geburtsort Mohammeds, Mekka, besucht haben. Noch im 19. Jahrhundert war dieses Ansinnen extrem gefährlich. Die Araber wurden von der osmanischen Herrschaft unterjocht, und größere türkische Pilgergruppen wurden von Aufständischen auf ihrem Weg durch die Wüste dahingemeuchelt. Schließlich willigte der türkische Sultan ein und ließ eine Eisenbahn von Damaskus nach Mekka bauen, damit die Pilger sicher reisen konnten. Der Streckenbau begann 1901, und sieben arbeitsreiche Jahre und 1302 km später erreichte er Medina, wo Mohammed begraben liegt. Diese Linie erhielt den Namen „Hedjaz“ nach einer Landschaft am Roten Meer in Arabien, in der die heilige Stadt liegt.

Schwierigkeiten beim Bau gab es fast auf jedem Kilometer: Aufständische Araber griffen die Bahnarbeiter an, die Hitze wurde unerträglich, und oftmals erzwangen Sandstürme die Einstellung der Bauarbeiten. Rasend und in Sorge, ihre heilige Stadt könnte befleckt werden, verweigerten die Araber die Weiterführung der Linie nach Medina. In blinder Wut ermordeten sie hunderte von Bauarbeitern. Die Osmanen gaben schließlich auf, und so mussten die Pilger weiterhin die letzten 370 km von Medina nach Mekka zu Fuß zurücklegen.

Nur sieben Jahre verkehrte der „Hedjaz“, dann brach der Erste Weltkrieg aus. Die Türken waren mit den Österreichern und den Deutschen verbündet, die arabischen Nationalisten wurden von den Briten unter Oberst Lawrence unterstützt. Ihm gelang es, Teile des „Hedjaz“ zu erobern. Um dem Feind den Zugang zu erschweren, ließ er große Teile der Bahnlinie sprengen. Die Zerstörungen waren so groß, dass noch heute die Züge bereits in Ma'an im südlichen Jordanien enden. Der saudiarabische Teil ist noch heute, 70 Jahre später, verwahrlost und die meisten der

● OBEN
Eine 1'D1'-Mikado durchquert die Wüste, etwa 50 km hinter Amman. Die Syrer schlossen 1983 den Personenverkehr nach Saudi-Arabien, nahmen ihn aber 1987 wieder auf.

● LINKS
Nippon Pacific Nr. 82 stürmt mit Volldampf aus Amman hinaus.

● RECHTS
Eine Mikado hält mit ihrem Güter-/ Personenzug in Mafraq nahe der syrischen Grenze. Diese Zugverbindung besteht zweimal pro Woche zwischen Syrien und Saudi-Arabien.

Lokomotiven von damals liegen nach wie vor neben den Gleisen im Sand…

Nach verschiedenen Grenzänderungen berührt der „Hedjaz" heute drei Länder, die alle von dem Wiederaufbau der 845 km-Strecke von Ma'an bis Medina profitierten. Die Arbeiten begannen im Jahre 1963. Doch Naturgewalten bemächtigten sich abermals des Bauwerkes, sintflutartige Regenfälle beschädigten die Strecke. Die halbe Strecke musste ausgebessert werden. Der größte Teil der Bauarbeiten war 1967 bei Ausbruch des Arabisch-Israelischen Krieges beendet. Dann stoppte Saudi-Arabien den Bahnbau und nahm ihn bis heute nicht wieder auf.

● LINKS
Eine 2-8-2 überquert ein Viadukt bei Amman.

● UNTEN
Die Nippon Pacific No. 82 auf dem Viadukt bei Amman.

INFO-KASTEN

Endpunkte	Damaskus und Medina
Länder	Syrien, Jordanien und Saudi Arabien
Entfernung	1302 km
Eröffnung	1908

MOSKAU – WLADIWOSTOK
DER TRANS-SIBIRIEN-EXPRESS

Bis ins Jahr 1858 gehen die Bestrebungen zurück, eine transsibirische Eisenbahn von Moskau zum Pazifischen Ozean zu bauen. Durch den Krimkrieg verzögerten sich offizielle Planungen jedoch bis 1875. In den Folgejahren gab es immer wieder neue Vorschläge, bis die russische Regierung 1891 den endgültigen Plan verabschiedete und Kronprinz Nikolaus II in Wladiwostok den ersten Spatenstich vollzog. Das Projekt war zweifellos eines der ehrgeizigsten der Welt und wurde in den Kreisen der russischen Regierung als große Chance angesehen, die entlegenen Landesteile besser miteinander zu verbinden, den unermesslich weiten Osten zu erschließen und den Einfluss

● LINKS
Der Bahnhof Yaroslav, Konsomol Square in Moskau. Er wurde 1906 von dem Architekten Franz Shekhiel gebaut und ist die westliche Endstation der Transsibirischen Eisenbahn.

● UNTEN
Der Kreml und die Moskwa in Moskau.

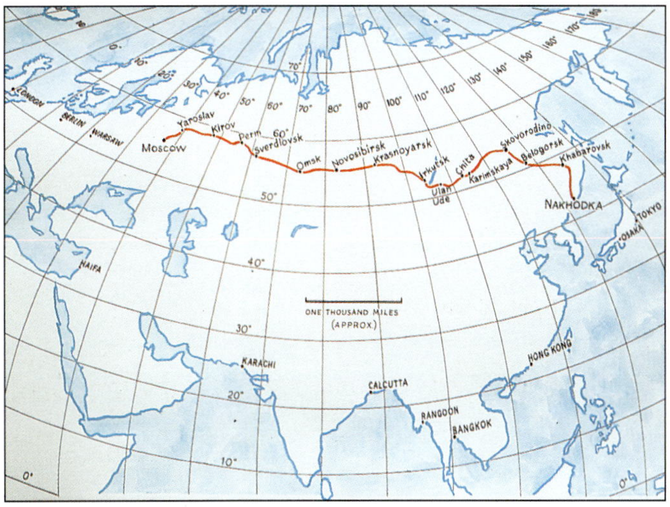

● GANZ LINKS
Eine Karte zeigt die Route der Transsibirischen Eisenbahn.

● LINKS
Menschen stehen für Essen und Trinken im Gorki-Park in Moskau Schlange.

● UNTEN MITTE
Wartende auf dem Bahnhof von Khabarovsk.

auf das zu jener Zeit schwache China zu erhöhen.

Zwölf Jahre lang schufteten die Gleisarbeiter, bis 1903 der erste durchgehende Zug verkehrte, allerdings damals noch mit einem Fährabschnitt über den Baikalsee. Wurde das Eis im Winter für Eisbrecher zu dick, legte man Gleise auf das Eis, und der Zug fuhr direkt über den tiefsten See der Erde. Die Bahnlinie am felsigen Südufer des Baikalsees wurde erst 1905 fertig gestellt. Auf 68 Streckenkilometern mussten 38 Tunnel gebohrt werden, denn zuweilen fällt die Küste beinahe senkrecht über 1200 m ab. Der mit 17,5 ‰ steilste Abschnitt liegt gleich östlich von Ulan Ude.

Zunächst verlief ein Teil der Strecke durch die Mandschurei (bekannt geworden als Chinesische Ostbahn) von Tschita über Harbin nach Wladiwostok. Man wählte die Streckenführung über das relativ flache chinesische Territorium, um eine kürzere und damit billigere Route zu erhalten. Dieses Vorhaben änderte sich mit dem Ausbruch des japanisch-russischen Krieges 1905. Die „Transsib" wurde die einzige Verbindung für Truppen und Nachschub aus dem europäischen Russland an die Pazifikküste. In aller Eile errichtete man von Tschita aus eine Strecke durch das Tal des Amar und Chabarowsk nach Wladiwostok. Diese Verbindung war zwar um einiges länger, verlief aber vollständig auf russischem Territorium.

Die „Transsib" führte nun von Moskau über Omsk, Irkutsk (am Baikalsee) und Chabarowsk nach

● RECHTS
Der „Trans-Sibirien-Express", eine Eisenbahn-legende.

● LINKS
Die Arkaden und der Turm des Moskauer Reká-Bahnhofes.

● UNTEN LINKS
Die Eisenbahnbrücke bei Nowosibirsk über dem Ob, die zwischen 1896 und 1901 errichtet wurde, besteht aus sieben Hauptbögen und ist insgesamt 814 m lang.

● UNTEN RECHTS
Der „Trans-Sibirien-Express" in Tschita.

Wladiwostok und verlief zunächst eingleisig, bevor 1913 der größte Teil doppelgleisig ausgebaut worden war. Die letzten Abschnitte waren aber erst in den 1950er Jahren zweigleisig befahrbar. Mitte der 1970er Jahre waren etwa zwei Drittel der Strecke elektrifiziert.

Die interessantesten Bauwerke auf der Linie sind die Brücken. Allein im westlichen Teil der Strecke gibt es acht Brücken von über 300 m Länge und über 600 m Höhe, etwa diejenigen über den Irtysch, den Ob und den Jenissej. Bei Chabarowsk an der mandschurischen Grenze führt die Bahn auf einer besonders langen Brücke über den Amur.

Zwischen den beiden Weltkriegen bot allein der „Trans-Sibirien-Express" einen durchgehenden Reisezugdienst mit luxuriösen Schlaf- und Speisewagen. Außerdem fuhr der „Blaue Express", der die üblichen Wagen mit harter und weicher Polsterung vorhielt sowie einen Schlafwagen. Diese mit acht bis neun Wagen relativ leichten Züge benötigten für die 9611 km lange Reise von Moskau nach Wladiwostok knapp zehn Tage, die Durchschnittsgeschwindigkeit betrug demnach „schlappe" 40 km/h.

Im Jahre 1913 schrieb ein englischer Reisender namens Pearson ein detailliertes Reisetagebuch. Seine Fahrt begann im Jaroslaw-Bahnhof von Moskau, wo eine auf Hochglanz polierte Pacific mit einer langen Reihe goldfarben und grün lackierter Wagen stand. Die Gänge in den Wagen waren mit Teppichen ausgelegt, der Speisewagen verfügte über eine eindrucksvolle, elfenbeinfarbene Decke, große Flachglas-Fenster und eine hochwertige Holztäfelung. Der Zug hielt ferner einen Waschraum, eine Bordapotheke sowie einen Lese- und einen Spielsaal vor.

Neun Tage an Bord eines Zuges sind sicher nicht jedermanns Sache, doch es gibt auch viele Eisenbahnfreunde, für die dieses Erlebnis ein großer Traum ist. Der Autor erlebte diese Reise zur Zeit der Sowjetunion und deshalb nicht uneingeschränkt als Traum. Zwar waren die Vierbett-Abteile der Polsterklasse („Westlern" war es verboten, in der Holzklasse zu reisen) geräumig und sauber, doch ein Lautsprecher verbreitete fortwährend stalinistische Parolen. Und sämtliche Details, vom Kleiderhaken bis zum Lesestoff, waren – bis auf den Tee – von erschreckend schlechter Qualität.

● OBEN
Reisende auf einem Moskauer Bahnhof.

● LINKS
Der Trans-Sibirien-Express „Rossija" (links) neben dem „Peking Express" Wegen eines Unfalls mussten beide Züge hier, westlich von Irkutsk, anhalten.

● UNTEN LINKS
Traditionelles Holzhaus.

INFO-KASTEN
TRANS-SIBIRIEN-EXPRESS

Endpunkte	Moskau und Wladiwostok
Land	Russland
Entfernung	9611 km
Eröffnung	1903

Brüssel – Hong Kong

Es gibt nicht einmal in dem „Weltkursbuch“ von Thomas Cook ein Ungetüm wie den „Trans-Sibirien-Express“. Aber es gibt einen Zug Nr. 2, der ebenfalls zwischen Moskau Jaroslaw und Wladiwostok verkehrt, und eine Reihe weiterer interessanter Züge wie den „Sabajkal“, „Rossija“ und „Tomitsch“, die den größeren Teil der 9297 km absolvieren und somit auch „Trans-Sibirien-Express“ genannt werden könnten. Um die Route des „Roten Pfeil“ (Sammelbegriff für eine Reihe von Zügen zwischen Brüssel und Hong Kong) zu bereisen, benutzten wir von Moskau nach Irkutsk den „Sabajkal“.

● LINKS
Das Zuglaufschild „Irkutsk – Moskwa“ an einem Wagen des „Sabaikal Express“.

● UNTEN
Ein Schmalspur-Dampfzug für Eisenbahnfreunde in Polen.

Um mit der Bahn von Brüssel nach Moskau zu gelangen, ist der „Ost-West -Express“ die bequemste Lösung. Der Zug verlässt Brüssel um 15 Uhr 55 und erreicht in der zweiten Nacht um 22:05 den Smolensker Bahnhof in Moskau. Er ist heute wesentlich komfortabler ausgestattet als zu kommunistischen Zeiten. Damals kosteten zermürbende Kontrollen an der Grenze zur DDR, nach Polen und in die Sowjetunion vier Stunden Fahrt, die Zeit nicht mitgerechnet, die in Brest verging, um die Wagen für die breitere, russische Spurweite umzurüsten.

● RECHTS
Die beschädigte Gedächtniskirche in Berlin erinnert noch heute an die unabsehbaren Folgen eines Krieges.

INFO-KASTEN

Endpunkte	Brüssel und Hong Kong
Länder	Belgien bis China
Entfernung	21.384 km
Eröffnung	1949

Die Langstreckenzüge auf der „Transsib" sind einigermaßen komfortabel. Die Sitze der Hart- und Polsterklasse werden in der Nacht zu Betten umfunktioniert. In jedem Wagen hält ein Samowar ständig frischen Tee vor, der von Zugbegleitern in die Abteile gebracht wird. Die beste Reisezeit durch Sibirien ist der frühe Herbst, wenn endlose Birkenwälder ihr flammendes Gold entfalten. Die eindrucksvollsten Aussichten eröffnen sich auf den riesigen Brücken über den sibirischen Strömen Lena, Ob und Jenissej.

Nach vier Tagen Fahrt beschränken sich die Vorräte im Speisewagen hauptsächlich auf Borschtsch (Gemüsesuppe), Makkaroni und russischen Champagner. Dann erreicht der Zug Irkutsk, die Hauptstadt Sibiriens. Die Stadt ist nicht unattraktiv mit ihren gut erhaltenen Holzhäusern aus der Zeit Tschechows. Von hier aus

● LINKS
Ein russischer Reisezug nähert sich einem ländlichen Bahnhof.

● RECHTS
Ein Blick aus dem Schnellzug Ulan Bator – Peking.

● UNTEN
Ein Blick aus dem Zugfenster in die ländliche Mongolei.

fahren Kurswagen als „Irkutsk-Ulan Bator-Express" nach Ulan Bator, der Hauptstadt der Mongolei. Einige Wagen fahren einmal die Woche sogar durch bis in die chinesische Hauptstadt Beijing (Peking). Vielleicht haben sich die Zustände ja gebessert, doch damals war der Zug so dreckig wie die Decken, mit denen man sich schlafenlegen sollte. In Ulan Ude an der russisch-mongolischen Grenze setzte sich eine rostig-pinkfarbene, (mehr Rost als Pink) Diesellok der Mongolischen Staatsbahn vor den Zug und führte ihn von den Ufern des Baikalsees südwärts über einen unbedeutenden Höhenzug und welliges Land, die Heimat wilder Kamele, wilder Pferde und des Gobi-Bärs. Gelegentlich ziehen am Fenster windschiefe Sechseckzelte, so genannte Jurten, vorüber. Strom gibt es hier keinen, auch nicht für die Eisenbahn.

Das schönste Gebäude von Ulan Bator ist der kleine und gut gepflegte Bahnhof. Die Stadt selbst ist langweilig, erbaut im quadratischen Sowjet-Stil mit grimmigen Regierungsgebäuden, die man in den letzten Jahren immerhin neu gestrichen hat. Von Ulan Bator aus gibt es außer unserem Zug eine weitere wöchentliche Verbindung nach Peking.

Die Weiterreise nach China erfolgte in einem chinesischen Wagen, der einen großen *Kom*fortschritt gegenüber dem mongolischen darstellte; es gab Lampen mit Lampenschirmen, Jasmintee in Kännchen, feine Sitzbezüge und Vorhänge aus Kattun.

In Erlan, 36 Stunden später, müssen wieder die Drehgestelle der Wagen getauscht werden, von der russisch-mongolischen (1524 mm) auf chinesische Normalspur (1435 mm). Bei dieser Prozedur können die Fahrgäste zusehen. In Erlan übernimmt eine neue chinesische Elektrolok den Zug und führt ihn durch die Provinz „Innere Mongolei".

In den vergangenen Jahren hat es in

● LINKS
Ein Personenzug „heizt" durch die ehemalige DDR.

● UNTEN
Der „Ulan-Bator-Express" fährt durch die bewaldeten Berge der Mongolei.

China einen Eisenbahnbauboom gegeben. Zur Zeit der so genannten „Volksbefreiung", 1949, konnten nur noch 11.000 km Gleis befahren werden, der Rest war durch den Bürgerkrieg beschädigt oder zerstört worden. Heute misst das chinesische Streckennetz mehr als 55.000 km, und während 1949 noch sieben Provinzen ohne Bahnanschluss waren, ist es heute nur noch das „autonome" Tibet, doch die Bahnlinie nach Lhasa ist seit langem im Bau.

Datong ist ein Begriff für jeden Dampflokfreund, denn in einer großen Fabrik wurden dort einst gigantische Dampflokomotiven gebaut. Besucher der Stadt aus dieser Zeit schätzten sich glücklich, durch das Werk geführt zu werden und die Entstehung von Monstern wie der 1'E1'-Lok der QJ-Klasse zuzusehen, und ganz wenigen war das Glück beschieden, bei einer Probefahrt einer fabrikneuen Dampflokomotive dabei sein zu dürfen. Peking, die Hauptstadt, ist nicht die größte Stadt Chinas. Diese Ehre geht an Schanghai, doch werden in Peking die Richtlinien der Politik bestimmt. Der Hauptbahnhof war damals noch nicht durch den heutigen Riesenbau ersetzt und quoll förmlich über von Menschen.

Die Strecke von Peking nach Süden ist ebenfalls elektrifiziert, die Fahrt bis Hong Kong dauert 36 Stunden. Die Strecke ist sehr abwechslungsreich. Sie führt durch ausgedehnte Städte, über breite Flüsse wie den Yangtse, traumhafte Landschaften mit grünen, zuckerhutförmigen Bergen und durch die Schluchten von Pei Kiang, bis sie im hochtechnisierten, anglo-chinesischen Hong Kong endet.

Quetta – Zaheidan
Durchs wüste Belutschistan

● OBEN
Die Ortschaft Skardu.

● UNTEN
Eine der pakistanischen Loks für internationale Züge.

Die entlegene Bahnlinie vom pakistanischen Quetta in die südiranische Stadt Zaheidan ist auch als „Nushki-Bahn“ bekannt, obwohl sie viele 100 Kilometer weiter bis zur Grenze und noch 80 km in den Iran hinein führt. Die Zweigstrecke verlässt die Hauptlinie Quetta bei Spezand und hält sich dann parallel zu dem Höhenzug, der die Grenze zu Afghanistan bildet. Die Bahn wurde im Ersten Weltkrieg gebaut, als Briten und Russen das Gebiet zwischen dem Kaspischen Meer und dem Persischen Golf kontrollierten.

Auf den 167 km zwischen Dalbandin und Nok Kundi ist die Landschaft nackt und unbewohnt, es ist die Wüste von Belutschistan. Die Bahnlinie durchmisst die Wüste, deren sandige Oberfläche mit scharfkantigen, schwarzen Felsbrocken übersät ist. Acht Monate im Jahr ist die Hitze unerträglich, und der 120-Tage-Wind wirbelt Schwefelstaub und feinen Sand auf, der sich in alle Ritzen setzt und alle Oberflächen abschmirgelt , auch menschliche Haut. Wenn es hier einmal regnet, durchschnittlich eine Stunde im Jahr (!), schmeckt das Wasser nach Bittersalz. Die Flussläufe sind 90 von 100 Tagen ausgetrocknet und füllen sich dann so plötzlich mit Wasser, dass jede Menge Sand und Steine mitgerissen wird. Die Eisenbahn überquert diese Wasserläufe auf „Irischen Brücken“, das sind Furten, die die Bahn in die Flussläufe hinein und auf der anderen Seite wieder hinausführen. Die Lokführer mussten jeweils entscheiden, ob der Flusslauf passierbar war oder nicht.

Dann gibt es noch die „Do-Reg“, – Wanderdünen, die durch den ständig wehenden Wind immer in Bewegung sind. Eine Wanderdüne lässt sich nicht aufhalten, und wenn eine solche die Bahnlinie bedroht, müssen neue Gleise auf der Leeseite der Düne verlegt

● LINKS
Die mäandrierenden Fluten des Indus.

● UNTEN
Ein typischer pakistanischer Teeladen in Skardu.

werden, damit der Zugverkehr nicht unterbrochen wird. Die Wanderrichtung der Dünen verläuft parallel zum Dasht, ihre Geschwindigkeit beträgt 500–600 m im Jahr. So tauchen von Zeit zu Zeit die versunkenen Gleise wieder aus dem Sand auf. Die Züge benutzen auf „doppelgleisigen" Strecke das jeweils nicht sandbedeckte Gleis.

Zuweilen ist die Düne aber schneller und ein Zug bleibt stecken. Dann müssen die Fahrgäste mit anpacken und die Gleise verlegen. Zusatzschienen, Schwellen und Kleineisen liegen für derartige Fälle neben den Gleisen.

Mit stundenlanger Verspätung kann die Zugfahrt dann durch die feindliche Landschaft fortgesetzt werden. An einer trostlosen Station hält der Zug später so lange, dass es den Fahrgästen wie eine Ewigkeit erscheint, während das Zugpersonal gewechselt wird.

In Mirjaveh an der Grenze zum Iran müssen alle Fahrgäste zur Passkontrolle aussteigen und neue Fahrkarten für die letzten 80 km der Reise nach Zaheidan lösen, das nach durchschnittlich 30 Stunden Fahrt insgesamt erreicht wird.

INFO-KASTEN

Endpunkte	Quetta und Zaheidan
Länder	Pakistan und Iran
Entfernung	650 km
Eröffnung	1916

● LINKS
Kleine Jungen beackern die Felder in Tongul.

LINDI KOTAL – PESHAWAR
DEN KHYBER-PASS HINUNTER

Wohl nur die Briten kommen bereits bei Erwähnung des Khyber-Pass in Wallung Die Berühmtheit des Khyber beruht weniger auf seiner Schönheit als auf seiner Geschichte. Die Geschichte, die man sich heute noch erzählt, ist eine ausschließlich britische, obwohl auch Alexander der Große und die Mogulenfürsten Babur und Humayan hier durch kamen.

Die von den britischen Kolonialherren gebaute Breitspur-Eisenbahn steigt ohne Zahnstangen oder Seilzüge auf 1070 m. Das ist auch für Doppeltraktionen die Fahrt hinauf ein hartes Stück Arbeit. Von Lindi Kotal gab es einst einen einmal wöchentlich verkehrenden Zug, der für die Benutzer kostenlos verkehrte. Es war dies eine Geste der Pakistani an die kriegerischen Volksstämme entlang der Linie, die dafür die Regierung anerkannten und die Bahnlinie in Ruhe ließen.

Die alten Waggons waren eine Herausforderung an die Menschlichkeit, denn die Massen der Fahrgäste drängten sich derart dicht, dass kaum ein Quadratzentimeter frei flieb. Der Autor fand schließlich einen Platz auf dem rechten vorderen Puffer der Dampflok, die 1923 von British Vulcan gebaut worden war. Zwei Pakistani hatten dort bereits Platz genommen, und selbst um den Kessel hing eine Menschentraube.

Die 64 km lange Fahrt ist spektakulär und wurde zu einem unvergesslichen Erlebnis.

● LINKS
Die Fahrgäste vertreten sich in der Nachmittagshitze die Beine.

● UNTEN LINKS
Lok Nr. 2495 stürmt durch einen Einschnitt in die roten Berge des westlichen Pakistan.

● UNTEN RECHTS
Einheimische Musikanten empfangen die Reisenden am Khyber Pass.

INFO-KASTEN

Endpunkte	Lindi Kotal und Peshawar
Land	Pakistan
Entfernung	64 km
Eröffnung	1902

● LINKS
Der Zug nimmt eine Kurve in für West-Pakistan typischer Landschaft.

● UNTEN LINKS
Die pakistanisch-afghanische Grenze am Khyber Pass.

● UNTEN RECHTS
Ein Wachmann vor Regimentabzeichen am Khyber Pass.

Die Strecke zum Khyber ist die steilste vollspurige Adhäsionsstrecke der Welt. Sie wurde in Form eines „Z" ausgeführt, an dessen Eckpunkten der Zug seine Fahrtrichtung ändert. Auf dem steilsten Streckenabschnitt wurden Sicherheitsschienen verlegt, damit ein eventuell entgleisender Zug nicht völlig aus der Spur kommt und zu Tal stürzt.

Bis man sich an die Bewegungen gewöhnt hat, erscheint einem der Ritt auf einem Puffer sehr gefährlich. Um Halt zu erlangen, muss man die Knie fest an die verschmierten Pufferhälse drücken und sich mit den Händen am Pufferteller fest halten. Der alte, undichte Kessel bespritzt die Fahrgäste ständig mit heißem Dampf.

Gemächlich stampft der Zug durch eine Reihe von Tunneln und vorbei an verlassenen Festungen, die die Bergrücken säumen. Die Bahnlinie passiert die älteste dieser Festungen – Ali Masjid – als erste.

Die Landschaft ist verbrannt und in jeder Beziehung unwirtlich, so dass man sich wie auf dem Mond oder dem Mars vorkommt. Eindrucksvoll ist die Umgebung aber allemal, scharf geschnittene Felsen, in verschiedenen Farben von tiefrot bis sandgelb bestimmen das Bild. Zu ihren Füßen liegen die in Jahrtausenden abgesprengten Felsbrocken.

Auf einmal taucht eine Ebene unterhalb des Passes auf und die braunen, trockenen Berge werden flacher. Befestigte Dörfer mit hohen Lehmmauern und – anscheinend noch intakten (!) – Schießscharten werden sichtbar. An dem Punkt, wo der Zug wieder in einer Spitzkehre zurücksetzt, kann man den Gipfel des Khyber-Berges sehen, unbezwingbar für Mensch und Zug. Ächzend schleppt sich der Zug bis in den Bahnhof Peshawar, und eine Fahrt, die man nur einmal im Leben macht, ist zu Ende.

KALYAN – HOWRAH
IM TRUPPENTRANSPORTER DURCH INDIEN

Die Fahrt durch den riesigen indischen Subkontinent ist ein echtes Erlebnis. Dier folgende Bericht basiert auf Aufzeichnungen aus dem Jahre 1945, die aber wegen der vielen Einzelheiten über den Bahnbetrieb zum Teil der Militärzensur zum Opfer fielen. Viele Dinge haben sich seitdem dramatisch verändert, aber viele Traditionen haben die Jahre überdauert und werden wesentliche Eindrücke auch heute noch so entstehen lassen wie 1945.
Diese Reise wurde nicht freiwillig unternommen, sondern als Soldat und auf den Befehl hin, ins Hauptquartier der Allied Land Forces in Süd-Ost-Asien zu kommen.

Der Autor war bereits einige Wochen zuvor in Bombay gelandet und mehrmals zwischen dort und Kalyan hin und her gependelt. Die Züge waren meistens mit den bulligen 2'Co1'-E-Loks bespannt, die 1925 von Metropolitan Vickers in Großbritannien für die Great Indian Peninsular Railway gebaut worden waren. Sie besaßen eine Spurweite von 1676 mm und wurden aus der Oberleitung mit 1500 V Gleichstrom versorgt. Wahrscheinlich bespannte dieser Lok-Typ 1945 den 560 Tonnen schweren Truppenzug, der aus 14 Reisezug- und zwei geschlossenen Güterwagen bestand.

Der Zug verließ den Bahnhof Kalyan am 8. März 1945 um 11.00 Uhr. Die Strecke führte durch eine, trockene Ebene und ermöglichte so eine Höchstgeschwindigkeit von 113 km/h. Obwohl ich 3. Klasse reiste, waren die Abteile geräumig und nicht überfüllt. Die Fenster ließen sich öffnen, und es gab Sonnenblenden, womit die Fahrt

● LINKS
Eine der großen E-Loks der Great Indian Peninsular Railway vor einem Zug von Kalyan nach Bombay Victoria Terminus, Bombay, im März 1945.

INFO-KASTEN

Endpunkte	Kalyan und Howrah
Land	Indien
Entfernung	2129 km
Reisejahr	1945

● UNTEN LINKS
Ein Baumwollzug in einer zeitlosen Szenerie.

● UNTEN RECHTS
Eine Frau mit Wasserkessel; im Hintergrund überquert ein Kohlenzug den Fluss.

● UNTEN
Bogenbrücken führen über die vielen Flüsse Indiens.

● UNTEN
Diese kürzlich aufgenommene Szene hätte es auch schon 1945 geben können.

● GANZ UNTEN
Unter Volldampf fährt dieser beladene Güterzug an.

einigermaßen komfortabel war. Nur die „gut geformten" Holzsitze nötigten einen von Zeit zu Zeit zum Aufstehen. In den Wagen gab es keinen Durchgang von Abteil zu Abteil, was den Gang in den Speisewagen oder zum Waschraum nur bei längeren Bahnhofs-Aufenthalten zuließ.

Bei den Western Ghats vor Khardi beginnt eine steile Strecke, der Zug windet sich durch enge Kurven und durchquert mehrere Tunnel. Zum Glück wird es aber auch kühler, und es eröffnen sich wunderschöne Blicke auf die Landschaft.

In Igatpuri wurde von Elektro- auf Dampftraktion gewechselt, wahrscheinlich eine „Pacific" der 1929 gebauten Klasse XA1. Weiter geht es über hügeliges Trockenland nach Deolalih, einem damals gefürchteten Armeestützpunkt.

Gleich hinter Deolalih beginnt ein 80 km langer Anstieg mit Steigungen im Verhältnis 1:200 bis 1:120 hinauf zum 914 m hoch gelegenen Scheitelpunkt der Strecke. Im März 1945 war die Gegend hier sehr trocken, und nur einige nach Beute suchende Falken belebten die Szenerie.

Während der Nacht hielt der Zug in Sonepur, das von sich behauptet, den längsten Bahnsteig Indiens zu besitzen. Danach erreichte der Zug den Knotenpunkt Nagpur, wo die Lok gewechselt wurde, denn hier beginnt das Gebiet der Bengal Nagpur Railway.

Seit den Morgenstunden zuckelt der Zug über Felsklippen. Gegen Ende des Tages wird die Umgebung grüner, schließlich gar urwaldartig. Die Nächte können hier unangenehm kalt werden, doch sobald die Sonne herauskommt,

wird es schnell so heiß, dass man die nackten Füße aus den Einstiegstreppen des Zuges hängen lassen möchte. So bekommt man auch einen interssanten Eindruck von unten, wenn er Zug einen Fluss oder ein trockenes Tal überquert.

Bei Anbruch der Nacht fuhr der Zug erneut durch flaches Land. In der Nacht passiert der Zug dann das gigantische Stahlwerk von Tatanagar. Am folgenden Morgen rollt der Zug über eine zweigleisige Strecke 80 km vor Calcutta durch fruchtbares Tiefland. Wir überholen einen Regionalzug, der so überfüllt ist, dass Fahrgäste außen an den Griffstangen hängen oder sogar auf dem Dach sitzen.

Der Bahnhof Howrah, 2129 km und 44 Stunden hinter Kalyan, zeigte sich als ein einziges Menschenmeer, in dem diese unvergessliche Bahnreise endete.

Delhi – Cochin

Inmitten des Chaos, das alle indischen Bahnhöfe kennzeichnet, besitzt der Bahnhof von New Delhi eine klimatisierte Oase der Ruhe: die Fahrkartenverkaufsstelle für Ausländer. Hier kann man kurz entspannen und sich dann, ausgestattet mit dem „Ind-Rail-Pass", dem „Sesam-öffne-Dich" für Bahnreisen durch Indien, wieder ins Getümmel stürzen, beispielsweise um eine Reise nach Süden auf der zweitlängsten Bahnlinie des Landes in Angriff zu nehmen.

Den größten Teil der Reise von Delhi nach Cochin absolvieren wir mit dem „Kerala Express". Dieser Zug ist zwar kein Super-Schnellzug, wie sie zwischen Delhi und Bombay verkehren, aber man kommt auch hier mit bemerkenswerter Geschwindigkeit voran. Von Zeit zu Zeit servieren Bedienstete kleine Teekessel und zuvor bestellte warme Mahlzeiten zu – für Europäer – lächerlich geringen Preisen. Wenn die Nacht hereinbricht, werden die Sitze zu Liegen ausgeklappt.

Die Strecke verläuft anfangs nicht gerade spektakulär, der Zug passiert die städtischen Ballungsräume von Agra, Gwalior, Jhansi, Bhopal, Nagpur, Gudin, Coimbatore und Cochin. Die letzten Ausläufer liegen bereits in der Provinz Kerala mit seinen unverkennbaren Wäldern, Seen und Kokos-Plantagen, die eine willkommene Abwechslung zu den bislang durchfahrenen, trockenen Ebenen Zentralindiens darstellen. In Trivandrum, der Hauptstadt von Kerala, kann man ein Bett für eine Nacht in einem „Railway Retiring Room" buchen. Ursprünglich eine Britische Idee, wurde das Konzept erst in Indien erfolgreich umgesetzt. Die Kosten einer solchen Unterkunft gehen gegen Null,

● OBEN
Der Bahnhof von Neu Delhi, der indischen Hauptstadt seit 1931.

● MITTE
Die im Bau befindliche Panan Bridge.

● UNTEN
Bahnarbeiter auf einer Draisine bei Cochin.

INFO-KASTEN

Endpunkte	Delhi und Cochin
Land	Indien
Entfernung	2100 km
Baubeginn	1853

● RECHTS UND UNTEN
Der Bahnhof Rameswaram ist die Umsteigestation auf Schiffe nach Sri Lanka.

man sollte allerdings nicht empfindlich sein, was Schnarchen und andere nächtliche Geräusche betrifft. Einzel- und Dopelzimmer sind jedoch meistens ebensfalls verfügbar. Bettzeug wird ebenso vorgehalten wie ein Klapptisch und ein sehr willkommener Duschraum.

Von Cochin aus, einer herrlichen Stadt mit portugiesischer Geschichte und entsprechendem Flair, kann man die traumhaften Strände von Kovalam entdecken oder eine kurze Zugfahrt nach Cape Comerin zur Südspitze Indiens unternehmen, an dem sich drei Meere treffen.

Eine andere gute Ausflugsmöglichkeit ist eine Fahrt mit dem „Madras-Rameswaram-Express" von Coimbatore nach Rameswaram, dem Fährhafen in Richtung Sri Lanka. Der Ort wird über die erst kürzlich fertig gestellte Panan Bridge erreicht. Einen Tag später fährt der Zug zurück nach Madurai mit seinem großen Tempel und weiter nach Bangalore.

Auf dem Rückweg nach Delhi über Bangalore, Mysore, Goa, Poona und Bombay lohnt ein Abstecher nach Poona und eine Fahrt mit seiner schmalspurigen Bergbahn, der „Matheran Hill Railway". Das letzte Stück der Reise nach Delhi erfolgt mit dem schnellen und komfortablen „Rajdhani Express". Doch vielleicht vermisst man in diesem „normalen" Zug den in den vergangenen Wochen so sehr genossenen Charme des wahren Indien.

DELHI – JODHPUR
DER PALACE ON WHEELS

● OBEN UND MITTE
Die Lokomotive „Fort of Jodhpur“ ist eine der Maschinen, die den „Palace on Wheels“ bespannen.

Obwohl es den Raj nicht mehr gibt, lebt seine Legende weiter – zumindest für Touristen. Um diese Eisenbahn-Romantik auch in Zukunft aufrecht zu erhalten, stellten die Indian Railways in Zusammenarbeit mit dem Rajasthan Tourist Board einen Zug zusammen, der stark an diese überaus glanzvolle Vergangenheit erinnerte. Sie nannten ihn „Palace on Wheels“ (Palast auf Rädern). Diesen Zug gibt es bereits nicht mehr, aber ein anderer „Palace“ wurde aus geeigneten Wagen formatiert. Viel Arbeit war hierfür erforderlich, denn die Wagen waren bereits seit langem abgestellt und rosteten vor sich hin. Nachdem sie zu ihrem einstigen Glanz wieder aufgearbeitet worden waren, wurden sie der ganze Stolz der Indian Railways.

Das Tüpfelchen auf dem „i“ des absolut authentischen Eindrucks sind die beiden hervorragende Dampfloks, die den „Palace“ bespannen. Sie bilden mit ihren glänzenden Messingbeschlägen und den glänzenden Kolbenverkleidungen die perfekte Ergänzung zum

Elfenbein und dem Gold der Wagen. Der Heizkessel ist reich verziert, die Namen „Desert Queen“ und „Fort of Jodhpur“ prangen darauf. Lokführer und Heizer werden für den Prestige-Zug Indiens handverlesen und mit aller Sorgfalt ausgewählt.

Den Wagen mit den Insignien der Jaipur State Railway benutzte einst der Maharaja von Bikaner, später stand er auch Indira Ghandi, der damaligen Ministerpräsidentin, zur Verfügung. Dieser Wagen verfügte über eine sehr prunkvolle und üppige Ausstattung mit pinkfarbenen Polstern, silbern

INFO-KASTEN

PALACE ON WHEELS	
Endpunkte	Delhi und Jodhpur
Land	Indien
Entfenung	250 km
Eröffnung	1982

● RECHTS
Der „Palace on Wheels“ trifft in Jaisalmer ein.

● UNTEN
Ein Blick aus dem Führerstand der Lok des „Palace on Wheels“.

eingefassten Gardinen, teakholzgetäfelten Wänden und handgeknüpften Teppichen. Die Suiten umfassten einen geräumigen Schlafraum mit einem breiten Bett, einer Garderobe und einem Tisch, ferner einen Salon mit Sofas und Sesseln. Zwei Diener mit Turbanen und historischen Rajastani-Gewändern stehen den Reisen zur Seite. Im Speisewagen werden Feinschmecker-Gerichte und beste Weine serviert. Der „Palace“ verfügt zudem über einen Salonwagen, einen Aussichtswagen und eine Bibliothek.

Der Bundesstaat Rajasthan erscheint wie geschaffen für einen solchen Zug. Der größte Teil des Landes besteht aus Wüste und Halbwüste, doch die Großstädte Jaipur, Udaipur, Jaisalmer, Jodhpur und Bharatpur liegen in einem Märchenland: Häuser und Paläste aus pinkfarbenen Steinen, mit Felsbrocken befestigte, künstliche Oasen, jede für sich eine unglaubliche Geschichte aus tausendundeiner Nacht erzählend. Nachdem der Zug durch die Nacht gerumpelt ist, trifft er nach einem Frühstück im Bett am Zielort ein, wo die Fahrgäste fürstlich empfangen werden: der Weg ist mit Blumen bestreut, eine Kapelle spielt auf, junge Frauen tanzen – ein echtes Märchen eben…

● LINKE SEITE, UNTEN
Der „Palace on Wheels“ hält im Bahnhof von Rajasthan.

● RECHTS
Auch die Lok „Desert Queen“ ist eine der Zugloks für den „Palace on Wheels“.

SILIGURI – DARJEELING

Die Darjeelingbahn bringt ihre Passagiere aus der heißen bengalischen Ebene 2164 Meter höher, hinauf auf den heiligen Berg Darjeeling. Bevor die 88 km lange Strecke 1879 fertig war, mussten Menschen, die der Hitze entfliehen wollten, mit dem Pferdegespann einen zu astronomischen Kosten angelegten Weg hinauffahren.

Die Darjeelingbahn fährt auf gerade einmal zwei Fuß (610 mm) weiten Gleisen und wird bemerkenswerterweise vollständig per Adhäsion betrieben; allerdings sind die Zuglasten begrenzt. Die Schienen haben ein Gewicht von nur 20 kg pro Meter (Bahnlinien in Deutschland haben 49, 54 oder 60 kg/m) und ruhen auf Holzschwellen. Weil die Strecke auf relativ kurzer Distanz einen enormen Höhenunterschied überwindet, sind Steigungsstrecken von 3,2 bis 5,3 % und enge Kurven unvermeidlich.

INFO-KASTEN

Endpunkte	Siliguri und Darjeeling
Land	Indien
Entfernung	88 km
Baubeginn	1879

Die ersten elf Kilometer von Siliguri nach Sookna verlaufen in einer leichten Steigung. Hierbei überquert der Zug die 213 m lange Mahanuddy Bridge, bestehend aus sieben 30-m-Bögen. Erst hinter Sookna wird es ernst mit der Steigung, denn auf den folgenden 7,6 km steigt die Strecke um 265 m. Am Ende dieses Teils beginnt ein derart starker Anstieg, der die Bahn in einer

- OBEN
Der Zug hält, und die Fahrgäste vertreten sich ein wenig die Beine.

- LINKS
Eisenbahnfreunde begutachten die kleine Dampflok der Darjeelingbahn.

- GEGENÜBER MITTE
Verschiedene Perspektiven der spielzeughaft wirkenden Lokomotive.

- GEGENÜBER UNTEN
Mit einer Höhe von 2258 m ist Ghoom der zweithöchst gelegene Bahnhof der Welt.

● RECHTS
Diese Tafel heißt die Besucher in Darjeeling willkommen.

Kehrschleife überwindet, die in einem tiefen Einschnitt verlegt ist. 1883 rutschte ein Stück des Berges in den Einschnitt und füllte ihn vollständig auf, so dass der Gleisverlauf neu konstruiert werden musste.

Zwischen Rungtong (428 m) und dem 12 km weiter aufwärts gelegenen Tindharia (860 m) erhöht sich die Neigung auf 3,5 %. Gleich hinter Rungtong muss ein 42 m hoher Fels überwunden werden. Die Darjeelingbahn holt zu einer doppelten Kehrschleife mit engsten Radien aus. Denn nur ein kleines Stück weiter sind keine Kehrschleifen mehr möglich. Vor Tindharia beschreibt die Bahn eine Kurve, nimmt eine Weiche und fährt dann in eine Sackgasse (754 m hoch gelegen). Aus dieser geht es in einer ähnlichen Kurve rückwärts wieder heraus und gleich hinauf in die nächste Sackgasse auf 762 m. Aus dieser geht es wieder vorwärts weiter, mit 3,6 % Steigung bis auf 773 m.

Die 6,4 km zwischen Tindharia und Gybaree verlaufen konstant mit diesem

Neigungswinkel. Schließlich wird „Agony Point“ (Ort der Qualen) erreicht. Doch nicht allein die Steigung ist beachtlich, die Fläche für die Bahntrasse musste förmlich in den Fels gehauen weden, und in einer Kehrschleife mit beängstigend engem Wendekreis passiert der Zug einen beachtlichen Felsüberhang.

Nach diesem abenteuerlichen Abschnitt verläuft die Strecke etwas ruhiger. Nach Sonada (km 66) erreicht die Bahn bei Ghoom den 2258 m hohen Scheitelpunkt der Strecke. Von dort aus geht es sachte bergab nach Darjeeling. Dort endet diese überaus spektakuläre Strecke.

Kalka – Simla

● GEGENÜBER OBEN
Eine Ansicht des Bahnhofes von Simla.
● UNTEN
Der liebevoll gepflegte Bahnhof von Simla.

Der Zug mit dem klangvollen Namen „Simla Mail" fährt gar nicht nach Simla. Um diese ehemalige britische Bergstation zu erreichen, muss man die Hauptbahn in Kalka verlassen und einen unscheinbaren, weiß gestrichenen Schienenbus besteigen, der fünf Stunden lang durch die grünen Berge rattert.

Die meiste Zeit verläuft die Bahnlinie neben einer Straße, die häufig von einer auf die andere Seite wechselt. Um in das 1524 m hoch gelegene Simla zu gelangen, muss der Schienenbus auf einer Strecke von gerade einmal 96 km 107 Tunnel und 839 Brücken mit zusammen 3 km Länge bewältigen. Nach zwei Stunden Fahrt hält der Zug längere Zeit in dem kleinen Bahnhof Barog, damit die Fahrgäste dort ein ausgiebiges Frühstück einnehmen können, bevor sie wieder an Bord des Schienenbusses gehen, der sich nun in die Wolken emporarbeitet.

INFO-KASTEN

Endpunkte	Simla und Kalka
Land	Indien
Entfernung	96 km
Eröffnung	1903

Gelegentlich weichen die Wolken ein Stück zur Seite, einen dünnen Sonnenstrahl hereinlassend und einen kurzen Blick in das Tal tief unten eröffnend. Der Fahrer des gut besetzten Triebwagens muss sich indes auf elementarere Dinge konzentrieren, häufig gilt es, teilnamslos dreinblickende Büffel und Gruppen von Ziegen von den Gleisen zu scheuchen.

Solan Brewery ist sowohl der Name der örtlichen Brauerei als auch ein Haltepunkt. Britische Bierbrauer fanden hier, in den Bergen von Himachel Pradesh, feines Quellwasser und errichteten im 19. Jahrhundert diese Brauerei. Die 1904 erbaute Bahnlinie fährt direkt über das Gelände, auf dem es intensiv nach Hopfen und Malz riecht, bevor der Bahnhof erreicht wird. Der Fahrer lässt die Kupplung kommen, und mit einem

Ruck fährt der Schienenbus an, gerade so, als lerne er das noch. Doch haben wir es hier mit einem auf Schienen gestellten Ford-Lastwagen aus dem Jahre 1927 zu tun, der einem Museum entwichen zu sein scheint, und ein synchronisiertes Getriebe wurde auch bei der Modernisierung 1982 nicht eingebaut. Vier dieser kleinen Saurier sind auf dieser Strecke noch im Dienst, die Streckenhöchstgeschwindigkeit beträgt 30 km/h.

Der Schienenbus hält bei Bedarf an jeder Station, und auch außerhalb, wenn z.B. einmal jemand dringend seine Notdurft verrichten muss, denn ein Klo gibt es nicht an Bord. Erst am Bahnhof Solan steht eine „Relieving Lodge" mit echtem WC zur Verfügung. Die Endstation Simla bietet eine derart fantastische Aussicht, die alle Reisenden für die viereinhalb Stunden dauernde Fahrt mehr als entschädigt.

● UNTEN
Ein Schienenbus, besser: ein auf Schienenräder gestellter Straßenbus, im Bahnhof von Kalka.

Pulgaon – Arvi

Die Linie von Pulgaon nach Arvi war ursprünglich eine schmalspurige Zweigbahn der Great Indian Peninsular Railway und ist heute die letzte ihrer Art in Indien.

Sie verlässt die in Breitspur (1676 mm) ausgeführte Linie Bombay – Nagpur in Pulgaon, wo sie neben dem Bahnhof der Hauptstrecke ihre eigene kleine Station besitzt. Danach schlängelt sich die Schmalspurbahn 33 km durch Baumwollfelder nach Arvi. Bei Pulgaon steht die dunkle „Teufelsmühle", eine riesige Baumwollfabrik des 19. Jahrhunderts, ausgestattet mit einem famosen Heizhaus, das an das viktorianische England erinnert. Zu früheren Zeiten diente die Bahnlinie vor allem dazu, Baumwolle von den Feldern zur Mühle zu bringen. Indiens einzigen beiden anderen Schmalspurbahnen sind die für Touristen betriebene Darjeelingbahn und die Touristenbahn hinauf auf den

INFO-KASTEN

Endpunkte	Pulgaon und Arvi
Land	Indien
Entfernung	33 km
Eröffnung	1917

● OBEN
Nr. 643, der Morgenzug, verlässt Pulgaon und passiert ein Büffelgespann, beladen mit Baumwolle, das zur Fabrik in der Nähe des Bahnhofs unterwegs ist.

● OBEN LINKS
Der Lokführer der ZP Pacific in Arvi vor der Abfahrt des Abendzuges nach Pulgaon.

● LINKS
Der Nachmittagszug überquert bei Kubgaon den Fluss auf dem letzten Teil der Reise nach Arvi.

● RECHTS
Wenn er pünktlich ist, erreicht der letzte Zug des Tages Rhona Town bei Sonnenuntergang.

● UNTEN RECHTS
Das ewige Warten auf Züge zeigt diese Szene aus dem ländlichen Bahnhof Sorta. Die Leute hier scheinen beihnahe resigniert zu haben. Käme ein Bus, nähmen sie ihn sogleich, anstatt weiter zu warten …

Ootacamun, auch „Ooty" genannt.

Einst gab es auf der Baumwollbahn drei Verkehrspaare gemischter Züge täglich, zusätzlich verkehrte ein ältlicher Armstrong-Whitworth-Schienenbus aus dem Jahre 1934. Heutzutage gibt es noch zwei Zugpaare, die meist mit britisch aussehenden Pacifics der Class ZP bespannt sind, die allerdings 1954 in Japan gebaut wurden. Diese ursprünglich für die Satpura Lines gebauten Maschinen wurden 1976 hierher gebracht. Sie sind die letzten Pacifics in Indien, abgesehen von der meterspurigen YP Class.

Enorme Ersatzteilprobleme führten dazu, dass heute nur noch eine der Loks unter Dampf steht. Die Strecke weist zudem keine Ausweichgleise mehr auf, früher konnten sich die Züge in Rhona Town begegnen.

Die Bahnlinie ist eine der letzten klassischen Überlandbahnen des ausgehenden 19. Jahrhunderts, als die Eisenbahn das (einzige) Tor zur Welt war.

Vier planmäßige Züge fahren heute am Tag: Nr. 643 verlässt Pulgaon um 08.00 Uhr und trifft Arvi um 10.20 ein; Nr. 644 verlässt Arvi um 10.40 und erreicht Pulgaon um 12.25; Nr. 645 verlässt Pulgaon um 14.30 und erreicht Arvi um 16.50, und Nr. 646 verlässt Arvi um 17.30 und kommt um 19.15 Uhr in Pulgaon an.

Neun Stationen liegen an der

● OBEN
Schlechte Kohle war immer ein Problem in Indien. Diese großen Schlackensteine wurden aus der Feuerbüchse geschaufelt, wenn das Feuer erlosch und der Kessel keinen Dampf mehr führte.

● RECHTS
Die Bahn hat an diesem Bahnübergang bei Railway Rhona Vorrang. Die Pacific der ZP Class zieht ihre beiden Wagen über die Hauptstraße.

● UNTEN RECHTS
Der Nachmittagszug von Pulgaon nach Arvi überholt zwei Baumwollkarren.

● UNTEN LINKS
Affen spielen beim Stationsschild Arvi.

● UNTEN RECHTS
Die Wasserpumpe der Bahn in Pargothan zieht Frauen aus der Umgebung an, die gerade ihre Gefäße füllen, als der Morgenzug aus Pulgaon eintrifft, um nach Arvi weiterzufahren.

Strecke: Pulgaon, Sorta, Virol, Rhona Town, Dhanori, Pargothan, Pachegaon, Kubgaon und Arvi. Die Bahnlinie führt durch abgeschiedene Gegenden, und viele der „Stationen" bestehen aus wenig mehr als einem Bahnhofsschild in der Mitte von Nirgendwo, weil deren dazugehörigen Orte in einiger Entfernung stehen. Einzig Rhona Town und Kubgaon sind etwas größere Dörfer.

Fast die gesamte Strecke verläuft direkt neben einer gut ausgebauten Straße, auf der ein reger Busverkehr stattfindet, der eine ernst zu nehmende Konkurrenz für die Eisenbahn zu werden droht, denn sie zieht Fahrgäste von der Bahn ab, die dann nicht mehr profitabel arbeitet. Nur an den vielen Bahnübergängen hat die Eisenbahn noch Vorrang vor dem Straßenverkehr.

Diese Überland-Straßenbahn ist pittoresk und rustikal. Die Reisenden sind Bewohner der umliegenden Gemeinden, häufig schwer beladen mit selbst hergestellten Waren, die sie zum nächsten Markt bringen.

Der Zug umfasst in der Regel die Pacific und zwei Drehgestell-Wagen. Von Pulgaon aus hängt die Lok Tender voraus am Zug. In Arvi wird umgesetzt, damit die Lok als einzig bremsende Einheit immer an der Spitze des Zuges läuft.

Es heißt, die Maschine verbrauche auf jeder Fahrt eine Tonne Kohle, was sehr viel erscheint für eine vergleichsweise kleine Maschine mit geringer Zulast. Aber es ist möglich, dass – wie auf anderen ländlichen Dampfstrecken Indiens auch – an strategischen Punkten Diebe Kohle vom Tender schippen, um diese meistbietend weiter zu verkaufen.

● LINKS
Diese Busse auf der parallel verlaufenden Straße stellen die größte Herausforderung für die Bahn dar. Sie sind in Indien manchmal schneller als der Zug, aber auch teurer.

● OBEN
Fahrende Musikanten unterhalten die Fahrgäste beim Halt in Sorta.

Auch ist die schlechte Qualität der Kohle ein Grund für die Langsamkeit des Zuges auf dieser Strecke, und wenn es keine Kohle gibt, fallen die Züge aus. Auch wenn die Abfahrtszeiten auf den Fahrplänen ohnehin nur den Charakter von ungefähren Anhaltspunkten haben, verursachen technische Probleme weitergehende Verspätungen, aber auch die Tendenz der Lokbesatzung, in Pargothan eine längere Teepause einzulegen, trägt zur Unpünktlichkeit bei.

Heutzutage werden auf dieser Strecke parallel sowohl Dampf- als auch Diesellokomotiven eingesetzt.

● UNTEN
Die Abgeschiedenheit dieser ländlichen Gegend wird bei dieser Bahnszene von dem Gestrüpp und Gebüsch unterstrichen, das nur von wenigen Bäumen überragt wird.

Colombo – Kandy

Diese landschaftlich überaus reizvolle Bahnlinie wurde zwischen 1858 und 1868 erbaut, um den Seehafen Colombo, die heutige Hauptstadt Sri Lankas, mit Kandy, der einstigen Hauptstadt Ceylons, zu verbinden. Die Bahn ist 121 km lang und erreicht eine Höhe von 488 m.

Das Eisenbahnnetz Sri Lankas umfasste einst 1530 km in Breitspur (1676 mm) sowie 138 km in Schmalspur (760 mm). Heute werden davon noch 1390 km Vollspur- und 63 km Schmalspurgleise betrieben, letzteres wird gegenwärtig auf Dreischienengleis umgerüstet. Eine andere Schmalspurstrecke von Nanu Oya nach Ragalla in den Bergen ist mittlerweile stillgelegt worden.

Im Jahre 1991 begannen die Arbeiten an einer vollspurigen Neubaustrecke, 121 km lang von Matara hin zur Pilgerstadt Kataragam an der Südküste der Insel, und man denkt darüber nach, diese Linie bis zu den Bergen weiterzuführen, um in Badulla an die Strecke nach Kandy und Nuwara Eliya anzuschließen. Eine 11 km kurze Stichbahn von Anuadhapura nach Mihintale wurde 1998 fertig gestellt.

Bis in die 1970er Jahre hinein dominierten Dampflokomotiven das Bild der Eisenbahnen auf Sri Lanka. Dann führten die stark steigenden Importpreise für Kohle zum Erwerb britischer Dieselloks und -triebwagen. Die attraktiven Züge befuhren die herrliche Küstenstrecke von Colombo bis Mount Lavinia. In Japan gebaute Diesel-Triebwagen übernahmen ab 1990 diese Regionalverbindung.

Colombos Hauptbahnhof Fort ist ein Durchgangsbahnhof. Fünf Bahnsteige stehen für die Vollspur-Züge zur

● LINKS
Eines der technisch weniger anspruchsvollen Verkehrsmittel im ländlichen Sri Lanka ist der Ochsenkarren.

INFO-KASTEN

Endpunkte	Colombo und Kandy
Land	Sri Lanka
Entfernung	121 km
Eröffnung	1868

Verfügung und einer für die Schmalspurbahn. Schon früher gut ausgelastet, stiegen die Fahrgastzahlen im Nahverkehr seit 1980 um weitere 30 Prozent. Nördlich von Fort liegt der Bahnknoten Maradana mit sechs Bahnsteigen (12 Gleisen) für die Vollspur- und drei Bahnsteigen (6 Gleisen) für die Schmalspurbahn. Von hier aus zweigt die Schmalspurbahn in Richtung Kelani Valley ab. Nach weiteren 1,2 km auf der Hauptstrecke passiert der Zug das große Lokdepot und

● GEGENÜBER OBEN
Colombos „House of Assembly", der Sitz des Parlaments von Sri Lanka.

● GEGENÜBER MITTE
Schienenbus Nr. 331 der Class V2 verkehrt auf den 760-mm-Spur-Strecken.

● UNTEN LINKS
In vier Schüben wurden die Loks der Class B8c ab 1922 geliefert, zwei davon von Hunslet Engine Co. aus Leeds. Mit einer Achslast von nur 9,2 metrischen Tonnen können sie auch auf Strecken mit sehr leichtem Oberbau verkehren.

● GEGENÜBER UNTEN
Die 760-mm-Bahn von Colombo ins Kelani Valley benutzt niedliche Tenderloks wie diese 1'C1' Nr. 220 der J1 Class.

● RECHTS
Häufig kann man aus dem Zug Teepflückern bei ihrer monotonen und schlecht bezahlten Arbeit zusehen.

● LINKS
Ein vertrauter Anblick längs der Bahngleise sind weite Reisfelder.

von der Küste durch Kokosplantagen nach Polgahawela, das 73 m über dem Meer liegt. Hier zweigt die Hauptbahn nach Norden ab, die in Kankesanturai endet, von wo aus eine Fährverbindung nach Indien besteht. In Polgahawela endet auch die Doppelgleisigkeit. Der Zug nach Kandy wendet sich ostwärts, über elf Kilometer gemächlich um 22 m ansteigend, nach Rambukkana (95 m).

Die 29 km von Rambukkana nach Peradenya sind mit die spektakulärsten auf Sri Lanka. Den besten Blick hat man zur rechten Seite, entsprechend sollte man seinen Sitzplatz wählen. Ein großer 2'D-Mastodon der Class A1 setzt sich ans Ende des Zuges, um ihn die folgenden 19 km zu schieben. Die Steigung beträgt bis zu 2,3 % und wird zusätzlich durch scharfe Kurven erschwert

die Hauptwerkstätte von Dermatagoda mit acht langen Gleisen für Vollspur- und zwei für Schmalspur-Lokomotiven und -triebwagen. Es ist dies bei weitem das größte Betriebswerk der Insel, in dem eine für ein relativ kleines Bahnnetz große Vielfalt von Triebfahrzeugen instandgehalten wird, was für die gute Qualifikation des Personals spricht. Sie reicht von spielzeughaften 2'B-Tenderdampfloks für die Schmalspurbahn bis zu ansehnlichen Beyer-Garratts.

Die zweigleisige Hauptstrecke verläuft nach Nordosten durch ebene Landschaft mit Reisfeldern, Kokos-Plantagen und Dörfern, deren Häusern mit Palmenzweigen gedeckt sind. Auf unbebautem Land gedeihen oft wunderschön blühende Pflanzen, und schillernd bunte Vögel komplettieren das Bild vollkommener Idylle. Bei Ragama, zweigt die Strecke links zur Westküste nach Puttalam ab. Bei Ambepussa, 56 km hinter Colombo, schwenkt die Bahn weg

● RECHTS
2'C-Lok B1a „Sir Thomas Maitland" wurde 1927 von Beyer Peacock in England gebaut und ist hier in prächtigerer Bemalung zu sehen als je zuvor.

● RECHTS
B2c Nr. 213 ist eine der vielen 2'C-Maschinen, die ab 1915 ausgeliefert wurden. Diese Lok wurde 1922 von der Vulcan Foundry in England gebaut. Sie war eine echte Hauptbahnlok und bis zum Erscheinen der Class B1 der Stolz der Bahn.

● LINKS
Eine typische Ansicht aus dem Bergland von Sri Lanka.

Die Strecke verlässt den Urwaldboden und steigt auf einem Sims an, der in den fast senkrecht aufragenden Fels gehauen wurde. Der immer weiter werdende Blick reicht erst bis ins Tal hinunter und wird unvergleichlich immer weiter. Die zu recht als „Sensation Curve" bezeichnete Schleife verläuft wieder auf einem Gesims, unter dem der Fels über 300 m in den Talgrund abfällt. Der Ausblick ist von Zügen Richtung Colombo am dramatischsten, wenn es den Anschein hat, dass die Strecke jeden Augenblick abhebt und gen Himmel strebt.

In Kadugannawa, 104 km hinter Colombo und 515 m hoch gelegen, bleibt die Nachschiebelok zurück. Auf den 10 km bis Peradeniya Junction geht es 41 m bergab, bevor die Linie nach Badulla nach Süden abzweigt, während die Hauptstrecke weiter ins nur noch 6 km entfernte Kandy nach Nordosten führt. New Peradeniya ist einen längeren Aufenthalt wert, denn nah bei der Station befindet sich ein sehenswerter Botanischer Garten. 121 km hinter Colombo wird die Endstation Kandy erreicht, von der drei Stichbahnen ausgehen. Eine führt zum Betriebswerk nach Matale.

● UNTEN
In Kandy werden viele Reisende die Gelegenheit zu einem Besuch des berühmten „Tempels der Zähne" nutzen, der hier am andern Ufer des Sees steht.

● OBEN
Die 2'C-Maschinen der Class B10 haben eine sehr niedrige Achslast von nur 7,6 t, mit der sie leicht gebaute Nebenstrecken wie die nach Matale bedienen.

Tumenjan – Pjöngjang

● LINKS
Eine Verschiebelok in Nampo.

„Warum in aller Welt wollen Sie *da* hin“, fragte der russische Lokführer erstaunt, „wissen Sie nicht, dass dort die Kommunisten sind?“ Es hörte sich an, als ob Russland zu keiner Zeit etwas mit dem Kommunismus zu tun gehabt hätte.

Ich durfte es mir in der führenden Lok einer Doppeltraktion schwerer Dieselloks bequem machen, die einen einzigen abgenutzten Wagen über die eingleisige Strecke von Ussurijsk nach Süden an die nordkoreanische Grenze und weiter nach Pjöngjang führen sollte. Ganze zwölf Fahrgäste bevölkerten den Zug, und hinter Ussurijsk durfte ich – unter der Aufsicht des Lokführers – den Zug bis Khazan fahren, der Grenzstadt zwischen Russland, China und Nordkorea. An diesem brisanten Ort erschien es mir ratsam, die Lok zu verlassen und den Wagen aufzusuchen.

Tumenjan ist der nordkoreanische Grenzbahnhof auf dieser abgelegenen Strecke, und die roten Banner und gigantischen Portaits des „Großen Führers“ Kim Il Sung säumen die Einfahrt zum letzten stalinistischen Staat der Erde. Propaganda-Plakate waren in jeder Ortschaft an der Strecke in großer Zahl zu beobachten, einige sogar auf Bergwände drapiert.

Pjöngjangs Hauptbahnhof ist eine Mischung aus Kathedrale und Opernhaus in einer Stadt, die aus den Ruinen des 1950-53 tobenden Koreakrieges erstanden ist und direkt Jules Vernes Fantasie entsprungen zu sein scheint. Bedauerlicherweise waren die überdachten Marmor-Bahnsteige geschlossen, so dass die „Arbeiter und Bauern“ im Freien auf ihre Züge warten mussten.

Die erste Eisenbahn im damals noch vereinten Korea wurde 1899 eröffnet, und zwischen 1910 und 1945, den

INFO-KASTEN

Endpunkte	Tumenjan und Pjöngjang
Land	Nordkorea
Entfernung	ca. 800 km
Eröffnung	1899

● LINKS
Blick auf die nordkoreanische Hauptstadt Pjöngjang.

● RECHTS
Auf der Fahrt von Tumenjan nach Pjöngjang fährt der Zug durch nordkoreanische Berglandschaft.

bereits in der entmilitarisierten Zone stehenden Städtchen Panmunjom am nächsten liegt. Dieses Gebiet dürfen westliche Touristen unter Bewachung besuchen. Sie stehen nur Zentimeter von der Demarkationslinie am 38. Breitengrad entfernt, die beide Koreas trennt.

Einer der Orte an der nordkoreanischen Eisenbahn ist Nampo. Hierhin durfte ich im Führerstand einer Güterzugdampflok fahren, der schmutzigsten, die ich seit langem gesehen habe. Während wenige Bahnlinien Nordkoreas elektrifiziert sind, werden die meisten Züge mit Dieselloks bespannt.

Ich verließ das Land mit dem Schnellzug Pjöngjang – Peking.

Jahren der japanischen Besetzung, entstand ein Bahnnetz von 6400 km Länge. Bei der Teilung 1948 wurden Bahnlinien und bewegliches Material im Verhältnis 2:1 geteilt, Nordkorea erhielt den größeren Teil. Der nachfolgende Krieg zerstörte einen großen Teil des Netzes, doch wurden die meisten Strecken wieder aufgebaut, besonders im kleineren Südkorea, dessen Streckennetz heute länger ist als das seines größeren nördlichen Nachbars.

Wie einst in allen kommunistischen Ländern, benötigt man eine Erlaubnis, wenn man ein bestimmtes Gebiet verlassen möchte. Das bedeutet, dass nur Staatsbedienstete Entfernungen zurücklegen können, die letztlich die Reise in überfüllten Zügen lohnen würde. Neben der Strecke von der russischen Grenze in die Hauptstadt Pjöngjang verlaufen die einzigen anderen Bahnlinien zur chinesischen Grenze bei Dandong, südwärts nach Haeju und Kaesong, der Stadt, die der schwerstbewachten Grenze und dem

● LINKS UND UNTEN
Der Grenzbahnhof Tumenjan an der russisch-nordkoreanischen Grenze.

SHENYANG – HARBIN

Die Chinesen, die sich gerade inmitten einer gigantischen Modernisierungsphase befinden, reagieren belustigt, wenn nicht perplex auf das Ansinnen eines Touristen, der tausende von Kilometern durch das Land reisen möchte, um einige der verbliebenen, altmodischen Dampflokomotiven in Aktion zu erleben. Der Eisenbahnbau erreichte China vergleichsweise spät, man sagt, der Kaiser habe ihn seinerzeit verboten. In den 1880er Jahren, als die USA bereits ein Streckennetz von 145000 km besaßen, lagen im Reich der Mitte gerade einmal 18000 km. Als der Bann fiel, begann der Eisenbahnbau in China mit Schwung, und in keiner Gegend spricht man enthusiastischer über die Bahn als in der Mandschurei (chinesisch: Dongbei), einem Gebiet, das größer ist als Frankreich und Deutschland zusammen.

Zwischen 1876 und 1949 entstanden 21000 Eisenbahn-Kilometer, von denen nach dem Bürgerkrieg noch etwa die Hälfte befahrbar war, als die Kommunisten die Macht übernahmen. Heute besitzt China ein Streckennetz von mehr als 60000 km Länge, und viele der zunächst eingleisigen Strecken wurden doppelgleisig ausgebaut.

In der Mandschurei ruhen gigantische Braunkohle-Reserven, die die Dampftraktion am Leben halten. Das Reisen mit Eisenbahnen in der Mandschurei ist hart. Im Winter sinken die Temperaturen oft auf -25°C, und Lokomotiven frieren an den Gleisen fest. Doch auch derartige Temperaturen schrecken echte Dampflokfans nicht davon ab, ins Bahnbetriebswerk zu rennen und mit durch den Frost fast unbrauchbar gewordenen Kameras Bilder zu schießen, und die Daten der gesehenen Lokomotiven mit klammen Fingern in Notizbücher einzutragen.

Drei chinesische Provinzen liegen in der Mandschurei. Die Hauptstadt der Provinz Liaoning ist Shenyang (früher Mukden). Hier ist der Schauplatz des „Mukden-Zwischenfalls", einer

● OBEN
Von der Sankong-Brücke bietet sich ein Blick auf die ausgedehnten Gleisanlagen des Rangierbahnhofes von Harbin.

● OBEN LINKS
Der gigantische Bahnhof in Harbin.

● LINKS
Eine QJ (Achsfolge 1'E1') stürmt durch Wang Gang Bank auf dem Weg von Harbin nach Changchun.

INFO-KASTEN

Endpunkte	Shenyang und Harbin
Land	China
Entfernung	ca. 725 km
Baubeginn	1876

Exploson auf der Eisenbahn, die seinerzeit die japanische Invasion auslöste. 60 km entfernt, auf einer Zweiglinie der Strecke Shenyang – Harbin, liegt die Kleinstadt Fushan, die das Gefängnis beherbergt, in dem Pi Yi, der „Letzte Kaiser" gefangen gehalten wurde. Seine Zelle kann besichtigt werden.

Auf der Hauptstrecke Shenyang – Harbin verkehrten noch 1990 massenweise Dampfloks. Allein die Fahrt über diese Strecke kostet einen ganzen Tag und entsprechend länger, wenn man unterwegs Bahnbetriebswerke besucht (in denen Eisenbahnfreunde gern gesehen werden).

Die Strecke gehörte einst der Russisch-Mandschurischen Bahn, und in Harbin erinnert noch einiges an die längst vergangene russische Besetzung. Die Leute entlang der Strecke sind die freundlichsten, die man sich denken kann, hingerissen von dem Interesse, das die Besucher ihren Städten entgegenbringen. Der Bahnhof von Harbin ist der drittgrößte in China mit 200000 Passagieren täglich, die auf einer Fläche von 14200 qm (das entspricht zwei Fußballfeldern) abgefertigt werden.

● OBEN
Eine fantastische, in Japan gebaute Stromlinien-Dampflok im Eisenbahnmuseum von Shenyang. In den 1930er Jahren bespannten diese Maschinen den „Asia Express" zwischen Shenyang (damals Mukden) und Harbin.

● OBEN
Anshan, Chinas Eisen- und Stahl-Hauptstadt, zeigt architektonische Vielfalt, verbunden mit einzigartigen Parkanlagen.

● LINKS
Eine 1'E1'-Lok der Klasse QJ bei Wang Gang Bank Richtung Harbin an einem klirrend kalten Tag.

● LINKS
Der öffentliche Verkehr in China nimmt eine wichtige Stellung ein, denn der Individualverkehr findet fast ausschließlich mit dem Fahrrad statt, private Autos sind immer noch selten.

Ulan Bator – Datong
Durch die Wüste Gobi

● UNTEN
Ruhe kann man im einzigen funktionierenden buddhistischen Tempel der Mongolei finden.

Der Zug Ulan Bator – Datong besteht aus sieben Reisezug- und einem Gepäckwagen, die sich gewöhnlich in einem Top-Zustand befinden. Noch kurz vor der Abfahrt feudeln uniformierte Helfer die Wagen spiegelblank. Die Abteile enthalten vier Bänke. Die oberen beiden sind als Betten ausgelegt, während man auf den unteren, bequem gepolsterten Bänken reichlich Platz zum Sitzen findet.

Nach der Abfahrt aus Ulan Bator sind die Ausblicke zunächst nicht berauschend. Wohnsilos, in Rauch gehüllte Schwerindustrie, dann einige Yurten (Wohnzelte) vor den Ausläufern der Berge. Eine betagte 1'D-Lokomotive wird beim Rangieren beobachtet, dann zieht eine museale Industriebahn mit 20 Dieselloks vorüber. Die Strecke windet sich durch eine spärlich bewachsene Landschaft, nur hier und da kommt ein kleines Wäldchen in Sicht.

Nach etwa einer halben Stunde umrundet der Zug drei Sendemasten und erreicht eine Ebene. Etwa eine Stunde später passiert er einige längst erloschenen Vulkane, bevor er sich nach links wendet und eine leichte Rampe hinunterfährt. Weiter geht es über eine endlos scheinende, heiße Ebene, bis man Choyr erreicht.

Auch in den folgenden Stunden ändert sich das Terrain nur wenig. Ein felsiger Höhenzug leuchtet rot im Sonnenlicht, während die Landschaft allmählich hügelig wird, trockenes Gras bedeckt den hellen Boden. Trotz der ebenen Geografie beschreibt die Bahnlinie häufig Kurven, in denen man von den hinteren Wagen aus die beiden Dieselloks an der Spitze des Zuges beobachten kann.

An der Grenze sind die mongolischen Beamten flink und korrekt. Ein paar Soldaten halten sich auf dem Bahnsteig im Hintergrund. Die Grenzformalitäten dauern von 23.40 bis 1.00 Uhr. Dann geht es weiter nach China, um genau zu sein, in die chinesisch-dominierte Innere Mongolei.

Der Empfang im ersten chinesischen Bahnhof ist ganz anders, als man ihn in einer einst kommunistischen Hemisphäre erwarten würde: Die Bahnsteige sind geschmückt und hell erleuchtet, freundliche Musik erklingt

INFO-KASTEN

Endpunkte	Ulan Bator und Datong
Länder	Mongolei und China
Entfernung	1045 km
Eröffnung	1929

● UNTEN
Eine QJ und eine JS-Mikado wecken das Interesse bei einem Unterwegshalt.

● RECHTS
Eindrucksvolle öffentliche Gebäude säumen die Straßen von Ulan Bator.

● UNTEN RECHTS
Ein in den Fels gehauener Buddha in den Yungang-Grotten bei Datong.

aus den Lautsprechern. Die Grenzformalitäten können sich hier in die Länge ziehen, und einigen Fahrgäste wird dadurch das Spektakel entgehen, wenn die Wagen von der mongolischen Spurweite (1524 mm) auf die chinesische (1435 mm) umgerüstet werden.

Einst baute die Sowjetunion die gesamte Strecke Ulan Bator – Datong in ihrer Spurweite, doch als die Beziehungen zwischen der SU und China abkühlten, nagelten sie die Chinesen auf ihre Normalspur um. Eine Dampflok rangiert den Zug in das Bahnbetriebswerk, wo die Drehgestelle ausgetauscht werden. Bei dieser Prozedur können die Fahrgäste an Bord bleiben. Die Lok schiebt jeden Wagen auf ein Paar Hebeböcke. ein Wagenende wird angehoben, die Anschlüsse des Breitspur-Drehgestells werden gelöst, das Gestell wird weggezogen. Ein Kran hievt das neue Drehgestell auf das Gleis, das in Position gerollt und angeschlossen wird. Dann wird das Wagenende wieder herabgelassen. Dieselbe Prozedur wird am anderen Wagenende wiederholt, und danach wird mit den anderen Wagen ebenso verfahren. Die Bahnarbeiter sind routiniert, und so läuft der Vorgang mit Präzision und in beachtlicher Geschwindigkeit ab.

Während des Frühstücks am zweiten Reisetag ziehen einsame Festungen und zertörte Mauern auf den nahen Bergen am Fenster vorüber, alles Überbleibsel der Verteidigung der Großen Mauer, die dem Fahrgast klar machen, dass er sich auf chinesischem Territorium befindet.

Der Zug folgt nun dem Lauf eines mäandrierenden Flusses, und immer mehr Anzeichen von Industrialisierung werden sichtbar, je weiter sich der Zug Datong nähert. Umweltschutz ist in China noch ein Fremwort, und entsprechend dick wird die Luft an den städtischen Haltepunkten.

Im Vergleich zur Sowjetunion besitzt China einen funktionierenden Bodennutzungsplan. Angebaut werden Wassermelonen, Birnen, Äpfel, Pflaumen, Weintrauben, Kohl, Pfeffer, Rote Beete, Karotten und Chili, die auf den örtlichen Märkten verkauft werden. Im Gegensatz dazu sind die Märkte im Osten der ehemaligen Sowjetunion wie leergefegt. In dieser Gegend haben die Chinesen mittlerweile einen wesentlich höheren Lebensstandard als die Russen. Eine Reise durch die Wüste Gobi bleibt in Erinnerung, denn sie überbrückt Welten...

● UNTEN
Der Zug umfährt eine sonnengegerbte Stadt, und den Fahrgästen entgeht das womöglich harte Leben der Bewohner.

Fuji – Kofu

● LINKS
Der Innenraum im „Fujikawa Express" Nr. 5 Fuji – Kofu ist angenehm und bequem ausgestattet.

Ein schöner Tagesausflug von Tokyo aus ist eine Fahrt mit der kapspurigen (1067 mm) Minobu-Bahn, die von der Stadt Fuji zu Füßen des berühmten, gleichnamigen Berges nach Kofu führt. Auch eine Rundreise ist von Tokyo aus möglich, sie bedarf allerdings einiger Planung. Fuji liegt an der Shinkansen-Schnellverbindung Tokyo – Osaka – Hakata, auch als die „Tokaido-San-Yo Shinkansen" bekannt, und an der alten Tokaido-Bahn (1067 mm) der Japanese Railways (JR). Züge der Minobu-Bahn beginnen in dem Bahnhof, den auch die Tokaido-Linie benutzt, man muss lediglich den Bahnsteig wechseln. Die Shinkansen Shin-Fuji Station liegt allerdings einige Blocks entfernt, was das Umsteigen etwas erschwert.

Das nördliche Ende der Minobu-Linie liegt an der vielbefahrenen 1067-mm-spurigen Chou Line, mehr als einen Kilometer östlich vom

Hauptbahnhof in Kofu, von wo aus man in einen Direktzug nach Tokyo umsteigen kann. Die Verbindungen sind zahlreich, und die Hauptstrecke bietet unglaublich schöne Aussichten. Auch die in Design-Büros entstandenen kapspurigen Stromlinienzüge sind sehenswert, darunter der „Super Azusa" und der „Boso View", bei dem es sich trotz des Namens nicht um einen Zirkuszug handelt.

Fuji ist eine Industriestadt an der Suruga Bay, von der aus etliche Güterzüge auf die Tokaido-Linie wechseln. Dazu kommen die häufig verkehrenden

● OBEN LINKS
Nach einem fünfminütigen Halt in Minobu vergleicht der Zugführer die Uhren, bevor er den Regionalzug mit dem Zeigersprung weiter Richtung Kofu fahren lässt. Die Minobu-Bahn verläuft größtenteils eingleisig, und die wenigen Zugbegegnungen erfolgen mit japanischer Präzision.

● LINKS
Ein „Fujikawa Express" durchfährt Hadakajima auf dem Weg nach Fuji. Die Minobu-Bahn führt durch eine landschaftlich sehr schöne Gegend.

● LINKS
Der Regionalzug Kofu – Fuji nähert sich, aus den Bergen kommend, der Station von Hadakajima.

INFO-KASTEN

Endpunkte	Fuji und Kofu
Land	Japan
Entfernung	97 km
Eröffnung	unbekannt

Reisezügen. Während des Wartens auf den Anschlusszug der Minobu-Bahn fahren etliche Containerzüge vorüber, während im nahe gelegenen Güterbahnhof eine diesel-hydraulische Lok rangiert.

Auf der Minobu-Bahn fahren Regional- und Schnellzüge. Erstere werden von spartanisch ausgestatteten, aber sehr sauberen Elektro-Triebwagen geführt. Die Sitze wurden nicht für längere Fahrten konstruiert, aber die Fenster sind geputzt. Schnellzüge wie der „Fujikawa“ sind ebenfalls Elektro-Triebwagen, aber wesentlich komfortabler ausgestattet. Ein für Touristen erhältlicher „Green Pass“ der Japanischen Eisenbahnen schließt die Fahrt in derartigen Schnellzügen ein. Der „Fujikawa“ ist eine Stunde schneller als die Regionalzüge, hat viel weniger Haltestationen und erreicht eine Höchstgeschwindigkeit von 85 km/h, womit er die 97 km lange Strecke Fuji – Kofu in weniger als zwei Stunden bewältigt.

Hinter Fuji folgt die Minobu-Bahn dem Fluss Urui und windet sich durch Wohn- und Gewerbegebiete. Schnellbahnzüge verstärken die Verbindung in die Vororte von Fuji. An klaren Tagen ist der majestätische Berg Fuji nördlich der Gleise zu sehen. Nach etlichen Kilometern verlässt der Zug den Lauf des Urui und folgt nun dem schiffbaren Fujikawa durch dessen schönes Tal. Die Strecke ist meist eingleisig und besitzt viele Tunnel und Ausweichgleise für Gegenzüge. Zugbegegnungen klappen in Japan auf die Minute. Die Endstation Kofu liegt in einer fruchtbaren Agrarzone.

● OBEN
Die Minobu-Bahn hat viele Tunnel, auch einige längere wie den am Wariishi Pass zwischen Shimobe und Kofu.

● LINKS
Der futuristische „Super Azusa“ verlässt Kofu Richtung Tokyo über die Chou Line.

Tokyos Yamanote-Linie

Die Yamanote-Linie beschreibt eine 32-km-Schleife durch Tokyo und verbindet die wichtigsten Fernbahnhöfe der Stadt miteinander: Shinjuku, Ueno und Tokyo. Direkt neben der sehr dicht befahrenen, elektrischen Yamanote-Ringbahn mit 1067 mm Spurweite (Kapspur), verkehren die Züge der Tokaido-, der Chou- und der Seibu-Shinjuku-Bahn, die die Yamanote-Linie zur vielleicht meistbefahrenen Bahnlinie der Welt machen; vielfach verläuft die Strecke sechs-bis zwölfgleisig.

Auch viele D-Züge, einschließlich eines Schlafwagenzuges der Japanese Railways, sind neben den Yamanote-Zügen zu sehen. Fährt man auf dieser Strecke, kann man vielleicht auch einen der neuen kapspurigen Stromlinienzüge auf einem Durchgangsgleis bewundern, den „Super Azusa“.

Den Betrieb auf der Yamanote-Linie führt die JR mit Nahverkehrs-Triebwagen durch, deren Erkennungsmerkmal ein hellgrüner Seitenstreifen ist. Alle Bahnlinien Tokyos haben einen Farbcode. Die

● UNTEN
Ein Zug der Yamanote-Linie verlässt Shinjuku.

INFO-KASTEN

Endpunkte	Shinjuku, Ueno und Tokyo
Land	Japan
Entfernung	32 km
Eröffnung	nicht bekannt

● GANZ LINKS
Am benachbarten Bahnsteig der Yamanote-Linie hält der„Super Azusa“, der neue Superzug auf 1067-mm-Spur der Japan Railways. Er wird über die Chou-Bahn nach Kofu fahren.

● GEGENÜBER UNTEN
Ein langer Yamanote verlässt in der Rush Hour den Bahnhof Habata Station. Um diese Zeit verkehren die Züge alle ein- bis zwei Minuten, und alle sind zum Bersten voll mit Fahrgästen.

● LINKS
Die Einkaufsmeile Shinjuku ist ein Ziel für viele Reisende. Sie wird von vielen Nahverkehrslinien bedient, auch von der Yamanote-Linie.

Shinkansen-Express-Züge verkehren zur Hauptverkehrszeit alle fünf bis sechs Minuten, der Verkehr auf den Schmalspurstrecken ist noch viel dichter.

In Akihabara überquert die Sobu-Linie die Yamanote-Linie auf einer schwindelerregend hohen Brücke. Weit darunter zieht die Schinkansen ihre Bahn.

Akihabara ist bekannt als „Electric City", und die neuesten elektronischen Spielereien sind zuerst hier erhältlich.

Züge auf der Yamanote-Linie verkehren alle paar Minuten zwischen 6:00 Uhr und Mitternacht.

Ein großer Teil der Strecke verläuft in Einschnitten oder aufgeständert, wodurch man viele Blicke auf die Stadt erhält. Doch die eigentliche Attraktion ist sicher der ameisengleiche Betrieb auf dieser Linie. Der Bahnhof Shinjuku im Westen von Tokyo gilt derzeit als meistbefahrener Bahnhof der Welt, rechnet man zwei daneben liegende Nahverkehrsstationen hinzu. Zur Rush Hour fahren die Züge wie am Fließband.

In Ueno verläuft die zwölfgleisige Kapspur-Strecke in zwei Ebenen, während die normalspurige Shinkansen in den Untergrund verlegt wurde. Es ist in Ueno normal, wenn sechs Züge gleichzeitig in verschiedene Richtungen abfahren. Beim Bahnhof Ueno liegt Ueno Park mit vielen Museen und einem Zoo. Das Tokyo Science Museum liegt ebenfalls bei Ueno; es stellt u.a. eine Mikado-Dampflok und ein Formsignal aus.

An veschiedenen Stellen im Osten der Stadt verläuft die Shinkansen-Strecke parallel zur Yamanote-Ringbahn. Die

● RECHTS
Der Bahnhof Ueno in Tokyo ist einer der großen der Stadt, an dem auch die Yamanote-Linie hält.

TOKYO – NIKKO
MIT DER BAHN ZUM TEMPEL

Es ist eine Binsenwahrheit, dass Japan ein Land der Gegensätze ist, doch jeder, der das Land besucht, kommt zu diesem Schluss. Ein Besuch in der nördlich von Tokyo gelegenen Pilgerstadt Nikko per Bahn ist eine der vielen Möglichkeiten, dies selbst zu erfahren. In Nikko steht eine der größten japanischen Tempel-Anlagen, und mit 150 km liegt sie sozusagen vor den Toren der Hauptstadt. Der Unterschied liegt nicht allein im Krach der Großstadt und der Ruhe der heiligen Stätte, sondern auch in dem gemächlich fahrenden D-Zug auf der kapspurigen Tobu-Bahn statt einer Fahrt mit dem Hochgeschwindigkeitszug „Shinkansen“.

Unsere Rundreise beginnt im Tokyoter Bahnhof Asakusa. Die Gegend um diesen Bahnhof herum am Fluss Sumida ist bereits einen Besuch wert. Hier gibt es viele Kunsthandwerkgeschäfte und den sehenswerten Sensoji-Tempel.

● LINKS
Ein „Spacia“-Schnellzug der Tobu-Bahn in Nikko. Die Stromlinien-Verkleidung des Zuges dient mehr der Optik als sie aerodynamischen Erfordernissen folgt. Die erreichten Geschwindigkeiten sind daher eher gering.

Der Endbahnhof der Tobu-Bahn ist in den zweiten Stock des Matsuya-Kaufhauses integriert. Die Bahnanlagen sind sehr eng, und es passen nur sechsteilige Züge an die drei Bahnsteige, während die Züge der Tobu-Bahn gewöhnlich zehnteilig verkehren. Daher beginnen die meisten Züge der Tobu-Bahn erst in Eidan Hibiya, 10 km außerhalb des

● OBEN
Tokyo besitzt zwei Metro-Systeme, ein „privates“ von der TRTA und ein städtisches der TOEI-Gruppe. Hier sehen wir TRTA Metro 05014 in Nakano, auf der Tozai-Linie. Asakusa wird von der Ginza-Linie der TRTA befahren.

● LINKS
Ein „Spacia“ der Tobu-Bahn verlässt den Tokyoter Bahnhof Asakusa und überquert in einer Kurve den Sumida-Fluss.

● LINKS
Eine Ansicht des Gebäudes mit dem Daiyuin-Schrein. Die Anlage ist von Wald umgeben.

Zentrums. Gleich hinter dem Bahnhof im Kaufhaus überquert die Bahnlinie den Fluss Sumida

Man kann auch mit Nahverkehrszügen bis Nikko fahren, doch ist dies langwierig und unbequem. Zu empfehlen sind aber die „Limited Express Spacia"-Züge, die aus stromlinienverkleideten Elektro-Triebwagen bestehen. Am Morgen verkehren sechs dieser Züge nach Nikko, die 100 Minuten benötigen, gefolgt von halbstündlich verkehrenden Regionalzügen, die länger brauchen und ein Umsteigen in Shimo Imaichi erfordern. In den „Spacia"-Zügen servieren Hostessen Getränke, und die Sitze quer zur Fahrtrichtung stehen in angenehmem Gegensatz zu den Längsbänken in den Metro- und Nahverkehrszügen.

Der Fahrkartenverkauf in Asakusa kann schwierig werden, wenn man kein

INFO-KASTEN

Endpunkte	Tokyo und Nikko
Land	Japan
Entfernung	150 km
Eröffnung	Keine Informationen verfügbar

● UNTEN
Triebzug Nr. 6267 der Tobu-Bahn trifft in Nikko ein.

● GANZ UNTEN
Der Bahnhof Nikko, klein, aber aufgeräumt. Auf dem Stationsschild steht der Name auch in lateinischen Buchstaben, was für ausländische Reisende sehr hilfreich ist.

LINKS
JR-Nahverkehrs-Triebwagen 115-422 und die elektrische Güterzuglok EF65 540 in Utsunomiya. Die Bahnsteige des „Tohoku Shinkansen" befinden sich in dem Gebäude links darüber.

UNTEN
Der Bahnhof Utsunomiya der JR. Links steht ein Zug nach Nikko, bestehend aus Triebwagen der Klasse 106-7. Rechts steht ein Nahverkehrs-Triebwagen der Klasse 115-122.

Japanisch spricht. Doch bei etwas genauerem Hinsehen wird man den Schalter erkennen, an dem die Leute für Tickets der Tobu-Linie anstehen. Eine Reservierung ist grundsätzlich nicht erforderlich und kann notfalls noch am Reisetag erfolgen. Steht man erst in der richtigen Schlange, genügt die Zeichensprache, um an ein Ticket zu kommen!

Die Hauptstrecke der Tobu-Bahn wurde in den ersten Jahren des 20. Jahrhunderts erbaut, Nikko wurde 1929 in einer Zeit der Expansion und Elektrifizierung angeschlossen. Die gegenwärtige Endstation Asakusa wurde 1931 eröffnet. Durchlaufende Züge der Tobu-Bahn auf Metro-Gleisen gab es ab 1962, womit erstmalig in Tokyo Fernzüge auf Metro-Gleisen verkehrten. Die Tobu-Bahn ist eine der größten Privatbahnen in Japan, die auf ihrem 463 km langen Streckennetz allein im Jahr 1994 über 945 Millionen Passagiere beförderte. Im Gegensatz zu den Nahverkehrslinien anderer Länder sind Tokyos Metro- und Nahverkehrslinien trotz der niedrigen Fahrpreise profitabel, denn fast alle Züge sind sehr gut besetzt bis völlig überfüllt.

Die Tobu-Bahn führt noch einige Zeit durch die sich immer weiter ausdehnenden Vororte im Norden Tokyos und erreicht schließlich offenes Gebiet. Die Landschaft ist eher lieblich; Hügel, Wälder und Reisfelder, dazwischen Bauernhöfe und kleine Städte. Erst später kommen Berge in Sicht mit drei Gipfeln über 2000 m. Sie bilden die Kulisse der Gegend um Nikko.

Die Eisenbahnstrecke an sich ist ohne große Höhepunkte, allein der viergleisige Ausbau einer ländlichen Linie zu einer dicht befahrenen Vorortbahn erforderte einige Abschnitte, in denen

● RECHTS
Die Shinkyo-Brücke in Nikko, ein Nachbau von 1907 des Originalbauwerks aus dem 17. Jahrhundert. Dieses Kleinod ist von der Straße zwischen Nikko und dem Tempelgebiet aus zu sehen.

● UNTEN RECHTS
Die „Drei Weisen Affen“ auf den heiligen Tafeln am Toshogu-Schrein.

die Bahn aufgeständert auf hässlichen Betonkonstruktionen verläuft.

Der Bahnhof derTobu-Linie in Nikko ist der nächste zur Innenstadt, aber auch der JR-Bahnhof liegt nur 200 m weiter weg. Die Tempelanlage liegt etwa 2 km von den Bahnhöfen entfernt. An der Straße dorthin liegen viele Geschäfte, die Andenken und Nahrungsmittel feilbieten. Eilige Reisende können einen Bus zum Tempel nehmen.

Auf halbem Weg liegt das Informations-Zentrum von Nikko, in dem auch Eintrittskarten für den Tempel verkauft werden. Das billigste ist das Zwei-Schreine-Ein-Tempel-Ticket. Am Tempel selbst werden drei Karten für die Schreine und den Tempel verkauft, eine wesentlich teurere Alternative. Der Angestellte im Informationsbüro schien überrascht zu sein, einen fremden Besucher vor sich zu haben, der um dieses Ticket weiß. Doch derartige Dinge stehen in jedem besseren Reiseführer, der einem auch die Geschichte dieser Pilgerstätte nahebringt.

Die Anlage besteht – ungeachtet des Namens des Tickets – aus vier Reliquien: dem Rinnoji-Tempel, dem Daiyuin-Schrein, dem Futarasan-Schrein und dem Toshogu-Schrein. Der letztere ist der meistbesuchte und besitzt die Original-Schnitzerei des Mottos „Höre nichts Böses, sieh nichts Böses, sage nichts Böses“. Man sollte die Orte in der genannten Reihenfolge besuchen. Der Toshogu-Schrein stammt von 1617 und ist mit seiner fünfgeschossigen Pagode sicher der bekannteste. Die gesamte Tempelanlage liegt in einem Wald mit hohen Bäumen, der eine angemessene Umgebung für diesen heiligen Ort bildet, dessen Wurzeln bis ins 8. Jahrhundert zurückgehen.

Die Rückfahrt beginnt im weiß gestrichenen JR-Bahnhof, dem Endpunkt der 1890 eröffneten Stichbahn von Utsunomiya. Die Züge fahren oft, wenn auch nicht direkt nach einem Taktfahrplan. Die zweiteiligen Elektro-Triebwagen entsprechen der JR-Nahverkehrs-Bauart.

● LINKS
Der Senso-ji-Tempelkomplex mit seinem massiven Hozomon-Tor.

● UNTEN
Ein Nahverkehrszug der JR nähert sich dem Tokyoter Ueno-Bahnhof. Die Gleise unterhalb dieses Zuges werden von Schnellzügen benutzt, während der „Shinkansen" hier in einem unterirdischen Abschnitt hält.

Der erste Teil der 40-minütigen Reise führt über Land und durch kleine Städte. Die Gegend wird urbaner, je weiter man sich der Großstadt Utsunomiya nähert, wo die Stichbahn endet. Der Bahnhof Utsunomiya besteht aus zwei Teilen: der ebenerdigen Abfertigung der kapspurigen Züge und der aufgeständerten der „Shinkansen"-Hochgeschwindigkeitszüge. In Utsunomiya gibt es auch noch einen Bahnhof der Tobu-Bahn für Züge, die bis Tokyo fahren.

Die Verbindung der JR ist heutzutage die weniger beliebte nach Nikko, obwohl die Fahrtzeiten vergleichbar sind. Die meisten Fahrgäste nach Nikko nehmen die Tobu-Bahn. In den 1950er Jahren gab es regelrechte Kämpfe zwischen Tobu und JR um die Fahrgäste, jeder wollte den besten Service und die neuesten Züge anbieten. Mitte der sechziger Jahre hatte die Tobu dann gewonnen.

In Utsunomiya besteht Anschluss an die Tohoku-Shinkansen-Linie zwischen Tokyo und Morioka im Norden des Landes. Hochgeschwindigkeitszüge von Utsunomiya nach Tokyo fahren etwa dreimal pro Stunde und benötigen für die 108 km lange Strecke 55 Minuten.

Wir haben nicht reserviert. Die Sitze für solche Reisenden befinden sich nur in bestimmten Wagen des Shinkansen, auf der Fahrkarte steht, in welchem. Es ist empfehlenswert, in der Schlange auf dem Bahnsteig vorn zu stehen, um einen guten Platz zu ergattern, denn der Zug hält exakt so, dass die Türen an den markierten Bahnsteig-Abschnitten zum Stehen kommen.

Die Tohoku-Linie fährt seit 1982 vom Bahnhof Omiya ab, 30 km vom Zentrum entfernt, drei Jahre später war die schwierige Einführung in den zentral gelegenen Bahnhof Ueno fertig gestellt. Der letzte Abschnitt in den Bahnhof von Tokyo wurde 1991 eröffnet.

Die normalspurige Shinkansen-Strecke verläuft meist aufgeständert über bebaute Gebiete bis Ueno im Norden von Tokyo. Von hier aus taucht die Linie hinab in einen Tunnel und erreicht schließlich den Bahnhof von Tokyo, von wo aus Anschlüsse zur Tokaido-Shinkansen bestehen. Die Hochgeschwindigkeitszüge können allerdings nicht von einer auf die andere Linie wechseln, da Stromversorgung und Zugsicherung verschieden sind. Die hier beschriebene Rundreise bietet sowohl etwas für Kulturbeflissene als auch für Eisenbahnfreunde und ist als Tagestour von Tokyo aus problemlos zu bewältigen, auch wenn es nicht mit einem Ticket geht – in Nikko muss man für die Rückfahrt neu lösen.

● OBEN
Shinkansen 221-204 trifft in Utsunomiya ein. Die beiden Gleise in der Mitte erlauben Zügen, die hier nicht halten, zu überholen, was häufig vorkommt und mit der Präzision eines Uhrwerks ablaufen muss, um Verspätungen zu vermeiden.

● UNTEN LINKS
Beim Bahnhof Asakusa der Tobu-Bahn liegt der Senso-ji Temple mit seiner fünfgeschossigen Pagode.

● UNTEN
Shinkansen 221-25 der Tohoku-Linie in einem unterirdischen Tokyoter Bahnhof. Die Shinkansen-Züge der Tohoku-Linie sind an dem hellgrünen Streifen erkennbar.

Tokyo – Osaka

Gleich nach dem verlorenen Zweiten Weltkrieg schlugen japanische Planer vor, eine neue Bahnlinie zwischen Tokyo und Osaka zu bauen, auf der Züge mit 200 km/h verkehren sollten. Doch zunächst war man mit dem Wiederaufbau des Landes beschäftigt, und so dauerte es bis 1958, bis der Streckenverlauf festgelegt wurde. Im folgenden Jahr verabschiedete das Parlament das Projekt, und noch im selben Jahr erfolgte der erste Spatenstich. Bereits im Jahre 1965 stand der Fahrplan zwischen den beiden größten Städten Japans auf dieser komplett neu erbauten Strecke, der ersten mit Normalspur 1435 mm in Japan.

Um auch bei hohen Geschwindigkeiten sicher fahren zu können, besaßen die Kurven einen Radius von 2,4 km und mehr. Um Staus in den Städten aus dem Weg zu gehen und den Geräuschpegel zu minimieren, verläuft die Strecke meist aufgeständert als Viadukt mit Lärmschutzwänden. Täler werden mit weiten Brücken überspannt und Berge werden in 66 Tunneln durchfahren, von denen zwölf über 2 km lang sind. Um Zugbegegnungen im Tunnel mit 400 km/h ohne aerodynamische Probleme zu gewährleisten, wurde der Gleisabstand von normalerweise 1,83 m auf 2,74 m bis 2,89 m erhöht. Auch die Fundamente der aufgeständerten Strecke mussten den außergewöhnlichen Belastungen durch die Hochgeschwindigkeitszüge standhalten, von Erdbeben ganz zu schweigen.

● LINKS
Der Innenraum eines älteren Shinkansen, die heute in „Nahverkehrszügen" auf der Hochgeschwindigkeitsstrecke eingesetzt werden.

● UNTEN
Der derzeit schnellste planmäßige Zug der Welt ist der „Nozomi 500", der auf großen Teilen seines Laufweges von Osaka nach Hakata 300 km/h erreicht.

Zwischen 6.00 und 21.00 Uhr verlässt jede Viertelstunde ein „Hikari" (Blitz) Tokyo und absolviert die 518 km nach Osaka in 3:10 h, gehalten wird zwischendurch nur in Nagoya und Kyoto. Das entspricht einer Durchschnittsgeschwindigkeit von 160 km/h. Jeder Zug besteht aus 16 Wagen und befördert im Durchschnitt 1000 Fahrgäste.

Wegen der vielen Tunnel und der recht hoch angebrachten Fenster sieht man nicht viel von der wunderschönen Landschaft, durch die man fährt. Die besten Ausblicke bieten sich von den langen Brücken über größere Täler, und einmal ist im Hintergrund der majestätische Berg Fuji zu sehen.

Bis heute ist die Shinkansen-Linie Tokyo – Osaka die meistbefahrene

● UNTEN
Ein Tokaido-Shinkansen Richtung Tokyo rast durch Shizuoka.

● RECHTS
Ein „Nozomi“ Richtung Tokyo nähert sich seinem Ziel. Die Triebzüge mit dem charakteristischen keilförmigen Bug verkehren meist als „Nozomi“ oder „Hikari“ zwischen Tokyo, Osaka und Hakata.

INFO-KASTEN

Endpunkte	Tokyo und Osaka
Land	Japan
Entfernung	518 km
Eröffnung	1965

Hochgeschwindigkeitsstrecke Japans. Zu Spitzenzeiten fährt alle sechs Minuten ein Zug. Westlich von Osaka verzweigt sich die Shinkansen-Strecke nach Kobe, Okayama, Hiroshima und, durch einen Tunnel unter dem Meer, nach Hakata auf der Insel Kyushu. Die Linie nach Okayama öffnete 1972, die nach Hakata 1975. Nördlich von Tokyo erreicht der Shinkansen über verschiedene Strecken Niigata, Yamagata, Sendai und Morioka. Alle Shinkansen-Linien gehen vom Bahnhof Tokyo aus, und auf Grund der technischen Unterschiede sind die Shinkansen-Systeme des Westens und des Ostens ohne direkte Verbindung.

Drei Kategorien von Hochgeschwindigkeitszügen verkehren im Westen: „Kodama“, mit an allen Unterwegsbahnhöfen haltenden Zügen; „Hikari“-Schnellzüge und „Nozomi“-Expresszüge, die einen besonderen Fahrpreis erfordern. Im März 1997 wurde der futuristische „Nozomi 500“ zwischen Osaka und Hakata eingeführt, der eine betriebliche Höchstgeschwindigkeit von 300 km/h erreicht und damit der schnellste planmäßige Zug der Welt ist. Nördlich von Tokyo ist ein Potpourri neuer Hochgeschwindigkeitszüge im Einsatz, darunter der doppelstöckige „Max“.

● LINKS
Einer der älteren Shinkansen-Triebzüge hält in Shizuoka. Viele dieser klassischen Züge mit dem Flugzeug ähnlichen Bug verkehren heute als 200 km/h schnelle „Nahverkehrszüge“.

● UNTEN
An einem regnerischen Aprilabend begegnen sich diese beiden Shinkansen-Züge bei voller Fahrt in Shizuoka, während ein langsamerer Zug (rechts im Bild) dort hält.

Singapur – Bangkok
Der „Eastern and Oriental Express“

Der „Eastern and Oriental Express“ verbindet seit 1993 Singapur, Kuala Lumpur und Bangkok. Dieser vollklimatisierte Luxuszug war die Erfindung von James B. Sherwood, dem Besitzer des „Venice-Simplon-Orient Express“.

Dies ist einer der besten Hotelzüge der Welt mit Dusche und WC in jeder Kabine. Der Zug besteht aus sechs Wagen mit Standard-Zweibett-Kabinen, sieben mit „State“-Zweibett-Kabinen und einem mit „Presidential“-Zweibett-Suiten; insgesamt stehen Reisenden 132 Betten zur Verfügung. Hinzu kommen drei Speisewagen, zwei Dienstwagen, ein Generatorwagen, eine Bar und ein Aussichtswagen. Der 22-Wagen-Zug ist ohne Loks beachtliche 433 m lang und wiegt 844 Tonnen.

Die Wagen wurden in Japan für Neuseeland gebaut, dann aber von dem Franzosen Gérard Gallet für den „Eastern & Orient“ komplett im Stil des „Venice-Simplon-Orient-Express“ umgestaltet und mit Messing-Griffen, aschgrauen Wänden, Lotusdekor und Spiegeln ausgestattet. Ein Piano klimpert, und die nimmermüden Thais servieren Getränke bis in die Nacht.

Die einzigartigen thailändischen Bediensteten führen die Fahrgäste in ihre Kabinen, die mit rautenförmig verlegtem Parkett und edlen Materialien bis zur Decke das höchstmögliche Niveau des Bahnreisens repräsentieren.

Bei der Abfahrt aus Singapur wird auf britische Art der Nachmittagstee serviert. In den prächtigen Speisewagen werden innovative eurasische Menüs serviert und ausgezeichnete Weine angeboten.

Nachdem die Zollformalitäten in Singapurs Kappel Station erledigt sind, fährt der Zug über den 6 km langen Johor Bahru Causeway hinüber nach

INFO-KASTEN

Eastern and Oriental	
Endpunkte	Singapur, Bangkok
Länder	Singapur, Malaysia, Thailand
Entfernung	1943 km
Bauzeit	1909–1918

● OBEN LINKS
Der Aussichtswagen des „Eastern and Oriental Express“ bietet die schönsten Blicke in stilvoller Umgebung.

● LINKS
Zwischen Nam Tok und Kanchanaburi verläuft die Strecke des „Eastern and Oriental Express“ aufgeständert auf Holzbalken hoch über einem Arm des River Kwai.

● RECHTS
Der „Eastern and Oriental Express" in Kuala Lumpurs wundervollem Bahnhof.

● GANZ RECHTS
Der „Eastern and Oriental Express" auf der 800 m langen Brücke am Kwai bei Kanchanaburi an der einst berüchtigten „Death Railway" (Todesbahn) nach Nam Tok.

● UNTEN
Der „Eastern and Oriental Express" auf der Fahrt durch eine pittoreske Landschaft im Südosten Asiens.

Malaysia. Dann beginnt eine entspannende Fahrt auf Schmalspur-Gleisen durch die malaysischen Gummiplantagen, die sich mit lockerem Dschungel abwechseln.

Der Zug erreicht gegen 23.00 Uhr die malaysische Hauptstadt Kuala Lumpur, 394 km nördlich von Singapur, mit dem vielleicht schönsten Bahnhof der Welt. Von hier an läuft die Strecke nur noch eingleisig und führt durch dichten Dschungel.

Nach dem zweiten Frühstück am zweiten Tag beginnt sich die Landschaft zu wandeln, Kalkfelsen ragen aus der Ebene bei Padang Besar auf, wo die Keretapi Tanah Malayu Railways (KTM) den Zug an die State Railways of Thailand (SRT) übergibt. Die KTM setzte 1936 übrigens den ersten klimatisierten Schlafwagen der Welt zwischen Butterworth und Bangkok ein.

Am folgenden Morgen rollt der Zug vorbei an terrassenförmig angelegtem Ackerland und hält schließlich in der alten Kaiserstadt Hua Hin an der Ostküste. Hier geruht die Königliche Familie auch heute noch ihre Ferien zu verbringen, und entsprechend hält der wunderschöne Bahnhof einen königlichen Warteraum vor. Bei Nakhon Pathom macht der Zug einen Umweg von 70 km zu der berühmten Brücke über den Kwai.

42 Stunden und 1943 km von Singapur entfernt trifft der Zug in Bangkoks Hauptbahnhof Hualampong ein. Die meisten Fahrgäste beenden ihre Reise hier, doch ist es möglich, eine dritte Nacht an Bord des „Eastern & Oriental" zu verbringen und 751 km weiter nach Chiang Mai zu reisen.

Singapur – Penang

Obwohl die Aufzeichungen dieser Reise auf verschiedenen Fahrten im Jahre 1946 entstanden, ergeben sie in Folge die Beschreibung einer zusammenhängenden Reise. Glücklicherweise ist die Reise auch heute noch möglich, und möge es noch lange bleiben…

Der „Day Mail" von Singapur nach Kuala Lumpur verließ seinen Ausgangsbahnhof Tanjong Pagar um 7.00 Uhr kurz nach der Morgendämmerung. Tanjong Pagar wurde 1932 im europäischen Stil jener Zeit erbaut und liegt ein wenig außerhalb vom Stadtzentrum. Er besitzt eine riesige Empfangshalle mit Büros auf der einen Seite und einem Hotel mit Restaurant auf der anderen. Bemalte Steine zeigen Szenen der Eisenbahngeschichte.

Der Zug umfasste zwölf Reisezug- und zwei Güterwagen. Vorgespannt war eine brandneue Class 564 Pacific,

Baujahr 1945. Der Wagen des Autors war zehn Jahre älter und lief sehr gut. Das Signal zur Abfahrt auf dem ersten Abschnitt der eingleisigen Strecke kam pünktlich. Der Zug passierte die Lok- und Wagenhalle, auf einem Nebengleis warteten einige B-Kuppler des Singapur Harbour Board (Hafenverwaltung) auf neue Einsätze. Eine C-Tenderlok der Federated Malayan States Railway (FMSR), die man gekauft hatte, um die schwachen B-Kuppler zu ersetzen, stand in der Halle, zusammen mit einer

● OBEN
Eine Lok der „MacArthur Class" WD10G4 rangiert im März 1946 einen Zug aus der Wagenhalle.

● MITTE
Der Trolley-Bus (Oberleitungsbus) war in Singapur und Penang weit verbreitet. Der abgebildete Typ wurde zwischen den Weltkriegen gebaut und ist hier im Dezember 1946 in Georgetown, der Hauptstadt der Insel Penang, zu sehen.

● UNTEN
Eines der typischen Dörfer an der Strecke.

● LINKS
Das palastähnliche Bahnhofsgebäude von Kuala Lumpur.

● UNTEN
Diese Tafel nahe der Talstation der Standseilbahn auf Penang Island zeigt die Höhe der Berge, deren kühleres Klima eine willkommene Fluchtmöglichkeit aus dem feuchtheißen Georgetown bietet.

● UNTEN LINKS
Ein Blick hinab von der 762 m hoch gelegenen Bergstation der Standseilbahn auf Penang Island am 17. Dezember 1946.

Anzahl 1'D1'-Maschinen der MacArthur Class, die noch ihre Kriegsabzeichen trugen, ferner eine japanische C58 (1'C1'), eine ex-javanesische Tenderlok C30 (1'C1') und die C1'-Tenderlok Nr. 173 der FMSR Class I, gebaut 1913 in Leeds.

Links führten Gleise zum großen Schiffsanleger. Dann fuhr der Zug durch eine Mischung aus Siedlungen und offener Landschaft. Bald erreichte er den berühmten, 1080 m langen Damm. Zur Rechten lagen viele Kriegsschiffe vor Anker.

In Johore Bahru, dem Sitz des Sultans von Johore, ändert sich die Landschaft sehr, es gilt, Berge zu überwinden. Die Erbauer der Bahnlinie wollten die Neigung der Strecke bei maximal 1,0 % lassen und führten sie, weitgehend natürlichen Gegebenheiten folgend, über die Höhen. Wer aber glaubte, dass der Bahnbau einfach gewesen wäre, der irrt gewaltig. Das Gebiet liegt in der Nähe des Äquators, und entsprechend gibt es häufig Wolkenbrüche, deren Wasser in breiten, unberechenbaren Flüssen zum Meer fließt. Im sumpfigen Tropischen Regenwald gab es kaum Wege, denen die Bahnlinie folgen konnte. So musste die Bahn als erste durch den Dschungel. Entsprechend verlief sie dann auch, Kurve um Kurve, um Höhe zu gewinnen und passierte unterwegs auf zahlreichen Stahlbrücken die vielen Flussläufe.

Nur sehr selten sah man vom Zug aus eine Siedlung. Auf einmal ragten hohe Felswände neben der Strecke auf, die dann wieder dem Urwald Platz machten. Der aufmerksame Reisende wird viele interessante Dinge an der Bahnlinie finden.

INFO-KASTEN

Endpunkte	Singapur und Penang
Land	Malaysia
Entfernung	783 km
Reisejahr	1946

● RECHTS
Was kann man nach der Ankunft in Penang besseres tun, als an den Strand zu gehen?

Der Bahnhof von Johore Bahru besaß viele Nebengleise und einen Lokschuppen. Heute ist er Grenzbahnhof mit den dafür üblichen Unterbrechungen im Bahnverkehr. Weiter nordwärts fahrend, erreicht der Zug nun eine ebene Urwaldlandschaft, die die Bahn mit fast geradeaus führendem Gleis durchmisst. Aus Sicherheitsgründen wurde der Wald in Bahnnähe auf 50 m zurückgeschnitten. Diese Maßnahme verbessert auch den Überblick des Lokführers – und die Aussicht der Fahrgäste auf die wilden Tiere, die sich vereinzelt blicken lassen. Auch an anderen Stellen wurde der Wald gerodet, um Gummibaum- und Palmenplantagen aufzubauen. In Layang-Layang gab es eine besonders große Plantage mit eigener Schmalspurbahn.

Kluang, 113 km nördlich von Singapur, besaß ein Ausweichgleis und einen kleinen Lokschuppen. Darin standen zwei auf Schienenräder gesetzte Jeeps.

Gemas, 220 km hinter Singapur, war und ist noch heute der Abzweigepunkt der Linie, die durch das Binnenland 516 km nach Kota Bharu an der Ostküste führt. 1946 besaß Gemas zwei 300 m lange Bahnsteige, viele Nebengleise, einen vierständigen sowie einen zweiständigen Lokschuppen. Gemas war auch der Wechselpunkt für das Lokpersonal.

Die Nordausfahrt von Gemas liegt in einer kleinen Steigung, von hier aus sind es nur noch 53 km bis Tampin. Auf dem Weg dorthin hält sich die Bahn so nahe wir möglich an der Westseite der Halbinsel, um sowohl die Sümpfe am Meer als auch die Berge zu meiden, die hier über 2100 m hoch aufragen.

In Tampin zweigte die 38 km lange Stichbahn nach Malacca an der Westküste ab, die nach dem 2. Weltkrieg nicht wieder in Betrieb genommen wurde.

Am folgenden Streckenabschnitt fielen inmitten des Urwaldes Zinnminen, Gummi-Plantagen und Reisfelder auf. Der Bahnhof Seremban, 61 km weiter nördlich, war die Abzweigung der Strecke nach Port Dickson, auf der heute nur noch Güterzüge verkehren.

Auf den nun folgenden 59 km bis Kuala Lumpur verändert sich die gesamte Landschaft. Immer mehr Zeichen der Zivilisation werden sichtbar, und die giftigen Abraumhalden der Zinnminen prägen die Landschaft, speziell bei Sungei Besi, das sich rühmt, die größte Zinnmine der Welt zu besitzen. Salak South Junction besaß ein 30-Hebel-Stellwerk, mit denen die Weichen Richtung Sultan Street und

● LINKS
Lok 214, eine Pacific der Class L, war eine der vielen Anfang 1946 schwer beschädigt im Ausbesserungswerk Sentul bei Kuala Lumpur abgestellten Loks.

Ampang gestellt wurden. Port Swettenham Junction, 4,8 km weiter nördlich, besaß sogar ein 40-Hebel-Stellwerk, das die Weichen zur 43 km langen Stichbahn zum Westhafen von Port Swettenham sowie nach Brickfield zum Güterbahnhof von Kuala Lumpur stellte.

Kuala Lumpurs palastartiger Hauptbahnhof existiert heute noch, und vier Bahnsteige werden komplett von der großen Halle überdacht.

Etwa 900 m südlich des Bahnhofes lag der große, 28-ständigen Rundlokschuppen mit einer 18,2-m-Drehscheibe in der Mitte, einer Vorheizanlage, mechanischer Bekohlung, Schlackengrube und Ausbesserungswerk. Drei lange Wagenschuppen mit 13 Gleisen standen neben dem Lokbetriebswerk. Vor den Schuppen gab es eine Wagenwaschanlage. Beide Depots waren bei US-amerikanischen Bombenangriffen zwei Jahre zuvor schwer beschädigt worden, und einige Teile, darunter die mechanische Bekohlung, waren noch nicht wieder hergerichtet.

Die Lok- und Waggonfabrik Sentul lag anderthalb Kilometer weiter an der

● OBEN LINKS
Blick auf Singapurs Chinatown.

● OBEN RECHTS
Eine von Schweizern gebaute Standseilbahn führt von Georgetown zur Summit Road auf Penang Island.

● RECHTS
Viele Moscheen stehen an der Bahnlinie. Eine der prächtigsten ist die Ubundian-Moschee in Kuala Kangsar.

● UNTEN
Das Ruder-/Segelboot im Vordergrund brachte Passagiere am 17. April 1947 vom malaiischen Festland nach Penang Island. Das Boot im Hintergrund ist eine Kriegsbeute, die „Empire Rani" getauft wurde.

● UNTEN
Im Dezember 1946 diente Nr. 402.03, eine der kräftigen 2'C2'-Tenderloks, der FMSR als Schiebelok für Züge über den Taiping Pass.

● UNTEN
Dies ist eine von vielen Plantagen, in denen der weltweit bekannte malaiische Gummi gewonnen wird. Einige dieser Plantagen sind vom Zug aus zu sehen.

Stichbahn nach Batu Caves. Ein elektrischer 61-Tonnen-Überladekran teilte das Werksgelände in zwei Hälften. Im südlichen Teil wurden Lokomotiven repariert. Im Norden lagen das Wagenwerk mit Elektro-Reparatur, Malerwerkstatt, Sägewerk und Heizwerk.

Etwas nördlich von Kuala Lumpur lag Kutang, die Abzweigung für die 23 km lange Stichbahn nach Batang Berjuntai, an der die Zeche Batu Arang lag, die Kohle für die FMSR förderte.

Die weiteren 61 km nach Tanjong Malim führten durch offene Landschaft, die von den traurigen Überresten der Zinnminen entstellt wurde.

Auf den folgenden 124 km von Tanjong Malim in die wichtige Stadt Ipoh verläuft die Bahnlinie am östlichen Rand der Küstenebene am Fuß der Berge. Es folgen 71 km bis Tapah Road, einst Beginn der 29 km langen Stichbahn nach Telok Anson, einem Hafen am Perak River, die mitten durch den Urwald führte. Tapah Road war auch einer der wenigen Zugangspunkte in die landschaftlich wunderschönen Cameron Highlands westlich der Bahnlinie.

Eine 24 km lange Stichbahn ging westwärts nach Tromoh ab. In Falim stand das Lokdepot von Ipoh, ein großes, sechsständiges, zweistöckiges Gebäude mit Werkstatt und 18,2-m-Drehscheibe. Der Bahnhof von Falim besaß immerhin fünf Bahnsteige.

Die Strecke von Ipoh nach Prai bot vielleicht die größte Vielfalt der gesamten Tour. Sie umfasste den Aufstieg zum Scheitelpunkt der Linie, gemeinhin als Taiping Pass bekannt. Hinter Kuala Kangsa stieg die Bahn noch sanft an und führte durch Gummiplantagen, doch bei Padang Rengas wurde es ernst mit dem Aufstieg. Für alle Züge mit mehr als 152 metrischen Tonnen war eine Schiebelok vorgeschrieben, gewöhnlich eine 2'C2'-Tenderlok der Class C^2 des Depots Taiping. Über 1,6 km betrug die Steigung 1,25 %, und die Szenerie wurde allmählich spektakulär, so lange sich der Zug immer weiter nach oben schlängelte und wand und zahlreiche Tunnels durchfuhr. Bei der Ausfahrt aus einem der Tunnel führte die Strecke sogleich auf ein Viadukt, von dem aus

● RECHTS
Penangs Kek-Lok „Si Tempel“.

● UNTEN
Der Lokschuppen von Singapur im Dezember 1945 mit zwei Strecken-dampfloks und zwei B-Kupplern.

sich ein fantastischer Blick auf Gunong Bondok und das Tal des Perak River eröffnete. Bei Bukit Gantang erreicht die Strecke ihren Scheitelpunkt, wonach es wieder mit 1,25 % bergab geht. Hier liegt auch die engste Kurve mit einem Radius von 241 m. Die maximal erlaubte Last über den Pass waren 660 Tonnen, wenn der Zug von einer Class-S-Lok gezogen und zusätzlich nachgeschoben wurde. Die Pacifics der Class S besaßen die höchste Achslast (16,25 Tonnen) und die größte Zugkraft. Mit einer Lok der Class O an der Spitze waren nur 559 Tonnen Zuglast erlaubt.

Taiping, mitten in der Larut-Ebene gelegen, war das Zentrum der örtlichen Gummiproduktion und einst ein wichtiges Zinnabbaugebiet, das bereits vor über 100 Jahren eröffnet wurde. Taiping war auch die Abzweigstelle der 12 km langen Stichbahn nach Port Weld, für die viele Nebengleise vorgehalten wurde. Die Fahrgäste wurden von einer ansehnlichen Station empfangen, die drei Bahnsteige umfasste.

Nicht weit hinter Taiping passierte die Strecke einige Hügel, worauf 8 km schnurgerader Strecke folgten.

Die 69 km von Taiping bis Bukit Mertajam verliefen größtenteils eben, doch auf sumpfigem Boden. Von Bukit Mertajam aus, 775 km hinter Singapur, zweigte die Hauptstrecke in nördliche Richtung zur siamesischen Grenze bei Padang Besar ab, doch nahm mein Zug die Stichbahn nach Prai.

Diese war einst doppelgleisig, doch die Japaner hatten sie auf ein Gleis reduziert. Von Prai aus mietete ich ein kleines Boot, das mich nach Butterworth brachte, von wo aus mich eine Fähre snach Georgetown, der Hauptstadt der Insel Penang, übersetzte.

TANAHABANG – RANGKASBITUNG

Diese Reise unternahm der Autor im August 1974, aber sie ist auch heute noch möglich – und sehr zu empfehlen.

Weil die Wagen bereits von Fahrgästen überquollen, wählte ich die Lokomotive, eine 1067-mm-Spur-Nebenbahn-Diesellok. Nicht dass diese leer war, nein, auch hier saßen und standen bereits 75 Personen, 23 davon in der Kabine. Tapfer stieg ich mit Unterstützung der anderen Fahrgäste auf.

Beim Verlassen der Station schlingerte der Zug beängstigend dicht an den Gebäuden auf der einen und den zahlreichen Nebengleisen mit abgestellten Wagen auf der anderen Seite vorbei. Die Häuser und Hütten, errichtet aus einer Mischung von Ziegeln, Stroh und Holz, kamen bis auf knappe Meterlänge heran, und einige Stallungen passierten wir im Abstand von wackeligen 10 cm. Sie drohten jederzeit umgerissen zu werden.

● LINKS
Diese Szene in Kediri zeigt das „Sandmännchen", dessen Aufgabe es ist, Sand auf die Gleise zu streuen, damit die Treibräder der Lok nicht durchdrehen.

INFO-KASTEN

Endpunkte	Tanahabang und Rangkasbitung
Land	Indonesien
Entfernung	ca 70 km
Reisezeit	August 1974

Das farbenfrohe Getümmel zur Seite wurde vom Rot-Weiß der indonesischen Nationalflagge dominiert, vor jedem Haus, jeder Hütte und jedem Stall wehte eine im Wind – schließlich war es der 18. August – der Nationalfeiertag. Während der Feierlichkeiten anläßlich des Unabhängigkeitstages, die eine Woche dauern, sind selbst die Lokomotiven beflaggt, sie haben eigens dafür Vorrichtungen, in die die Flaggen gesteckt werden können.

Wir kamen quälend schleppend voran. Die Diesellok schlich dahin, und ständig hielt der Zug. Wir hatten noch keine 16 km zurückgelegt, als auch die für ihre stoische Ruhe bekannten Indonesier ungehalten wurden. Der Lokführer stand in eine Ecke gedrängt, von wo er sowohl den Gashebel

● LINKS
Eine typische Zuckerplantage auf Java mit Feldbahngleisen, die nach der Ernte wieder eingesammelt werden. Die im Hintergrund wartende Lokomotive stammt aus Leeds, England.

● RECHTS
Zum Indonesischen Nationalfeiertag am 18. August 1974 wurde diese bei Werkspoor in Amsterdam gebaute 2'B-Maschine der Class B51 mit der Landesflagge geschmückt. Die zweite Lok im Lokschuppen von Rangkasbitung ist eine 2'C2'-Tenderlok der Class C27, die 1919 ebenfalls bei Werkspoor gebaut wurde.

● UNTEN
Dieser Arbeiter auf einer für Java typischen Zuckerplantage ist nur leidlich gegen die messerscharfen Blätter der Zuckerrohrpflanze geschützt.

bedienen als auch noch einen Teil der Strecke überblicken konnte. Einem ungeschriebenen Gesetz zufolge mussten die vorn außen sitzenden Fahrgäste an die Motorverkleidung schlagen, wenn ein Hindernis in Sicht kam, das der Lokführer womöglich nicht sehen konnte. Diese Verhältnisse werfen ein rechtes Licht auf die Indonesische Staatsbahn Perusahaan Negara Kereta Api (PNKA), wo nur diejenigen Passagiere für ihre Fahrt zahlen, die artig in den Abteilen bleiben oder wegen der drangvollen Enge bleiben müssen und nicht kurzfristig entschwinden können, wenn der Schaffner kommt. Es gäbe, so erzählt man, ungefähr 20 mehr oder minder gefährliche Wege, dem Bahnpersonal zu entkommen, beispielsweise durch das Fenster auf das Dach.

Die Lokomotive ist das Reich des Lokführers, und nur wenige Schaffner kontrollieren je dieses Gebiet. Meine Hochachtung für den mutigen Lokführer wurde sofort relativiert, als der Hut herumging. Der halbe normale Fahrpreis für den Lokführer. Man erhält keine Fahrkarte, wird aber dafür auch nicht danach gefragt. Hatte ich etwa gedacht, der Lokführer nähme derartige Einschränkungen seines Arbeitsplatzes in für nichts Kauf? Weit gefehlt! In Ganovenmanier aller ersten Ranges machte der Hut einmal die Runde und kam gut gefüllt mit Rupien wieder bei seinem Besitzer an.

Nach knapp fünf Stunden war die Fahrt durch Javas Reisfelder zu Ende, der Zug traf in Rangkasbitung ein, und ich war um eine Erfahrung reicher.

● LINKS
Lok C12 06 vor einem der berühmten Sonnenuntergänge Javas bei den Vorbereitungen zu den Feierlichkeiten zum Unabhängigkeitstag.

RANGKASBITUNG – LABUAN

Diese spontane Reise begann damit, dass ich eine Werkspoor-Lokomotive der Class B51 aus dem Jahre 1909 entdeckte, die betriebsfertig auf einem Nebengleis in Rangkasbitung stand. Fasziniert kletterte ich in das leere Führerhaus. Doch kurz darauf kamen Lokführer und Heizer, die bei meinem Anblick erstaunt zurückprallten, dann aber an Bord kamen. Der Lokführer zog den Regler, und los ging es.

Ich wusste nicht, wohin es ging, und obwohl die beiden freundlicher wurden, verhinderte die Sprachbarriere eine erfolgreiche Verständigung. Mit Volldampf stürmte die B51 38 an jenem Abend unter schrillem Pfeifen hinaus aus Rangkasbitung, was sehr gut zu ihrer preußischen Linienführung passte.

● UNTEN
Der konstante Funkenflug aus Javas Dampflokomotiven wird an dieser 1'B-Lok der Class B50 deutlich, gebaut 1885 von Sharp Stewart in Manchester.

● GANZ UNTEN
Einer der altersschwachen Züge auf Java mit vierachsigen hölzernen Wagen, bespannt von einer 1'B-Lok der Class B50 Nr. 14.

Obwohl die B51 ein Gemisch aus Kohle, Holz und Öl verbrennen konnte, schaufelte der Heizer zunächst ausschließlich Kohle. Rasch brach nun die Dämmerung herein und unsere Lok spuckte schwarze Wolken in einen noch azurblauen Himmel, beißender Rauch senkte sich auf uns und den Zug nieder. Die erreichte Geschwindigkeit war deutlich höher, als ich erwartet hatte; wild stampfte die alte Maschine über die unebenen Gleise in die Dunkelheit hinein, ab und zu schwappte eine stinkende Wolke Rauch mitten in das Führerhaus. Stockdunkel war es geworden, als wir den ersten Bahnhof erreichten, einen Wald- und Wiesenhalt, dem wir nur kurz unsere Aufmerksamkeit schenkten.

INFO-KASTEN

Endpunkte	Rangkasbitung und Labuan
Land	Indonesien
Entfernung	ca. 55 km
Reisedatum	August 1974

Unsere Anfahrt war erneut so dramatisch wie die in Rangkasbitung. Eine Rauchwolke schoss aus dem Schlot, abrupt und kraftvoll nahm der Zug seine Fahrt wieder auf. Immer schneller wurden wir, und die Lok verwandelte sich in eine fauchende, pulsierende Teufelsmaschine. Die Pfeife gellte jedesmal lang und anhaltend, wenn wir durch entlegene Dörfer fuhren und kleine unbeschrankte Bahnübergänge passierten. Doch dunkel, wie es war, schaften es einige Ochsengespanne nur mit Mühe, das Gleis kurz vor dem Eintreffen der wirbelnden B51 38 zu verlassen.

Ohne Vorwarnung rasten wir dann in abschüssiges Gelände. Der Lokführer zog den Regler ganz auf, und der Lärm der Dampfmaschine drohte uns alle zu hypnotisieren. Es war unmöglich, die Geschwindigkeit zu schätzen, kein Fixpunkt außerhalb des Zuges ließ ein Gefühl dafür aufkommen. Die Männer auf der Lok wurden durch die aus der Feuerbüchse schimmernde Glut in ein unwirklich orangefarbenes Licht getaucht. Sie klopften ständig an die Seitenwände. Das helle Feuer beschien sogar den schwarzen Rauch, der aus dem Schlot geworfen wurde und sich in einer wilden Spirale über dem Zug drehte. Angesichts der überaus harten Schläge, die sich vom Gleis auf die Lok übertrugen, kam es mir vor, als rasten wir mit 160 km/h dahin!

Ich war nach Indonesien gekommen, um alte Dampfloks zu sehen. Und jetzt fuhr ich auf einem preußischen Dinosaurier in bester Verfassung, dem fulminanten letzten Vertreter des 19. Jahrhunderts. Nach vielen Kilometern schien die Landschaft endlich flacher zu werden, Glühwürmchen waren über den Feldern zu sehen. Etwa an diesem Punkt der Reise gingen die Kohlevorräte zur Neige, ab jetzt wurden die gebunkerten Holzklötze verfeuert, und der Funkenflug machte den Glühwürmchen ernsthafte Konkurrenz. Der Zug rollte so noch eine Weile weiter, bremste dann ab und hielt schließlich an. Labuan ist erreicht, und der Traum zu Ende.

● OBEN
Eine 2'B-Maschine der Class B51 der Indonesischen Staatsbahn fasst in Rangkasbitung Wasser. Diese 1902 in Deutschland gebaute Lok kann ihre preußische Heimat kaum verleugnen.

● LINKS
Zwei Loks der Class B51 im Depot Labuan, darunter Nr. 38, auf der die hier beschriebene Reise stattfand.

PORT AUGUSTA – ALICE SPRINGS
DER GHAN

Die Outbacks von Australien haben außer Mineralien und Vieh kein großes Entwicklungspotential. Die widerstandsfähigen Siedler der ersten Stunde versorgtenAfghanen mit ihren Karawanen, die stetig Nachschub brachten. Als die Nachfrage stieg, entschloss sich das Parlament von South Australia, eine schmalspurige Strecke von Port Augusta aus nach Norden zu bauen, um den erwarteten Verkehr mit Weizen und Wolle zu unterstützen, frei nach dem Motto, „Der Regen wird kommen, wenn man gepflügt hat“. Ferner wollte man auf dieser Strecke Vieh und Mineralien von weiter oben im Norden abtransportieren.

Die Strecke nach Hergott Springs, heute Marree, wurde im Jahre 1884 eröffnet. Hergott Springs war damals der Endpunkt des berühmten Birdsville Track und ein Treffpunkt verschiedener Viehtreiber-Routen. Drei gemischte Personen-Güter-Züge pro Woche bewältigten das Verkehrsaufkommen. Von hier aus wurde der Streckenbau als Arbeitsbeschaffungsmaßnahme für Arbeitslose fortgeführt und erreichte 1891 schließlich Oodnadatta, 769 km hinter Port Augusta. Zunächst verkehrte hier ein Zug pro Woche, doch wurde bald nur noch ein Zug alle zwei Wochen eingesetzt. 1911 wurde das Commonwealth Government Eigentümer der Bahn und ließ die Strecke weiter ausbauen. Auf dem Weg

● LINKS
Nach dem 2. Weltkrieg erwarben die Commonwealth Railways luxuriöse, klimatisierte Wagen von Wegmann in Deutschland für den Transkontinentalverkehr von Port Augusta nach Kalgoorlie. Diese Garnitur ist hier 1964 in Port Augusta zu sehen.

INFO-KASTEN

GHAN	
Endpunkte	Port Augusta und Alice Springs
Land	Australien
Entfernung	1240 km
Eröffnung	1891

● LINKS
Frühe Siedler glaubten, der Regen folge dem Pflug, und nannten diesen Ort Farina in der Hoffnung, er werde das Zentrum des Getreideanbaus in South Australia. Doch der Regen kam nicht, und die Felder wurden aufgegeben. 1964 war nicht viel übrig geblieben, als dieser Normalspur-Sonderzug den Ort passierte. Heute sind auch die Gleise verschwunden, da die neue Strecke weiter westlich verläuft.

● RECHTS
Eine Lokomotive der NM Class der Commonwealth Railways bespannt einen Sonderzug am Pichi Richi Pass.

nach Darwin erreichten die Bauarbeiten schließlich Alice Springs. Der gemischte Zug auf dieser Linie erhielt bald den Namen „Ghan“, den Afghanen zu Ehren, die vorher die Güter transportiert und auch beim Bau der Strecke geholfen hatten.

Mit dem „Ghan“ zu reisen, ist wahrlich ein Abenteuer. Der erste Teil der Fahrt über den Pichi Richi Pass ist sehr reizvoll. Die Bahn folgt den Ausläufern der Flinders Range, berühmt geworden durch einige Maler, um sie später zu überqueren. Es folgt ein Abschnitt durch salzige Buschlandschaft bis Marree. Zwischen hier und Alice Springs wurden die nur leicht trassierten Gleise häufig von Sanddünen verschüttet oder nach Regengüssen von plötzlich entstehenden Flüssen fortgespült, und nicht selten mussten Passagiere, die sich auf eine dreitägige Reise eingestellt hatten, mehrere Wochen in der lebensfeindlichen Wüste ausharren. Nach dem 1. Weltkrieg wurden in solchen Fällen häufig Versorgungsgüter aus Flugzeugen abgeworfen, am Zustend der Strecke änderte sich nur wenig.

Die Schmalspurbahn über den Pichi Richi Pass und die Flinders Ranges begrenzte die Zuglasten, und so konstruierte man eine vollspurige Linie, die bei Brachina auf die alte Strecke treffen sollte. Von dort aus wurde bis Marree neu trassiert und 1435-mm-Gleis verlegt. Doch in den 1970er Jahren beschloss man angesichts der häufigen Flutprobleme, eine komplett neue normalspurige Bahnlinie von Port Augusta nach Alice Springs zu bauen.

Heute erreichen die Normalspurgleise bereits die Außenbezirke von Adelaide. Das eigentliche Abenteuer auf dieser Strecke, die im Sommer wöchentlich und in den kühleren Monaten zweimal die Woche Zugverkehr hat, ist nun die Taxifahrt aus der Innenstadt von Adelaide hinaus zum Normalspurbahnhof. Von da an reist man in einem luxuriösen, klimatisierten Zug in plüschiger Umgebung.

Die Wunder des „Red Heart“ (rotes Herz) von Australien sind nach wie vor einen Besuch wert, wenn man Sonne und 50 Grad Hitze vertragen kann.

● OBEN
Das wahre Abenteuer in Australien war früher eine Fahrt mit dem „Ghan“, einst schmalspurig, von Port Augusta in South Australia nach Alice Springs im Northern Territory. Der Ausgangspunkt war dieser Bahnsteig in Port Augusta.

● OBEN
Ein frühes Fahrzeug, das einst am Pichi Richi Pass verkehrte, war der Kitson Steam Rail Motor. Der als „Coffee Pot“ bezeichnete Triebwagen wurde wieder aufgearbeitet und macht zuweilen Sonderfahrten mit Touristen. Hier ist der Wagen in Quorn bei Instandhaltungs-Arbeiten zu sehen.

Sydney – Brisbane
Der Brisbane Express

● UNTEN
Ein Schnellzug auf dem langen, mühsamen Anstieg nach Toowoomba. Der Wagen hinter der Lok ist ein zusätzlicher Wassertender, der die Vorräte der Lok ergänzt.

In den 1960er Jahren hießen zwei Züge mit komplett unterschiedlichen Laufwegen „Brisbane Express". Für eilige Fahrgäste, die wenig Interesse an der Bahnfahrt an sich hatten, gab es den Nachtzug auf der neueren, 1035 km langen Route. Diese Verbindung wird neuerdings von zwei Zügen bestückt: Der „Brisbane Limited Express", der die Strecke in $15^1/_2$ Stunden bewältigt und der „Brisbane Express", der fast 18 Stunden benötigt.

Für den Touristen hat die alte Strecke mehr zu bieten, und wenngleich auch dieser Zug einen Nachtabschnitt besitzt, absolviert er doch den schöneren Teil der Reise bei Tag. Nach dem Fahrplan von 1965 stellte die Abfahrt um 13.55 Uhr in Sydney sicher, den famosen Abstieg über die Cowan Bank und die Fahrt über den Hawkesbury River in ebenso gutem Licht erleben zu können wie die Fahrt am Ufer der Brisbane Waters.

Das bewohnte Gebiet reicht bis hinter Wyong, dann folgt ein bewaldetes Tal bis Broadmeadow, dem Abzweig für Züge nach Newcastle. Dies war einst ein Kohleabbaugebiet, und eine erwähnenswerte Menge von Kohlezügen ist noch heute auf dem Abschnitt bis Maitland zu sehen, wo die kürzere Küstenlinie abzweigt. Die „Hauptstrecke" hält sich weiter westwärts durch relativ flaches Milchvieh-Weideland bis Singleton, das gegen Abend erreicht wird. Im Dunkel bewältigt die Bahn den Anstieg über die Ausläufer der Great Dividing Range über Murrurundi, dem Depot für Nachschiebedienste für schwere Züge Die größte Streckenneigung beträgt 2,5 % und bietet ein entsprechendes Spektakel, wenn sich die Züge unter Aufbietung sämtlicher Leistungsreserven die acht Kilometer bis zum Ardglen Tunnel emporarbeiten.

Die Neigung im Westen ist deutlich geringer, bevor sich die Bahn erneut die Moonbi Range zu den Northern Tablelands hinaufarbeiten muss. Hier geht bereits die Sonne auf, wenn der Zug die hügelige Gegend vor Tenterfield durchfährt, der letzten größeren Stadt vor der Grenze nach Queensland. 18 km danach erreicht der

INFO-KASTEN

Brisbane Express	
Endpunkte	Sydney und Brisbane
Land	Australien
Entfernung	1150 km
Eröffnung	1888

● OBEN
Der vertraute Anblick der Harbour Bridge in Sydney.

● GEGENÜBER UNTEN
Eine *der* Sehenswürdigkeiten Australiens ist das Opera House in Sydney.

● UNTEN LINKS
Blick vom Sydney Centre durch die William Street auf King's Cross.

● UNTEN RECHTS
Ein Teil der Strecke Brisbane – Sydney bei Toowoomba, Queensland. Der dieselbespannte Güterzug bremst seine Last Richtung Brisbane herunter, Toowoomba ist in der Mitte des Hintergrundes noch zu sehen.

Zug den Spurwechselbahnhof Wallangarra. Hier wartet der schmalspurige Schnellzug nach Brisbane auf die Fahrgäste, und setzt danach seine Fahrt durch die immer hügeliger werdende Landschaft fort, bis er schließlich eine der feinsten ländlichen Gegenden Australiens erreicht, die Darling Downs. Nach 5 1/2 Stunden Fahrt erreicht der Zug die wunderschöne Stadt Toowoomba.

Der Berge bei Toowoomba sind sehenswert, die Berg-Tour erfordert allerdings Zeit. Deshalb halten die Queensland Railways eine Busverbindung Toowoomba – Helidon vor, und Reisende nach Brisbane können eine Stunde länger in Toowoomba bleiben, dann den Bus nehmen und in Heildon wieder an Bord des Zuges gehen. Dasselbe Spielchen geht auch in umgekehrter Richtung. Die Ankunft in Brisbane erfolgt um 18.26 Uhr, kurz nach Sonnenuntergang, und 28 1/2 h und 1150 km nach der Abfahrt aus Sydney. Heute ist der Abschnitt von Glen Innes zur Grenze von Queensland nicht mehr in Betrieb.

Broken Hill – Adelaide
Der Broken Hill Express

Über Jahrhunderte hinweg hat der Mensch den Traum vom Topf voll Gold am Ende des Regenbogens geträumt, und Anhänger dieser Überzeugung haben sich in die ödeste Wildnis gewagt, um ihr Glück zu suchen.

Wenige Gegenden auf der Welt können unwirtlicher sein als diejenige an der Grenze von South Australia nach New South Wales. Doch im Jahre 1876 fand man auf der NSW-Seite Galenit (Bleiglanz, Bleisulfid, PbS), und 1883 boomte die Gegend um Silverton durch Minen und sogar Hochöfen. Im selben Jahr wurde auch in Broken Hill Galenit gefunden. Die Regierung von South Australia erkannte das Potential und baute hastig eine schmalspurige Bahnlinie von Peterborough (damals noch Petersburg) zur Grenze und erreichte diese im Januar 1887. Doch laut Beschluss der Regierung von New South Wales durfte sie diese nicht überqueren. Dies führte zur Bildung der privaten Silverton Tramway Company, später als Broken Hill's Gold Mine bekannt geworden. Zu jener Zeit war Silverton mit seinen 36 Hotels bereits wieder im raschen Niedergang begriffen.

● OBEN
Zwischen Terowie und Adelaide kann der breitspurige „Broken Hill Express" von einer Vielzahl von Lokomotiven bespannt werden, von denen die 2'D2'-Northern der 520 Class – hier Nr. 526 – sicher die augenfälligste ist. Für kurze Zeit war die Strecke zwischen Terowie und Peterborough mit einem Dreischienengleis ausgestattet, um den Schmalspurabschnitt zu überbrücken. In Terowie wurde dann die Spurweite gewechselt. Nach dem Umbau auf Normalspur hielt kein Zug mehr in Terowie, und der Ort verkam zu einer Geisterstadt.

● UNTEN
Den größten Teil seiner Reise fährt der „Broken Hill Express" durch die Nacht. Eisenbahnfreunde organisierten die Reise jetzt bei Tag, bespannt von der Garratt Nr. 402 der South Australian Railway, hier zu sehen in Mannahill.

Broken Hill hingegen, obwohl auch in Schwierigkeiten, wurde kurz darauf für ein ganzes Jahrhundert zur Boomtown.

Obwohl es in New South Wales liegt, gehört Broken Hill zur Zeitzone von South Australia und die meisten Geschäfte werden mit Adelaide abgewickelt. Um auf dieser Strecke einen Zug anzubieten, wurde der „Broken Hill Express" geschaffen, einer der wenigen Schnellzüge in Australien, die viele Jahre lang planmäßig mit einer Garratt-Dampflok bespannt wurden (andere derartige Züge verkehrten nur in Queensland). Der „Broken Hill Express" war in erster Linie ein Nachtzug, und die South Australian Railway (SAR) stellte zusätzlich Güterwagen bei, wodurch der Zug zum PmG (Personenzug mit Güterbeförderung) wurde.

Östlich der Grenze stellte die Silverton Tramway Co. die Loks. Das waren zuerst 1'C-Moguls, dann 2'C-Ten Wheeler und zuletzt 2'D1'-Mountains, bevor 1960 die Co'Co'-Dieselloks den Betrieb übernahmen, der allerdings bereits von der parallel verlaufenden Normalspurstrecke verdrängt wurde.

Auf der Seite von South Australia bespannten anfangs ebenfalls Moguls den Zug, doch schon 1903 bestellte man 78

INFO-KASTEN

BROKEN HILL EXPRESS	
Endpunkte	Broken Hill und Adelaide
Land	Australien
Entfernung	582 km
Eröffnung	1887

2'D-Mastodons, die bis zum Ende der Dampf-Ära im Einsatz blieben. Diese Loks beförderten den „Broken Hill Express" über 225 km bis Terowie, wo der Spurwechsel stattfand und eine breitspurige 2'B-American den Zug 225 km bis Adelaide übernahm. 1953 trafen die Garratts der 400 Class ein und führten rasch den Verkehr nach Broken Hill an. 1959 erhielt die SAR ihre ersten Co'Co'-Dieselloks der 830 Class, die schließlich die Dampfloks ersetzten. Diese Standardisierung versetzte dem „Broken Hill Express" schließlich den Todesstoß, und die normalspurige „Indian Pacific" übernahm schließlich den Personenverkehr, während die Reisezugdienste auf der Breitspurstrecke nach Terowie eingestellt wurden.

Nach dem Fahrplan von 1953 verlässt der „Broken Hill Express" *seine* Stadt um 19.48 Uhr und erreicht um 21.21 Uhr die Grenze, womit er den schönsten Teil der Strecke bei Dunkelheit durchfahren hat. Hier übernimmt eine Garratt Class 400 den Zug bis Peterborough, wo Übergangsreisende nach Port Pirie zu der wahrlich unchristlichen Zeit von 3.58 Uhr umsteigen mußten. Hier dreht der „Broken Hill Express" und erhält bis Terowie eine neue Lokomotive, wo wiederum die Fahrgäste nach Adelaide um 4.50 Uhr in einen Breitspurzug umsteigen müssen. Nach einem 20-minütigen Übergang setzt sich der Breitspurzug in Bewegung und trifft um 9.20 Uhr in Adelaide ein.

● OBEN
Der „Broken Hill Express" wurde von der Silverton Tramway Company auf dem Abschnitt durch New South Wales betrieben. In South Australia übernimmt ihn eine Garratt.

● OBEN RECHTS
Die Skyline von Adelaide.

● RECHTS
Diese Pflanze heißt „Black Boy" und kommt an der Strecke des „Broken Hill Express" häufig vor.

BRISBANE – CAIRNS
SUNSHINE RAIL EXPERIENCE

Mehr als andere australische Staaten hing Queensland von der Küstenschiffahrt ab, welche die große Anzahl von Hafenstädten versorgte. Es wurden auch Eisenbahnen gebaut, aber nicht an der Küste, da gab es ja einen leistungefähigen Verkehrsträger. Die Bahnlinien waren isolierte Strecken, die von den einzelnen Häfen ind Landesinnere führten. Als die Reisenden allmählich nach einer schnelleren Verbindung von Brisbane in die nördlicheren Orte verlangten, sah sich die Regierung von Queensland veranlaßt, Bahnlinien zu bauen, die die isolierten Strecken miteinander verbanden. Doch die durchgehende Strecke war erst im Jahre 1924 vollendet, 1679 km bis Cairns im hohen Norden.

Die Strecken waren leicht trassiert mit Brücken dicht über den Flüssen. Zur Überraschung der Regierung erreichte die neue Bahnlinie binnen kurzer Zeit ein beachtliches Güteraufkommen, und die örtlichen Industrien, mehrheitlich Zuckerfabriken, expandierten rasch.

Anfänglich benötigte man für eine Fahrt in den Norden 52 Stunden, die allerdings einen langen Aufenthalt in Townsville einschloß. Schnell verbesserte man die Verbindung, und der „Sunshine Express" des Jahres 1950 verließ Brisbane um 20.00 Uhr, um gegen 16.00 Uhr am zweiten darauffolgenden Tag in Cairns einzutreffen. Große Änderungen folgten: Die Dieseltraktion, Großaufträge der Kohle-

● OBEN
Eine der Attraktionen des Kuranda Train sind die Wasserfälle.

● OBEN
Keine Reise nach Cairns in den hohen Norden von Queensland wäre vollständig ohne einen Ausflug nach Kuranda, wo sich der Zug die Klippen emporwindet und dabei wundervolle Blicke auf Zuckerrohr-Plantagen, Regenwald und Wasserfälle bietet.

● OBEN
Als Dampf noch der „King" war in Queensland, bespannten Pacifics wie diese BB18¹/₄ die Züge mit ihren komfortablen Holzwagen. Hier steht ein dieser Ära nachempfundener Sonderzug in Nambour. Böse Zungen stimmen das Lied „I'll Walk Beside You" (ich werde neben Dir herlaufen) an, wenn Züge aus Queensland erwähnt werden, was nicht stimmt, denn die QR boten und bieten einen effizienten Bahnverkehr auf ihren Gleisen.

● LINKS
Der „verdieselte", klimatisierte „Sunlander" rumpelt 1971 durch Zuckerrohrfelder bei Feluga in North Queensland.

verlader, Massengüter von den Bergwerken in die Häfen zu bringen, Strecken wurden verlegt und ausgebaut. In den späten 1950er Jahren beförderte ein mit einer Garratt bespannter Zug gerade einmal 400 Tonnen Kohle an die Küste. In den 1980er Jahren schleppten sechs diesel-elektrische Maschinen – drei vorne und drei in der Mitte – mehr als 10.000 Tonnen Kohle in einem Zug in die Häfen.

Eine Weiterentwicklung war die Elektrifizierung dieser stark belasteten Strecken zur Küste und entlang der Küste. Heute schaffen Luxuszüge wie z.B. der „Queenslander" die Strecke Brisbane – Cairns in etwas mehr als 32 Stunden.

Die Züge auf der Verbindung der ehedem isolierten Bahnlinien mussten instandgehalten werden, und um die Kosten zu minimieren, sollten die meisten dieser Arbeiten nahe Brisbane ausgeführt werden. Ein Mann, der etwas weiter dachte als die anderen, wandte ein, die Überführung defekter oder zur Hauptuntersuchung anstehender Fahrzeuge über bis zu 1500 km würde eine langwierige und damit wieder kostspielige Angelegenheit sein. Er schlug vor, an die Überführungszüge Wagen für zahlende Touristen anzuhängen. Und während der vorgeschriebenen Ruhepausen des Personals sollten Besichtigungstouren in die Umgebung die Touristen beschäftigen.

Während Schnellzüge die 1679 km lange Strecke Brisbane – Cairns in weniger als anderthalb Tagen absolvieren, benötigt der heute lokbespannte „Rail Motor Car Exchange" aufregende sechs Tage. Die Übernachtung erfolgt jeweils an Hotels entlang der Strecke, und einer der längeren Ausflüge umfaßt gar eine Bootsfahrt zum Great Barrier Reef.

Anders als die anderen langen Bahnreisen in Australien, geht es hier nicht allein um die herrlichen Gegenden, die der Zug durchfährt und die am schönsten im australischen Frühling (August bis November) zu erleben sind. Den Eisenbahnfreund faszinieren die schweren Züge, die während der Fahrt zu beobachten sind, genauso wie die 610-mm-Feldbahnen, die in der Erntezeit im Frühling Zuckerrohr von den Plantagen in die Fabriken und die Häfen bringen.

Und in Cairns hören die Attraktionen natürlich nicht auf: Besonders empfehlenswert ist es, von hier aus eine Fahrt mit dem „Curanda Train" eine herrliche Strecke hinauf in die Ortschaft Kuranda zu unternehmen.

INFO-KASTEN

Endpunkte	Brisbane und Cairns
Land	Australien
Entfernung	1679 km
Eröffnung	1924

● RECHTS
Der Zug aus Cairns bei einem Halt auf dem Weg nach Kurunda.

PORT KEMBLA – MOSS VALE
COCKATOO RUN

Eine Abmachung zum Bau eines Stahlwerks in Port Kembla in New South Wales enthielt die Zusage der Landesregierung, eine Bahnlinie von der bestehenden Hauptstrecke von der Main Southern Railway in Moss Vale steil hinauf zu dem neuen Industrie-Standort zu bauen und damit einen kürzeren und billigeren Weg zu den Absatzmärkten im südlichen Australien zu bieten. Die neue, 70 km lange Strecke war 1932 fertig und wurde seither für schweren Güterverkehr genutzt, wohingegen der Personenverkehr unbedeutend blieb, denn die Gegend unterhalb des Stahlwerks war ein Wasserschutzgebiet, in dem menschliche Ansiedlungen kaum geduldet wurden. Schienenbusse und kurze Züge wickelten den gesamten Personenverkehr ab, der vielfach aus Touristen besteht. Es ist wohl die landschaftlich schönste Strecke in New South Wales.

● LINKS
Kurze Ausflüge machen manchmal mehr Spaß als lange Reisen. Ein Tagesausflug in NSW ist der „Cockatoo Run", der in Port Kembla startet, nach Moss Vale führt und von dort wieder zurück. Gehalten wird in Summit Tanks, von wo die Passagiere die grandiose Aussicht genießen können.

Sie verläßt die Illawarra-Küstenstrecke bei Unanderra und beginnt sogleich mit einem 30 ‰ -Anstieg mit bezaubernden Blicken auf die Küste. Diese Steilrampe setzt sich bis zum Scheitelpunkt bei Summit Tank fort, das etwa 20 km bergauf liegt. Weil die Küste gerade von diesem Punkt nicht zu sehen ist, hält der Zug gewöhnlich an, damit die Fahrgäste die paar Schritte zum Aussichtspunkt auf den Klippen laufen können. Als diese Steilrampe im Zweiten Weltkrieg zum Nadelöhr wurde, da hier viele Züge mit Nachschub verkehrten, wurde ein Ausweichgleis notwendig. Wegen der schwierigen Geografie wurde dieses bei Dombarton errichtete Gleis zu einem Unikum in New South Wales: Bergfahrende Züge verlassen das geneigte Hauptgleis über eine Weiche nach links in ein ebenes Stumpfgleis mit einer kleinen Steigung am Prellbock. Diese Steigung gab dem Zug einen Anfangs-

● LINKS
Als die Strecke Port Kembla – Moss Vale in New South Wales in den Wettbewerb um die schönste Strecke des Landes ging, waren auf dieser steilen Strecke häufig Dreifachtraktionen anzutreffen. Hier nähert sich 1966 ein Zug mit drei Loks der Class P oder C32 bei Ocean View dem Scheitelpunkt der Linie.

● LINKS
Als noch die Landesregierung die Personenzüge auf dem „Cockatoo Run" betrieb, bedienten Schienenbusse und mit Tenderloks bespannte Züge die Strecke. Hier ist eine C-30-Class-Lok an der 33 ‰-Steigung im Jahre 1967 hinter Port Kembla zu sehen.

INFO-KASTEN

Endpunkte	Port Kembla und Moss Vale
Land	Australien
Entfernung	70 km
Eröffnung	1932

schwung, rückwärts wieder auf die Hauptstrecke zu gelangen, ein Stück hinunter zu rollen, um ein zweites Stumpfgleis zu erreichen. Nun konnte der talfahrende Zug passieren und der bergfahrende Zug vorwärts weiterfahren. Das talwärts gelegene Stumpfgleis konnte in Nottfällen auch für Züge benutzt werden, deren Bremsen versagten (Runaway Trains).

Die Steilrampe wird an verschiedenen Stellen von Felsstürzen bedroht, und so baute man aus Beton Galerien, um die Strecke zu schützen.

Summit Tank liegt 579 Meter über dem Meer, ist eine Auweichstelle herkömmlicher Bauart und besitzt sogar eine Drehscheibe, um die dritte Lok bergfahrender Züge zu wenden, die dann als Bremslok an talfahrende Züge angekuppelt wird.

Von hier an gibt es Gefälle, das aber mit 16,7 ‰ bei St Anthony's noch am steilsten ist. Danach geht es fast eben weiter bis Moss Vale.

Die Dieselloks brachten schnellere Laufzeiten und höhere Zuglasten, doch gab es auch Probleme: Das langsame Bergfahren, ohne dass Aktivitäten vom Lokführer gefordert wurden, wirkten einschläfernd, und zweimal schliefen Lokführer ein , übersahen Haltesignale und verursachten so Frontalzusammenstöße. Nun wurde eine Art Sifa (Totmannschaltung) eingeführt.

Heute gibt es hier fast nur Güterverkehr, und viermal die Woche fährt ein Personenzug des Fanvereins „3801 Limited" mit Dampf- oder (im Sommer) diesel-hydraulischer Traktion.

● MITTE
Entlang der Straße gibt es diese Schilder, die vor Wombats (Beuteltier) warnen.

● RECHTS
Der „Cockatoo Run" passiert diese herrliche Küstenlandschaft.

SYDNEY – PERTH
VOM PAZIFISCHEN ZUM INDISCHEN OZEAN

Obwohl der ernsthafte Eisenbahnbau in Australien bereits in den 1850er Jahren begann, dauerte es bis 1917, bis man erstmalig den gesamten Kontinent über 4352 km von Ozean zu Ozean durchqueren konnte. Als diese Reise möglich wurde, bestand Australien aus einem Konglomerat verschiedenspuriger Eisenbahnen, das die Reise zu einem Abenteuer für Eisenbahnfreunde machte, aber für alle anderen Passagiere ein Alptraum war. Mittlerweile ist die Strecke komplett normalspurig und verläuft auf der direktestmöglichen Route, doch damals musste man den riesigen Umweg über Melbourne und Adelaide nehmen.

● LINKS
Eine dreifache Restaurierung auf einem Bild: Der „Great Zigzag“ auf der Westrampe der „Blue Mountains“ in NSW, die Schnellzuglok BB18 1/4 Nr. 1072 der QR und der Schmalspurzug der früheren South Australian Railway.

Nach den ersten Fahrplänen verließ ein Zug Sydney beispielsweise an einem Sonntagabend um 19:25 Uhr und erreichte am Montagmorgen bei Albury die Grenze nach Victoria, wo die Fahrgäste ab 7:23 Uhr 23 Minuten Zeit hatten, um einen Breitspurzug zu besteigen, der um 12:51 in Melbourne eintraf. Hier musste man in einen anderen Breitspurzug umsteigen, der um 16:30 Uhr abfuhr und am Dienstag um 9:55 in Adelaide eintraf. 50 Minuten danach fuhr ein neuer Breitspurzug nordwärts nach Terowie (es gab keine durchgehenden Wagen über die drei Breitspurstrecken), wo es einen halbstündigen Aufenthalt zum Frischmachen und zum Umsteigen in einen Schmalspurzug gab. Jener Zug befuhr eine kurvenreiche Strecke nach Port Augusta,

INFO-KASTEN

Endpunkte	Sydney und Perth
Land	Australien
Entfernung	3961 km (ab 1970)
Eröffnung	1917

● LINKS
Ein InterCity-Diesel-Triebzug der Class XPT, ähnlich dem britischen HST, eilt den Umweg entlang, der gebaut wurde, um die geschwindigkeitshemmende Zickzack-Strecke bei Lithgow zu umgehen. Die im Hintergrund sichtbaren Brücken der alten 1067-mm-Strecke wird nun von regelmäßigen Touristenzügen befahren.

wo er um 22:05 eintraf. Dort übernahm ein Normalspurzug die Fahrgäste für die Reise durch die Nullarbor Plains.

Über anderthalb Tage lang durchmißt der Zug nun die Wüste. Dort liegt das längste Gleisstück der Welt ohne Kurven mit der längsten Bahnlinie ohne Kurve, es ist unglaubliche 478 km lang. Dann fährt der Zug am Donnerstag um 13:38 Uhr in Kalgoorlie ein. Hier erwartete den Fahrgast ein längerer Umsteige-Aufenthalt, bevor der schmalspurige Schnellzug um 17:15 abfuhr. Dieser erreichte den Endpunkt Perth am Freitag um 9:47 Uhr. Die gesamte Reise hat also nur etwas über viereinhalb Tage gedauert. Für ihre Zeit waren die Züge leidlich komfortabel, doch dieses viele Umsteigen und die schwierige Versorgung machten die Fahrt anstrengend, denn Nahrung gab es nicht an Bord, sondern nur an den Bahnhöfen …

Es dauerte bis 1969, bis die Strecke über Broken Hill nach Perth auf 1435 mm umgespurt war, und im Jahre 1970 wurde de „Indian Pacific“ eingeführt, der die Transkontinentalstrecke auf 3961 km und die Reisezeit auf gerade einmal zweieinhalb Tage schrumpfen ließ. Dann wurde eine Standardspur von Melbourne durch Adelaide bis Port Pirie gelegt und anders als bei europäischen Eisenbahnen, die einen direkten Streckenverlauf wählen würden, nahm die Strecke einen weiten Umweg in Kauf, um die Route Melbourne-Adelaide-Port Pirie zu verbinden. Sie führte von Crystal Brook nach Keswick in die Vororte von Adelaide und zurück. Dies verursachte viel Unzufriedenheit bei den Passagieren.

Heute verläßt der „Indian Pacific“ Sydney um 14:55 Uhr, durchquert die Vororte der Millionenstadt, um ab Blacktown auf Geschwindigkeit zu kommen. Hier beginnte der kurvenarme und ebene „Speedway“, auf dem die Züge ihr größtes Tempo erreichen. Nach dem Überqueren des Hawkesbury River hinter Penrith beginnt der Aufstieg in die Blue Mountains. Die jetzige Route ist bereits die dritte gebaute Bahnlinie durch diesen Höhenzug, die erste besaß noch Spitzkehren. Die 33‰-Steigung wurde im Laufe der Jahre halbiert, und auch die kriminellen Kurven wurden erweitert. Spektakuläre Aussichten bietet die Westrampe der Blue Mountains, durch Felder geht es nach Parkes, doch dann kommt die Nacht. Und danach gibt es bis zum Endziel Perth nichts anderes als Wüste und Halbwüste.

● OBEN
Vor dem Umspuren der Ost-West-Strecke durch Australien zogen die meisten Reisenden die Route über Melbourne und die schmalspurige Fortsetzung über Broken Hill in NSW und Port Pirie in South Australia vor. Doch auch ohne diese Transkontinental-Verbindung ist Melbourne ein betriebsamer Bahnhof geblieben, wie hier in der Einfahrt in die Spencer Street Station zu sehen ist.

● UNTEN
Auch in Australien ging das Fahrgast-Aufkommen in den vergangenen Jahren zurück. 30 Jahre zuvor mussten viele große Reisezüge wegen der vielen Passagiere in zwei Teilen verkehren. Der „Overland“ Melbourne – Adelaide gehörte dazu. Hier bei Murray River Bridge ist der zweite Teil dieses Zuges zu sehen.

Broken Hill – Sulphide Junction

Obwohl Reisezüge die Aufzeichnungen von Eisenbahnfreunden dominieren, gibt es einige Güterzüge, denen eine ähnliche Aufmerksamkeit zuteil wurde. Einer von ihnen war Zug W-44, ein Erzzug von Broken Hill nach Sulphide Junction.

Obwohl die South Australian Railways ihre Gewinne zum größten Teil aus Silbererz-Transporten zog, benötigte die New South Wales Railway bis 1927, um mit Blei- und Zinkerz-Transporten aus den seit 1888 abgebauten, reichen Vorkommen bei Broken Hill ähnliches Kapital zu schlagen. Zur selben Zeit entstand eine Bahnverbindung von der Ostküste zur bis dato isolierten Linie Menindee – Broken Hill line. Die Sulphide Corporation hatte bei in Cockle Creek nahe Newcastle bereits drei Hochöfen in Betrieb und brachte das Erz von Broken Hill über 400 km nach Port Pirie in South Australia. Dort verschifften sie es über 2000 km nach Cockle Creek. Die neue Bahnlinie verkürzte die Entfernung auf 1252 km, und das Erz kam ohne Umladen direkt in die Schmelzöfen.

Der erste Teil dieser Reise führte durch die Halbwüste zwischen Broken Hill und Parkes, wo die Dampftraktion bald von schwachbrüstigen (650 kW) Co'Co'-Lokomotiven diesel-elektrischer Bauart ersetzt wurden. Diese besaßen eine Druckbelüftung, um ein Eindringen von feinem Staub auf den 679 km Strecke in die Maschine zu verhindern. Der Ganzzug enthielt 16 Drehgestell-Erzwagen und einen Bremserwagen mit

• OBEN
Lok Nr. 3644 der New South Wales Railway unterstützt im Jahre 1966 Garratt Nr. 6014 bei der Bespannung eines schweren Güterzugs 75 der 2'C-Loks der (C)36 Class, abfällig als „Pigs“ (Schweine) bezeichnet, wurden ab 1925 für Reisezüge gebaut und beendeten ihre Laufbahn vor Güterzügen.

• LINKS
Die Reise führt durch den Blue Mountains National Park.

INFO-KASTEN

Endpunkte	Broken Hill und Sulphide Junction
Land	Australien
Entfernung	1252 km
Eröffnung	1927

einer Zugmasse von 1036 metrischen Tonnen. Ein typischer Güterzug verließ Broken Hill gegen 11:30 und erreichte Parkes um 3:24 Uhr am folgenden frühen Morgen. Hier übernahm eine Garratt-Gelenkdampflok den Zug von den Dieselloks, unterstützt von einer „Standard Goods" Consolidation oder einer 2'C-Lok der Class 36. Auf den 86 km bis Molong beträgt die Streckenneigung maximal 16,7 ‰, der Zug durchfährt den Abschnitt in 3 Stunden 20 Minuten und trifft um 10:00 Uhr in Molong ein. Hier kuppelte die Vorspannlok ab und eine modifizierte Garratt übernahm den Zug. Diese verfügte über zwei Führerstände, musste also nicht gewendet werden, ferner hatten sie vergrößerte Zylinder.

Jene Garratt setzte sich „Tender" vor den Zug, damit der Rauch hinter dem Führerstand den Schlot verläßt und dem Lokführer im Marangaroo Tunnel damit Atemluft und Sicht erhält. Um 10.35 Uhr donnern die beiden Monster durch selbsterzeugte Wolken das 25‰-Gefälle hinab nach Orange East Folk. Die modifizirte Garratt bleibt bis Bathers am Zug, erhält weitere Unterstützung die Raglan Bank hinauf, dann führt den Zug eine Lok alleine nach Lithgow.

Hinter Lithgow beginnt der Anstieg in die Blue Mountains, der früher mit einer geschwindigkeitshemmenden Zicksack-Strecke absolviert wurde, 1911 durch eine zweigleisige Strecke durch zehn Tunnels ersetzt. Doch eine Maximalsteigung von 23,8 ‰ und eine Kurve mit unglaublichen 20 m Radius störten sehr. Vor der Elektrifizierung bespannten zwei Standard Goods und (als Schiebelok) eine der stärksten Nicht-Gelenk-Loks der NSW, eine Mountain der Class 57, den Zug.

Nach der Elektrifizierung bespannten den Zug W-44 zwei Eloks der Class 49 auf diesem Abschnitt, von denen eine in Newnes Junction abgespannt wurde. In Katoomba, am Beginn eines 30‰-Gefälles, werden die Bremszylinder überprüft und hernach gefüllt, bevor der Zug die lange Neigung hinabrollt, in der die Bremsen nur selten gelöst werden können. Beim Erreichen der Main Northern Line gesellt sich eine weitere Lok der Class 46 hinzu, und in Doppeltraktion ging es bis Gosford, dem damaligen Ende der Elektrifizierung. Um 1:24 Uhr übernimmt eine modifizierte Garratt nebst Hilfloks den Zug, der um 3:28 Uhr Sulphide Junction erreicht.

• OBEN
Einer der zahlreichen schönen Blicke auf die Blue Mountains auf der Fahrt nach Sulphide Junction.

• RECHTS
Den letzten Abschnitt der Fahrt verläuft auf der Main Northern Line, doch leider während der Nacht. Hier ist ein anderer Zug zu sehen, den eine Garratt der Class 60 von einer elektrischen Lok der Class 46 in Gosford übernommen hat.

FERNTREE GULLY – GEMBROOK
PUFFING BILLY

Die meisten Hauptstrecken, die von der der Hauptstadt von Victoria, Melbourne, ausgingen, besaßen Breitspur 1600 mm. In der Wirtschaftskrise der 1890er Jahre suchte die viktorianische Regierung nach einem kostengünstigeren Weg, Bahnlinien in die entfernteren Gebiete des Landes zu bauen und wählte die Spurweite 760 mm für vier Neubaustrecken. Doch das mühsame Umladen der Güter von Zügen der einen auf Züge der anderen Spurweite verursachte Kosten, und spätestens mit dem Aufkommen motorisierter Straßenfahrzeuge gerieten diese Bahnen in die Verlustzone. Die Stilllegung von Teilen oder gesamten Strecken begannen 1944, als Walhalle nicht mehr bedient wurde. Die letzte Stilllegung betraf die Beech Forest Line im Jahre 1962.

INFO-KASTEN

PUFFING BILLY	
Endpunkte	Ferntree Gully und Gembrook
Land	Australia
Entfernung	29 km
Eröffnung	1900

Die Schmalspurstrecke von Upper Ferntree Gully nach Gembrook lag am nächsten bei Melbourne und wurde ein beliebter Ausgangspunkt für Touren in die Dandenong Ranges. Doch nach

● RECHTS
1'C1'-Tok Nr. 7A der „Puffing Billy Preservation Society" dampft auf einer Holzbrücke nahe Belgrave mit einem Touristenzug in die Dandenong Ranges.

● GEGENÜBER UNTEN
Unter den vielen Tieren und Pflanzen, die während der Fahrt zu sehen sind, befindet sich auch der Olinda Rhododendron.

● GEGENÜBER UND UNTEN
Koala und Känguruh sind die wohl bekanntesten Tiere Australiens. Auch sie bekommt man vom Zug aus zu Gesicht.

mehreren Erdrutschen 10 km vor Upper Ferntree Gully wurde der Bahnverkehr 1953 auch hier eingestellt. Die 29 km lange Strecke war im Jahre 1900 eingeweiht worden, und mit einer erlaubten Höchstgeschwindigeit 24 km/h dauerte eine Fahrt zweieinviertel Stunden.

Im Dezember 1954 unterstützte eine Melbourner Tageszeitung Fahrten auf dem verbliebenen, 5 km langen Teilstück zwischen Upper Ferntree Gully und Belgrave, die ein großer Erfolg waren. Ostern des darauffolgenden Jahres wurde die „Puffing Billy Preservation Society" (PBPS) ins Leben gerufen, um die Sonderfahrten zu einer ständigen Einrichtung zu machen. Die Melbourner Vororte dehnten sich unterdessen weiter aus, und so beschloß die Regierung 1958, eine elektrische Nahverkehrslinie mit Breitspur nach Belgare zu bauen.

Die PBPS setzte sich nun für die Wiedereröffnung des stillgelegten Streckenstücks ein. Mit der Unterstützung von Freiwilligen und dem Militär wurde die Strecke 1962 bis Menzies Creek wiederhergestellt, und die Arbeiten sind im Gange, den fehlenden Abschnitt bis Gembrook zu komplettieren. Der Personenverkehr ist hoch und wird meist von einer Garnitur bewältigt, die mit einer 1'C1'-Tenderlok der Class NA bespannt wird, die 1898 bei Baldwin gebaut wurde. Ebenfalls betriebsbereit ist eine ehemalige Waldbahnlok der Bauart Climax, doch ist diese für den regulären Personenverkehr zu langsam. Die Society besitzt noch eine Garratt-Gelenklok der Victorian Railways, und eine weitere Garratt hat man kürzlich in Südafrika erworben. Diese soll nun von 1067- auf 760-mm-Spur umgebaut werden, womit man dem wachsenden Verkehrs-Aufkommen Herr werden will. Es werden derzeit gerade neue Wagen für „Puffing Billy" gebaut! Für das Museum hat die PBPS eine taiwanesische Shay-Waldbahnlok erworben nebst einer großen Vielfalt an Schmalspurloks aus Australien, so dass sich ein Besuchdes Museums auf jeden Fall lohnt.

Die Strecke besitzt eine maximale Neigung von 33 ‰, was die Zuglast der NA-Lokomotiven auf 90 Tonnen begrenzt. Die durch Waldgebiete verlaufende Strecke weist sehr enge Kurven auf. Von Menzies Creek aus geht es abwärts nach Clematis, einst bekannt als Paradise Valley, ein Gebiet mit Feldern und stattlichen Häusern, bevor die Strecke an das Ufer des Emerald Lake nach Lakeside führt, dem gegenwärtigen Endpunkt für die Touristenzüge. Die großen Waldbrände der letzten Jahre haben die Bahngleise nicht beschädigt, und der Weiterbau ist in vollem Gange.

ZEEHAN – STRAHAN
EINE SAFARI AN DER WESTKÜSTE

Der kleinste Bundesstaat von Australien ist die Insel Tasmanien im Süden, aber sie wartet mit der abwechslungsreichsten Landschaft des ganzen Kontinents auf. Die Nordwestküste mutet englisch an, doch weiter Richtung Südwesten findet man Regenwald in zerklüfteter bergiger Landschaft mit tiefen Einschnitten. Diese wilde Landschaft barg große ökonomische Reserven: Zinn-, Blei-, Silber-, Gold-, Kupfer- und Eisenerz wurden in großen Mengen gefunden. Wegen der schwierigen Geografie wurden zu den Abbaugebieten meist Gleise gelegt.

Mount Bischoff war einst die größte Mine der Welt, und die Van Diemens Land Company schloß das Gebiet 1878 mit einer Pferdebahn an die Stadt an, die rasch zu einer 1067-mm-Eisenbahn umgewandelt wurde. Deren erste 59 km bilden heute das Nordende der privaten Emu Bay Railway.

Galena (Bleisulfid) wurde bei Zeehan gefunden, und auch Silbererz musste transportiert werden. Die Regierung sah sich schließlich gezwungen, eine 46 km lange Bahnlinie zum Seehafen Strahan zu bauen, die 1892 fertiggestellt wurde.

In der Zwischenzeit wurden in Mount Lyell große Kupfervorkommen entdeckt, und schon 1899 hatte Mt Lyell Mining and Railway Company unter schwierigen Bedingungen eine sehenswerte Bahnlinie fertiggestellt, die 34 km

INFO-KASTEN

Endpunkte	Zeehan und Strahan
Land	Australien
Entfernung	46 km
Eröffnung	1892

● OBEN
Die Bahnlinie der Mt Lyell Mining & Railway Company von der Kupfermine in Tasmanien in den nächsten Seehafen führt mitten durch den Urwald, hier kurz vor der Stillegung der Strecke 1963 zu sehen.

● UNTEN LINKS
Touristen begutachten die Schiebelok, während die Zuglok ihre Wasservorräte am Wasserkran von Rinadeena ergänzt.

● UNTEN RECHTS
Eine diesel-mechanische Lok der Tasmanian Railways wartet links mit einem Güterzug nach Zeehan; 2'D-Lok No. 6 (Mitte) und eine Australian Standard Garratt (rechts) warten mit ihren Zügen auf die Ausfahrt.

● RECHTS
Die aufwendige Instandhaltung der „Quarter Mile Bridge" über den King River war einer der Gründe, die zur Stillegung der Mt Lyell Railway in Tasmanien führten. Hier ist eine Drewry-Lok auf der Brücke unterwegs.

lang war, von denen 7 km bei Regatta Point nahe Strahan mit einer Neigung von 50 bis 62,5 ‰ verliefen, die mit Hilfe des Zahnstangensystems Abt überwunden wurden. Eine Fahrt auf jener Strecke dauerte zwei Stunden.

Auch die Emu Bay Railway sah Potential in dem Gebiet und trieb eine Bahnlinie durch den dichten Urwald und über unberechenbare Flussläufe, um 1901 Zeehan, zu erreichen, 142 km von Burnie entfernt.

Als eine staaliche Eisenbahn 1900 Strahan mit Regatta Point verband, konnte man von Burnie an der Nordwestküste, nach Mount Lyell fahren, wobei man die Züge dreier Bahnlinien benutzte. Wegen der leichten Ausführung des Oberbaus überschritt die Höchstgeschwindigkeit selten 16 km/h. Im Jahre 1912 legten Brandstifter in der Mount Lyell Mine Feuer, als sich 170 Mann unter Tage befanden. Es ging um Leben und Tod, als die Bahn schweres Atemgerät von Burnie nach Mount Lyell bringen sollte, und dabei schafften die Züge die sonst zwölfstündige Fahrt in atemberaubenden sieben Stunden, wodurch viele Menschenleben gerettet werden konnten.

Kupfer und Baryt aus Mount Lyell wurde in Regatta Point auf Schiffe verladen, und das Silber aus Zeehan wurde auf der Emu Bay Railway befördert, wodurch der Staatsbahn-Abschnitt rasch an Bedeutung verlor und 1960 stillgelegt wurde. An der Westküste und auf der sehr interessanten Mount Lyell Railway wuchs der Tourismus immer mehr an. Dennoch entschlossen sich Regierung und Eigentümer 1963 zur Stillegung, und heute befördern acht zusammengekuppelte diesel-hydraulische Loks Erze aus Mount Lyell zwischen Zeehan und Roseberry, und nur gelegentlich fahren Personen-Sonderzüge auf dieser reizvollen Strecke.

● RECHTS
Nördlich von Rosebery überquert die Emu Bay Railway in Tasmanien die Pieman River Bridge, hier zu Ostern 1965 mit einem Sonderzug aus Wagen der Tasmanian Railway und einer diesel-hydraulischen Lok das Class 10 BBR zu sehen. Nach dem Bau einer Talsperre wurde die Bahnlinie höhergelegt und eine neue Brücke gebaut.

Sydney - Murwillumbah

Als das Wellenreiten (Surfing) salonfähig wurde, wurde extra eine 30 km lange Bahnlinie von Coolangatta nach Southport an die australische „Gold Coast" gelegt, einem der wichtigsten Urlaubsgebiete Australiens. Arm und Reich spannen hier aus, und das angenehme Klima sorgt für eine ganzjährige Saison.

Die Bewohner des Bundesstaates Queenslanders konnten über viele Jahre hinweg mit einer Schmalspurbahn anreisen, doch schon bald waren die Busse schneller und die Bahnlinie wurde aufgegeben. Doch mit der Elektrifizierung der Vorortbahnen von Brisbane wurde eine neue Küstenstrecke eröffnet.

Den größten Anteil der Urlauber kommen jedoch aus New South Wales und Victoria, obwohl öffentliche Verkehrsmittel diesen Verkehrsstrom lange Zeit ignorierten. Bis Mitte der 1920er Jahre mussten Leute aus Sydney erst an der „Gold Coast" vorbei nach Norden, wobei sie die Great Dividing Range überquerten. Dann überquerte man die Grenze nach Queensland, stieg um in einen Schmalspurzug, der die Great Divide nochmals überquerte, um schließlich Brisbane zu erreichen, von wo aus es einen Zug zur Gold Coast gab.

Haupthindernis für eine Küstenstrecke war der Clarence River. Ein Inselverkehr bestand bereits vor 1900 auf 32 km zwischen Lismore über Byron Bay nach Murwillumbah, doch dauerte es bis 1924, bis sich die beiden Äste der Küstenbahn vereinigen konnten. Den Clarence River bei Grafton überwand eine Eisenbahnfähre. Erst 1932 wurde eine doppelstöckige Eisenbahn/Straßenbrücke über den Fluss fertiggestellt.

Das Department of Railways (Eisenbahnministerium) sah indes keine notwendigkeit für eine bessere Anbindung der „Gold Coast", so dass

• OBEN
Bespannt von zwei Loks der 442 Class, strebt der „Pacific Coast Motorail" von Lismore nach Norden. Die Loks und die hinteren Wagen tragen das nur kurze Zeit verwendete „candy"-Farbschema.

• LINKS
Mittlerweile gibt es in New South Wales fast nur noch Triebzüge, und auch der „Pacific Coast Motorail" wurde von einem XPT ersetzt. Hier rast ein XPT durch die wiederaufgeforsteten Wälder bei Bonville im nördlichen New South Wales.

● RECHTS
In den 1990er Jahren beschleunigten die XPT-Triebzüge die Fahrzeiten der Intercity-Verbindungen erheblich. Die Höchstgeschwindigkeit stieg auf 160 km/h, aber viele der kleineren Haltepunkte wurden aufgegeben. Hier ist ein südfahrender XPT am Boambee Creek zwischen Coffs Harbour und Sawtell zu sehen.

● UNTEN
Der nach Süden fahrende Pacific Coast Motorail nähert sich Lismore.

Urlauber den „Brisbane Express" nehmen mussten, um mit einem Schmalspur-Bummelzug hinunter nach Murwillumbah zu gelangen, von wo aus ein Bus dann zum Ziel fuhr. Jahrzehnte später erkannte man das große Potential, das sich hier ergab und Anfang der 1970er Jahre gab es endlich einen Direktzug Sydney – Murwillumbah, der auch Autotransportwagen mitführte. Dieser Zug wurde als „Gold Coast Motorail" bekannt.

Ob nun wegen zwischenstaatlicher Eifersüchteleien oder dem Wunsch, auch den Norden von New South Wales anzubinden, konnte man in den 1980er Jahren auch mit dem Autoreisezug nach Casino kommen, der Zug wurde in „Pacific Coast Motorail" umbenannt. Mit der Einführung des Triebwagenverkehrs in Australien ist auch dieser Autoreisezug verschwunden. Heute verbindet ein XPT Sydney und Murwillumbah. Der mit Schlafwagen ausgestattete „Motorail" verläßt Sydney um 6.25 Uhr, wenn die Morgendämmerung über Coffs Harbour heraufzieht. Hier kommen die Berge bis fast ans Meer, und die großen Bananen-Plantagen sind vom Zug aus zwischen den vielen Tunnels zu sehen.

Der Zug fährt landeinwärts durch hügeliges, meist bewaldetes Gebiet nach Norden und erreicht South Grafton, früher ein Verpflegungshalt. Dort überquert der Zug den Clarence River und fährt weiter nach Norden bis Casino. Es folgt Byron Bay, der östlichste Punkt des australischen Festlandes. Dann erreicht der Zug die Zuckerrohrgegend, bevor er dem Tweed River bis Murwillumbah folgt, wo er um 13.05 Uhr eintrifft.

INFO-KASTEN

Endpunkte	Sydney und Murwillumbah
Land	Australien
Entfernung	935 km
Eröffnung	1932

CHRISTCHURCH – GREYMOUTH
TRANSALPINE ROUTE

Neuseeland ist in Europa nicht gerade wegen seiner Eisenbahnen bekannt, was bedauerlich ist, denn die Züge fahren durch traumhafte Landschaften, von denen die 233 km lange Midland Line wiederum die attraktivste ist.

● LINKS
Zwischen Otira und Arthur's Pass auf der Transalpine-Strecke liegt ein 8,6 km langer Tunnel mit einer Neigung von 30‰. Für Hilfsdienste stehen diese drei gekoppelten Toshiba-Elloks der Achsfolge Bo'Bo' in Arthur's Pass.

Die Bauarbeiten an der Neuseeland Midland Railway Company begannen im Jahre 1885. Unglücklicherweise ging es nicht besonders rasch voran, und nach zehn Jahren war die Strecke gerade einmal 60 km lang. Der Staat übernahm die Linie und setzte die Bauarbeiten fort. Wegen der fehlenden Ausrüstung wurde der 8,6 km lange und 30 ‰ steile Tunnelabschnitt zwischen Arthur's Pass und Otira zur größten Herausforderung. 1908 erfolgte der erste Spatenstich, doch erat 15 Jahre später, am 4. August 1923, konnte die Strecke eröffnet werden.

Neben den geologischen Schwierigkeiten brachte der Erste Weltkrieg weitere Probleme mit sich. Bei seiner Eröffnung war der Tunnel der siebtlängste der Welt. Und mit einer derart großen Neigung in einem Tunnel war es nicht nur nicht empfehlenswert, sondern gefährlich, dort Dampflokomotiven einzusetzen. So wurde die Strecke mit Gleichstrom 1500 V elektrifiziert, und fünf Bo'Bo'-Drehgestell-Elloks von English Electric wurden beschafft.

Aber dieser Tunnel war nicht der einzige auf der Strecke, gleich 16 davon tauchen im „Treppenhaus" nahe dem Waimakiri River auf – zusätzlich zu den spektakulären Viadukten und Brücken. Auch am westlichen Ende der Strecke mussten zwei weitere Tunnels gebohrt werden.

In Christchurch die Fahrt beginnend, führt die Bahnreise in der ersten Stunde über die Canterbury Plains in das 71 km entfernte Springfield. Hier kommen die beeindruckenden neuseeländischen Alpen ins Blickfeld, die Bahnlinie folgt weiter dem Waimakariri River durch seinen spektakulären Einschnitt. Vier größere Brücken und 16 Tunnels sind die Merkmale der Weiterführung nach Avoca, 97 km hinter Christchurch. Ein Höhenzug kommt ins Blickfeld, und die Bahnlinie teilt ein Tal mit dem Waimakariri River bis Cora Lynn bei Kilometer 125.

Dort erreicht der Zug den Arthur's Pass National Park, einen ganzjährig beliebten Ausflugsort. Arthur's Pass Station liegt 737 m hoch und ist damit der höchstgelegene Bahnhof der neuseeländischen Südinsel. Danach werden

● LINKS
Um den 8,6 km langen und 30‰ geneigten Otira-Tunnel ohne Abgase bezwingen zu können, elektrifizierten ihn die New Zealand Railways im Jahre 1923. Derzeit ziehen und bremsen drei 960 kW starke Toshiba-Elloks die ansonsten dieselbespannten Züge durch den Tunnel; zwei Loks stehen in Reserve. Hier ist das Trio in Arthur's Pass zu sehen.

● LINKS
Die Transalpine-Strecke auf der Südinsel folgt auf einem guten Teil dem Waimakariri River; hier ein Blick aus dem Zug auf den Fluss.

INFO-KASTEN

Endpunkte	Christchurch und Greymouth
Land	Neuseeland
Entfernung	233 km
Eröffnung	1923

Flüsse und Seen zu ständigen Begleitern der Eisenbahn. Nahe der Westüste wurden Korallen abgebaut, als der Goldrausch verflogen war, noch bevor er richtig angefangen hatte. Heute endet die Reise in Greymouth an der Westküste, knapp viereinhalb Stunden nach der Abfahrt aus Christchurch.

Im Zeitalter der Dampfloks beherrschten ab 1939 Neuseelands größte Nicht-Gelenk-Loks der Class Kb diese Strecke. Drei Elloks das Class Eo schleppten die Züge durch den Otira-Tunnels. Diese betagten Elloks wurden 1968 durch fünf Toshiba-Neubauten der Achsfolge Bo'Bo' ersetzt, von denen wiederum drei zusammengekuppelt im Tunneldienst eingesetzt werden, während die anderen beiden als Reserve dienen. Auf dem Rest der Strecke haben diesel-elektrische Mitsubishi-Loks der Achsfolge Bo'Bo'Bo' (drei zweiachsige Drehgestelle) die Dampfloks verdrängt. Die Primär-Energie stellt ein 670 kW starker Caterpillar-Dieselmotor zur Verfügung.

● MITTE
Die diesel-elektrische Dj-1218 überquert den Kowai Viaduct, bevor die Bahnlinie die Waimakariri-Schlucht erreicht.

● RECHTS
Dj 1218 schleppt einen Touristenzug über den Broken River Viaduct auf der Transalpine-Strecke. Der Blick zur Backbord-Seite wird lästigerweise durch einen Windfang verbaut, der aber verhindert, dass die oft orkanstarken Querwinde den Zug von der Brücke drücken.

CHRISTCHURCH – WELLINGTON
COASTAL PACIFIC EXPRESS

● OBEN
In dieser Straße von Christchurch hat man den „Kolonialstil" bis heute gepflegt.

Die Strecke von Christchurch nach Wellington führt durch atemberaubende Landschaft. Im Jahre 1991 gab es in Neuseeland nur noch fünf Fernstrecken, und nur die Verbindung Wellington – Auckland besaß mehr als einen Zug pro Tag. Auckland und Wellington unterhalten einen Vorortverkehr. Nach und nach hat die US-amerikanische Bahngesellschaft Wisconsin Rail die örtlichen New Zealand Railways (NZR) übernommen, wie schon den größten Teil des britischen Güterverkehrsnetzes unter dem Namen „English, Welsh & Scottish Railways".

Diese Bahnreise führt von Christchurch nach Wellington mit dem „Coastal Pacific Express". Genauer gesagt, führt sie nach Picton, von wo aus bahneigene Fährschiffe von der Süd- zur Nordinsel übersetzen. Diese Reise wirft ein Schlaglicht auf die neuseeländischen Fernverbindungen: Die kombinierte Bahn/Schiffsreise dauert neuneinhalb Stunden, die Flugreise gerade einal eine Stunde. Auch der Straßenverkehr ist nicht wesentlich schneller als die Bahn, denn auch er benötigt die Fährverbindung.

Die Reise beginnt im Bahnhof von Christchurch einem großen Bau der 1960er Jahre auf einem weiten Gelände, der mehr an die großen Zeiten der neuseeländischen Eisenbahnen erinnert als an die heute noch vorhandenen Reste. Nur zwei weitere NZR-Reisezüge beginnen hier: der „Tranz-Alpine Express" über Arthur's Pass in den neuseeländischen Alpen nach Greymouth und der „Southerner Express" nach Dunedin und Invercargill.

Christchurch war einst eines der vier Gebiete mit elektrischen Eisenbahnen in Neuseeland: Die Strecke in die nahegelegene Hafenstadt Lyttelton wird heute von Dieselloks bedient. Die anderen drei elektrischen Linien blieben: der Scheiteltunnel am Arthur's Pass, der mittlere Abschnitt zwischen Picton und Auckland („North Island Trunk") sowie der Vorortverkehr von Wellington.

Der „Coastal Pacific" folgt der Hauptstrecke „South Island Trunk",

● UNTEN
Das Meer spiegelt sich in dieser Bucht nahe Christchurch wider.

● RECHTS
Diesellok DF 6162 an der Spitze des „Coastal Pacific Express" in Kaikoura. 30 dieser 1230 kW starken Maschinen lieferte General Motors Canada 1979–80.

wenn er sich an der Ostküste der Südinsel entlangwindet. Diese Bahnlinie brauchte eine lange Bauzeit, hatte sie doch nicht nur schwieriges Terrain zu durchqueren, sondern auch die widerstrebenden Interessen der Anrainergemeinden, die unterschiedliche Streckenführungen bevorzugten, damit sie am besten an die Bahn angeschlossen waren, zu berücksichtigen. 1883 wurde über den gesamten Streckenverlauf entschieden, wiewohl das erste Streckenstück bereits 1872 eröffnet worden war. Die letzten Details über die Strecke wurden noch Ende der 1930er Jahre hin- und hergeschoben, und die Gesamtstrecke konnte erst im Dezember 1945 eröffnet werden, als der Abschnitt Parnassus – Wharanui fertiggestellt war. Die großen Verzögerungen waren durch zwei Weltkriege und die große Wirtschaftskrise bedingt. Die Gleise wurden in Kapspur 1067 mm verlegt, obwohl erste Teilstücke in 1600 mm ausgeführt worden waren. Obwohl nur etwa 100

● OBEN
Südöstlich von Blenheim ist vom Zug aus die Cook Strait sichtbar, im Hintergrund erhebt sich die Nordinsel. Der Einschnitt in der Bildmitte gehört zur Eisenbahnlinie.

● LINKS
Ein Blick aus dem Zug südlich von Kaikoura. Straße und Gleis folgen der Küstenlinie kilometerweit.

INFO-KASTEN

Endpunkte	Christchurch und Wellington
Land	Neuseeland
Entfernung	348 km
Eröffnung	1945

● LINKS
Rangierlok DSJ 4032 in Picton. Fünf Maschinen dieser Klasse besitzen die NZR. Die erste wurde bei Toshiba in Japan gebaut, die anderen vier 1984 aus Fertigteilen im NZR-Ausbesserungswerk Addington zusammengesetzt.

km der insgesamt 348 km langen Strecke an der Küste verlaufen, sind es die hier entstehenden Eindrücke, die haften bleiben.

Der Eisenbahnteil der Reise dauert 5 Stunden und 20 Minute von Christchurch nach Picton, von wo aus eine bahneigene „Interislander"-Fähre die Überfahrt nach Wellington bewerkstelligt.

Der Zug besteht gewöhnlich aus drei Personen- und einem Gepäckwagen und wird von einer diesel-elektrischen Lok der Class DF bespannt. Die Wagen gehören zu denen, die 1988 aus älteren Fahrzeugen umgebaut wurden. Sie sind von außen „langstreckenblau" mit roten und weißen Streifen. Die Zugbegleiterin greift zum Mikrofon, wenn es etwas Interessantes zu sehen gibt. Endlich gibt es auch kleine Speisen und Getränke an Bord, womit die langen Verpflegungs-Aufenthalte entfallen konnten.

Hinter Christchurch durchfährt der Zug flaches Ackerland, bevor er in die Hügellandschaft von North Canterbury erreicht. Die Ausläufer des Zentralgebirges kommen auf einmal in Sicht. Und der Reisende wird sich der vielen Flüsse wieder gewahr, die in den Southern Alps entspringen und ihre Fluten in den Pazifischen Ozean ergießen. Alle verlaufen quer zur Bahnlinie und müssen in soliden Brücken überquert werden. Einige Flüsse haben sich tief eingegraben und erforderten lange Viadukte. Der Ashley River, 35 km hinter Christchurch wird auf einer 549 m langen Brücke überquert. Nach etwa 80 km erreichte der Zug bei Spye den mit 135 m höchsten Punkt der Strecke. Kurz vor Parnassus führt eine 706 m lange

● RECHTS
Blühender Stechginster bringt eine neue Farbe in die Bahnfahrt nach Christchurch.

● UNTEN
Die Cook Strait trennt Neuseelands Nord- und Südinsel und ist für ihre rauhe See bekannt.

● RECHTS
Der Bahnhof von Picton. Zwei „Erweiterungsbauten“ sind nichts anderes als ehemalige Eisenbahnwagen.

Brücke über den Waiau River, sie ist die längste der Strecke.

Zwischen Claverley und Wharanui verläuft die Bahnlinie entlang der zerklüfteten und felsigen Küste. Auf den 100 Streckenkilometern liegen 20 Tunnels. An der Küstenlinie und dem Abschnitt nach Parnassus liegen 43 Brücken mit einer Gesamtlänge von 3,2 km, 2,9 Millionen m^3 Felsen und Abraum mussten bewegt werden, und zwischen Goose Bay und Kowhai musste die Straße über den Strand geführt werden, um Platz für die Eisenbahn zu gewinnen. Hawkeswood Cutting, nördlich von Parnassus, ist mit über 1000 m Länge und bis zu 19 m Tiefe der größte Einschnitt in Neuseeland. Hier überschreitet der Zug mit der Brücke über den Conway River die Grenze von Canterbury nach Marlborough.

Nachdem der Zug die Küste verlassen hat, überquert er auf einem Damm die Salzseen von Lake Grasmere. Die Etappe

● LINKS
DX 5500 bespannt einen kurzen Schnellzug mit Wagen in neuer blauer Bemalung. Dahinter steht der Schnelltriebwagen „Silver Fern“.

● LINKS
Ein Nahverkehrszug, bestehend aus einem zweiteiligen Elektro-Triebzug, steht im Bahnhof von Wellington.

● UNTEN
Der neue Anstrich der Nahverkehrszüge in Wellington.

nach Blenheim umfaßt eine Doppeldeckerbrücke bei Seddon über den Awatere River, bei der die Eisenbahn oben und der Straßenverkehr unten verläuft.

Hinter Blenheim kommt die Bahn in eine der wichtigsten Weingegenden des Landes. Etwas nördlich von Blenheim überquert der Zug die 293 m lange Brücke über den Wairau River. Die Fortsetzung nach Picton führt über den 129 m langen Waitohi Viaduct, einst die größte Holzbrücke des Landes, die mittlerweile durch eine Betonkonstruktion ersetzt wurde. Picton liegt inmitten pittoresker Berge an einer Meeresbucht und ist eine Kleinstadt, die durch den Fährhafen prosperiert, von dem aus die Schiffe nach Wellington auf der Nordinsel verkehren. Die Eisenbahn erreicht Picton über eine 27‰-Rampe, die steilste der ganzen Strecke.

Die meisten Bahnhöfe entlang der Eisenbahn haben keine Güterabfertigung mehr, das Frachtgeschäft wird seit der Deregulierung des Gütermarktes von Containern dominiert. Die stärkeren Dieselloks von heute können größere Zuglasten befördern, was die Anzahl der gefahrenen Züge schrumpfen ließ.

Für den „Interislander“-Fährdienst zwischen Nord- und Südinsel werden seit 1962 Roll-on/Roll-off-Fähren eingesetzt, die seit 1971 die NZR betreiben. Die vier täglichen Überfahrten je Richtung für Straßen- und Schienenfahrzeuge sind integraler Bestandteil des Bahngüterverkehrsnetzes von Neuseeland.

Der Hafen von Picton liegt geschützt in einer Art Fjord namens Queen Charlotte Sound. Aber die Berge drum-

herum haben keine norwegischen Ausmaße. Wer Fjordlanschaften liebt, kommt im Milford Sound im Südwesten der Südinsel auf seine Kosten. Hier fällt eine hügelige Landschaft zum Meer ab, und auf den Felsen im Meer liegen häufig Seehunde und sonnen sich.

Die Bootsfahrt über die Cook Strait ist 52 Seemeilen (96 km) lang und dauert 3:20 Stunden. Eines der Fährschiffe ist die Aratika, die 1974 in Frankreich als reine Eisenbahnfähre gebaut, aber bereits zwei Jahre später für den kombinierten Transport von Pkw und Waggons umgebaut wurde.

Die Einfahrt in Wellington ist weit weniger malerisch als die Ausfahrt aus Picton, aber sie bietet doch einen ungewohnten Blick auf die neuseeländische Hauptstadt. Am Anleger in Wellington fährt der „Interislander"-Pendelbus zum Bahnhof von Wellington fährt. Jeder, der Neuseeland besucht, sollte sich die Zeit nehmen, mit dem „Coastal Pacific Express" zu fahren.

● OBEN
Die eindrucksvolle Felsenküste bei Castle Point nahe Wellington ist ein beliebter Aussichtspunkt für Touristen.

● UNTEN
Die attraktive Küste bei Wellington wird durch eine Fontäne noch verschönert.

PICTON – CHRISTCHURCH
COASTAL PACIFIC EXPRESS

In der Vergangenheit waren die neuseeländische Hauptstadt Wellington auf der Nordinsel mit der Provinzhauptstadt Christchurch auf der Südinsel durch ein Netz von Küstendampfschifffahrtslinien verbunden.

Erste Pläne für eine Bahnverbindung zwischen den beiden Städten gab es 1861, und 1972 begann der Bau an einer Breitspurbahn unter der Schirmherrschaft der Provinzregierung. Die Gleise wurden 1877 auf Kapspur umgenagelt. Eine Bahnlinie von Picton nach Süden öffnete 1875. Danach wurde weitergebaut, wenn es die Finanzen und die politische Entscheidungsfreude der Verantwortlichen zuließ. Doch 1916 war die von Picton ausgehende Strecke gerade einmal 90 km bis Wharanui vorgedrungen, während der südliche Ast 133 km von Christchurch bis Parnassus erreicht hatte. Weitere 20 Jahre gingen ins Land, bevor diese Lücke durch das furchtbar bergige Gebiet um Kaikoura geschlossen war. Die offizielle Einweihung der Strecke erfolgte am 15. Dezember 1945.

● UNTEN LINKS
Dieselloks mit Mittelführerstend rangieren Wagen vom oder auf das Fährschiff zwischen Picton und Wellington.

INFO-KASTEN

COASTAL PACIFIC EXPRESS

Endpunkte	Picton und Christchurch
Land	Neuseeland
Entfernung	Bahn 348 km Meer 80 km
Eröffnung	1945

Ab 1954 verbesserte eine Roll-on/Roll-off-Fähre die Überfahrt auch für Schienenfahrzeuge und 1988 wurde die Schienenverbindung durch modernisierte Wagen aufgewertet. Die Bahnreise bietet vier interessante Aspekte: Nach dem Übersetzen – für sich bereits eine

● LINKS
Lok Nr. 6110 bespannt den Richtung Süden fahrenden „Coastal Pacific Express“ bei Picton. Die Loks der DF Class baute General Motors Canada im Jahr 1979, sie haben die Achsfolge Co'Co' und leisten 1250 kW.

● RECHTS
Die „Atanaga", eines der „Interislander"-Fährschiffe, hat die geschützteren Wasser vor Picton auf der Südinsel erreicht.

Attraktion, folgt die Fahrt durch die denkwürdigen Berge von Marlborough, dann die erheiternde Fahrt durch die Berge um Kaikoura mit dem Pazifischen Ozean als Begleiter, und letztlich die liebliche Landschaft um Canterbury Plain.

Nach der gewöhnlich unruhigen Überfahrt über Cook Strait fährt das Schiff in die vergleichsweise ruhigen Wasser des geschützten Marlborough Sound ein. Hier gibt es eine unübersehbar große Anzahl von Inseln, manche nur wenig größer als ein Stein, andere wiederum massiv wie Findlinge.

Einlaufen in Picton ist eine wahre Beruhigung nach einer aufgewühlten See draußen. Die Stadt Picton mit ihrem große Anleger samt Gleisen hat nur niedrige Häuser, so dass die Berge der Umgebung noch dominanter wirken. Es mutet ein wenig wie ein schottischer Hafen an, der ein paar westliche Inseln bedient.

Nach der Ankunft kann man das Ent- und Wiederbeladen der Fähre mit Autos und Waggons beobachten, oder aber erst sein reichhaltiges Gepäck in der Menge abgestellter Koffer und Rucksäcke suchen und sich dann zum nahen Bahnhof begeben.

Das Konzept einer „Luxus"-Fahrt auf dieser Route lehnt sich an einen ähnlichen Dienst zwischen Christchurch und Greymouth an, der durch die alpine Landschaft der Südinsel verkehrt. Einige vorhandene Wagen wurden umgebaut, sie erhielten unter anderem 2 x 1 m große Panoramafenster, die nur durch schmale Streben getrennt sind. Die Sitze sind als Vierer-Abteile angeordnet, sind mit Schafsfellen gepolstert (!), haben hohe Lehnen und einen Tisch in der Mitte, ferner Teppichboden, große Ventilatoren und ein wirkungsvolles Lautsprechersystem. Bei den Farben im Intérieur dominieren Pink und Grau, während außen Mittelblau vorherrscht, durchbrochen nur von einigen weißen und roten Linien. Ein Buffett hält kleine Speisen sowie einen kompletten Barservice bereit. Uniformierte Zugbegleiter und ein gut informierter Schaffner benutzen die Lautsprecher, wenn es notwendig ist, nicht zu selten,

● LINKS
Auch im Marlborough Sound werden Klippen und Inseln von Wind und See gepeitscht.

● UNTEN
Den Dashwood Pass durchquert die Bahn in einem gewaltigen Einschnitt nach einer 8 km langen 19‰-Steigung.

● LINKS
Straße und Gleis teilen sich den schmalen Streifen zwischen der Brandung des Pazifiks und den Bergen.

aber auch nicht zu oft und machen das Reisen so besonders angenehm.

Sind alle Fahrgäste an Bord, setzt sich der Zug in Bewegung und verläßt Picton. Gleich hinter der Stadt beginnt der mit 27‰ steilste Abschnitt, dann rumpelt der Zug über den im Bogen verlaufenden, 129 m langen Waitohi Viaduct. Der Ort Waitohi wird von dicht bewaldeten Bergen geradezu überschattet, während unten noch das Meer zu sehen ist. In der Höhe, keine 4 km hinter Picton, nimmt die Landschaft etwas alpines an, das sonst in Österreich oder Italien vermutet werden könnte, wie bei dem Nadelwald mit unbefestigten Feldwegen, doch weiter unten ähnelt das Terrain mehr einer englischen Parklandschaft, allerdings mit fremdartigen Bäumen.

Vor Blenheim überquert der Zug die blauen Wasser und geröllreichen Ufer des Wairau auf einer langen, niedrigen Brücke. Blenheim selbst gilt als Pforte zur immer besser bekannt werdenden Weinbau-Region um Marlborough. Hinter Blenheim beschreibt der Zug eine weitere Steigung, diesmal in die kargen Höhen am Dashwood Pass, der 8 km lange 19‰-Anstieg wird mit einer weiten Hufeisenkurve eingeleitet. Das Wetter von Jahrtausenden hat die Landschaftsformen weich gestaltet, in den geschützten Tälern und Einschnitten gedeihen Nadelbäume.

Eine weitere Steigungsstrecke bringt den Zug zu der ungewöhnlichen Brücke über den Awatere River. Bei dieser doppelstöckigen Ausführung benutzt die Eisenbahn das obere Deck, während die Straße auf dem unteren verläuft. Der nächste erwähnenswerte Punkt ist Blind River, dem Ort an dem 1948 der schwerste Unfall der Strecke geschah, bei dem sechs Menschen den Tod fanden. Dann überquert der Zug auf einem langen Damm einige Salzseen und erreicht Lake Grasmere.

Bei Wharanui erreicht die Strecke wieder die Küste und bleibt ihr jetzt über 100 km treu, was fantastische Blicke auf Felsen und Brandung ermöglicht, bevor der Zug anderthalb Stunden später in Kaikoura eintrifft. Über weite Abschnitte verlaufen Straße und Eisenbahn gedrängt entlang der Küste, auf der einen Seite steile Berge, auf der anderen die tosenden Fluten. 20 Tunnels, viele Uferbefestigungen, tiefe Einschnitte, enge Kurven und einsame Brücken zeichnen die Strecke aus. Ein Abschnitt, „Blue Slip", ist berüchtigt für seine unberechenbaren Naturgewalten, durch die der Zug in einem tiefen Einschnitt fährt. Das poröse blaue Gestein nimmt ständig Wasser auf, und der gesamte Berg bewegt sich langsam auf das Meer zu.

Durch Schluchten, an denen der Zug vorbeifährt, sieht man zuweilen ent-

● RECHTS
Während des Aufenthalts in Kaikoura mit seinem attraktiven Bahnhof vertreten sich die Reisenden die Beine.

ferntere Höhenzüge. Der sich schlängelnde, ganz der Küstenlinie folgende Verlauf der Bahnlinie wird in Kaikoura (der Name soll von den Maori-Wörtern *kai* -Essen und *koura* - Flusskrebs stammen) unterbrochen. Dieser Fischerort war früher ein Zentrum des Walfangs und liegt auf einer Halbinsel etwa auf halbem Weg zwischen Picton und Christchurch.

Hier hält der Zug lange genug, um sich die Füße zu vertreten und man erinnert sich noch sehr gut an die früheren Verpflegungs-Aufenthalte, als es in den Zügen noch nichts zu essen gab.

Der Zug verläßt Kaikoura auf einer bogenförmigen Brücke und erreicht dann wieder die Küstenlinie mit spektakulären Ausblicken und neun Tunnels. Hinter Oaro steigt die Bahn steil an, durchmißt bei Amuri Bluff einen langen Tunnel und überquert den Okarahia Viaduct. Kurz darauf kommen die Vororte von Christchurch ins Blickfeld, und diese fantastische Reise geht zu Ende.

● MITTE
Verschiedene Architekturstile treffen in Canterbury zusammen, einer liebenswerten Kleinstadt ohne seelenlose Geschäftshäuser.

● GEGENÜBER
In geschützten Buchten wachsen niedrige Bäume.

● RECHTS
Der Fährhafen von Picton auf der Südinsel liegt meist im Windschatten der Berge am Marlborough Sound.

GLOSSAR

Achsfolge
Die Kombination von angetriebenen und nicht angetriebenen Rädern bei Triebfahrzeugen, notiert durch eine Zahlen-Buchstaben-Folge, z.B. 2'C1': zwei Laufräder im Drehgestell, drei Treibräder und eine drehbar gelagerte Nachlaufachse.

Achslast
Die Masse, die über eine Achse maximal auf die Gleise übertragen wird, gemessen in Kilogramm (kg) oder Tonnen (t).

Außenrahmen
Dampflok-Bauart mit außerhalb der Treibräder liegendem Hauptrahmen.

Außenzylinder
Dampflok-Bauart, bei der die Zylinder außerhalb des Hauptrahmens liegen.

Barrenrahmen
Bei Dampfloks anstelle von Stahlplatten verwendete Gitterkonstruktion, die Räder und Kessel tragend verbindet.

Baureihe, Class, Reihe, Serie
Bauart einer Lokomotive, eines Triebwagens oder eines Wagens.

Big Three (Die großen Drei)
Baldwin, Alco und Lima, die einst wichtigsten Dampflokfabriken der USA.

Dampflokomotive
Eine von einer Dampfmaschine angetriebene Lokomotive.

Dampfspeicherlok
Eine Dampflok, die ihren Dampf aus einer externen Quelle erhält.

Diesellokomotive
Eine Lokomotive, die als primäre Kraftquelle einen Dieselmotor besitzt. Die Kraftübertragung erfolgt mechanisch, hydraulisch oder elektrisch.

Doppeltraktion
Ein von zwei Lokomotiven bespannter Zug.

Elektrolokomotive, E-Lok
Eine Lokomotive, die elektrischen Strom von einer seitlichen oder zwischen den Gleisen liegenden Stromschiene oder aber von einem über dem Fahrzeug hängenden Fahrdraht (Oberleitung) erhält und damit die Motoren antreibt.

Feuerbüchse
Der Teil der Dampflok, wo das Feuer auf einem Feuerrost brennt. Die Seitenwände und Oberseite sind von Kühlwasser umgeben.

Feuerlose Lokomotive
Eine Dampflok, die ihren Dampf aus einer externen Quelle erhält.

Franco-Crosti-Bauart
Ein von den italienischen Ingenieuren Franco und Crosti entwickelter Wärmetauscher als Rauchgas-Vorwärmer, in dem der Wärmegehalt der Rauchgase zum Vorwärmen des Kesselspeisewassers genutzt wird.

Gasturbinen-Lokomotive
Eine Lokomotive, die eine Gasturbine (meist aus der Luftfahrt) als primäre Kraftquelle hat. Die Kraftübertragung erfolgt elektrisch oder hydraulisch.

Gelenkbauweise
Bewegliche Verbindung von ansonsten festen Fahrzeugteilen, um die Kurvenfahrt zu verbessern.

Heizfläche
Die Gesamtoberfläche der Feuerbüchse, der Heizrohre und des Überhitzers, gemessen in Quadratmetern (m^2).

Heusinger-Steuerung
Eine der Walschaert-Steuerung ähnliche Dampflok-Steuerung, die unabhängig von letzterer 1849 von dem Ingenieur Heusinger erfunden wurde.

Innenzylinder
Ein innerhalb des Hauptrahmens liegender Zylinder, der meist über eine Treibstange auf eine gekröpfte Treibachse wirket. Zwei Innenzylinder trieben die frühen Dampfloks an.

Kapspur
Spurweite von 1067 mm, mit der die Briten die Bahnlinien in Südafrika bauten, ausgehend von *Kap*stadt. Strecken dieser Spurweite sind weltweit anzutreffen, vor allem auch in Japan.

Kondenstender
In Gegenden ohne Wasservorkommen realisierte Tenderbauart, in der ein Teil des von der Lok produzierten Wasserdampfes kondensiert und damit wiederverwendet werden kann.

Kuhfänger (Cowcatcher, Pilot)
Eine vor der Lok unmittelbar über den Schienen schräg angebrachte Blech- oder Holzlatten-Konstruktion, die Hindernisse, nicht nur Kühe, von der Strecke räumen soll; in den USA wird sie „Pilot“ genannt.

Kuppelachsen
Achsen, die durch Stangen miteinander verbunden (gekuppelt) sind. Die vom Triebwerk auf die Treibachse übertragene Kraft wird mittels Kuppelachsen auf weitere Treibachsen übertragen.

Laufplan, Umlaufplan
Einsatzplan eines Triebfahrzeuges, der die Strecke festlegt, die das Triebfahrzeug an einem bestimmten Tag zurücklegen soll. Ähnliche Pläne existieren für Wagen und Personale.

Lokomotive
Triebfahrzeug zur Beförderung von Güter- und Personenzügen, das allein die Antriebstechnik enthält. Es gibt Dampf-, Diesel-, Gasturbinen- und E-Loks.

Rahmen
Tragendes Element der Loks, an dem Fahrwerk und Aufbauten montiert sind.

Rostfläche
Die Fläche der Feuerbüchse in Höhe des Rostes, die als Maß für die Dampferzeugungskapazität einer Dampflok gilt, gemessen in Quadratmetern (m^2).

Satteltank (Saddle-Tank)
Lokomotive mit Wasservorräten in einem Rundtank auf dem Kessel.

Spurweite
Kleinstes Maß zwischen den Schienenköpfen eines Gleises, gemessen in mm.

Triebfahrzeug
Angetriebenes Schienenfahrzeug, das entweder nur den Antrieb enthält (Lokomotive) oder gleichzeitig auch Güter oder Passagiere aufnehmen kann (Triebwagen).

Triebwagen
Triebfahrzeug, das neben dem reinen Antrieb auch der Beförderung von Gütern oder Personen dient.

Verbund-Lokomotive
Dampflokomotive, bei der die Dampfdehnung in zwei Stufen erfolgt, zuerst in zwei Hochdruck- und dann in zwei Niederdruck-Zylindern.

Vielfachtraktion
Koppelung mehrerer Triebfahrzeuge, die meist nur vom führenden Triebfahrzeug aus gesteuert werden. In den USA waren und sind schwerste Güterzüge mit drei bis zwölf Dieselloks bespannt.

Vorlaufgestell (Bogie)
Ein Drehgestell mit einem geringen Achsstand am Bug einer Lokomotive, das über einen Drehzapfen mit dem Hauptrahmen verbunden ist.

Zylinder
Eine von meist zwei, drei oder vier Kammern in einer Dampflokomotive, in denen ein Kolben durch wechselnden Dampfdruck hin- und herbewegt wird, der dadurch die Treibachse antreibt.

Rauchkammer
Vorderteil des Kessels, durch den der Rauch zum Schlot strömt. Durch die Rauchkammertür werden die angefallenen Feststoffe (Lösche) enfernt.

Überhitzer
In Überhitzerrohren wird der zu den Zylindern strömende Dampf weiter aufgeheizt, getrocknet und in die Heißdampfkammer geleitet.

Tenderlokomotive
Eine Dampflokomotive, die ihre Wasser- und Kohlevorräte nicht in einem nachlaufenden Tender, sondern neben dem Kessel und dem Führerhaus bunkert.

Walschaert-Steuerung
Eine Dampflok-Steuerung, die der Belgier Walschaert 1844 erfunden hat.

Zugkraft
Die Kraft, welche die angetriebenen Räder eines Triebfahrzeugs ohne durchzudrehen auf die Schienen übertragen können, um das Triebfahrzeug selbst und angehängte Züge vorwärts zu bewegen, gemessen in Kilonewton (kN).

Adressen

Ägypten
Egyptian National Railways; Ramses Bldg
Ramses Square; Cairo 11652; Egypt
Tel:(202) 574 9474/9274; Fax:(202) 574 9074

Albanien
Hekurudhat Shqiptare; Ministria e Transporteve
Tirana; Shqiperie; Tel:(42) 32389/62503; Fax:(42) 34647

Australien
Australian National Railways Commission
1 Richmond Road; Keswick; SA 5035
Tel:(8) 8217 4321; Fax:(8) 8217 4609

Brasilien
Rede Ferroviaria Federal SA; Praça Procópio Ferreira 86;
CEP 20224; Rio de Janeiro
Tel:(21) 291 2185 ; Fax:(21) 233 3040

Chile
Empresa de los Ferrocarriles del Estado
Av Libertador Bernardo O'Higgins 3322; Santiago
Tel:(2) 779 0707 ; Fax:(2) 776 2609

China
China Railway Foreign Service Corporation
PO Box 2495; Beijing; Tel:(10) 632 22265

Deutschland
Deutsche Bahn AG
Stephensonstr. 1; 60326 Frankfurt a.M.;
Tel: (069) 2 65-0; Fax: (069) 2 65-75 29

Deutsche Bahn AG (2)
Holzmarktstr. 17; 10179 Berlin
Tel: (030) 2 43-0; Fax: (030) 2 43-75 29

Großbritannien
Eurostar House; Waterloo Station
London SE1 8SE; Tel:(345) 303030

Indien
Indian Government Railways; Rail Bhavan
Raisina Rd; New Delhi 110 001; Tel:(11) 388931

Indonesien
Perusahaan Jawatan Kereta Api
1 JL Perintis Kemerdekaan 1; Bandung, Java 40117
Tel:(22) 430063/443878

Irak
Iraq Republic Railways; Central Station
Damascus Square; Baghdad; Tel:(1) 537 0011

Irland
Irish Rail; Heuston Station, Merchant Quay
Dublin 1 ; Tel:(1) 836 6222

Japan
Central Japan Railway; Yaesu Centre Building 1-6-6;
Yaesu, Chuo-ku; Tokyo 103; Tel:(3) 3274 9535

Kanada
Canadian Pacific; Windsor Station; Peel Street
PO Box 6042; Montréal; Quebec H3C 3E4
Tel:(514) 395 5135; Fax:(514) 395 5132

Kenya
Kenya Railways Corporation; PO Box 30121
Nairobi; Tel:(2) 221211; Fax:(2) 340049

Malaysia
Pentadbiran Keretapi Tanah Melayu
Jalan Sultan Hishamuddin; 50621 Kuala Lumpur
Tel:(3) 274 7452 ; Fax:(3) 230 3936

Marokko
Office National des Chemins de Fer
Rue Abderrahmane El Ghafiki; Rabat-Agdal
Tel:(7) 774747; Fax:(7) 774480

Neuseeland
Trans Rail; Bunny St; Wellington
Tel:(4) 498 3303; Fax:(4) 498 3090

Norwegen
Norwegian State Railways ;PO Box 1162 Sentrum;
Prinsensgt 7-9; 0107 Oslo; Tel:2315 0000; Fax:2315 7033

Pakistan
Pakistan Railways; Shahra-e-Abdul Hamid Bin Bades;
Lahore; Tel:(42) 636 6274

Paraguay
Ferrocarril Presidente Carlos Antonio Lopez
Mexico 145 y Eligio Ayala; Asunción
Tel:(21) 445717; Fax:(21) 447848

Portugal
Caminhuos de Ferro Portugueses; Calçada do Duque 20;
1294 Lisboa; Tel:(1) 888 4025; Fax:(1) 886 7555

Russland
Russia Railways; Novo Basmannaia 2
107174 Moscow; Russland/Rossija
Tel:(095) 262 1628; Fax:(095) 975 2411

Südafrika
Spoornet; Paul Kruger Bldg; Wolmarans St
Johannesburg 2001; South Afrika; Tel:(11) 773 2944

Türkei
Türkiye Cumhuriyeti Devlet Demiryollari Isletmesi;
Genel Mürdürlügü; Gar-Ankara 06100
Tel:(312) 311 0620/311 4994; Fax:(312) 312 3215

USA (Vereinigte Staaten von Amerika)
Amtrak; 60 Massachusetts Ave N.E.
Washington, DC 20007; www.amtrak.com

Union Pacific Railroad; 1416 Dodge Street
Omaha, NE 69179; www.uprr.com

Alle Angaben ohne Gewähr. Bei allen Telefon- und Faxnummern ist die jeweilige Ländervorwahl voranzustellen, die z.B. bei der Deutschen Telekom erhältlich sind.

Namen und Achsfolgen

USA	Frankreich	Deutschland	US-Bezeichnung	Ursprung	Beispiel in Deutschland
0-4-0	0-2-0	B	Four-Wheel-Switcher	vierrädrige (Rangier-)Lok, B-Kuppler	BR 98
0-6-0	0-3-0	C	Six-Wheel-Switcher	sechsrädrige (Rangier-)Lok, C-Kuppler	BR 89
0-8-0	0-4-0	D	Eight-Wheel-Switcher	achträdrige (Rangier-)Lok, D-Kuppler	BR 55
0-10-2	0-5-1	E 1'	Union	im amerikan. Bürgerkrieg von Unionstruppen erstmals verwendet	—
0-4-4-0	0-2-2-0	B' B'	Climax	Waldbahn-Gelenklok der Climax Manufac. Co.	—
0-4-4-0	0-2-2-0	B' B'	Heisler	Waldbahn-Gelenklok der Heisler Loco. Works	—
0-4-4-0	0-2-2-0	B' B'	Shay	Waldbahn-Gelenklok, nach Ephraim Shay	—
0-4-4-4-0	0-2-2-2-0	B' B' B'	Shay	Waldbahn-Gelenklok, nach Ephraim Shay	—
0-4-4-4-4-0	0-2-2-2-2-0	B' B' B' B'	Shay	Waldbahn-Gelenklok, nach Ephraim Shay	—
2-2-2-	1-1-1-	1 A 1	Patentee	Typenbezeichnung der Lokfabrik Stephenson	»Adler«
2-4-2	1-2-1	1 B 1	Columbia	erste Lok von der Columbia, Newberry & Laurens Railroad (?)	S 2 Main-Neckar-Bahn
2-6-0	1-3-0	1'C	Mogul	(1852 erstmalig als 1C gefahren, ab 1966 mit Laufgestell (1'C))	preußische G3
2-6-2	1-3-1	1'C 1'	Prairie	Präríe, erstes Einsatzgebiet bei der CB&Q	BR 64
2-8-0	1-4-0	1' D	Consolidation	Vereinigung, »Consolidation«, dreier Roads zur Lehigh Valley	BR 56
2-8-2	1-4-1	1'D 1'	Mikado	1. Lieferung nach Japan, in New York läuft die Oper „The Mikado"	BR 41
2-8-4	1-4-2	1'D 2'	Berkshire	Demostrecke des Prototyps auf Boston & Albany's Berkshire Hills	—
2-10-0	1-5-0	1'E	Decapod (SP)	deca = griechisch: 10, zehn angetriebene Räder	BR 50
2-10-2	1-5-1	1'E 1'	Santa Fe	erste Lok von der Atchison, Topeka & Santa Fe	BR 45
2-10-4	1-5-2	1'E 2'	Texas	erste Lok #600 von der Texas & Pacific (im Jahre1925)	—
2-6-6-2	1-3-3-1	(1'C) C 1'	Mallet Mogul (SP), Prairie Mallet (ATSF)	Verdoppelte Mogul (SP), umgebaute Prairie (ATSF)	—
2-6-6-4	1-3-3-2	(1'C) C 2'	(Mallet Articulated)	Mallet-Gelenklok (gilt für alle Mallets)	—
2-6-6-6	1-3-3-3	(1'C) C 3'	Allegheny	Allegheny Mountains, C&O-Einsatzgebiet für diesen Typ	—
2-8-8-2	1-4-4-1	(1'D) D 1'	Chesapeake	erste Lok von der Chesapeake & Ohio	—
2-8-8-4	1-4-4-2	(1'D) D 2'	Yellowstone	NPs Einsatzgebiet nördlich des Yellowstone Rivers	—
2-10-10-2	1-5-5-1	(1'E) E 1'	(Virginian)	erste Lok von der Virginian Railroad	—
2-8-8-8-2	1-4-4-4-1	(1'D) D (D 1')	Triplex	drei Triebwerksgruppen (Erie Railroad 1914)	—
2-8-8-8-4	1-4-4-4-2	(1'D) D (D 2')	Triplex	drei Triebwerksgruppen (Virginian 1916)	—
4-2-0	2-1-0	2'A	Crampton	1846 nach ihren Erfinder Thomas Russell Crampton (1816–1888)	„Pfalz"
4-4-0	2-2-0	2'B	American	amerikanische Standardlok des 19. Jh.	preußische P4
4-4-2	2-2-1	2'B 1'	Atlantic	erste Lok von der Atlantic Coast Line	preußische S 8
4-4-4	2-2-2	2'B 2'	Jubilee	50. Jahrestag CP-Transkontinental-Services	bayerische S 2/6
4-4-4-4	2-2-2-2	2' B B 2'	Duplex	mit Duplex-Triebwerk, Pennsylvania Railroad; Pennsy T1	—
4-4-6-4	2-2-3-2	2' B C 2'	Duplex	mit Duplex-Triebwerk, Pennsylvania Railroad; Pennsy Q2	—
4-6-4-4	2-3-2-2	2' C B 2'	Duplex	mit Duplex-Triebwerk, Pennsylvania Railroad; Pennsy Q1	—
6-4-4-6	3-2-2-3	3' B B 3'	Duplex	mit Duplex-Triebwerk, Pennsylvania Railroad; Pennsy #6100	—
4-6-0	2-3-0	2' C	Ten-Wheeler	Maschine mit 10 Rädern = 5 Achsen	preußische P8
4-6-2	2-3-1	2'C 1'	Pacific	erste Lok von der Missouri Pacific Railroad	BR 01
4-6-4	2-3-2	2'C 2'	Hudson	Einsatzgebiet der New York Central am Hudson River	BR 05
4-8-0	2-4-0	2'D	Twelve-Wheeler	Maschine mit 12 Rädern = 6 Achsen	—
4-8-2	2-4-1	2'D 1'	Mountain	C&O-Einsatzgebiet in den Allegh. Mountains	BR 08
			Mohawk (nur N.Y. Central)	Indianerstamm	—
4-8-4	2-4-2	2'D 2'	Northern	Northern Pacific #2600 von 1926	BR 06
			Niagara (nur N.Y. Central)	Einsatzgebiet bis Niagara Falls, NY	—
4-10-0	2-5-0	2'E	Mastodon	ein Dinosaurier unter den Dampfloks	—
4-10-2	2-5-1	2'E 1'	Southern Pacific, Overland	Overland Route, Einsatzstrecke auf SP/UP	—
4-12-2	2-6-1	2'F 1'	Union Pacific	erste Lok von der Union Pacific Railroad: #9000	—
4-6-6-4	2-3-3-2	(2'C) C 2'	Challenger	Herausforderung: die lange Steigung von Sherman Hill, Wyoming	—
4-8-8-2	2-4-4-1	(2'D) D 1'	Articulated Consolid.; Cab Forward	Gelenk-Consolidation; Führerhaus vorne (wie 05 002); SP AC-4	—
4-8-8-4	2-4-4-2	(2'D) D 2'	Big Boy	»Kreide-Graffiti« an der Rauchkammer ersten Maschine UP #4001	—
2-10-10-10-2	1-5-5-5-1	(1'E) E (E 1')	Triplex	drei Triebwerksgruppen (Virginian RR)	—

Mitwirkende

George Behrend
Europa: Paris – Istanbul; Calais – Istanbul. Ägypten: Cairo – Assuan. Türkei: Istanbul – Bagdad. Mittlerer Osten: Istanbul – Kars; Istanbul – Teheran. Malaysia und Thailand: Singapore – Bangkok.

Gary Buchanan
Südafrica: Kapstadt – Victoria Falls.

Tom Ferris
Irland: Dublin – Cork; Cavan – Leitrim; Dromod – Belturbet. Nordirland: Londonderry – Burtonport.

Colin Garratt
Indien: Pulgaon – Arui. Indonesien: Tanahabang – Rangkasbitung; Rangkasbitung – Labuan.

● OBEN
Der „Gletscher-Express" fährt hinauf durch die herrliche Berglandschaft nach St. Moritz, Schweiz.

Alex Grunbach
Australien: Port Augusta – Alice Springs; Sydney – Brisbane; Broken Hill – Adelaide; Brisbane – Cairns; Port Kembla – Moss Vale; Sydney – Perth; Broken Hill – Sulphide Junction; Ferntree Gully – Gembrook; Zeehan – Strahan; Pacific Coast Motorail. Neuseeland: Christchurch – Greymouth.

Frank Hornby
Europa: Durch Europa mit dem MEDLOC.

Alan Pike
Vereinigtes Königreich: Edinburgh – Wick/Thurso. Europa: London – Köln. Schweiz: Gornergrat – St Moritz; Pilatus. Europa: London Waterloo – Bern. Ungarn: Budapest – Plattensee. Indien: Kalyan – Howrah. Malaysia und Thailand: Singapore – Penang.

Graham Pike
Portugal: Tunes – Lissabon. China: Ulan Bator – Datong. Neuseeland: Picton – Christchurch.

Christopher Portway
Kanada: White Horse – Skagway. Peru: Juliaca – Cuzco. Ecuador: Guayaquil – Quito. Albanien: Fier – Vlore, Shkoder – Durres. Nordafrika: Casablanca – Gabès; Nairobi – Kampala. Irak: Basra – Bagdad. Russland: Roter-Pfeil-Express. Pakistan: Quetta – Zaheidan; Lindi Kotal – Peshawar. Indien: Delhi – Cochin; Delhi – Jodhpur; Kalka – Simla. Europa/Asien: Brüssel – Hong Kong. Nordkorea: Tumenjan – Pjöngjang.

Brian Solomon
USA: San Francisco Muni; St Albans, Vermont – Washington DC; Boston – Chicago; Chicago – Oakland; Seattle – Los Angeles; Bellows Falls – Chester, Vermont; Chicago Metra; Milwaukee – East Troy; Boone Scenic Railway. Japan: Fuji – Kofu; Tokyos Yamamite Line.

Max Wade-Matthews
Chile: Santa Rosa de Los Andes – Las Cuevas. Paraguay: Asunción – Encarnación. Vereinigtes Königreich: Leicester – Loughborough; Fort William – Mallaig; Settle – Carlisle; London Euston – Glasgow; London King's Cross – Edinburgh; London Paddington – Swansea; London Euston – Holyhead; London Paddington – Penzance; London Victoria – Dover; Bedford – Bletchley. Südafrika: Kapstadt – Pretoria. Jordanien: Damaskus – Medina. Russland: Moskau – Wladiwostok. Indien: Siliguri – Darjeeling. China: Shenyang – Harbin. Japan: Tokyo – Osaka.

Kenneth Westcott-Jones
Kanada: Toronto – Vancouver; Sault Sainte Marie – Hearst. USA: Chicago – Seattle; Pueblo – Durango; Manitou Springs – Pike's Peak. Mexiko: Los Mochis – Chihuahua. Brasilien: Santos – São Paulo.

Neil Wheelwright
Kanada: Vancouver – Squamish. Norwegen: Myrdal – Flåm. Südafrika: Kapstadt – Pretoria. Japan: Tokyo – Nikko. Neuseeland: Christchurch – Wellington.

● OBEN
Eine Lok Typ Mogul, 1899 von Beyer Peacock aus Manchester, Lancashire, für Brasiliens Leopoldina Railway gebaut.

BILDNACHWEIS

Die Mehrzahl der Bilder für dieses Buch wurden von Milepost 92 1/2 zur Verfügung gestellt. Die Herausgeber danken außerdem folgenden Autoren und Organisationen für zusätzlich überlassene Aufnahmen:

Lokomotiven aus aller Welt

A E Durrant: S. 38ul, 40ur, 235m, 238m, 240ol, 245o, 245m. **Howard Ande**: S. 4. **Barnaby's Picture Library**: S. 178, 179ol, 179o. **British Waterways Archive**: S. 10o. **Ian D C Button**: S. 209u. **H H Cartwright**: S. 142o. **Colour Rail**: S. 66u. **Roger Crombleholme**: S. 17o, 17u, 18, 19u, 20o, 20u, 21u. **Richard Gruber**: S. 77o, 78B. **Alex Grunbach**: S. 50, 51o, 51u, 120, 121, 238o, 239, 240u, 241, 242, 243. **John P Hankey**: S. 24o, 24m, 25o, 28o, 29m, 30o, 32u, 34o, 35u, 74u, 75o, 76o, 77m, 79m, 85o, 87o. **Ken Harris**: S. 203ol. **Maurice Harvey**: S. 246ur. **Michael Hinckley**: S. 17m. **Fred Hornby**: S. 104o, 105, 108o, 110ur, 111o, 112, 113, 189m, 192o, 194o, 198u, 207u. **International Railway Journal**: S. 210ul, 214, 215o, 215m, 246ur. **Frederick Kerr**: S. 134u. **Locomotive Manufacturer's Association**: S. 69ur. **Dennis Lovett**: S. 16u. **Arthur Mace**: S. 12u, 15or, 65o, 65u. **William D Middleton Collection**: S. 46u, 47o, 47B. **Mitchel Library**: S. 31u, 35o, 35m, 41ur, 46o, 47m, 49o, 51m, 52m, 54–5, 119o, 123m, 126u. **Alan Pike**: S. 39u, 52o, 100, 101u, 102u, 103u, 104u, 106, 107, 180, 181o, 181u, 182o,182m, 183, 184, 185, 186, 187o, 187u, 188, 189o, 189u, 190o, 190ul, 191o, 192u, 193, 194u, 195, 196, 197, 199, 200, 201, 202, 204, 205, 206m, 206u, 207o, 211TR. **Graham Pike**: S. 109l, 181m, 182u, 187m, 191u, 236, 237o, 237m. **Popperfoto**: S. 25m, 31m, 34u, 37, 38ur, 49u, 56o, 56u, 94m, 95m, 125or. **William Sharman**: S. 60u, 61o, 70u, 71o, 148o, 148u, 149. **Brian Solomon**: S. 25u, 26o, 26u, 30m, 30u, 32o, 33m, 33u, 72, 73m, 73u, 74o, 75m, 76u, 78o, 82o, 86u, 87m, 87u, 89u, 152, 153, 154, 155, 156, 157, 158, 159, 160, 161o, 161u, 162, 163, 164, 165, 166, 167, 168u, 169, 170, 171, 172, 173u, 509ur, 511u. **Richard J Solomon**: S. 73o, 75u, 79u, 82u, 84, 85u, 86o, 88o, 88ur, 89o, 89m, 90, 91o, 91m, 92o, 93, 94o, 94u, 95o, 95u, 161m, 168o, 173o. **Gordon Stemp**: S. 60o, 63u, 66u, 83o, 134o, 135o, 140u, 258. **Michael Taplin**: S. 146, 230, 231, 232, 233. **J M Tolson**: S. 108u, 234m, 235o, 248o, 249ur. **Verkehrsmuseums Nürnberg**: S. 38o, 39o. **Max Wade-Matthews**: S. 10u. **Neil Wheelwright**: S. 110ul, 222, 223, 224, 225, 226, 227, 228, 229, 234o, 234u, 235u, 237u. **Ron Ziel**: S. 28o, 79o, 83u, 92u, 119ur, 129u, 208u.

Beliebte Bahnreisen aus aller Welt

Howard Ande: S. 255. **Adrian Baker/ Photobank**: S. 477m, 477u, 480u, 480o. **Jeanetta Baker/Photobank**: S. 434o, 435o, 435ur, 437ol, 459o, 461u, 463o, 482o, 483B. **Peter Baker/Photobank**: S. 380o, 380u, 381u, 436o, 437ul, 458u, 460o, 461ol, 462u, 482u. **Paul Barney/Travel Ink**: S. 473u. **Nick Battersby/Travel Ink**: S. 396o, 397u. **George Behrend**: S. 336, 337o, 338, 340, 342u, 343, 397m, 397ol, 398u, 399o, 400o, 402ul, 404o, 462o. **Beyer Peacock & Co. Ltd**: S. 390o. **W G Boyden/F Hornby**: S. 369ml. **Gary Buchanan**: **S.** 386ul, 386m, 386ur, 387, 380o, 389o, 391u. **Brian Burchell**: S. 323o. **Carlos Reyes-Manzo/ Andes Press Agency**: S. 294u, 295m. **Trevor Creighton/Travel Ink**: S. 470u, 471o, 471ul. **A E Durrant**: S. 298, 299ur, 380o, 391T. **The Eastern and Oriental Express Press Office**: S. 376, 451or, 451u, 456o. **Abbie Enock/ Travel Ink**: S. 398o, 398m, 399u, 400ul, 401u, 419. **Tom Ferris**: **S.** 302, 303, 304o, 305-7. **Alex Grunbach**: S. 468m, 470o, 471ur, 472, 473o, 474or, 474l, 475o, 476, 477o, 478, 479, 480o, 481u, 483o, 484-489. **Allan Hartley/Travel Ink**: S. 416o, 417. **Frank Hornby**: S. 332m, 333o, 334o, 335o, 368, 369mr, 370o, 371. **G Holland**: **S.** 474l, 475u. **T Hudson**: S. 269ol, 294o. **Brian Lovell:** S. 454u. **Office Nationale des Chemins de Fer, Rabat**: **S.** 378, 379. **Ontario Government Tourism**: S. 259ol. **A W Mace:** S. 311o, 328T. **Gavin Morrison**: S. 200m, 296, 297ol, 297ul, 300u, 389or, 389u, 390u, 406, 407. **David Patterson**: **S.** 256o, 257or. **Jeremy Phillips**: S. 227m. **Alan Pike**: S. 313, 332u, 333u, 333m, 334u, 335m, 335u, 344-349, 350, 351, 352, 355-361, 458o, 458m, 459m, 459u, 460u, 461or, 462o, 463u. **Graham Pike**: S. 257m, 364u, 365or, 366u, 367, 442-443, 490, 492m, 492u, 493u, 494-499. **Christopher Portway**: **S.** 256u, 265u, 299o, 299ul, 300o, 310or, 362, 363, 409u, 411m, 412o, 414, 415u, 422-427, 438u, 439o. **Seaco Picture Library**: **S.** 328u, 329o, 337u, 341o. **William Sharman**: S. 310u, 311u, 314, 315u. **Gordon Smith/ Photobank**: S. 482u. **Brian Solomon**: S. 266, 267, 269or, 269u, 270, 271, 274-289, 444-447, 454o, 454m, 455. **South American Pictures**: **S.** 292 **(David Lorimer)**, 293 **(Tony Morrison)**. **SX Picture Desk**: S. 256m, 257m. **Gordon Stemp**: **S.** 304u. **David Toase/Travel Ink**: S. 408u, 409or, 410o, 411o, 411u. **Max Wade-Matthews**: S. 308r, 380m, 413o. **A M Wellington**: S. 293. **Kenneth Westcott-Jones**: S. 10ol, 22r, 26, 27, 290, 291, 382, 383, 408o, 409m, 410u. **Neil Wheelwright**: **S.** 260, 261, 262, 263, 372-375, 392-395, 447-455, 491, 492o, 493o. Dank geht auch an Ianród Éireann für Bilder zu den Irlandreisen.

● OBEN
Diese gerade ordentlich Dampf spuckende Maschine von 1984 verbrennt Kohle und Holz.

o=oben, u=unten, l=links, r=rechts, m=Mitte, or=oben rechts, ol=oben links, ml=Mitte links, mr=Mitte rechts, ul=unten links, ur=unten rechts, lm=links Mitte.

INDEX

CONRAIL
9401